갈루아 이론의
정상을 딛다

갈루아 이론의 정상을 딛다

이시이 도시아키 지음 조윤동 옮김

승산

머리말

○ 정상을 목표로 하여

이 책은 "일반 5차방정식은 근호로 풀 수 없다는 명제를 제대로 된 증명과 가장 쉬운 절차로 이해한다"는 것을 목표로 하고 있습니다.

- 갈루아 이론을 다룬 교양서를 읽어 보았지만, 마지막에 나오는 '5차방정식을 근호로 풀 수 없다'는 명제의 설명과 증명을 제대로 이해할 수 없었다.
- 그래서 전문 서적을 읽어 보았는데 좌절하고 말았다.
- 그렇지만 5차방정식은 근호로 풀 수 없다는 명제를 증명하는 데 미련이 남아 읽어보고 싶다.

이런 고민을 안고 있는 독자를 위해 이 책을 쓰게 되었습니다.

5차방정식을 근호로 풀 수 없음을 밝히기 위해서는 다음의 정리를 증명해야 합니다.

피크(peak) 정리

방정식 $f(x)=0$의 해가 근호로 표현된다.

$\Leftrightarrow$ 방정식 $f(x)=0$의 갈루아군이 가해군이다.

이 정리를 증명하면, 5차방정식은 근호로 풀 수 없다는 사실을 밝힐 수 있습니다. 아직 갈루아군과 가해군에 대한 설명도 하지 않았는데 느닷없이 전문 용어를 늘어놓아 죄송합니다.

이 책에서는 이 정리를 '피크 정리'라고 하겠습니다. 이 책의 전체 내용이 목표로 삼는 정리입니다.

여기서 말하는 '목표로 삼는다'는 말의 의미는 단지 정리의 내용을 이해하는 것에만 그치지 않습니다. 정리를 증명해서 깨닫고 터득한다는 의미입니다.

이 책의 모든 내용, 정의와 정리는 '피크 정리'를 증명하기 위해 있다고 해도 지나치지 않습니다. 그래서 교양서에서 흔히 볼 수 있는 갈루아의 인물·전기에 대해서는 한 마디도 언급하지 않았습니다. 이에 관련된 내용은 다른 책에 맡기겠습니다.

'피크 정리'에서 '피크(peak)'란, 산의 봉우리를 뜻하는데, 이 책에서만 쓰는 용어입니다. 그러니까 이 책은 이 피크 정리에 도달하는 것을 목표로 하는 등반가를 위한 책입니다.

케이블카를 타고 산 중턱에 있는 산장에 가서, 정상을 바라보며 커피를 한 잔 마시는 것만으로도 멋진 등산 경험일 것입니다. 그렇지만 이 책에서는 멀리 올려다 보이는 정상까지 한 걸음 한 걸음 자신의 힘으로 올라가게 될 것입니다.

그러나 하켄(haken, 머리 부분에 구멍이 있는 암벽 등반용 쇠못)을 하나하나 바위에 박으면서 올라가는 전문적인 등반 방식은 너무 부담스럽습니다. 이렇게 하려면 자금, 시간, 평소의 전문적인 훈련이 필요합니다.

그래서 이 책에서는 가장 부담이 적은 경로를 선택해 정상에 오를 것입니다. 이 책이 선택한 등산로에는 나무 계단이 마련되어 있으며 바위가 많은 곳에는 튼튼한 쇠사슬이 설치되어 있습니다. 필요한 장비도 최소한으로 줄였습니다. 한 걸음 한 걸음씩 착실하게 오르면, 반드시 정상에 올라 갈루아 이론의 전모를 볼 수 있게 될 것입니다.

이제 이 책의 특징에 대해 말씀드리겠습니다.

○ 이 책의 특징

1. 증명을 모두 제시하고 있습니다.

갈루아 이론을 다룬 많은 교양서에는 정리와 그것에 대한 설명만 쓰여 있고, 증명은 쉬운 것만 실린 경우가 대부분입니다.

반면 전문 서적에는 정리가 드러내는 사실만이 아니라 일반적으로 그에 대한 증명까지 기술되어 있습니다. 하지만 전문 서적이라고 해도 그 책에 실린 모든 정리를 증명하는 경우는 찾아보기 어렵습니다. 어떤 증명들은 다른 서적을 참고하라는 경우가 많은 것이 현실입니다.

그 이유는 이 책의 목표인 피크 정리를 증명하기 위해서 여러 분야의 정리를 익혀야 하기 때문일 것입니다. 이를테면 선형대수의 기본 사항을 필요로 하는 내용에 대해서는 '선형대수 책을 참고하시오'라는 식의 태도를 취하고 있는 경우가 많습니다. 이 책에서는 독자가 선형대수에 관련된 지식을 모르고 있다고 가정하고, 필요한 선형대수의 지식을 해당되는 곳에서 그때그때 설명하고 있습니다. 또한, 전문 서적 가운데에는 정리의 증명을 연습문제 형식으로 남기면서 독자에게 맡기는 경우도 많습니다. 간단한 증명이라면 독자가 스스로 증명할 수 있겠지만, 초보자에게는 어려울지 모르는 명제도 연습문제로 남겨 두는 경우가 많습니다. 전문 서적은 수학과를 다니는 학생을 독자로 상정하고 있기 때문인지, 독자에게 요구하는 수준이 매우 높습니다.

이 책에서도 '문제'라는 형식을 내걸고 설명을 진행하는 경우가 있습니다. 그렇다고 해서 독자에게 풀기를 기대하고 '문제'를 낸 것은 아닙니다. 이야기를 진행하면서 주제를 명확하게 의식하도록 하기 위해 '문제'를 낸 것입니다. 말하자면 수사학(rhetoric)적 형식입니다. 이 책에 실려 있는 '문제'에는 곧바로 해설이 이어집니다. 독자가 풀지 않고, 그대로 계속 읽어 나가는 것을 전제로 하고 있습니다.

이 책의 특징은 정리가 나왔을 경우, 반드시 그것을 이 책 안에서 증명한다는 것입니다. 증명을 다른 책에 미루지 않습니다. 끈질기게 모든 정리를 증명해 두었습니다.

정확하게 말하자면 구체적인 예를 들어 증명을 대신하는 경우도 많습니다. 하지만 그것은 일반적인 기호로 쓰기보다 구체적인 예를 드는 편이 증명의 내용을 쉽게 전달할 수 있으리라고 생각했기 때문입니다. 대부분은 구체적인 예에서 수를 문자로 바꿔 쓰면 그대로 증명이 됩니다.

2. 처음부터 끝까지 친절하게 설명하고 있습니다.

교양서에서는 1단계부터 5단계까지 설명할 때 처음 1, 2단계는 친절하게 설명하지만, 3단계에서는 논리를 조금 건너뛰는 경향이 있고, 4단계가 되면 말로만 설명하며, 5단계가 되면 자주 결론만 기술합니다. 교양서를 읽은 독자 가운데는 '후반부도 똑같이 친절하게 설명해 준다면 이론 전체를 잘 이해할 수 있을 텐데'라고 생각하신 분이 많이 계시리라고 생각합니다.

이 책에서는 처음부터 피크 정리에 이르기까지 줄곧 친절하게 설명하려고 노력했습니다. 특히, 갈루아 대응의 증명이나 '피크 정리'의 증명은 다른 교양서에서는 찾아볼 수 없을 만큼 알기 쉽게 기술했습니다.

3. 먼저 예를 들어서 설명을 시작합니다.

많은 전문 서적에서는 정의와 정리를 서술하고 나서 구체적인 예를 이용하여 독자의 이해를 돕습니다. 구체적인 예를 먼저 들었다면 좋았을 경우에도 그렇게 하지 않은 경우가 많습니다. 수학 전문서는 추상적이어서 쉽게 읽히지 않기 마련입니다.

이 책에서는 먼저 예를 들고, 다음에 정의와 정리를 기술하면서 설명해 나가는 방식을 택했습니다. 추상적인 전문 서적을 보다가 좌절한 사람이라도 이 책이라면 끝까지 읽어 나갈 수 있을 것입니다.

4. 고등학교 수학을 배운 사람이라면 읽을 수 있습니다.

이 책에서는 고등학교에서 배운 수학 지식만 있으면 됩니다. 그 밖의 내용은 배우지 않은 것으로 가정하고 해설을 진행합니다. 복소수에 관해서도 정의부터 시작하여 설명합니다. 왜냐하면 복소수는 일본 문부과학성(우리나라의 교육부)에서 교육과정을 개정하는 방침에 따라 이수해야 하는 영역에 포함되거나 제외되던 부분이라, 독자에 따라 복소수에 대한 이해도가 다르다고 생각했기 때문입니다.

5. 가장 쉬운 경로를 선택했습니다.

이 책은 고등학교 수학을 이수한 사람들이 갈루아 이론에 한 걸음씩 차근차근 다가갈 수 있도록 구성되었습니다. 이 책을 통해 5차방정식을 근호로 풀 수 없다는 원리를 이해시키고자 했습니다. 쉽게 읽을 수 있지만 본격적으로 갈루아 이론을 다룬 책입니다.

쉽게 읽을 수 있도록 궁리해 낸 방법 가운데 하나가 경로의 선택입니다. 피크 이론에 도달하는 데에는 몇 가지 경로가 있습니다. 이 책에서는 언제나 이들 중 가장 쉬운 경로를 택했습니다. 피크 정리를 증명하는 데 필요한 정리가 있더라도, 그것이 너무 추상적이거나 증명이 번잡한 경우에는 차라리 피하는 쪽을 택했습니다. 이런 경우에는 다른 정리를 사용하여 짜 맞추는 방식으로 이를 대신하였습니다.

특정한 봉우리를 목표로 하여 산등성이를 타고 걸을 때, 능선 길을 택하면 몇 개의 산을 타고 넘는 오르내리기를 되풀이해야 합니다. 그렇지만 에둘러 걷는 길을 택해서 목적지로 정한 봉우리에 완만하게 다다를 수도 있습니다. 이 책에서는 독자의 부담을 덜어 드리기 위해서 에둘러 걷는 길을 선택한 부분이 몇 군데 있습니다. 다음 페이지의 그림을 보아 주십시오. 그러고 나서 실제로 어떤 경로를 거쳐 피크 정리에 다다르게 될 것인지를 설명하겠습니다.

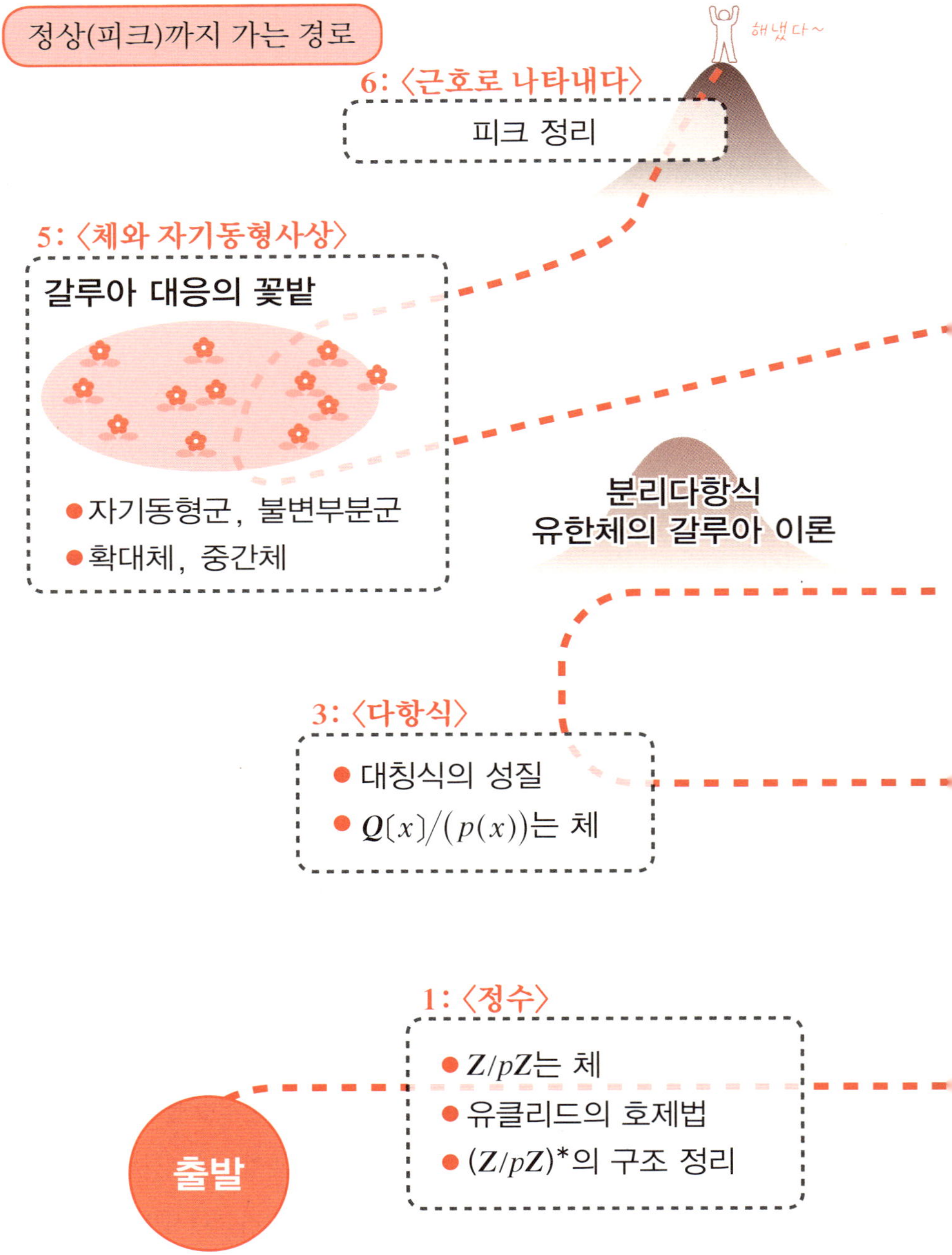
정상(피크)까지 가는 경로
해냈다~
6: 〈근호로 나타내다〉
피크 정리
5: 〈체와 자기동형사상〉
갈루아 대응의 꽃밭
● 자기동형군, 불변부분군
● 확대체, 중간체
분리다항식
유한체의 갈루아 이론
3: 〈다항식〉
● 대칭식의 성질
● $Q[x]/(p(x))$는 체
1: 〈정수〉
● Z/pZ는 체
● 유클리드의 호제법
● $(Z/pZ)^*$의 구조 정리
출발

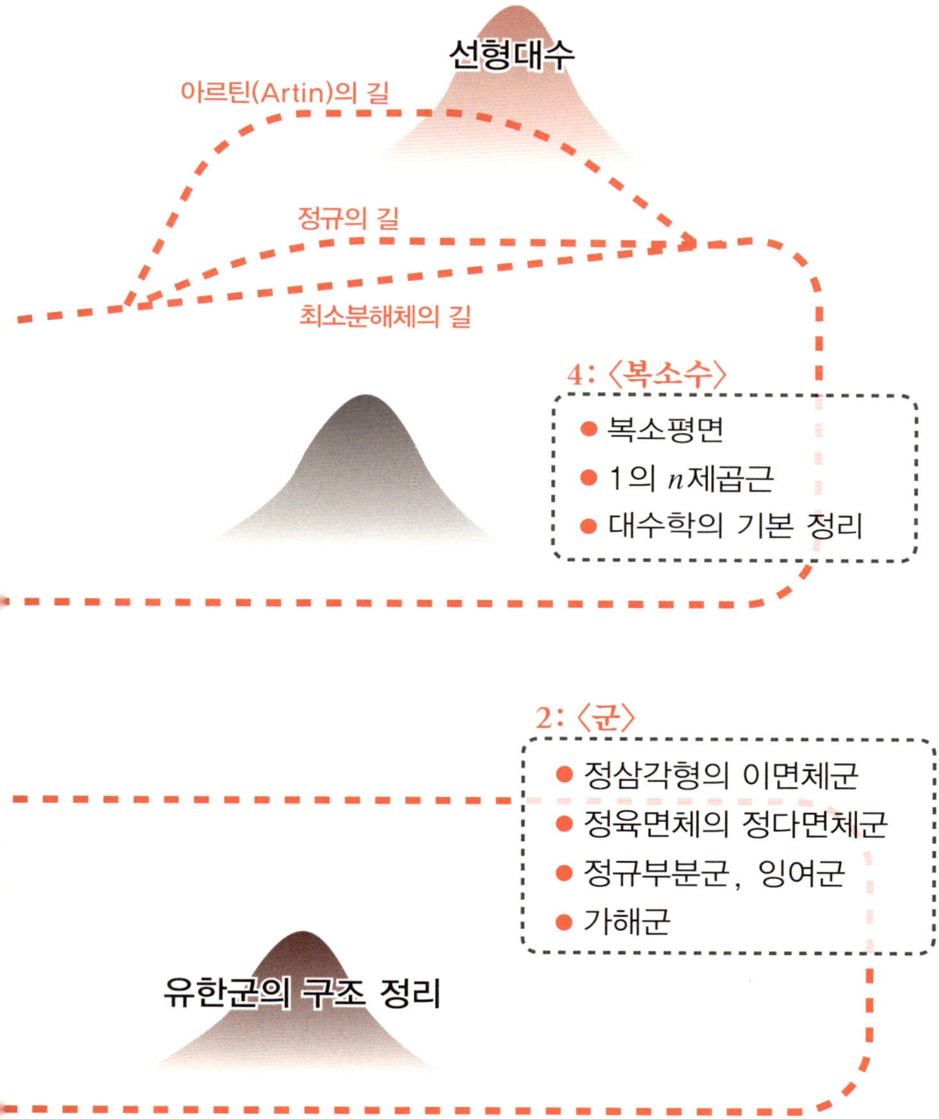
선형대수
아르틴(Artin)의 길
정규의 길
최소분해체의 길
4: 〈복소수〉
복소평면
1의 n제곱근
대수학의 기본 정리
2: 〈군〉
정삼각형의 이면체군
정육면체의 정다면체군
정규부분군, 잉여군
가해군
유한군의 구조 정리

○ **경로 설명**

등산로의 입구는 제1장 '정수'입니다. 유클리드의 호제법, 나머지 계산부터 시작합니다. 이르기는 하지만 이곳에서 군의 정의를 소개합니다. 제2장의 군이 나오는 부분에서 정의를 소개할까도 생각했습니다만, 정수라는 익숙한 소재를 이용하여 군에 익숙해지도록 하는 것이 좋겠다는 생각에, 봉우리를 향해 나아가는 데 필수불가결한 '군'이라는 장비를 빨리 건네 드리기로 하였습니다.

정수를 다룬 제1장의 마지막 목표는 기약잉여류군의 구조를 밝히는 것입니다. 이것은 피크 정리를 증명할 때도 다뤄지는 사항으로 중요한 항목입니다. 피크 정리를 증명하기 위해서는 유한아벨군의 기본 정리를 이용해도 좋습니다. 그렇지만 유한아벨군의 기본 정리에 대한 증명을 읽기 쉽게 기술하기 위해서는 선형대수의 정리를 차곡차곡 쌓아 가야 하기 때문에 이 정리는 피했습니다. 이곳이 에둘러 가는 길을 택한 부분입니다.

다음으로 제2장 '군'으로 넘어가겠습니다. 정삼각형의 이면체군과 정육면체의 정다면체군이라는 구체적인 군의 예를 이용해서, 군에서 중요한 개념인 잉여군과 정규부분군을 설명합니다. 이 책이 지닌 특색의 하나는 구체적인 수학 개념이 눈에 드러나도록 한 것입니다. 이 장을 읽으면 군을 손으로 잡은 듯이 실감할 수 있을 것입니다. 게다가 이 두 가지 예는 3차방정식과 4차방정식을 근호로 풀 수 있음을 보여주는 증명의 복선 역할을 합니다.

군을 다룬 제2장의 후반부에서는 사다리타기 군을 다룹니다. 수식(군의 연산)을 나타낼 때는 그림으로도 설명해 놓았습니다. 그러므로 연산을 그림으로 확인할 수 있어 읽기 쉬울 것입니다. 후반부에서 목표로 삼고 있는 정리는 "5개 이상의 세로금이 있는 사다리타기 군은 가해군이 아니다"라는 정리입니다. 이 부분은 교환자군이라는 개념을 이용해도 수학적으로는 깔끔하게 증명할 수 있습니다. 그러나 왜 4차 이하와 5차 이상에서 결정적인 차이가 생기는지를 구체적으로 알 수 있도록 사다리타기를 이용하여 증명해 보았습니다. 이곳도 에둘러 걷는 길을 택한 부분입니다.

제3장은 '다항식'입니다. 이 장이 시작되는 곳에서는 "대칭식은 기본대칭식으로 표현된다"는 정리와 그 증명의 개요를 소개합니다. 방정식의 계수는 근(해)의 대칭식으로 되어 있기 때문에, 이 정리는 방정식의 이론을 진행해 나가는 데에 중요합니다. 제5장에서는 당연히 이 정리를 사용하게 됩니다.

이 장의 후반부에서는 정수의 하나인 소수와 다항식의 하나인 기약다항식의 유사성을 바탕으로, 정수에서 전개한 이론을 다항식으로 끌어올리고 있습니다. 음악에 비유하면, 정수로 연주된 멜로디가 조바꿈을 거쳐 다항식으로 연주되는 느낌이라 할 수 있습니다. 그것이 전개되는 재미에 약간의 감동을 느끼실 것입니다. 결론으로 얻는 '기약다항식에 의해 만들어지는 체'는 제5장의 기본 영역입니다.

이 제3장에서는 중대한 선택을 했습니다. 그것은 방정식의 바탕인 다항식을 유리수 계수의 다항식에 한정한 것입니다. 전문 서적에서는 일반적으로 유리수 계수의 다항식이 아닌 것도 함께 다룹니다. 그 때문에 설명이 번잡하게 되어, 그렇지 않아도 어려운 갈루아 이론이 더 복잡해집니다. 전문 서적에서는 앞 페이지 그림의 '분리다항식', '유한체의 갈루아 이론'이라는 산등성이를 타는 경로를 선택하는 것이 보통입니다. 이 책에서는 이 작은 산봉우리를 돌아서 갑니다.

제4장은 '복소수'입니다. 이 책에서는 독자에게 복소수에 관한 지식이 있다고 가정하지 않습니다. 그래서 복소수의 정의부터 차근차근 설명합니다. 이 장의 전반부에서는 1의 n제곱근을 삼각함수를 이용하여 나타내고 $x^n - 1 = 0$, $x^n - a = 0$의 해를 복소평면 위에서 느낄 수 있도록 하였습니다. 이 방정식의 해가 바로 근호를 의미하는 부분입니다. 그러므로 이것이 제6장에서 전개할

이론의 바탕을 이루게 됩니다.

이 장의 후반부에서는 "모든 n차대수방정식은 복소수 안에서 해를 갖는다"라는 '대수학의 기본 정리'를 증명합니다. 이것은 제5장에서 체의 확대를 생각할 때, 도대체 왜 방정식에 해가 존재할까라는 물음을 긍정적으로 해결해 줍니다. 대수학의 기본 정리는 제5장의 내용이 공리공론에 빠져들지 않도록 하는 중요한 정리입니다.

제5장은 '체의 확대와 자기동형군'이 주제입니다. 확대체의 예를 다루면서 자기동형군과 갈루아 확대의 개념을 소개합니다.

여기서는 방정식의 갈루아군의 부분군과 확대체의 중간체가 일대일로 대응한다는 이른바 '갈루아 대응'을 설명합니다.

이곳은 갈루아 이론의 꽃이라고도 할 수 있는 곳으로서 구름 위에 온통 꽃밭이 펼쳐진 듯한 풍경을 볼 수 있습니다. 교양서를 펼쳐 여행할 때에는 이 부분을 인근의 산 중턱에 있는 산장에서 멀찍이 바라보기만 할 뿐이었습니다. 이 책은 여행에 참여한 독자들로 하여금 실제로 꽃밭에 내려가 고산식물의 사진을 찍을 수 있도록 하였습니다.

갈루아 확대체의 개념을 정의하는 경로는 크게 세 가지가 있습니다.

갈루아 확대체의 정의

(1) 방정식의 최소분해체

(2) 유한차수의 정규확대체

(3) (갈루아군의 위수) = (확대체의 차수)

이 책이 선택한 경로는 (1)최소분해체의 길입니다. 방정식 문제를 다루기 때문에, 이것으로부터 멀리 떨어진 정의로는 갈루아 확대체를 실감하기 매우 어렵다고 생각했기 때문입니다. 이 부분도 구체적인 예를 이용하여 이해한다는 본서의 취지를 살린 선택입니다.

(2)정규의 길, (3)아르틴의 길은 방정식으로부터 멀리 떨어져서 갈루아 확대체를 정의하고 있습니다.

(3)은 아르틴의 방식으로 알려진, 수학적으로는 세련된 매력적인 정의입니다. 등식으로 표현되기 때문에 이어지는 증명이 아주 깔끔하게 기술됩니다. 그러나 선형대수에 익숙하지 않다면 다룰 수 없는 데다, 자기동형군을 추상적인 상태로 다룬다는 것이 난점입니다.

이 책에서는 갈루아 대응의 실제 예를 살펴보고 나서 갈루아 대응을 증명합니다. 이 점은 다른 교양서가 좀처럼 따라올 수 없는 부분입니다.

제6장 '근호로 나타내기'에서는 마침내 피크 정리의 증명에 도전합니다. 이 장의 첫 부분에서는 1의 제곱근이 근호로 표현되는 것을 구체적으로 계산하여 보여줍니다. 1의 제곱근이 근호로 표현되는 것은 피크 정리로부터 도출되는 사실입니다. 하지만 다른 책에서는 구체적인 계산을 좀처럼 볼 수 없습니다.

다음으로 3차방정식, 4차방정식의 해의 대칭성에 대해 알아봅니다. 제2장에서 손에 넣은 정삼각형의 이면체군과 정육면체의 정다면체군이라는 든든한 장비가 큰 구실을 하는 부분입니다. 이어서 1의 제곱근이 만드는 체, $x^n - a = 0$의 해가 만드는 체의 구조를 자세히 알아봅니다. 근호로 표현되는 수라는 것은 이 방정식들을 되풀이 사용하여 얻어지는 수이기 때문입니다.

후반부에서는 제1장의 마지막 정리, 제2장의 군 이론, 제5장의 갈루아 대응을 함께 이용하여 마지막 암벽을 오릅니다. 이 암벽을 다 오른 곳에 피크 정리가 있습니다. 이것으로 갈루아 이론의 기초를 정복하게 됩니다. 제5장의 꽃밭에 섰던 때의 감동과 다른 감동을 느낄 수 있을 겁니다. 여러분이 피크 정리에 오른 여운을 즐기시는 곳에서 마지막으로, 근호로 풀 수 없는 5차방정식을 소개합니다.

이상이 이 책에서 선택한 피크 정리까지 다다르는 경로입니다.

자, 준비는 되셨나요? 갈 길이 멀지만 느려도 괜찮으니, 한 걸음 한 걸음 착실하게 내디디면서 함께 정상을 향해 걸어가 봅시다.

머리말 …… 5

제1장 정수

1 최대공약수를 구하기 …… 28
▶ 유클리드의 호제법
정리1.1 호제법의 원리 …… 30
정리1.2 1차부정방정식 …… 35
정리1.3 1차부정방정식 …… 35

2 나머지의 계산 …… 38
▶ 잉여류
정의1.1 합동식 …… 39
정의1.2 합동식 …… 39
정리1.4 합동식의 성질 …… 40

3 정육각형을 회전시키기 …… 44
▶ 순환군
정의1.3 군의 정의 …… 47

4 군이 같다는 것 …… 50
▶ 군의 동형
정의1.4 군의 동형 …… 51

5 일부의 원소로도 군이 된다 …… 57
▶ 부분군
정리1.5 순환군의 부분군 …… 58

6 두 개의 군으로 군을 만들기 …… 60
▶ 군의 직적
정의1.5 군의 직적 …… 61
정리1.6 중국 나머지정리 …… 65
정리1.7 중국 나머지정리 : 3개의 수 …… 68
정리1.8 Z/nZ의 분해 …… 70

7 곱하여도 군이 된다! ······ 72
▶ 기약잉여류군
정의1.6 기약잉여류군 ······ 74

8 $(\mathbf{Z}/p^n\mathbf{Z})^*$는 직적으로 쓸 수 있는가? ······ 76
▶ 기약잉여류군의 구조 분석
정리1.9 기약잉여류군의 분해 ······ 79
정의1.7 오일러 함수 ······ 80
정리1.10 기약잉여류의 원소의 개수 ······ 80

9 $(\mathbf{Z}/p\mathbf{Z})^*$는 순환군이다 ······ 81
▶ 원시근으로 생성
정리1.11 F_p 위의 1차방정식 ······ 85
정리1.12 F_p 위의 나머지정리 ······ 86
정리1.13 F_p 위의 인수정리 ······ 87
정리1.14 F_p 위의 방정식에서 해의 개수 ······ 87

10 소수 p의 원시근은 분명히 있다 ······ 88
▶ 원시근의 존재 증명
정리1.15 α가 생성하는 순환군 ······ 88
정리1.16 원시근의 존재 ······ 89
정리1.17 $(\mathbf{Z}/p\mathbf{Z})^*$는 순환군 ······ 94

11 기약잉여류군을 해부하기 ······ 95
▶ $(\mathbf{Z}/p\mathbf{Z})^*$의 구조
정리1.18 $(\mathbf{Z}/2^n\mathbf{Z})^*$의 구조 ······ 96
정리1.19 $(\mathbf{Z}/p^n\mathbf{Z})^*$의 구조 ······ 100
정리1.20 기약잉여류군의 구조 ······ 105

제2장 군

1 정삼각형의 대칭성을 알아보기 ······ 108
▶ 이면체군
정리2.1 g에 의한 교체 ······ 111
정리2.2 g가 부분집합에 작용 ······ 112

정의2.1 이면체군 ···· 113

2 부분군으로부터 잉여군을 만들기 ···· 114
▶ 일반 잉여군

정리2.3 잉여류 ···· 120
정리2.4 라그랑주의 정리 ···· 123
정리2.5 위수제곱은 항등원 ···· 125
정리2.6 페르마의 소정리, 오일러의 정리 ···· 125
정리2.7 잉여군의 항등원 ···· 126

3 정육면체의 대칭성을 알아보기 ···· 127
▶ $S(P_6)$

정리2.8 잉여군 ···· 137
정리2.9 순환군의 잉여군은 순환군 ···· 143
정리2.10 절반의 부분군은 정규부분군 ···· 145

4 동형사상이 아니래도! ···· 147
▶ 준동형사상

정의2.2 군의 준동형사상 ···· 147
정리2.11 Imf는 군 ···· 150
정리2.12 Ker$f$는 군 ···· 152
정리2.13 준동형정리 ···· 153

5 동형을 만들기 ···· 157
▶ 제2동형정리, 제3동형정리

정리2.14 부분군이기 위한 조건 ···· 158
정리2.15 부분군의 연산 ···· 159
정리2.16 제2동형정리 ···· 160
정리2.17 제3동형정리 ···· 164

6 사다리타기가 만드는 군 ···· 167
▶ 대칭군 S_6

정리2.18 치환은 호환의 곱 ···· 179
정리2.19 대칭군의 생성원 ···· 181
정리2.20 치환의 홀짝 성질 ···· 182
정리2.21 교대군 ···· 186

정리2.22 교대군과 대칭군 ··· 187
정리2.23 교대군은 삼환의 곱 ··· 188
정리2.24 교대군의 생성원 ··· 189

7 크기대로 포함되는 구조를 갖는 순환군 ··· 191
▶ 가해군

정의2.3 가해군 ··· 194
정리2.25 순환군의 직적은 가해군 ··· 195
정리2.26 교대군의 비가해성 ··· 196
정리2.27 가해군의 부분군도 가해군 ··· 198
정리2.28 대칭군의 비가해성 ··· 199
정리2.29 준동형사상의 상도 가해군 ··· 199
정리2.30 잉여군도 가해군 ··· 201

제3장 다항식

1 기본대칭식으로 나타내기 ··· 208
▶ 대칭식

정리3.1 대칭식의 기본 정리 ··· 212

2 다항식에서 소수에 해당하는 다항식 ··· 216
▶ 기약다항식

정리3.2 F_p 위의 다항식은 정역 ··· 218
정리3.3 유리수 계수 다항식의 기약성 ··· 219
이것의 대우 ··· 219
정리3.4 아이젠슈타인의 판정조건 ··· 221

3 정수와 다항식의 유사성 ··· 225
▶ 다항식의 합동식

정리3.5 다항식의 1차부정방정식 ··· 229
정리3.6 기약다항식의 성질 ··· 231

4 기약다항식으로 나누어도 체 ··· 235
▶ $Q[x]/(f(x))$

정리3.7 기약다항식에 의한 체 ··· 240

제4장 복소수

1 2차방정식에서 복소수가 나온다 ···································· 244

▶ 복소수

정 리 대수학의 기본 정리 ···································· 244

정리4.1 켤레복소수의 계산 법칙 ···································· 248

정리4.2 켤레복소수를 더하거나 곱하면 실수 ···················· 249

정리4.3 켤레복소수도 해 ···································· 250

2 복소수가 활약하는 무대 ···································· 252

▶ 복소평면

정리4.4 복소수의 곱셈에서 절댓값과 편각 ···················· 256

정리4.5 복소수의 나눗셈에서 절댓값과 편각 ·················· 256

정리4.6 복소수의 n제곱 ···································· 258

3 원을 n등분하는 점 ···································· 259

▶ 1의 n제곱근

정리4.7 1의 n제곱근 ···································· 261

정리4.8 복소수의 n제곱근 ···································· 262

정리4.9 1의 원시n제곱근 ···································· 265

4 1의 원시n제곱근을 해로 갖는 방정식 ···················· 267

▶ 원분다항식

정의4.1 원분다항식 ···································· 267

정리4.10 소수 차수의 원분다항식 ···································· 268

정리4.11 1의 n제곱근의 합의 공식 ···································· 269

5 n차방정식에는 반드시 해가 있다 ···································· 275

▶ 대수학의 기본 정리

정리4.12 대수학의 기본 정리 ···································· 276

정리4.13 복소수 계수 2차방정식의 해의 존재 ·················· 276

정리4.14 실수 계수 다항식의 해의 존재 ···················· 277

정리4.15 복소수 계수 방정식의 해의 존재 ···················· 281

정리4.16 대수학의 기본 정리: 인수분해 버전 ·················· 282

6 n이 합성수이어도 원분다항식은 기약 …… 291
▶ $\Phi(x)$의 기약성 증명
정리4.17 mod p에서 p제곱 …… 291
정리4.18 해로부터 해를 만들기 …… 291
정리4.19 원분다항식의 기약성 …… 294

제5장 체와 자기동형사상

1 무리수 계산을 간단하게 하기 …… 298
▶ $Q(\sqrt{3})$의 대칭성
정의5.1 체의 정의 …… 300
정의5.2 체의 동형사상 …… 307
정리5.1 유리수는 동형사상에 의하여 불변 …… 310

2 이 계산, 어디선가 보았는데 ! …… 311
▶ $Q[x]/(f(x)) \cong Q(\alpha)$
정리5.2 최소다항식과 기약다항식 …… 315
정리5.3 단순확대체 $Q(\alpha)$의 원소 표현의 일의성 …… 316
정리5.4 다항식의 잉여류군과 단순확대체 …… 318

3 동형은 n개 …… 319
▶ $Q(\alpha_1) \cong Q(\alpha_2) \cong \cdots \cong Q(\alpha_n)$
정리5.5 $f(x)$가 만들어 내는 동형 …… 319
정리5.6 동형사상과 유리함수는 순서를 바꿀 수 있음 …… 323
정리5.7 동형사상은 해를 켤레인 해로 옮긴다 …… 324
정리5.8 동형사상은 해를 치환시킨다: 해의 치환 …… 324
정리5.9 $Q(\alpha)$의 동형 …… 327
정리5.10 $Q(\alpha)$에 작용하는 동형사상은 n개 …… 329

4 체의 차원을 파악하자 …… 333
▶ 선형대수의 보충 설명
정의5.3 선형공간 …… 334
정의5.4 일차독립, 일차종속의 정의 …… 336
정리5.11 일차독립, 일차종속 …… 337

정의5.5 기저의 정의 ···· 339
정리5.12 표현의 일의성 ···· 339
정리5.13 기저의 완전성 ···· 339
정리5.14 $Q(\alpha)$의 기저 ···· 342
정리5.15 선형공간의 차원 ···· 345
정의5.6 차원 ···· 347
정리5.16 선형공간의 일치 ···· 348

5 방정식의 해를 포함하는 체 ···· 350
▶ 최소분해체 $Q(\alpha_1, \alpha_2, \cdots, \alpha_n)$

정의5.7 최소분해체 ···· 350
정리5.17 동형사상이 자기동형사상이 되는 조건 ···· 356
정리5.18 자기동형사상의 곱도 자기동형사상 ···· 360
정리5.19 자기동형군 ···· 360

6 4차방정식의 예 ···· 364
▶ 중간체

7 2단 확대 ···· 370
▶ $Q(\alpha, \beta)$

정리5.20 차원의 곱셈 공식 ···· 380
정리5.21 동형사상의 연장 ···· 387
정리5.22 $Q(\alpha, \beta)$에 작용하는 동형사상 ···· 390

8 불변부분군과 불변체가 대응하고 있다! ···· 393
▶ 갈루아 대응

정리5.23 불변체 ···· 398
정리5.24 불변부분군 ···· 399

9 확대체는 모두 단순확대체 ···· 400
▶ $Q(\alpha_1, \cdots, \alpha_n) = Q(\theta)$

정리5.25 원시원소의 존재 ···· 408
정리5.26 대수적 확대체는 단순확대체 ···· 410
정리5.27 최소분해체는 단순확대체 ···· 410

10 동형사상에 의해서 벗어나는 것이 없다 ······ 412
▶ 갈루아 확대체

정리5.28 (최소분해체의 차수) = (갈루아군의 위수) ······ 412
정의5.8 갈루아 확대체 ······ 415
정리5.29 $Q(\alpha)$가 갈루아 확대체가 되는 조건 ······ 417

11 2단 확대 이론으로 증명하기 ······ 419
▶ 갈루아 대응의 증명

정리5.30 최소분해체의 정규성 ······ 420
정리5.31 M의 갈루아군 ······ 423
정리5.32 차수 공식 ······ 427
정리5.33 갈루아 대응: M으로부터 시작하기 ······ 431
정리5.34 갈루아 대응: H로부터 ······ 433

12 M/Q는 갈루아 확대인가? ······ 435
▶ 중간체가 갈루아 확대체로 되는 조건

정리5.35 $\sigma(M)$과 $\sigma H \sigma^{-1}$의 대응 ······ 443
정리5.36 중간체가 갈루아 확대체가 되는 조건 ······ 444

제6장 근호로 나타내기

1 1의 n제곱근을 거듭제곱근으로 나타내기 ······ 450
▶ 원분방정식의 가해성

정리6.1 1의 n제곱근의 거듭제곱근 표현 ······ 455

2 3차방정식을 거듭제곱근으로 풀기 ······ 461
▶ 3차방정식의 근의 공식

3 3차방정식의 갈루아 대응을 구하기 ······ 466
▶ 거듭제곱근 확대

4 4차방정식을 거듭제곱근으로 풀기 ······ 477
▶ 4차방정식의 근의 공식

5 4차방정식의 갈루아 대응을 알아보자 ······ 482
▶ 거듭순환 확대체

정리6.2 가해군과 거듭순환 확대의 대응 ······ 489

6 1의 거듭제곱근이 만드는 체 ······ 495
▶ 원분확대체와 갈루아군

정리6.3 원분확대체의 갈루아군 ······ 499

7 $x^n - a = 0$이 만드는 확대체 ······ 506
▶ 쿠머 확대

정리6.4 거듭제곱근 확대로부터 순환 확대를 만든다 ······ 511

8 순환 확대는 $x^n - a = 0$으로 만들 수 있다 ······ 516
▶ 순환 확대에서 거듭제곱근 확대로

정리6.5 순환 확대로부터 거듭제곱근 확대를 만든다 ······ 518
정리6.6 데데킨트의 보조 정리 ······ 520
정리6.7 거듭제곱근 확대를 만드는 거듭제곱근의 존재 ······ 522

9 피크 정리에 서자! ······ 525
▶ 거듭제곱근으로 풀 수 있는 방정식의 조건

피크 정리 ······ 525
정리6.8 가해군일 때, 해는 거듭제곱근으로 표현된다 ······ 525
정리6.9 누차거듭제곱근 확대체의 갈루아 폐포 ······ 526
정리6.10 해가 거듭제곱근으로 표현될 때는 가해군 ······ 531

10 5차방정식의 근의 공식은 없다 ······ 533
▶ 갈루아군이 가해군이 아닌 방정식

정리6.11 위수가 p인 원소의 존재 – 코시의 정리 ······ 533

맺음말 ······ 542
찾아보기 ······ 547

제1장 정수

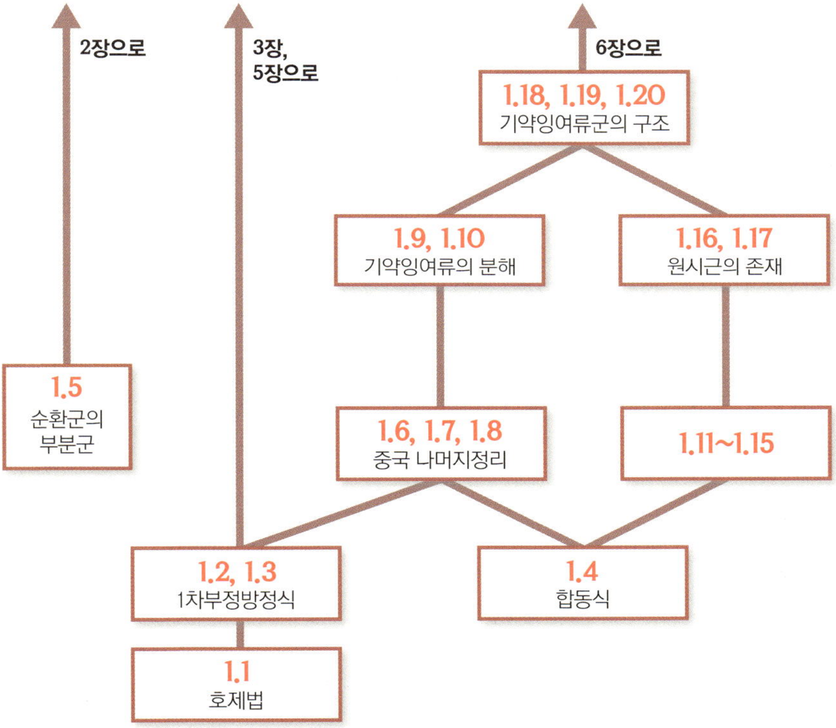

이 장의 목표는 기약잉여류의 구조(**정리1.20**)를 이해하는 것입니다. 호제법, 부정방정식, 중국 나머지정리 등을 차례대로 살펴보며 목적지를 향해 나아갈 것입니다. **정리1.1**에서 시작하여 **정리1.20**에 이르는 과정을 살펴봅시다. **정리1.11**부터 **정리1.15**까지는 원시근의 존재(**정리1.16**)를 보여주기 위해 준비한 정리입니다.

또 **정리1.18**과 **정리1.19**에서는 기약잉여류군의 구조에 관한 각기 다른 형태의 정리를 다룹니다. 처음에는 하나만으로도 충분하다고 생각할 수 있지만 내친김에 함께 살펴보도록 합시다.

호제법과 부정방정식은 제3장과 제5장에서도 많이 쓰이니 이곳에서 충분히 숙지하고 넘어가면 좋겠습니다.

1장에서 군의 정의를 미리 살펴보겠습니다. 정수의 잉여류를 통해 군에 익숙해지도록 합시다.

1 최대공약수를 구하기

— 유클리드의 호제법

중학교 때까지는 최대공약수를 구할 때 두 수를 소인수분해(素因數分解, prime factorization)하고 나서 공통으로 들어 있는 소인수를 찾는 순서를 밟았을 것이라고 생각합니다. 두 수의 최대공약수를 구하는 데에는 다음과 같은 방법도 있습니다.

문제1.1 851, 185의 최대공약수를 구하시오.

이유를 설명하기에 앞서, 일단 다음과 같이 나눗셈을 되풀이하면 최대공약수를 구할 수 있습니다.

$851 \div 185 = 4$ 나머지 111

$185 \div 111 = 1$ 나머지 74

$111 \div 74 = 1$ 나머지 37

$74 \div 37 = 2$ 나머지 0

이렇게 하여 851과 185의 최대공약수는 마지막 나눗셈에서 나누는 수인 37이 됩니다.

두 수의 최대공약수는 위의 계산처럼 한 단계 앞의 식에 있는 '나누는 수'를 '나머지'로 나누는 과정을 되풀이하여 구할 수 있습니다. 지금까지 두 수를 소인수분해하여 공통인 소인수를 구하던 학생에게는 나눗셈을 되풀이하는 것만으로도 최대공약수가 구해진다는 것은 신기한 일일 것입니다.

이러한 계산법을 유클리드의 호제법(互除法, division algorithm)이라고 합니다.

어째서 이러한 계산으로 최대공약수를 구할 수 있는지 먼저 그림으로 설명해 보겠습니다.

851과 185의 최대공약수를 구하는 것은 다음의 문제를 푸는 것과 같습니다.

> **정사각형의 타일을 이용해서 가로가 851, 세로가 185인 직사각형을 만듭니다. 정사각형 타일의 크기를 최대로 잡았을 때 정사각형의 한 변의 길이는 얼마입니까?**

정사각형의 타일을 늘어놓아 직사각형을 만드는 것이므로 직사각형의 가로 길이와 세로 길이는 정사각형의 한 변의 길이의 배수가 됩니다.

거꾸로 말하면 정사각형의 한 변의 길이는 직사각형의 세로, 가로의 길이의 약수가 됩니다. 이 안에서 가장 큰 정사각형을 찾으라고 했으므로 답은 851과 185의 최대공약수가 됩니다.

851과 185의 최대공약수를 g라 하고, 한 변의 길이가 g인 정사각형 타일을 단위 정사각형이라고 하면 세로가 185, 가로가 851인 직사각형이 만들어집니다.

$$851 \div 185 = 4 \text{ 나머지 } 111$$

위의 나눗셈을 직사각형 그림에 나타내 보면 다음과 같이 됩니다.

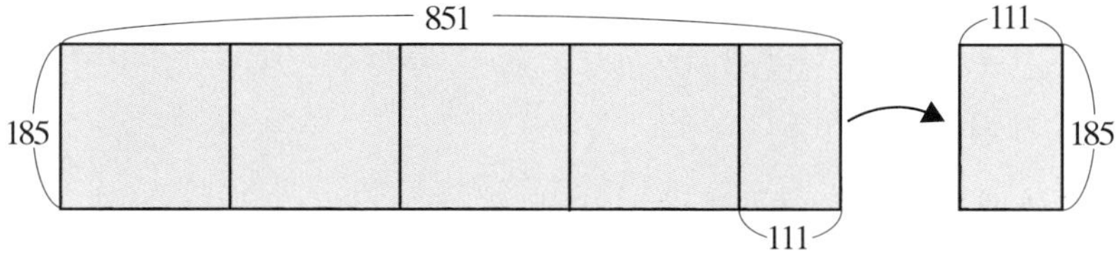

나눗셈은 가로 851, 세로 185인 직사각형을 한 변의 길이가 185인 정사각형으로 잘라낼 수 있을 만큼 잘라내는 것과 같습니다. 가로 851, 세로 185의 직사각형과 한 변이 185인 정사각형이 모두 단위 정사각형으로 이루어져 있기 때문

에 이러한 조작을 할 수 있었다는 점에 주목해 주세요.

이처럼 직사각형에서 짧은 변의 길이를 한 변으로 하는 정사각형을 잘라낼 수 있을 만큼 계속해서 잘라내다 보면, 언젠가는 남는 부분 없이 직사각형에 딱 맞춰서 정사각형으로 자를 수 있습니다. 이때 마지막에 나오는 정사각형이 단위 정사각형이 됩니다.

수학적으로 정확히 설명해 봅시다.

정리1.1 호제법의 원리

x와 y의 최대공약수를 (x, y)로 나타내기로 한다.

a, b를 자연수라고 한다. a를 b로 나눈 나머지가 r일 때 다음이 성립한다.

$$(a, b) = (b, r)$$

a와 b의 최대공약수는 a를 b로 나누었을 때의 나누는 수 b와 나머지 r의 최대공약수와 같다는 것입니다.

이 정리를 위에서 다루었던 구체적인 예에 되풀이하여 적용해 보면

$$(851, 185) = (185, 111) = (111, 74) = (74, 37)$$

이 됩니다. 851과 185의 최대공약수와 74와 37의 최대공약수가 같게 됩니다. 74는 37의 배수이므로 74와 37의 최대공약수는 37임을 바로 알 수 있습니다.

나눗셈을 되풀이하다가 마지막에 나누어떨어질 때의 나누는 수가 결국 최대공약수가 되는 것입니다.

나눗셈에서 나머지는 나누는 수보다 작기 때문에 나머지는 점점 작아집니다. 계속해서 나누어떨어지지 않다가 마지막에 1이 남는 경우도 생각할 수 있습니다. 이러한 경우에는 처음에 주어진 두 수의 최대공약수가 1입니다. a와 b의 최대공약수가 1일 때, a와 b를 서로소(서로素, relatively prime)라고 합니다.

증명 $(a, b) = g$, $(b, r) = h$로 놓고, $g = h$임을 증명하면 됩니다.

a, b는 g의 배수이므로 자연수 a', b'을 사용해서

$$a = a'g, \quad b = b'g \cdots\cdots ①$$

라고 쓸 수 있습니다.

a를 b로 나눈 몫을 q라고 하면, 나머지가 r이므로

$$a = bq + r \cdots\cdots ② \qquad \text{이로부터 } r = a - bq.$$

여기에 ①을 대입하면 $r = a'g - b'gq = (a' - b'q)g$

가 되어 g는 r의 약수가 됩니다. 원래 g는 b의 약수였기 때문에, g는 b와 r의 공약수입니다. 공약수는 최대공약수보다 작거나 같으므로 $g \leqq h$입니다.

또 b, r는 h의 배수이므로 자연수 c', r'을 사용해서

$$b = c'h, \quad r = r'h$$

라고 쓸 수 있습니다. 이것을 ②에 대입하면

$$a = bq + r = c'hq + r'h = (c'q + r')h$$

h는 a의 약수가 됩니다. h는 원래 b의 약수이었기 때문에 h는 a와 b의 공약수입니다. 공약수는 최대공약수보다 작거나 같으므로 $g \geqq h$입니다.

$g \leqq h$이면서 $g \geqq h$이므로 $g = h$입니다. (증명 끝)

호제법은 다음과 같은 방정식의 정수해를 구할 때에도 응용됩니다.

문제1.2 다음의 각각의 식을 만족시키는 정수 x, y를 구하시오.

(1) $17x + 5y = 1$

(2) $15x + 6y = 9$

(3) $15x + 6y = 5$

답만 구하는 것이라면 x에 1, 2, 3, …을 순서대로 대입하고 그것에 대응하는

정수 y가 있는지 알아보면 빠릅니다. 그렇지만 앞서 한 이야기를 이어 나가기 위해 여기서는 호제법을 사용해서 문제를 풀어 봅시다.

요점은 호제법을 사용해서 좌변의 식을 계수가 작은 1차식으로 변형시켜 가는 것입니다. 이처럼 $ax + by = c$의 형태를 띤 식의 정수해를 구하는 문제를 1차부정방정식이라 합니다.

(1) 17을 5로 나누면 몫이 3이고 나머지가 2이므로 $17 = 5 \cdot 3 + 2$

$$17x + 5y = (5 \cdot 3 + 2)x + 5y = 5(3x + y) + 2x = 5z + 2x$$

5로 묶으면 z로 놓는다

여기에서 $z = 3x + y$ ……①로 놓았습니다.

5 나누기 2는 몫이 2이고 나머지가 1이므로 $5 = 2 \cdot 2 + 1$

이것을 이용하면

$$5z + 2x = (2 \cdot 2 + 1)z + 2x = 2(2z + x) + z = 2w + z$$

w로 놓는다

여기에서 $w = 2z + x$ ……②로 놓았습니다.

변수를 치환하면 원래 방정식은 $2w + z = 1$이라는 방정식이 됩니다. 이 식을 만족시키는 정수 w, z를 찾는 것은 간단하지요. $w = 0,\ z = 1$입니다.

그 다음으로는 $w = 2z + x,\ z = 3x + y$라는 치환을 이용하여 x, y를 구합니다.

$w = 2z + x$에서 $w = 0,\ z = 1$을 대입하면 $0 = 2 \cdot 1 + x$이므로 $x = -2$

$z = 3x + y$에서 $z = 1,\ x = -2$를 대입하면 $1 = 3(-2) + y$이므로 $y = 7$

이렇게 $x = -2,\ y = 7$이라는 한 쌍의 정수해를 구했습니다.

순조롭게 x, y의 정수해를 구할 수 있었던 까닭은

A 치환하는 식(①, ②)에서 x, y의 계수가 1

B 마지막 방정식 $2w + z = 1$에서 z의 계수가 1

이 되었기 때문입니다.

'치환하는 식에서 x, y의 계수가 1'이므로 x, y를 정수로 구할 수 있습니다. x, y의 계수가 1이 아니면 w, z로부터 각각 x, y를 구했을 때 분수가 나왔을지도 모릅니다. 치환하는 식에서 x, y의 계수가 1이 되는 것은 치환하는 식을 만드는 법을 보시면 이해할 것입니다.

$ax + by = d$에서 $a = bq + r$를 대입하면

$(bq + r)x + by = d$이므로 $b(qx + y) + rx = d$

여기에서 $z = qx + y$라고 놓고 있기 때문입니다.

또 '마지막 방정식 $2w + z = 1$에서 z의 계수가 1'이므로 $2w + z = 1$의 정수해를 바로 생각해 낼 수 있습니다.

이것은 호제법으로 계산하는 과정에서 나머지로 나온 수입니다.

$17x + 5y \quad 17 \div 5 = 3 \cdots 2$

$5z + 2x \quad 5 \div 2 = 2 \cdots 1$

$2w + z \quad 2 \div 1 = 2 \cdots 0$

호제법으로 계산하는 과정에서 나오는 나머지가 바로 다음에 변형되어 나온 1차식에서 두 번째 항의 계수가 되고 있음을 눈치채셨을 것입니다.

z의 계수가 1이 된 것도 17과 5의 최대공약수가 1이기 때문입니다. 최대공약수가 1인 17과 5에 호제법을 적용했기 때문에 마지막 나머지가 1이 된 것입니다.

(2) 호제법을 이용해서 계수를 작게 만들어 갑니다.

$15x + 6y = (6 \cdot 2 + 3)x + 6y = 6(2x + y) + 3x$

$z = 2x + y$라고 놓습니다. 6은 3으로 나누어떨어지기 때문에 여기에서 호제법을 멈춥니다.

$6z + 3x = 9$

이 방정식의 해는 $x = 3$, $z = 0$이 되고,

$z = 2x + y$에서 $0 = 2 \cdot 3 + y$가 되므로 $y = -6$입니다.

$x = 3$, $y = -6$이라는 정수해가 구해졌습니다.

(3) (2)와 마찬가지로 변수를 치환하면

$6z + 3x = 5$가 되는데, 좌변은 $6z + 3x = 3(2z + x)$가 되므로 3의 배수입니다. 한편 우변은 3의 배수가 아니므로 어떠한 정수 z, x를 택하더라도 등식을 만족시키지 않습니다. 즉, 이 방정식의 정수해는 없습니다.

여기에서 1차부정방정식 $ax + by = d$를 푸는 방법을 정리해 두도록 하겠습니다.

좌변의 $ax + by$를 호제법을 이용해 계수를 작게 만들어 가다 보면 마지막에

$$hX + gY = d$$

가 된다고 합시다. h, g는 호제법의 계산에서 나온 수이고 X, Y는 문자의 치환을 되풀이하여 나온 마지막 변수입니다. 이때 $(a, b) = \cdots = (h, g) = g$로부터 g는 a와 b의 최대공약수가 됩니다. h는 g로 나누어떨어지므로 자연수 j를 이용하여 $h = jg$라고 쓸 수 있습니다.

$d(\neq 0)$가 g의 배수라 하면, $d = eg$(e는 자연수)라고 쓸 수 있으므로 $X = 0$, $Y = e$로 놓으면 정수해를 구할 수 있습니다.

그러나 d가 g의 배수가 아니라면 이 식을 만족시키는 정수 X, Y는 없습니다. 좌변은 $hX + gY = jgX + gY = (jX + Y)g$가 되어 좌변은 g의 배수이지만, 우변은 g의 배수가 아니기 때문입니다. 이러한 경우에는 X, Y가 어떠한 정수라 해도 등식은 성립하지 않습니다.

이것을 정리해 둡시다.

정리1.2 **1차부정방정식**

a, b, d는 정수라 한다($a \neq 0, b \neq 0$). g를 a와 b의 최대공약수라 한다.

$$ax + by = d$$

이 1차부정방정식은 d가 g의 배수일 때 정수해가 있고, d가 g의 배수가 아닐 때는 정수해가 없다.

정리1.1, **문제1.2**에서는 계수를 자연수로 한정하여 생각했지만, 이 정리에서는 다루는 수의 범위를 정수로 확장하고 있습니다.

이를테면 '$7x - 3y = -5$ ……①'라고 하는 부정방정식의 해를 구할 때는 계수와 상수가 자연수인 식 '$7X + 3Y = 5$ ……②'의 해를 구하고 나서 계수의 부호를 조정하면 됩니다. ②의 해가 $(X, Y) = (2, -3)$이므로 ①의 해는 $(x, y) = (-X, Y) = (-2, -3)$입니다.

정리1.3 **1차부정방정식**

a, b, c, d는 정수라고 한다($a \neq 0, b \neq 0, c \neq 0$). g를 a, b, c의 최대공약수라 한다.

$$ax + by + cz = d$$

d가 g의 배수일 때 이 방정식을 만족시키는 정수해 x, y, z가 존재하고, d가 g의 배수가 아닐 때 정수해 x, y, z는 존재하지 않는다.

사실 이 정리는 변수를 늘려서 다음과 같이 확장할 수 있습니다.

앞의 정리에서 cz를 더하기만 했습니다. 더 더할 수도 있습니다. 다음 증명을 읽으면 이해할 것입니다. 앞의 정리에서는 방정식을 만족시키는 정수 x, y를 찾는 방법(호제법)을 제시했지만 다음 증명에서는 해의 존재성을 제시할 뿐입니다.

증명 $ax+by+cz$의 형태로 표현되는 정수의 집합을 S라 하면,

$$S=\{ax+by+cz \mid x, y, z\text{는 정수}\}$$

이 S는 다음과 같은 성질이 있습니다.

S의 임의 원소 u, v와 정수 k에 대해 $u+v$, kv가 S에 속한다는 성질입니다. 실제로 u, v를

$$u=ax_1+by_1+cz_1, \quad v=ax_2+by_2+cz_2$$

라고 하면

(i) $u+v=(ax_1+by_1+cz_1)+(ax_2+by_2+cz_2)$

$\quad =a(x_1+x_2)+b(y_1+y_2)+c(z_1+z_2)\in S$

(ii) $kv=k(ax_1+by_1+cz_1)=a(kx_1)+b(ky_1)+c(kz_1) \in S$

가 되므로 $u+v$, kv는 분명히 S의 원소입니다.

S의 원소들 가운데 가장 작은 양의 정수를 h라 하면, S의 원소는 모두 h의 배수가 됩니다. 하지만 여기에서는 h의 배수가 아닌 수가 있다고 가정해 봅시다. 그 수를 m이라 하지요. m을 h로 나누어 나온 몫을 q, 나머지를 r라고 하면, $m=qh+r$이고 나누어떨어지지 않는다는 가정으로부터 $r\neq 0$입니다.

이것으로부터 $r=m-qh=m+(-q)h$이고 h, m이 S에 속해 있으므로 (ii)에 의해 $(-q)h\in S$, (i)에 의해 $r=m+(-q)h\in S$가 되어 r도 S에 속하게 됩니다. 그렇지만 r는 나눗셈의 나머지이므로 나누는 수인 h보다 작습니다. 이것은 h가 S의 원소들 가운데 가장 작은 양의 정수라는 가정에 모순됩니다.

따라서 S의 원소는 모두 h의 배수가 됩니다.

$ax+by+cz$라는 식에서 $x=1$, $y=0$, $z=0$을 대입하면 a가 되기 때문에 a는 S의 원소입니다. 마찬가지로 b, c도 S의 원소입니다. 그렇다는 것은 a, b, c는 모두 h의 배수이고, h는 a, b, c의 공약수라는 것입니다. h가 공약수이므

로 h는 a, b, c의 최대공약수 g보다 작거나 같습니다. $h \leqq g$ ……①.

또, a, b, c가 g의 배수이므로 $a = a'g$, $b = b'g$, $c = c'g$(a', b', c'은 정수)라고 쓸 수 있습니다.

$$ax + by + cz = a'gx + b'gy + c'gz = (a'x + b'y + c'z)g$$

가 되어 S의 원소는 g의 배수입니다. 특히 h도 g의 배수이므로 $h \geqq g$ ……②.

①, ②에 의해 $h = g$가 됩니다.

$ax + by + cz = g$가 되는 정수 x, y, z의 존재가 증명되었습니다. 이것을 x_3, y_3, z_3이라고 놓으면, $ax_3 + by_3 + cz_3 = g$가 됩니다.

d가 g의 배수이고 $d = ng$가 된다면

$$ax + by + cz = d$$

를 만족하는 정수해의 하나는 nx_3, ny_3, nz_3입니다. 실제로

$$a(nx_3) + b(ny_3) + c(nz_3) = n(ax_3 + by_3 + cz_3) = ng = d$$

가 됩니다.

S의 원소는 모두 g의 배수이므로 d가 g의 배수가 아닐 때는 방정식을 만족시키는 정수해가 없습니다. (증명 끝)

2 나머지의 계산

— 잉여류

나머지에 관한 문제부터 시작해 봅시다.

> **문제1.3** a를 5로 나눈 나머지는 3이고 b를 5로 나눈 나머지는 4입니다. $a+b$, ab를 5로 나눈 나머지를 구하시오.

a가 되는 수는

$$\cdots, -12, -7, -2, 3, 8, 13, \cdots$$

−12를 5로 나누면 $-12 = (-3) \cdot 5 + 3$이므로 몫은 −3, 나머지는 3

b가 되는 수는

$$\cdots, -11, -6, -1, 4, 9, 14, \cdots$$

이와 같이 각각 무한히 많습니다.

이를테면 a는 13을, b는 4를 택해 생각해 봅시다.

$a+b=13+4=17$　　　$17 \div 5 = 3$ 나머지 2

$ab = 13 \cdot 4 = 52$　　　$52 \div 5 = 10$ 나머지 2

가 됩니다. $a+b$를 5로 나눈 나머지는 2, ab를 5로 나눈 나머지도 2가 되었습니다. 사실은 문제의 조건에 맞는 정수 중에서 a, b로 어떠한 것을 택하여도 $a+b$를 5로 나눈 나머지는 2, ab를 5로 나눈 나머지도 2가 됩니다. 실제로 다른 수를 대입하여 여러분도 확인해 보세요.

이 문제의 재미있는 점은 $a+b$, ab를 5로 나눈 나머지가 각각 하나로 정해져 있다는 것입니다.

a, b로 어떠한 수를 선택하든 답은 한 가지로 정해져 있기 때문에 a, b를 5로 나눈 나머지만으로 구하는 것이 가장 간단합니다. 이와 같이 나머지를 구하는 문제에서는 나머지만으로 계산해서 답을 구할 수 있습니다.

즉, $a+b$를 5로 나눈 나머지를 구하는 것이라면

a의 나머지인 3과 b의 나머지인 4를 더해서 7.

7을 5로 나눈 나머지는 2. 답은 2.

ab를 5로 나눈 나머지를 구하는 것이라면

a의 나머지인 3과 b의 나머지인 4를 곱해서 12.

12를 5로 나눈 나머지는 2. 답은 2.

와 같은 방식으로 하는 것입니다.

왜 $a+b$, ab를 5로 나눈 나머지가 각각 하나로 정해지게 되는지를 새로운 기호 '≡'를 도입해서 증명해 봅시다.

정의1.1 합동식(合同式, congruence expression)

m은 자연수이고 a, b는 정수라고 한다. a를 m으로 나눈 나머지와 b를 m으로 나눈 나머지가 같을 때

$$a \equiv b \pmod{m}$$

이라고 쓰고 "a와 b는 법 m에 대해서 합동이다"라고 한다.

예를 들어 봅시다. 27을 7로 나눈 나머지가 6, 13을 7로 나눈 나머지도 6으로 같으므로

$$27 \equiv 13 \pmod{7}$$

이라고 씁니다. '≡'를 아래와 같이 정의해도 똑같습니다.

정의1.2 합동식

m은 자연수, a, b는 정수라고 한다. $a-b$가 m의 배수일 때

$a \equiv b \pmod{m}$이라고 쓴다.

이를테면 $27-13=14$가 7로 나누어떨어지므로 $27 \equiv 13 \pmod 7$이라고 씁니다.

정의1.1과 **정의1.2**가 동치임을 일단 아래 증명을 따라가며 이해해 봅시다.

증명 정의1.1과 정의 1.2가 동치인 것의 증명

a를 m으로 나눈 몫을 q, 나머지를 r로 하고, b를 m으로 나눈 몫을 s, 나머지를 t라고 합시다. 그러면

$$a = qm + r \quad (0 \leqq r \leqq m-1), \quad b = sm + t \quad (0 \leqq t \leqq m-1)$$

라고 쓸 수 있습니다.

$a - b$가 m의 배수

$\Leftrightarrow (qm + r) - (sm + t) = (q - s)m + r - t$가 m의 배수

$\Leftrightarrow r - t$가 m의 배수

여기에서 r와 t의 차는 최대가 $m-1$이므로 $r-t$가 m의 배수이기 위해서는 $r-t=0$, 즉 $r=t$가 되어야 합니다. 곧, a와 b를 m으로 나눈 나머지는 같아야만 합니다.

거꾸로 $r=t$일 경우, 거슬러 올라가면 $a-b$가 m의 배수임을 증명할 수 있습니다. (증명 끝)

이렇게 '≡'를 이용하여 나타낸 식을 합동식이라 합니다.

합동식에는 다음과 같은 성질이 있습니다.

정리1.4 합동식의 성질

m을 자연수, a, b, c, d를 정수라 한다.

$a \equiv b \pmod m$, $c \equiv d \pmod m$일 때, 다음의 (i)~(iii)이 성립한다.

(i) $a + c \equiv b + d \pmod m$

(ii) $a - c \equiv b - d \pmod m$

(iii) $ac \equiv bd \pmod m$

증명 '≡'라는 기호가 합, 차, 곱에 대해서 보통의 등호처럼 다루어진다는 정리입니다.

증명해 봅시다. a, b, c, d의 조건으로부터

$$a \equiv b \pmod{m}, \quad c \equiv d \pmod{m}$$

$$\Leftrightarrow \ a - b = km, \ c - d = lm \ (k, l\text{은 정수})$$

$$\Leftrightarrow \ a = b + km, \ c = d + lm \ (k, l\text{은 정수})$$

이 됩니다.

(i) $(a+c)-(b+d) = (b+km+d+lm)-(b+d) = (k+l)m$

이므로, $a + c \equiv b + d \pmod{m}$이 성립합니다.

(ii) (i)에서 c를 $-c$로, d를 $-d$로 치환하면 성립합니다.

(iii) $ac - bd = (b+km)(d+lm) - bd = (bd + blm + kdm + klm^2) - bd$

$$= (bl + kd + klm)m$$

이므로 $ac \equiv bd \pmod{m}$이 성립합니다. (증명 끝)

이것을 이용하면 **문제1.3**은 다음과 같이 계산할 수 있습니다.

문제의 조건은 $a \equiv 3, \ b \equiv 4 \pmod{5}$입니다.

$$a + b \equiv 3 + 4 = 7 \equiv 2 \pmod{5}$$

$$ab \equiv 3 \cdot 4 = 12 \equiv 2 \pmod{5}$$

나머지만으로 계산하는 것이 정당화되었습니다.

정수의 나머지에 관한 계산에 더 깊이 들어가 봅시다.

5로 나눈 나머지는 0, 1, 2, 3, 4입니다. 정수 전체의 집합은 5로 나눈 나머지에 의해서 다섯 가지로 분류할 수 있습니다. 이렇게 분류한 류(類, class)는 나머지(잉여)로 구분한 것이므로 잉여류(剩餘類, residue class)라고 일컫습니다. 나머지가 0인 잉여류를 $\overline{0}$, 나머지가 1인 잉여류를 $\overline{1}$, 나머지가 2인 잉여류를 $\overline{2}$, …라고 나타냅니다. 5의 잉여류는 $\overline{0}, \overline{1}, \overline{2}, \overline{3}, \overline{4}$ 다섯 가지입니다.

5의 잉여류의 집합을 Z/5Z라고 표시합니다.

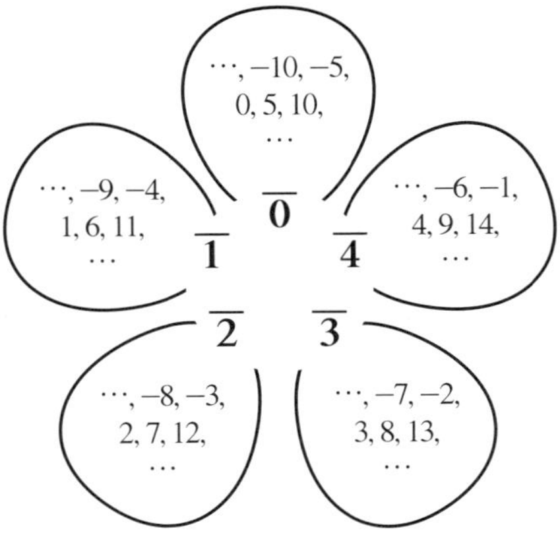

"5로 나누었을 때 나머지가 3인 수를 a, 5로 나누었을 때 나머지가 4인 수를 b라고 하면, $a + b$는 5로 나누었을 때 2가 남는다"는 것은 $\overline{3}$에 속한 수와 $\overline{4}$에 속한 수를 더하면 $\overline{2}$에 속한 수가 된다는 것입니다. 곧,

$$\overline{3} + \overline{4} = \overline{2}$$

가 됩니다.

"5로 나누었을 때 나머지가 3인 수를 a, 5로 나누었을 때 나머지가 4인 수를 b라고 하면, ab는 5로 나누었을 때 2가 남는다"는 것은 $\overline{3}$에 속한 수와 $\overline{4}$에 속한 수를 곱하면 $\overline{2}$에 속한 수가 된다는 것입니다. 마찬가지로,

$$\overline{3} \times \overline{4} = \overline{2}$$

가 됩니다.

이 식들은 잉여류에 속한 수끼리의 계산이 바탕이 되고 있는데, 마치 잉여류를 하나의 수처럼 다루고 있는 식(式)으로 볼 수도 있습니다. 곧, 잉여류를 하나의 '수'로서 받아들일 수 있다는 의미입니다.

그렇다면 **문제1.3**은 잉여류 사이에 '덧셈'과 '곱셈'을 한 것이 됩니다.

문제1.4 5의 잉여류의 덧셈표와 곱셈표를 만드시오.

실제로 계산해 보면 다음과 같습니다.

$+$	$\overline{0}$	$\overline{1}$	$\overline{2}$	$\overline{3}$	$\overline{4}$
$\overline{0}$	$\overline{0}$	$\overline{1}$	$\overline{2}$	$\overline{3}$	$\overline{4}$
$\overline{1}$	$\overline{1}$	$\overline{2}$	$\overline{3}$	$\overline{4}$	$\overline{0}$
$\overline{2}$	$\overline{2}$	$\overline{3}$	$\overline{4}$	$\overline{0}$	$\overline{1}$
$\overline{3}$	$\overline{3}$	$\overline{4}$	$\overline{0}$	$\overline{1}$	$\overline{2}$
$\overline{4}$	$\overline{4}$	$\overline{0}$	$\overline{1}$	$\overline{2}$	$\overline{3}$

$Z/5Z$의 덧셈

$\times$	$\overline{0}$	$\overline{1}$	$\overline{2}$	$\overline{3}$	$\overline{4}$
$\overline{0}$	$\overline{0}$	$\overline{0}$	$\overline{0}$	$\overline{0}$	$\overline{0}$
$\overline{1}$	$\overline{0}$	$\overline{1}$	$\overline{2}$	$\overline{3}$	$\overline{4}$
$\overline{2}$	$\overline{0}$	$\overline{2}$	$\overline{4}$	$\overline{1}$	$\overline{3}$
$\overline{3}$	$\overline{0}$	$\overline{3}$	$\overline{1}$	$\overline{4}$	$\overline{2}$
$\overline{4}$	$\overline{0}$	$\overline{4}$	$\overline{3}$	$\overline{2}$	$\overline{1}$

$Z/5Z$의 곱셈

3 정육각형을 회전시키기
— 순환군

좌우가 대칭인 디자인을 보면, 가끔 저도 모르게 마음을 빼앗겨 멍하니 쳐다보게 되고는 합니다. 평소에는 대칭에 그다지 관심이 없던 사람이라도 만화경을 들여다보면서 거울이 만들어내는 대칭 모양에 아찔함을 느껴본 적은 있을 것입니다. 개인차는 있겠지만 사람은 사물이 보여 주는 대칭성에서 아름다움을 느끼는 감성을 가지고 태어난다고 생각합니다.

이제부터 수나 모양에 숨어 있는 대칭성을 찾아볼 것입니다. 이때 열쇠가 되는 것이 '군(群, group)'이라는 개념입니다.

문제1.5 한 꼭짓점에 점이 표시된 정육각형이 그 꼭짓점이 위로 가도록 놓여 있다. 정육각형의 중심(대각선의 교점)을 중심으로 해서 0° 회전(움직이지 않음)하는 것을 e, 60° 만큼 좌회전하는 것을 σ, 120° (=60° × 2) 회전을 σ^2, 180° (=60° × 3) 회전을 σ^3, 240° (=60° × 4) 회전을 σ^4, 300° (=60° × 5) 회전을 σ^5으로 표시한다. 처음 상태에서 e, σ, σ^2, σ^3, σ^4, σ^5을 시행하면 각각 [그림1]과 같이 된다.

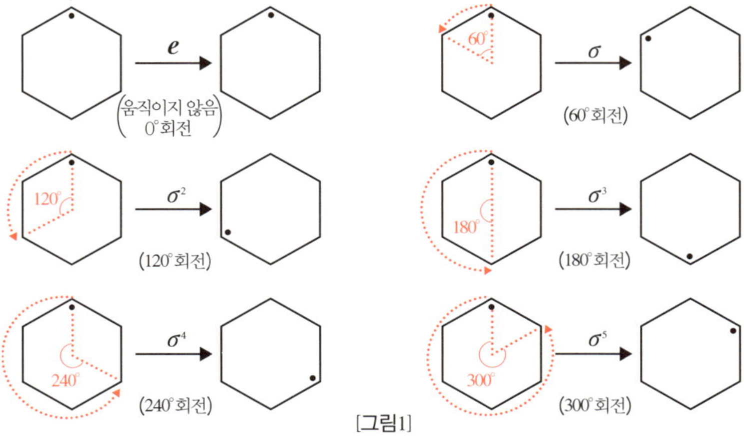

[그림1]

σ 다음에 σ^2을 시행하는 것을 $\sigma^2 \cdot \sigma$라고 나타낸다(오른쪽이 먼저, 왼쪽이 나중에 시행되는 것에 주의). 60° 회전하고 나서 120° 회전하는 것은 180°(=60°+120°) 회전하는 것과 같다. 따라서 $\sigma^2 \cdot \sigma = \sigma^3$이라고 쓰기로 한다([그림2]).

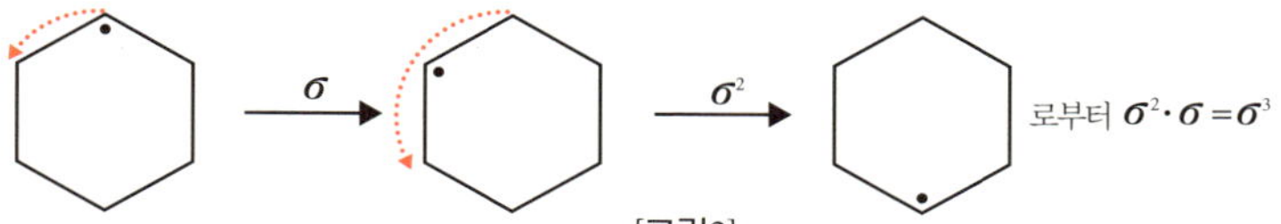

[그림2]

$\sigma^3 \cdot \sigma^4$은 240° 회전하고 나서 180° 회전하는 것이므로 420°(=240°+180°) 회전하는 것이 된다. 360°가 한 바퀴이므로 이것은 60°(=420°−360°) 회전하는 것과 같다. 이것을 $\sigma^3 \cdot \sigma^4 = \sigma$라고 쓰기로 한다([그림3]).

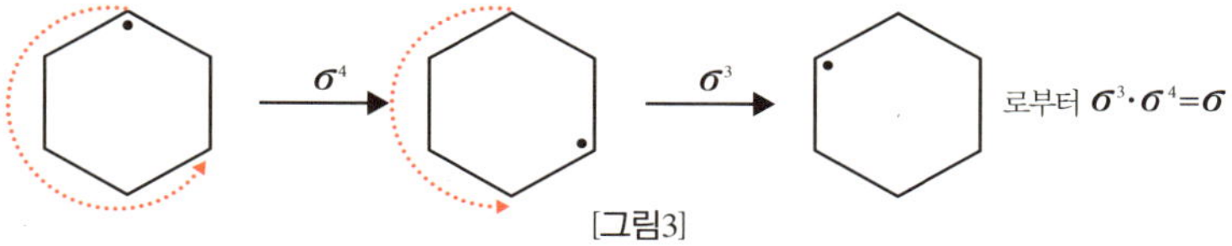

[그림3]

가로 칸(위쪽)에 쓰여 있는 회전을 한 후, 세로 칸(왼쪽)에 쓰여 있는 회전을 하면 어떤 회전이 될까? 표를 채우시오.

먼저 회전 / 나중 회전	e	σ	σ^2	σ^3	σ^4	σ^5
e						
σ						
σ^2						
σ^3						
σ^4						
σ^5						

실제로 표를 채워 보면 다음과 같습니다.

나중 회전 \ 먼저 회전	e	σ	σ^2	σ^3	σ^4	σ^5
e	e	σ	σ^2	σ^3	σ^4	σ^5
σ	σ	σ^2	σ^3	σ^4	σ^5	e
σ^2	σ^2	σ^3	σ^4	σ^5	e	σ
σ^3	σ^3	σ^4	σ^5	e	σ	σ^2
σ^4	σ^4	σ^5	e	σ	σ^2	σ^3
σ^5	σ^5	e	σ	σ^2	σ^3	σ^4

이 표는 회전 각도를 생각하지 않아도 6개의 회전, 즉 $e, \sigma, \sigma^2, \sigma^3, \sigma^4, \sigma^5$ 중에서 어느 것이 되는지를 구하여 채울 수 있습니다.

$\sigma^i \cdot \sigma^j$에서 $i+j$가 5 이하인 경우는 회전각을 다 더해도 360°가 되지 않으므로 $\sigma^i \cdot \sigma^j = \sigma^{i+j}$.

$i+j$가 6인 경우는 회전각을 다 더하면 정확히 360°가 되어 움직이지 않은 것과 같으므로 $\sigma^i \cdot \sigma^j = e$.

σ^6은 따로 정의하지 않았지만 360° 회전, 즉 0° 회전이 되어 e와 같으므로 $\sigma^6 = e$라고 할 수 있습니다. 마찬가지로 $\sigma^7 = \sigma$, $\sigma^8 = \sigma^2$, …입니다.

이것을 이용하면 $\sigma^3 \cdot \sigma^4 = \sigma^{3+4} = \sigma^7 = \sigma$로 계산할 수 있습니다.

또 $\sigma^0 = e$입니다.

$i+j$가 6보다 큰 경우에는 회전각을 모두 더하면 360°보다 크게 되기 때문에 1회전 분량인 6을 빼면 $\sigma^i \cdot \sigma^j = \sigma^{i+j-6}$이 됩니다.

$\sigma^i \cdot \sigma^j$은 $i+j$를 6으로 나눈 나머지를 k라고 하면 $\sigma^i \cdot \sigma^j = \sigma^k$으로 정리됩니다.

6개의 회전 $\{e, \sigma, \sigma^2, \sigma^3, \sigma^4, \sigma^5\}$과 이것들을 잇따라 시행한 결과가 어떤 회전이 되는지(회전의 합성 규칙, 연산)를 아우르면 '군'의 예가 됩니다.

'군'에는 원소(元素, element)가 있고 임의의 두 원소에 대하여 원소를 정하는 법칙(연산)이 정해져 있습니다. 위의 표는 이 '군'의 연산표입니다.

여기에서 군의 정의를 살펴봅시다.

정의1.3 군의 정의

집합 $G(\neq \phi)$가 다음 (i)~(iv)를 만족시킬 때 G를 군이라고 한다.

(i) G의 임의의 원소 x, y에 대해 연산($\cdot$로 표시)이 있고

$x \cdot y$가 G에 속해 있다.

(ii) 연산에 대해 결합법칙이 성립한다.

$$(x \cdot y) \cdot z = x \cdot (y \cdot z)$$

(iii) G의 임의의 원소 x에 대하여

$$x \cdot e = e \cdot x = x$$

를 만족시키는 e가 존재한다. e를 항등원(恒等元, identity)이라 한다.

(iv) G의 임의의 원소 y에 대하여

$$y \cdot z = z \cdot y = e$$

를 만족시키는 z가 존재한다. 이러한 z를 y의 역원(逆元, inverse)이라 하고 y^{-1}이라고 쓴다.

자, $\{e, \sigma, \sigma^2, \sigma^3, \sigma^4, \sigma^5\}$과 이것들 사이의 연산이 군의 공리를 만족시키고 있는지를 확인해 봅시다. (i)~(iv)의 순서로 확인하겠습니다.

(i) (연산에 대하여 닫혀 있다)

G의 임의의 원소 x, y에 대해서 $x \cdot y$가 다시 G에 속할 때(G의 원소일 때) G는 연산($\cdot$)에 대하여 닫혀 있다고 합니다. 연산표를 보면 계산 결과는 모두 $\{e, \sigma, \sigma^2, \sigma^3, \sigma^4, \sigma^5\}$ 안에 들어 있으므로 이 조건은 충족됩니다.

(ii) (결합법칙)

예를 들어 살펴봅시다.

이를테면 $(\sigma^2 \cdot \sigma^4) \cdot \sigma^3$과 $\sigma^2 \cdot (\sigma^4 \cdot \sigma^3)$에서는

$$(\sigma^2 \cdot \sigma^4) \cdot \sigma^3 = \sigma^{2+4-6} \cdot \sigma^3 = \sigma^0 \cdot \sigma^3 = \sigma^3$$

$$\sigma^2 \cdot (\sigma^4 \cdot \sigma^3) = \sigma^2 \cdot \sigma^{4+3-6} = \sigma^2 \cdot \sigma = \sigma^3$$

이므로 $(\sigma^2 \cdot \sigma^4) \cdot \sigma^3 = \sigma^2 \cdot (\sigma^4 \cdot \sigma^3)$이 성립합니다. 지수법칙처럼 생각하면 어느 쪽이나 $\sigma^{2+4+3} = \sigma^9 = \sigma^6 \cdot \sigma^3 = e \cdot \sigma^3 = \sigma^3$이 됩니다. 결국, σ를 몇 번 사용했는지가 문제가 됩니다. 우변에서도, 좌변에서도 σ를 9번 시행하였기 때문에 결합법칙은 성립합니다.

(iii) **(항등원의 존재)**

0° 회전이면 다른 회전보다 먼저 행하든 나중에 행하든, 회전에 영향을 미치지 않습니다. 실제로 연산표를 보면 $\sigma^i \cdot e = e \cdot \sigma^i = \sigma^i$입니다.

0° 회전이 군의 정의에 있는 항등원 e에 해당합니다. 이것을 예상하고 처음부터 같은 기호를 쓰고 있었습니다.

(iv) **(역원의 존재)**

연산표의 모든 가로 행마다 e가 오직 하나씩 있습니다. 따라서 임의의 원소 y에 대해서 $y \cdot z = e$가 되는 z를 택할 수 있습니다.

또, 연산표의 모든 세로 열마다 e가 오직 하나씩 있습니다. 마찬가지로 임의의 원소 y에 대해서 $z \cdot y = e$가 되는 z를 택할 수 있습니다.

나중 회전 \ 먼저 회전	e	σ	σ^2	σ^3	σ^4	σ^5
e	e	σ	σ^2	σ^3	σ^4	σ^5
σ	σ	σ^2	σ^3	σ^4	σ^5	e
σ^2	σ^2	σ^3	σ^4	σ^5	e	σ
σ^3	σ^3	σ^4	σ^5	e	σ	σ^2
σ^4	σ^4	σ^5	e	σ	σ^2	σ^3
σ^5	σ^5	e	σ	σ^2	σ^3	σ^4

······▶ 로부터
$\sigma^2 \cdot \sigma^4 = e,\ \sigma^4 \cdot \sigma^2 = e$
따라서 σ^2의 역원은 σ^4,
σ^4의 역원은 σ^2

실제로

e	e	σ	σ^2	σ^3	σ^4	σ^5
역원	e	σ^5	σ^4	σ^3	σ^2	σ

σ^i의 역원은 σ^{6-i}

가 됩니다. 분명히 모든 원소에 대해서 역원이 존재합니다.

(i)~(iv)를 모두 만족시키므로 $\{e, \sigma, \sigma^2, \sigma^3, \sigma^4, \sigma^5\}$은 연산 ・에 관해서 군이 됩니다.

이와 같이 모든 원소를 하나의 원소 σ를 이용하여 나타낼 수 있는 군을 순환군(循環群, cyclic group)이라고 합니다. 순환군은 군 안에서도 가장 간단한 구조를 이루고 있습니다. 위의 예로부터도 알 수 있듯이 순환군이라고 일컬어지는 까닭은 $\sigma^n(n = 1, 2, 3, \cdots)$을 순서대로 늘어놓으면 도중에 어떤 곳부터 되풀이 되기 때문입니다.

$$\sigma, \sigma^2, \sigma^3, \sigma^4, \sigma^5, \underset{\substack{\| \\ e}}{\sigma^6}, \ \vdots\ \underset{\substack{\| \\ \sigma}}{\sigma^7}, \cdots$$

→ 여기부터 되풀이

일반적으로 군에서 원소의 개수는 유한인 경우도 있고 무한인 경우도 있습니다. 군의 원소의 개수를 위수(位數, order)라고 합니다. 위수가 유한인 경우를 유한군(有限群, finite group), 무한인 경우를 무한군(無限群, infinite group)이라고 합니다.

정육각형의 회전에 관한 군은 위수가 6인 순환군으로서 유한군입니다. 위수 6인 순환군을 C_6이라고 씁니다. C는 'Cyclic'의 C입니다.

4 군이 같다는 것
— 군의 동형

직감이 좋으신 분은 이미 알아채셨을지도 모르겠습니다만, 이 군의 연산은 6의 잉여류에서 합의 연산과 비슷합니다. 이러한 비슷함을 느끼는 감성은 수학을 이해하는 데에 중요한 감각입니다. 수학은 언뜻 달리 보이는 것들 가운데에서 같은 성질을 가진 것, 같은 형태를 띤 것을 찾아내는 학문이라고도 말할 수 있기 때문입니다. "뭔가가 비슷한데" 정도로도 좋습니다. 어렴풋하게라도 느낀 사람은 수학에 재능이 있다고 생각합니다.

C_6의 곱셈표의 오른쪽에 6의 잉여류의 덧셈표를 써놓았습니다.

C_6의 σ^i과 $\mathbf{Z}/6\mathbf{Z}$의 $\bar{i}$가 일대일로 대응하고 있습니다. C_6의 곱셈이 $\mathbf{Z}/6\mathbf{Z}$의 덧셈에 대응하고 있습니다. 왼쪽 곱셈표의 σ^i을 $\bar{i}$로 바꿔 쓰면 오른쪽 덧셈표가 됩니다. 이렇게 연산표가 딱 맞게 대응하는 군을 동형(同型, isomorphism)이라고 합니다. C_6과 6의 잉여류 $\mathbf{Z}/6\mathbf{Z}$가 만드는 군은 동형입니다.

나중 회전 \ 먼저 회전	e	σ	σ^2	σ^3	σ^4	σ^5
e	e	σ	σ^2	σ^3	σ^4	σ^5
σ	σ	σ^2	σ^3	σ^4	σ^5	e
σ^2	σ^2	σ^3	σ^4	σ^5	e	σ
σ^3	σ^3	σ^4	σ^5	e	σ	σ^2
σ^4	σ^4	σ^5	e	σ	σ^2	σ^3
σ^5	σ^5	e	σ	σ^2	σ^3	σ^4

C_6의 곱셈표

+	$\bar{0}$	$\bar{1}$	$\bar{2}$	$\bar{3}$	$\bar{4}$	$\bar{5}$
$\bar{0}$	$\bar{0}$	$\bar{1}$	$\bar{2}$	$\bar{3}$	$\bar{4}$	$\bar{5}$
$\bar{1}$	$\bar{1}$	$\bar{2}$	$\bar{3}$	$\bar{4}$	$\bar{5}$	$\bar{0}$
$\bar{2}$	$\bar{2}$	$\bar{3}$	$\bar{4}$	$\bar{5}$	$\bar{0}$	$\bar{1}$
$\bar{3}$	$\bar{3}$	$\bar{4}$	$\bar{5}$	$\bar{0}$	$\bar{1}$	$\bar{2}$
$\bar{4}$	$\bar{4}$	$\bar{5}$	$\bar{0}$	$\bar{1}$	$\bar{2}$	$\bar{3}$
$\bar{5}$	$\bar{5}$	$\bar{0}$	$\bar{1}$	$\bar{2}$	$\bar{3}$	$\bar{4}$

Z/6Z의 덧셈표

C_6이 군이 되고 있기 때문에, 6의 잉여류 $\mathbf{Z}/6\mathbf{Z}$도 '+'라는 연산에 대해 군이 됩니다.

$\mathbf{Z}/6\mathbf{Z}$가 + 연산에 대하여 닫혀 있는 것, 결합법칙을 만족시키는 것은 따로 설명하지 않아도 괜찮겠지요. $\bar{a}+\bar{0}=\bar{0}+\bar{a}=\bar{a}$이므로 $\mathbf{Z}/6\mathbf{Z}$의 + 연산에 관해서는 $\bar{0}$이 항등원입니다.

$\bar{1}+\bar{5}=\bar{0},\ \bar{2}+\bar{4}=\bar{0},\ \bar{3}+\bar{3}=\bar{0}$이므로

e	$\bar{0}$	$\bar{1}$	$\bar{2}$	$\bar{3}$	$\bar{4}$	$\bar{5}$
역원	$\bar{0}$	$\bar{5}$	$\bar{4}$	$\bar{3}$	$\bar{2}$	$\bar{1}$

위와 같이 역원도 존재합니다. 따라서 $\mathbf{Z}/6\mathbf{Z}$는 + 연산에 대해 군이 됩니다.

$\mathbf{Z}/6\mathbf{Z}$는 6의 잉여군(剩餘群, factor group, quotient group)이라고 일컫습니다.

이 군의 동형은 이해하기 쉽지요. 그러나 군의 동형이 항상 이렇게 이해하기 쉽지만은 않습니다. 다른 경우에도 쓸 수 있도록 군의 동형을 확실히 정의해 놓읍시다.

앞 절에서는 군의 연산을 '·'으로 표시했지만, 이제부터는 x와 y로 군의 연산을 할 경우 'xy'라고 쓰도록 하겠습니다.

정의1.4 군의 동형

군 G, G'에 대해서 G에서 G'으로 가는 함수 f가 일대일 대응이고, 다음을 만족시킬 때 G와 G'은 동형이라 하고 $G \cong G'$이라고 쓴다.

G의 임의의 두 원소 x, y에 대하여

$$f(xy)=f(x)f(y)$$

가 성립한다.

이때 f를 군의 동형사상(同型寫像, isomorphism)이라 한다.

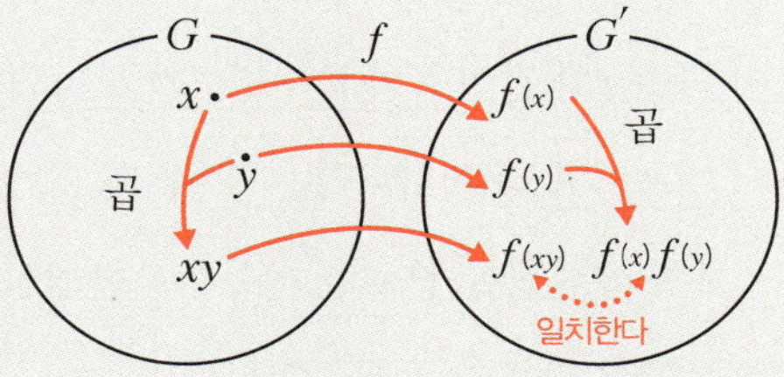

$f(xy)$는 G의 원소 x와 y를 곱하고(연산하고) 나서 그것을 f에 의해 옮기는 것을 나타내고 있습니다. $f(x)f(y)$는 x, y를 f에 의해 옮긴 것을 G'의 원소 $f(x)$, $f(y)$라고 하고 그것들을 곱하는 것을 나타내고 있습니다.

앞에서 나온 '일대일 대응(一對一對應, one-to-one correspondence)'의 의미를 설명하기 위해 함수(函數, function)의 의미부터 간단하게 복습하고 넘어가도록 하겠습니다.

집합 X에서 집합 Y로 가는 함수 f라는 것은 X의 원소를 하나 택하면 그것에 대응하는 Y의 원소가 오직 하나 정해지는 '결정 방식'입니다.

구체적인 함수를 만들어 봅시다. 집합 X, Y를 $X=\{1,2,3,4\}$, $Y=\{5,6,7,8\}$이라고 하고 이것에 대하여 함수 f를 정의합니다. X의 원소 1, 2, 3, 4에 대해 각각 Y의 원소를 적당히 하나씩 골라 놓으면 그것이 함수가 됩니다.

$$f(1)=5,\quad f(2)=8,\quad f(3)=6,\quad f(4)=7$$

이라 합시다. $f(a)=b$이면 X의 원소 a와 그것에 대응하는 Y의 원소 b를 선으로 이어서 함수 f를 [그림1]과 같은 도식으로 나타냅니다.

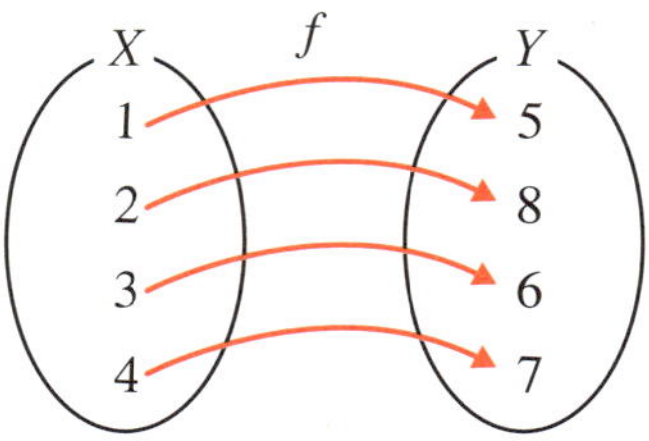

[그림1]

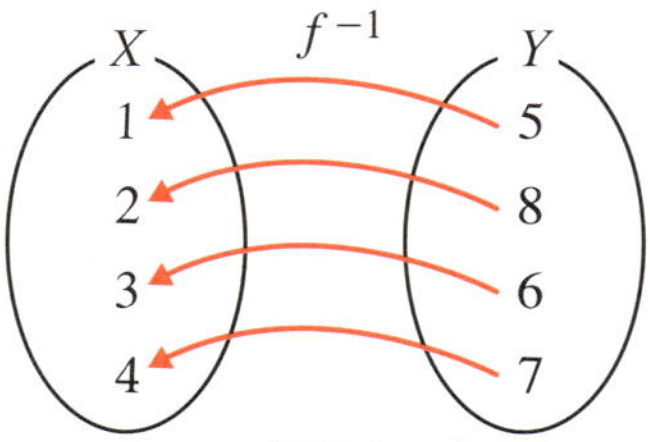

[그림2]

이 함수 f와 같이 X와 Y의 원소가 하나씩 짝을 지어 대응될 때 "함수 f는 일대일 대응이다"라고 합니다.

X, Y가 유한집합(원소의 개수가 유한개인 집합)일 때, 일대일 대응의 성질로 중요한 것은 다음의 두 가지입니다.

(i) $|X|=|Y|$

$|X|$는 집합 X의 원소의 개수를 나타냅니다. X의 원소와 Y의 원소가 1개씩 짝을 이루기 때문에 X의 원소의 개수와 Y의 원소의 개수는 같습니다. 위의 예에서는 양쪽 모두 4개입니다.

(ii) 역함수(逆函數, inverse function) f^{-1}이 존재한다.

X의 원소와 Y의 원소가 1개씩 짝을 이루고 있으므로 Y의 원소를 하나 정하면 그것에 대응하는 X의 원소도 하나로 정해집니다. 이 경우 역함수는

$$f^{-1}(5)=1,\ \ f^{-1}(6)=3,\ \ f^{-1}(7)=4,\ \ f^{-1}(8)=2$$

가 됩니다. 그림으로 나타내면 f의 화살표를 역방향으로 돌리면 그것이 역함수가 됩니다([그림2]).

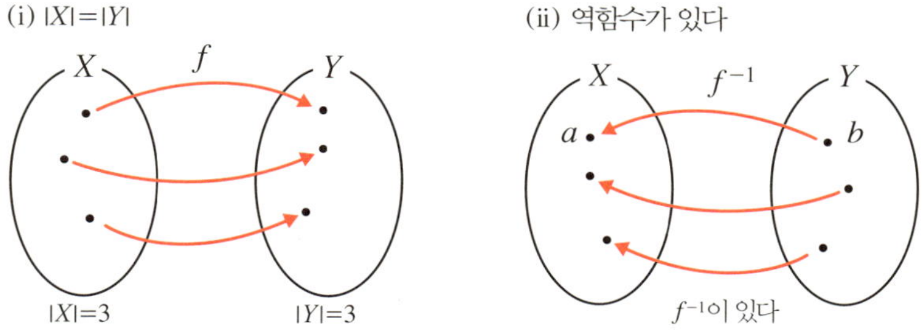

일대일 대응이라는 것은 위로 가는 함수이면서 일대일 함수인 것을 의미합니다. 위로 가는 함수와 일대일 함수는 다른 개념으로 둘을 모두 만족하는 것이 일대일 대응입니다.

군의 동형을 증명할 때에 일대일 대응임을 확인할 필요가 있습니다. 앞으로 다룰 부분에서는 위로 가는 함수와 일대일 함수를 따로따로 확인할 경우가 많을 것이므로, 위로 가는 함수와 일대일 함수에 대해서도 설명해 두도록 하겠습니다.

위로 가는 함수는 Y의 모든 원소가 X의 어느 원소인가로부터는 대응되는 상태입니다.

[그림3]과 같이 Y의 모든 원소가 X의 원소와 연결되어 있다면 위로 가는 함수입니다. 수 5처럼 X의 원소 두 개와 연결되어 있는 Y의 원소가 있어도 상관없습니다. 그러나 [그림4]의 11과 같이 Y의 원소 중에서 X의 원소와 연결되어 있지 않은 것이 있다면 위로 가는 함수가 아닙니다. 위로 가는 함수란 "Y 집합의 모든 원소가 X의 원소로부터 대응되고 있다"는 것입니다.

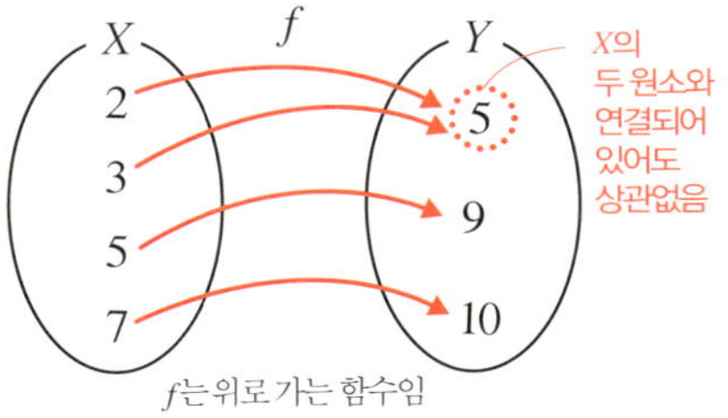

[그림3]

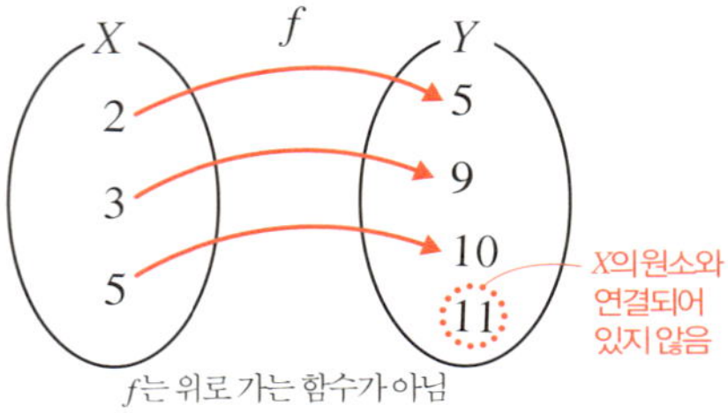

[그림4]

그리고 Y의 원소와 연결되어 있지 않은 X의 원소가 있다면 이것은 함수라고 할 수 없습니다. X에서 Y로 가는 함수라고 할 때는 X의 모든 원소에 대해서 그것에 대응하는 Y의 원소가 존재해야 합니다.

일대일 함수는 X의 서로 다른 원소 각각에 Y의 서로 다른 원소가 대응하는 함수입니다. 그림으로 나타내면 [그림5]와 같습니다. Y의 원소에는 하나의 X의 원소밖에 연결되어 있지 않습니다. 9와 같이 X의 원소와 연결되어 있지 않은 Y의 원소가 있어도 상관없습니다. [그림6]은 수 5처럼 Y의 원소에 X의 원소가 두 개 연결되어 있는 것이 있으므로 일대일 함수가 아닙니다.

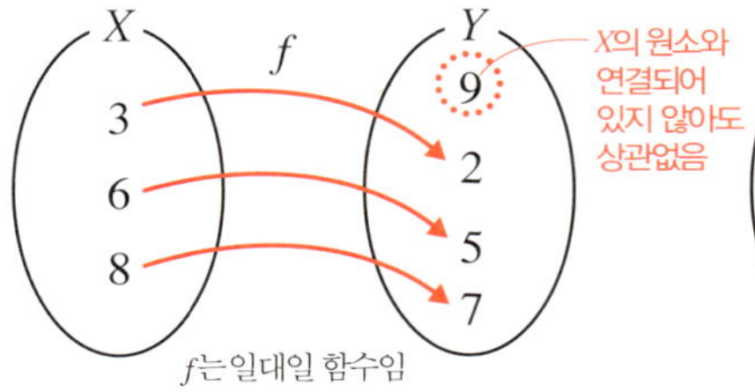

[그림5]

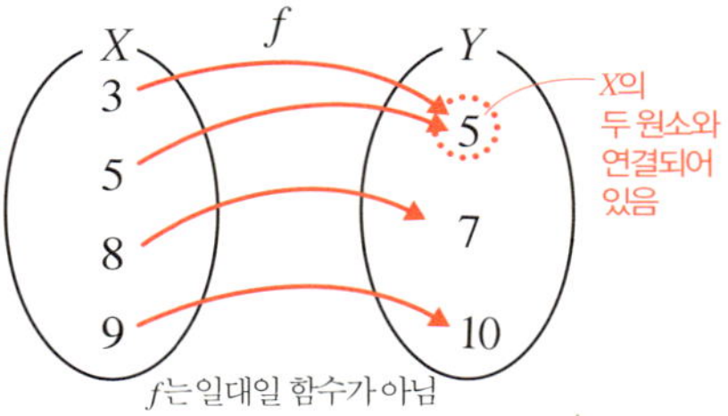

[그림6]

'위로 가는 함수이자 일대일 함수'인 경우는 X의 원소와 Y의 원소가 각각 하나씩 짝을 이루고 있음을 그림으로 이해할 수 있습니다.

C_6과 $\mathbf{Z}/6\mathbf{Z}$가 군으로서 동형임을 동형사상을 만들어 확인해 봅시다.

함수 f를

$$\begin{aligned} f : C_6 &\longrightarrow \mathbf{Z}/6\mathbf{Z} \\ \sigma^i &\longmapsto \overline{i} \qquad (i=0, 1, 2, 3, 4, 5) \end{aligned}$$

라고 정합니다. σ^0은 e입니다. 이 함수 f는 일대일 대응입니다.

C_6의 연산은 곱셈, $\mathbf{Z}/6\mathbf{Z}$의 연산은 덧셈이라는 것에 주의하여 계산합니다. $i+j$를 6으로 나눈 나머지를 k라고 할 때 $\overline{i+j}$는 $\overline{k}$를 나타내는 것으로 하면

$$f(\sigma^i \cdot \sigma^j) = f(\sigma^{i+j}) = \overline{i+j}, \quad f(\sigma^i) + f(\sigma^j) = \overline{i} + \overline{j} = \overline{i+j}$$

↑ σ^{i+j}은 $i+j$를 6으로 나눈 나머지에 의해 정해지므로

↑ 정리1.4(i)에 의해

이므로 $f(\sigma^i \cdot \sigma^j) = f(\sigma^i) + f(\sigma^j)$이 성립하여 C_6과 $\mathbf{Z}/6\mathbf{Z}$가 동형이라는 것, 즉 $C_6 \cong \mathbf{Z}/6\mathbf{Z}$가 밝혀졌습니다.

군을 표현하는 데에는 군의 원소를 모두 적어 놓고 그것들의 연산표를 만들면 완벽합니다. 위의 예로 설명하면, $\{e, \sigma, \sigma^2, \sigma^3, \sigma^4, \sigma^5\}$과 그 연산표가 주어져 있습니다. 단, 각각의 군이 가진 고유의 특징을 파악하는 데에 그 방법이 가장 좋다고 할 수는 없습니다.

순환군의 내용을 전달하고자 한다면 다음과 같이 나타내는 것이 간결한 데다 내용도 잘 전달됩니다.

σ가 생성하는 군을 $\langle \sigma \rangle$라고 나타냅니다. "생성한다"는 의미는 σ를 되풀이하여 곱한 것을 모두 원소로 갖는 군이라는 의미입니다. σ를 되풀이하여 곱한 것을 구체적으로 적어 보면

$$\sigma, \sigma^2, \sigma^3, \sigma^4, \sigma^5, \underset{\substack{\parallel \\ e}}{\sigma^6}, \underset{\substack{\parallel \\ \sigma}}{\sigma^7}, \underset{\substack{\parallel \\ \sigma^2}}{\sigma^8}, \cdots$$

이 됩니다. C_6은

$$\sigma^6 = e \text{인 조건에서 } C_6 = \langle \sigma \rangle$$

라고 쓸 수 있습니다.

C_6은 σ로 생성된 위수 6의 순환군이었습니다. 이것에 따르면 $\mathbf{Z}/6\mathbf{Z}$는 $\bar{1}$로 생성되는 위수 6의 순환군이라고 할 수 있습니다.

5 일부의 원소로도 군이 된다
—부분군

위에서는 $C_6=\{e, \sigma, \sigma^2, \sigma^3, \sigma^4, \sigma^5\}$이 군이 된다는 것을 확인했습니다.

문제1.6 $C_6=\{e, \sigma, \sigma^2, \sigma^3, \sigma^4, \sigma^5\}$의 6개 원소의 일부를 사용해서 군을 만들어 보시오.

일반적으로 군 G에서 원소의 일부 또는 모두를 이용하여 만든 집합 H가 군의 정의를 만족시킬 때, H는 G의 부분군(部分群, subgroup)이라고 합니다. 이 문제는 C_6의 부분군을 알아보는 문제입니다.

먼저 e는 그것만으로 부분군 $\{e\}$를 만듭니다. e가 항등원이고 e의 역원은 e입니다.

$\{e, \sigma^3\}$은 부분군이 됩니다. 곱셈표를 만들면 다음 쪽의 왼쪽 표와 같이 됩니다. 일반적으로 처음에 주어진 군의 항등원 e는 부분군에서도 항등원이 됩니다. $\sigma^3 \cdot \sigma^3=e$이므로 σ^3의 역원은 그 자신입니다. σ^3은 180° 회전하는 것이므로, 이것은 점대칭이동을 나타내고 있지요. 즉, 0° 회전과 점대칭이동은 쌍으로 위수가 2인 군이 된다는 것입니다.

〈 〉 기호를 사용하여

$$\sigma^6=e\text{인 조건에서 } \langle\sigma^3\rangle=\{e, \sigma^3\}$$

으로 나타냅니다.

$\{e, \sigma^2, \sigma^4\}$도 부분군이 됩니다. 곱셈표를 만들면 다음 쪽의 오른쪽 표와 같이 됩니다. 이것은 0° 회전, 120° 회전, 240° 회전으로 이루어진 군입니다. C_6은 정육각형을 회전시켰을 때 자기 자신과 일치하게 되는 회전으로 이루어진 군이었지만, 그 부분군인 $\{e, \sigma^2, \sigma^4\}$은 정삼각형을 회전시켰을 때 자기 자신과 일치

하게 되는 회전으로 이루어진 군입니다.

〈 〉 기호를 사용하여

$\sigma^6 = e$인 조건에서 $\langle\sigma^2\rangle = \{e, \sigma^2, \sigma^4\}$

이라고 씁니다.

나중 \ 먼저	e	σ^3
e	e	σ^3
σ^3	σ^3	e

부분군 $\{e, \sigma^3\}$의 곱셈표

나중 \ 먼저	e	σ^2	σ^4
e	e	σ^2	σ^4
σ^2	σ^2	σ^4	e
σ^4	σ^4	e	σ^2

부분군 $\{e, \sigma^2, \sigma^4\}$의 곱셈표

C_6 자체도 부분군으로서 다루어집니다. 그러니까 C_6의 부분군은 $\{e\}$, $\langle\sigma^2\rangle$, $\langle\sigma^3\rangle$, C_6입니다. 이것들 말고 부분군은 없는 것일까요? 사실은 다음의 정리를 보면 C_6의 부분군은 $\{e\}$, $\langle\sigma^2\rangle$, $\langle\sigma^3\rangle$, C_6 4개라는 것을 알 수 있습니다.

$\langle\sigma^2\rangle$, $\langle\sigma^3\rangle$이라고 쓸 수 있는 것에서 알 수 있듯이 이것들은 순환군이 되고 있습니다. 순환군의 부분군은 순환군입니다.

정리1.5 **순환군의 부분군**

H를 순환군 C_m의 부분군이라 한다. H의 위수는 m의 약수이고 순환군의 부분군은 순환군이다.

증명 순환군 C_m은 $\sigma^m = e$인 조건에서 $\{e, \sigma, \sigma^2, \cdots, \sigma^{m-1}\}$이라고 쓸 수 있습니다.

C_m의 부분군을 H라고 하고, H에 속해 있는 e를 제외한 원소 가운데 σ의 지수가 가장 작은 것을 σ^d이라고 놓습니다.

m을 d로 나누면 몫이 q, 나머지가 $r(\geqq 1)$라 가정하면

$$m = qd + r \quad (1 \leqq r \leqq d-1)$$

여기서 $\sigma^d \in H$이므로 $(\sigma^d)^q = \sigma^{dq} \in H$입니다.

σ^{dq}의 역원도 H에 속하여 $(\sigma^{dq})^{-1} \in H$. $\sigma^{dq}\sigma^r = \sigma^{dq+r} = \sigma^m = e$가 되므로 양쪽 끝 변의 왼쪽에 $(\sigma^{dq})^{-1}$을 곱하면

$$(\sigma^{dq})^{-1}(\sigma^{dq}\sigma^r) = (\sigma^{dq})^{-1}e \quad \therefore \ ((\sigma^{qd})^{-1}\sigma^{dq})\sigma^r = (\sigma^{dq})^{-1}$$

$$\therefore \sigma^r = (\sigma^{dq})^{-1} \in H$$

가 됩니다. 그러나 r는 d보다 작으므로 σ^d이 H에 속하는 원소 중에서 지수가 가장 작다는 것에 모순입니다. 따라서 $r = 0$입니다. 즉, m은 d의 배수이고, d는 m의 약수입니다.

d가 m의 약수일 때, $qd = m$이라고 한다면 H는

$$H = \langle \sigma^d \rangle = \{e, \sigma^d, \sigma^{2d}, \cdots, \sigma^{(q-1)d}\}$$

따라서 H는 위수가 q인 순환군이 됩니다. (증명 끝)

6 두 개의 군으로 군을 만들기

— 군의 직적

두 개의 군을 조합하여 다른 군을 만드는 방법을 소개하겠습니다. 이것은 구체적인 군의 구조를 이해하려 할 때 기본이 되는 개념의 하나입니다. 예를 들어 설명하겠습니다.

잉여군 $\mathbf{Z}/3\mathbf{Z}$, $\mathbf{Z}/5\mathbf{Z}$라는 두 군을 조합하여 보겠습니다.

$\mathbf{Z}/3\mathbf{Z}$와 $\mathbf{Z}/5\mathbf{Z}$의 원소를 나란히, 이를테면 $(\bar{2}, \bar{4})$와 같이 쓰고 연산은 대응하는 성분끼리 더하는 것으로 하겠습니다. 바로 2차원 벡터의 합을 성분으로 계산할 때의 요령과 같습니다. 이를테면

$$(\bar{2}, \bar{4}) + (\bar{1}, \bar{2}) = (\bar{0}, \bar{1})$$

첫째 성분은 $\mathbf{Z}/3\mathbf{Z}$의 원소이므로 $\bar{2} + \bar{1} = \bar{0}$ (¯는 $Z/3Z$의 잉여류)

둘째 성분은 $\mathbf{Z}/5\mathbf{Z}$의 원소이므로 $\bar{4} + \bar{2} = \bar{1}$ (¯는 $Z/5Z$의 잉여류)

이 됩니다. 이것들을 나란히 써놓은 것입니다. 대응하는 성분끼리의 계산은 원래의 잉여군 $\mathbf{Z}/3\mathbf{Z}$, $\mathbf{Z}/5\mathbf{Z}$의 계산을 그대로 사용하는 것입니다.

$\mathbf{Z}/3\mathbf{Z}$와 $\mathbf{Z}/5\mathbf{Z}$의 원소를 나란히 써놓은 것은 이 연산에 대하여 군이 됩니다. 이 군을 $\mathbf{Z}/3\mathbf{Z}$와 $\mathbf{Z}/5\mathbf{Z}$의 직적(直積, direct product)이라고 하고 $(\mathbf{Z}/3\mathbf{Z}) \times (\mathbf{Z}/5\mathbf{Z})$로 씁니다. 집합의 기호로 써보면

$$(\mathbf{Z}/3\mathbf{Z}) \times (\mathbf{Z}/5\mathbf{Z}) = \{(\bar{a}, \bar{b}) \mid \bar{a} \in \mathbf{Z}/3\mathbf{Z}, \bar{b} \in \mathbf{Z}/5\mathbf{Z}\}$$

군이 되는 것을 확인해 봅시다.

연산에 대하여 닫혀 있는 것은 쉽게 알 수 있습니다.

$$\{(\bar{a}, \bar{b}) + (\bar{c}, \bar{d})\} + (\bar{e}, \bar{f})\text{와 } (\bar{a}, \bar{b}) + \{(\bar{c}, \bar{d}) + (\bar{e}, \bar{f})\}$$

는 양쪽 모두 $(\overline{a+c+e}, \overline{b+d+f})$와 같으므로 결합법칙도 성립합니다.

$$(\bar{a}, \bar{b}) + (\bar{0}, \bar{0}) = (\bar{0}, \bar{0}) + (\bar{a}, \bar{b}) = (\bar{a}, \bar{b})$$

가 성립하므로 $(\bar{0}, \bar{0})$가 항등원입니다.

Z/5Z의 항등원

Z/3Z의 항등원

Z/3Z에서 $\bar{a}$의 역원을 $\bar{c}$, Z/5Z에서 $\bar{b}$의 역원을 $\bar{d}$라 하면

$$(\bar{a}, \bar{b}) + (\bar{c}, \bar{d}) = (\overline{a+c}, \overline{b+d}) = (\bar{0}, \bar{0})$$

$$(\bar{c}, \bar{d}) + (\bar{a}, \bar{b}) = (\overline{c+a}, \overline{d+b}) = (\bar{0}, \bar{0})$$

이 되므로 $(\bar{a}, \bar{b})$의 역원은 $(\bar{c}, \bar{d})$입니다.

확실히 (Z/3Z)×(Z/5Z)는 각각의 덧셈에 대해서 군이 됩니다.

(Z/3Z)×(Z/5Z)의 위수는 Z/3Z의 위수 3과 Z/5Z의 위수 5를 곱한 $3 \times 5 = 15$가 됩니다.

다음의 정리로 일반화해 봅시다.

정의1.5 **군의 직적**

G, H를 군이라 한다.

$$\{(g, h) \mid g \in G, h \in H\}$$

는 $(g_1, h_1)(g_2, h_2) = (g_1 g_2, h_1 h_2)$라는 연산에 대하여 군이 된다.

이것을 G와 H의 직적이라 하고 $G \times H$라고 쓴다.

또 G와 H가 유한군이면, $|G \times H| = |G| \times |H|$이다.

연산 기호 '·'을 생략해서 쓰고 있습니다. $g_1 g_2$로 나란히 써놓은 것은 g_1과 g_2에 관한 연산을 나타냅니다.

직적이 군이 되는 것을 확인해 봅시다.

연산에 대하여 닫혀 있으며, 결합법칙을 만족시키는 것은 명백합니다.

G의 항등원을 e_1, H의 항등원을 e_2라고 하면

$$(e_1, e_2)(g, h) = (e_1 g, e_2 h) = (g, h)$$

$$(g, h)(e_1, e_2) = (g e_1, h e_2) = (g, h)$$

가 되므로 $G \times H$의 항등원은 (e_1, e_2)입니다.

$$(g, h)(g^{-1}, h^{-1}) = (gg^{-1}, hh^{-1}) = (e_1, e_2)$$

$$(g^{-1}, h^{-1})(g, h) = (g^{-1}g, h^{-1}h) = (e_1, e_2)$$

이므로 (g, h)의 역원은 (g^{-1}, h^{-1})이 됩니다.

(g, h)는 g를 택하는 방법이 $|G|$가지, h를 택하는 방법이 $|H|$가지이므로 $G \times H$의 원소는 모두 $|G| \times |H|$개입니다.

위에서는 두 군의 직적을 다루었지만 3개 이상의 군의 직적도 마찬가지로 정의할 수 있습니다.

다시 나머지 문제로 돌아와 봅시다.

문제1.7 (1) a는 15로 나누면 7이 남는 수입니다. a를 3으로 나눈 나머지와 5로 나눈 나머지를 구하시오.

(2) b는 3으로 나누면 2가 남고, 5로 나누면 3이 남는 수입니다. b를 15로 나누면 얼마가 남습니까?

(1) $a = 15k + 7$(단, k는 정수)에서

$$a = 15k + 7 \equiv 0 \cdot k + 7 = 7 \equiv 1 \pmod 3$$

$$a = 15k + 7 \equiv 0 \cdot k + 7 = 7 \equiv 2 \pmod 5$$

3으로 나눈 나머지는 1이고, 5로 나눈 나머지는 2입니다.

(2) b를 15로 나눈 나머지를 x라 하면 $b = 15k + x$ $(0 \leqq x \leqq 14)$가 됩니다. 그러면

$b \equiv 2 \pmod 3$으로부터 $15k + x \equiv 2 \pmod 3$ $\quad \therefore x \equiv 2 \pmod 3$

$b \equiv 3 \pmod 5$로부터 $15k + x \equiv 3 \pmod 5$ $\quad \therefore x \equiv 3 \pmod 5$

이므로 0부터 14까지의 수 중에서 3으로 나누면 2가 남고 5로 나누면 3이 남는

수를 찾는 것이 됩니다.

3으로 나누면 2가 남는 수는 2, 5, 8, 11, 14입니다. 이 중에서 5로 나누면 3이 남는 수는 8입니다. 0부터 14까지의 정수 중에서 조건을 만족시키는 정수는 8 밖에 없습니다. $x = 8$입니다.

b를 15로 나눈 나머지는 8입니다.

위 문제의 내용을 정리하면 이렇게 됩니다.

"15로 나눈 나머지를 알면 3으로 나눈 나머지와 5로 나눈 나머지를 알 수 있다. 3으로 나눈 나머지와 5로 나눈 나머지를 알면 15로 나눈 나머지를 알 수 있다."

전반부는 15가 3의 배수이므로 3으로 나눈 나머지가 정해지고, 15가 5의 배수이므로 5로 나눈 나머지가 정해지는 것입니다.

문제는 후반부입니다. 3으로 나눈 나머지와 5로 나눈 나머지를 임의로 정했을 때 그것을 만족시키는 수는 언제나 존재할까요?

언제나 존재합니다. 3으로 나눈 나머지와 5로 나눈 나머지를 표로 만들어서 그것을 만족시키는 수를 표 안에 써넣어 봅시다. 그러면 표 안에는 0부터 14까지 하나씩 들어갑니다.

	0	1	2	3	4
0	0	6	12	3	9
1	10	1	7	13	4
2	5	11	2	8	14

← 5로 나눈 나머지

3으로 나누어 1이 남고 5로 나누어 3이 남는 수) →13

↑ 3으로 나눈 나머지

3으로 나눈 나머지와 5로 나눈 나머지를 임의로 정해도 그것을 만족시키는 수는 0부터 14까지 중에서 오직 하나만 있습니다.

이것은 군의 용어로 말하자면 $\mathbf{Z}/15\mathbf{Z}$와 $(\mathbf{Z}/3\mathbf{Z})\times(\mathbf{Z}/5\mathbf{Z})$의 원소가 일대일로 대응하고 있다는 것입니다. 대응표를 만들면 다음과 같습니다.

Z/5Z의 $\overline{2}$

Z/3Z \ Z/5Z	$\overline{0}$	$\overline{1}$	$\overline{2}$	$\overline{3}$	$\overline{4}$
$\overline{0}$	$\overline{0}$	$\overline{6}$	$\overline{12}$	$\overline{3}$	$\overline{9}$
$\overline{1}$	$\overline{10}$	$\overline{1}$	$\overline{7}$	$\overline{13}$	$\overline{4}$
$\overline{2}$	$\overline{5}$	$\overline{11}$	$\overline{2}$	$\overline{8}$	$\overline{14}$

Z/3Z의 $\overline{2}$

표 안은
Z/15Z의 잉여류

여기까지는 원소 사이에 대응하는 것만을 다루었을 뿐이므로 이것만으로 군의 동형이라고 할 수는 없습니다. 군이 동형인지는 다음과 같은 계산으로부터 알 수 있습니다.

이를테면 $\mathbf{Z}/15\mathbf{Z}$의 $\overline{4}$와 $\overline{8}$에 대응하는 $(\mathbf{Z}/3\mathbf{Z})\times(\mathbf{Z}/5\mathbf{Z})$의 원소는 각각 $(\overline{1}, \overline{4})$와 $(\overline{2}, \overline{3})$입니다. 이것에 대하여

$$(\overline{1}, \overline{4}) + (\overline{2}, \overline{3}) = (\overline{0}, \overline{2})$$

와 같이 대응하는 성분끼리의 합을 생각합니다.

그러면 답의 $(\overline{0}, \overline{2})$에 대응하는 $\mathbf{Z}/15\mathbf{Z}$의 원소는 $\overline{12}$이고 이것은 $\overline{4} + \overline{8} = \overline{12}$의 답과 일치합니다. $\mathbf{Z}/15\mathbf{Z}$와 $(\mathbf{Z}/3\mathbf{Z})\times(\mathbf{Z}/5\mathbf{Z})$의 순서쌍인 원소는 + 연산까지 포함해서 일대일로 대응하고 있습니다.

동형사상을 만들어서 $\mathbf{Z}/15\mathbf{Z}$와 $(\mathbf{Z}/3\mathbf{Z})\times(\mathbf{Z}/5\mathbf{Z})$가 동형이라는 것을 확인해 봅시다. a를 3으로 나눈 나머지를 a_3, 5로 나눈 나머지를 a_5라 하고 순서쌍을 만들면 됩니다.

$$\begin{aligned} \phi : \mathbf{Z}/15\mathbf{Z} &\longrightarrow (\mathbf{Z}/3\mathbf{Z})\times(\mathbf{Z}/5\mathbf{Z}) \\ \overline{a} &\longmapsto (\overline{a_3}, \overline{a_5}) \end{aligned}$$

b와 $a+b$를 3으로 나눈 나머지를 각각 b_3과 $(a+b)_3$이라고 쓰도록 하겠습

니다. 이 ϕ에 대해서

$$\phi(\overline{a}+\overline{b})=\phi(\overline{a+b})=\left(\overline{(a+b)_3}, \overline{(a+b)_5}\right)$$

$$\phi(\overline{a})+\phi(\overline{b})=(\overline{a_3}, \overline{a_5})+(\overline{b_3}, \overline{b_5})=(\overline{a_3+b_3}, \overline{a_5+b_5})$$

여기에서

$(a+b)_3 \equiv a_3+b_3 \pmod 3$으로부터 $\overline{(a+b)_3}=\overline{a_3+b_3}$

$(a+b)_5 \equiv a_5+b_5 \pmod 5$로부터 $\overline{(a+b)_5}=\overline{a_5+b_5}$

이므로 $\phi(\overline{a}+\overline{b})=\phi(\overline{a})+\phi(\overline{b})$가 성립합니다. ϕ는 일대일 대응이므로 군의 동형사상이 됩니다.

$$\mathbf{Z}/15\mathbf{Z} \cong (\mathbf{Z}/3\mathbf{Z}) \times (\mathbf{Z}/5\mathbf{Z})$$

라는 것이 밝혀졌습니다.

3, 5를 일반적으로 서로소인 자연수 p, q로 바꾸어서

$$\begin{aligned} \phi : \mathbf{Z}/pq\mathbf{Z} &\longrightarrow (\mathbf{Z}/p\mathbf{Z}) \times (\mathbf{Z}/q\mathbf{Z}) \\ \overline{a} &\longmapsto (\overline{a_p}, \overline{a_q}) \end{aligned}$$

로 정의한 ϕ가 동형사상이 되는 것을 증명해 봅시다.

$\phi(\overline{a}+\overline{b})=\phi(\overline{a})+\phi(\overline{b})$가 되는 것은 위에서 확인했습니다. ϕ가 일대일 대응이 되는 것을 밝혀 봅시다. 이를 위해서 $\mathbf{Z}/pq\mathbf{Z}$의 원소와 $(\mathbf{Z}/p\mathbf{Z}) \times (\mathbf{Z}/q\mathbf{Z})$의 원소가 일대일로 대응하고 있음을 밝히겠습니다.

정리1.6 **중국 나머지정리**

p, q를 서로소인 자연수라 한다.

a, b를 $0 \leqq a \leqq p-1$, $0 \leqq b \leqq q-1$을 만족시키는 정수라 한다.

p로 나눈 나머지가 a, q로 나눈 나머지가 b인 수가 0부터 $pq-1$까지의 수 중에서 오직 하나만 존재한다.

증명 p로 나눈 나머지가 a, q로 나눈 나머지가 b인 수가 0부터 $pq-1$까지

의 수 중에서 2개 있다고 가정합니다. 이것을 x, y라고 정합니다.

x, y를 p로 나눈 나머지가 같기 때문에 $x-y$는 p로 나누어떨어집니다. x, y를 q로 나눈 나머지가 같기 때문에 $x-y$는 q로 나누어떨어집니다. $x-y$는 p로도 q로도 나누어떨어지므로 p와 q의 최소공배수로 나누어떨어집니다. p와 q가 서로소이므로 p와 q의 최소공배수는 pq입니다. $x-y$는 pq로 나누어떨어집니다. x와 y는 다른 수이므로 x와 y의 차는 pq 이상입니다. 그런데 x와 y는 0 이상 $pq-1$ 이하의 수이므로 x와 y의 차가 pq 이상이 될 수는 없습니다. 이것은 모순입니다. 따라서 p로 나눈 나머지가 a, q로 나눈 나머지가 b가 되는 수는 0부터 $pq-1$까지 1개 이하라는 것을 알 수 있습니다.

그러니까 0에서 $pq-1$까지의 pq개의 수 중에서 p로 나눈 나머지도 일치하고 q로 나눈 나머지도 일치하는 두 수는 없습니다.

즉, ϕ는 $\mathbf{Z}/pq\mathbf{Z}$의 서로 다른 원소를 각각 $(\mathbf{Z}/p\mathbf{Z}) \times (\mathbf{Z}/q\mathbf{Z})$의 서로 다른 원소에 대응시키기 때문에 일대일 함수입니다. 따라서 ϕ에 의해서 $\mathbf{Z}/pq\mathbf{Z}$로 대응되는 상의 개수는 $\mathbf{Z}/pq\mathbf{Z}$의 위수와 같은 pq개입니다. 한편 $\mathbf{Z}/p\mathbf{Z}$의 위수가 p이고 $\mathbf{Z}/q\mathbf{Z}$의 위수가 q이어서 $(\mathbf{Z}/p\mathbf{Z}) \times (\mathbf{Z}/q\mathbf{Z})$의 위수는 pq가 되기 때문에, ϕ는 위로 가는 함수이기도 합니다. 다시 말해 ϕ는 일대일 대응입니다.

그러므로 0부터 $pq-1$까지의 수 중에서 모든 나머지의 쌍이 오직 한 번씩 나옵니다. (증명 끝)

3개의 직적이 되는 예도 살펴봅시다.

문제1.8 a는 3으로 나누면 나머지가 1, 5로 나누면 나머지가 2, 7로 나누면 나머지가 3인 수입니다. a를 105로 나눈 나머지는 얼마입니까?

3개나 되어 푸는 데 더 힘이 듭니다. 그렇지만 다음과 같은 교묘한 해법이 알

려져 있습니다. 그것은 70, 21, 15라는 마법의 수를 이용한 방법입니다. 70, 21, 15에 나머지인 1, 2, 3을 각각 곱하고 나서 더하면

$$70 \times 1 + 21 \times 2 + 15 \times 3 = 157$$

105를 빼면 $157 - 105 = 52$

52가 구하는 나머지입니다. 이 풀이 방법은 와산카(和算家, 일본의 산학자를 말함—옮긴이)들 사이에서도 잘 알려져 있고, 마지막에 105를 빼기 때문에 105 감산이라 일컬어지고 있습니다. 다만 마지막 계산은 105로 나눈 나머지를 구하기 위해 105를 뺀 것입니다. 105 이하라면 빼지 않고 210 이상이라면 두 번 이상 빼야 합니다.

왜 이 방법으로 답을 구할 수 있는 것인지 그 내막을 알아봅시다.

70, 21, 15를 각각 3, 5, 7로 나눈 나머지를 표로 만들어 보면 다음 표에서 왼쪽 부분이 됩니다. 정확히, 나누는 수 하나에 대해서만 나머지가 1이 되고 다른 칸에서는 나누어떨어지는 수가 되고 있습니다. 그렇기 때문에 이것들에 나머지를 각각 곱하고 나서 더하면 다음 표에서 오른쪽 부분이 되고 3, 5, 7로 나눈 나머지의 조건을 만족시키는 수를 구할 수 있게 되는 것입니다.

$A = 70 \times 1 + 21 \times 2 + 15 \times 3$ 합

	70	21	15	70×1	21×2	15×3	A
3으로 나눈 나머지	1	0	0	1	0	0	합 1
5로 나눈 나머지	0	1	0	0	2	0	합 2
7로 나눈 나머지	0	0	1	0	0	3	합 3

그럼, 이러한 마법의 수는 언제나 존재할까요?

3으로 나눈 나머지가 1이고 5와 7로는 나누어떨어지는 수를 구한다고 할 때, $5 \cdot 7x \equiv 1 \pmod 3$을 만족시키는 x를 찾으면 $5 \cdot 7x$가 구하고자 하는 수가 됩니다. 여기서는 $5 \cdot 7x = 3y + 1$로부터

$$5 \cdot 7x - 3y = 1$$

이라고 하는 1차부정방정식의 해를 찾습니다.

(a, b)로 a와 b의 최대공약수를 나타낸다.

계수의 최대공약수는 $(5 \cdot 7, 3) = 1$이므로 이러한 x, y는 존재합니다. 이를테면 $x = 2$, $y = 23$인 한 쌍의 해로부터

$5 \cdot 7 \cdot x = 70$이 마법의 수가 됩니다.

그밖에 5로 나눈 나머지가 1이고 3과 7로는 나누어떨어지는 수, 7로 나눈 나머지가 1이고 3과 5로는 나누어떨어지는 수도 똑같은 방법으로 구할 수 있습니다. 마법의 수는 언제나 있습니다.

이 문제에서 해가 한 개로 정해지는 배경에는

$$Z/105Z \cong (Z/3Z) \times (Z/5Z) \times (Z/7Z)$$

라고 하는 동형이 있습니다.

이것을 일반화하여 정리하면 다음과 같습니다. 이 정리는 손자병법 안에 같은 종류의 문제가 실려 있었다고 하여 중국 나머지정리라고 일컬어지고 있습니다. 위에서는 나누는 수가 3개인 경우를 다루었지만 나누는 수가 여러 개 있더라도 마찬가지로 논의를 전개할 수 있습니다.

정리1.7 **중국 나머지정리: 3개의 수**

p, q, r는 어느 두 개를 택하여도 서로소인 자연수이다. a, b, c는 임의의 정수이다. 이때

$$x \equiv a \pmod{p}, \quad x \equiv b \pmod{q}, \quad x \equiv c \pmod{r}$$

를 만족시키는 정수 x가 0부터 $pqr - 1$까지의 수 중에서 오직 하나 존재한다.

증명 마법의 수를 찾아봅시다.

$$(qr)s \equiv 1 \pmod{p},\quad (rp)t \equiv 1 \pmod{q},\quad (pq)u \equiv 1 \pmod{r}$$

를 만족시키는 s, t, u를 구합니다. s는

$$(qr)s + py = 1$$

이라는 1차부정방정식을 풀어서 얻을 수 있습니다. q, r가 p와 서로소라는 것으로부터 qr, p가 서로소가 되므로 **정리1.2**로부터 조건식을 만족시키는 s, y가 존재합니다. 마찬가지로 하여 t, u를 얻을 수 있습니다.

$$x = a(qr)s + b(rp)t + c(pq)u$$

라고 놓으면 x는 조건식을 만족시킵니다. 실제로

$$x = a(qr)s + b(rp)t + c(pq)u \equiv a \cdot 1 + 0 + 0 \equiv a \pmod{p}$$

$$x = a(qr)s + b(rp)t + c(pq)u \equiv 0 + b \cdot 1 + 0 \equiv b \pmod{q}$$

$$x = a(qr)s + b(rp)t + c(pq)u \equiv 0 + 0 + c \cdot 1 \equiv c \pmod{r}$$

가 됩니다. 이 x를 pqr로 나눈 나머지도 조건식을 만족시킵니다.

만일 해가 0부터 $pqr-1$까지 중에서 2개 있다고 가정하고 그것을 x, $y(x>y)$라고 합시다.

$$x \equiv y \equiv a \pmod{p},\quad x \equiv y \equiv b \pmod{q},\quad x \equiv y \equiv c \pmod{r}$$

$\Leftrightarrow x-y$는 p의 배수, $x-y$는 q의 배수, $x-y$는 r의 배수

$\Leftrightarrow x-y$는 pqr의 배수

가 됩니다. 그런데 $0 \leqq y < x \leqq pqr-1$이므로 $0 < x-y < pqr$이고 0과 pqr 사이에는 pqr의 배수가 없기 때문에 모순입니다. 따라서 0부터 pqr까지의 수 중에는 조건을 만족시키는 x는 1개밖에 없습니다. (증명 끝)

정리1.6은 중국 나머지정리에서 나누는 수가 2개인 경우입니다. **정리1.6**을 증명한 방식으로, 나누는 수가 3개인 경우도 증명할 수 있습니다. **정리1.6**에서 소개한 증명은 해의 존재를 밝히는 것뿐이었지만, **정리1.7**의 증명에서는 해를 구

성하는 방법까지 언급했습니다. 물론 **정리1.7**을 증명하는 방법으로 **정리1.6**을 증명할 수도 있습니다. 그러나 나누는 수가 2개인 경우를 제시해서는 일반론까지 잘 보이지 않기 때문에, 나누는 수가 3개인 경우를 다루었습니다.

중국 나머지정리를 군의 언어로 정리해 보면 다음과 같습니다.

정리1.8 Z/nZ**의 분해**

$n = pqr$(p, q, r에서 어느 두 개를 택하여도 서로소)일 때

$$\mathbf{Z}/n\mathbf{Z} \cong (\mathbf{Z}/p\mathbf{Z}) \times (\mathbf{Z}/q\mathbf{Z}) \times (\mathbf{Z}/r\mathbf{Z})$$

증명 $\mathbf{Z}/n\mathbf{Z}$로부터 $(\mathbf{Z}/p\mathbf{Z}) \times (\mathbf{Z}/q\mathbf{Z}) \times (\mathbf{Z}/r\mathbf{Z})$로 가는 함수 ϕ를

$$\begin{aligned} \phi : \mathbf{Z}/n\mathbf{Z} &\longrightarrow (\mathbf{Z}/p\mathbf{Z}) \times (\mathbf{Z}/q\mathbf{Z}) \times (\mathbf{Z}/r\mathbf{Z}) \\ \overline{a} &\longmapsto (\overline{a_p}, \overline{a_q}, \overline{a_r}) \end{aligned}$$

라고 정의합니다. 여기에서 a_p는 a를 p로 나눈 나머지를 나타낸 것입니다. **정리1.7**에 의해 $\overline{a}$가 대응하는 상 $(\overline{a_p}, \overline{a_q}, \overline{a_r})$는 $\mathbf{Z}/n\mathbf{Z}$의 $\overline{a}$로부터만 대응됩니다. ϕ는 일대일 함수입니다. 따라서 ϕ는 $\mathbf{Z}/n\mathbf{Z}$의 n개의 다른 원소를 각각 n개의 다른 원소로 옮깁니다.

한편, $(\mathbf{Z}/p\mathbf{Z}) \times (\mathbf{Z}/q\mathbf{Z}) \times (\mathbf{Z}/r\mathbf{Z})$의 위수는 $pqr = n$이므로 ϕ는 위로 가는 함수입니다. 그래서 ϕ는 일대일 대응이 됩니다.

$$\phi(\overline{a} + \overline{b}) = \phi(\overline{a+b}) = \left(\overline{(a+b)_p}, \overline{(a+b)_q}, \overline{(a+b)_r}\right)$$

$$\begin{aligned} \phi(\overline{a}) + \phi(\overline{b}) &= (\overline{a_p}, \overline{a_q}, \overline{a_r}) + (\overline{b_p}, \overline{b_q}, \overline{b_r}) \\ &= \left(\overline{(a+b)_p}, \overline{(a+b)_q}, \overline{(a+b)_r}\right) \end{aligned}$$

따라서 $\phi(\overline{a} + \overline{b}) = \phi(\overline{a}) + \phi(\overline{b})$가 성립합니다.

ϕ는 동형사상이 되므로

$$\mathbf{Z}/n\mathbf{Z} \cong (\mathbf{Z}/p\mathbf{Z}) \times (\mathbf{Z}/q\mathbf{Z}) \times (\mathbf{Z}/r\mathbf{Z})$$ (증명 끝)

p, q, r가 소수인 예만 나왔으므로 다른 예도 들어 보겠습니다. 예를 들어, $n=2^3 \cdot 3^4 \cdot 5^2$이면 소인수마다 나누어서

$$\mathrm{Z}/(2^3 \cdot 3^4 \cdot 5^2) \cong \mathrm{Z}(\mathrm{Z}/2^3\mathrm{Z}) \times (\mathrm{Z}/3^4\mathrm{Z}) \times (\mathrm{Z}/5^2\mathrm{Z})$$

가 됩니다.

7 곱하여도 군이 된다!

— 기약잉여류군

잉여류 $\mathbf{Z}/n\mathbf{Z}$의 덧셈에 관한 구조는 제법 명확해졌습니다. 그러면 곱셈에는 어떤 구조가 있을까요? $\mathbf{Z}/5\mathbf{Z}$를 이용해 알아봅시다.

먼저 $\mathbf{Z}/5\mathbf{Z}$에서 $\overline{0}$을 제외한 $\overline{1}, \overline{2}, \overline{3}, \overline{4}$가 곱셈이라는 연산에 관해 군이 되는지부터 살펴봅시다. 곱셈표를 만들어보면

$\times$	$\overline{0}$	$\overline{1}$	$\overline{2}$	$\overline{3}$	$\overline{4}$
$\overline{0}$	$\overline{0}$	$\overline{0}$	$\overline{0}$	$\overline{0}$	$\overline{0}$
$\overline{1}$	$\overline{0}$	$\overline{1}$	$\overline{2}$	$\overline{3}$	$\overline{4}$
$\overline{2}$	$\overline{0}$	$\overline{2}$	$\overline{4}$	$\overline{1}$	$\overline{3}$
$\overline{3}$	$\overline{0}$	$\overline{3}$	$\overline{1}$	$\overline{4}$	$\overline{2}$
$\overline{4}$	$\overline{0}$	$\overline{4}$	$\overline{3}$	$\overline{2}$	$\overline{1}$

Z/5Z의 곱셈표

$\overline{a}$	$\overline{1}$	$\overline{2}$	$\overline{3}$	$\overline{4}$
$\overline{a}^{-1}$	$\overline{1}$	$\overline{3}$	$\overline{2}$	$\overline{4}$

역원

$\mathbf{Z}/5\mathbf{Z}-\{\overline{0}\}$이 곱셈에 관해 군이 되는 것을 확인해 보겠습니다.

곱셈에 관해 닫혀 있다는 것은 위 표에서 알 수 있습니다.

정수에서 결합법칙이 성립하므로 $(ab)c = a(bc)$이고 이것을 mod 5에서 보면, $(\overline{a}\,\overline{b})\overline{c}=\overline{a}(\overline{b}\,\overline{c})$가 되어 $\mathbf{Z}/5\mathbf{Z}$에서도 결합법칙은 성립합니다.

$\overline{1}\times\overline{a}=\overline{a}\times\overline{1}=\overline{a}$이므로 $\overline{1}$이 항등원이 됩니다.

위의 오른쪽 표에서 보는 바와 같이 역원도 존재합니다.

$\mathbf{Z}/6\mathbf{Z}$의 경우는 어떨까요? $\mathbf{Z}/6\mathbf{Z}-\{\bar{0}\}$의 곱셈표를 살펴봅시다.

$\times$	$\bar{0}$	$\bar{1}$	$\bar{2}$	$\bar{3}$	$\bar{4}$	$\bar{5}$
$\bar{0}$	$\bar{0}$	$\bar{0}$	$\bar{0}$	$\bar{0}$	$\bar{0}$	$\bar{0}$
$\bar{1}$	$\bar{0}$	$\bar{1}$	$\bar{2}$	$\bar{3}$	$\bar{4}$	$\bar{5}$
$\bar{2}$	$\bar{0}$	$\bar{2}$	$\bar{4}$	$\bar{0}$	$\bar{2}$	$\bar{4}$
$\bar{3}$	$\bar{0}$	$\bar{3}$	$\bar{0}$	$\bar{3}$	$\bar{0}$	$\bar{3}$
$\bar{4}$	$\bar{0}$	$\bar{4}$	$\bar{2}$	$\bar{0}$	$\bar{4}$	$\bar{2}$
$\bar{5}$	$\bar{0}$	$\bar{5}$	$\bar{4}$	$\bar{3}$	$\bar{2}$	$\bar{1}$

Z/6Z의 곱셈표

$\bar{1}$, $\bar{5}$만 따로 적음

$\times$	$\bar{1}$	$\bar{5}$
$\bar{1}$	$\bar{1}$	$\bar{5}$
$\bar{5}$	$\bar{5}$	$\bar{1}$

(Z/6Z)*의 곱셈표

항등원이 $\bar{1}$이라는 사실은 굳이 설명하지 않아도 괜찮겠지요. 역원은 있을까요?

$\bar{2}$의 역원을 구하고자 $\bar{2}$의 행을 보면 $\bar{2}, \bar{4}, \bar{0}, \bar{2}, \bar{4}$로 되어 있고 $\bar{1}$이 없습니다. $\bar{2}\times\bar{x}=\bar{1}$이 되는 x는 존재하지 않습니다. $\mathbf{Z}/6\mathbf{Z}-\{\bar{0}\}$에는 곱셈에 관해 역원이 존재하지 않는 원소가 있는 것입니다. 이로써 군은 되지 않습니다.

그러면 거꾸로 가로 행에서 $\bar{1}$이 나오는 것은 어느 것일까요. $\bar{1}$과 $\bar{5}$입니다. $\bar{2}$, $\bar{3}$, $\bar{4}$에 역원이 없는 까닭은 이것들이 각각 6과 공통인수를 갖고 있기 때문입니다. 공통인수를 갖지 않는 $\bar{1}$, $\bar{5}$는 군을 이룹니다. $\bar{1}$, $\bar{5}$만을 곱셈표에서 가져와 따로 적으면 위의 오른쪽 표가 됩니다. 확실히 $\bar{1}$이 항등원이고 $\bar{5}$의 역원은 $\bar{5}$입니다.

이와 같이 n이 합성수인 경우에도 Z/nZ의 잉여류 가운데 n과 서로소인 것만을 택하면 곱셈에 관해서 군이 됩니다. 이를 (Z/nZ)*라고 쓰고 기약잉여류군(既約剩餘類群, irreducible residue class group)이라 일컫습니다. n이 소수인 경우에는 $1, 2, \cdots, n-1$이 모두 n과 서로소이므로 $\mathbf{Z}/n\mathbf{Z}-\{\bar{0}\}$만으로 곱셈에 관해 군이 됩니다. $\mathbf{Z}/5\mathbf{Z}-\{\bar{0}\}$이 곱셈에 대해 군이 되는 것은 5가 소수이기 때문입니다.

$(\mathbf{Z}/6\mathbf{Z})^*$의 위수는 2가 아닐지도 모른다는 생각이 들 수도 있으니 다음 문제를 풀어 봅시다.

문제1.9 $(\mathbf{Z}/10\mathbf{Z})^*$의 곱셈표를 작성하시오.

1부터 10까지의 수 중에서 10과 서로소인 정수는 1, 3, 7, 9이므로, $\mathbf{Z}/10\mathbf{Z}$ 중에서 $\bar{1}, \bar{3}, \bar{7}, \bar{9}$는 곱셈에 대해서 군이 됩니다.

$\times$	$\bar{1}$	$\bar{3}$	$\bar{7}$	$\bar{9}$
$\bar{1}$	$\bar{1}$	$\bar{3}$	$\bar{7}$	$\bar{9}$
$\bar{3}$	$\bar{3}$	$\bar{9}$	$\bar{1}$	$\bar{7}$
$\bar{7}$	$\bar{7}$	$\bar{1}$	$\bar{9}$	$\bar{3}$
$\bar{9}$	$\bar{9}$	$\bar{7}$	$\bar{3}$	$\bar{1}$

$(\mathbf{Z}/10\mathbf{Z})^*$의 연산표

$\bar{a}$	$\bar{1}$	$\bar{3}$	$\bar{7}$	$\bar{9}$
$\bar{a}^{-1}$	$\bar{1}$	$\bar{7}$	$\bar{3}$	$\bar{9}$

역원

일반화하여 정리한 증명을 덧붙이겠습니다. 그 전에 기호를 확인해 둡시다. (a, b)로 a와 b의 최대공약수를 나타낸다면

$(k, n) = 1 \iff k$와 n의 최대공약수가 1

$\iff k$와 n은 서로소

정의1.6 기약잉여류군

$\mathbf{Z}/n\mathbf{Z}$의 부분집합 $\{\bar{k} \mid (k, n) = 1,\ 1 \leqq k \leqq n-1\}$은 곱셈에 관해서 군이 된다. 이것을 $(\mathbf{Z}/n\mathbf{Z})^*$라 쓰고 기약잉여류군이라 한다.

증명 먼저 곱셈에 대해서 닫혀 있는 것을 확인합니다.

n과 서로소인 k, l이 있을 때 그 곱 kl도 n과 서로소가 됩니다. kl을 n으로 나눈 몫을 q, 나머지를 m이라 하면 $kl = qn + m$이라고 쓸 수 있습니다.

$$kl \equiv qn + m \pmod{n} \quad \therefore kl \equiv m \pmod{n}$$에 의해 $\overline{k} \times \overline{l} = \overline{m}$

이라고 계산할 수 있으나, **정리1.1**에 의해 $(m, n) = (kl, n) = 1$이 되어 m도 n과 서로소가 됩니다. 그러므로 곱셈에 대해서 닫혀 있습니다.

정수에서 곱셈에 대한 결합법칙이 성립하고 있으므로 $\mathbf{Z}/n\mathbf{Z}$에서도 곱셈에 대한 결합법칙이 성립합니다.

$\overline{1} \times \overline{a} = \overline{a} \times \overline{1} = \overline{a}$ 이므로 항등원은 $\overline{1}$입니다.

역원의 존재는 다음과 같이 확인합니다.

k와 n이 서로소이므로 **정리1.2**에 의해

$$kx + ny = 1$$

을 만족시키는 x, y가 존재합니다. 이것을 mod n으로 보면

$$kx \equiv 1 \pmod{n}$$

이 됩니다. x가 속한 잉여류가 $\overline{k}$의 역원입니다. 곧, $\overline{x} = \overline{k}^{-1}$입니다.

따라서 $\{\overline{k} \mid (k, n) = 1, 1 \leqq k \leqq n-1\}$이 곱셈에 대해서 군이 되는 것이 확인되었습니다. (증명 끝)

8 $(Z/p^nZ)^*$는 직적으로 쓸 수 있는가?

— 기약잉여류군의 구조 분석

앞에서 살펴본 바와 같이, **정리1.8**에 의해 잉여류 $Z/(2^3 \cdot 3^4 \cdot 5^2)Z$는

$$Z/(2^3 \cdot 3^4 \cdot 5^2)Z \cong (Z/2^3Z) \times (Z/3^4Z) \times (Z/5^2Z)$$

와 같이 분해하여 직적으로 나타낼 수 있습니다. 그러면 기약잉여류군의 경우도 직적으로 나타낼 수 있을까요? 결론은 "그렇다"입니다.

이를테면 $(Z/(2^3 \cdot 3^4 \cdot 5^2)Z)^*$는 소인수마다 생기는 기약잉여류군 $(Z/2^3Z)^*$, $(Z/3^4Z)^*$, $(Z/5^2Z)^*$의 직적으로 나타낼 수 있습니다. 더욱이 소인수마다 생기는 기약잉여류군 $(Z/2^3Z)^*$, $(Z/3^4Z)^*$, $(Z/5^2Z)^*$는 각각 순환군의 직적으로 나타낼 수 있습니다. 곧,

☆ "기약잉여류군은 순환군의 직적과 동형이다"

라고 말할 수 있습니다.

이제부터 제1장의 나머지 부분에서는 ☆의 성질을 증명하는 데에 중점을 두게 될 것입니다. 갈 길이 멀지만 그 결과를 향해서 증명을 차곡차곡 쌓아 나간다는 생각으로 읽는다면 기분이 좀 편해질 것입니다.

☆은 우리의 맨 마지막 목표인 피크 정리를 증명할 때에 큰 역할을 맡게 되는 정리입니다. 그러므로 그냥 넘어갈 수는 없지만, 증명을 마지막까지 읽는 것이 너무 벅찬 사람이 있을지도 모르겠습니다. 그렇다면 위에서 언급한 결론만 이해하고 11절 같은 곳은 뛰어넘어 일단 다음 장으로 나아간 뒤, 체력이 회복되면 다시 돌아와 이 장의 남은 부분을 읽어도 좋습니다.

사실 ☆의 성질을 증명하는 데에는 이제부터 소개하는 증명 방법 말고도 몇 가지가 더 있습니다. 그 가운데 하나는

* "유한가환군은 순환군의 직적과 동형이다"

라는 좀 더 일반적인 대정리를 증명하는 방법입니다.

여기에서 가환군(可換群, commutative group)이라는 것은 연산 '・'에 대해서 교환법칙(交換法則, commutative law : $x \cdot y = y \cdot x$)이 성립하는 군입니다. 기약잉여류군은 위수가 유한하므로 유한군이고 곱셈에 대해서 교환법칙이 성립하므로 가환군입니다. 기약잉여류군은 유한가환군입니다. *의 정리를 증명하면 이것을 기약잉여류에 적용해서 "기약잉여류군은 순환군의 직적과 동형이다"를 증명한 것이 됩니다.

그러나 *의 증명 과정을 택하지 않은 까닭은 *의 증명은 어떻게 해도 후반부가 추상적이 되기 때문입니다. 전반부는 중국 나머지정리와 비슷한 방법이 사용되므로 구체적인 예를 들면서 소개할 수도 있지만, 후반부는 그렇게 할 수 없습니다. 여러분이 수학적 대상의 실제 예를 통해서 정리의 내용을 스스로 느껴보는 것이 좋다고 생각하기 때문에, 기약잉여류군이 구체적으로 어떻게 순환군의 직적으로 나타나는지를 직접 보여 드리겠습니다.

다음의 식으로 확인해 봅시다.

문제1.10

$(Z/(2^3 \cdot 3^4 \cdot 5^2)Z)^* \cong (Z/2^3Z)^* \times (Z/3^4Z)^* \times (Z/5^2Z)^*$임을 밝히시오.

기약잉여류군의 정의에 의해

$$(Z/(2^3 \cdot 3^4 \cdot 5^2)Z)^* = \left\{\overline{k} \mid (k, 2^3 \cdot 3^4 \cdot 5^2) = 1, 1 \leqq k \leqq 2^3 \cdot 3^4 \cdot 5^2\right\}$$

입니다.

처음에 $Z/(2^3 \cdot 3^4 \cdot 5^2)Z$에서 $(Z/2^3Z) \times (Z/3^4Z) \times (Z/5^2Z)$로 가는 함수 ϕ를 생각해 봅시다.

$$\begin{aligned} \phi : Z/(2^3 \cdot 3^4 \cdot 5^2)Z &\longrightarrow (Z/2^3Z) \times (Z/3^4Z) \times (Z/5^2Z) \\ \overline{a} &\longmapsto (\overline{a_2}, \overline{a_3}, \overline{a_5}) \end{aligned}$$

여기에서 a_2는 a를 2^3으로 나눈 나머지, a_3은 a를 3^4으로 나눈 나머지, a_5는 a를 5^2으로 나눈 나머지라고 하겠습니다.

$\overline{a}$가 $(Z/(2^3\cdot3^4\cdot5^2)Z)^*$의 원소이라고 하면

$$(a,\ 2^3\cdot3^4\cdot5^2)=1$$

$$\Leftrightarrow\ (a,\ 2)=1\text{이고 }(a,\ 3)=1\text{이고 }(a,\ 5)=1\ \cdots\cdots①$$

그러므로 a_2는 2^3과 서로소, a_3은 3^4과 서로소, a_5는 5^2과 서로소가 되어 $(\overline{a_2},\ \overline{a_3},\ \overline{a_5})$는 $(Z/2^3Z)^*\times(Z/3^4Z)^*\times(Z/5^2Z)^*$의 원소가 됩니다.

또한, $(Z/2^3Z)^*\times(Z/3^4Z)^*\times(Z/5^2Z)^*$의 원소를 하나 정하면 **정리1.7**(중국 나머지정리)에 의해 $(Z/(2^3\cdot3^4\cdot5^2)Z)$의 원소가 하나 정해집니다.

이것이 $(Z/(2^3\cdot3^4\cdot5^2)Z)^*$에 속해 있는 것은 ①을 ⇐ 방향으로 살펴봄으로써 확인할 수 있습니다.

ϕ는 $(Z/(2^3\cdot3^4\cdot5^2)Z)^*$와 $(Z/2^3Z)^*\times(Z/3^4Z)^*\times(Z/5^2Z)^*$의 원소를 일대일로 대응시킵니다. ϕ는 일대일 대응입니다.

다음으로 $(Z/2^3Z)^*\times(Z/3^4Z)^*\times(Z/5^2Z)^*$의 두 개의 원소 $(\overline{a_2},\ \overline{a_3},\ \overline{a_5})$와 $(\overline{b_2},\ \overline{b_3},\ \overline{b_5})$에 대한 연산은

$$(\overline{a_2},\ \overline{a_3},\ \overline{a_5})(\overline{b_2},\ \overline{b_3},\ \overline{b_5})=(\overline{a_2}\,\overline{b_2},\ \overline{a_3}\,\overline{b_3},\ \overline{a_5}\,\overline{b_5})=(\overline{a_2b_2},\ \overline{a_3b_3},\ \overline{a_5b_5})$$

가 됩니다. 그러면

$$\phi(\overline{a}\,\overline{b})=\phi(\overline{ab})=\left(\overline{(ab)_2},\ \overline{(ab)_3},\ \overline{(ab)_5}\right)$$

$$\phi(\overline{a})\phi(\overline{b})=(\overline{a_2},\ \overline{a_3},\ \overline{a_5})(\overline{b_2},\ \overline{b_3},\ \overline{b_5})=(\overline{a_2}\,\overline{b_2},\ \overline{a_3}\,\overline{b_3},\ \overline{a_5}\,\overline{b_5})$$

이고, **정리1.4**(합동식의 성질)로부터

$$a_2b_2\equiv(ab)_2\ (\mathrm{mod}\ 2^3)\text{에 의해 }\overline{a_2}\,\overline{b_2}\equiv\overline{(ab)_2}$$

등이 성립하므로 $\phi(\overline{a}\,\overline{b})=\phi(\overline{a})\phi(\overline{b})$가 되어 ϕ는 군의 동형사상이 됩니다. 따라서

$$(Z/(2^3\cdot3^4\cdot5^2)Z)^*\cong(Z/2^3Z)^*\times(Z/3^4Z)^*\times(Z/5^2Z)^*$$

가 성립합니다.

이와 같이 기약잉여류군 $(\mathbf{Z}/n\mathbf{Z})^*$는 n을 서로소인 인수로 분해하여 그 기약잉여류군의 직적으로 나타낼 수 있습니다.

정리1.9 **기약잉여류군의 분해**

n의 소인수분해가 $n = p^e q^f r^g$일 때

$$(\mathbf{Z}/(p^e q^f r^g)\mathbf{Z})^* \cong (\mathbf{Z}/p^e\mathbf{Z})^* \times (\mathbf{Z}/q^f\mathbf{Z})^* \times (\mathbf{Z}/r^g\mathbf{Z})^*$$

여기에서 기약잉여류군의 위수를 구하는 공식을 알아봅시다.

$(\mathbf{Z}/2^3\mathbf{Z})^*$의 위수는 1부터 2^3까지에서 2의 배수가 아닌 정수의 개수와 같아서 $2^3 - 2^3 \div 2 = 2^3 - 2^2 = 2^2(2-1)$.

$(\mathbf{Z}/3^4\mathbf{Z})^*$의 위수는 1부터 3^4까지에서 3의 배수가 아닌 정수의 개수와 같아서 $3^4 - 3^4 \div 3 = 3^4 - 3^3 = 3^3(3-1)$.

$(\mathbf{Z}/5^2\mathbf{Z})^*$의 위수는 1부터 5^2까지에서 5의 배수가 아닌 정수의 개수와 같아서 $5^2 - 5^2 \div 5 = 5^2 - 5 = 5(5-1)$.

따라서 기약잉여류군 $(\mathbf{Z}/(2^3 \cdot 3^4 \cdot 5^2)\mathbf{Z})^*$의 위수는

$$|(\mathbf{Z}/(2^3 \cdot 3^4 \cdot 5^2)\mathbf{Z})|^* = |(\mathbf{Z}/2^3\mathbf{Z})^* \times (\mathbf{Z}/3^4\mathbf{Z})^* \times (\mathbf{Z}/5^2\mathbf{Z})^*|$$

$$= |(\mathbf{Z}/2^3\mathbf{Z})^*| \times |(\mathbf{Z}/3^4\mathbf{Z})^*| \times |(\mathbf{Z}/5^2\mathbf{Z})^*| \text{ (정의1.5)}$$

$$= 2^2(2-1) \cdot 3^3(3-1) \cdot 5(5-1)$$

이 됩니다. 이것으로 $(\mathbf{Z}/n\mathbf{Z})^*$의 위수를 구하는 방법을 알았습니다.

기약잉여류군의 위수는 다음의 오일러 함수를 이용하여 나타냅니다.

정의1.7 **오일러 함수**

n의 소인수분해가 $n = p^e q^f r^g$일 때 φ를

$$\varphi(n) = p^{e-1}(p-1)q^{f-1}(q-1)r^{g-1}(r-1)$$

이라고 정한다. 이것을 오일러 함수라 한다.

오일러 함수는

$$\begin{aligned}\varphi(n) &= p^{e-1}(p-1)q^{f-1}(q-1)r^{g-1}(r-1)\\ &= p^e\left(1-\frac{1}{p}\right)q^f\left(1-\frac{1}{q}\right)r^g\left(1-\frac{1}{r}\right) = n\left(1-\frac{1}{p}\right)\left(1-\frac{1}{q}\right)\left(1-\frac{1}{r}\right)\end{aligned}$$

로 나타낼 수 있습니다. 특히 n이 소수 p일 때는 $\varphi(p) = p - 1$이 됩니다.

기약잉여류군 $(\mathbf{Z}/(2^3 \cdot 3^4 \cdot 5^2)\mathbf{Z})^*$의 위수는 오일러 함수를 이용하여

$$\varphi(2^3 \cdot 3^4 \cdot 5^2) = 2^2(2-1) \cdot 3^3(3-1) \cdot 5(5-1)$$

로 계산할 수 있습니다. 또 이 결과로부터 1부터 $2^3 \cdot 3^4 \cdot 5^2$까지의 정수 중에서 $2^3 \cdot 3^4 \cdot 5^2$과 서로소인 수의 개수가 $8(2^2 \cdot 3^3 \cdot 5)$개라는 것을 알 수 있습니다.

오일러 함수 φ가 나타내는 것은 아래와 같이 정리할 수 있습니다.

정리1.10 **기약잉여류의 원소의 개수**

(i) $|(\mathbf{Z}/n\mathbf{Z})^*| = \varphi(n)$

(ii) 1부터 n까지의 수 중에서 n과 서로소인 수의 개수는 $\varphi(n)$개이다.

$(\mathbf{Z}/n\mathbf{Z})^*$의 원소는 $1 \leqq k \leqq n-1$, $(k, n) = 1$을 만족시키는 $\bar{k}$입니다. 이것과 $(\mathbf{Z}/n\mathbf{Z})^*$의 위수가 $\varphi(n)$인 것을 합쳐서 (ii)가 된다고 할 수 있습니다.

9 $(Z/pZ)^*$는 순환군이다

— 원시근으로 생성

n이 $n=p^e q^f r^g$으로 소인수분해 될 때 $(Z/nZ)^*$는

$$(Z/(p^e q^f r^g)Z)^* \cong (Z/p^e Z)^* \times (Z/q^f Z)^* \times (Z/r^g Z)^*$$

라는 직적의 형태로 표현되었습니다. 그러므로 $(Z/p^e Z)^*$가 순환군 또는 순환군의 직적이 됨을 밝히면, 모든 n에 대해서 $(Z/nZ)^*$가 순환군의 직적과 동형임을 확인하는 것이 됩니다.

그런데 Z/nZ는 덧셈에 관해서 $\bar{1}$을 생성원(生成元, generator)으로 하는 순환군 $\langle\bar{1}\rangle$이었습니다. 이것은

$$\bar{1},\ \bar{1}+\bar{1}=\bar{2},\ \bar{1}+\bar{1}+\bar{1}=\bar{3},\ \cdots\cdots,$$

$$\underbrace{\bar{1}+\bar{1}+\cdots+\bar{1}}_{n-1\text{개}}=\overline{n-1},\ \underbrace{\bar{1}+\bar{1}+\cdots+\bar{1}}_{n\text{개}}=\bar{n}=\bar{0}$$

와 같이 $\bar{1}$을 되풀이하여 더함으로써 Z/nZ의 모든 원소를 나타낼 수 있다는 것입니다.

기약잉여류군 $(Z/nZ)^*$는 순환군일까요?

먼저 n이 소수일 경우에 대해 알아봅시다.

$(Z/5Z)^*$에 관해서는 2의 거듭제곱을 계산하면

$$\boxed{\bar{2}^1=\bar{2},\ \bar{2}^2=\bar{4},\ \bar{2}^3=\bar{3},\ \bar{2}^4=\bar{1},}\ \bar{2}^5=\bar{2},\ \cdots$$

가 되어 점선으로 둘러싸인 부분에서 $(Z/5Z)^*$의 모든 원소들이 나타나고 그 뒤로는 그 원소들이 되풀이됩니다.

$(Z/5Z)^*$는 곱셈에 관해서 위수가 4인 순환군이 되고 있습니다.

$(Z/5Z)^*$에서 $Z/4Z$(덧셈에 대한 군)로 가는 함수 ϕ를

$$\phi : (Z/5Z)^* \longrightarrow Z/4Z$$

$$\bar{2}^i \longmapsto \bar{i}$$

라고 정의하면 ϕ는 일대일 대응이고

$$\phi(\bar{2}^i \times \bar{2}^j) = \phi(\bar{2}^{i+j}) = \overline{i+j} \qquad \phi(\bar{2}^i) + \phi(\bar{2}^j) = \bar{i} + \bar{j} = \overline{i+j}$$

이므로, $\phi(\bar{2}^i \times \bar{2}^j) = \phi(\bar{2}^i) + \phi(\bar{2}^j)$이 성립합니다.

ϕ는 군의 동형사상이 됩니다.

$(Z/5Z)^*$에서 $\bar{2}$와 같이 거듭제곱을 하면 $(Z/nZ)^*$의 모든 원소를 나타낼 수 있는 원소를 n의 원시근(原始根, primative root)이라 합니다.

2 대신 3을 적용해도

$$\bar{3}^1 = \bar{3}, \quad \bar{3}^2 = \bar{4}, \quad \bar{3}^3 = \bar{2}, \quad \bar{3}^4 = \bar{1}$$

과 같이 모든 원소가 나타납니다. $\bar{1}$은 분명히 원시근이 아닙니다.

4는 $\bar{4}^1 = \bar{4}$, $\bar{4}^2 = \bar{1}$, $\bar{4}^3 = \bar{4}, \cdots$가 되어 $\bar{1}$과 $\bar{4}$밖에 나타나지 않으므로 $\bar{4}$는 원시근은 아닙니다. 5의 원시근은 $\bar{2}, \bar{3}$입니다.

$(Z/7Z)^*$에서는 어떨까요? 3의 거듭제곱을 계산하면

$$\bar{3}^1 = \bar{3}, \quad \bar{3}^2 = \bar{2}, \quad \bar{3}^3 = \bar{6}, \quad \bar{3}^3 = \bar{4}, \quad \bar{3}^5 = \bar{5}, \quad \bar{3}^6 = \bar{1}$$

과 같이 $(Z/7Z)^*$의 모든 원소가 나타납니다. 7에는 원시근 $\bar{3}$이 있습니다. 사실은 소수 p일 때 p에는 원시근이 있습니다.

이것을 밝히는 것은 생각보다 번거롭습니다. 몇 가지 준비를 하고 나서 증명을 시작하도록 하겠습니다.

다시 합동식으로 돌아옵니다. x가 들어간 합동식에서 다음 식을 만족시키는 x의 값을 구해 봅시다.

문제1.11 $4x + 3 \equiv 0 \pmod 5$를 푸시오.

보통의 방정식을 푸는 방법과 비교하면서 아래의 내용을 따라가 봅시다.

$4x + 3 \equiv 0 \pmod 5$의 상수항을 좌변으로 옮기면

$$4x \equiv -3 \equiv 2 \pmod{5} \quad \cdots\cdots ①$$

이것을 만족시키는 x를 구하기 위해서 $\overline{2} \div \overline{4}$에 상당하는 연산이 필요합니다. $\overline{2} \div \overline{4}$가 나타내는 것은 $\overline{4}$와 곱해서 $\overline{2}$가 되는 수입니다. 잉여류 $\mathbf{Z}/5\mathbf{Z}$의 곱셈에 관한 표에서 $\overline{4}$의 행을 보면 $\overline{4} \times \overline{3} = \overline{2}$가 보입니다.

이것으로부터

$$x \equiv 3 \pmod{5}$$

가 됩니다. 이렇게 곱셈표로도 풀 수 있지만 아래와 같은 나눗셈표를 미리 만들어 놓으면 빠르겠지요.

a \ b	$\overline{0}$	$\overline{1}$	$\overline{2}$	$\overline{3}$	$\overline{4}$
$\overline{0}$	×	$\overline{0}$	$\overline{0}$	$\overline{0}$	$\overline{0}$
$\overline{1}$	×	$\overline{1}$	$\overline{3}$	$\overline{2}$	$\overline{4}$
$\overline{2}$	×	$\overline{2}$	$\overline{1}$	$\overline{4}$	$\overline{3}$
$\overline{3}$	×	$\overline{3}$	$\overline{4}$	$\overline{1}$	$\overline{2}$
$\overline{4}$	×	$\overline{4}$	$\overline{2}$	$\overline{3}$	$\overline{1}$

$\overline{2} \div \overline{4} = \overline{3}$
$\overline{3} \times \overline{4} = \overline{2}$

$\mathbf{Z}/5\mathbf{Z}$의 $a \div b$ 연산표

$\mathbf{Z}/5\mathbf{Z}$의 경우에 나누는 수가 $\overline{0}$이 아니라면 나눗셈을 할 수 있습니다. 나눗셈을 할 수 있는 것은 $\mathbf{Z}/5\mathbf{Z}^*$가 군이라는 것과 관계가 있습니다. $\overline{2} \div \overline{4}$라고 썼지만 $\div \overline{4}$ 대신에 $\overline{4}$의 역원을 곱하는 것이라 생각해도 됩니다. 이 부분은 일반적인 수의 나눗셈을 떠올리면 납득할 수 있을 것입니다. $\div 3$이라는 것은 3의 역수인 3분의 1을 곱하는 것이었습니다.

$\mathbf{Z}/5\mathbf{Z}$에서 곱셈에 관한 $\overline{4}$의 역원은 $\overline{4}$이므로 ①의 식에 '$\times \overline{4}$'를 시행하여도 $\mathbf{Z}/5\mathbf{Z}$의 방정식을 풀 수 있습니다. $4 \times ①$은

$$4 \times 4x \equiv 4 \times 2 \pmod{5} \quad \text{4×4≡1 (mod 5)에 의해} \quad \therefore x \equiv 3 \pmod{5}$$

$\mathbf{Z}/5\mathbf{Z}^*$에서는 역원이 존재하므로 $\mathbf{Z}/5\mathbf{Z}$에서 나눗셈을 할 수 있습니다. 그러므로 $\mathbf{Z}/5\mathbf{Z}$는 사칙연산을 할 수 있는 집합임을 알 수 있습니다.

사칙연산을 할 수 있고 분배법칙이 성립하는 수의 집합을 '체(體, field)'라고 합니다. $\mathbf{Z}/5\mathbf{Z}$는 체의 성질이 있습니다.

$\mathbf{Z}/5\mathbf{Z}$를 체로서 볼 때는 $\mathbf{Z}/5\mathbf{Z}$를 $\mathbf{F}_5$라고 씁니다.

"사칙연산을 할 수 있고"라는 부분을 좀 더 정확하게 말하면 "사칙연산에 대하여 닫혀 있고"가 됩니다. "닫혀 있다"라는 것은 다음과 같은 것입니다.

$\mathbf{K}$를 수의 집합이라고 합시다. $\mathbf{K}$로부터 임의의 원소 x, y를 택합니다. 이때 사칙연산 $x+y$, $x-y$, xy, x/y (단, $y \neq 0$)가 모두 $\mathbf{K}$에 속할 때 "$\mathbf{K}$는 사칙연산에 대하여 닫혀 있다"라고 합니다.

이를테면 유리수의 집합은 체가 됩니다.

유리수란 $\frac{\text{정수}}{\text{정수}}$ 형태의 분수로 나타나는 수입니다. 분수의 계산을 떠올려 주세요. 분수끼리 사칙연산을 하면 모두 분수가 되지요. 분배법칙도 성립합니다. 그러므로 유리수 전체의 집합은 체가 됩니다.

유리수 전체의 집합을 체로서 보았을 때, 유리수체라고 하고 $\mathbf{Q}$라고 씁니다.

실수 전체의 집합도 체가 됩니다. 실수끼리 사칙연산을 하여도 실수가 됩니다. 분배법칙도 성립합니다. 따라서 실수 전체의 집합은 체입니다. 실수 전체의 집합을 체로서 보았을 때 실수체라고 하고 $\mathbf{R}$라고 씁니다.

3의 배수 집합을 3$\mathbf{Z}$로 나타냅니다. 3$\mathbf{Z}$는 체가 아닙니다. 왜냐하면 3$\mathbf{Z}$는 $3+6=9$, $3-6=-3$, $3\times 6=18$과 같이 덧셈, 뺄셈, 곱셈에 대해서는 닫혀 있지만, $6\div 3=2$와 같이 나눗셈에 대해서는 닫혀 있지 않습니다.

p가 소수일 때, $\mathbf{Z}/p\mathbf{Z}-\{\bar{0}\}$은 곱셈에 관해서 군이 되기 때문에, $\mathbf{Z}/p\mathbf{Z}$는 사칙연산을 할 수 있는 집합입니다. $\mathbf{Z}/p\mathbf{Z}$를 체로서 볼 때 $\mathbf{F}_p$라고 씁니다. **문제 1.11**로부터 다음과 같이 정리할 수 있습니다.

정리1.11 **F_p 위의 1차방정식**

p가 소수이고 $a \not\equiv 0 \pmod p$일 때

$$ax + b \equiv 0 \pmod p$$

는 mod p에서 보면 단 하나의 해가 있다.

곧, 위의 1차방정식은 오직 하나의 해가 있다.

$\boldsymbol{F}_p$ 계수의 1차방정식은 해가 $\boldsymbol{F}_p$ 안에 오직 하나 있습니다.

다음으로 2차 이상의 방정식으로 넘어가겠습니다. 계수가 실수인 2차 이상의 방정식을 푸는 방법의 기본은 인수분해입니다. 다항식을 1차식으로 인수분해할 수 있으면 해가 구해지기 때문입니다. 인수분해를 이용하여 해를 구할 때 기본이 되는 정리가 인수정리(factor theorem)와 나머지정리(remainder theorem)입니다. 이 나머지정리는 다항식의 나눗셈으로 거슬러 올라가게 합니다.

그러므로 2차 이상의 $\boldsymbol{F}_5$ 계수의 방정식을 다룰 때도 $\boldsymbol{F}_5$ 계수의 다항식의 나눗셈부터 따져 봐야 합니다. $\boldsymbol{F}_5$ 계수의 다항식의 나눗셈이라는 것을 할 수 있을까요? 할 수 있습니다. 왜냐하면 다항식의 나눗셈에서는 계수의 사칙연산만 사용하고 있기 때문입니다. $\boldsymbol{F}_5$에서는 사칙연산을 할 수 있기 때문에 다항식의 나눗셈도 가능합니다.

문제1.12 F_5 계수의 다항식

$$f(x) = x^3 + 2x^2 + 3x + 1, \quad g(x) = x + 3, \ h(x) = 2x + 3$$

이 있습니다. $f(x)$를 $g(x)$로 나누시오. 또 $f(x)$를 $h(x)$로 나누시오.

계수는 $\boldsymbol{F}_5$의 수입니다. $\boldsymbol{Z}/5\boldsymbol{Z}$의 원소에는 윗금을 그어 놓았습니다. 하지만 이것을 체로 봤을 때의 $\boldsymbol{F}_5$의 원소에는 윗금을 긋지 않고 표기하겠습니다.

각각 직접 풀어 보면,

$$\begin{array}{r} x^2+4x+1 \\ x+3\,\overline{)\,x^3+2x^2+3x+1} \\ \underline{x^3+3x^2} \\ 4x^2+3x \\ \underline{4x^2+2x} \\ x+1 \\ \underline{x+3} \\ 3 \end{array}$$

$\overline{2}-\overline{3}=\overline{4}$

$\overline{3}\times\overline{4}=\overline{2}$

$$\begin{array}{r} 3x^2+4x+3 \\ 2x+3\,\overline{)\,x^3+2x^2+3x+1} \\ \underline{x^3+4x^2} \\ 3x^2+3x \\ \underline{3x^2+2x} \\ x+1 \\ \underline{x+4} \\ 2 \end{array}$$

$\overline{2}\times\overline{4}=\overline{3}$

이것에 의해

$f(x)$를 $g(x)$로 나누면 몫은 x^2+4x+1, 나머지는 3

$f(x)$를 $h(x)$로 나누면 몫은 $3x^2+4x+3$, 나머지는 2가 됩니다.

p가 소수일 때 $\boldsymbol{F}_p$는 사칙연산을 할 수 있기 때문에 $\boldsymbol{F}_p$ 계수의 다항식은 나눗셈을 할 수 있습니다.

정리1.12 **F_p 위의 나머지정리**

$\boldsymbol{F}_p$ 계수에서 생각한다. $f(x)$를 $x-a$로 나누면 나머지는 $f(a)$이다.

증명 증명은 실수 계수일 때와 같습니다.

$f(x)$를 $x-a$로 나누었을 때의 몫을 $g(x)$, 나머지를 b라고 하면

$$f(x)=(x-a)g(x)+b$$

여기에 $x=a$를 대입하면

$$f(a)=(a-a)g(a)+b=0\cdot g(a)+b=b \quad \text{(증명 끝)}$$

앞에서 했던 나눗셈으로 확인해 보면,

$f(x)=x^3+2x^2+3x+1$을 $g(x)=x+3=x-2$로 나눈 나머지는

$$f(2)=2^3+2\cdot 2^2+3\cdot 2+1=3$$ ← F_5 위의 계산 23≡3 (mod 5)

$f(x)=x^3+2x^2+3x+1$을 $h(x)=2x+3=2(x+4)=2(x-1)$로 나눈

나머지는

$$f(1) = 1^3 + 2 \cdot 1^2 + 3 \cdot 1 + 1 = 2$$

분명히 직접 계산한 결과와 일치하고 있습니다.

이 나머지정리를 이용하면 인수정리를 얻을 수 있습니다.

정리1.13 **F_p 위의 인수정리**

F_p 계수에서 생각한다.

$f(x)$가 $x - a$로 나누어떨어진다.

$\Leftrightarrow\ f(a) = 0 \ \Leftrightarrow\ a$가 $f(x) = 0$의 해이다.

이 인수정리가 가능하면 방정식의 차수와 해의 개수에 관해서 다음 내용을 말할 수 있습니다.

정리1.14 **F_p 위의 방정식에서 해의 개수**

F_p 계수의 n차방정식 $f(x) = 0$의 해는 n개 이하이다.

증명 차수에 관한 귀납법으로 증명합니다.

정리1.11에 의해 F_p 계수의 1차방정식의 해는 1개입니다.

n차방정식의 해의 개수가 n개 이하라고 가정합니다. 이를 바탕으로 하여 $n + 1$차방정식 $f(x) = 0$의 해의 개수를 구합니다. $f(x) = 0$의 해가 없으면 0개이므로 성립합니다. $f(x) = 0$의 해가 있을 때 그것을 a라고 하면, **정리1.13**에 의해 $f(x)$는 인수분해할 수 있고 $f(x) = (x - a)g(x)$가 됩니다.

$$f(x) = 0 \ \Leftrightarrow\ x - a = 0 \text{ 또는 } g(x) = 0$$

$g(x)$는 n차이므로 $g(x) = 0$의 해는 n개 이하입니다. 따라서 $f(x) = 0$의 해는 $n + 1$개 이하가 됩니다.

귀납법에 의해서 문제가 증명되었습니다. (증명 끝)

10 소수 p의 원시근은 분명히 있다

— 원시근의 존재 증명

앞 절에서 준비한 것을 바탕으로 소수 p의 원시근의 존재에 대해서 증명하겠습니다.

앞으로 자주 사용할 증명부터 소개하겠습니다.

$a^x \equiv 1 \pmod{p}$가 되는 x 중에서 가장 작은 양의 정수를 m이라고 합시다. 이러한 m을 a의 위수(位數, order)라 합니다. $a \not\equiv 0 \pmod{p}$인 a에 대해서 $a^x \equiv 1 \pmod{p}$가 되는 x는 반드시 있습니다.

왜냐하면 $(\mathbf{Z}/p\mathbf{Z})^*$의 원소의 개수는 유한하기 때문에 $a, a^2, a^3, \cdots$ 중에는 일치하는 것이 있고 그것이 a^i과 $a^j\,(i<j)$이라고 하면

$a^i \equiv a^j \pmod{p}$에 의해 $a^j - a^i \equiv 0 \pmod{p}$, $(a^{j-i}-1)a^i \equiv 0 \pmod{p}$

$a^i \not\equiv 0 \pmod{p}$에 의해 $a^{j-i}-1 \equiv 0 \pmod{p}$이므로 $a^{j-i} \equiv 1 \pmod{p}$

가 되기 때문입니다.

정리1.15 **a가 생성하는 순환군**

m을 mod p에 관한 a의 위수라 하자.

(i) $1\,(=a^0),\ a,\ a^2,\ \cdots,\ a^{m-1}$은 mod p에서 보아 모두 다르다.

(ii) $a^x \equiv 1$이 되는 x는 m의 배수이다.

증명 (i) $1\,(=a^0),\ a,\ a^2,\ \cdots,\ a^{m-1}$ ……①

중에 같은 것이 있다고 가정합시다.

만일 a^i과 $a^j\,(0 \leqq i < j < m)$이 같다고 가정하면

$$a^i \equiv a^j \pmod p$$에 의해 $$a^{j-i} \equiv 1 \pmod p$$

가 되는데, i와 j가 모두 m보다 작은 수이므로 $j-i$는 m보다 작아집니다. $a^x \equiv 1 \pmod p$를 만족시키는 x에 m보다 작은 수가 있게 되어 위수 m이 가장 작다는 것(최소성)에 모순됩니다. 따라서 ①은 mod p에서 보면 모두 다르게 됩니다.

(ii) 만일 $a^x \equiv 1 \pmod p$를 만족시키는 x가 m의 배수가 아니라고 가정하면, x를 m으로 나누었을 때 나머지가 나오기 때문에 $x = qm + r$ $(1 \leqq r \leqq m-1)$ 라고 놓을 수 있습니다.

$$a^x = a^{qm+r} = (a^m)^q a^r \equiv a^r \pmod p \qquad \therefore a^r \equiv 1 \pmod p$$

여기에서 r가 m보다 작으므로 $a^x \equiv 1 \pmod p$를 만족시키는 x에 m보다 작은 수가 있는 것이 됩니다. 이것은 위수 m의 최소성에 모순됩니다.

따라서 x는 m의 배수가 됩니다.

실제로 x가 m의 배수라면 $x = qm$이라 놓고

$$a^x = a^{qm} = (a^m)^q \equiv 1^q \equiv 1 \pmod p$$

가 됩니다. (증명 끝)

정리1.16 **원시근의 존재**

p가 소수일 때 p에는 원시근이 존재한다.

증명 원시근을 찾는 알고리즘을 소개함으로써 원시근의 존재를 증명하겠습니다.

먼저 $\boldsymbol{F}_p$ 중에서 임의의 원소를 택하여 a라고 합니다.

a의 위수를 m이라 합니다. 그러면

$$1(=a^0),\ a,\ a^2,\ \cdots,\ a^{m-1} \cdots\cdots ①$$

은 $x^m \equiv 1 \pmod p$의 해가 됩니다. 실제로 $i = 0, \cdots, m-1$에 대해서

$(a^i)^m = (a^m)^i \equiv 1^i = 1 \pmod{p}$가 됩니다.

정리1.14에 의해 $\boldsymbol{F}_p$ 위의 m차방정식의 해는 많아야 m개입니다. 또, **정리1.15** (i)에 의해 ①에 나열되어 있는 m개는 모두 다르기 때문에 $x^m \equiv 1 \pmod{p}$의 해는 ①에 있는 것이 전부입니다.

m이 $p-1$ 미만일 때 위수가 m보다 큰 수를 만들 수 있음을 확인하겠습니다.

$\boldsymbol{F}_p$안에서 $1, a, a^2, \cdots, a^{m-1}$이 아닌 수 b를 택합니다. b의 위수를 n이라 놓습니다. $b^n \equiv 1 \pmod{p}$입니다.

이때 n은 m의 약수가 아님을 증명합니다.

만일 $m = nd$라고 하면 $b^m = b^{nd} = (b^n)^d \equiv 1^d = 1 \pmod{p}$가 되어 b가 $x^m \equiv 1 \pmod{p}$의 해가 되고 $1, a, a^2, \cdots, a^{m-1}$ 안에 속하게 되어 버립니다. 그러므로 n은 m의 약수가 아닙니다.

아래에서는 n이 m의 약수가 아닌 때를 두 경우로 나누어 생각하겠습니다.

(i) m과 n이 서로소일 때

(ii) m과 n이 서로소가 아닐 때

(m과 n이 1보다 큰 최대공약수를 가질 때)

어느 경우이든 위수가 m보다 크게 되는 원소를 a, b로부터 만들어 낼 수 있음을 확인합니다.

(i) m과 n이 서로소일 때

ab의 위수가 mn이라는 것을 확인합니다.

$(ab)^x \equiv 1 \pmod{p}$ ……②

가 되는 x에 대해서 생각해 봅시다. 이것의 좌변을 m제곱하면

$\{(ab)^x\}^m = a^{xm}b^{xm} = (a^m)^x b^{mx} \equiv 1^x b^{mx} = b^{mx} \pmod{p}$

가 되므로 ②의 양변을 m제곱하면

$b^{mx} \equiv 1 \pmod{p}$

가 됩니다. **정리1.15** (ii)에 의해 mx는 b의 위수 n의 배수이지만, m과 n이 서로소이므로 x가 n으로 나누어떨어지게 됩니다. x는 n의 배수입니다.

마찬가지로 ②의 양변을 n제곱한 식을 살펴보면 x는 m의 배수가 됩니다. x는 n의 배수이자 m의 배수이기도 하므로 n과 m의 최소공배수의 배수가 됩니다. n과 m이 서로소이므로 n과 m의 최소공배수는 mn이고 x는 mn의 배수가 됩니다. mn의 배수 중에서 가장 작은 양수 mn을 택하면 실제로

$$(ab)^{mn} = (a^m)^n(b^n)^m \equiv 1^n 1^m = 1 \pmod p$$

가 되므로 $(ab)^x \equiv 1 \pmod p$가 되는 가장 작은 양의 정수 x는 mn입니다. 즉, ab의 위수는 mn입니다. ab의 위수는 m보다 크게 됩니다.

(ii) m과 n이 서로소가 아닐 때

(m과 n이 1보다 큰 최대공약수를 가질 때)

구체적인 예로 나타내겠습니다. m과 n이

$$m = 2^3 \cdot 3^2 \cdot 5^2 \cdot 7, \quad n = 2^2 \cdot 3^4 \cdot 5^2 \cdot 7^2$$

으로 소인수분해되었다고 하고, 이제부터 수의 구성 방식을 바꿔 보겠습니다. m, n에서 같은 소인수의 지수를 비교해서 상대의 수보다 큰 쪽과 아닌 쪽으로 분류해 보겠습니다.

m의 2^3, 3^2, 5^2, 7 중에서 2^3은 큰 쪽, 3^2, 7은 작은 쪽, 5^2은 같은데 m에서는 같은 경우 큰 쪽에 넣기로 합니다.

큰 쪽의 곱을 $q = 2^3 \cdot 5^2$, 작은 쪽의 곱을 $r = 3^2 \cdot 7$이라고 둡니다.

n의 2^3, 3^4, 5^2, 7^2 중에서 3^4, 7^2은 큰 쪽, 2^2은 작은 쪽, 5^2은 같은데 n에서는 같은 경우 작은 쪽에 넣기로 합니다.

큰 쪽의 곱을 $s = 3^4 \cdot 7^2$, 작은 쪽의 곱을 $t = 2^2 \cdot 5^2$이라고 둡니다.

$$m \underbrace{2^3}_{} \underbrace{3^2}_{t} \underbrace{5^2}_{} \overbrace{7}^{r}$$
$$n \underbrace{2^2}_{} \underbrace{3^4}_{} \underbrace{5^2}_{} \underbrace{7^2}_{s}$$

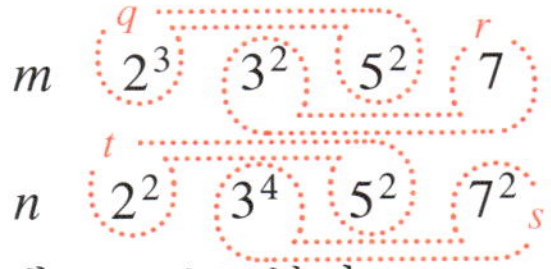

이렇게 m, n으로부터 q, r, s, t를 만들면

$$m = qr, \quad n = st, \quad (q, s) = 1$$

이 성립하는 것을 알 수 있습니다. 또 qs는 m, n의 최소공배수가 됩니다. 이것은 m, n이 일반적인 경우에도 성립한다는 것을 이것이 만들어지는 방법으로부터 알 수 있습니다.

자, 이렇게 q, r, s, t를 만들어 놓으면 a^r, b^t의 위수가 각각 q, s가 되는 것을 다음과 같이 알 수 있습니다.

$(a^r)^x \equiv 1 \pmod{p}$가 되는 x에 대해 생각해 봅시다. $a^{rx} \equiv 1 \pmod{p}$이므로 **정리1.15** (ii)에 의해 rx는 $m = qr$의 배수입니다. 따라서 x는 q의 배수가 됩니다. q의 배수 중에서 가장 작은 양의 정수 q를 택하면

$$(a^r)^q = a^m \equiv 1 \pmod{p}$$

가 되므로 a^r의 위수는 q입니다.

마찬가지로 $(b^t)^y \equiv 1 \pmod{p}$가 되는 y에 대해서 생각해 보면 b^t의 위수는 s라는 것을 알 수 있습니다.

a^r의 위수가 q, b^t의 위수가 s이고 q와 s가 서로소이므로 (i)의 '두 수가 서로소인 경우'의 논의가 적용되어 $a^r b^t$의 위수는 qs가 됩니다. n이 m의 약수가 아닐 때 m과 n의 최소공배수 qs는 m보다 크기 때문에 $a^r b^t$의 위수는 a의 위수 m보다 크게 됩니다.

이렇게 해서 a의 위수 m이 $p - 1$ 미만이면 $1, a, a^2, \cdots, a^{m-1}$ 이외의 것에서 b를 택함으로써 위수가 더 큰 원소를 만들 수 있습니다. 위수가 $p - 1$이 될 때까지 이 조작을 되풀이해 가면 원시근을 찾을 수 있습니다. (증명 끝)

위 증명에서 사용한 알고리즘으로 원시근을 구해 봅시다.

문제1.13 $p = 41$의 원시근을 하나 구하시오.

처음에 $a = 2$를 택합니다. 2의 거듭제곱을 41로 나눈 나머지를 구해 나가면

2, 4, 8, 16, 32, 23, 5, 10, 20, 40,

$23 \times 2 = 46 \equiv 5 \pmod{41}$로 구한다.

39, 37, 33, 25, 9, 18, 36, 31, 21, 1

이 되기 때문에, 2의 위수는 $20 (= 2^2 \cdot 5 = m)$입니다.

다음으로 여기에 나오지 않은 수에서 적당한 수를 선택합니다. $b = 3$을 선택합니다. 3의 거듭제곱을 41로 나눈 나머지를 구해 나가면

3, 9, 27, 40, 38, 32, 14, 1

이 되기 때문에 3의 위수는 $8 (= 2^3 = n)$입니다.

$q = 5,\ r = 2^2 = 4,\ s = 2^3,\ t = 1$이므로 $a^r b^t = 2^4 \cdot 3^1 \equiv 7 \pmod{41}$이 됩니다.

7의 거듭제곱을 41로 나눈 나머지를 구해 나가면

7, 8, 15, 23, 38, 20, 17, 37, 13, 9,

22, 31, 12, 2, 14, 16, 30, 5, 35, 40,

34, 33, 26, 18, 3, 21, 24, 4, 28, 32,

19, 10, 29, 39, 27, 25, 11, 36, 6, 1

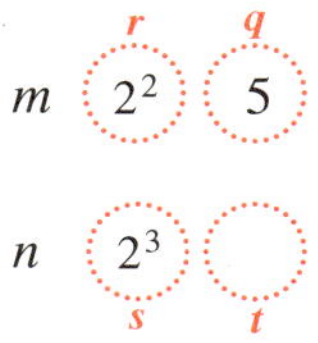

이처럼 7^1부터 7^{40}까지에서 1부터 40이 하나씩 나오므로 41의 원시근이 7임을 알 수 있습니다.

원시근의 존재를 증명하는 데에는 위에서 기술한 것과 같이 원시근을 찾아내는 알고리즘을 보여 주는 것 말고도 오일러 함수 φ를 이용하는 증명이 있습니다. 하지만 오일러 함수 φ를 이용하는 증명에서는 귀류법(歸謬法, reductio ad absurdum, 여기서는 원시근이 없다고 가정하고 그 모순을 이끌어 낸다)을 이용하기 때문에 원시근의 존재를 간접적으로밖에 느낄 수 없다고 생각하여, 알고

리즘을 이용한 증명을 소개했습니다.

정리1.16으로부터 다음을 말할 수 있습니다.

정리1.17 **(Z/pZ)*는 순환군**

p가 소수일 때, (Z/pZ)*는 위수 $p-1$의 순환군과 동형이다.

$$(\mathbf{Z}/p\mathbf{Z})^* \cong \mathbf{Z}/(p-1)\mathbf{Z}$$

증명 $\{\overline{0}, \overline{1}, \cdots, \overline{p-1}\}$의 0 이외의 원소는 p와 서로소이므로 (Z/pZ)*의 원소는 $\{\overline{1}, \overline{2}, \cdots, \overline{p-1}\}$에서 보듯이 $p-1$개 있습니다. r를 p의 원시근이라고 하면 이것들은 r의 거듭제곱으로 나타낼 수 있는데

$$(\mathbf{Z}/p\mathbf{Z})^* = \{\overline{1}(=\overline{r}^0), \overline{r}(=\overline{r}^1), \overline{r}^2, \cdots, \overline{r}^{p-2}\}$$

이 됩니다. (Z/pZ)*에서 Z/$(p-1)$Z로 가는 함수 ϕ를

$$\begin{aligned} \phi : (\mathbf{Z}/p\mathbf{Z})^* &\longrightarrow \mathbf{Z}/(p-1)\mathbf{Z} \\ \overline{r^i} &\longmapsto \overline{i} \qquad\qquad (0 \leqq i \leqq p-2) \end{aligned}$$

라고 합시다. (Z/pZ)*를 원시근의 거듭제곱으로 나타냈을 때의 지수는 $0 \sim p-2$의 $p-1$개, Z/$(p-1)$Z의 원소는 $\overline{0} \sim \overline{p-2}$의 $p-1$개이므로 ϕ는 일대일 대응이 됩니다.

$$\phi(\overline{r}^i \times \overline{r}^j) = \phi(\overline{r}^{i+j}) = \overline{i+j}, \ \ \phi(\overline{r}^i) + \phi(\overline{r}^j) = \overline{i} + \overline{j} = \overline{i+j}$$

가 되므로 $\phi(\overline{r}^i \times \overline{r}^j) = \phi(\overline{r}^i) + \phi(\overline{r}^j)$이 성립하여 ϕ는 군의 동형사상이 됩니다. (증명 끝)

11 기약잉여류군을 해부하기

─ $(\mathbf{Z}/p\mathbf{Z})^*$의 구조

원시근의 존재로부터 $(\mathbf{Z}/p\mathbf{Z})^*$는 순환군임을 확인했습니다. 다음으로 소수의 거듭제곱의 기약잉여류군 $(\mathbf{Z}/p^n\mathbf{Z})^*$의 구조를 알아봅시다.

소수 p가 2인 경우와 홀수인 경우에 양상이 다릅니다. 먼저 $p=2$인 경우를 살펴보겠습니다.

이를테면 $(\mathbf{Z}/2^4\mathbf{Z})^*$의 경우입니다.

먼저 5의 거듭제곱을 보면,

$$5^0 \equiv 1,\ 5^1 \equiv 5,\ 5^2 \equiv 9,\ 5^3 \equiv 13,\ 5^4 \equiv 1, \cdots \pmod{2^4} \cdots\cdots①$$

점선으로 둘러싸인 부분에는 1부터 15까지의 정수 중에서 4로 나누어 1이 남는 정수가 하나씩 나오고 있습니다. 이후에는 되풀이됩니다.

점선으로 둘러싸인 부분의 수에 (-1)을 곱한 수를 써 봅시다.

$$\left.\begin{array}{l} 1\times(-1)=-1\equiv 15 \pmod{2^4},\ \ 5\times(-1)=-5\equiv 11 \pmod{2^4} \\ 9\times(-1)=-9\equiv 7 \pmod{2^4},\ \ 13\times(-1)=-13\equiv 3 \pmod{2^4} \end{array}\right\} \cdots\cdots②$$

여기서는 1부터 15까지의 정수 중에서 4로 나누어 3이 남는 정수가 하나씩 나오고 있습니다.

①과 ②를 합치면 1부터 15까지의 홀수가 모두 갖춰집니다. 곧, $(\mathbf{Z}/2^4\mathbf{Z})^*$의 원소가 모두 나오게 됩니다.

$$5^i(-1)^j \quad (0 \leqq i \leqq 2^2-1,\ \ j=0,1)$$

의 형태는 모두 $2^2\times 2=8$개 만들 수 있는데 이것들을 mod 16에서 보면 $(\mathbf{Z}/2^4\mathbf{Z})^*$의 8개의 원소를 나타내고 있습니다.

이렇게 나타낸 $(\mathbf{Z}/2^4\mathbf{Z})^*$의 원소와 $(\mathbf{Z}/4\mathbf{Z})\times(\mathbf{Z}/2\mathbf{Z})$의 원소를 대응시키는 함수를 다음과 같이 정의합니다.

$$\begin{array}{lcll} \phi : (\mathbf{Z}/2^4\mathbf{Z})^* & \longrightarrow & (\mathbf{Z}/4\mathbf{Z}) \times (\mathbf{Z}/2\mathbf{Z}) & \\ \overline{5^i(-1)^j} & \longmapsto & (\bar{i}, \bar{j}) & (0 \leqq i \leqq 2^2 - 1,\ \ j = 0, 1) \end{array}$$

이것이 일대일 대응이 되는 것은 위의 계산에서 알 수 있습니다. 확실히 하기 위해 $(\mathbf{Z}/16\mathbf{Z})^*$의 원소 $\bar{1}, \bar{3}, \cdots, \overline{15}$와 대응시켜 적어 보면

$$\left.\begin{array}{ll} 5^0(-1)^0 \equiv 1 \to (\bar{0}, \bar{0}) & 5^1(-1)^0 \equiv 5 \to (\bar{1}, \bar{0}) \\ 5^2(-1)^0 \equiv 9 \to (\bar{2}, \bar{0}) & 5^3(-1)^0 \equiv 13 \to (\bar{3}, \bar{0}) \\ 5^0(-1)^1 \equiv 15 \to (\bar{0}, \bar{1}) & 5^1(-1)^1 \equiv 11 \to (\bar{1}, \bar{1}) \\ 5^2(-1)^1 \equiv 7 \to (\bar{2}, \bar{1}) & 5^3(-1)^1 \equiv 3 \to (\bar{3}, \bar{1}) \end{array}\right\} \pmod{2^4}$$

이에 대해

$$\phi\left(\overline{5^i(-1)^j} \cdot \overline{5^k(-1)^l}\right) = \phi\left(\overline{5^{i+k}(-1)^{j+l}}\right) = (\overline{i+k}, \overline{j+l})$$

$$\phi(\overline{5^i(-1)^j}) + \phi(\overline{5^k(-1)^l}) = (\bar{i}, \bar{j}) + (\bar{k}, \bar{l}) = (\overline{i+k}, \overline{j+l})$$

이 성립합니다. 여기에서 $(\mathbf{Z}/2^4\mathbf{Z})^*$의 원소의 곱은 5의 지수에 대해서는 mod 4로, -1의 지수에 대해서는 mod 2로 계산합니다. 이를테면

$$\overline{5^3(-1)^1} \cdot \overline{5^2(-1)^1} = \overline{5^1(-1)^0}$$

[5의 지수는 $3+2 \equiv 1 \pmod 4$, 2의 지수는 $1+1 \equiv 0 \pmod 2$]

와 같은 방식입니다. 이것은 $5^4 \equiv 1$, $(-1)^2 \equiv 1 \pmod{2^4}$이 성립하기 때문입니다. 결국,

$$\phi\left(\overline{5^i(-1)^j} \cdot \overline{5^k(-1)^l}\right) = \phi(\overline{5^i(-1)^j}) + \phi(\overline{5^k(-1)^l})$$

이 되어 ϕ는 동형사상입니다.

다음으로 2^4을 2^n으로 하여 일반적인 경우를 증명해 봅시다.

정리1.18 $(\mathbf{Z}/2^n\mathbf{Z})^*$**의 구조**

$$(\mathbf{Z}/2^n\mathbf{Z})^* \cong (\mathbf{Z}/2^{n-2}\mathbf{Z}) \times (\mathbf{Z}/2\mathbf{Z}) \quad (n \geqq 2)$$

증명 $5^i(-1)^j \quad (0 \leqq i \leqq 2^{n-2}-1,\ \ j=0, 1)$

의 형태로 나타나는 $2^{n-2} \times 2 = 2^{n-1}$개의 수를 mod 2^n에서 보면

$(\mathbf{Z}/2^n\mathbf{Z})^*$의 원소 $\{\bar{1}, \bar{3}, \bar{5}, , \overline{2^n-1}\}$(모두 2^{n-1}개)가 오직 한 번씩 모두 나오는 것을 밝히는 것이 첫 번째 목표입니다.

여기에서 연산의 표기법을 도입하겠습니다.

$3^{2\wedge 4}$이라고 쓴 경우는 3의 2^4제곱을 나타내는 것으로 하겠습니다. 곧, 지수로 쓰인 $2 \wedge 4$는 2^4이라고 계산하는 것입니다. 원래는 3^{2^4}이라고 써야 하지만 지수의 지수가 작아져서 보기 힘들기 때문에 이렇게 표기하기로 하겠습니다.

정리1.18을 증명하기에 앞서 다음 내용을 밝혀 두도록 합시다.

보조정리 $n \geqq 2$일 때,

(i) mod 2^n에서 5의 위수는 2^{n-2}이다.

(ii) $5^{2\wedge(n-2)} \equiv 1 + 2^n \pmod{2^{n+1}}$

(i), (ii)를 모두 수학적 귀납법으로 밝혀 보겠습니다.

$n = 2$일 때

(i) mod 2^2에서 5의 위수는 $2^{2-2} = 1$로 분명합니다.

(ii) $5^{2\wedge(2-2)} \equiv 1 + 2^2 \pmod{2^{2+1}}$이 성립하므로 분명합니다.

n일 때 성립한다고 가정하겠습니다.

(i) mod 2^n에서 5의 위수는 2^{n-2}이다.

(ii) $5^{2\wedge(n-2)} \equiv 1 + 2^n \pmod{2^{n+1}}$

} 귀납법의 가정

$n+1$일 때

$5^x \equiv 1 \pmod{2^{n+1}}$ ……①

을 만족시키는 x에 대해서 생각해 보면, ①이 성립할 때 $5^x \equiv 1 \pmod{2^n}$이 성

립합니다. 귀납법의 가정 (i)로부터 mod 2^n에서 5의 위수는 2^{n-2}이므로 **정리 1.15** (ii)에 의해 x는 2^{n-2}의 배수입니다.

여기에서 2^{n-2}의 배수를 작은 것부터 x에 대입해서 ①을 만족시키는 것을 찾아봅니다. 작은 것부터 2^{n-2}, $2 \times 2^{n-2} = 2^{n-1}$, $3 \times 2^{n-2}$, ……

$x = 2^{n-2}$일 때, 귀납법의 가정 (ii)를 사용하면

$$5^{2\wedge(n-2)} \equiv 1 + 2^n \pmod{2^{n+1}}$$

이 되므로 부적합합니다.

$x = 2^{n-1}$일 때

$$5^{2\wedge(n-1)} = (5^{2\wedge(n-2)})^2 \equiv (1+2^n)^2 = 1 + 2^{n+1} + 2^{2n} \equiv 1 \pmod{2^{n+1}}$$

이것으로부터 mod 2^{n+1}에서 5의 위수는 2^{n-1}입니다.

귀납법의 가정 (ii) $5^{2\wedge(n-2)} \equiv 1 + 2^n \pmod{2^{n+1}}$을 어떤 정수 j를 사용하여 등식으로 나타내면

$$5^{2\wedge(n-2)} + j2^{n+1} = 1 + 2^n$$

양변을 제곱하면,

$$(5^{2\wedge(n-2)} + j2^{n+1})^2 = (1+2^n)^2$$

$$\therefore\ 5^{2\wedge(n-1)} + 5^{2\wedge(n-2)} \cdot j2^{n+2} + j^2 2^{2n+2} = 1 + 2^{n+1} + 2^{2n}$$

$n \geqq 2$일 때, $2n \geqq n+2$

이것을 mod 2^{n+2}에서 보면

$$5^{2\wedge(n-1)} \equiv 1 + 2^{n+1} \pmod{2^{n+2}}$$

이 됩니다.

따라서 귀납법에 의해 보조정리가 밝혀졌습니다. (보조정리의 증명 끝)

(i)로부터 mod 2^n에서 5의 위수는 2^{n-2}이므로

정리1.15 (i)에 의해

$$1,\ 5,\ 5^2,\ \cdots,\ 5^{2\wedge(n-2)-1}$$

은 mod 2^n에서 보면 모두 다르며, 2^{n-2}개가 있습니다.

$5^k \equiv 1^k = 1 \pmod 4$이고 $1 \sim 2^n$에는 4로 나누어서 1이 남는 수가 2^{n-2}개 있기 때문에, $1, 5, 5^2, \cdots, 5^{2\wedge(n-2)-1}$을 mod 2^n에서 보면 4로 나누어서 1이 남는 수가 모두 나옵니다.

마찬가지로

$$-1,\ -5,\ -5^2,\ \cdots,\ -5^{2\wedge(n-2)-1}$$

은 mod 2^n에서 보아 모두 다르고, 2^{n-2}개 있습니다.

$-5^k \equiv -1^k = 3 \pmod 4$이고 $1 \sim 2^n$에는 4로 나누어서 3이 남는 수는 2^{n-2}개 있기 때문에, $-1, -5, -5^2, \cdots, -5^{2\wedge(n-2)-1}$을 2^n에서 보면 4로 나누어서 3이 남는 수가 모두 나옵니다.

결국,

$$5^i(-1)^j \quad (0 \leqq i \leqq 2^{n-2}-1,\ \ j=0,1)$$

과 같이 나타나는 $2^{n-2} \times 2 = 2^{n-1}$개의 수를 mod 2^n에서 보면 $(\mathbf{Z}/2^n\mathbf{Z})^*$의 원소가 정확히 1개씩 모두 나옵니다.

동형사상을 만듭니다.

이제, $(\mathbf{Z}/2^n\mathbf{Z})^*$에서 $(\mathbf{Z}/2^{n-2}\mathbf{Z}) \times (\mathbf{Z}/2\mathbf{Z})$로 가는 함수 ϕ를 아래와 같이 정의합니다. $\overline{5^i(-1)^j}$의 형태로 나타낸 $(\mathbf{Z}/2^n\mathbf{Z})^*$의 원소로부터 대응하는 상을 다음과 같이 정의합니다.

$$\begin{array}{llll} \phi : (\mathbf{Z}/2^n\mathbf{Z})^* & \longrightarrow & (\mathbf{Z}/2^{n-2}\mathbf{Z}) \times (\mathbf{Z}/2\mathbf{Z}) & \\ \quad\ \overline{5^i(-1)^j} & \longmapsto & (\overline{i}, \overline{j}) & (0 \leqq i \leqq 2^{n-2}-1,\ \ j=0,1) \end{array}$$

위와 같이 정의하면 ϕ는 일대일 대응이고

$$\phi(\overline{5^i(-1)^j} \cdot \overline{5^k(-1)^l}) = \phi(\overline{5^{i+k}(-1)^{j+l}}) = (\overline{i+k}, \overline{j+l})$$

$$\phi(\overline{5^i(-1)^j}) + \phi(\overline{5^k(-1)^l}) = (\overline{i}, \overline{j}) + (\overline{k}, \overline{l}) = (\overline{i+k}, \overline{j+l})$$

이 성립합니다. 여기서 5의 지수는 mod 2^{n-2}에서, (-1)의 지수는 mod 2에서 계산합니다.

결국 $\phi(\overline{5^i(-1)^j} \cdot \overline{5^k(-1)^l}) = \phi(\overline{5^i(-1)^j}) + \phi(\overline{5^k(-1)^l})$이 되어 ϕ는 동형 사상입니다. (**정리1.18**의 증명 끝)

p가 홀수의 소수인 경우도 $(\mathbf{Z}/p^n\mathbf{Z})^*$의 구조를 생각해 봅시다.

$(\mathbf{Z}/27\mathbf{Z})^*$를 예로 들겠습니다.

먼저 4의 거듭제곱을 구해 봅시다.

$$4^0 \equiv 1,\ \ 4^1 \equiv 4,\ \ 4^2 \equiv 16,\ \ 4^3 \equiv 10,\ \ 4^4 \equiv 13,\ \ 4^5 \equiv 25,$$
$$4^6 \equiv 19,\ \ 4^7 \equiv 22,\ \ 4^8 \equiv 7,\ \ (4^9 \equiv 1)\ (\mathrm{mod}\ 27)\ \cdots\cdots ☆$$

이 숫자들에 -1을 곱한 것을 적어 보겠습니다.

$$26(\equiv -1),\ 23(\equiv -4),\ 11,\ 17,\ 14,\ 2,\ 8,\ 5,\ 20\ (\mathrm{mod}\ 27)\ \cdots\cdots ★$$

☆과 ★을 합치면

$$(\mathbf{Z}/27\mathbf{Z})^* = \{\bar{1}, \bar{2}, \bar{4}, \bar{5}, \bar{7}, \bar{8}, \cdots, \overline{23}, \overline{25}, \overline{26}\}$$

1부터 27까지의 수에서 3의 배수를 제외한 것

의 원소가 모두 나타납니다. 곧, $(\mathbf{Z}/27\mathbf{Z})^*$의 원소는 4와 -1을 이용해서

$$\overline{4^i(-1)^j} \quad (0 \leqq i \leqq 3^2 - 1,\ \ j = 0, 1)$$

의 단 한 가지로 나타낼 수 있습니다.

$(\mathbf{Z}/27\mathbf{Z})^*$에서 $(\mathbf{Z}/9\mathbf{Z}) \times (\mathbf{Z}/2\mathbf{Z})$로 가는 함수 ϕ를

$$\phi : (\mathbf{Z}/27\mathbf{Z})^* \longrightarrow (\mathbf{Z}/9\mathbf{Z}) \times (\mathbf{Z}/2\mathbf{Z})$$
$$4^i(-1)^j \longmapsto (\bar{i}, \bar{j}) \quad (0 \leqq i \leqq 3^2 - 1,\ \ j = 0, 1)$$

라고 하면 ϕ는 군의 동형사상이 됩니다.

정리1.19 $(\mathbf{Z}/p^n\mathbf{Z})^*$의 구조

p가 $p \neq 2$인 소수일 때, $(\mathbf{Z}/p^n\mathbf{Z})^* \cong (\mathbf{Z}/p^{n-1}\mathbf{Z})(\mathbf{Z}/(p-1)\mathbf{Z})\ \ (n \geqq 1)$

또 $(\mathbf{Z}/p^n\mathbf{Z})^*$는 순환군이다.

증명 $(\mathbf{Z}/p\mathbf{Z})^*$의 원시근 g를 적절하게 선택하면

$$(\mathbf{Z}/p^n\mathbf{Z})^* = \{\overline{1}, \overline{2}, \cdots, \overline{p-1}, \overline{p+1}, \cdots, \overline{p^n-1}\}$$

1부터 p^n까지의 수에서 p의 배수를 제외한 것

의 원소는

$$\overline{(1+p)^i g^j} \quad (0 \leqq i \leqq p^{n-1}-1,\ 0 \leqq j \leqq p-2)$$

의 단 한 가지로 나타낼 수 있음을 보이기 위해 몇 가지 준비를 하겠습니다.

> **보조정리** (i) $\bmod p^n$에서 보아 $(1+p)$의 위수는 p^{n-1}이다.
>
> (ii) $(1+p)^{p\wedge(n-1)} \equiv 1+p^n \pmod{p^{n+1}}$

(i), (ii)를 한데 묶어 수학적 귀납법으로 증명하겠습니다.

$n=1$일 때

(i) $\bmod p^1$에서 보아 $(1+p)$의 위수는 $1\,(=p^{1-1})$이므로 성립합니다.

(ii) $(1+p)^{p\wedge(1-1)} = (1+p)^{p\wedge 0} = (1+p)^1 \equiv 1+p^1 \pmod{p^{1+1}}$

이 성립하므로 타당합니다.

n일 때 성립한다고 가정하겠습니다.

(i) $\bmod p^n$에서 보아 $(1+p)$의 위수는 p^{n-1}입니다.

(ii) $(1+p)^{p\wedge(n-1)} \equiv 1+p^n \pmod{p^{n+1}}$ ……①

} 귀납법의 가정

$n+1$일 때

$(1+p)^x \equiv 1 \pmod{p^{n+1}}$ ……②을 만족시키는 x에 대해서 생각하겠습니다.

②로부터 $(1+p)^x \equiv 1 \pmod{p^n}$입니다. 귀납법의 가정으로부터 $\bmod p^n$에서 $1+p$의 위수는 p^{n-1}이고 **정리1.15** (ii)에 의해 x는 p^{n-1}의 배수가 됩니다. 그러므로 $x=kp^{n-1}$(k는 자연수)으로 둡니다.

$$(1+p)^x = (1+p)^{kp\wedge(n-1)} = \{(1+p)^{p\wedge(n-1)}\}^k$$

$$\equiv (1+p^n)^k \pmod{p^{n+1}} \quad (\because ①)$$

$$= 1 + {}_kC_1p^n + {}_kC_2p^{2n} + \cdots + {}_kC_{k-1}p^{(k-1)n} + p^{kn}$$

셋째 항 이후로는 모두 p^{n+1}으로 나누어떨어지므로

$$\equiv 1 + kp^n \pmod{p^{n+1}}$$

이것이 $1 + kp^n \equiv 1 \pmod{p^{n+1}}$이 되는 것은 k가 p의 배수일 때이므로

$$(1+p)^{kp\wedge(n-1)} \equiv 1 \pmod{p^{n+1}}$$

이 되는 가장 작은 자연수 k는 p입니다.

따라서 $\bmod p^{n+1}$에서 $1+p$의 위수는 $p \cdot p^{n-1} = p^n$입니다.

①을 어떠한 정수 j를 이용하여 등식으로 나타내면

$$(1+p)^{p\wedge(n-1)} + jp^{n+1} = 1 + p^n$$

이것의 양변을 p제곱하면 $\{(1+p)^{p\wedge(n-1)} + jp^{n+1}\}^p = (1+p^n)^p$ ${}_pC_1 = p$

$$\therefore \quad (1+p)^{p\wedge n} + {}_pC_1\{(1+p)^{p\wedge(n-1)}\}^{p-1}(jp^{n+1})$$

p^{n+2}으로 나누어떨어진다

$$+ {}_pC_2\{(1+p)^{p\wedge(n-1)}\}^{p-2}(jp^{n+1})^2 + \cdots + (jp^{n+1})^p$$

$$= 1 + {}_pC_1p^n + {}_pC_2p^{2n} + \cdots + p^{pn}$$

p^{2n+1}으로 나누어떨어진다

여기에서 좌변의 둘째 항 이후와 우변의 셋째 항 이후는 p^{n+2}으로 나누어떨어지므로 $\bmod p^{n+2}$에서 보면

$$(1+p)^{p\wedge n} \equiv 1 + p^{n+1} \pmod{p^{n+2}}$$

이 됩니다.

따라서 귀납법에 의해 보조정리는 증명되었습니다. (보조정리 증명 끝)

보조정리에 의해 $\bmod p^n$에서 봤을 때의 $(1+p)$의 위수가 p^{n-1}이므로 **정리 1.15** (i)에 의해 p^{n-1}개의

$$1,\ 1+p,\ (1+p)^2,\ (1+p)^3,\ \cdots\cdots,\ (1+p)^{p\wedge(n-1)-1} \cdots\cdots ③$$

은 $\bmod p^n$에서 보아 모두 다릅니다.

또, $(1+p)^j \equiv 1 \pmod p$이고 $1 \sim p^n-1$에는 p로 나누어서 1이 남는 수가 p^{n-1}개 있으므로 ③을 $\bmod p^n$에서 보면 p로 나누어서 1이 남는 수가 모두 나옵니다.

h를 $(\mathbf{Z}/p\mathbf{Z})^*$의 원시근이라 하고, 이때 $\bmod p^n$에서 h의 위수를 m이라 하면,

$h^m \equiv 1 \pmod{p^n}$에 의해 $h^m \equiv 1 \pmod p$이고 $\bmod p$에서 h의 위수가 $p-1$이므로 m은 $p-1$로 나누어떨어집니다. $m=s(p-1)$이라 하겠습니다.

그러면 $\bmod p^n$에서 h^s의 위수는 $p-1$입니다. 여기서 $g=h^s$으로 놓습니다.

$1,\ g,\ g^2,\ \cdots,\ g^{p-2}$은 h로 나타내면 지수가 모두 $m=s(p-1)$ 이하이므로 $\bmod p^n$에서 보아 모두 다릅니다. 물론 $\bmod p$에서 보았을 때도 모두 다릅니다.

그럼, 처음으로 돌아가서 $(\mathbf{Z}/p^n\mathbf{Z})^*$의 원소가

$$\overline{(1+p)^i g^j} \quad (0 \leqq i \leqq p^{n-1}-1,\ 0 \leqq j \leqq p-2)$$

과 같은 오직 한 가지 형태로 나타나는 것을 보이겠습니다.

$(1+p)^i g^j$은 $\bmod p^n$에서 보아 모두 다른 수를 나타내고 있음을 귀류법으로 보입시다.

$$\overline{(1+p)^i g^j} \quad (0 \leqq i \leqq p^{n-1}-1,\ 0 \leqq j \leqq p-2) \cdots\cdots ④$$

의 형태인 수(모두 $p^{n-1} \times (p-1)$개) 중에서 $\bmod p^n$에서 보아 같은 것이 있다고 가정하고, 이것을 $(1+p)^i g^j$과 $(1+p)^k g^l$ $((i,\ j) \neq (k,\ l))$이라고 합니다.

$(1+p)^i g^j \equiv (1+p)^k g^l \pmod{p^n} \quad \therefore\ (1+p)^i g^j \equiv (1+p)^k g^l \pmod p$

여기에서 $(1+p)^i \equiv 1,\ (1+p)^k \equiv 1 \pmod p$에 의해 $g^j \equiv g^l \pmod p$

따라서 $j=l$이 됩니다. 또한

$$(1+p)^i g^j \equiv (1+p)^k g^j \pmod{p^n} \quad \therefore\ (1+p)^i \equiv (1+p)^k \pmod{p^n}$$

이므로 ③에 의해 $i=k$가 됩니다. $(i,j)=(k,l)$이 되어 모순됩니다.

따라서 ④로 표현되는 수는 $\bmod p^n$에서 보아 모두 다릅니다.

$(\mathbf{Z}/p^n\mathbf{Z})^*$의 원소는 1부터 p^n의 수 중에서 p로 나누어떨어지지 않는 수이므로 $p^n - p^{n-1} = p^{n-1}(p-1)$개입니다.

한편 ④로 표현되는 수는 $p^{n-1}(p-1)$개 존재하며 이것들은 모두

$$(1+p)^i g^j \not\equiv 0 \pmod p$$

이므로 ④에는 $(\mathbf{Z}/p^n\mathbf{Z})^*$의 원소가 오직 한 번씩만 모두 나오는 것입니다.

$(\mathbf{Z}/p^n\mathbf{Z})^*$에서 $(\mathbf{Z}/p^{n-1}\mathbf{Z}) \times (\mathbf{Z}/(p-1)\mathbf{Z})$로 가는 함수 ϕ를

$$\begin{array}{lcll} \phi : (\mathbf{Z}/p^n\mathbf{Z})^* & \longrightarrow & (\mathbf{Z}/p^{n-1}\mathbf{Z}) \times (\mathbf{Z}/(p-1)\mathbf{Z}) & \\ (1+p)^i g^j & \longmapsto & (\overline{i}, \overline{j}) & (0 \leqq i \leqq p^{n-1}-1,\ 0 \leqq j \leqq p-2) \end{array}$$

로 정합니다. 그러면 ϕ는 일대일 대응이 되고

$$\phi\left(\overline{(1+p)^i g^j} \cdot \overline{(1+p)^k g^l}\right) = \phi\left(\overline{(1+p)^{i+k} g^{j+l}}\right) = (\overline{i+k}, \overline{j+l})$$

$$\phi\left(\overline{(1+p)^i g^j}\right) + \phi\left(\overline{(1+p)^k g^l}\right) = (\overline{i}, \overline{j}) + (\overline{k}, \overline{l}) = (\overline{i+k}, \overline{j+l})$$

여기서 $1+p$의 지수는 $\bmod p^{n-1}$에서, g의 지수는 $\bmod p$에서 계산하고 있습니다. ϕ는 동형사상입니다.

$\bmod p^n$에서 $1+p$의 위수가 p^{n-1}이고, p^{n-1}과 $p-1$이 서로소이므로 **정리 1.16**의 증명 중에서 (i) 위수가 서로소인 경우에 해당되어, $(p+1)g$의 위수가 $p^{n-1}(p-1)$이 됩니다. $(p+1)g$는 $(\mathbf{Z}/p^n\mathbf{Z})^*$의 원시근이고 $(\mathbf{Z}/p^n\mathbf{Z})^*$는 순환군이 됩니다. 따라서 정리가 증명되었습니다. (증명 끝)

$(\mathbf{Z}/2^n\mathbf{Z})^*$, $(\mathbf{Z}/p^n\mathbf{Z})^*$의 구조를 살펴보는 데에는 거의 같은 논리를 거친다는 사실을 알 수 있습니다.

$(\mathbf{Z}/2^n\mathbf{Z})^*$에서 5의 위수인 2^{n-2}과 (-1)의 위수인 2는 서로소가 아닙니다. 그러므로 $(-1)5$는 $(\mathbf{Z}/2^n\mathbf{Z})^*$의 원시근이 되지 않습니다. $(\mathbf{Z}/2^n\mathbf{Z})^*$는 순환군과 동형은 되지 않습니다.

여기까지 쌓아 온 정리를 이용하여 다음 정리를 증명할 수 있습니다.

정리1.20 기약잉여류군의 구조

기약잉여류군은 순환군의 직적과 동형이다.

증명 **정리1.9**에 의해 $\left(\mathbf{Z}/(p^e q^f r^g)\mathbf{Z}\right)^*$는

$$\left(\mathbf{Z}/(p^e q^f r^g)\mathbf{Z}\right)^* \cong (\mathbf{Z}/p^e\mathbf{Z})^* \times (\mathbf{Z}/q^f\mathbf{Z})^* \times (\mathbf{Z}/r^g\mathbf{Z})^*$$

가 성립하여 소수를 거듭제곱한 것의 기약잉여류군 $(\mathbf{Z}/p^e\mathbf{Z})^*$, $(\mathbf{Z}/q^f\mathbf{Z})^*$, $(\mathbf{Z}/r^g\mathbf{Z})^*$의 직적과 동형입니다.

$(\mathbf{Z}/p^e\mathbf{Z})^*$는 $p=2$일 때는 **정리1.18**에 의해

$$(\mathbf{Z}/2^n\mathbf{Z})^* \cong (\mathbf{Z}/2^{n-2}\mathbf{Z}) \times (\mathbf{Z}/2\mathbf{Z})$$

가 되는데, $\mathbf{Z}/2^{n-2}\mathbf{Z}$와 $\mathbf{Z}/2\mathbf{Z}$가 모두 순환군이므로 $(\mathbf{Z}/2^n\mathbf{Z})^*$는 순환군의 직적과 동형입니다.

p가 홀수인 소수일 때는 **정리1.19**에 의해

$$(\mathbf{Z}/p^n\mathbf{Z})^* \cong (\mathbf{Z}/p^{n-1}\mathbf{Z}) \times (\mathbf{Z}/(p-1)\mathbf{Z})$$

가 되는데 $\mathbf{Z}/p^{n-1}\mathbf{Z}$도 $\mathbf{Z}/(p-1)\mathbf{Z}$도 순환군이므로 $(\mathbf{Z}/p^n\mathbf{Z})^*$는 순환군의 직적과 동형입니다.

결국 기약잉여류군은 순환군의 직적과 동형이 됩니다. (증명 끝)

이 정리는 가장 마지막에 나올 피크 정리를 증명할 때 아주 유용하게 사용될 것입니다.

제2장 군

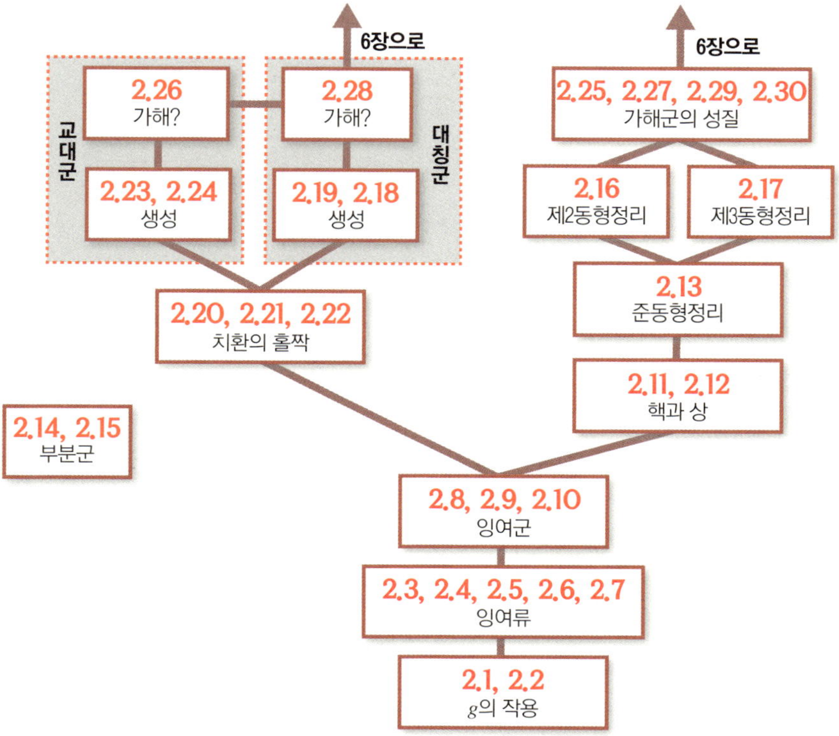

이 장의 목표는 대칭군의 구조를 이해하는 것입니다. 구체적으로 말하면 4차 이하의 대칭군은 가해군이고, 5차 이상의 대칭군은 비가해군이라는 것입니다.

먼저 전반부에서는 도형의 치환에 관련된 군을 예로 들어 잉여군, 준동형정리와 같은 군의 일반적인 성질을 소개하겠습니다. 위의 그림에서 잉여군으로부터 출발해 오른쪽 방향으로 진행하는 길입니다.

후반부에서는 사다리타기군, 치환군을 이용하여 대칭군을 소개하겠습니다. 나아가 제6장에서는 대칭군이 가해군인지 그리고 방정식의 해를 근호로 표현할 수 있는지에 대하여 차근차근 따져 보겠습니다.

I 정삼각형의 대칭성을 알아보기

— 이면체군

다시 도형의 변환에 관한 군을 알아보겠습니다.

문제2.1 오른쪽 그림과 같이 각에 •, × 표시를 한 정삼각형 모양의 종이를 평면에 놓습니다. 정삼각형의 각에는 뒷면에도 •, × 표시가 되어 있습니다.

0° 회전을 e, 왼쪽으로 120° 회전하는 것을 σ, 240° 회전하는 것을 σ^2, 연직방향의 직선에 관한 대칭이동을 τ, 30° 오른쪽 위로 기운 직선에 관한 대칭이동을 $\tau\sigma$, 30° 오른쪽 아래로 기운 직선에 관한 대칭이동을 $\tau\sigma^2$이라고 표시하겠습니다. 이 군의 곱셈표를 작성해 보겠습니다.

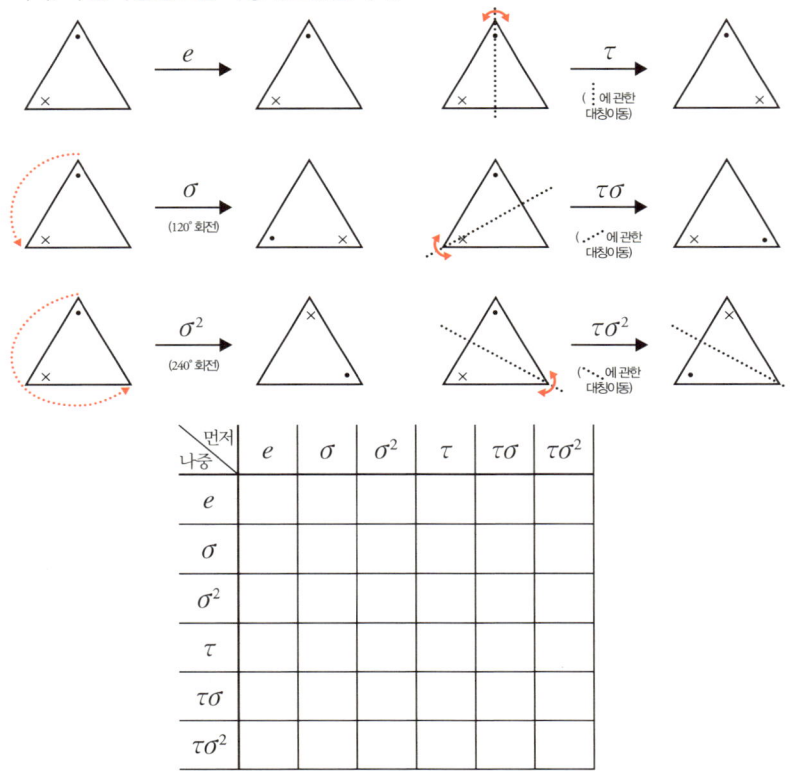

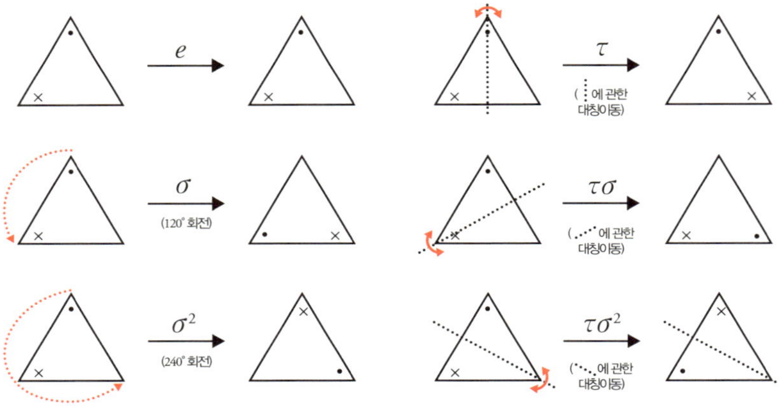

먼저 / 나중	e	σ	σ^2	τ	$\tau\sigma$	$\tau\sigma^2$
e						
σ						
σ^2						
τ						
$\tau\sigma$						
$\tau\sigma^2$						

곱셈표를 만들기 전에 확인해 둘 것은 $\tau\sigma$, $\tau\sigma^2$의 표기입니다. σ는 120° 회전, τ는 연직방향의 직선에 대한 대칭이동이라고 정의해 놓았기 때문에, 이것과 맞춰 놓아야 합니다.

$\tau\sigma$라는 것은 σ를 시행하고 나서 τ를 시행한다는 의미입니다.

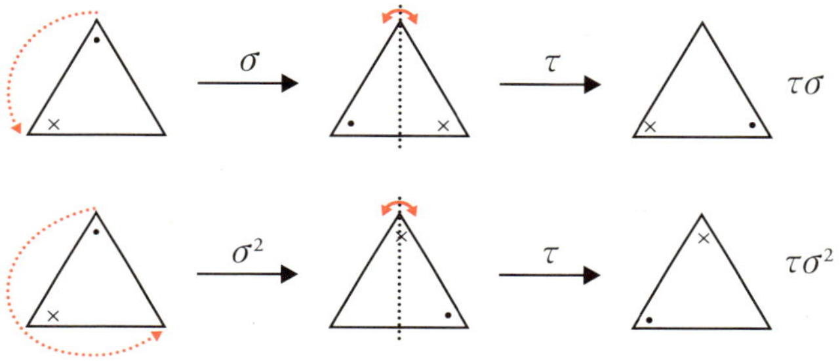

둘 다 문제에 주어진 대칭이동의 결과와 모순되지 않습니다.

곱셈표를 채워 보면 다음과 같습니다.

나중 \ 먼저	e	σ	σ^2	τ	$\tau\sigma$	$\tau\sigma^2$
e	e	σ	σ^2	τ	$\tau\sigma$	$\tau\sigma^2$
σ	σ	σ^2	e	$\tau\sigma^2$	τ	$\tau\sigma$
σ^2	σ^2	e	σ	$\tau\sigma$	$\tau\sigma^2$	τ
τ	τ	$\tau\sigma$	$\tau\sigma^2$	e	σ	σ^2
$\tau\sigma$	$\tau\sigma$	$\tau\sigma^2$	τ	σ^2	e	σ
$\tau\sigma^2$	$\tau\sigma^2$	τ	$\tau\sigma$	σ	σ^2	e

확실히 하기 위해 이 6개의 회전이동과 대칭이동(합쳐서 이동이라고 하겠습니다)이 군을 이루고 있다는 것을 확인하겠습니다.

결합법칙이 성립하는 것은 다음을 통해 알 수 있습니다.

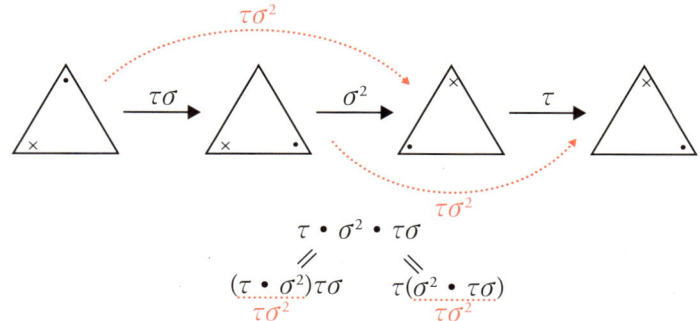

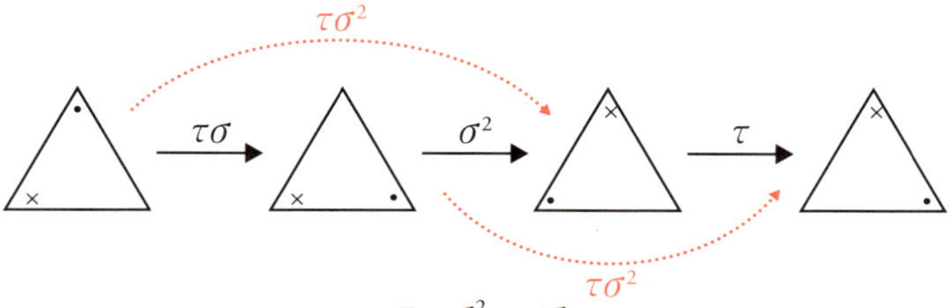

$$\tau \cdot \sigma^2 \cdot \tau\sigma$$

$$(\tau \cdot \sigma^2)\tau\sigma \quad \tau(\sigma^2 \cdot \tau\sigma)$$

왼쪽과 오른쪽의 차이는 $\tau\sigma$, σ^2, τ 세 가지 이동을 나열된 순서로 행할 때, 오른쪽에서는 앞의 2개를 합쳐서 하나로 시행한 이동을 나타내고, 왼쪽에서는 뒤의 2개를 합쳐서 하나로 시행한 이동을 나타낸다는 차이입니다. 3개의 이동을 주어진 순서대로 시행한다는 것에는 차이가 없습니다.

아무런 움직임이 없는 이동이 있으므로 항등원이 존재합니다.

회전에는 역회전이 있고, 대칭이동은 그 자신이 역원이기 때문에 역원도 존재합니다.

따라서 $\{e, \sigma, \sigma^2, \tau, \tau\sigma, \tau\sigma^2\}$은 군이 됩니다.

이뿐만 아니라 '이동'은 군이 되는 것이 많습니다.

이 군의 원소는 정삼각형을 회전이동하거나 대칭이동하여 정삼각형으로 옮깁니다. 이 군을 정삼각형의 이면체군이라고 하고 D_3이라고 씁니다.

이면체라는 것은 정삼각형 모양의 종이를 입체도형으로 보고 있다는 뜻입니다. 종이에는 앞면과 뒷면이라는 두 면이 있기 때문입니다.

C_6과 D_3은 모두 위수가 6인 군입니다. 둘은 동형일까요? 동형은 아닙니다. C_6의 곱셈표는 오른쪽 아래 방향의 대각선을 축으로 하여 대칭이지만, D_3의 곱셈표는 대칭이 아닌 것이 가장 큰 차이입니다.

나중 \ 먼저	e	σ	σ^2	σ^3	σ^4	σ^5
e	e	σ	σ^2	σ^3	σ^4	σ^5
σ	σ	σ^2	σ^3	σ^4	σ^5	e
σ^2	σ^2	σ^3	σ^4	σ^5	e	σ
σ^3	σ^3	σ^4	σ^5	e	σ	σ^2
σ^4	σ^4	σ^5	e	σ	σ^2	σ^3
σ^5	σ^5	e	σ	σ^2	σ^3	σ^4

C_6의 곱셈표

곱셈표가 대칭이라는 것은 원소의 순서를 바꾸어 시행하여도 결과가 변하지 않는다는 것입니다. 곧, 연산의 순서를 바꿀 수 있습니다. 임의의 두 원소에 대한 연산의 순서를 바꿀 수 있는 군을 가환군(可換群, commutative group) 또는 아벨군(Abelian group)이라고 합니다. 그렇지 않은 군은 비가환군(非可換群, noncommutative group)이라고 합니다.

C_6은 가환군이고 D_3은 비가환군입니다.

두 군의 곱셈표에서 공통점을 살펴보면, 곱셈표에서 어느 한 행이나 어느 한 열을 택하여도 군의 모든 원소가 오직 한 번씩만 나옵니다. 이를테면 C_6의 위에서 세 번째 행에 쓰여 있는 원소를 왼쪽부터 읽으면 $\sigma^2, \sigma^3, \sigma^4, \sigma^5, e, \sigma$입니다. 또 D_3의 왼쪽에서 다섯 번째의 열에 쓰여 있는 원소를 위쪽부터 읽으면 $\tau\sigma, \tau, \tau\sigma^2, \sigma, e, \sigma^2$입니다. 군의 원소가 한 번씩만 나옵니다. 이것을 정리로 일반화할 수 있습니다.

정리2.1 **g에 의한 교체**

유한군 G의 모든 원소를 나열한 것을 $g_1, g_2, \cdots, g_n$이라고 한다. 이것들의 왼쪽에 G의 임의의 원소 g를 곱한 $gg_1, gg_2, \cdots, gg_n$은 $g_1, g_2, \cdots, g_n$을 교체한 것이다. 집합의 기호를 사용하여 나타내면

$$\{gg_1, gg_2, \cdots, gg_n\} = \{g_1, g_2, \cdots, g_n\}$$

즉, 좌변을 gG라고 쓰면 $gG = G$가 성립한다.

또 오른쪽에 임의의 원소 g를 곱해도 마찬가지로

$$\{g_1g, g_2g, \cdots, g_ng\} = \{g_1, g_2, \cdots, g_n\}$$

좌변을 Gg라고 쓰면 $Gg = G$가 성립한다.

또 G의 부분군 H와 그 임의의 원소 h에 대해서도 $hH = H = Hh$가 성립한다.

증명 $gg_1, gg_2, \cdots, gg_n$ 중에 같은 원소가 있다고 가정합니다. $gg_i = gg_j\ (i \neq j)$로 두고, 좌우변의 왼쪽에 g^{-1}을 곱하면

$$g^{-1}(gg_i) = g^{-1}(gg_j) \quad \therefore (g^{-1}g)g_i = (g^{-1}g)g_j \quad \therefore eg_i = eg_j \quad \therefore g_i = g_j$$

결합법칙

즉, $i = j$가 되므로 모순입니다.

n개의 $gg_1, gg_2, \cdots, gg_n$ 중에서 같은 것은 없고 G의 위수가 n이므로, $gg_1, gg_2, \cdots, gg_n$은 $g_1, g_2, \cdots, g_n$을 교체한 것입니다. 뒷부분도 마찬가지입니다.

부분군 H는 연산에 대해서 닫혀 있기 때문에, H와 그 임의의 원소 h에 대해서 $hH \subset H, Hh \subset H$가 성립합니다. G의 경우와 마찬가지로 $hH = H = Hh$입니다. (증명 끝)

마찬가지로 다음 내용도 알 수 있습니다.

정리2.2 **g가 부분집합에 작용**

군 G의 부분집합 $A = \{g_1, g_2, \cdots, g_m\}$의 각 원소의 왼쪽에 g를 곱해서 생긴 원소의 집합을 $gA = \{gg_1, gg_2, \cdots, gg_m\}$이라고 쓴다. 이때

$$|gA| = |A|$$

그러나 $A = gA$라고 말할 수는 없다.

증명 **정리2.1**의 증명에서 보았듯이 $gg_1, gg_2, \cdots, gg_m$은 모두 다릅니다. 따라서 $|A|$와 $|gA|$는 m과 같아집니다. (증명 끝)

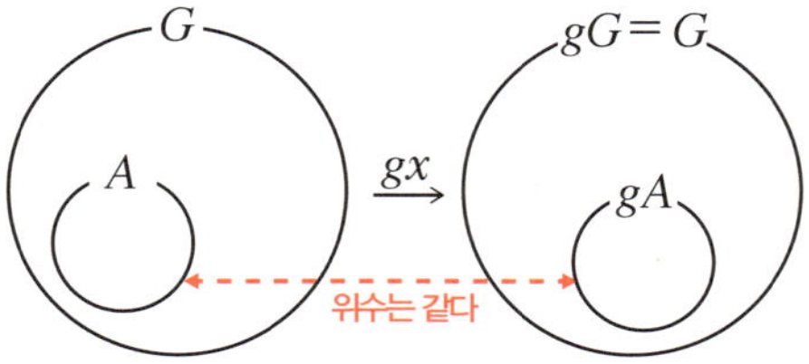

D_3의 원소는 σ와 τ를 조합하여 나타낸 것으로

$$\sigma^3 = e, \quad \tau^2 = e, \quad \tau\sigma = \sigma^2\tau \text{인 조건에서 } \langle \sigma, \tau \rangle$$

라고 쓸 수 있습니다. $\langle \sigma, \tau \rangle$는 σ와 τ를 조합하여 생기는 원소를 모두 나타냅니

다. 이렇게 하여 만든 군을 σ와 τ로 생성된 군이라고 하고 $\langle\sigma, \tau\rangle$로 나타냅니다. $\langle\sigma, \tau\rangle$는 $\sigma^3=e$, $\tau^2=e$, $\tau\sigma=\sigma^2\tau$라고 하는 조건에서 $\{e, \sigma, \sigma^2, \tau, \tau\sigma, \tau\sigma^2\}$와 같이 6개로 구성 됩니다. $\tau\sigma=\sigma^2\tau$라는 식은 좀 뜻밖이란 느낌을 주지만, 이 조건을 덧붙여 놓으면 σ, τ가 각각 회전이동, 대칭이동인 것과 관계없이, $\sigma^3=\tau^2=e$, $\tau\sigma=\sigma^2\tau$라는 관계만으로 곱셈표를 재현할 수 있으므로 군을 결정할 수 있습니다. 그렇지만 이 이야기는 추상적이기 때문에 여기까지만 하겠습니다.

D_3에서는 원소를 $\{e, \sigma, \sigma^2, \tau, \tau\sigma, \tau\sigma^2\}$이라고 나타냈지만, $\tau\sigma=\sigma^2\tau$, $\tau\sigma^2=\sigma\tau$라는 관계가 성립하므로 $\tau\sigma$와 $\tau\sigma^2$은 각각 $\sigma^2\tau$와 $\sigma\tau$로 나타내도 상관없습니다. σ와 τ를 써서 표시할 때, 하나의 원소라도 여러 가지로 나타낼 수 있습니다.

위에서는 정삼각형을 예로 들었지만 일반적으로 정n각형을 정n각형 자신으로 옮기는 회전이동과 대칭이동은 군의 구조를 이룹니다.

정의2.1 이면체군

정n각형의 중심을 회전의 중심으로 하여 왼쪽 방향으로 $\frac{360°}{n}$ 회전하는 이동을 σ, 연직 방향의 대칭이동을 τ라고 하면, 이것들로부터 생성되는 군은 $D_n=\{e, \sigma, \sigma^2, \cdots, \sigma^{n-1}, \tau, \tau\sigma, \tau\sigma^2, \cdots, \tau\sigma^{n-1}\}$이라고 쓸 수 있습니다.

또, $\sigma^n=e$, $\tau^2=e$, $\tau\sigma=\sigma^{n-1}\tau$인 조건에서 $D_n=\langle\sigma, \tau\rangle$라고 쓸 수도 있습니다. 위수는 $2n$입니다.

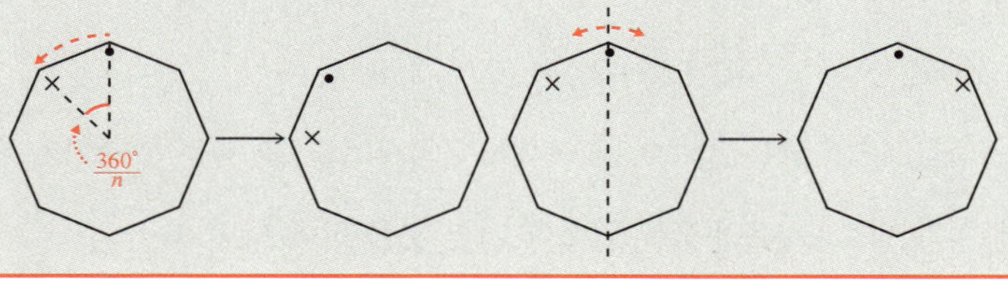

2 부분군으로부터 잉여군을 만들기

— 일반 잉여군

여기에서는 1장에서 소개한 잉여군 $\mathbf{Z}/5\mathbf{Z}$를 다른 각도에서 보겠습니다.

정수의 집합은 덧셈에 대해서 군이 됩니다. 정수와 정수를 더하면 정수가 되므로 덧셈에 대해서 닫혀 있습니다. 임의의 정수 x, y, z에 대해서

$$(x+y)+z=x+(y+z)$$

라는 결합법칙이 성립합니다.

$$x+0=0+x=x$$

이므로 덧셈에 관한 항등원은 0입니다. 또

$$x+(-x)=(-x)+x=0$$

이므로 x의 역원은 $-x$입니다.

이때 5의 배수의 집합 $5\mathbf{Z}$는 정수의 집합 $\mathbf{Z}$의 부분군이 됩니다. 5의 배수와 5의 배수를 더해도 5의 배수가 되기 때문에 덧셈에 대해 닫혀 있습니다. 항등원은 0이고, x의 역원은 $-x$입니다.

$\mathbf{Z}$의 원소와 부분군 $5\mathbf{Z}$의 덧셈을 살펴보겠습니다.

이를테면 $3+5\mathbf{Z}$라는 것은

$$5\mathbf{Z}=\{\cdots,-15,-10,-5,0,5,10,15,\cdots\}$$

의 모든 원소마다 3을 더한 것입니다. 곧,

$$3+5\mathbf{Z}=\{\cdots,-12,-7,-2,3,8,13,18,\cdots\}$$

이 됩니다. 이러한 방식으로

$$\mathbf{Z}=\{\cdots,-5,-4,-3,-2,-1,0,1,2,3,4,\cdots\}$$

의 각 원소를 $5\mathbf{Z}$의 모든 원소마다 더해도 $\mathbf{Z}$의 원소의 개수는 무한이기 때문에, 위에서 쓴 각 원소를 $5\mathbf{Z}$의 모든 원소에 더한 것을 적어 보면

$$-5+5\mathbf{Z}=\{\cdots,-20,-15,-10,-5,0,5,10,\cdots\}$$

$$-4+5\mathbf{Z}=\{\cdots,-19,-14,-9,-4,1,6,11,\cdots\}$$

$$-3+5\mathbf{Z}=\{\cdots,-18,-13,-8,-3,2,7,12,\cdots\}$$ ← 5로 나눠서 2가 남는 수의 집합

$$-2+5\mathbf{Z}=\{\cdots,-17,-12,-7,-2,3,8,13,\cdots\}$$

$$-1+5\mathbf{Z}=\{\cdots,-16,-11,-6,-1,4,9,14,\cdots\}$$

$$0+5\mathbf{Z}=\{\cdots,-15,-10,-5,0,5,10,15,\cdots\}$$

$$1+5\mathbf{Z}=\{\cdots,-14,-9,-4,1,6,11,16,\cdots\}$$

$$2+5\mathbf{Z}=\{\cdots,-13,-8,-3,2,7,12,17,\cdots\}$$ ← 5로 나눠서 2가 남는 수의 집합

$$3+5\mathbf{Z}=\{\cdots,-12,-7,-2,3,8,13,18,\cdots\}$$

$$4+5\mathbf{Z}=\{\cdots,-11,-6,-1,4,9,14,19,\cdots\}$$

이 됩니다. 10개의 집합을 나타내 보았지만, 계산 결과는 다섯 가지입니다.

$-5+5\mathbf{Z}$와 $0+5\mathbf{Z}$는 둘 다 5의 배수의 집합이 되어, 집합으로서는 일치합니다. $-4+5\mathbf{Z}$와 $1+5\mathbf{Z}$는 둘 다 5로 나누어서 나머지가 1이 되는 정수의 집합입니다. 마찬가지로

$$-3+5\mathbf{Z}=2+5\mathbf{Z},\quad -2+5\mathbf{Z}=3+5\mathbf{Z},\quad -1+5\mathbf{Z}=4+5\mathbf{Z}$$

가 됩니다. $\mathbf{Z}$의 각 원소와 $5\mathbf{Z}$의 합은 다섯 가지의 결과로 나타나므로 다음과 같이 다섯 가지로 분류됩니다. 5의 잉여류 $\bar{2}$는 5로 나누어서 2가 남는 정수의 집

$\bar{0}$이라는 집합	$\bar{1}$이라는 집합	$\bar{2}$라는 집합	$\bar{3}$이라는 집합	$\bar{4}$라는 집합
⋮	⋮	⋮	⋮	⋮
$-10+5\mathbf{Z}$	$-9+5\mathbf{Z}$	$-8+5\mathbf{Z}$	$-7+5\mathbf{Z}$	$-6+5\mathbf{Z}$
‖	‖	‖	‖	‖
$-5+5\mathbf{Z}$	$-4+5\mathbf{Z}$	$-3+5\mathbf{Z}$	$-2+5\mathbf{Z}$	$-1+5\mathbf{Z}$
‖	‖	‖	‖	‖
$0+5\mathbf{Z}$	$1+5\mathbf{Z}$	$2+5\mathbf{Z}$	$3+5\mathbf{Z}$	$4+5\mathbf{Z}$
‖	‖	‖	‖	‖
$5+5\mathbf{Z}$	$6+5\mathbf{Z}$	$7+5\mathbf{Z}$	$8+5\mathbf{Z}$	$9+5\mathbf{Z}$
‖	‖	‖	‖	‖
$10+5\mathbf{Z}$	$11+5\mathbf{Z}$	$12+5\mathbf{Z}$	$13+5\mathbf{Z}$	$14+5\mathbf{Z}$
⋮	⋮	⋮	⋮	⋮

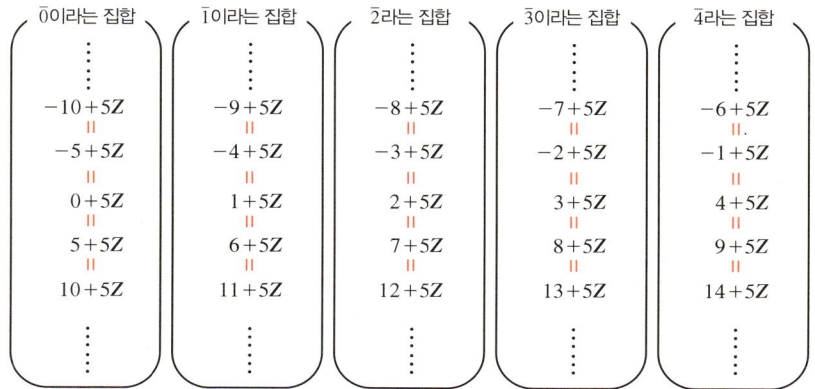

합이므로, $-8+5\mathbf{Z}$, $-3+5\mathbf{Z}$, …는 모두 $\bar{2}$를 나타냅니다.

정수의 장에서 $\bar{0}, \bar{1}, \bar{2}, \bar{3}, \bar{4}$를 하나의 수처럼 다루는 것에 익숙해졌겠지만, $\bar{2}$는 5로 나누어 2가 남는 정수의 집합을 나타내고 있기 때문에 잉여류는 원래 집합입니다.

잉여류의 특징 세 가지를 확인해 봅시다.

첫 번째는 서로 다른 잉여류에는 공통의 원소가 없다는 것입니다. 이를테면 $\bar{3}=3+5\mathbf{Z}$와 $\bar{4}=4+5\mathbf{Z}$에는 공통인 원소가 없습니다. $3+5\mathbf{Z}$에 속한 수는 5로 나누어서 3이 남는 수이고 $4+5\mathbf{Z}$에 속한 수는 5로 나누어서 4가 남는 수로서 5로 나누었을 때의 나머지가 서로 다르기 때문입니다.

두 번째는 본래 주어진 군의 원소는 반드시 어느 잉여류엔가는 속한다는 것입니다. 즉,

$$\mathbf{Z}=\bar{0} \cup \bar{1} \cup \bar{2} \cup \bar{3} \cup \bar{4}$$

라는 식이 성립합니다.

$\bar{0}$, …, $\bar{4}$라는 표기가 없다면

$$\mathbf{Z}=(0+5\mathbf{Z}) \cup (1+5\mathbf{Z}) \cup (2+5\mathbf{Z}) \cup (3+5\mathbf{Z}) \cup (4+5\mathbf{Z})$$

라고 쓰게 됩니다. $0+5\mathbf{Z}$, $1+5\mathbf{Z}$, $2+5\mathbf{Z}$, $3+5\mathbf{Z}$, $4+5\mathbf{Z}$를 '잉여류를 나타내는 집합'이라고 칭하겠습니다. 여기에서 쓰이고 있는 $1+5\mathbf{Z}$는 $\bar{1}$을 나타내는 다른 집합 $-4+5\mathbf{Z}$ 또는 $6+5\mathbf{Z}$이기도 합니다. '잉여류를 나타내는 집합을 선택하는 방법'은 여러 가지가 있습니다.

세 번째 특징. 앞 쪽의 표는 같은 잉여류를 나타낸 집합끼리 모은 그림입니다. 그러나 이 표를 보면 잉여류에 속한 원소도 파악할 수 있는 방식으로 표현되어 있습니다.

이를테면 $\bar{2}$에서 그 모습을 살펴보겠습니다.

$\bar{2}$를 나타내는 집합은

$$\cdots = -8 + 5\mathbf{Z} = -3 + 5\mathbf{Z} = 2 + 5\mathbf{Z} = 7 + 5\mathbf{Z} = 12 + 5\mathbf{Z} = \cdots \ ☆$$

인데 집합 $-8 + 5\mathbf{Z}$의 원소는

$$\cdots, -8, -3, 2, 7, 12, \cdots$$

이므로, ☆에서 $5\mathbf{Z}$를 삭제한 것이 됩니다. 그 이유는 $5\mathbf{Z}$ 안에 항등원 0이 포함되어 있기 때문입니다.

이 세 가지의 특징은 정수의 잉여류뿐 아니라 일반적으로 군과 그 부분군으로부터 잉여류를 만들 때에도 나타나는 특징입니다.

정수의 잉여류를 만드는 방법을 일반적인 군에도 응용할 수 있도록 정리해 보면 다음과 같습니다.

잉여류를 만드는 방법은 군 G와 그 부분군 H가 있을 때, 군 G의 각 원소와 H의 곱을 계산하고 그것들을 분류하는 순서로 진행됩니다.

앞 장에서 소개했던 이면체군에 대해서 먼저 부분군 $\langle\tau\rangle = \{e, \tau\}$로 잉여류를 만들어 봅시다.

$\langle\tau\rangle$가 부분군인지 확인해 봅시다. 곱셈표는 오른쪽과 같고 곱셈에 대하여 닫혀 있습니다.

나중 \ 먼저	e	τ
e	e	τ
τ	τ	e

항등원 e가 존재하고, $\tau^2 = e$이므로 τ의 역원은 τ입니다. $\langle\tau\rangle$는 부분군입니다.

부분군 $\langle\tau\rangle$에 D_3의 원소를 곱해 보겠습니다.

$\langle\tau\rangle$의 원소는 $\{e, \tau\}$ 두 개입니다. 이것들의 왼쪽에 $\tau\sigma$를 곱하면

$$\tau\sigma \cdot e = \tau\sigma, \quad \tau\sigma \cdot \tau = \sigma^2$$

이므로 $\tau\sigma\langle\tau\rangle = \{\tau\sigma, \sigma^2\}$이라고 쓸 수 있습니다. $\langle\tau\rangle$의 왼쪽에 모든 원소 $e, \sigma, \sigma^2, \tau, \tau\sigma, \tau\sigma^2$을 곱한 것을 적어 보겠습니다.

$e\langle\tau\rangle=\{e, \tau\}$

$\sigma\langle\tau\rangle=\{\sigma, \tau\sigma^2\}$

$\sigma^2\langle\tau\rangle=\{\sigma^2, \tau\sigma\}$

$\tau\langle\tau\rangle=\{\tau, e\}$

$\tau\sigma\langle\tau\rangle=\{\tau\sigma, \sigma^2\}$

$\tau\sigma^2\langle\tau\rangle=\{\tau\sigma^2, \sigma\}$

먼저 / 나중	e	σ	σ^2	τ	$\tau\sigma$	$\tau\sigma^2$
e	e	σ	σ^2	τ	$\tau\sigma$	$\tau\sigma^2$
σ	σ	σ^2	e	$\tau\sigma^2$	τ	$\tau\sigma$
σ^2	σ^2	e	σ	$\tau\sigma$	$\tau\sigma^2$	τ
τ	τ	$\tau\sigma$	$\tau\sigma^2$	e	σ	σ^2
$\tau\sigma$	$\tau\sigma$	$\tau\sigma^2$	τ	σ^2	e	σ
$\tau\sigma^2$	$\tau\sigma^2$	τ	$\tau\sigma$	σ	σ^2	e

$\{e, \tau\}$, $\{\sigma, \tau\sigma^2\}$, $\{\sigma^2, \tau\sigma\}$라는 세 가지의 집합이 나왔습니다. 각 집합의 원소를 하나씩 선택하고 나서 문자 위에 금(bar)을 그어서

$$\bar{e}=\{e, \tau\},\ \ \bar{\sigma}=\{\sigma, \tau\sigma^2\},\ \ \overline{\sigma^2}=\{\sigma^2, \tau\sigma\}$$

라고 놓습니다. 이것이 D_3의 $\langle\tau\rangle$에 의한 잉여류입니다.

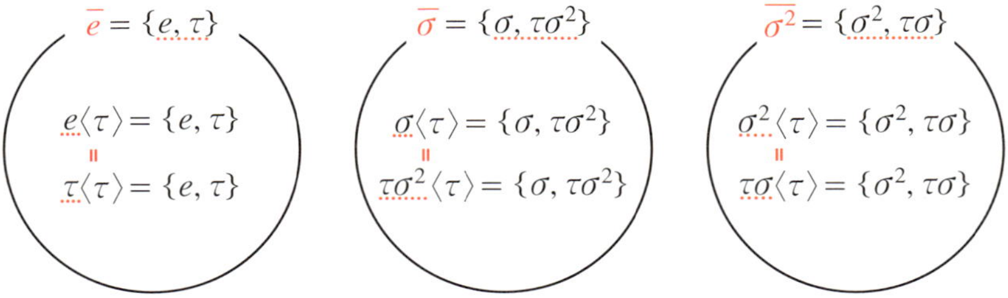

$\bar{e}, \bar{\sigma}, \overline{\sigma^2}$을 합치면 모든 원소 $e, \sigma, \sigma^2, \tau, \tau\sigma, \tau\sigma^2$이 한 번씩 나오게 됩니다. 어느 원소도 서로 다른 두 개의 잉여류에 동시에 속하지 않습니다. 다시 말해 서로 다른 잉여류는 공통인 원소를 갖지 않습니다.

$\bar{e}, \bar{\sigma}, \overline{\sigma^2}$을 나타내는 방법으로 집합 $e\langle\tau\rangle, \sigma\langle\tau\rangle, \sigma^2\langle\tau\rangle$라고 쓰면서 집합 기호로 표현하면

$$D_3=e\langle\tau\rangle\cup\sigma\langle\tau\rangle\cup\sigma^2\langle\tau\rangle$$

$A\cap B=\phi$는 집합 A와 B에 공통 원소가 없음을 나타낸다.

$$(e\langle\tau\rangle\cap\sigma\langle\tau\rangle=\phi,\ \ \sigma\langle\tau\rangle\cap\sigma^2\langle\tau\rangle=\phi,\ \ e\langle\tau\rangle\cap\sigma^2\langle\tau\rangle=\phi)$$

↑공집합을 나타내는 기호 ϕ(파이)

가 됩니다.

즉, D_3은 부분군 $\langle\tau\rangle$를 근본으로 하여 3개의 집합으로 나뉩니다.

$\overline{e}$의 원소 $\underline{e}$, $\underline{\tau}$는 $\overline{e}$를 나타내는 두 집합 $\underline{e}\langle\tau\rangle$, $\underline{\tau}\langle\tau\rangle$의 밑줄 친 부분과 일치합니다.

$\overline{\sigma}$의 원소 $\underline{\sigma}$, $\underline{\tau\sigma^2}$은 $\overline{\sigma}$를 나타내는 두 집합 $\underline{\sigma}\langle\tau\rangle$, $\underline{\tau\sigma^2}\langle\tau\rangle$의 밑줄 친 부분과 일치합니다.

$\overline{\sigma^2}$의 원소 $\underline{\sigma^2}$, $\underline{\tau\sigma}$는 $\overline{\sigma^2}$을 나타내는 두 집합 $\underline{\sigma^2}\langle\tau\rangle$, $\underline{\tau\sigma}\langle\tau\rangle$의 밑줄 친 부분과 일치합니다.

$\langle\tau\rangle$에 e가 속해 있으므로 $\langle\tau\rangle$의 왼쪽에 곱한 원소가 잉여류의 원소가 됩니다.

따라서 하나의 잉여류에 속한 원소의 개수(2개)와 잉여류를 나타내는 집합의 개수(2개)는 일치합니다.

$\langle\tau\rangle$ 대신에 부분군 $\langle\sigma\rangle = \{e, \sigma, \sigma^2\}$을 이용하여 똑같은 시행을 하여 봅시다. σ에 대해서는 $\sigma^3 = e$가 성립하기 때문에 $\langle\sigma\rangle$는 위수 3인 순환군이 됩니다.

$\langle\sigma\rangle$의 왼쪽에 D_3의 모든 원소 $e, \sigma, \sigma^2, \tau, \tau\sigma, \tau\sigma^2$을 곱하여 만든 집합을 분류하면 이번에는 $\{\underline{e}, \underline{\sigma}, \underline{\sigma^2}\}$, $\{\underline{\tau}, \underline{\tau\sigma}, \underline{\tau\sigma^2}\}$이라는 두 가지 집합이 나옵니다. 여기에 $\overline{e} = \{e, \sigma, \sigma^2\}$, $\overline{\tau} = \{\tau, \tau\sigma, \tau\sigma^2\}$라는 이름을 붙이겠습니다. 이것이 D_3의 $\langle\sigma\rangle$에 의한 잉여류입니다.

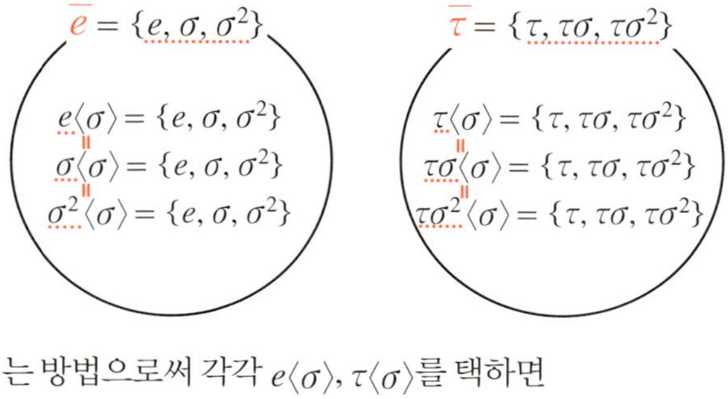

$$\overline{e} = \{e, \sigma, \sigma^2\} \qquad \overline{\tau} = \{\tau, \tau\sigma, \tau\sigma^2\}$$

$$\begin{pmatrix} e\langle\sigma\rangle = \{e, \sigma, \sigma^2\} \\ \sigma\langle\sigma\rangle = \{e, \sigma, \sigma^2\} \\ \sigma^2\langle\sigma\rangle = \{e, \sigma, \sigma^2\} \end{pmatrix} \qquad \begin{pmatrix} \tau\langle\sigma\rangle = \{\tau, \tau\sigma, \tau\sigma^2\} \\ \tau\sigma\langle\sigma\rangle = \{\tau, \tau\sigma, \tau\sigma^2\} \\ \tau\sigma^2\langle\sigma\rangle = \{\tau, \tau\sigma, \tau\sigma^2\} \end{pmatrix}$$

$\overline{e}, \overline{\tau}$를 적는 방법으로써 각각 $e\langle\sigma\rangle, \tau\langle\sigma\rangle$를 택하면

$$D_3 = e\langle\sigma\rangle \cup \tau\langle\sigma\rangle \quad (e\langle\sigma\rangle \cap \tau\langle\sigma\rangle = \phi)$$

가 됩니다.

$\bar{e}$의 원소는 e, σ, σ^2이고, $\bar{e}$를 나타내는 세 집합 $e\langle\sigma\rangle$, $\sigma\langle\sigma\rangle$, $\sigma^2\langle\sigma\rangle$의 밑줄 친 부분과 일치합니다.

$\bar{\tau}$의 원소는 τ, $\tau\sigma$, $\tau\sigma^2$이고, $\bar{\tau}$를 나타내는 세 집합 $\tau\langle\sigma\rangle$, $\tau\sigma\langle\sigma\rangle$, $\tau\sigma^2\langle\sigma\rangle$의 밑줄 친 부분과 일치합니다.

따라서 하나의 잉여류에 속한 원소의 개수(3개)와 잉여류를 나타내는 집합의 개수(3개)는 일치합니다.

여기에서 관찰한 결과를 일반론으로 정리하겠습니다.

정리2.3 잉여류

유한군 G의 부분군 H가 있다. G의 위수는 n이라고 한다. H의 왼쪽에 G의 모든 원소 $g_1, g_2, \cdots, g_n$을 곱하여 집합 $g_1H, g_2H, \cdots, g_nH$를 만들고, 같아지는 집합끼리 류(class)를 만들면 하나의 류에는 정확히 $|H|$개의 집합이 들어간다. 류의 개수는 $\frac{|G|}{|H|}$개이다. $\frac{|G|}{|H|}=d$라고 놓는다.

각 류에서 그것을 대표하는 집합을 하나씩 선택하고 그것들을 g'_1H, $g'_2H, \cdots, g'_dH$라고 하면

$$G=g'_1H \cup g'_2H \cup \cdots \cup g'_dH$$

$g'_1H, g'_2H, \cdots, g'_dH$에서 어느 두 집합도 공통부분이 없다.

$g'_1H, g'_2H, \cdots, g'_dH$를 좌잉여류(左剩餘類, left coset)라 한다. 같은 것이 G의 원소를 오른쪽에 곱했을 때도 성립하는데, $Hg''_1, Hg''_2, \cdots, Hg''_d$를 우잉여류(右剩餘類, right coset)라 한다.

증명 먼저 실마리는 $g_1H, g_2H, \cdots, g_nH$에서 아무것이나 2개를 선택했을 때, 집합으로서 일치하거나([그림1]), 공통인 원소를 갖지 않는([그림2]) 두 가지 경

우만이 가능하다는 것입니다. [그림3]과 같은 경우는 없습니다.

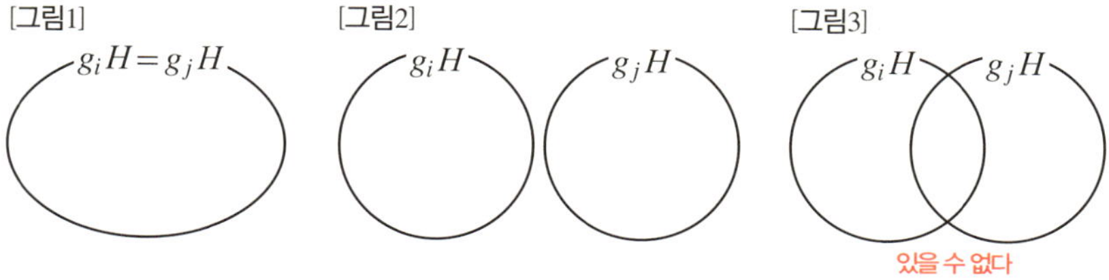

g_1H와 g_2H에는 공통인 원소가 있든지 없든지 둘 중 하나입니다. 어느 경우에 $g_1H=g_2H$가 되는지를 확인해 보겠습니다.

g_1H와 g_2H에서 공통인 원소가 있다고 하고 그것을 g_1H에서는 g_1h_i, g_2H에서는 g_2h_j라고 하겠습니다.

$g_1h_i=g_2h_j$에서 양변의 왼쪽에 g_2^{-1}, 오른쪽에 h_i^{-1}을 곱하면

$$g_2^{-1}g_1h_ih_i^{-1}=g_2^{-1}g_2h_jh_i^{-1} \qquad \therefore g_2^{-1}g_1=h_jh_i^{-1}\in H$$

정리2.1을 H와 그 원소 $g_2^{-1}g_1$에 적용하면 $g_2^{-1}g_1H=H$

왼쪽에 g_2를 곱하면 $g_2g_2^{-1}g_1H=g_2H \qquad \therefore g_1H=g_2H$

이것에 의해 $g_1H, g_2H, \cdots, g_nH$에서 아무것이나 두 개, 이를테면 g_1H와 g_2H를 선택했을 때 $g_1H\cap g_2H=\phi$ 또는 $g_1H=g_2H$ 가운데 어느 하나가 됩니다.

따라서 $g_1H, g_2H, \cdots, g_nH$를 같은 집합끼리 묶어서 류로 만들면 서로 다른 류에 속한 집합 사이에는 공통인 원소가 없음을 알 수 있습니다.

여기서 $g_1H, g_2H, \cdots, g_nH$를 같은 것끼리 묶어서 류로 나누었을 때 k개의 류가 만들어진다고 하겠습니다. 각각의 류를 대표하는 집합으로 $g'_1H, g'_2H, \cdots, g'_kH$를 선택합니다.

H는 항등원 e를 포함하기 때문에 $g_1H\cup g_2H\cup\cdots\cup g_nH$는 G의 모든 원소를 갖고 있어

$$G=g_1H\cup g_2H\cup\cdots\cup g_nH \cdots\cdots①$$

입니다. 그리고 같은 류에 속한 집합을, 류를 대표하는 집합으로 한데 묶어 하나로 나타내면, 우변은

$$g_1H \cup g_2H \cup \cdots \cup g_nH = g'_1H \cup g'_2H \cup \cdots \cup g'_kH \cdots\cdots②$$

로 나타낼 수 있습니다. 결국 ①, ②에 의해

$$G = g'_1H \cup g'_2H \cup \cdots \cup g'_kH \cdots\cdots③$$

$g'_1H, g'_2H, \cdots, g'_kH$는 각각 서로 다른 류에 속해 있으므로 어느 두 개를 선택하여도 공통인 원소는 없습니다. 식 ③의 좌우변에서 위수를 세어보면

$$|G| = |g'_1H| + |g'_2H| + \cdots + |g'_kH| \cdots\cdots④$$

정리2.2의 A를 H, g를 g_i라고 하여 적용하면 $|g_iH| = |H|$. 이런 사항들을 종합하면

$$|g'_1H| = |g'_2H| = \cdots = |g'_kH| = |H|$$

이기 때문에 ④는

$$|G| = k|H| \qquad \therefore k = \frac{|G|}{|H|} = d \text{ (증명 끝)}$$

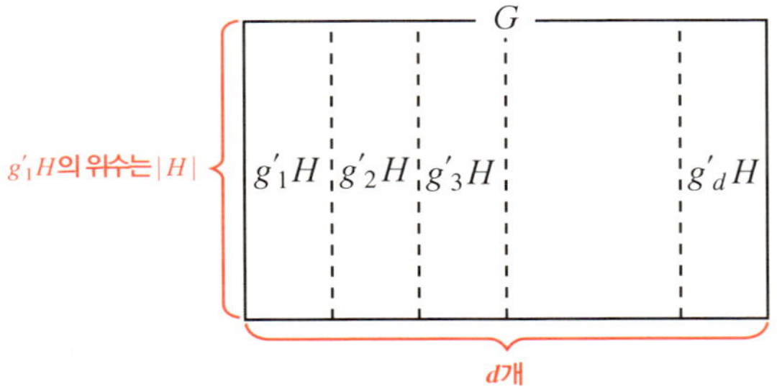

증명을 끝낸 시점에서

H를 G의 부분군이라 하면, $|H|$는 $|G|$의 약수이다.

라고 할 수 있습니다.

또, 위에서 류라고 일컬었던 것을 정식으로는 잉여류라고 합니다. 위의 증명에서 잉여류는 모두 d개 있습니다. 잉여류의 개수 d는 G에서 H의 지수(指數,

index of H in G)라고 하며 $[G : H]$라고 씁니다. 이 기호를 쓰면, 다음과 같이 정리됩니다.

정리2.4 라그랑주의 정리

H가 유한군 G의 부분군일 때

$$|G| = [G : H]|H|$$

가 성립한다.

이 정리는 **정리1.5** "순환군 C_m의 부분군의 위수는 m의 약수이다"라는 것의 확장입니다.

이 정리는 군론의 기본으로서 감상할 만한 가치가 있는 아름다운 정리라고 생각합니다. 단순히 집합과 그 부분집합이라면 둘 사이에서는 그 크기의 대소 관계밖에 다루지 못합니다. 그러나 집합에 군의 구조가 들어가자마자 집합의 크기(위수) 사이에는 배수 관계가 생긴다는 것입니다. 마치 커다란 금고의 비밀번호를 맞추기 위해 다이얼을 돌릴 때, 자물쇠의 교묘한 기계 장치가 찰칵하고 정확하게 맞춰진 듯한 쾌감을 느낄 수가 있습니다.

정리2.4를 이용하여 D_3의 부분군을 알아보겠습니다.

문제2.2 D_3의 부분군은 $\{e\}$, $\langle\tau\rangle = \{e, \tau\}$, $\langle\tau\sigma\rangle = \{e, \tau\sigma\}$, $\langle\tau\sigma^2\rangle = \{e, \tau\sigma^2\}$, $\langle\sigma\rangle = \{e, \sigma, \sigma^2\}$, D_3이 전부임을 밝히시오.

D_3의 위수는 6입니다. 부분군의 위수는 6의 약수이므로(**정리2.4**로부터) 1, 2, 3, 6 가운데 어느 하나입니다.

위수가 1인 부분군은 $\{e\}$입니다.

위수가 2인 부분군을 구해 봅시다. 부분군에도 항등원 e는 포함되어 있으므로 위수가 2인 부분군의 두 원소 중에서 하나는 항등원 e입니다.

다른 하나는 $\sigma, \sigma^2, \tau, \tau\sigma, \tau\sigma^2$의 다섯 가지를 생각할 수 있는데, 이것들을 각각 제곱하면

$$\sigma^2, \quad (\sigma^2)^2 = \sigma, \quad \tau^2 = e, \quad (\tau\sigma)^2 = e, \quad (\tau\sigma^2)^2 = e$$

가 되므로, σ에서는 e, σ 이외의 것이 나오면 원소가 3개가 되어버립니다. σ^2의 경우에도 마찬가지입니다. 따라서 위수가 2인 원소는

$$\langle\tau\rangle = \{e, \tau\}, \quad \langle\tau\sigma\rangle = \{e, \tau\sigma\}, \quad \langle\tau\sigma^2\rangle = \{e, \tau\sigma^2\}$$

으로 3개입니다. 이것들은 정삼각형의 대칭축(3개)을 회전축으로 하는 대칭이동이 만드는 군이 됩니다.

위수가 3인 부분군을 구해 봅시다. 원소 중에 σ가 있다고 가정하고 σ를 제곱하면 σ^2, 세제곱하면 $\sigma^3 = e$이므로

$$\langle\sigma\rangle = \{e, \sigma, \sigma^2\}$$

이라는 군이 됩니다. 원소 중에 σ^2이 있다고 하면 $(\sigma^2)^2 = \sigma$, $(\sigma^2)^3 = e$이기 때문에 위와 똑같은 군이 생깁니다.

원소 중에 τ가 있다고 하면 군에는 e, τ가 들어 있습니다. 또 한 가지의 선택 방법은 $\sigma, \sigma^2, \tau\sigma, \tau\sigma^2$인데, 어느 것을 선택해도 τ를 왼쪽에 곱하면

$$\tau\sigma, \quad \tau\sigma^2, \quad \tau\tau\sigma = \sigma, \quad \tau\tau\sigma^2 = \sigma^2$$

이 되어 네 번째 원소가 생기기 때문에 위수가 3이 될 수 없습니다.

결국, 위수가 3인 부분군은 $\langle\sigma\rangle$뿐입니다. 이것은 정삼각형 모양의 종이를 펼쳐놓고 회전이동하는 것을 나타내는 것으로 위수 3인 순환군 C_3과 동형입니다.

위수 6의 부분군은 D_3 자신입니다. 이것으로 D_3의 부분군을 모두 나타냈습니다. (문제2.2 끝)

군의 원소 σ에 대해서 $\sigma^m = e$가 되는 최소의 자연수 m을 위수(位數, order)라고 합니다.

전에 G의 원소의 개수를 위수라고 했습니다. 그것은 군의 위수입니다. 이번에 말하는 위수는 원소의 위수입니다. 같은 낱말을 쓰고 있지만, 문맥으로 판단할 수 있으므로 혼란스럽지는 않으리라고 생각합니다.

정리2.5 위수제곱은 항등원

G를 유한군이라고 한다. $g \in G,\ \ n = |G|$일 때 $g^n = e$

이 정리가 간단히 응용되는 경우를 소개하겠습니다.

군의 임의의 원소를 군의 위수 번만큼 곱하면 항등원이 된다는 정리입니다. 라그랑주의 정리도 그 구조에 담긴 섭리에서 아름다움을 느낄 수 있었지만, 군의 정의만으로도 이런 것을 구할 수 있다는 놀라운 사실에 가슴이 두근거립니다. 증명은 다음과 같이 하겠습니다.

증명 g의 위수를 d라고 하면 $g^d = e$입니다. g가 생성하는 순환군 $\langle g \rangle$의 위수도 d가 됩니다. d는 n의 약수이므로 $dh = n$이 되는 정수 h가 존재합니다. $g^n = g^{dh} = (g^d)^h = e^h = e$ (증명 끝)

이를 기약잉여류군에 응용하면 다음과 같이 됩니다.

정리2.6 페르마의 소정리, 오일러의 정리

(1) p가 소수일 때, $(a, p) = 1$이 되는 a에 대해서

$a^{p-1} \equiv 1 \pmod{p}$ (페르마의 소정리)

(2) $(a, m) = 1$이 되는 a에 대해서

$a^{\varphi(m)} \equiv 1 \pmod{m}$ (오일러의 정리) (φ는 오일러 함수, **정의1.7**)

증명 (2)부터 증명하겠습니다. **정리2.5**에서 $G = (Z/mZ)^*$라고 하여 적용해 봅시다. $(a, m) = 1$을 만족시키는 $\bar{a}$는 $(Z/mZ)^*$의 원소입니다. $(Z/mZ)^*$의 항등원은 $\bar{1}$이고, $(Z/mZ)^*$의 위수는 1부터 m까지의 수 중에서 m과 서로소가 되

는 수의 개수와 같으므로 **정리1.10** (i)에 의해 $|(Z/mZ)^*| = \varphi(m)$입니다.

정리2.5에서 $G \to (Z/nZ)^*$, $g \to a$, $e \to 1$, $n \to \varphi(m)$이라고 하여 적용하면 $a^{\varphi(m)} \equiv 1 \pmod{m}$이 성립합니다.

(1)은 (2)의 n이 소수 p가 되는 경우입니다.

$|(Z/pZ)^*| = p-1$로부터 유도할 수 있습니다. (증명 끝)

덧붙여서 **정리2.3**으로부터 알 수 있는 소소한 추가 정보인데, 뒤에서 자주 쓰이므로 다음과 같은 사실을 확인해 놓겠습니다.

정리2.7 잉여군의 항등원

H를 군 G의 부분군이라고 할 때

$$gH = H \quad \Leftrightarrow \quad g \in H$$

증명 $\Rightarrow$ H에는 항등원 e가 포함되어 있으므로 $g = ge \in gH = H$

$\Leftarrow$ $g \in H$, $g = ge \in gH$입니다. H와 gH는 공통의 원소를 갖고 있으므로 일치하게 되어 $gH = H$ (증명 끝)

3 정육면체의 대칭성을 알아보기
— $S(P_6)$

이제까지 대칭성이 있는 평면도형의 이동에 관한 군을 알아봤습니다. 이번에는 입체도형의 치환에 관한 군을 알아보겠습니다.

우리에게 가장 낯익은 입체인 정육면체를 이용하겠습니다.

이제부터 알아보는 군은 앞으로 탐구할 4차방정식의 해법과 연결되는 중요한 군입니다. 이 군의 연산이 이루어지는 모습을 눈여겨보며 군의 구조를 확실히 파악하면 좋겠습니다. 여기서 제가 조금 염려하는 것은 이제부터 다룰 소재가 입체라는 점입니다. 입체 감각에 자신이 있는 분은 책에 그려 놓은 그림만으로도 머릿속에 입체를 상상하여 설명을 따라올 수 있을 것입니다. 그러나 입체에 익숙하지 않은 분은 그림의 설명을 따라오는 것이 힘들지도 모르겠습니다. 그럴 때에는 꼭 실제 정육면체를 옆에 두고 손으로 움직여 볼 것을 권합니다. 다행히 정육면체는 생활에서 자주 볼 수 있는 입체도형입니다. 적당한 정육면체를 찾아 보조도구로 사용하십시오. 아마 각설탕이나 주사위 같은 것은 너무 작을 것입니다. 꼭짓점에 숫자를 써넣을 정도의 크기로 정육면체를 만들어 사용하면 좋을 듯합니다. 조금은 두꺼운 종이로 만드는 것이 좋겠지요?

문제2.3 정육면체의 치환으로부터 생기는 군을 찾으시오.

먼저 정육면체의 꼭짓점에 이름을 붙입시다. [그림1]과 같이 대각선에 놓인 꼭짓점끼리 한 쌍으로 해서 1, 2, 3, 4라고 번호를 붙입니다.

[그림1]

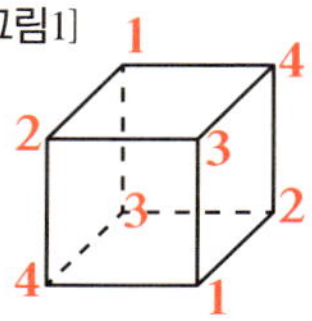

면에 이름을 붙여도 좋지만 나중에 효과적으로 설명하기 위해 이렇게 해둡니다. 이런 방식으로 이름을 붙여도 정

육면체의 모든 면을 구별할 수 있습니다. 이것은 [그림2]처럼 각 면을 1이 왼쪽 위에 있도록 놓아 보면, 6개의 그림과 같이 2, 3, 4가 다르게 놓이는 유형이 모두 나오기 때문입니다. 구별된다는 것은 정육면체의 면을 모두 다른 색으로 칠한 것과 같습니다.

이 정육면체는 윗면의 네 꼭짓점에 쓰여 있는 숫자를 보면 남은(아랫면의) 네 꼭짓점에 쓰여 있는 숫자를 추론할 수 있습니다. 그러므로 이 정육면체를 놓는 방법은 윗면의 꼭짓점의 숫자로 결정됩니다.

[그림2]

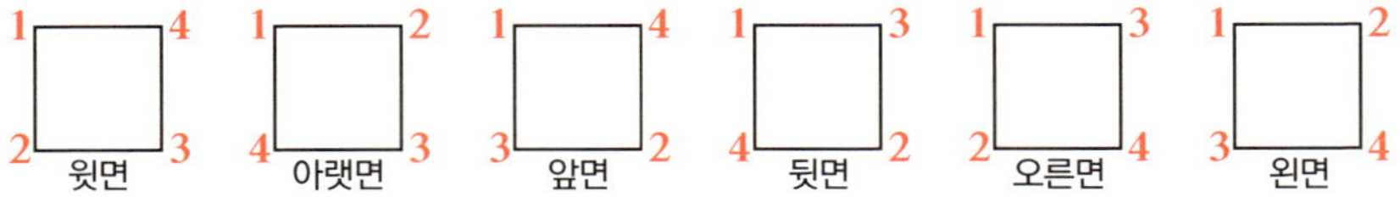

마주 보는 면의 중심을 잇는 축에 대한 치환부터 이름을 붙여서

앞뒤를 관통하는 축에 대한 180° 회전을 α

위아래를 관통하는 축에 대한 180° 회전을 β

좌우를 관통하는 축에 대한 180° 회전을 γ

라고 합니다.

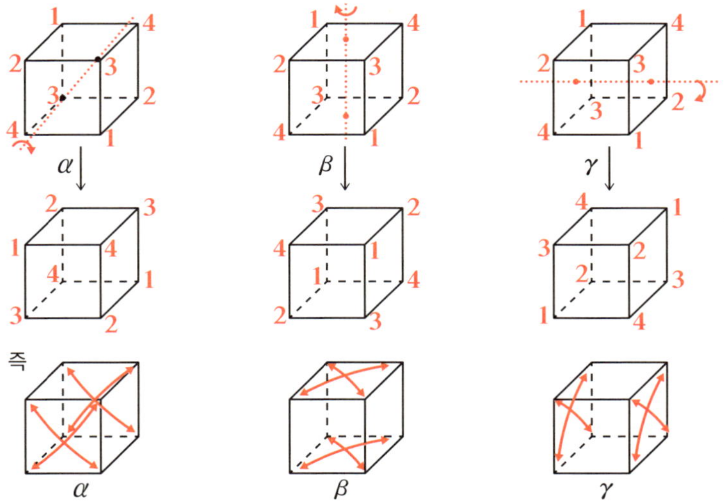

로 꼭짓점이 교체된다.

사실 항등변환 e와 α, β, γ는 군을 이룹니다.

$\beta\alpha$를 구해 보면,

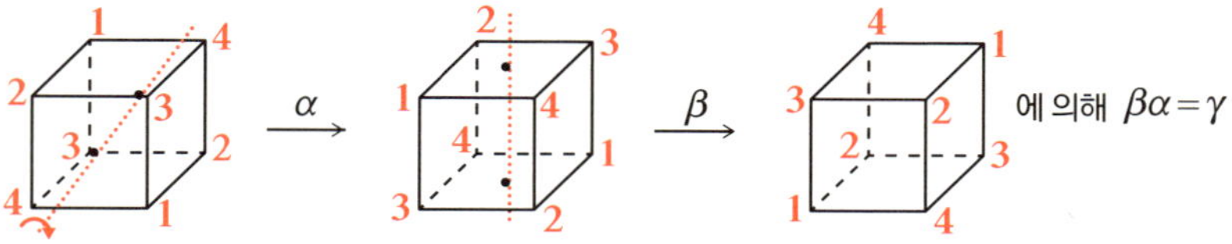

$\beta\alpha = \gamma$라는 것을 알 수 있습니다. 곱셈표를 작성해 보면 다음과 같습니다.

먼저 \ 나중	e	α	β	γ
e	e	α	β	γ
α	α	e	γ	β
β	β	γ	e	α
γ	γ	β	α	e

V의 곱셈표

	$(\bar{0}, \bar{0})$	$(\bar{1}, \bar{0})$	$(\bar{0}, \bar{1})$	$(\bar{1}, \bar{1})$
$(\bar{0}, \bar{0})$	$(\bar{0}, \bar{0})$	$(\bar{1}, \bar{0})$	$(\bar{0}, \bar{1})$	$(\bar{1}, \bar{1})$
$(\bar{1}, \bar{0})$	$(\bar{1}, \bar{0})$	$(\bar{0}, \bar{0})$	$(\bar{1}, \bar{1})$	$(\bar{0}, \bar{1})$
$(\bar{0}, \bar{1})$	$(\bar{0}, \bar{1})$	$(\bar{1}, \bar{1})$	$(\bar{0}, \bar{0})$	$(\bar{1}, \bar{0})$
$(\bar{1}, \bar{1})$	$(\bar{1}, \bar{1})$	$(\bar{0}, \bar{1})$	$(\bar{1}, \bar{0})$	$(\bar{0}, \bar{0})$

$(\mathbf{Z}/2\mathbf{Z}) \times (\mathbf{Z}/2\mathbf{Z})$의 덧셈표

위수가 4인 이 군은 클라인의 4원군이라고 일컬어지며 V로 나타냅니다.

위수 4인 순환군과 동형은 아닙니다. C_4에는 위수 4인 원소 σ가 있었지만, V에서는 e 이외의 원소 α, β, γ 모두 위수가 2입니다.

사실 V는 $(\mathbf{Z}/2\mathbf{Z}) \times (\mathbf{Z}/2\mathbf{Z})$(위수 2인 순환군 $\mathbf{Z}/2\mathbf{Z}$ 2개의 직적)와 동형이 됩니다.

$(\mathbf{Z}/2\mathbf{Z}) \times (\mathbf{Z}/2\mathbf{Z})$는 다음과 같은 군입니다. 성분이

$$(\mathbf{Z}/2\mathbf{Z}) \times (\mathbf{Z}/2\mathbf{Z}) = \{(\bar{0}, \bar{0}), (\bar{1}, \bar{0}), (\bar{0}, \bar{1}), (\bar{1}, \bar{1})\}$$

로, +의 연산은 대응하는 성분끼리의 합입니다. 이를테면

$$(\bar{1}, \bar{0}) + (\bar{1}, \bar{1}) = (\bar{0}, \bar{1})$$

또한 V의 원소는 $(\mathbf{Z}/2\mathbf{Z}) \times (\mathbf{Z}/2\mathbf{Z})$의 원소와 다음과 같이 대응합니다.

$$e \leftrightarrow (\bar{0}, \bar{0}) \qquad \alpha \leftrightarrow (\bar{1}, \bar{0})$$

$$\beta \leftrightarrow (\bar{0}, \bar{1}) \qquad \gamma \leftrightarrow (\bar{1}, \bar{1})$$

V의 곱셈표에서 e, α, β, γ를 이것대로 치환하면 $(\mathbb{Z}/2\mathbb{Z})\times(\mathbb{Z}/2\mathbb{Z})$의 덧셈표가 됩니다. 위 표에서 확인해 주세요. V와 $(\mathbb{Z}/2\mathbb{Z})\times(\mathbb{Z}/2\mathbb{Z})$는 동형입니다.

다음으로 [그림3]과 같이 왼쪽 위 뒤쪽과 오른쪽 아래 앞쪽의 꼭짓점을 잇는 대칭축에 대해서 왼쪽으로 120° 회전하는 것을 σ, 윗면 오른쪽 변의 중점과 아랫면 왼쪽 변의 중점을 잇는 축에 대해서 180° 회전하는 것을 τ라고 하겠습니다.

σ는 이동하는 모습을 이해하기 힘들지도 모르겠습니다. 1을 잇는 대각선 방향에서 정육면체를 보면 [그림4]와 같은 정육각형으로 보이고, 1과 변으로 연결된 2, 3, 4가 120° 간격으로 있습니다. 그러므로 대각선에 대한 120° 회전은 정육면체의 치환이 됩니다.

[그림3]의 가장 아래쪽 그림에 그려진 화살표는 숫자가 어떻게 교체되고 있는지에 주목하여 그려 넣은 것입니다. τ는 모든 꼭짓점을 이동시킨 것이지만, 꼭짓점의 숫자만 주목해 보면 3과 4만 바뀌고 1과 2는 바뀌지 않았습니다.

[그림3]

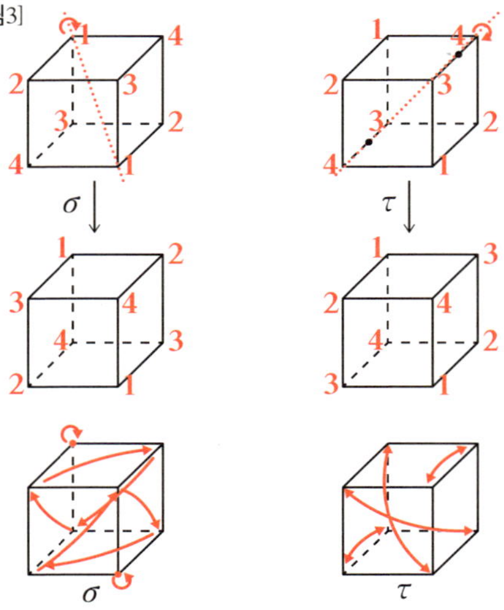

[그림4]

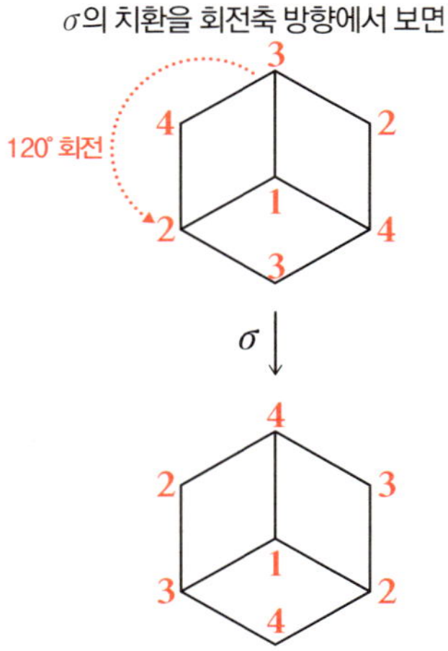

이번에는 σ와 τ만을 이용하여 정육면체의 치환군을 만들겠습니다. 수학적인 언어로 말하자면, "σ와 τ가 생성하는 군 $\langle\sigma, \tau\rangle$을 구하시오"입니다.

σ는 120° 회전이므로 $\sigma^3 = e$입니다. 먼저 원소 e, σ, σ^2이 있습니다. 여기에 τ를 곱한 $\tau, \tau\sigma, \tau\sigma^2$이 추가됩니다. 이것들 중에 같은 이동이 없다는 것을 아래 그림에서 직접 확인해 주세요.

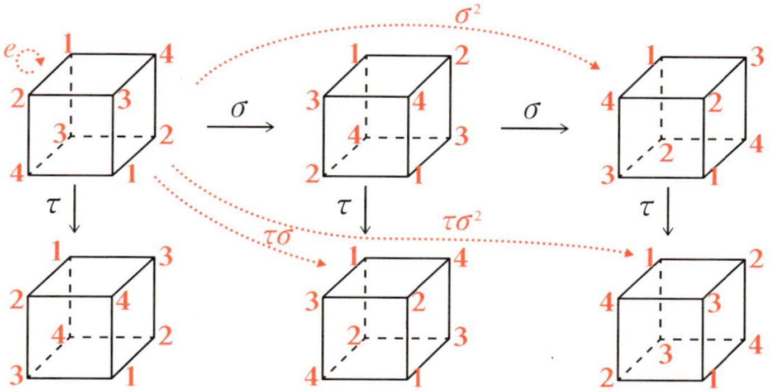

$\langle\sigma, \tau\rangle$에서는 이 밖의 원소는 나오지 않습니다. σ와 τ에서 모두 1을 잇는 대각선 위치가 달라지지 않기 때문입니다(τ에서는 180° 회전하므로 방향이 반대가 되지만). 1을 고정했을 때 2, 3, 4를 써넣는 방식은 $3! = 6$, 여섯 가지입니다. 위에서 이미 여섯 가지 원소가 있음을 알 수 있었으므로, 이것으로 $\langle\sigma, \tau\rangle$의 원소를 모두 살펴보았습니다.

$\langle\sigma, \tau\rangle$의 곱셈표를 만들어 보겠습니다.

$\sigma^2 \cdot \sigma^2$과 $\tau\sigma \cdot \sigma^2$은 $\sigma^3 = e$를 사용하면 $\sigma^2 \cdot \sigma^2 = \sigma$, $\tau\sigma \cdot \sigma^2 = \tau$입니다. $\sigma^2 \cdot \tau\sigma$는 입체를 사용하여 계산해 보면,

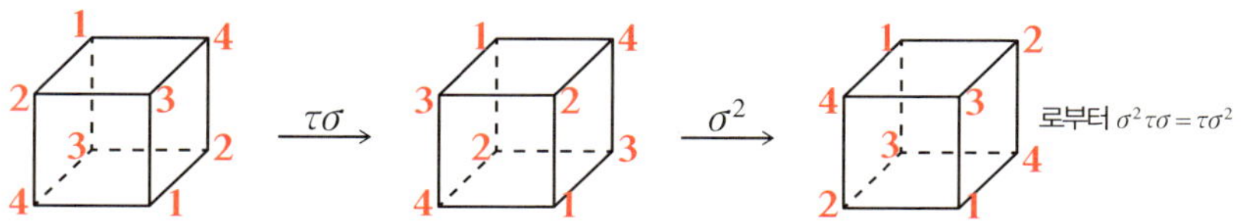

$\sigma^2 \cdot \tau\sigma = \tau\sigma^2$이 됩니다. 곱셈표를 만들면 다음과 같습니다.

나중 \ 먼저	e	σ	σ^2	τ	$\tau\sigma$	$\tau\sigma^2$
e	e	σ	σ^2	τ	$\tau\sigma$	$\tau\sigma^2$
σ	σ	σ^2	e	$\tau\sigma^2$	τ	$\tau\sigma$
σ^2	σ^2	e	σ	$\tau\sigma$	$\tau\sigma^2$	τ
τ	τ	$\tau\sigma$	$\tau\sigma^2$	e	σ	σ^2
$\tau\sigma$	$\tau\sigma$	$\tau\sigma^2$	τ	σ^2	e	σ
$\tau\sigma^2$	$\tau\sigma^2$	τ	$\tau\sigma$	σ	σ^2	e

잘 보면 109쪽의 곱셈표와 같습니다. D_3과 동형입니다.

다음으로 V와 σ, τ로 나타나는 원소를 조합해 보겠습니다.

$\langle\sigma, \tau\rangle$의 원소 $e, \sigma, \sigma^2, \tau, \tau\sigma, \tau\sigma^2$을 V의 왼쪽에 곱해 봅니다. 그러면 V, σV, $\sigma^2 V$, τV, $\tau\sigma V$, $\tau\sigma^2 V$는 다음 쪽의 그림과 같이 됩니다.

V의 원소 4개는 왼쪽 위 안쪽 꼭짓점과 오른쪽 아래 앞쪽 꼭짓점을 연결하는 대각선 위의 숫자가 각각 e는 1, α는 2, β는 3, γ는 4가 되어 모두 다릅니다.

여기에 $e, \sigma, \sigma^2, \tau, \tau\sigma, \tau\sigma^2$을 왼쪽에 곱하면 6개의 다른 패턴이 나옵니다. $\langle\sigma, \tau\rangle$의 원소는 1끼리 잇는 대각선의 위치가 달라지지 않기 때문에(앞 페이지 그림에서 확인), 예를 들어 $\beta, \sigma\beta, \sigma^2\beta, \tau\beta, \tau\sigma\beta, \tau\sigma^2\beta$면 왼쪽 위 안쪽 꼭짓점과 오른쪽 아래 앞쪽 꼭짓점을 연결하는 대각선에 3이 놓인 상태로, 1, 2, 4가 교체되는 6개의 패턴이 모두 나옵니다. 그러므로 V, σV, $\sigma^2 V$, τV, $\tau\sigma V$, $\tau\sigma^2 V$로 나타나는 $4\times6=24$개의 원소는 모두 다르다는 것을 알 수 있습니다. 그림으로 확인해 주세요.

이제, 정육면체의 치환은 모두 몇 개인지 세어 보겠습니다. 여기에서는 치환한 뒤에 정육면체가 놓인 방식을 세어 봅니다. 정육면체의 6개의 면 중에서 어느 면이 윗면이 되는가에 따라 여섯 가지 방식이 있습니다. 윗면이 정해지고 나서 4개의 옆면 중에서 어느 것이 정면으로 오는가에 따라 네 가지 방식이 있습니다. 정육면체가 놓이는 방식은 모두 $4 \times 6 = 24$, 스물네 가지로, 정육면체 치환은 24개 있다는 것을 알 수 있습니다.

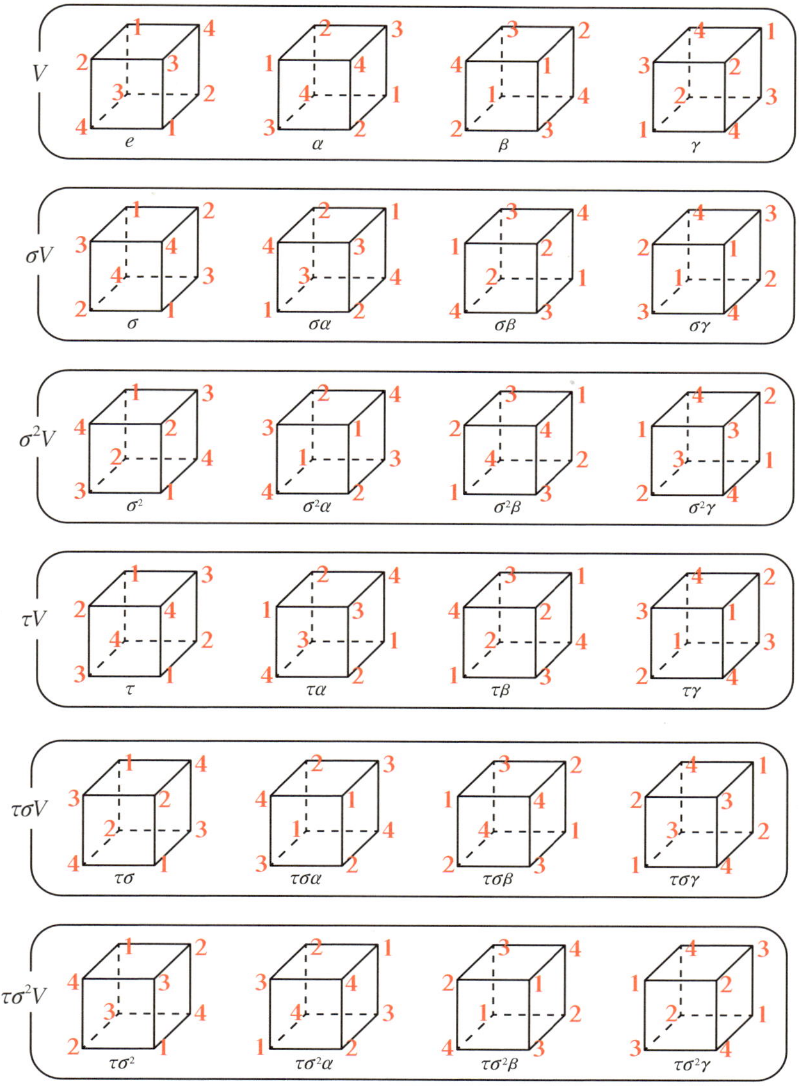

이것은 V, σV, $\sigma^2 V$, τV, $\tau\sigma V$, $\tau\sigma^2 V$로 나타나는 24개의 치환이 정확히 정육면체 치환군의 모든 원소를 나타내고 있음을 알려 줍니다.

정육면체는 정사각형인 면이 6개이므로 P_6이라고 나타냅니다. 정육면체의 치환에 대한 군을 정육면체군이라고 하고 $S(P_6)$으로 표기합니다.

위의 논의로부터 $V, \sigma V, \sigma^2 V, \tau V, \tau\sigma V, \tau\sigma^2 V$는 $S(P_6)$의 V에 의한 좌잉여류가 됩니다.

$$S(P_6) = V \cup \sigma V \cup \sigma^2 V \cup \tau V \cup \tau\sigma V \cup \tau\sigma^2 V$$

그런데 위 식에서 V의 왼쪽에 붙어 있는 $e, \sigma, \sigma^2, \tau, \tau\sigma, \tau\sigma^2$은 $\langle \sigma, \tau \rangle$의 원소로 군이 됩니다. 그러면 잉여류끼리는 군이 되지 않을까요? 이를테면 $\langle \sigma, \tau \rangle$의 군의 연산과 마찬가지로, V가 붙어도

$$\sigma^2 V \cdot \tau\sigma V = \tau\sigma^2 V \quad \cdots\cdots ①$$

와 같은 식은 성립하지 않을까요? 성립한다면 재미있지 않겠습니까?

앞서 잉여군 $\mathbf{Z}/5\mathbf{Z}$에서 $\overline{3} + \overline{4} = \overline{2}$라고 쓰면 5로 나누어서 3이 남는 수(이를테면 8)와 5로 나누어서 4가 남는 수(이를테면 14)를 더하면 5로 나누어서 2가 남는 수($8 + 14 = 22$)가 된다는 것을 보여 주었습니다.

①도 이처럼 생각해 보겠습니다.

$\sigma^2 V$에 속해 있는 $\sigma^2\alpha$와 $\tau\sigma V$에 속해 있는 $\tau\sigma\beta$의 곱을 구하면

$$\sigma^2\alpha \cdot \tau\sigma\beta = \tau\sigma^2$$

이 됩니다. $\tau\sigma^2$은 $\tau\sigma^2 V$에 속하는 원소입니다. 식이 성립할 것 같습니다.

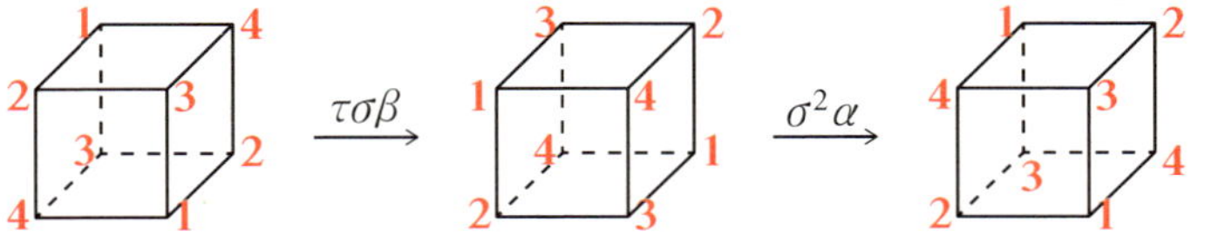

$$\sigma^2\alpha \cdot \tau\sigma\beta = \tau\sigma^2$$

①은 이렇게 해석할 수 있는 잉여류끼리의 곱과 그 결과를 나타낸 식입니다. 이 식이 성립한다는 것을 증명하기 위해서 이 식을 집합끼리의 곱셈으로 보고 변형시킵니다.

①을 **정리2.2**와 같은 원소와 집합의 곱, 그것을 확장시킨 집합과 집합의 연산을 나타낸다고 보면 다음과 같습니다.

"$\sigma^2 V$에서 원소를 선택하여 x라고 하고, $\tau\sigma V$에서 원소를 선택하여 y라고 하는 모든 조합에 대해서 xy를 계산했을 때, 그 결과의 집합이 $\tau\sigma^2 V$가 된다."

①이 성립하는 것을 확인하려면, 집합의 연산에 대해서 다음과 같이 식이 변형될 수 있음을 증명하면 됩니다.

$$\sigma^2 V \cdot \tau\sigma V \overset{㉠}{=} \sigma^2(\underline{V\tau\sigma})V \overset{㉡}{=} \sigma^2(\underline{\tau\sigma V})V$$

$$\overset{㉢}{=} (\sigma^2 \cdot \tau\sigma)(VV) \overset{㉣}{=} \tau\sigma^2 V \quad \cdots\cdots ②$$

㉠의 등호는 단순히 결합법칙을 이용한 것처럼 보이지만, 잉여류를 이렇게 무너뜨려도 되는 것은 집합의 연산이기 때문입니다.

㉡의 등호에 대해서는 나중에 설명하겠습니다.

㉢의 등호는 결합법칙이기 때문에 성립합니다.

㉣의 등호는 $\sigma^2 \cdot \tau\sigma$는 곱셈표에서 $\tau\sigma^2$과 같고, V는 부분군이며 곱셈에 대하여 닫혀 있다는 것에 의해 $VV = V$가 된다는 결론에 도달합니다.

V는 4개의 원소로 이루어진 군이기 때문에 VV에서는 모두 $4 \times 4 = 16$개의 곱을 생각하게 됩니다. 그런데 이 결과는 V의 곱셈표를 보면 알 수 있듯이 e, α, β, γ가 4개씩이 되어 집합으로서는 V와 같게 됩니다.

㉡의 등호 양쪽의 밑줄 친 부분을 확인하는 것이 남았습니다.

$$V\tau\sigma = \tau\sigma V \quad \cdots\cdots ③$$

이것이 성립하면 위에서 올바르게 식을 변형한 것입니다. 이 군은 가환군은 아니기 때문에 ③이 성립한다는 보증은 없습니다만, V가 집합이라는 점이 특징입니다. 양변의 집합에 속한 원소가 같다는 의미에서 성립하는 식입니다.

좌변의 $V\tau\sigma$를 계산해 봅시다. $\tau\sigma$의 왼쪽에 $\{e, \alpha, \beta, \gamma\}$를 곱해 보겠습니다.

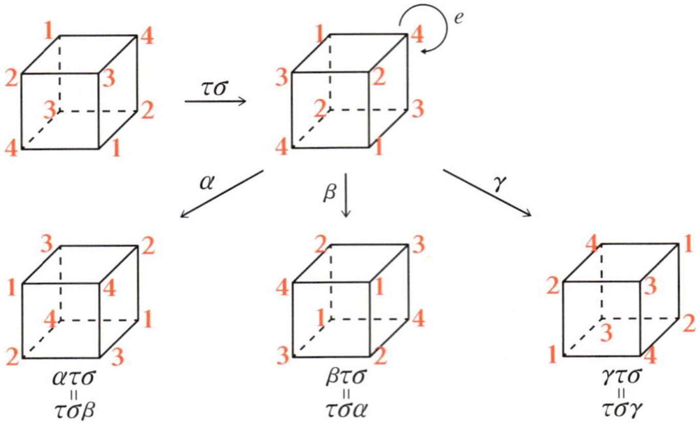

결과를 133쪽의 그림과 견줘 보면

$$e\tau\sigma=\tau\sigma e,\quad \alpha\tau\sigma=\tau\sigma\beta,\quad \beta\tau\sigma=\tau\sigma\alpha,\quad \gamma\tau\sigma=\tau\sigma\gamma$$

가 되므로 ③이 성립합니다.

사실은 $\langle\sigma, \tau\rangle$의 모든 원소 $e, \sigma, \sigma^2, \tau, \tau\sigma, \tau\sigma^2$에 대해서도 마찬가지로 식이 성립합니다.

$$eV=Ve \qquad \sigma V=V\sigma \qquad \sigma^2 V=V\sigma^2$$

$$\tau V=V\tau \qquad \tau\sigma V=V\tau\sigma \qquad \tau\sigma^2 V=V\tau\sigma^2$$

그러므로 $S(P_6)$의 V에 의한 잉여류는 잉여류끼리 군의 연산을 할 수 있습니다.

그러고 보니 아직 $S(P_6)$의 곱셈표를 만들지 않았습니다. 그런데 $24\times 24=576$개의 칸을 모두 채우는 것은 힘들 것입니다. 그래서 V 이외의 곳은 잉여류의 연산으로 나타내도록 하겠습니다. 이러는 것이 576개의 결과를 모두 쓰는 것보다 $S(P_6)$의 연산 구조를 이해하는 데 좋습니다.

$\tau\sigma\beta$를 나타내고 있습니다

	V $e\ \alpha\ \beta\ \gamma$	σV $\sigma\ \sigma\ \sigma\ \sigma$ $\alpha\ \beta\ \gamma$	$\sigma^2 V$ $\sigma^2\ \sigma^2\ \sigma^2\ \sigma^2$ $\alpha\ \beta\ \gamma$	τV $\tau\ \tau\ \tau\ \tau$ $\alpha\ \beta\ \gamma$	$\tau\sigma V$ $\tau\ \tau\ \tau\ \tau$ $\sigma\ \sigma\ \sigma\ \sigma$ $\alpha\ \beta\ \gamma$	$\tau\sigma^2 V$ $\tau\ \tau\ \tau\ \tau$ $\sigma^2\ \sigma^2\ \sigma^2\ \sigma^2$ $\alpha\ \beta\ \gamma$
V (e, α, β, γ)	$e\ \alpha\ \beta\ \gamma$ $\alpha\ e\ \gamma\ \beta$ $\beta\ \gamma\ e\ \alpha$ $\gamma\ \beta\ \alpha\ e$	σV	$\sigma^2 V$	τV	$\tau\sigma V$	$\tau\sigma^2 V$
σV (σ, $\sigma\alpha$, $\sigma\beta$, $\sigma\gamma$)	σV	$\sigma^2 V$	V	$\tau\sigma^2 V$	τV	$\tau\sigma V$
$\sigma^2 V$ (σ^2, $\sigma^2\alpha$, $\sigma^2\beta$, $\sigma^2\gamma$)	$\sigma^2 V$	V	σV	$\tau\sigma V$	$\tau\sigma^2 V$	τV
τV (τ, $\tau\alpha$, $\tau\beta$, $\tau\gamma$)	τV	$\tau\sigma V$	$\tau\sigma^2 V$	V	σV	$\sigma^2 V$
$\tau\sigma V$ ($\tau\sigma$, $\tau\sigma\alpha$, $\tau\sigma\beta$, $\tau\sigma\gamma$)	$\tau\sigma V$	$\tau\sigma^2 V$	τV	$\sigma^2 V$	V	σV
$\tau\sigma^2 V$ ($\tau\sigma^2$, $\tau\sigma^2\alpha$, $\tau\sigma^2\beta$, $\tau\sigma^2\gamma$)	$\tau\sigma^2 V$	τV	$\tau\sigma V$	σV	$\sigma^2 V$	V

$S(P_6)$의 곱셈표

$S(P_6)$의 군에서 고찰한 것을 용어 정의와 함께 정리해 두겠습니다.

정리2.8 잉여군

H를 유한군 G의 부분군이라 한다. G의 모든 원소 a에 대해

$$aH = Ha$$

가 성립할 때 H를 G의 정규부분군(正規部分群, normal subgroup)이라 한다.

H가 G의 정규부분군일 때 G의 H에 의한 잉여류 $g_1H, g_2H, \cdots, g_dH$ $(d = [G:H])$는 $(g_iH)(g_jH) = g_ig_jH$라는 연산에 대하여 군이 된다.

이 군을 G의 H에 의한 잉여군이라 하고 G/H로 쓴다.

증명 $S(P_6)$의 V에 의한 잉여류에서는 V의 왼쪽에 곱해진 원소들은 처음부터 군이었습니다. 그러나 언제나 이렇게 맞아떨어지는 것은 아닙니다. $\{g_1H\cdots, g_2H, \cdots, g_dH\}$에서 왼쪽에 곱해진 $\{g_1, g_2, \cdots, g_d\}$이 군이 된다는 보장은 없습니다. 그래도 잉여류 $\{g_1H, g_2H, \cdots, g_dH\}$가 군이 된다는 것을 증명해 두겠습니다.

잉여류끼리 곱하는 연산이 군의 정의를 만족시킨다는 것을 확인합니다.

G는 정규부분군 H에 의한 잉여류로

$$G = g_1H \cup g_2H \cup \cdots \cup g_dH \ (i \neq j\text{일 때 } g_iH \cap g_jH = \phi)$$

와 같이 분류되는 것으로 하겠습니다.

여기에서 g_iH와 g_jH의 곱은

$$(g_iH)(g_jH) = g_iHg_jH = g_i(Hg_j)H \overset{\downarrow H\text{가 정규부분군이므로}}{=} g_i(g_jH)H$$

$$= g_ig_jHH = g_ig_j(HH) \underset{\uparrow H\text{가 부분군이므로}}{=} g_ig_jH$$

로 계산할 수 있으므로 곱은

$$(g_iH)(g_jH) = g_ig_jH$$

가 됩니다.

$g_iH, g_2H, \cdots, g_dH$의 왼쪽에 있는 $g_1, g_2, \cdots, g_d$ 중에 g_ig_j는 없을지도 모르지만, 본래 잉여류는 G의 모든 원소를 H의 왼쪽에 곱한 것을 다시 정리한 것이므로 $g_iH, g_2H, \cdots, g_dH$ 중에는 g_ig_jH와 일치하는 것이 있습니다.

결합법칙이 성립하는 것은

$$(g_iH \cdot g_jH) \cdot g_kH = g_ig_jH \cdot g_kH = g_ig_jg_kH$$

$$g_iH \cdot (g_jH \cdot g_kH) = g_iH \cdot g_jg_kH = g_ig_jg_kH$$

에 의해 확인됩니다.

$H \cdot gH = eH \cdot gH = (eg)H = gH, \ gH \cdot H = gH \cdot eH = (ge)H = gH$로부터 잉여류 H가 항등원임을 알 수 있습니다.

또

$gH \cdot g^{-1}H = (gg^{-1})H = eH = H$, $g^{-1}H \cdot gH = (g^{-1}g)H = eH = H$가 되므로 gH에 대해서 $g^{-1}H$가 역원이 됩니다.

g^{-1}은 $g_1, g_2, \cdots, g_d$ 중에는 없을지도 모르지만 $g^{-1}H$는 $g_1H, g_2H, \cdots, g_dH$ 중에 일치하는 것이 있습니다.

잉여류가 군이 된다는 것을 확인하였습니다. (증명 끝)

위 증명에서 결합법칙의 성립, 항등원의 존재, 역원의 존재를 확인할 때 $(g_iH)(g_jH) = g_ig_jH$라는 계산 법칙만을 사용하였습니다. 그러므로 H가 정규부분군이 아니어도 g_iH와 g_jH의 곱을 이러한 식으로 정의하면, 잉여류가 군이 된다는 것을 확인할 수 있으리라는 착각에 빠지게 됩니다.

g_iH와 g_jH의 곱을 형식적으로 g_ig_jH라고 정의하는 경우, 이 식으로 곱을 모순 없이 정의할 수 있다는 것부터 확인해야 합니다.

실제로 확인해 보겠습니다.

g_iH, g_jH의 g_i, g_j는 잉여류를 나타내기 위해 임의로 택한 것입니다. 그러므로 다른 것을 선택해도 위 계산에서 나타난 잉여류 g_ig_jH와 같은 잉여류가 되지 않는다면, 곱의 계산 자체가 모순이 되고 맙니다. 곱이 모순 없이 정의되고 있는지부터 확인하겠습니다.

잉여류를 나타내는 집합 g_iH, g_jH 대신에 다른 g'_iH, g'_jH로 표현했을 때에도, 곱의 결과가 같은 잉여류를 나타내고 있음을 밝혀 보겠습니다. 즉, $g_iH = g'_iH$, $g_jH = g'_jH$라 하고 g_iH, g_jH로부터 계산된 곱 g_ig_jH와 g'_iH, g'_jH로부터 계산된 곱 $g'_ig'_jH$가 같다는 것을 증명하면 됩니다.

정리2.7을 이용하여

(⇒) 왼쪽에 ${g'_i}^{-1}$을 곱한다. ${g'_i}^{-1}g_iH = {g'_i}^{-1}g'_iH$

↓ 우변은 $({g'_i}^{-1}g_i)H = eH = H$

$$g_iH = g'_iH \iff {g'_i}^{-1}g_iH = H \iff {g'_i}^{-1}g_i \in H \quad \cdots\cdots ①$$

↑(⇐) 왼쪽에 g'_i을 곱한다.　↑ 정리2.7

①에서 왼쪽에 g'^{-1}_j, 오른쪽에 g_j를 곱하면

$$g'^{-1}_j g'^{-1}_i g_i g_j \in g'^{-1}_j H g_j = g'^{-1}_j (H g_j)$$

$$= g'^{-1}_j (g_j H) = (g'^{-1}_j g_j) H = eH = H$$

↑ H가 정규부분군

정리2.7
↓

$$\Leftrightarrow \quad g'^{-1}_j g'^{-1}_i g_i g_j H = H \quad \Leftrightarrow \quad g'^{-1}_i g_i g_j H = g'_j H$$

↑ (⇒) 왼쪽에 g'_j를 곱한다

$$\Leftrightarrow \quad g_i g_j H = g'_i g'_j H$$

(⇒) 왼쪽에 g'_i를 곱한다

위 곱셈의 정의식은 '잉여류를 나타내는 집합'을 취하는 방식과 관계없이 곱의 잉여류를 한 가지만으로 정하고 있다는 것을 확인하였습니다.

이 정리에 따르면 V가 $S(P_6)$의 정규부분군임을 보여 주기 위해서는 $S(P_6)$의 임의의 원소 g에 대해서

$$gV = Vg$$

가 성립한다는 것을 증명해야 합니다. 위에서는 g가 $\langle \sigma, \tau \rangle$의 원소에 대해서만 성립한다고 언급했을 뿐이므로 아직 증명된 것은 아닙니다.

문제2.4 V가 $S(P_6)$의 정규부분군임을 보이시오.

$S(P_6)$의 임의의 원소 g에 대해서 $gV = Vg$가 성립한다는 것을 확인하여 V가 $S(P_6)$의 정규부분군임을 보이겠습니다.

먼저 σ와 V의 원소 α, β, γ에 대해서

$$\sigma\alpha = \gamma\sigma, \quad \sigma\beta = \alpha\sigma, \quad \sigma\gamma = \beta\sigma$$

가 성립한다는 것을 확인하겠습니다.

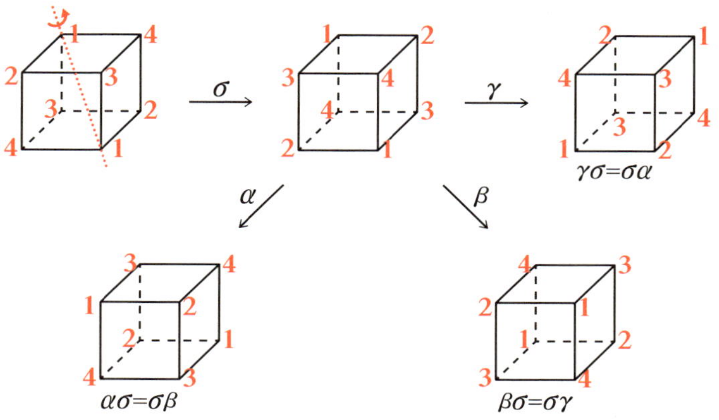

곧, σ를 V의 원소의 왼쪽에 곱하면, V의 어떤 원소의 오른쪽에 σ를 곱한 것과 같다는 것입니다. 그러므로

$$\sigma V = \{\sigma, \sigma\alpha, \sigma\beta, \sigma\gamma\}$$

$$V\sigma = \{\sigma, \alpha\sigma, \beta\sigma, \gamma\sigma\} = \{\sigma, \sigma\beta, \sigma\gamma, \sigma\alpha\}$$

에 의해 $\sigma V = V\sigma$가 됩니다.

τ와 V의 원소 α, β, γ에 대해서는

$$\tau\alpha = \alpha\tau, \quad \tau\beta = \gamma\tau, \quad \tau\gamma = \beta\tau$$

가 되므로 마찬가지로 $\tau V = V\tau$가 성립합니다.

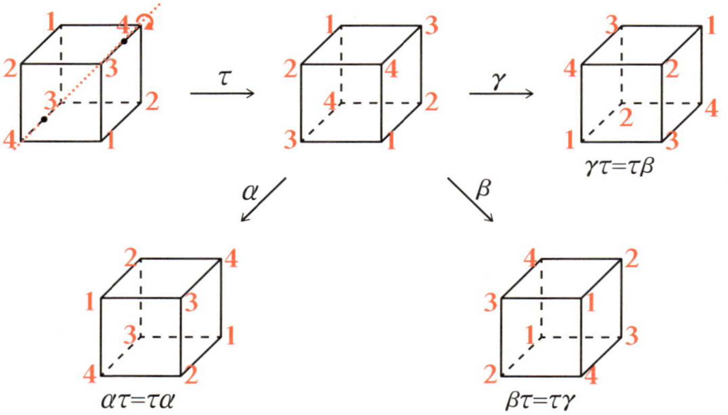

이를테면 $g=\tau\sigma^2\beta$로 $gV=Vg$를 나타내 보겠습니다.

증명할 식을

$$\tau\sigma^2\beta V = V\tau\sigma^2\beta$$

$$\Leftrightarrow \quad \tau\sigma^2\beta V\beta^{-1} = V\tau\sigma^2$$

양변의 오른쪽에 β^{-1}을 곱한다.
우변은 $V\tau\sigma^2\beta\beta^{-1} = V\tau\sigma^2(\beta\beta^{-1}) = V\tau\sigma^2$

$$\Leftrightarrow \quad \tau\sigma^2(\beta V\beta^{-1}) = V\tau\sigma^2$$

이라고 변형해 두겠습니다. 여기서 β, β^{-1}은 V의 원소이었으므로 **정리2.1**에 의해 $\beta V\beta^{-1}=V$ 입니다. 밝혀야 하는 식은 $\tau\sigma^2 V = V\tau\sigma^2$입니다. 결합법칙과 σ, τ, V의 교환법칙을 이용해서 식을 변형하여 가면 됩니다.

$$\tau\sigma^2 V = \tau\sigma(\sigma V) = \tau\sigma(V\sigma) = \tau(\sigma V)\sigma = \tau(V\sigma)\sigma$$

$$= (\tau V)\sigma\sigma = (V\tau)\sigma\sigma = V\tau\sigma^2$$

으로 식이 변형되었으므로 결국 $\tau\sigma^2\beta V = V\tau\sigma^2\beta$임을 보일 수 있습니다.

$S(P_6)$의 임의의 원소 g는 (σ, τ의 곱)•(V의 원소)라는 형태를 띠고 있습니다. 그러므로 이것과 마찬가지 방법으로 $S(P_6)$의 임의의 원소 g에 대해서 $gV=Vg$가 성립한다는 것을 보일 수 있습니다. (문제2.4 끝)

여기서는 군 $S(P_6)$보다 간단한 C_6과 D_3의 정규부분군을 알아봅시다.

일반적으로 군 G가 있으면 그 항등원만으로 이루어진 군 $\{e\}$와 모든 원소로 이루어진 군 G는 둘 다 정규부분군이 됩니다. G의 임의의 원소 g에 대해서 $ge=eg(=g)$, $gG=Gg(=G)$가 성립하기 때문입니다.

문제2.5 $C_6 = \{e, \sigma, \sigma^2, \sigma^3, \sigma^4, \sigma^5\}$으로 나타나는 순환군의 정규부분군은 $\{e\}$, $\langle\sigma^2\rangle$, $\langle\sigma^3\rangle$, C_6임을 보이시오.

문제1.6과 **정리1.5**에 의해 C_6의 부분군은 $\{e\}$, $\langle\sigma^2\rangle$, $\langle\sigma^3\rangle$, C_6이었습니다. 순환군은 가환군입니다. 임의의 두 원소에 대하여 곱셈의 교환법칙이 성립하므

로 C_6의 임의의 원소 x에 대해서

$$x\langle\sigma^2\rangle=\langle\sigma^2\rangle x, \quad x\langle\sigma^3\rangle=\langle\sigma^3\rangle x$$

가 성립합니다. 그러므로 C_6의 정규부분군은 $\{e\}$, $\langle\sigma^2\rangle$, $\langle\sigma^3\rangle$, C_6입니다. (문제 2.5 끝)

일반적으로 순환군의 부분군은 모두 정규부분군이 됩니다. 왜냐하면 순환군은 가환군이기 때문입니다.

나아가 순환군의 잉여군은 순환군이 됨을 증명하겠습니다.

이를테면 σ로 생성되는 C_{12}의 $\langle\sigma^3\rangle$에 의한 잉여류는

$$\langle\sigma^3\rangle=\{e, \sigma^3, \sigma^6, \sigma^9\}, \sigma\langle\sigma^3\rangle=\{\sigma, \sigma^4, \sigma^7, \sigma^{10}\},$$

$$\sigma^2\langle\sigma^3\rangle=\{\sigma^2, \sigma^5, \sigma^8, \sigma^{11}\}$$

이 됩니다. C_{12}의 $\langle\sigma^3\rangle$에 의한 잉여군은

$$C_{12}/\langle\sigma^3\rangle=\{\langle\sigma^3\rangle, \sigma\langle\sigma^3\rangle, \sigma^2\langle\sigma^3\rangle\}$$

이 됩니다. $(\sigma\langle\sigma^3\rangle)^2=\sigma^2\langle\sigma^3\rangle$, $(\sigma\langle\sigma^3\rangle)^3=\sigma^3\langle\sigma^3\rangle=\langle\sigma^3\rangle$이므로 $C_{12}/\langle\sigma^3\rangle$은 $\sigma\langle\sigma^3\rangle$을 생성원으로 하는 위수가 3인 순환군이 됩니다.

정리2.9 **순환군의 잉여군은 순환군**

순환군 C_m의 잉여군은 순환군이다.

증명 순환군 C_m의 원소는 $\{e, \sigma, \sigma^2, \cdots, \sigma^{m-1}\}$입니다.

C_m의 부분군을 H라고 놓습니다. **정리1.5**의 증명에서 보았듯이 순환군의 부분군인 H에 속해 있는 e 이외의 원소에서 σ의 지수가 최소가 되는 것을 σ^d이라고 하면 d는 m의 약수이고 $H=\langle\sigma^d\rangle$으로 나타납니다.

$m=ad$가 되는 자연수 a를 이용하면 H의 원소는

$$H=\{e, \sigma^d, \sigma^{2d}, \cdots, \sigma^{(a-1)d}\}$$

이 됩니다. 여기서 잉여류 $H, \sigma H, \sigma^2 H, \cdots, \sigma^{d-1}H$를 살펴보겠습니다.

$\sigma^i H$의 원소를 나열해보면

$$\sigma^i H = \{\sigma^i, \sigma^{d+i}, \sigma^{2d+i}, \cdots, \sigma^{(a-1)d+i}\}$$

입니다. $\sigma^i H$는 C_m의 원소 σ^x에서 지수 x를 d로 나누어서 나머지가 i가 되는 σ^x의 집합입니다.

C_m의 임의의 원소 σ^x에서 x를 d로 나눈 몫이 r, 나머지가 i라면 $x = rd + i$라고 쓸 수 있습니다. 이때 σ^x은

$$\sigma^x = \sigma^{rd+i} = \sigma^i \sigma^{rd} \in \sigma^i H$$

가 되어 C_m의 H에 의한 잉여류 $\sigma^i H$에 속합니다.

C_m의 원소 σ^x은 $H, \sigma H, \cdots, \sigma^{d-1}H$ 중의 어느 하나에 속하고, $\sigma^i H \cap \sigma^j H = \phi\,(i \neq j)$이므로 C_m을

$$C_m = H \cup \sigma H \cup \cdots \cup \sigma^{d-1}H, \quad \sigma^i H \cap \sigma^j H = \phi\,(i \neq j)$$

로 분해할 수 있습니다. H는 C_m의 정규부분군이므로 **정리2.8**에 의해 잉여류는 군이 됩니다. 잉여류의 원소는

$$C_m / H = \{H, \sigma H, \cdots, \sigma^{d-1}H\}$$

이고 여기서 항등원은 H입니다. 또 σH에 대해서

$$(\sigma H)^j = \underbrace{(\sigma H)(\sigma H)\cdots(\sigma H)}_{j\text{개}} = \underbrace{(\sigma^2 H)(\sigma H)\cdots(\sigma H)}_{j-1\text{개}} = \cdots = \sigma^j H$$

$(\sigma H)^d = \sigma^d H$, **정리2.7**에 의해 $\sigma^d H = H$.

$(\sigma H)^d = H$이기 때문에 C_m / H는

$$C_m / H = \{\underset{\substack{\parallel \\ (\sigma H)^d}}{H}, \sigma H, (\sigma H)^2, \cdots, (\sigma H)^{d-1}\}$$

이 되어 σH를 생성원으로 하는 순환군 $\langle \sigma H \rangle$가 됩니다. (증명 끝)

문제2.6 $D_3 = \{e, \sigma, \sigma^2, \tau, \tau\sigma, \tau\sigma^2\}$의 정규부분군은 $\{e\}, \langle\sigma\rangle = \{e, \sigma, \sigma^2\}, D_3$임을 보이시오.

문제2.2에 의해 D_3의 부분군은

$$\{e\},\quad \langle\tau\rangle = \{e, \tau\},\quad \langle\tau\sigma\rangle = \{e, \tau\sigma\}$$

$$\langle\tau\sigma^2\rangle = \{e, \tau\sigma^2\},\quad \langle\sigma\rangle = \{e, \sigma, \sigma^2\},\quad D_3$$

입니다. $\{e\}, D_3$은 정규부분군입니다. 다른 부분군에 대해 알아보기 전에 일반적으로 다음이 성립한다는 것을 설명하겠습니다.

정리2.10 절반의 부분군은 정규부분군

H가 G의 부분군이고 $[G : H] = 2$일 때, H는 정규부분군이다.

증명 G의 원소에서 H에 속해 있지 않은 원소를 a라고 합니다. 그러면

H의 좌잉여류에 의한 G의 분할은 $G = H \cup aH$

H의 우잉여류에 의한 G의 분할은 $G = H \cup Ha$

가 됩니다. 따라서 $aH = Ha$입니다.

H의 원소 b에 대해서는 $bH=H$, $Hb=H$입니다. 그러므로 G의 임의의 원소 x에 대해서 $xH = Hx$가 성립하게 됩니다. H는 정규부분군입니다. (증명 끝)

$[D_3 : \langle\sigma\rangle] = 2$이기 때문에 $\langle\sigma\rangle$는 정규부분군입니다.

부분군 $\langle\tau\rangle$에 대해서는

$$\sigma\langle\tau\rangle = \{\sigma, \sigma\tau(= \tau\sigma^2)\},\quad \langle\tau\rangle\sigma = \{\sigma, \tau\sigma\}$$

가 되는데 $\tau\sigma^2 \neq \tau\sigma$이므로 $\sigma\langle\tau\rangle \neq \langle\tau\rangle\sigma$입니다. $\langle\tau\rangle$는 정규부분군이 아닙니다. 마찬가지로 $\langle\tau\sigma\rangle, \langle\tau\sigma^2\rangle$도 정규부분군이 아닙니다.

따라서 D_3의 정규부분군은 $\{e\}$, $\langle \sigma \rangle$, D_3입니다. (문제2.6 끝)

4 동형사상이 아니래도!

— 준동형사상

정의1.4에서 동형사상을 정의했습니다. 동형사상은 일대일 대응이라는 엄격한 조건을 만족해야 했습니다. 이번에는 조건이 조금 완화된 준동형사상을 소개하겠습니다.

정의2.2 **군의 준동형사상**

군 G, G'에 대해서 G에서 G'으로 가는 함수 f가 있다.

G의 임의의 두 원소 x, y에 대해서

$$f(xy) = f(x)f(y)$$

가 성립할 때 f를 G에서 G'으로 가는 준동형사상이라 한다.

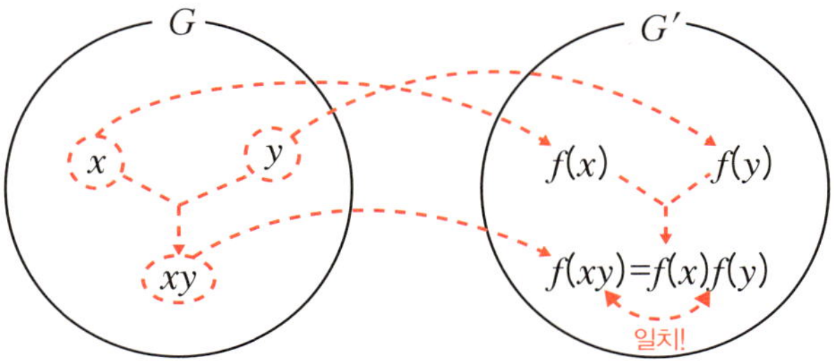

이를테면 $G = D_3$, $G' = C_2$라고 가정하겠습니다.

$$D_3 = \{e, \sigma, \sigma^2, \tau, \tau\sigma, \tau\sigma^2\}, \quad C_2 = \{e', \rho\}$$

e'은 C_2의 항등원입니다. D_3의 항등원과 구별하기 위해 프라임(′) 기호를 붙였습니다. $\rho^2 = e'$이 성립합니다.

D_3의 이동은 크게 '앞면 계열'과 '뒷면 계열'로 나누었습니다. 종이를 놓인 그대로(앞면) 회전하기만 했을 때의 e, σ, σ^2과 대칭축을 중심으로 뒤집는 이동인 $\tau, \tau\sigma, \tau\sigma^2$입니다. 함수 f에서 앞면 계열의 이동을 e'에, 뒷면 계열의 이동을 ρ

에 대응시킵니다. 곧,

$$f(e)=e', \quad f(\sigma)=e', \quad f(\sigma^2)=e',$$

$$f(\tau)=\rho, \quad f(\tau\sigma)=\rho, \quad f(\tau\sigma^2)=\rho$$

이것이 D_3에서 C_2로 가는 준동형사상이 됩니다.

$$f(xy)=f(x)f(y)$$

가 모든 x, y 쌍에 대해서 성립함이 확인되면 f는 준동형사상이라고 할 수 있습니다. 이 경우는 $6\times6=36$, 서른여섯 가지를 살펴보면 됩니다. 여기에서는 그 의미를 생각해 봄으로써 이 식이 성립한다는 것을 밝혀 보겠습니다.

조작에서는 앞뒷면에만 주목하여 이동을 생각합니다. 이를테면 앞면 계열의 이동을 한 뒤 뒷면 계열의 이동을 하면 뒷면 계열의 조작이 됩니다. 뒷면 계열의 이동을 한 뒤 뒷면 계열의 이동을 하면 앞면 계열의 조작이 됩니다. 뒤집기를 두 번 하면 원위치가 되는 이치입니다.

x, y가 앞면 계열인지 뒷면 계열인지를 알면 xy가 앞면 계열인지 뒷면 계열인지를 알게 됩니다. x, y가 각각 앞면 계열인지 뒷면 계열인지 네 가지 경우를 살펴보는 것으로 충분합니다.

표로 나타내어 살펴보면 다음과 같습니다.

x	y	xy	$f(x)$	$f(y)$	$f(x)f(y)$	$f(xy)$
앞면	앞면	앞면	e'	e'	e'	e'
앞면	뒷면	뒷면	e'	ρ	ρ	ρ
뒷면	앞면	뒷면	ρ	e'	ρ	ρ
뒷면	뒷면	앞면	ρ	ρ	e'	e'

	e'	ρ
e'	e'	ρ
ρ	ρ	e'

C_2의 곱셈표

네 가지 경우 모두 $f(xy)$와 $f(x)f(y)$가 같으므로 f는 준동형사상임이 확인되었습니다.

그런데 앞면 계열, 뒷면 계열이라는 것은 각각 잉여류 $\langle\sigma\rangle$와 $\tau\langle\sigma\rangle$에 정확히 대응합니다.

$$\text{앞면 계열: } \langle\sigma\rangle = \{e, \sigma, \sigma^2\}, \quad \text{뒷면 계열: } \tau\langle\sigma\rangle = \{\tau, \tau\sigma, \tau\sigma^2\}$$

그렇다면 f를 처음부터 $D_3/\langle\sigma\rangle$의 원소와 C_2의 원소를 대응시키는 함수라고 생각하면 되지 않을까요? 그러면 준동형이라고 할 필요도 없이 동형이 됩니다. 이러한 동형을 구현하는 함수를 f와 구별하기 위해 $\widetilde{f}$ 라고 하겠습니다.

$\widetilde{f}$ 는

$$\widetilde{f}(\langle\sigma\rangle) = e', \quad \widetilde{f}(\tau\langle\sigma\rangle) = \rho$$

로 주어집니다.

곧, 준동형사상 f에서 동형사상 $\widetilde{f}$를 만들 수 있습니다. 이것은 단지 이 예에 국한된 이야기가 아니라 준동형사상이 있으면 어제나 동형사상을 만들 수 있다는 것입니다. 멋진 일이 아닐 수 없습니다.

저는 수학이 지향하는 목적의 하나는 세상에 존재하는 동형을 찾아내는 것이라고 생각합니다. 얼핏 보면 서로 다른 두 대상 사이에 대응이 존재하는데, 사실은 두 대상이 같은 형태를 띠고 있다는 생각이 드는 순간에 사람들은 마치 감춰져 있던 중요한 이치를 깨달았다는 느낌을 받게 됩니다. 동형인 것들의 모음이 늘어난다는 것은 동형이 아닌 것과 동형인 것으로 세상을 나누어 보고, 그로부터 진리를 이끌어 낼 수 있다는 것입니다. 준동형보다는 동형 쪽이 훨씬 아름답습니다.

이제부터 준동형사상으로부터 동형사상을 만드는 방법을 일반화하여 설명하겠습니다. 설명으로 들어가기 전에 용어부터 설명하겠습니다.

위 준동형사상의 정의에서 $f: G \longrightarrow G'$은 반드시 위로 가는 함수는 아니었습니다. 정말이지 여기에서는 G'과 동형사상은 만들 수 없습니다. G의 원소를 함수 f에 의해서 옮긴 것과 관계없는 원소가 G'에 있다면 말이 안 됩니다.

그래서 G'의 원소 중에서도 G의 원소를 f에 의해 옮긴 원소에만 한정시켜 이야기를 풀어 나가 보겠습니다. G의 원소를 f에 의해 옮긴 집합을 $\mathrm{Im}\, f$라고 쓰겠습니다. 기호로 쓰면

$$\mathrm{Im}\, f = \{f(g) \mid g \in G\}$$

Im은 영어의 Image에서 따왔습니다. 한국어로는 'f의 상(像, image)'이라고 합니다. 아래 그림을 보면 G에 빛이 비추어 G' 안에 G의 상이 맺히는 듯한 느낌이 듭니다. 그 '상'입니다.

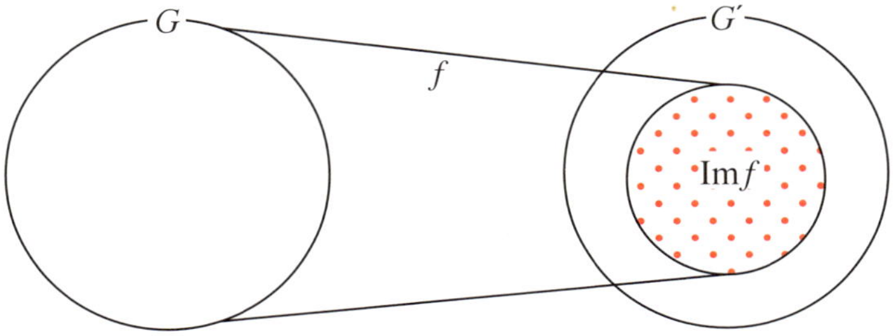

앞선 예에서 $\mathrm{Im}\, f = C_2$가 됩니다. f는 처음부터 위로 가는 함수였습니다. $\mathrm{Im}f$를 다음과 같이 정리할 수 있습니다.

정리2.11 **Imf는 군**

f를 군 G에서 군 G'으로 가는 준동형사상이라고 한다. $\mathrm{Im}f$는 군이다.

증명 군의 정의 (i)~(iv)가 성립하는 것을 확인해 봅시다.

(i) (연산에 대하여 닫혀 있다)

$\mathrm{Im}f$의 임의의 두 원소 $f(x)$, $f(y)$의 곱은 $f(x)f(y) = f(xy)$가 됩니다. 그러므로 $\mathrm{Im}f$의 원소가 되어 닫혀 있습니다.

(ii) (결합법칙)

임의의 $f(x)$, $f(y)$, $f(z)$에 대해서

$$(f(x)f(y))f(z) = f(xy)f(z) = f((xy)z),$$

$$f(x)(f(y)f(z)) = f(x)f(yz) = f(x(yz))$$

가 되므로 결합법칙이 성립합니다.

(iii) (항등원의 존재)

e를 G의 항등원이라 하면 $f(e)$가 G'의 항등원이 됩니다. 왜냐하면 임의의 $f(x)$에 대해서

$$f(e)f(x) = f(ex) = f(x), \quad f(x)f(e) = f(xe) = f(x)$$

가 되기 때문입니다. G'의 항등원은 e'이라고 쓰겠습니다. $e' = f(e)$가 됩니다.

(iv) (역원의 존재)

G는 군이므로 임의의 원소 x에 대해서 역원 x^{-1}이 존재합니다.

$f(x)$의 역원은 $f(x^{-1})$이 됩니다. 왜냐하면

$$f(x)f(x^{-1}) = f(xx^{-1}) = f(e) = e', \quad f(x^{-1})f(x) = f(x^{-1}x) = f(e) = e'$$

이 되기 때문입니다. Imf의 원소 $f(x)$의 역원에 대해서

$$\{f(x)\}^{-1} = f(x^{-1})$$ ←준동형사상 f에 관한 역원의 공식

이라고 정리할 수 있습니다. (증명 끝)

이와 함께 또 하나의 용어를 정리하겠습니다. f에 의해 G'의 항등원 e'으로 대응되는 G의 원소의 집합을 Ker$f$라고 나타냅니다.

$$\text{Ker} f = \{g \mid f(g) = e',\ g \in G\}$$

Ker는 영어로 중핵(中核)을 의미하는 kernel에서 따왔습니다. 한국어로는 Ker$f$를 'f의 핵'이라고 합니다.

앞선 예에서는 Ker $f = \{e, \sigma, \sigma^2\}$입니다. Ker$f$도 군이 됩니다.

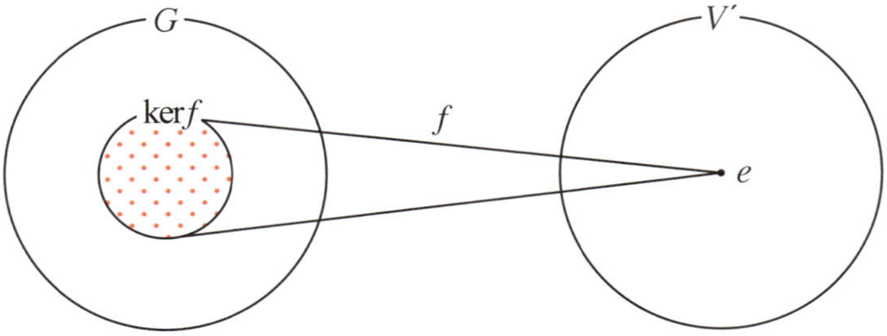

정리2.12 Ker$f$는 군

f를 군 G에서 군 G'으로 가는 준동형사상이라고 한다. Ker$f$는 군이다.

증명 이에 관해서 군의 정의(i)~(iv)를 확인해 봅시다.

(i) (연산에 대하여 닫혀 있다)

Ker$f$의 임의의 두 원소 x, y를 선택합니다. $f(x)=e'$, $f(y)=e'$입니다.

$f(xy)=f(x)f(y)=e'e'=e'$이므로 xy는 Ker$f$의 원소가 되어 연산에 대하여 닫혀 있습니다.

(ii) (결합법칙)

Ker$f$의 원소는 원래 G의 원소이므로 결합법칙이 성립합니다.

(iii) (항등원의 존재)

정리2.11의 증명 중 (iii)

$f(e)=e'$이므로 Ker$f$의 원소 중에는 G의 항등원 e가 속해 있습니다. 당연히 Ker$f$의 임의의 원소 x와 e를 연산하여도 x가 됩니다. Ker$f$의 항등원은 G의 항등원 e와 일치합니다.

(iv) (역원의 존재)

x가 Ker$f$의 원소라고 하겠습니다. G는 군이므로 임의의 원소 x에 대해서 그 역원 x^{-1}이 존재합니다. 이것이 Ker$f$에 속해 있음을 확인하겠습니다. $f(x)=e'$으로부터 $f(x^{-1})=e'$을 확인하면

$$f(x^{-1}) = f(x^{-1})e' = f(x^{-1})f(x) = f(x^{-1}x) = f(e) = e'$$

이 되므로 x^{-1}은 $\mathrm{Ker}f$의 원소입니다. (증명 끝)

$\mathrm{Im}f$와 $\mathrm{Ker}f$라는 용어를 사용하면 준동형사상 f로부터 군의 동형을 만들 수 있다는 이야기는 다음과 같은 정리로 나타낼 수 있습니다.

정리2.13 준동형정리

f가 군 G에서 군 G'으로 가는 준동형사상이라고 한다. $N = \mathrm{Ker}f$라고 하면

$$G/N \cong \mathrm{Im}\, f$$

조금 전의 $f : D_3 \longrightarrow C_2$에 적용하면 $G = D_3$, $\mathrm{Im}\, f = C_2$, $N = \mathrm{Ker}\, f = \{e, \sigma, \sigma^2\} = \langle \sigma \rangle$이므로 $D_3/\langle \sigma \rangle \cong C_2$가 됩니다.

증명 $\mathrm{Im}\, f$, $N = \mathrm{Ker}f$가 군이 되는 것은 확인했습니다. G의 N에 의한 잉여류는 군이 될까요? 이것은 **정리2.8**에 의해 N이 정규부분군인지 아닌지를 점검하면 됩니다. 다행히 N은 정규부분군입니다. 먼저 이것을 확인해 보겠습니다.

G의 임의의 원소 x에 대해서 $xN = Nx$가 되는 것을 증명해야 합니다. 양변의 오른쪽에 x^{-1}을 곱하면 $(xN)x^{-1} = (Nx)x^{-1}$이고 우변은 $N(xx^{-1}) = Ne = N$이므로 $xNx^{-1} = N$이 됩니다. 또 이 식의 양변의 오른쪽에 x를 곱하면 $(xNx^{-1})x = Nx$에서 좌변은 $(xNx^{-1})x = xN(x^{-1}x) = xNe = xN$이기 때문에, $xN = Nx$입니다. 따라서

$$xN = Nx \iff xNx^{-1} = N$$

이것을 정규부분군의 정의로 삼는 책도 있습니다.

이라고 바꿔 말할 수 있습니다. $xNx^{-1} = N$을 확인하는 것을 목표로 해봅시다.

여기서는 먼저 y를 $\mathrm{Ker}\, f$의 임의의 원소라 할 때 xyx^{-1}이 $\mathrm{Ker}\, f$의 원소임을 밝히겠습니다.

$$f(xyx^{-1})=f(x)f(y)f(x^{-1})=f(x)e'f(x^{-1})$$
$$=f(x)f(x^{-1})=f(xx^{-1})=f(e)=e'$$

이기 때문에 xyx^{-1}은 $\mathrm{Ker}f$의 원소입니다. 곧, $xNx^{-1}\subset N$임을 알 수 있습니다. x는 임의로 선택할 수 있기 때문에, x를 x^{-1}으로 치환하면

$$x^{-1}N(x^{-1})^{-1}=x^{-1}Nx\subset N$$

이 됩니다. 이것의 왼쪽에 x, 오른쪽에 x^{-1}을 곱하면 $N\subset xNx^{-1}$이 됩니다. 따라서 $xNx^{-1}=N$입니다.

N이 정규부분군임을 알아냈습니다. 따라서 G의 N에 의한 잉여류는 군이 됩니다.

잉여군 G/N에서 $\mathrm{Im}f$로 가는 함수 $\widetilde{f}$를 다음과 같이 정의하겠습니다.

$$\widetilde{f}:G/N \longrightarrow \mathrm{Im}f$$
$$xN \longmapsto f(x)$$

먼저 이것이 준동형사상이 된다는 것을 확인하겠습니다.

잉여류를 나타내는 집합의 선택 방법을 따르지 않고, $\widetilde{f}$가 대응시키는 상이 결정되는 것을 확인해 보겠습니다.

곧, $xN=yN$일 때 $f(x)=f(y)$라는 것을 보이겠습니다.

정리2.7

$$xN=yN \Leftrightarrow y^{-1}xN=y^{-1}yN \Leftrightarrow y^{-1}xN=N \Leftrightarrow y^{-1}x\in N$$
$$\Leftrightarrow f(y^{-1}x)=e' \Leftrightarrow f(y^{-1})f(x)=e' \Leftrightarrow \{f(y)\}^{-1}f(x)=e'$$
$$\Leftrightarrow f(y)\{f(y)\}^{-1}f(x)=f(y)e' \Leftrightarrow f(x)=f(y)$$

정리2.11의 증명 중 (iv)

확실히 이 $\widetilde{f}$는 모순 없이 정의됩니다. 또, 거꾸로도 거슬러 올라갈 수 있어, $f(x)=f(y)$일 때 $xN=yN$이 됩니다. 그러므로 $\widetilde{f}$는 일대일 함수입니다. $\mathrm{Im}f$에 한정시키고 있으므로 $\widetilde{f}$는 위로 가는 함수입니다. $\widetilde{f}$는 일대일 대응입니다.

다음으로 $\widetilde{f}((xN)(yN))=\widetilde{f}(xN)\widetilde{f}(yN)$을 확인해 보겠습니다.

$$\widetilde{f}((xN)(yN)) = \widetilde{f}(x(Ny)N) = \widetilde{f}(x(yN)N) = \widetilde{f}(xyN) = f(xy)$$
$$= f(x)f(y) = \widetilde{f}(xN)\widetilde{f}(yN)$$

따라서 $\widetilde{f}$ 는 동형사상입니다. (증명 끝)

정수의 예로 준동형사상에서 동형사상을 만드는 연습을 해 보겠습니다.

문제2.7 2Z에서 Z/6Z로 가는 함수 f를

$$f : 2\mathbf{Z} \longrightarrow \mathbf{Z}/6\mathbf{Z}$$
$$2x \longmapsto \overline{x}$$

라고 정의한다. 이것에 준동형정리를 적용하여 동형인 군을 만드시오.

2Z는 2의 배수의 집합, Z/6Z는 6의 잉여류입니다. 둘 다 덧셈(+)에 대해서 군이 됩니다.

$G = 2\mathbf{Z}$, $G' = \mathbf{Z}/6\mathbf{Z}$로 하여 준동형정리를 적용합니다.

f가 준동형사상이라는 것부터 확인해 보면,

2Z의 임의의 원소 $2x$, $2y$에 대해서

$$f(2x+2y) = f(2(x+y)) = \overline{x+y} = \overline{x} + \overline{y} = f(2x) + f(2y)$$

이므로 f는 준동형사상입니다.

Z/6Z의 원소 $\overline{x}$에 대해서 2Z의 원소를 $2x$라고 하면 $f(2x) = \overline{x}$가 되므로 f는 위로 가는 함수가 되고 $\mathrm{Im}\, f = \mathbf{Z}/6\mathbf{Z}$입니다.

$N = \mathrm{Ker} f$를 생각합시다. $\overline{x} = \overline{0}$이 되는 x는 6의 배수입니다. 이때 $2x$는 12의 배수이기 때문에, $N = \mathrm{Ker} f = 12\mathbf{Z}$입니다. 준동형정리에 의해

$$2\mathbf{Z}/12\mathbf{Z} \cong \mathbf{Z}/6\mathbf{Z}$$
$$G/N \cong \mathrm{Im}\, f = G'$$

입니다. 2Z/12Z의 원소를 구체적으로 적어 보겠습니다.

$2Z/12Z$의 원소는 $2x+12Z$의 형태를 하고 있습니다. $2x+12Z$와 $2y+12Z$에서 $2x \equiv 2y \pmod{12}$일 때는 $2x+12Z=2y+12Z$이므로

$$2Z/12Z=\{12Z,\ 2+12Z,\ 4+12Z,\ 6+12Z,\ 8+12Z,\ 10+12Z\}$$

가 됩니다. $4+12Z$를 $\overline{4}$와 같이 나타내겠습니다.

이 동형은 $2Z/12Z$의 원소와 $Z/6Z$의 원소 사이에

$$\begin{array}{rl} 2Z/12Z= & \{\overline{0},\ \overline{2},\ \overline{4},\ \overline{6},\ \overline{8},\ \overline{10}\} \\ & \ \ \updownarrow\ \ \updownarrow\ \ \updownarrow\ \ \updownarrow\ \ \updownarrow\ \ \updownarrow \\ Z/6Z= & \{\overline{0},\ \overline{1},\ \overline{2},\ \overline{3},\ \overline{4},\ \overline{5}\} \end{array}$$

라는 대응이 이루어집니다.

$2Z/12Z$에서 $Z/6Z$로 가는 함수 $\widetilde{f}$를

$$\begin{aligned} \widetilde{f}: 2Z/12Z &\longrightarrow Z/6Z \\ \overline{2x} &\longmapsto \overline{x} \end{aligned}$$

라고 하면, $\widetilde{f}$는 위의 대응을 따르고 있어 일대일 대응입니다. 또한

$$\begin{aligned} \widetilde{f}(\overline{2x}+\overline{2y}) &= \widetilde{f}(\overline{2x+2y}) = \widetilde{f}(\overline{2(x+y)}) = \overline{x+y} = \overline{x}+\overline{y} \\ &= \widetilde{f}(\overline{2x})+\widetilde{f}(\overline{2y}) \end{aligned}$$

를 만족시키므로 $\widetilde{f}$는 동형사상입니다. (문제2.7 끝)

이 예에서 알 수 있듯이 a, b가 자연수일 때

$$aZ/abZ \cong Z/bZ$$

라는 동형이 성립합니다.

5 동형을 만들기

— 제2동형정리, 제3동형정리

수학에서는 동형인 대상을 발견하는 것이 중요하다고 말씀드렸습니다. 준동형사상이 있으면 그것을 이용하여 동형인 군을 만들 수 있었습니다. 여기서 더 나아가 동형인 군을 만드는 다른 방법을 소개하겠습니다.

먼저 두 부분군으로부터 동형인 군을 만들어 내는 방법을 소개하겠습니다.

$S(P_6)$의 부분군을 이용해 생각해 보겠습니다. 집합 H와 N을

$$H = V \cup \tau V, \quad N = V \cup \sigma V \cup \sigma^2 V$$

라고 둡니다.

이것이 $S(P_6)$의 부분군이 되는 것부터 확인하겠습니다.

137쪽의 곱셈표를 잉여군 $S(P_6)/V$의 곱셈표로 보고, H에 관해서 V와 τV를 선택하고 N에 관해서 V, σV $\sigma^2 V$를 선택하여 잉여류의 곱셈을 나타내면 다음과 같습니다.

H

나중＼먼저	V	τV
V	V	τV
τV	τV	V

N

나중＼먼저	V	σV	$\sigma^2 V$
V	V	σV	$\sigma^2 V$
σV	σV	$\sigma^2 V$	V
$\sigma^2 V$	$\sigma^2 V$	V	σV

N이 군이라는 것을 확인하겠습니다.

위의 표에서 N에 속한 임의의 원소 x, y가 있으면 xy는 N의 원소입니다. 왜냐하면 예를 들어 $x \in \sigma V \subset N$, $y \in \sigma^2 V \subset N$이라면

$$xy \in (\sigma V)(\sigma^2 V) = V \subset N$$

이 되기 때문입니다.

V에 항등원 e가 있으므로 N에도 항등원이 있습니다.

N의 임의의 원소 x의 역원이 N의 원소라는 것을 다음과 같이 말할 수 있습니다.

이를테면 $x \in \sigma V \subset N$이라고 하고 x와 σV의 잉여군의 역원 $\sigma^2 V$의 곱 $x\sigma^2 V$를 취합니다. $x\sigma^2 V \subset (\sigma V)(\sigma^2 V) = V$인데 $x\sigma^2 V$의 원소의 개수와 V의 원소의 개수가 같으므로 $x\sigma^2 V = V$가 됩니다. V에는 항등원이 있으므로 $xy = e$를 만족시키는 y가 $\sigma^2 V$에 존재합니다. y가 역원입니다. N에 속해 있는 역원을 찾았습니다.

따라서 N은 군이 됩니다.

H도 마찬가지로 생각하면 $S(P_6)$의 부분군입니다.

또 $|S(P_6)| = 24$, $|N| = |V| \times 3 = 4 \times 3 = 12$이므로

$$[S(P_6) : N] = |S(P_6)|/|N| = 24/12 = 2$$ 정리2.4

이고 **정리2.10**에 의해 N은 $S(P_6)$의 정규부분군입니다.

일반적으로 주어진 군이 부분군이라는 것은 다음 정리를 이용하여 확인할 수 있습니다.

정리2.14 부분군이기 위한 조건

H가 군 G의 부분군이다.

$\Leftrightarrow$ H의 임의의 원소 x, y에 대해서 xy, x^{-1}이 H의 원소이다.

증명 위 정리의 조건에서는 H가 연산에 대하여 닫혀 있다는 것과 역원의 존재는 명백합니다. $y = x^{-1}$이라고 하면 $xx^{-1} = e$도 H의 원소가 되어 항등원도 존재합니다. H는 G의 부분집합이므로 결합법칙도 성립합니다. H는 부분군이라고 할 수 있습니다. (증명 끝)

여기에서 $H \cap N$, HN이 $S(P_6)$의 부분군이라는 것을 확인해 보겠습니다.

HN은 H의 모든 원소와 N의 모든 원소를 곱해서 생기는 원소로 이루어지는 집합입니다. 직적 $H \times N$과 닮았지만 직적처럼 성분마다 연산을 하는 것은 아니고 HN의 원소는 G의 원소입니다.

정확히 써보면

$$HN = \{hn \mid h \in H,\ \ n \in N\}$$

이 됩니다. $H = V \cup \tau V$, $N = V \cup \sigma V \cup \sigma^2 V$라는 예에서는

$$H \cap N = V, \quad HN = S(P_6)$$

이 됩니다. $HN = S(P_6)$은 137쪽의 곱셈표를 보면 알 수 있습니다.

일반적으로 다음과 같이 말할 수 있습니다.

정리2.15 부분군의 연산

H, N이 군 G의 부분군일 때

(1) $H \cap N$은 G의 부분군이다.

(2) 특히 N이 G의 정규부분군이면 HN은 G의 부분군이다.

증명 (1) $H \cap N$의 임의의 원소 x, y에 대해서

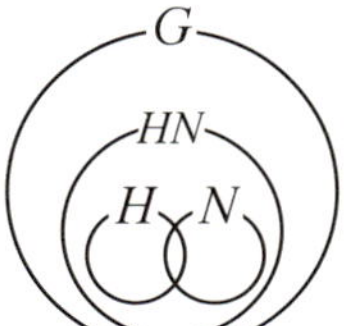

$$x, y \in H \text{이면서 } x, y \in N \cdots\cdots ①$$

H, N은 G의 부분군이므로 ①을 만족시킬 때

$$xy, x^{-1} \in H \text{이면서 } xy, x^{-1} \in N \ \Leftrightarrow\ xy, x^{-1} \in H \cap N$$

$H \cap N$은 **정리2.14**의 조건을 만족시키므로 G의 부분군입니다.

(2) HN의 임의의 원소 xn, yn' $(x, y \in H\ ;\ n, n' \in N)$에 대해서

$xn \in xN$, $yn' \in yN$에 의해

↓ N이 정규부분군이므로

$$(xn)(yn') \in (xN)(yN) = xyN \subset HN$$

또, 일반적으로 xy의 역원 $(xy)^{-1}$은 $y^{-1}x^{-1}$이라고 쓸 수 있습니다. 왜냐하면

$$(xy)(y^{-1}x^{-1}) = x(yy^{-1})x^{-1} = xex^{-1} = xx^{-1} = e$$

$$(y^{-1}x^{-1})(xy) = y^{-1}(x^{-1}x)y = y^{-1}ey = y^{-1}y = e$$

$(xy)^{-1} = y^{-1}x^{-1}$

이기 때문입니다.

$x \in H,\ n \in N$일 때 $x^{-1} \in H,\ \ n^{-1} \in N$이므로

$$(xn)^{-1} = n^{-1}x^{-1} \in Nx^{-1} = x^{-1}N \subset HN$$

N이 정규부분군이므로

HN은 **정리2.14**의 조건을 만족시키므로 G의 부분군입니다. (증명 끝)

(2)에서 N은 정규부분군이었습니다. 두 부분군 중에서 한쪽이 정규부분군이 아니라면 (2)는 성립하지 않습니다. 증명을 봐도 N이 정규부분군이라는 것을 잘 이용하고 있음을 알 수 있습니다.

예로 돌아가겠습니다.

$$H = V \cup \tau V, \qquad N = V \cup \sigma V \cup \sigma^2 V$$

위수 4×2=8　　위수 4×3=12

일 때 $H \cap N = V$는 H의 정규부분군이고 N은 $HN = S(P_6)$의 정규부분군입니다. 그러므로 잉여군 $H/(H \cap N)$, HN/N을 생각할 수 있습니다.

$$H/(H \cap N) = (V \cup \tau V)/V$$

위수 8/4=2

위수 24/12=2

$$HN/N = (V \cup \sigma V \cup \sigma^2 V \cup \tau V \cup \tau\sigma V \cup \tau\sigma V)/(V \cup \sigma V \cup \sigma^2 V)$$

이므로 어느 것이나 잉여군의 위수는 2이고 C_2와 동형이 됩니다.

$H/(H \cap N) \cong HN/N$이라는 동형이 성립합니다.

따라서 일반적으로 다음과 같은 정리가 성립합니다.

정리2.16 제2동형정리

H가 군 G의 부분군이고 N이 G의 정규부분군일 때

$$H/(H \cap N) \cong HN/N$$

이 성립한다. 또, N이 H의 정규부분군일 때에도 성립한다.

증명 증명에서는 준동형정리를 이용하겠습니다.

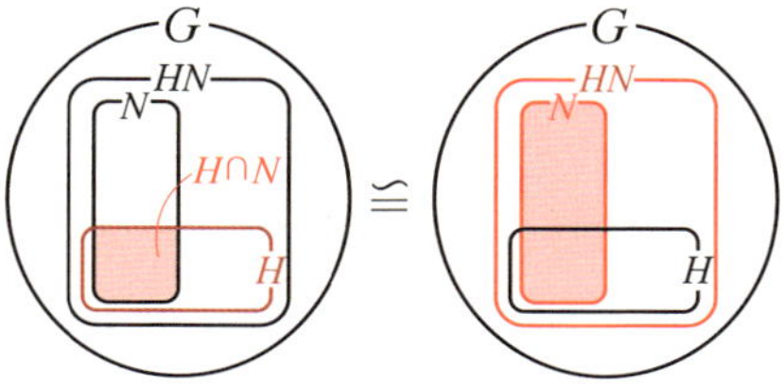

G에서 G/N으로 가는 함수 f를

$$f : G \longrightarrow G/N$$
$$x \longmapsto xN$$

이라고 정의합니다. 이 함수는 $f(xy) = xyN = (xN)(yN) = f(x)f(y)$를 만족시키므로 준동형사상이 됩니다. G와 그 정규부분군 N이 있을 때, 위와 같이 정의한 G에서 G/N으로 가는 함수 f를 자연준동형사상(自然準同型寫像, natural homomorphism)이라고 합니다.

f의 정의역은 G이지만 이것을 부분군 H에 제한시켜 보겠습니다. 이때의 함수를 f'이라고 합니다.

$$f' : H \to G/N$$

f'의 상 $\mathrm{Im} f'$을 구해 봅시다. f'이 H의 모든 원소를 옮길 때 $f'(x) = xN$으로 나오는 G의 원소를 모두 합치면 HN이 됩니다. 원래 f는 G의 원소를 잉여군 G/N의 원소에 대응시키는 함수이므로, f'의 경우도 HN의 N에 의한 잉여군을 생각하면 $f'(H) = HN/N$이 됩니다. f'은 H에서 HN/N 위로 가는 함수가 됩니다. $\mathrm{Im} f' = HN/N$입니다.

한편, $\mathrm{Ker} f'$은 어떻게 될까요?

$xN \cdot N = xN$, $N \cdot xN = xN$이므로 G/N의 항등원은 N입니다.

$x \in Kerf \Leftrightarrow xN = N \Leftrightarrow x \in N$이므로 $\mathrm{Ker} f$는 N입니다.

f'에서는 정의역이 H로 제한되어 있기 때문에 $\mathrm{Ker} f'$은 $\mathrm{Ker} f = N$ 중에서 H에 속하는 것입니다. $\mathrm{Ker} f' = H \cap N$이 됩니다.

이에 따라 $f' : H \longrightarrow G/N$에 **준동형정리(정리2.13)**을 적용하면

$$H/(\underbrace{H \cap N}_{\mathrm{Ker} f'}) \cong \underbrace{HN/N}_{\mathrm{Im} f'}$$

이라는 동형을 얻을 수 있습니다.

여기까지의 증명을 봐도 알 수 있듯이 N이 정규부분군이면 G의 임의의 원소 x에 대해서 $xN = Nx$가 성립하지만, x를 H의 임의의 원소 x로 제한하여도 $xN = Nx$가 성립합니다. 그러므로 N이 H에 포함되어 있을 때에는 N이 H의 정규부분군이라고 조건을 약화시켜도 동형이 성립합니다. 즉, 구체적인 동형사상 $\widetilde{f'}$은

$$\begin{aligned} \widetilde{f'} : H/(H \cap N) &\longrightarrow HN/N \\ x(H \cap N) &\longmapsto xN \end{aligned}$$

입니다. (증명 끝)

위 정리를 정수에 적용해 보겠습니다.

문제2.8 $G = Z$, $H = 6Z$, $N = 10Z$일 때

$$\boldsymbol{H/(H \cap N) \cong HN/N}$$

을 확인하시오.

$6\mathbf{Z}$, $10\mathbf{Z}$도 덧셈(+)에 대해서 군이 됩니다. 덧셈(+)은 교환할 수 있기 때문에 어느 것이나 $\mathbf{Z}$의 정규부분군입니다.

$H = 6\mathbf{Z}$, $N = 10\mathbf{Z}$일 때 $H \cap N = 6\mathbf{Z} \cap 10\mathbf{Z}$의 원소는 6의 배수이면서 10의 배수이므로 30(6과 10의 최소공배수)의 배수가 됩니다.

$$H \cap N = 6\mathbf{Z} \cap 10\mathbf{Z} = 30\mathbf{Z}.$$

HN은 곱셈처럼 보이지만 연산은 덧셈이라는 것에 주의해야 합니다. $HN = 6\mathbf{Z} + 10\mathbf{Z}$가 됩니다. 6의 배수와 10의 배수를 더하면 무엇이 되는가입니다. 집합 기호로 쓰면

$$HN = \{6x + 10y \mid x, y \in \mathbf{Z}\}$$

가 됩니다. 6과 10의 최대공약수는 2이므로 **정리1.3**의 증명에 의해 HN은 2의 배수의 집합 $2\mathbf{Z}$가 됩니다. 따라서

$$H/(H \cap N) = 6\mathbf{Z}/30\mathbf{Z} = \{\overline{0}, \overline{6}, \overline{12}, \overline{18}, \overline{24}\}$$

$$HN/N = 2\mathbf{Z}/10\mathbf{Z} = \{\overline{0}, \overline{2}, \overline{4}, \overline{6}, \overline{8}\}$$

문제2.7과 같이 되어 모두 $\mathbf{Z}/5\mathbf{Z}$와 동형이 됩니다. 더 나아가 $6\mathbf{Z}/30\mathbf{Z}$에서 $2\mathbf{Z}/10\mathbf{Z}$로 가는 함수 f를

$$f : 6\mathbf{Z}/30\mathbf{Z} \longrightarrow 2\mathbf{Z}/10\mathbf{Z}$$
$$\overline{6x} \longmapsto \overline{2x}$$

라고 정의하면 f는 일대일 대응이고 $f(\overline{6x} + \overline{6y}) = f(\overline{6x}) + f(\overline{6y})$를 만족시키므로 동형사상이 됩니다.

$H/(H \cap N) \cong HN/N$이라는 것을 확인하였습니다.

이것에 의해 a, b의 최소공배수를 l, 최대공약수를 m이라고 할 때,

$$a\mathbf{Z}/l\mathbf{Z} \cong m\mathbf{Z}/b\mathbf{Z}$$

가 성립한다는 것을 알 수 있습니다. (문제2.8 끝)

제2동형정리에서는 군끼리의 곱셈과 같은 군 HN을 만들었습니다. 다음 제3동형정리에서는 잉여군끼리의 나눗셈을 다룹니다.

다시 $S(P_6)$의 예에서 동형인 군을 보도록 합시다.

$$N = V \cup \sigma V \cup \sigma^2 V$$

입니다. V로 잉여군을 만들면

$$S(P_6)/V = \{V, \sigma V, \sigma^2 V, \tau V, \tau\sigma V, \tau\sigma^2 V\}$$

$$N/V = \{V, \sigma V, \sigma^2 V\}$$

가 됩니다. $S(P_6)/V$의 곱셈표(137쪽의 붉은 글씨)에서 V를 지우면

$$D_3 \cong \{e, \sigma, \sigma^2, \tau, \tau\sigma, \tau\sigma^2\}$$

의 곱셈표와 같아집니다.

$\{e, \sigma, \sigma^2\}$이 D_3의 정규부분군이었던 것처럼 N/V도 $S(P_6)/V$의 정규부분군이 된다고 생각할 수 있습니다. 따라서 이 잉여군끼리의 잉여군

$$(S(P_6)/V)/(N/V)$$

에서

$$(S(P_6)/V)/(N/V) \cong S(P_6)/N$$

이라는 동형이 성립합니다. 모두 위수가 2인 군이 됩니다.

실제로 $|S(P_6)/V| = 6,\ \ |N/V| = 3$이므로

$$|(S(P_6)/V)/(N/V)| = \frac{|S(P_6)/V|}{|N/V|} = \frac{6}{3} = 2$$

또 $\left|\dfrac{S(P_6)}{N}\right| = \dfrac{|S(P_6)|}{|N|} = \dfrac{24}{12} = 2$입니다.

분수식에서 V를 약분한 것처럼 보이는 점이 재미있습니다. 제2동형정리보다 훨씬 와 닿지 않습니까?

이것은 다음의 정리를 적용한 예입니다.

정리2.17 **제3동형정리**

N, M은 군 G의 정규부분군이고 $N \supset M$을 만족시킨다고 한다. 이때 다음이 성립한다.

$$(G/M)/(N/M) \cong G/N$$

증명 G/M에서 G/N으로 가는 함수 f를

$$f : G/M \longrightarrow G/N$$
$$xM \longmapsto xN$$

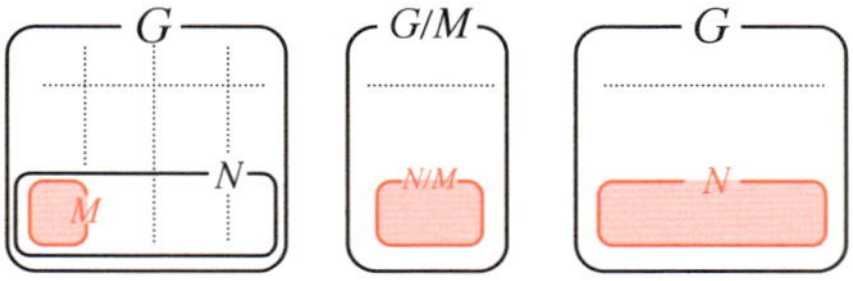

으로 정의합니다. 잉여군 G/M에

서 가는 함수이므로 잉여군을 나타내는 방식에 의해 G/N의 다른 둘 이상의 원소에 대응될 수는 없습니다.

$$xM=yM \Leftrightarrow y^{-1}xM=M \overset{\text{정리2.7}}{\Leftrightarrow} y^{-1}x\in M$$

$$\overset{M\subset N\text{이므로}}{\Rightarrow} y^{-1}x\in N \Leftrightarrow y^{-1}xN=N \Leftrightarrow xN=yN$$

이므로 G/M의 원소를 하나 정하면 G/N의 원소가 하나로 정해집니다. 위의 변형에서 한 쪽 방향으로 가는 화살표 '$\Rightarrow$'가 한 곳에만 있다는 것에 주의합니다. 여기서 $M\subset N$이라는 조건을 사용하였기 때문에 이곳에서는 역방향의 화살표는 성립하지 않습니다.

f는

$$f((xM)(yM))=f(xyM)=xyN=(xN)(yN)=f(xM)f(yM)$$

을 만족시키므로 준동형사상입니다.

준동형정리를 이용하기 위해서 $\mathrm{Ker}f$를 구하겠습니다.

G/N의 항등원은 N입니다.

$$f(xM)=N \Leftrightarrow xN=N \overset{\text{정리2.7}}{\Leftrightarrow} x\in N$$

이므로 $\mathrm{Ker}f=NM/M=N/M$이 됩니다.

또, f는 위로 가는 함수이므로 $\mathrm{Im}f=G/N$입니다.

f에 **정리2.13(준동형정리)**을 적용하면

$$(G/M)/\underbrace{(N/M)}_{\mathrm{Ker}f}\cong\underbrace{G/N}_{\mathrm{Im}f}$$

이라는 동형이 만들어집니다. (증명 끝)

정수에 **정리2.17**을 적용해 보겠습니다.

문제2.9 $G=Z,\ N=3Z,\ M=12Z$라 두고

$$(G/M)/(N/M)\cong G/N$$

을 확인하시오.

$$G/M = \mathbf{Z}/12\mathbf{Z} = \{\overline{0}, \overline{1}, \overline{2}, \overline{3}, \overline{4}, \overline{5}, \overline{6}, \overline{7}, \overline{8}, \overline{9}, \overline{10}, \overline{11}\}$$

$$N/M = 3\mathbf{Z}/12\mathbf{Z} = \{\overline{0}, \overline{3}, \overline{6}, \overline{9}\}$$

이 둘은 모두 12Z에 의한 잉여류이므로 붉은 막대를 붙였다. N/M은 G/M의 부분군.

$$G/N = \mathbf{Z}/3\mathbf{Z} = \{\bar{0}, \bar{1}, \bar{2}\}$$

3Z에 의한 잉여류이므로 위 두 개와 구별하기 위해 위에 검은 막대를 붙였다.

이므로 보여야 하는 식은

$$(\mathbf{Z}/12\mathbf{Z})/(3\mathbf{Z}/12\mathbf{Z}) \cong \mathbf{Z}/3\mathbf{Z}$$

입니다. $(\mathbf{Z}/12\mathbf{Z})$의 $(3\mathbf{Z}/12\mathbf{Z})$에 의한 잉여류는

$$(3\mathbf{Z}/12\mathbf{Z}) = \{\overline{0}, \overline{3}, \overline{6}, \overline{9}\},\quad \overline{1} + (3\mathbf{Z}/12\mathbf{Z}) = \{\overline{1}, \overline{4}, \overline{7}, \overline{10}\},$$

$$\overline{2} + (3\mathbf{Z}/12\mathbf{Z}) = \{\overline{2}, \overline{5}, \overline{8}, \overline{11}\}$$

이 됩니다.

$(\mathbf{Z}/12\mathbf{Z})/(3\mathbf{Z}/12\mathbf{Z})$에서 $\mathbf{Z}/3\mathbf{Z}$로 가는 함수 f를

$$f : (\mathbf{Z}/12\mathbf{Z})/(3\mathbf{Z}/12\mathbf{Z}) \longrightarrow \mathbf{Z}/3\mathbf{Z}$$

$$\overline{x} + (3\mathbf{Z}/12\mathbf{Z}) \longmapsto \bar{x}$$

라고 정의하면 이것이 동형사상이 됩니다.

이것으로부터 a, b가 자연수이고 b가 a의 배수일 때

$$(\mathbf{Z}/b\mathbf{Z})/(a\mathbf{Z}/b\mathbf{Z}) \cong \mathbf{Z}/a\mathbf{Z}$$

가 성립합니다. (문제2.9 끝)

6 사다리타기가 만드는 군

— 대칭군 S_6

지금까지는 군의 예로 도형의 치환을 다루어 왔습니다. 다음으로 사다리타기가 만들어 내는 군을 소개하겠습니다.

문제2.10 석 줄의 세로금에 가로금을 그려 넣은 여섯 개의 사다리타기가 있습니다. 사다리타기 그림의 위에는 왼쪽부터 1, 2, 3이 적혀 있습니다. 1에서 아래로 내려갔을 때 도착한 곳에 1이 적혀 있습니다. 다른 것도 마찬가지입니다.

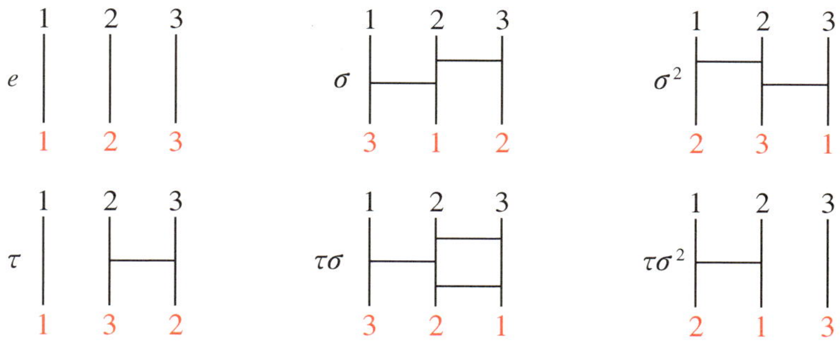

사다리타기 두 개를 이어서 만드는 것도 사다리타기와 마찬가지로 작동을 합니다. 이러한 사다리타기를 '사다리타기의 곱'의 결과라고 합니다.

이를테면 $\tau\sigma$의 아래에 σ^2을 이어서 만든 사다리타기를 생각해 봅시다. 1과 2가 쓰인 곳만이 교체되고 있으므로 이것은 $\tau\sigma^2$으로 시행한 문자의 이동과 같게 됩니다. 이것을 $\sigma^2 \cdot \tau\sigma = \tau\sigma^2$이라고 씁니다.

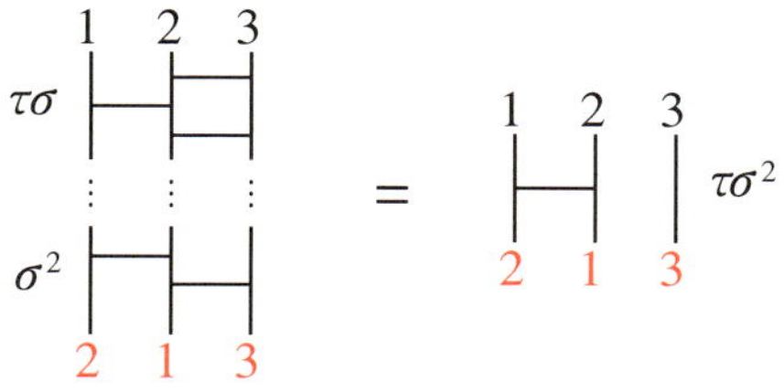

이 군의 곱셈표를 만들어 봅시다.

곱셈표를 만들기 전에 이 군에 대해서 설명하겠습니다.

사다리타기의 작동은 문자를 이동하여 '교체하는' 것입니다. 가로금이 다르게 그어져 있는 사다리타기라도 문자를 '교체'한 결과가 같다면 같은 사다리타기라고 봅니다. 세로금이 석 줄인 사다리타기에 대해서 가로금이 그어지는 방식(어디에 몇 줄이 그어져도 괜찮음)은 무수히 많지만, 문자의 '교체'라는 작동에 주목하면 세 문자의 교체는 $3!=6$, 여섯 가지이기 때문에 세로금이 석 줄인 사다리타기는 여섯 가지밖에 없습니다. 위에서 언급한 여섯 가지가 모두입니다.

σ^2, $\tau\sigma$, $\tau\sigma^2$이라고 쓴 것은 σ, τ를 위와 같이 정의했을 때, 이것들의 곱의 형태로 적을 수 있으므로 이렇게 표기를 한 것입니다.

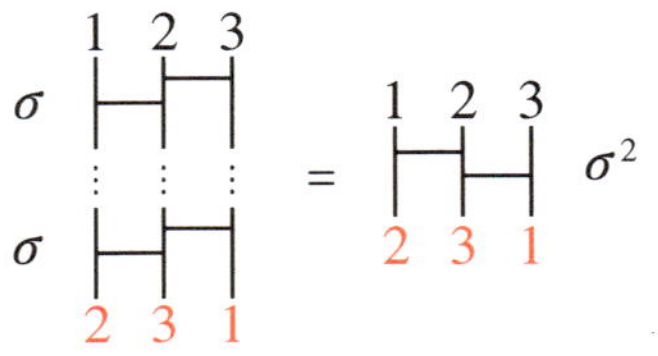

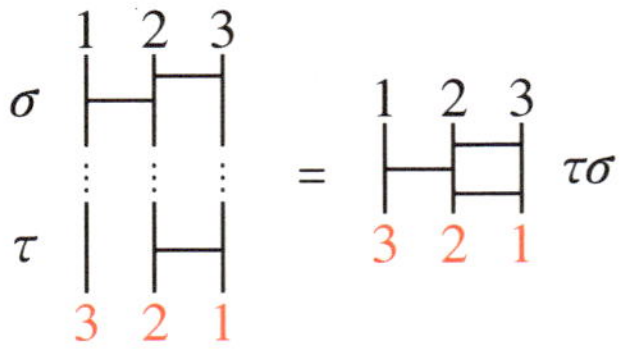

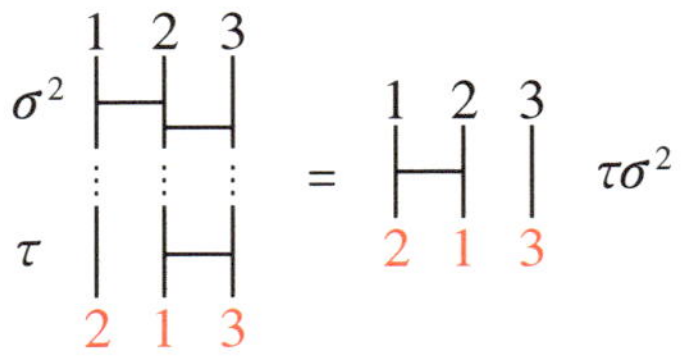

그럼 바로 곱셈표를 만들어 보자고 말하고 싶지만, 그럴 때마다 사다리타기를 두 개 그리고 나서 그것들을 이어 붙여서 알아보는 것은 수고스러운 일입니다. 사다리타기에서 문자의 '교체'에만 주목해서 알아보는 것이므로 실제 사다리타기를 대신하여 숫자의 교체에 대응하는 표를 만들고, 그것을 이용하여 곱을 계산하는 쪽이 손쉬울 것 같습니다.

위의 사다리타기 여섯 개가 나타내고 있는 각각의 문자의 '교체'에 대해서 그것에 대응하는 표를 만들면 다음과 같습니다. 이 표를 간단히 치환(置換,

Permutation)이라고 하겠습니다.

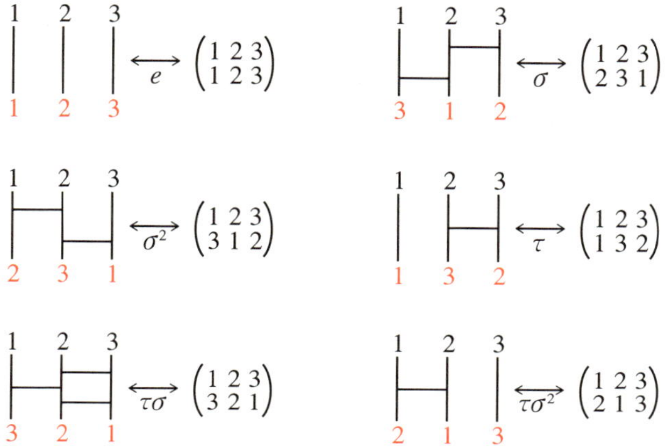

주의해야 할 것은 사다리타기에서 아래에 쓰여 있는 숫자의 배열과 치환에서 아래에 쓰여 있는 숫자의 배열이 다르다는 점입니다. 이를테면 σ의 사다리타기에서 아래의 숫자는 312이고 그것에 대응하는 치환에서 아래에 쓰여 있는 숫자는 231입니다. σ, σ^2에서는 숫자의 배열이 다릅니다.

σ를 예로 들어 사다리타기의 숫자를 배열하는 방법으로 치환을 만드는 법을 설명하겠습니다. 치환을 만든다는 것은 사다리타기에서 아래에 쓰여 있는 숫자를 바로 위에 있는 숫자로 '치환하는' 것을 의미합니다. σ의 사다리타기에서

3의 위에는 1, 1의 위에는 2, 2의 위에는 3

입니다. 그렇게 때문에 치환을 만들 때

3의 아래를 1, 1의 아래를2, 2의 아래를 3

으로 두는 것입니다. 즉, 사다리타기의 표기로부터 치환을 만든다면 사다리타기에서 열마다 아래부터 위로 숫자를 읽고($3 \to 1$, $1 \to 2$, $2 \to 3$), 치환에서는 위에 왼쪽부터 1, 2, …로 배열하여($1 \to 2$, $2 \to 3$, $3 \to 1$) 놓으면 됩니다. e, τ, $\tau\sigma$, $\tau\sigma^2$도 이렇게 만드는데, 사다리타기의 아래와 치환의 아래에 놓인 숫자의 배열이 같아졌을 뿐입니다.

사다리타기는 문자의 '교체'를 나타내고 치환은 문자의 '변환'을 나타내고 있습니다. '교체'는 어느 문자를 어느 문자가 있는 장소로 이동시키는가라는 문자와 장소에 대한 정보를 나타냅니다. 반면, '변환'은 어느 문자를 어느 문자로 사상하는가라는 것을 나타내므로, 문자만 관계있고 장소는 관계가 없습니다.

사다리타기에서 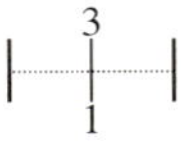 이면 3이 있는 곳을 1로 바꿔 넣은 것을 나타냅니다. 치환에서 $\begin{pmatrix} \cdots 3 \cdots \\ \cdots 1 \cdots \end{pmatrix}$ 이면 3을 1로 변환한 것을 나타냅니다.

이 표기를 활용하여 곱을 연습해 보겠습니다.

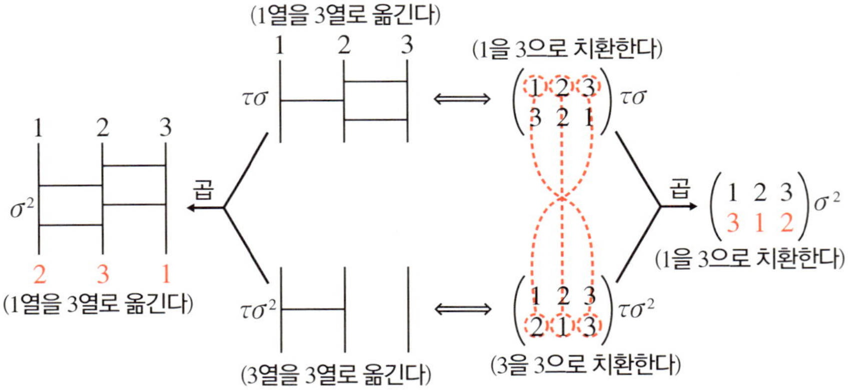

사다리타기의 곱은 두 사다리타기를 이은 것입니다. 치환의 곱은 어떨까요?

예를 들어 $\tau\sigma$라고 하면 왼쪽부터 위아래, 위아래로 읽어 나가서 1을 3으로, 2를 2로, 3을 1로 문자를 변환하는 것을 의미합니다. 그러므로 $\tau\sigma^2 \cdot \tau\sigma$를 치환에서 생각하면 1은 $\tau\sigma$에서 3으로 변환되고 그 3은 $\tau\sigma^2$에서 3으로 변환됩니다.

$$2\text{는 } 2 \xrightarrow{\tau\sigma} 2 \xrightarrow{\tau\sigma^2} 1, \qquad 3\text{은 } 3 \xrightarrow{\tau\sigma} 1 \xrightarrow{\tau\sigma^2} 2$$

로 변환됩니다. 그림에서 붉은 점선을 따라 가는 것과 정확히 같습니다.

치환의 곱을 식으로 나타내면 다음과 같습니다. 위에 쓰여 있던 치환을 오른쪽에 쓴다는 것에 주의합시다. 이 경우는 사다리타기일 때와 같습니다. 익숙해지면 수의 사칙연산보다 간단합니다.

$$\underset{\tau\sigma^2}{\begin{pmatrix} 1 & 2 & 3 \\ 2 & 1 & 3 \end{pmatrix}} \cdot \underset{\tau\sigma}{\begin{pmatrix} 1 & 2 & 3 \\ 3 & 2 & 1 \end{pmatrix}} = \underset{\sigma^2}{\begin{pmatrix} 1 & 2 & 3 \\ 3 & 1 & 2 \end{pmatrix}}$$

어째서 사다리타기에서 숫자를 교체하는 모습 그대로 치환을 표기하지 않을까라고 생각하는 사람도 많을 것입니다. 실제로 갈루아 이론을 다룬 교양서 중에는 사다리타기의 아래쪽에 있는 숫자 배열과 치환의 숫자 배열을 같게 해놓고 치환을 정의하는 책도 있습니다. 그러나 이것은 수학에서 정의하는 치환과 다릅니다. 여러분이 다른 수학책을 읽어, 치환의 정의와 그 표기를 이미 알고 계신 분이라면 당황하실 것입니다. 그런 일이 생기지 않도록 사다리타기를 거꾸로 읽고 치환을 만드는 번잡한 방법을 썼습니다.

선형대수에서는 행렬식(行列式, determinant)의 정의에 치환을 이용합니다. 만일 사다리타기와 치환에서 숫자의 배열을 같게 놓는다면 치환의 구체적인 계산을 이해할 수 없게 됩니다.

사다리타기의 결과와 치환이 일대일로 대응하고 있음을 살펴봤습니다. 위에서 예를 하나 보여 드렸지만 그래도 사다리타기의 곱과 치환의 곱이 잘 대응한다는 사실은 신기하다는 느낌이 듭니다. 대응하는 곱이 모순되지 않는지를 직접 점검하겠습니다.

σ와 τ의 곱을 사다리타기 표현과 치환 표현으로 계산한 결과가 같은지 확인해 보겠습니다.

σ를 1이 k의 아래에 나오는 사다리타기, τ를 k가 l의 아래에 나오는 사다리타기라고 합니다. 사다리타기 σ에 대응하는 치환은 1을 k로 바꿔 놓습니다. 사다리타기 τ에 대응하는 치환은 k를 l로 바꿔 놓습니다.

사다리타기 $\tau\sigma$는 1을 l의 아래에 둡니다. 치환 $\tau\sigma$는 1을 $1 \to k \to l$로 바꿔놓는 것이 됩니다.

다른 문자에 대해서도 마찬가지이므로 사다리타기의 곱 $\tau\sigma$와 치환의 곱 $\tau\sigma$가 대응한다는 것을 알 수 있습니다.

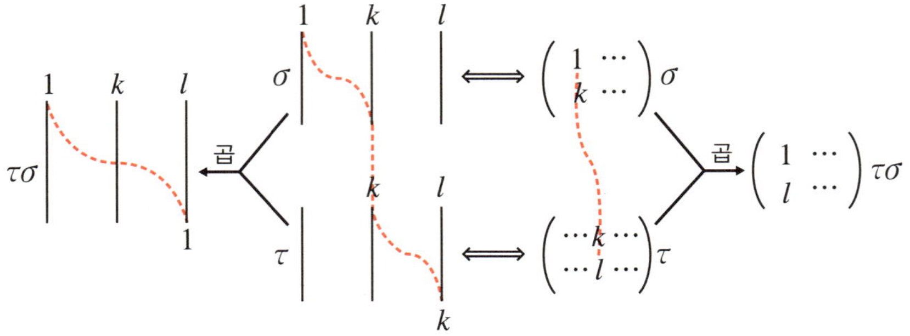

오른쪽에서 왼쪽으로 읽는 것이 어렵지만 이 계산 방법에 익숙해지면 사다리타기를 그려서 계산하는 것보다 훨씬 손쉽게 곱셈표를 채울 수 있습니다.

실제로 곱셈표를 만들어 보면 아래와 같습니다.

나중 \ 먼저	e	σ	σ^2	τ	$\tau\sigma$	$\tau\sigma^2$
e	e	σ	σ^2	τ	$\tau\sigma$	$\tau\sigma^2$
σ	σ	σ^2	e	$\tau\sigma^2$	τ	$\tau\sigma$
σ^2	σ^2	e	σ	$\tau\sigma$	$\tau\sigma^2$	τ
τ	τ	$\tau\sigma$	$\tau\sigma^2$	e	σ	σ^2
$\tau\sigma$	$\tau\sigma$	$\tau\sigma^2$	τ	σ^2	e	σ
$\tau\sigma^2$	$\tau\sigma^2$	τ	$\tau\sigma$	σ	σ^2	e

여기서 일반적으로 사다리타기, 치환이 군이 된다는 것도 점검해 보겠습니다. 사다리타기는 세로금이 n개, 치환은 1부터 n까지의 숫자를 변환하는 것이라고 생각합니다.

(i) (닫혀 있다)

[**사다리타기**] n개 문자를 잇달아 '교체'해도 n개의 문자가 '교체'되는 것이기 때문에 사다리타기는 곱셈에 대하여 닫혀 있습니다.

[**치환**] 1부터 n까지의 숫자를 각각 1부터 n까지의 숫자로 잇달아 변환(하나의 문자는 한 번씩만 나온다)해도 변환된 1부터 n까지의 숫자가 나오기 때문에 치환은 곱셈에 대하여 닫혀 있습니다.

(ii) (결합법칙)

[**사다리타기**] 3개의 사다리타기를 σ, τ, η라고 합시다. $(\eta\tau)\sigma$와 $\eta(\tau\sigma)$는 모두 아래 그림과 같이 위부터 σ, τ, η라는 사다리타기를 이어 붙였을 때 숫자가 '교체'되는 것을 나타내고 있으므로 $(\eta\tau)\sigma$와 $\eta(\tau\sigma)$는 같은 사다리타기를 나타내고 있습니다.

[**치환**] 이를테면 σ가 1을 3으로, τ가 3을 4로, η가 4를 2로 변환한다고 하겠습니다. 이것은 아래 그림을 보면서 이해하면 좋습니다.

σ는 1을 3으로, $\eta\tau$는 3을 2로$(3 \to 4 \to 2)$ 변환하므로 $(\eta\tau)\sigma$는 1을 2로$(1 \to 3 \to 2)$ 변환합니다.

$\tau\sigma$는 1을 4로$(1 \to 3 \to 4)$ 변환하고 η는 4를 2로 변환하므로 $\eta(\tau\sigma)$는 1을 2로 $(1 \to 4 \to 2)$ 변환합니다.

$(\eta\tau)\sigma$와 $\eta(\tau\sigma)$는 모두 1을 2로 변환합니다. 다른 숫자의 경우에도 마찬가지이므로 $(\eta\tau)\sigma = \eta(\tau\sigma)$입니다.

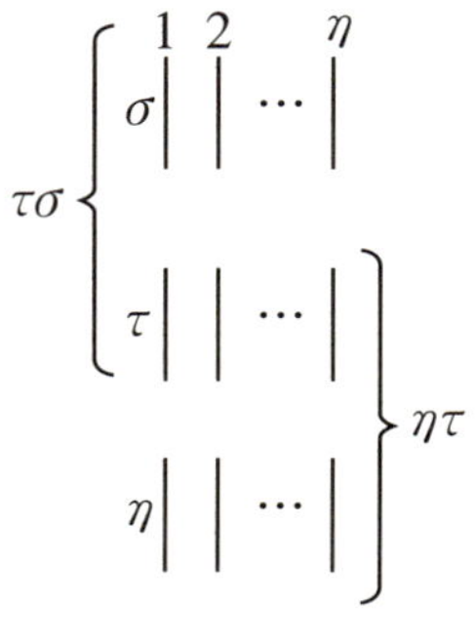

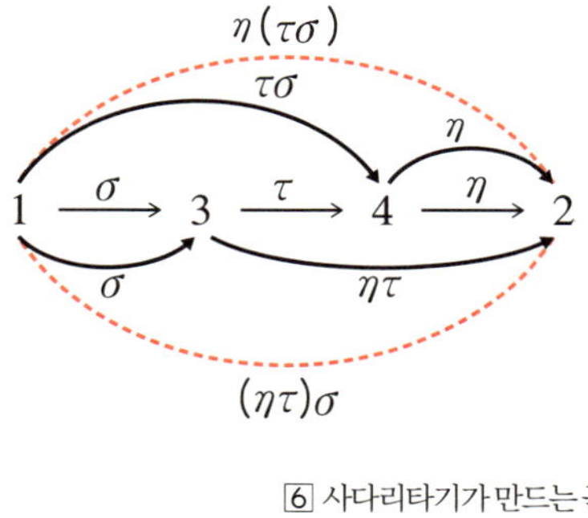

(iii) (항등원)

[**사다리타기**] 아래 그림과 같이 n개의 세로금만 있고 가로금이 하나도 없는 그림이 항등원 e입니다. 문자의 '이동'에 영향을 미치지 않기 때문에 임의의 사다리타기 σ에 대해서 $e\sigma=\sigma$, $\sigma e=\sigma$입니다.

[**치환**] 아래 그림과 같이 숫자를 바꾸지 않는 치환이 항등원 e입니다. 임의의 치환 σ에 대해서 $e\sigma=\sigma$, $\sigma e=\sigma$가 성립합니다.

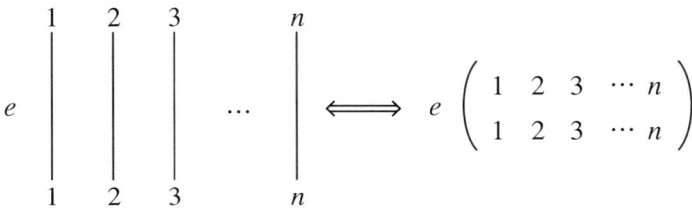

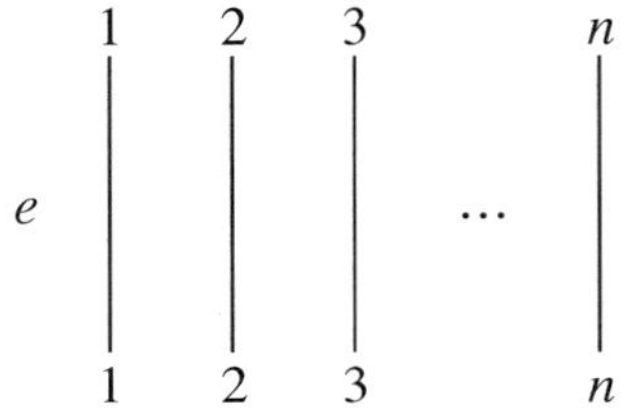

$$\Longleftrightarrow \quad e\begin{pmatrix} 1 & 2 & 3 & \cdots & n \\ 1 & 2 & 3 & \cdots & n \end{pmatrix}$$

(iv) (역원)

[**사다리타기**] 위아래를 뒤집은 그림이 역원이 됩니다. 이를테면 다음 쪽 그림의 왼쪽 위의 사다리타기가 σ이면 그 아래의 사다리타기가 역원 σ^{-1}을 나타내는 사다리타기입니다.

$\sigma^{-1}\sigma$가 나타내는 사다리타기를 그려 보면, σ에서 1은 3의 아래로 옮겨가는데 σ^{-1}은 3이 있는 곳의 숫자를 1이 있는 곳으로 옮깁니다. 결국 1은 1의 아래로 옮겨갑니다. σ^{-1}이 나타내는 숫자의 이동은 σ를 아래에서 거슬러 올라가는 것과 같으므로 1이 원래의 장소로 되돌아가는 것입니다.

위아래를 뒤집은 사다리타기를 이으면 가로금이 없는 사다리타기와 같은 것이 됩니다. σ의 사다리타기에 대해서 위아래를 뒤집은 사다리타기를 σ^{-1}이라고 정의하면 $\sigma\sigma^{-1}=\sigma^{-1}\sigma=e$가 성립합니다.

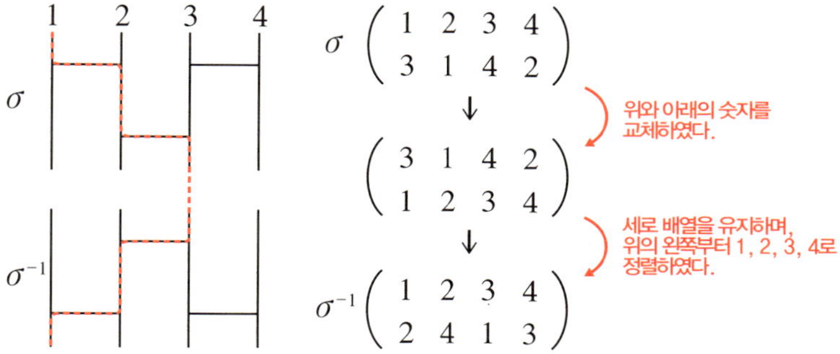

[**치환**] 먼저 σ를 나타내는 치환에서 가로 숫자의 배열을 유지하면서 위쪽의 숫자와 아래쪽의 숫자를 교체합니다. 다음으로 세로의 숫자 배열을 유지하면서 위쪽의 숫자를 왼쪽부터 1, 2, 3, 4의 순서가 되도록 자리를 바꿉니다. 이것이 σ^{-1}입니다. σ와 바로 그 아래에 있는 치환을 이용해서 생각하면 $\sigma^{-1}\sigma$가 어느 숫자나 본래의 숫자로 되돌리는 것을 알 수 있습니다. 이렇게 σ^{-1}을 정의하면 $\sigma\sigma^{-1}=\sigma^{-1}\sigma=e$가 성립합니다.

(i)~(iv)에 대해 점검하였으므로 사다리타기와 치환이 군이 된다는 것이 확인되었습니다.

문자의 개수를 고정했을 때, 모든 치환을 고려한 군을 대칭군(對稱群, symmetric group)이라고 합니다. n개의 숫자로 만든 치환으로 이루어진 군을 n차 대칭군이라고 하고 S_n으로 나타냅니다. n개의 문자로 만들어지는 치환은 모두 $n!$개 있으므로 S_n의 위수는 $n!$입니다.

n개의 세로금이 있는 사다리타기의 군과 군 S_n은 동형입니다.

사다리타기의 곱과 치환의 곱이 모순되지 않는다는 것을 함수를 이용해서 알아보면 다음과 같습니다.

사다리타기 σ가 대응하는 치환 σ를 이용해서 n개의 세로금이 있는 사다리

타기의 군 L_n으로부터 대칭군 S_n으로 가는 함수 f를

$$f : L_n \longrightarrow S_n$$
$$\sigma_{가} \longmapsto \sigma$$

라 하면 사다리타기의 곱 $\sigma_{가} \cdot \tau_{가}$에 대응하는 치환과 $\sigma\tau$가 일치하므로

$$f(\sigma_{가} \cdot \tau_{가}) = f(\sigma_{가})f(\tau_{가})$$

가 성립합니다.

그런데 172쪽의 곱셈표를 보면 109쪽의 곱셈표와 완전히 똑같다는 것을 알 수 있습니다. 곧, $D_3 \cong S_3$입니다.

이것은 D_3의 원소가 꼭짓점 1, 2, 3을 어떻게 이동시키는지에 주목한 것이 사다리타기에 대응하고, 그것이 S_3의 원소에도 대응하고 있기 때문입니다. 그러므로 D_3의 원소의 곱을 고려할 때에도 처음부터 꼭짓점 1, 2, 3의 이동에만 주목해도 되는 것입니다.

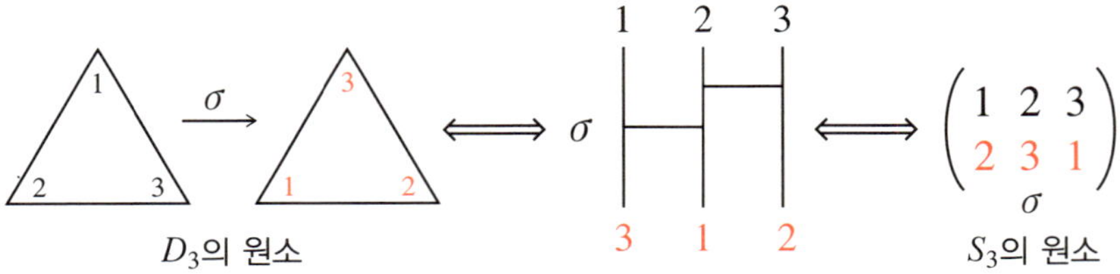

D_3의 원소 S_3의 원소

3차대칭군 S_3에 대해서는 이제 잘 알았습니다. 다음으로 4차대칭군 S_4를 알아 보겠습니다. 이를테면 S_4의 원소는 다음과 같습니다.

$$\begin{pmatrix} 1 & 2 & 3 & 4 \\ 2 & 1 & 4 & 3 \end{pmatrix}, \begin{pmatrix} 1 & 2 & 3 & 4 \\ 2 & 4 & 3 & 1 \end{pmatrix}$$

사실 이것도 이미 여러분이 알고 있는 군입니다.

문제2.11 $S(P_6) \cong S_4$임을 밝히시오.

$S(P_6)$은 정육면체의 치환으로 만든 군이었습니다. $S(P_6)$의 원소가 정육면체의 꼭짓점을 어떻게 이동시키는지에 주목하면 S_4의 원소와 대응시킬 수 있습니다. 정육면체의 치환의 군 $S(P_6)$은 '교체'의 군이고 대칭군 S_4는 '변환'의 군이라는 것에 주의합니다.

$S(P_6)$의 원소가 나타내는 정육면체의 이동을 보여주는 그림에서, 처음 위치에 있던 정육면체의 윗면에 배열되어 있는 1, 2, 3, 4의 자리가 바뀌고 나서 어떻게 교체되었는지를 보고, 그것에 대응하는 S_4의 원소를 만들 수 있습니다. 그 사이에 '교체'의 군으로서 사다리타기를 넣으면 이해하기 더 쉽습니다.

아래의 왼쪽 그림과 같이 정육면체의 꼭짓점 1, 2, 3, 4의 자리가 바뀐 뒤에는 3, 1, 4, 2가 됩니다. 이것과 마찬가지인 '교체'를 나타내는 사다리타기는 그림과 같습니다. 이것을 세로금마다 아래부터 읽고 위를 1, 2, 3, 4의 순서로 정렬시키면 치환의 표기가 됩니다.

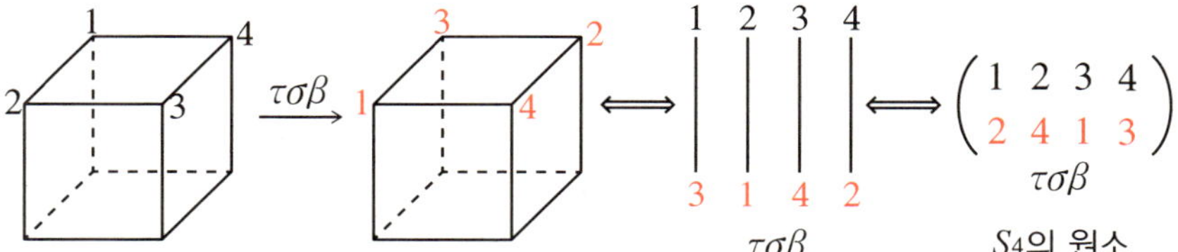

$$\begin{pmatrix} 1 & 2 & 3 & 4 \\ 2 & 4 & 1 & 3 \end{pmatrix}$$

$S(P_3)$의 원소

문자 네 개의 치환은 $4! = 24$개이므로 S_4의 위수는 24, $S(P_6)$의 위수도 24이고 윗면의 1, 2, 3, 4를 배열하는 방법은 모두 다릅니다. $S(P_6)$의 원소와 S_4의 원소는 일대일로 대응하고, 사다리타기의 군과 대칭군이 동형인 것처럼 군으로서 동형입니다. (문제2.11 끝)

또한 위 그림의 사다리타기에서 가로금을 긋지 않았지만 이 '교체'를 보여주는 사다리타기는 만들 수 있습니다. $S(P_6)$의 원소가 나타내는 스물네 가지의 모든 '교체'에 대해서 그것을 실현시키는 사다리타기가 존재합니다. 이것을 다음 정리에서 증명해 보겠습니다.

이제부터 대칭군 S_n의 성질을 알아보기에 앞서 사다리타기와 S_n의 원소 사이의 관계에 대해서 되짚어 보겠습니다.

사다리타기는 세로금에 가로금을 그어서 만듭니다. S_3의 예에서는 바로 이웃해 있는 세로금끼리만 가로금으로 이었지만, 아래의 그림과 같이 바로 이웃해 있지 않은 세로금을 가로금으로 이어도 된다고 하겠습니다. 단, 아래 오른쪽 그림과 같이 가로금을 비스듬히 그어서 위로 되돌아가는 것은 안 됩니다.

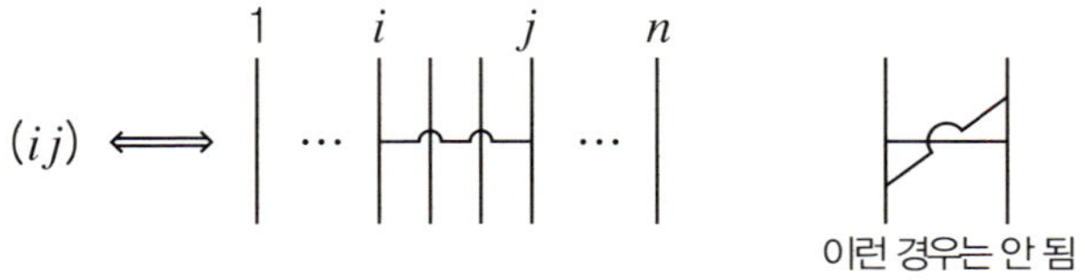

이러한 하나의 가로금으로 표현되는 사다리타기에 대응하는 치환을 호환(互換, transposition)이라고 합니다. i열과 j열을 가로금으로 이어서, i열과 j열을 바꾸는 사다리타기, 곧 i를 j로 변환하는 호환을 $(i\ j)$로 표기합니다.

$$(i\ j) = \begin{pmatrix} 1 & \cdots & i & \cdots & j & \cdots & n \\ 1 & \cdots & j & \cdots & i & \cdots & n \end{pmatrix}$$ (i와 j만 바꿈)

이라는 것입니다. 이 용어를 사용하면 사다리타기가 세로금에 가로금을 그어서 만들었다는 것을 "치환은 호환의 곱으로 표현된다"라고 바꿔 말할 수 있습니다.

확실히 S_3일 때 임의의 치환(사다리타기)은 호환(가로금)의 곱으로 표현됩니다다. n차의 대칭군 S_n에서도 치환은 호환의 곱으로 표현될까요?

정리2.18 **치환은 호환의 곱**

n차의 대칭군 S_n의 원소는 호환의 곱으로 표현된다.

호환의 곱으로 표현된다는 것을 예를 들어 살펴봅시다. 먼저 임의의 치환은 바로 이웃한 직선끼리 가로금으로 잇는 호환만으로 표현된다는 것을 보이도록 하겠습니다.

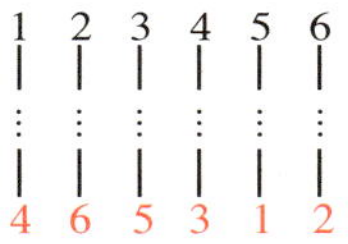

$$\Longleftrightarrow \begin{pmatrix} 1 & 2 & 3 & 4 & 5 & 6 \\ 5 & 6 & 4 & 1 & 3 & 2 \end{pmatrix}$$

를 호환의 곱으로 표현해 보겠습니다.

사다리타기의 아래쪽을 왼쪽 숫자부터 정돈하여 맞춘다는 방침을 세웁시다.

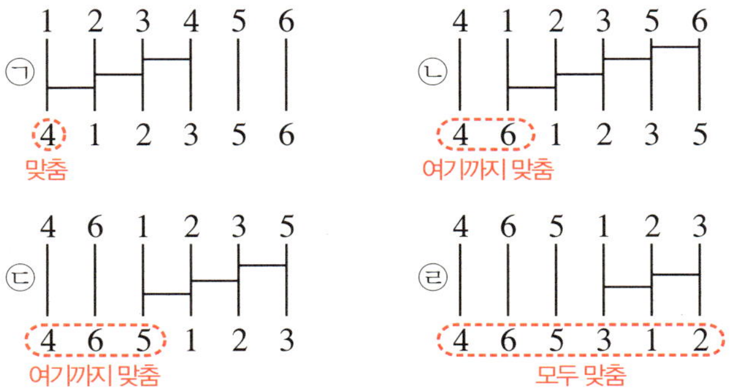

처음에는 오른쪽으로 오르는 계단처럼 가로금을 그어 4를 맨 왼쪽으로 가져옵니다. 다음으로 또 오른쪽으로 오르는 계단을 만들어 6을 왼쪽에서 두 번째로 가져옵니다. 이런 식으로 왼쪽부터 숫자를 맞추어 가면 마지막에는 바라는 치환을 얻을 수 있습니다. 위의 ㉠, ㉡, ㉢, ㉣을 위에서부터 차례로 놓으면 됩니다. 이렇게 하면 위의 치환은 다음 그림과 같이 12개의 호환의 곱으로 나타낼 수

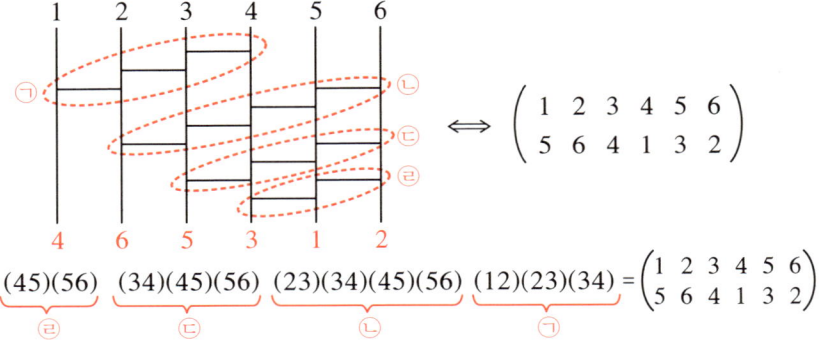

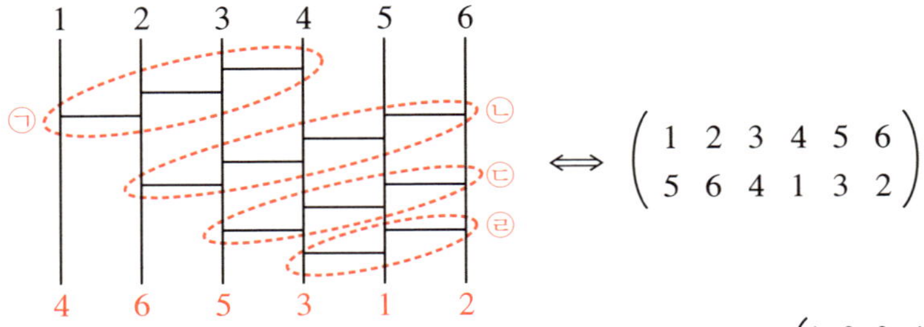

$$\underbrace{(45)(56)}_{㉣}\ \underbrace{(34)(45)(56)}_{㉢}\ \underbrace{(23)(34)(45)(56)}_{㉡}\ \underbrace{(12)(23)(34)}_{㉠} = \begin{pmatrix} 1 & 2 & 3 & 4 & 5 & 6 \\ 5 & 6 & 4 & 1 & 3 & 2 \end{pmatrix}$$

있습니다.

그렇지만 이런 방법으로는 호환의 곱으로 표현할 수 있음을 보여 줄 뿐이고 효율은 좋지 않습니다. 이웃하지 않은 세로금끼리 연결하는 경우도 허용하고 있으므로, 호환의 개수를 좀 더 적게 사용해도 치환을 나타낼 수 있습니다.

먼저 2와 6은 교체되고 있으므로 2번째 세로금과 6번째 세로금을 가로금으로 잇습니다([그림1]). 앞으로 이 두 개의 세로금에는 손을 대지 않기로 합니다.

나머지는 4가 1의 아래에 오도록 첫 번째와 네 번째의 세로금을 가로금으로 잇습니다([그림2]). 1은 이대로 두면 4의 아래에 나오게 되므로, 3이 4의 아래에 나오도록 첫 번째와 세 번째의 세로금을 잇는 가로금을 아까의 가로금보다 위에 긋습니다([그림3]). 다음으로 5가 3의 아래에 나오도록 첫 번째와 다섯 번째의 세로금을 잇는 가로금을 더 위에 긋습니다([그림4]). 이렇게 하면 맨 마지막의 1은 자동으로 남은 숫자인 5의 아래로 가게 됩니다.

[그림1] 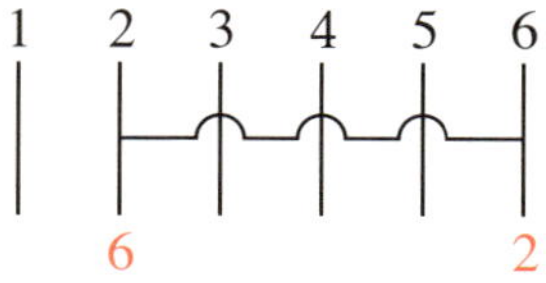

[그림2] 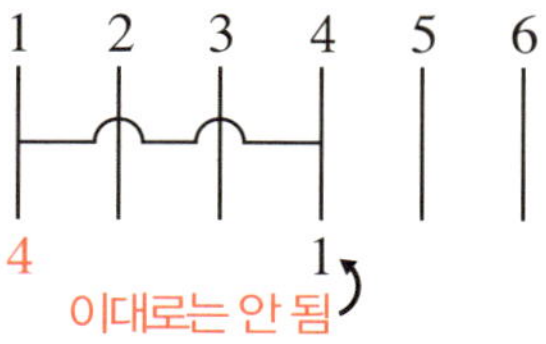

[그림3] 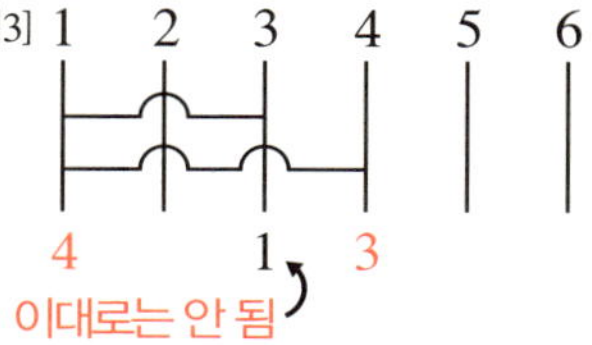

[그림4] 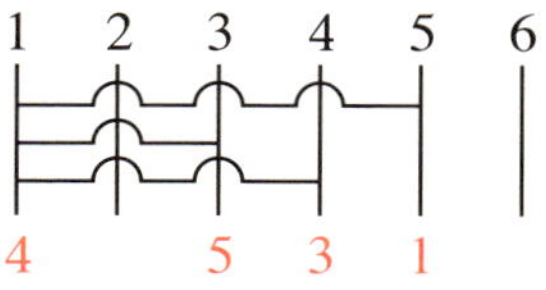

결국, 이것을 종합하면 아래 그림과 같이 됩니다.

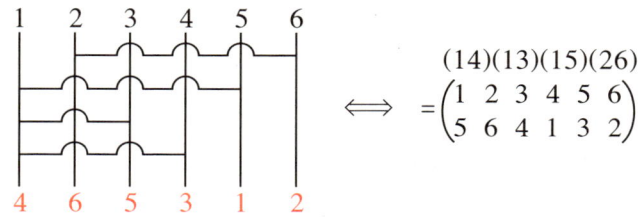

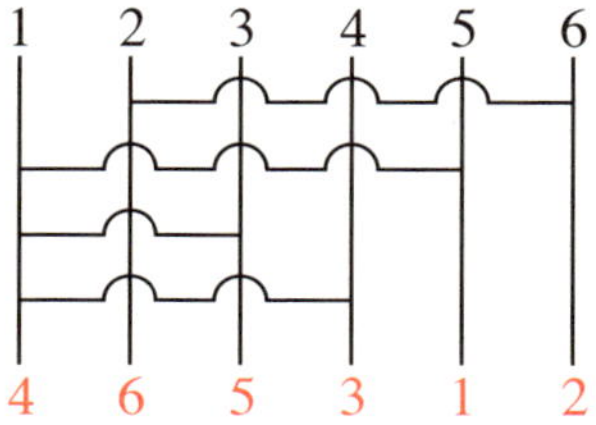

$$\Longleftrightarrow \quad (14)(13)(15)(26) = \begin{pmatrix} 1 & 2 & 3 & 4 & 5 & 6 \\ 5 & 6 & 4 & 1 & 3 & 2 \end{pmatrix}$$

이용하는 호환의 종류를 제한해도 S_n의 임의의 원소를 호환의 곱으로 나타낼 수 있습니다. S_n의 임의의 원소는 $n-1$개의 호환 (12), (13), $\cdots$, $(1n)$을 조합한 곱으로 나타낼 수 있습니다.

정리2.19 **대칭군의 생성원**

$$S_n = \langle (12), (13), \cdots, (1n) \rangle$$

증명 임의의 호환 (ij)는 다음 쪽의 그림과 같이 (12), (13), $\cdots$, $(1n)$을 이용하여 만들어낼 수 있고 $(ij)=(1i)(1j)(1i)$입니다. S_n의 원소가 (12), (13), $\cdots$, $(1n)$ 이외의 호환의 곱으로 표현되어 있다고 하여도 각각의 호환을 (12), (13), $\cdots$, $(1n)$의 곱으로 나타낼 수 있기 때문에 결국 S_n의 모든 원소를 (12), (13), $\cdots$, $(1n)$의 곱으로

나타낼 수 있습니다.

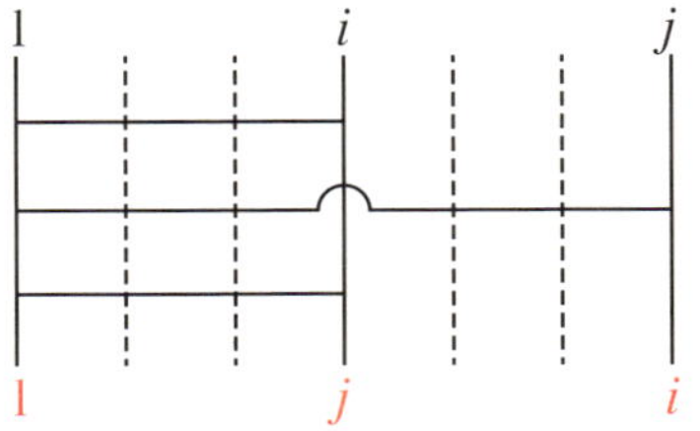

에 의해 $(ij) = (1i)(1j)(1i)$

(증명 끝)

이렇게 치환을 호환의 곱으로 나타낸다고 해도 **정리2.18**의 예에서 보았듯이 표현 방법은 한 가지가 아닙니다. 표현 방법은 수없이 많이 있습니다.

그러나 이렇게 수없이 많은 호환의 곱의 표현에는 공통된 성질이 있습니다.

정리2.20 치환의 홀짝 성질

어느 치환을 호환의 곱으로 나타낼 때, 사용하는 호환의 개수가 홀수인지 짝수인지는 분해하는 방법에 관계없이 정해져 있다.

증명 이를 설명하기 위해 전도수(轉倒數)라고 하는 지표를 도입하겠습니다. 전도수는 치환이 문자를 몇 번이나 교체하는지를 나타내는 수입니다.

이를테면 위의 예에서 나온 치환

$$\begin{pmatrix} 1 & 2 & 3 & 4 & 5 & 6 \\ 5 & 6 & 4 & 1 & 3 & 2 \end{pmatrix}$$

← 아래 줄에 주목해서 전도수를 계산

의 전도수라면 아래 줄에서 1보다 왼쪽에 있고 1보다 큰 수(5, 6, 4)가 3개, 2보다 왼쪽에 있고 2보다 큰 수(5, 6, 4, 3)가 4개, 3의 경우(5, 6, 4)에는 3개, 4의 경우(5, 6)에는 2개, 5의 경우는 0개이므로 이것들을 더해서 $3+4+3+2+0=12$가 됩니다.

즉, 치환을 나타낸 것의 아래 줄에서 각 숫자에 대해 그것보다 왼쪽에 있으면서 그것보다 큰 수가 몇 개인지를 세어 모두 더하면 됩니다. '그것보다 왼쪽에 있고, 그것보다 큰 수'라는 표현은 너무 번거로우므로 '왼쪽의 큰 수'라고 쓰겠습니다. 이것은 이 책에서만 쓰는 용어입니다.

이 전도수와 호환 사이에는 재미있는 관계가 있습니다.

임의의 치환에 하나의 호환을 시행하면 전도수가 홀수에서 짝수로, 짝수에서 홀수로 변한다는 것입니다. 이에 대해 살펴봅시다.

먼저 바로 이웃한 문자 a, b를 바꾸어 놓았을 때 전도수의 변화를 파악해 봅시다.

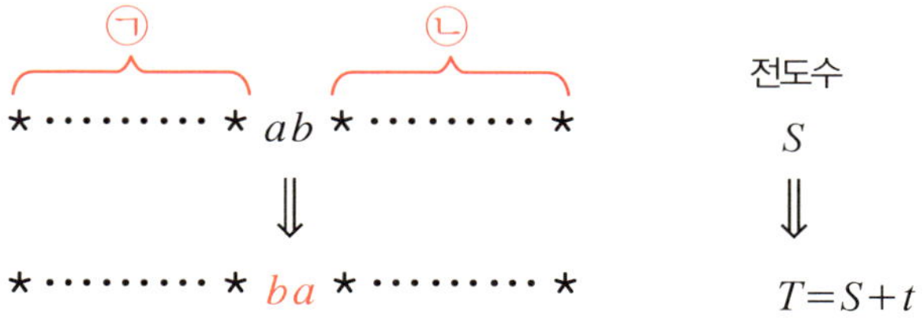

처음 상태의 전도수를 S, 호환하고 나서의 전도수를 T, 호환에 의한 증감을 t라고 하겠습니다. 이때 $S+t=T$가 성립합니다.

a, b를 교체했을 때 ㉠의 위치에 있는 각 숫자에 대한 '왼쪽의 큰 수'는 달라지지 않습니다. ㉡의 위치에 있는 각 숫자에 대한 '왼쪽의 큰 수'도 달라지지 않습니다. 달라지는 것은 자리를 바꾼 a와 b의 '왼쪽의 큰 수'뿐입니다. 이것을 알아보겠습니다.

$a<b$일 때 호환하고 나서는 a보다 큰 b가 a의 왼쪽에 오기 때문에 a의 '왼쪽의 큰 수'의 개수는 1개 늘어납니다. b의 '왼쪽의 큰 수'의 개수는 달라지지 않습니다. 그러므로 $t=1$입니다.

$b<a$일 때 호환하고 나서는 b보다 큰 a가 b의 오른쪽에 오기 때문에 b의 '왼쪽의 큰 수'의 개수는 1개 줄어듭니다. a의 '왼쪽의 큰 수'의 개수는 달라지지 않습니다. 그러므로 $t=-1$입니다.

여기에서 주의해야 하는 것은 $1 \equiv -1 \pmod 2$가 된다는 것입니다. 전도수의 홀짝을 문제로 삼는 것은 mod 2의 세계에서 생각하는 것입니다. mod 2의 세계에서는 1과 -1이 같습니다.

$S + 1 = T$이든, $S - 1 = T$이든 mod 2에서 보면

$$S + 1 \equiv T \pmod 2$$

가 됩니다. 곧, 바로 이웃한 숫자의 자리를 바꾸는 호환을 시행하면 전도수의 홀짝이 바뀝니다.

다음으로 일반적인 호환을 시행했을 때의 전도수의 변화를 알아봅니다.

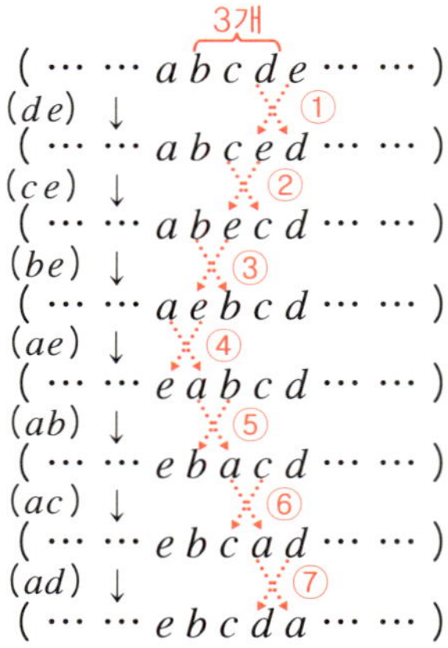

이를테면 ($\cdots a\ b\ c\ d\ e \cdots$)로 나열되어 있는 순열에 (ae)라는 a와 e를 자리바꿈하는 호환을 시행해서 ($\cdots e\ b\ c\ d\ a \cdots$)가 될 때를 생각해 보겠습니다.

a와 e의 자리바꿈은 오른쪽 그림처럼 바로 이웃하는 문자끼리 자리를 바꾸는 호환을 7번 시행함으로써 실현됩니다. 이 7번이라는 횟수는 a와 e 사이에 있는 문자의 개수인 3개로부터 $3 \times 2 + 1 = 7$로 구해집니다.

$$
\begin{array}{l}
(\cdots\ \overbrace{a\ b\ c\ d}^{3개}\ e\ \cdots) \\
(de) \downarrow \qquad\qquad ① \\
(\cdots\ a\ b\ c\ e\ d\ \cdots) \\
(ce) \downarrow \qquad\qquad ② \\
(\cdots\ a\ b\ e\ c\ d\ \cdots) \\
(be) \downarrow \qquad\qquad ③ \\
(\cdots\ a\ e\ b\ c\ d\ \cdots) \\
(ae) \downarrow \qquad\qquad ④ \\
(\cdots\ e\ a\ b\ c\ d\ \cdots) \\
(ab) \downarrow \qquad\qquad ⑤ \\
(\cdots\ e\ b\ a\ c\ d\ \cdots) \\
(ac) \downarrow \qquad\qquad ⑥ \\
(\cdots\ e\ b\ c\ a\ d\ \cdots) \\
(ad) \downarrow \qquad\qquad ⑦ \\
(\cdots\ e\ b\ c\ d\ a\ \cdots)
\end{array}
$$

a와 b 사이에 k개의 문자가 있는 순열에서 a와 b를 교체했을 때의 전도수의 변화를 생각해 보겠습니다. 이것은 바로 이웃하는 문자를 교체하는 호환을 $2k + 1$번 시행함으로써 실현됩니다. i번째의 호환에 의한 전도수의 변화를 t_i라고 합니다. $t_i = 1$ 또는 -1이고 $t_i \equiv 1 \pmod 2$가 성립합니다. 그러면

```
                    k개             전도수
        ··· ··· a □ △ × ○ b ··· ···   S
                    ⇓                ⇓
        ··· ··· a □ △ × b ○ ··· ···   S+t₁
                    ⇓                ⇓
        ··· ··· a □ △ b × ○ ··· ···   S+t₁+t₂
                    ⇓                ⇓
                    ⋮                ⋮
                    ⇓                ⇓
        ··· ··· b □ △ × a ○ ··· ···   S+t₁+t₂+···+t_{2k}
                    ⇓                ⇓
        ··· ··· b □ △ × ○ a ··· ···   S+t₁+t₂+···+t_{2k}+t_{2k+1} = T
```

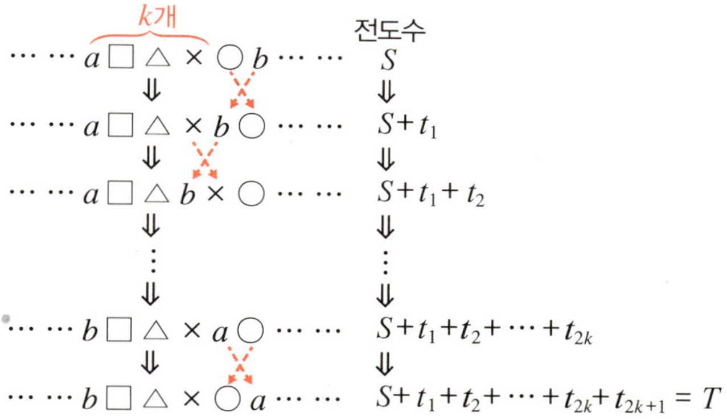

로부터 $S + t_1 + t_2 + \cdots + t_{2k+1} = T$ 이것을 mod 2에서 보면

$$S + \underbrace{1 + 1 + \cdots + 1}_{2k+1 \text{개}} \equiv T \pmod{2}$$

$S + 2k + 1 \equiv T \pmod{2}$ $S + 1 \equiv T \pmod{2}$

이것에 의해 일반적으로 호환을 시행하면 전도수의 홀짝이 바뀐다는 것을 알 수 있습니다.

전도수가 T인 어느 치환 σ가 두 가지의 호환의 곱으로 표현된다고 하겠습니다. 하나는 k개의 호환 $\sigma_1, \sigma_2, \cdots, \sigma_k$의 곱 $\sigma = \sigma_k \sigma_{k-1} \cdots \sigma_2 \sigma_1$, 또 하나는 l개의 호환 $\tau_1, \tau_2, \cdots, \tau_l$의 곱 $\sigma = \tau_l \tau_{l-1} \cdots \tau_2 \tau_1$로 표시된다고 합시다.

σ가 대칭군 S_n의 원소라고 하면 $\sigma = \sigma_k \sigma_{k-1} \cdots \sigma_2 \sigma_1$로부터 σ의 아랫줄에 있는 순열은 1부터 차례로 나열한 순열(1 2 3 ··· n)에 순서대로 호환 $\sigma_1, \sigma_2, \cdots, \sigma_k$를 시행한 순열이 됩니다. i번째의 호환 σ_i에 의한 전도수의 변화를 s_i라고 합니다.

그러면 처음의 (1 2 3 ··· n)의 전도수는 0이므로

$0 + s_1 + s_2 + \cdots + s_k = T$ $\underbrace{1 + 1 + \cdots + 1}_{k\text{개}} \equiv T \pmod{2}$ $k \equiv T \pmod{2}$

또, $\sigma = \tau_l \tau_{l-1} \cdots \tau_2 \tau_1$에서도 마찬가지로 생각하여 i번째의 호환 τ_i에 의한 전

도수의 변화를 t_i라고 합니다. 그러면

$$0+t_1+t_2+\cdots+t_l=T \quad \underbrace{1+1+\cdots+1}_{l\text{개}} \equiv T \pmod 2 \quad l \equiv T \pmod 2$$

따라서 $k \equiv l \pmod 2$

어떤 치환을 호환의 곱으로 나타냈을 때, 호환의 개수가 홀수인지 짝수인지는 분해하는 방법에 관계없이 정해져 있다는 것을 알아냈습니다. (증명 끝)

S_n 중에서 홀수개의 호환의 곱으로 나타나는 치환을 홀치환(奇置換, odd permutation), 짝수개의 호환의 곱으로 나타나는 치환을 짝치환(偶置換, even permutation)이라고 합니다. 짝치환과 짝치환을 곱하면 짝치환이 됩니다. 짝수 더하기 짝수는 짝수이기 때문에, '짝수개의 호환의 곱으로 나타나는 짝치환'과 '짝수개의 호환의 곱으로 나타나는 짝치환'을 곱하면 짝수개의 호환의 곱으로 나타나 짝치환이 되는 것입니다.

마찬가지로 생각하면 짝치환과 홀치환의 곱은 홀치환이 됩니다.

정리2.21 교대군

대칭군 S_n 중에서 짝치환의 집합은 군이 된다. 이것을 n차 교대군(交代群, alternating group)이라고 하고 A_n이라고 쓴다.

증명 군의 정의를 확인해 보면,

(닫혀 있다) 짝치환과 짝치환의 곱은 짝치환이기 때문에 분명합니다.

(결합법칙) 통상의 치환과 마찬가지로 성립합니다.

(항등원의 존재) 항등치환은 0개의 치환을 곱한 것으로 여길 수 있으므로 항등치환은 짝치환입니다.

(역원의 존재) 치환 σ의 역원 σ^{-1}을 나타내는 사다리타기는 σ를 나타내는

사다리타기의 위아래를 뒤집은 것이므로, 가로금의 개수(호환의 개수)는 달라지지 않습니다. σ가 짝치환이면 σ^{-1}도 짝치환입니다. (증명 끝)

정리2.22 교대군과 대칭군

σ를 S_n의 호환이라 하면

$$S_n = A_n \cup \sigma A_n,\ \ [S_n : A_n] = 2,\text{ 잉여군 } S_n / A_n \text{은 순환군}$$

증명 B_n을 S_n에 포함되는 홀치환의 집합이라고 하겠습니다. A_n의 원소는 짝치환이고 여기에 호환을 작용시킨 치환은 모두 홀치환이 되므로

$$\sigma A_n \subset B_n \cdots\cdots ①$$

또 σB_n의 원소는 짝치환이 되므로 $\sigma B_n \subset A_n$.

여기에 σ를 작용시키면 $\sigma \cdot \sigma B_n \subset \sigma A_n$이 되는데

$$\sigma \cdot \sigma B_n = (\sigma)^2 B_n = B_n \text{이므로 } B_n \subset \sigma A_n \cdots\cdots ②$$

①, ②에 의해 $B_n = \sigma A_n$이 됩니다.

$$S_n = A_n \cup B_n = A_n \cup \sigma A_n \text{ 따라서 } [S_n : A_n] = 2$$

잉여군 S_n / A_n의 원소 σA_n은 $(\sigma A_n)^2 = (\sigma A_n)(\sigma A_n) = \sigma^2 A_n = A_n$을 만족시키므로 잉여군 S_n / A_n은 순환군입니다. (증명 끝)

S_n의 $n!$개의 원소 중에서 짝치환과 홀치환은 같은 개수로 있고, 짝치환의 개수는 $\frac{1}{2}n!$개입니다. 즉, $|A_n| = \frac{1}{2}n!$입니다.

정리2.19와 같이 A_n을 생성하는 원소의 예를 들어 봅시다.

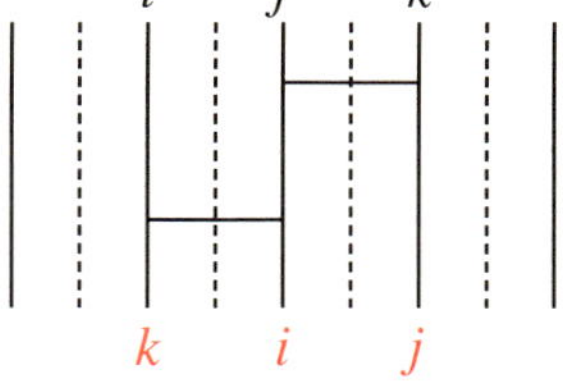

$$\Longleftrightarrow \begin{pmatrix} \cdots & i & \cdots & j & \cdots & k & \cdots \\ \cdots & j & \cdots & k & \cdots & i & \cdots \end{pmatrix} = (ijk)$$

와 같이 $i \to j$, $j \to k$, $k \to i$라고 바꿔 놓는 치환을 생각해 봅시다. 이것은 세 문자 i, j, k를 $i \to j \to k \to i$로 교체하는 치환입니다. 이것을 (ijk)라고 나타내겠습니다. 이렇게 3개의 문자를 치환하는 것을 삼환(三換)이라고 하겠습니다. 이 책에서만 쓰는 용어입니다.

정리2.23 교대군은 삼환의 곱

A_n의 임의의 원소는 삼환의 곱으로 표현된다.

증명 A_n의 원소는 짝수 개의 호환의 곱으로 표현됩니다. 곱으로 표현된 호환을 2개씩 묶어 생각합니다. 임의의 두 호환의 곱이 삼환의 곱으로 표현되면 A_n의 모든 원소가 삼환의 곱으로 표현되는 것입니다.

두 호환의 곱은 다음과 같이 두 가지로 나눌 수 있습니다.

㉠ $(ij)(kl)$ ㉡ $(ij)(jk)$

이것은 2개의 호환이 다루는 문자가 4개인 경우와 3개(1개는 중복)인 경우입니다. 문자가 2개인 경우는 $(ij)(ij) = e$로 항등치환이 되어 버리므로 생략했습니다.

이 경우들을 실제로 삼환의 곱으로 나타내 보면 다음과 같습니다. ㉡은 그대로 삼환이 됩니다. 임의의 호환의 곱은 확실히 삼환의 곱으로 표현됨을 알 수 있습니다.

㉠

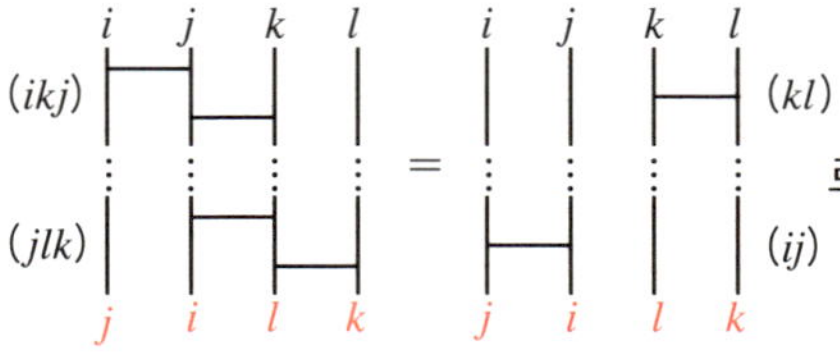

로부터 $(jlk)(ikj) = (ij)(kl)$

㉡

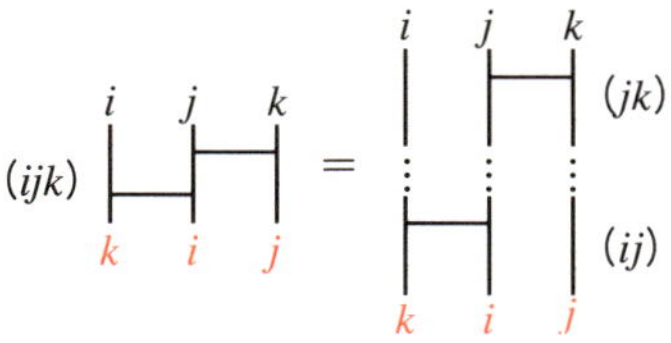

로부터 $(ijk) = (ij)(jk)$

㉠ $(ij)(kl) = (jlk)(ikj)$ ㉡ $(ij)(jk) = (ijk)$

(증명 끝)

S_n일 때 쓰이는 호환에 제한을 더 두었을 때와 마찬가지로 A_n일 때도 이용하는 삼환을 제한할 수 있습니다. A_n의 임의의 원소는 $n-2$개의 원소 (123), (124), ⋯, ($12n$)을 조합한 곱으로 표현됩니다.

정리2.24 교대군의 생성원

$$A_n = \langle (123), (124), \cdots, (12n) \rangle$$

증명 S_n의 임의의 원소는 $n-1$개의 호환 (12), (13), ⋯, ($1n$)을 조합한 곱으로 표현되었습니다. A_n의 원소는 $n-1$개의 호환 (12), (13), ⋯, ($1n$)에서 짝수 개로 조합한 곱으로 표현됩니다. (12), (13), ⋯, ($1n$) 중에서 두 원소를 곱한 것이 (123), (124), ⋯, ($12n$)의 곱으로 나타난다는 것을 증명하겠습니다. 다음 세 경우를 확인하면 됩니다.

㉠ $(1j)(12) \quad (j \geqq 3)$ ㉡ $(12)(1j) \quad (j \geqq 3)$ ㉢ $(1i)(1j) \quad (i, j \geqq 3)$

㉠

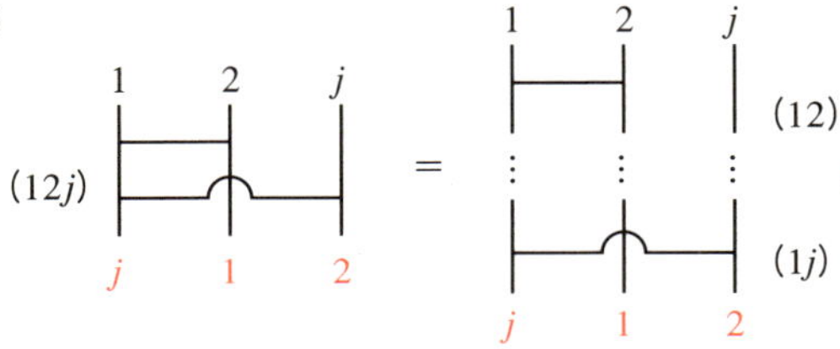

로부터 $(1j)(12) = (12j)$

㉡ 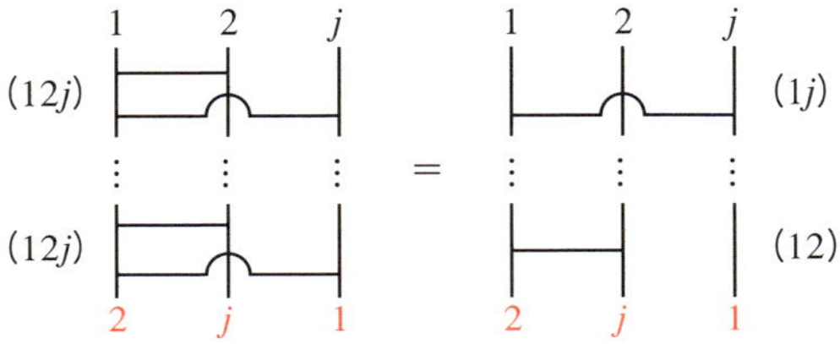

로부터 $(12)(1j) = (12j)^2$

㉢ 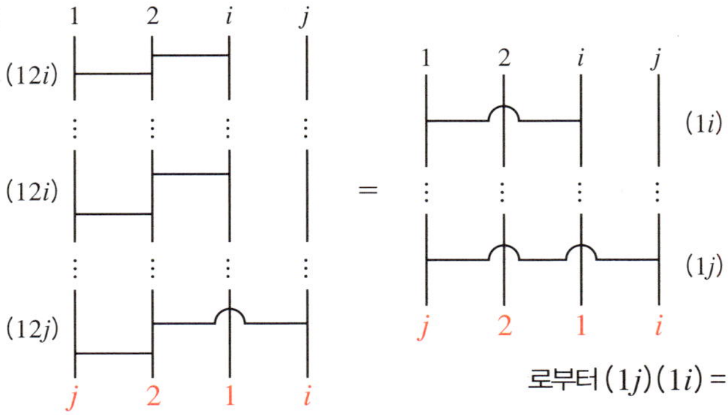

로부터 $(1j)(1i) = (12j)(12i)^2$

이 되어,

㉠ $(1j)(12) = (12j)$ ㉡ $(12)(1j) = (12j)^2$ ㉢ $(1j)(1i) = (12j)(12i)^2$

으로 표현되므로 A_n의 원소는 (123), (124), ⋯, $(12n)$의 곱으로 나타납니다.

(증명 끝)

7 크기대로 포함되는 구조를 갖는 순환군
— 가해군

대칭군 S_3, S_4에 대한 교대군 A_3, A_4를 살펴보겠습니다.

> **문제2.12** 대칭군 $S_3 = \{e, \sigma, \sigma^2, \tau, \tau\sigma, \tau\sigma^2\}$에 대해서 교대군 $A_3 = \{e, \sigma, \sigma^2\}$임을 확인하시오.

이것은 167쪽에 있는 사다리타기 그림을 보면 일목요연하게 정리됩니다. $\{e, \sigma, \sigma^2\}$을 나타내는 사다리타기는 가로금이 짝수 개입니다.

A_3은 $\langle\sigma\rangle$이고 순환군입니다. 또 S_3의 A_3에 의한 잉여군 S_3/A_3은 $\{A_3, \tau A_3\}$으로 위수가 2이므로 역시 순환군입니다. 일반적으로 S_n의 A_n에 의한 잉여군 S_n/A_n은 위수가 2인 순환군이었습니다.

곧, S_3이라는 군은 부분군 A_3을 생각해 보면

$$\{e\} \subset A_3 \subset S_3$$

이므로, 순환군은 크기 순서로 포함되는 구조로 되어 있다고 할 수 있습니다.

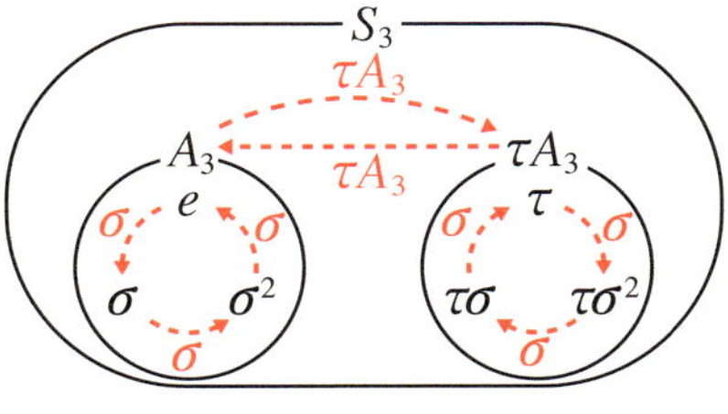

> **문제2.13** 대칭군 $S_4 = V \cup \sigma V \cup \sigma^2 V \cup \tau V \cup \tau\sigma V \cup \tau\sigma^2 V$에 대해서 교대군 $A_4 = V \cup \sigma V \cup \sigma^2 V$임을 확인하시오.

V의 원소 e, α, β, γ와 σ가 모두 짝치환임을 확인하겠습니다. 133쪽의 정육

면체의 꼭짓점 치환을 사다리타기로 바꿔 보면

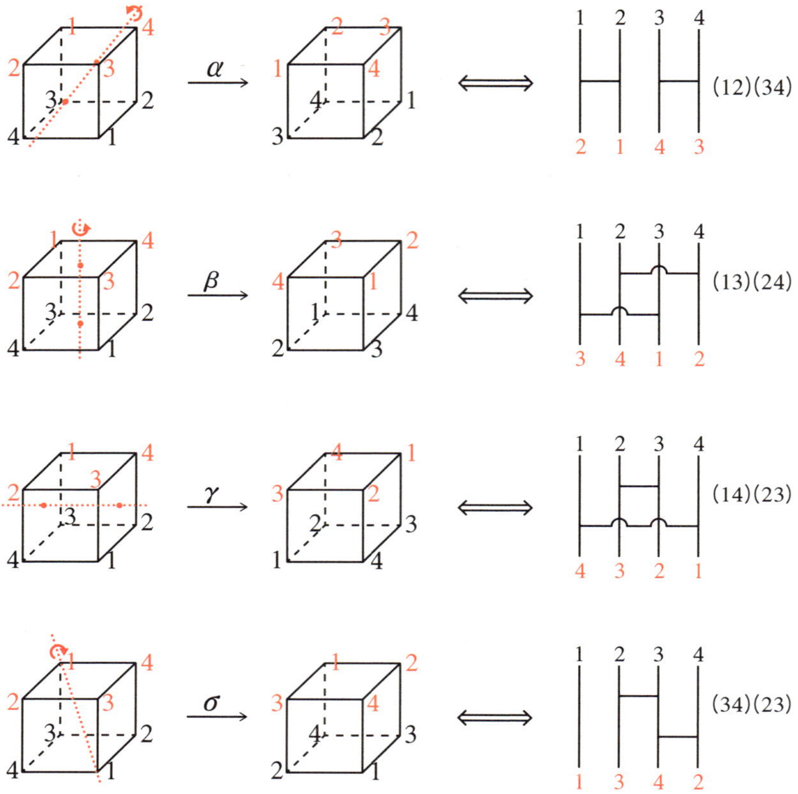

이 됩니다. 가로금은 0개(e)든지 2개(α, β, γ)이므로 짝치환입니다. 이것들을 곱해서 만드는 원소는 짝치환입니다. σ도 가로금이 2개이어서 짝치환이므로 $V \cup \sigma V \cup \sigma^2 V$의 원소는 모두 짝치환입니다. 원소의 개수는 12개이고, 이것이 S_4의 모든 짝치환이라는 것을 알 수 있습니다. $A_4 = V \cup \sigma V \cup \sigma^2 V$입니다.

V는 원래 S_4의 정규부분군이기 때문에 A_4의 정규부분군이기도 합니다. 따라서 A_4의 V에 의한 잉여군 A_4/V를 생각할 수 있고, 이것은 다음 쪽의 곱셈표로부터 알 수 있듯이 σV를 생성원으로 하고 위수가 3인 순환군입니다.

	V	σV	$\sigma^2 V$
V	V	σV	$\sigma^2 V$
σV	σV	$\sigma^2 V$	V
$\sigma^2 V$	$\sigma^2 V$	V	σV

잉여군 A_4/V의 곱셈표

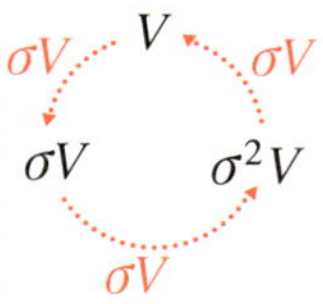

	$\langle\alpha\rangle$	$\beta\langle\alpha\rangle$
$\langle\alpha\rangle$	$\langle\alpha\rangle$	$\beta\langle\alpha\rangle$
$\beta\langle\alpha\rangle$	$\beta\langle\alpha\rangle$	$\langle\alpha\rangle$

잉여군 $V/\langle\alpha\rangle$의 곱셈표

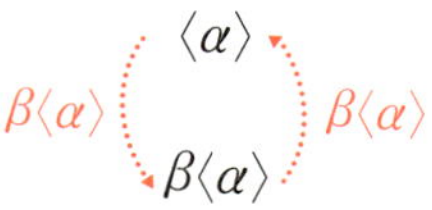

S_4에서도 S_3과 같이 잉여군이 순환군으로 되는 부분군의 열이 존재할까요? 분석해 봅시다.

V는 순환군은 아니므로, 먼저 순환군을 크기 순서로 포함되는 구조로 나타내 보겠습니다. V의 부분군으로 $\langle\alpha\rangle = \{e, \alpha\}$를 선택합니다.

$V = \langle\alpha\rangle \cup \beta\langle\alpha\rangle$이므로 V의 $\langle\alpha\rangle$에 의한 잉여군 $V/\langle\alpha\rangle$의 위수는 2이고 순환군입니다. 그러면

$$S_4 \supset A_4 \supset V \supset \langle\alpha\rangle \supset \{e\}$$

라는 부분군의 열을 만들 수 있습니다. A_4는 S_4의 정규부분군, V는 A_4의 정규부분군, $\langle\alpha\rangle$는 V의 정규부분군이 됩니다. 그리고 S_4/A_4, A_4/V, $V/\langle\alpha\rangle$, $\langle\alpha\rangle$는 모두 순환군이 됩니다. S_4가 크기 순서로 포함되는 구조를 갖는 순환군이 된다는 것을 그림으로 나타내면 다음과 같습니다.

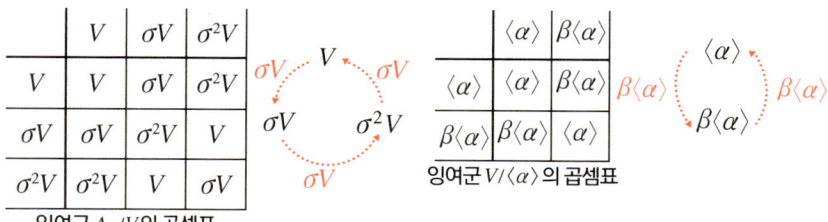

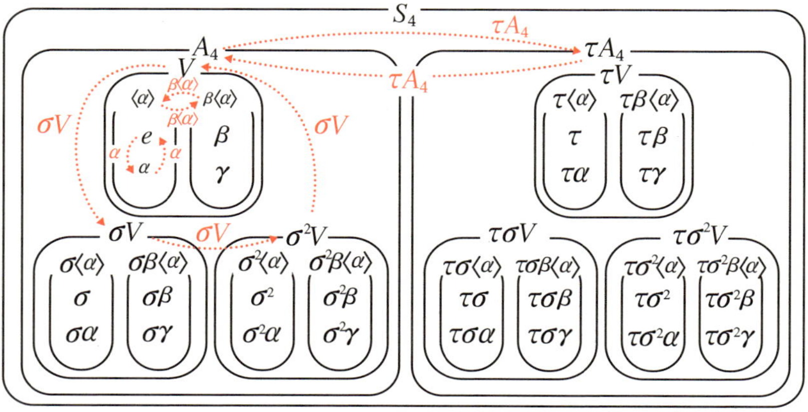

이 성질은 방정식을 제곱근으로 풀 수 있는 것과 관계가 있는 중요한 성질입니다. 정의는 다음과 같습니다.

정의2.3 **가해군**

G에 대한

$$G=H_0\supset H_1\supset H_2\supset\cdots H_{s-1}\supset H_s=\{e\}$$

라는 부분군의 열에서 H_i가 H_{i-1}의 정규부분군이고 잉여군 $H_{i-1}/H_i(i=1,\cdots,s)$가 순환군일 때, G를 가해군(可解群, solvable group)이라 한다.

H_i가 H_{i-1}의 정규부분군이 되는 부분군의 열을 정규열(正規列, normal series)이라 한다. 그리고 H_{i-1}/H_i가 순환군이 될 때 가해열(可解列, solvable series)이라 한다.

위에서 설명한 것처럼 S_3, S_4는 가해군이 됩니다. 가해군이란 방정식을 풀 수 있는 군이란 의미입니다. 아직 방정식과 군의 관계를 설명하지 않았으므로 무슨 말인지 잘 이해되지 않을지도 모르겠습니다. 그러나 제6장에서 방정식과 군의 관계를 이해하면, 이 말의 의미를 확실히 알 수 있게 됩니다. 이 가해군이야말로 방정식의 해를 근호로 나타낼 수 있는 조건입니다. 이런 것을 생각하면 왠지 가슴이 두근거리기도 합니다.

3차방정식, 4차방정식에 근의 공식이 있어, 방정식의 해를 근호로 나타낼 수 있는 것은 S_3, S_4가 가해군이기 때문입니다.

5차 이상의 대칭군 S_n은 가해군이 아니므로 5차 이상의 방정식에는 근호로 표현되는 근의 공식이 없습니다.

제6장에서는 방정식을 근호로 풀 수 있다는 것과 가해군을 연결하는 것을 주제로 삼고 있습니다.

다음에 소개하는 가해군의 예는 $x^n-1=0$을 근호로 풀 수 있다는 것을 증명하는 데에 쓰입니다.

정리2.25 **순환군의 직적은 가해군**

(1) 순환군은 가해군이다.

(2) 순환군의 직적은 가해군이다.

증명 (1) $C_n = H_0 \supset H_1 = \{e\}$라고 하겠습니다. C_n은 가환군이므로 $\{e\}$는 C_n의 정규부분군이고, $H_0 / H_1 \cong C_n$은 순환군입니다. C_n은 가해군이 됩니다.

(2) 예를 들어 순환군의 직적으로 $G = C_3 \times C_5 \times C_7$에 대해 알아봅니다. G를

$$G = \{(\bar{a}, \bar{b}, \tilde{c}) \mid \bar{a} \in \mathbf{Z}/3\mathbf{Z}, \bar{b} \in \mathbf{Z}/5\mathbf{Z}, \tilde{c} \in \mathbf{Z}/7\mathbf{Z}\}$$

라고 하겠습니다. 이때

$$H_1 = \{(\bar{a}, \bar{b}, \tilde{0}) \mid \bar{a} \in \mathbf{Z}/3\mathbf{Z}, \bar{b} \in \mathbf{Z}/5\mathbf{Z}\}$$

$$H_2 = \{(\bar{a}, \bar{0}, \tilde{0}) \mid \bar{a} \in \mathbf{Z}/3\mathbf{Z}\}$$

$$\{e\} = \{(\bar{0}, \bar{0}, \tilde{0})\}$$

이라고 두면

$$G \supset H_1 \supset H_2 \supset \{e\}$$

G는 가환군이므로 H_1은 G의 정규부분군, H_2는 H_1의 정규부분군이 됩니다. 이 열은 정규열입니다. 또 잉여군에 대해서는

$$G/H_1 = \{(\bar{0}, \bar{0}, \tilde{0}) + H_1,\ (\bar{0}, \bar{0}, \tilde{1}) + H_1,\ (\bar{0}, \bar{0}, \tilde{2}) + H_1,\ (\bar{0}, \bar{0}, \tilde{3}) + H_1,$$
$$(\bar{0}, \bar{0}, \tilde{4}) + H_1,\ (\bar{0}, \bar{0}, \tilde{5}) + H_1,\ (\bar{0}, \bar{0}, \tilde{6}) + H_1\} \cong C_7$$

$$H_1/H_2 = \{(\bar{0}, \bar{0}, \tilde{0}) + H_2,\ (\bar{0}, \bar{1}, \tilde{0}) + H_2,$$
$$(\bar{0}, \bar{2}, \tilde{0}) + H_2,\ (\bar{0}, \bar{3}, \tilde{0}) + H_2,\ (\bar{0}, \bar{4}, \tilde{0}) + H_2\} \cong C_5$$

입니다. G/H_1은 $(\bar{0}, \bar{0}, \tilde{1}) + H_1$을 생성원으로 하는 위수가 7인 순환군, H_1/H_2는 $(\bar{0}, \bar{1}, \tilde{0}) + H_2$를 생성원으로 하는 위수가 5인 순환군, H_2는 $(\bar{1}, \bar{0}, \tilde{0})$을 생

성원으로 하는 위수가 3인 순환군이 됩니다.

$G = C_3 \times C_5 \times C_7$은 가해군입니다. (증명 끝)

다음의 가해군이 아닌 군의 예는 5차방정식은 근호로 풀 수 없다는 것의 증명에 쓰입니다.

정리2.26 교대군의 비가해성

5차 이상의 교대군 A_n은 가해군이 아니다.

증명 5차 이상의 대칭군 S_n은 가해군이 아님을 확인하기 위해서는, $n \geqq 5$일 때 A_n/N이 순환군이 되게 하는 A_n의 정규부분군 $N(\neq A_n)$이 존재하지 않음을 밝히면 됩니다.

존재하지 않는 것을 증명하고자 하므로 귀류법을 이용하겠습니다. 존재한다고 가정하여 모순을 이끌어 내면 됩니다.

A_n/N이 순환군이 되게 하는 A_n의 정규부분군 $N(\neq A_n)$이 존재한다고 가정하겠습니다. A_n의 임의의 원소를 x, y라고 놓고, 이것에 대한 잉여류를 xN, yN이라고 가정합니다. A_n/N이 순환군이면서 가환군이므로 $xNyN = yNxN$이 성립합니다. 이것을 변형하면

n이 정규부분군이므로 ↓

$$xNyN = yNxN \Leftrightarrow xyN = yxN \Leftrightarrow y^{-1}xyN = xN$$

$$\Leftrightarrow x^{-1}y^{-1}xyN = N \Leftrightarrow x^{-1}y^{-1}xy \in N$$

↑ 정리2.7

여기서 용어를 소개하겠습니다. 식을 변환하는 과정에서 맨 마지막에 나온 $x^{-1}y^{-1}xy$를 교환자(交換子, commutator)라고 합니다. N은 A_n의 임의의 원소 x, y로 만든 교환자 $x^{-1}y^{-1}xy$를 갖고 있습니다. A_n의 임의의 원소라는 것은 N에 속해 있지 않은 원소 x, y에 대해서도 교환자 $x^{-1}y^{-1}xy$를 만들면 N에 속한다고 하는 것입니다.

지금부터 A_n의 임의의 원소는 교환자 $x^{-1}y^{-1}xy$에 의해 표현되는 것을 살펴봅시다. 이것이 밝혀지면 $A_n = N$이 되어 모순입니다.

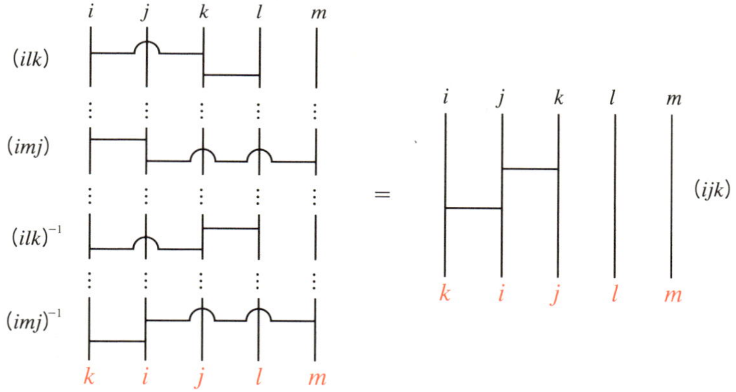

가 되기 때문에

$$(ijk) = (imj)^{-1}(ilk)^{-1}(imj)(ilk)$$

가 성립합니다. 곧, 삼환 (ijk)를 생각했을 때 이것에 들어 있지 않은 수 m, l을 가지고 오면 (ijk)는 (imj)와 (ilk)의 교환자로서 표현된다는 것입니다. 교환자는 N에 속해 있기 때문에 임의의 삼환 (ijk)는 N에 속합니다. **정리2.23**에 의해 A_n은 삼환으로 생성되었기 때문에, $A_n \subset N$이 되어 $A_n = N$.

$A_n(n \geqq 5)$이 가해군이 아니라는 것이 밝혀졌습니다. (증명 끝)

'n이 5 이상일 때'라는 조건은 (ijk)에서 이용한 세 수 i, j, k 말고 m, l을 이용한 곳에서 사용되고 있습니다. n이 4 이하인 경우에는 이렇게 m, l을 이용할 수 없기 때문에 위와 같은 증명은 할 수 없습니다.

가해군의 일반적인 성질에 대해 정리해 두겠습니다.

정리2.27 가해군의 부분군도 가해군

G가 가해군이면 G의 부분군 H는 가해군이다.

증명 G가 가해군이므로

$$G = H_0 \supset H_1 \supset H_2 \supset \cdots \supset H_{s-1} \supset H_s = \{e\}$$

H_i가 H_{i-1}의 정규부분군이 되는 열이 있고 잉여군 $H_{i-1}/H_i (i = 1, \cdots, s)$가 순환군입니다. 이때

$$H = H \cap H_0 \supset H \cap H_1 \supset H \cap H_2 \supset \cdots \supset H \cap H_{s-1} \supset H \cap H_s = \{e\} \cdots\cdots ①$$

이 가해군임을 증명하겠습니다.

먼저 ①이 H의 정규열이라는 것을 확인합니다.

정리2.15 (1)에 의해 $H \cap H_{i-1}$은 군이 됩니다.

H_i는 H_{i-1}의 정규부분군이므로 H_{i-1}의 임의의 원소 x에 대해서 $xH_i = H_i x$가 성립합니다. $H_{i-1} \cap H$의 임의의 원소 y는 $y \in H_{i-1}$이면서 $y \in H$이므로

$$y(H_i \cap H) = yH_i \cap yH = H_i y \cap Hy = (H_i \cap H)y$$

정리2.1에 의해 $yH=H=Hy$

가 되어 $H_i \cap H$는 $H_{i-1} \cap H$의 정규부분군이 됩니다. 따라서 ①은 정규열입니다.

다음으로 **정리2.16(제2동형정리)**에서 H를 $H \cap H_{i-1}$로, N을 H_i로 해서 적용하면

$$(H \cap H_{i-1})/((H \cap H_{i-1}) \cap H_i) \cong (H \cap H_{i-1})H_i/H_i \cdots\cdots ②$$

$$H/(H \cap N) \cong HN/N \quad \text{(제2동형정리)}$$

여기서 $(H \cap H_{i-1}) \cap H_i = H \cap H_i$

또 $(H \cap H_{i-1}) \subset H_{i-1}$, $H_i \subset H_{i-1}$이므로 $(H \cap H_{i-1})H_i \subset H_{i-1}$.

따라서 식 ②는

$$(H \cap H_{i-1})/(H \cap H_i) \cong (H \cap H_{i-1})H_i/H_i \subset H_{i-1}/H_i$$

입니다. $(H \cap H_{i-1})/(H \cap H_i)$는 H_{i-1}/H_i의 부분군과 동형인데 H_{i-1}/H_i는 순환군이고 **정리1.5**에 의해 순환군의 부분군은 순환군이므로

$$(H \cap H_{i-1})/(H \cap H_i)$$

도 순환군입니다.

따라서 H는 가해군입니다. (증명 끝)

이것을 이용하면 다음을 알 수 있습니다.

정리2.28 대칭군의 비가해성

5차 이상의 대칭군 S_n은 가해군이 아니다.

증명 **정리2.26**에 의해 $n \geqq 5$일 때 대칭군 S_n의 부분군인 교대군 A_n이 가해군이 아니므로, **정리2.27**의 대우(對偶) "가해군이 아닌 부분군을 갖는 군은 가해군이 아니다"에 의해 S_n도 가해군이 아니다. (증명 끝)

다음 정리도 가장 마지막에 나올 '피크 정리'를 증명할 때 유용하게 쓰일 것입니다.

정리2.29 준동형사상의 상도 가해군

G가 가해군이고 f가 G에서 G'로 가는 준동형사상이라 하면 $f(G)$는 가해군이다.

증명 G가 가해군이므로

$$G = H_0 \supset H_1 \supset H_2 \supset \cdots \supset H_{s-1} \supset H_s = \{e\}$$

이고, H_i가 H_{i-1}의 정규부분군이 되는 열이 있으며, 잉여군 $H_{i-1}/H_i (i = 1, \cdots, s)$가 순환군이 됩니다. 그대로 f에 의해 옮긴 열

$$f(G) \supset f(H_1) \supset f(H_2) \supset \cdots \supset f(H_{s-1}) \supset f(H_s) \cdots\cdots ①$$

이 가해열임을 증명하겠습니다.

먼저 ①이 정규열임을 확인하겠습니다.

$f(H_i)$가 $f(H_{i-1})$의 정규부분군인지 알아보겠습니다.

f를 H_{i-1}에서 $f(H_{i-1})$로 가는 함수라 생각하면 위로 가는 함수이기 때문에, H_{i-1}의 원소 h를 택하는 것에 의해서 $f(h)$로 $f(H_{i-1})$의 모든 원소를 나타낼 수 있습니다.

$f(H_{i-1})$의 임의의 원소 $f(h)$에 관해서

$$f(h)f(H_i) = f(hH_i) = f(H_i h) = f(H_i)f(h)$$

가 되기 때문에 $f(H_i)$는 $f(H_{i-1})$의 정규부분군입니다. 따라서 ①은 정규열입니다.

다음으로 $f(H_{i-1})/f(H_i)$가 순환군임을 알아보겠습니다.

H_{i-1}/H_i에서 $f(H_{i-1})/f(H_i)$로 가는 함수 g를

$$g : H_{i-1}/H_i \longrightarrow f(H_{i-1})/f(H_i)$$
$$aH_i \longmapsto f(a)f(H_i)$$

라고 정의하겠습니다. 먼저 H_{i-1}/H_i의 원소가 aH_i, bH_i로 다르게 표현될 때에도 대응되는 상이 같은지 확인해 보면

$$aH_i = bH_i \quad \therefore f(aH_i) = f(bH_i) \quad \therefore f(a)f(H_i) = f(b)f(H_i)$$

이므로 확실하게 일치합니다. 또 g는

$$g(aH_i bH_i) = g(abH_i) = f(ab)f(H_i) = f(a)f(b)f(H_i) = f(a)f(b)f(H_i^2)$$
$$= f(a)f(bH_i^2) = f(a)f(H_i bH_i) = f(a)f(H_i)f(bH_i)$$
$$= f(a)f(H_i)f(b)f(H_i) = g(aH_i)g(bH_i)$$

를 만족시키므로 준동형사상입니다. 또 원소를 결정하는 방법으로부터 g는 위로 가는 함수가 됩니다. 준동형정리에 의해

$$(H_{i-1}/H_i)/\mathrm{Ker}\,g \cong f(H_{i-1})/f(H_i)$$

H_{i-1}/H_i가 순환군이므로 **정리2.9**에 의해 그 잉여군 $(H_{i-1}/H_i)/\mathrm{Ker}\,g$도 순환군입니다. 결국, $f(H_{i-1})/f(H_i)$는 순환군입니다. ①이 정규열이고 $f(H_{i-1})/f(H_i)$가 순환군임이 밝혀졌으므로 $f(G)$는 가해군입니다. (증명 끝)

정리2.30 잉여군도 가해군

N이 군 G의 정규부분군일 때

G가 가해군 $\Leftrightarrow$ N, G/N은 가해군입니다.

증명 $\Rightarrow$를 증명하겠습니다.

G가 가해군일 때 **정리2.27**에 의해 N은 가해군입니다.

G/N이 가해군임을 확인하기 위해서 자연준동형을 이용하겠습니다.

G에서 G/N으로 가는 함수 f를

$$\begin{aligned} f: G &\longrightarrow G/N \\ a &\longmapsto aN \end{aligned}$$

이라고 정의하겠습니다. 이것은 $f(ab) = abN = (aN)(bN) = f(a)f(b)$가 성립하므로 준동형사상이 됩니다. 또 f는 원소를 결정하는 방법으로부터 위로 가는 함수가 됩니다.

정리2.29에 의해 $f(G) = G/N$은 가해군입니다.

⇐를 증명하겠습니다.

G/N이 가해군이므로

G/N의 원소로서 N

$$G/N = K_0 \supset K_1 \supset K_2 \supset \cdots \supset K_{s-1} \supset K_s = \{N\}$$

이라는 정규열에서 순환군이 되는 K_{i-1}/K_i가 존재합니다.

G/N은 잉여군이므로 원소는 gN의 형태를 띤 잉여류입니다. K_i는 G/N의 부분군이므로 K_i의 원소도 gN의 형태를 띠고 있습니다. K_i의 원소를 나열해 보면

$$K_i = \{g_1N, g_2N, \cdots, g_tN\} \cdots\cdots ①$$

이 된다고 하겠습니다. 이것에 대해서 H_i를

$$H_i = g_1N \cup g_2N \cup \cdots \cup g_tN \cdots\cdots ②$$

이라고 정의하겠습니다. K_i의 원소는 잉여류인데 H_i의 원소는 G의 원소입니다. K_i의 포함 관계로부터

G의 부분군으로서 N

$$G = H_0 \supset H_1 \supset H_2 \supset \cdots \supset H_{s-1} \supset H_s = N \cdots\cdots ③$$

이 성립합니다. 이것이 정규열임을 밝히겠습니다.

먼저 H_i가 G의 부분군이 된다는 것을 확인하겠습니다.

H_i의 임의의 원소 a, b에 대해서 $a \in g_jN$, $b \in g_kN$인데

$g_jN \subset H_i$, $g_kN \subset H_i$이어서 $ab \in (g_jN)(g_kN) = g_jg_kN \subset H_i$가 됩니다.

또 $a \in g_jN$에 대해서 $a^{-1} \in g_j^{-1}N \subset H_i$가 되기 때문에 **정리2.14**에 의해 H_i는 G의 부분군입니다.

다음으로 H_i가 H_{i-1}의 정규부분군임을 확인하겠습니다.

K_i가 K_{i-1}의 정규부분군이라는 것으로부터 K_{i-1}의 임의의 원소 g_jN에 대해서 $(g_jN)K_i = K_i(g_jN)$이 성립합니다.

이것은 $K_i = \{h_1N, h_2N, \cdots, h_sN\}$이라 한다면

$$\{(g_jN)(h_1N), (g_jN)(h_2N), \cdots, (g_jN)(h_sN)\}$$

$$= \{(h_1N)(g_jN), (h_2N)(g_jN), \cdots, (h_sN)(g_jN)\} \cdots\cdots ④$$

이라는 것을 의미합니다.

H_i는 $H_i = h_1N \cup h_2N \cup \cdots \cup h_sN$이므로

$$\left.\begin{aligned} (g_jN)H_i &= (g_jN)(h_1N) \cup (g_jN)(h_2N) \cup \cdots \cup (g_jN)(h_sN) \\ H_i(g_jN) &= (h_1N)(g_jN) \cup (h_2N)(g_jN) \cup \cdots \cup (h_sN)(g_jN) \end{aligned}\right\} \cdots\cdots ⑤$$

이고 ④, ⑤에 의해 $(g_jN)H_i = H_i(g_jN)$ ⋯⋯⑥

이제 H_{i-1}의 임의의 원소가 잉여류 g_jN에 속하므로 g_jn으로 표현하기로 하겠습니다. 그러면 $(g_jn)(h_kN) \subset (g_jN)(h_kN) = g_jh_kN$이지만 $|(g_jn)(h_kN)| = |g_jh_kN|$이기 때문에 $(g_jn)(h_kN) = (g_jN)(h_kN)$입니다. 이것을 이용하면

$$\begin{aligned} (g_jn)H_i &= (g_jn)(h_1N) \cup (g_jn)(h_2N) \cup \cdots \cup (g_jn)(h_sN) \\ &= (g_jN)(h_1N) \cup (g_jN)(h_2N) \cup \cdots \cup (g_jN)(h_sN) \\ &= (g_jN)H_i \end{aligned}$$

이고 $(g_jn)H_i = (g_jN)H_i$ ⋯⋯⑦

마찬가지로 $H_i(g_jn) = H_i(g_jN)$⋯⋯⑧을 증명할 수도 있습니다.

⑥, ⑦, ⑧에 의해 H_{i-1}의 임의의 원소 g_jn에 대해서

$$(g_jn)H_i = H_i(g_jn)$$

이 성립하여 H_i는 H_{i-1}의 정규부분군입니다.

①, ②에 의해 $K_i = H_i/N$을 만족합니다.

정리2.17(제3동형정리)을 $G = H_{i-1}$, $N = H_i$, $M = N$이라 놓고 적용하면

$$K_{i-1}/K_i = (H_{i-1}/N)/(H_i/N) \cong H_{i-1}/H_i$$

$(G/M)/(N/M) \cong G/N$ (제3동형정리)

이 성립합니다. K_{i-1}/K_i가 순환군이므로 H_{i-1}/H_i도 순환군입니다.

③이 정규열이고 H_{i-1}/H_i가 순환군임이 밝혀졌습니다.

또, N은 가해군이므로

$$N = H_s \supset H_{s+1} \supset \cdots \supset H_r \supset \{e\} \text{ ……⑨}$$

는 정규열이고 H_{i-1}/H_i가 순환군이 되는 것이 존재합니다.

③, ⑨를 합쳐서

$$G = H_0 \supset H_1 \supset H_2 \supset \cdots \supset H_s = N \supset H_{s+1} \supset H_{s+2} \supset \cdots \supset H_r \supset \{e\}$$

라는 열을 만듭니다. H_i가 H_{i-1}의 정규부분군이고 H_{i-1}/H_i가 순환군이므로 G는 가해군이 됩니다. (증명 끝)

정리2.27, 2.29, 2.30을 읽고 나서 어떤 생각이 드십니까? 가해군이라는 것은 진득한 성질을 갖고 있습니다. 본래의 군이 가해군의 성질이 있으면 부분군이라 하여도, 준동형사상으로 옮겨도, 잉여군이라 하여도 가해군의 성질이 살아남습니다.

꼬리를 잘라도 살아남는 도마뱀이라고나 할까요? 어쨌든 끈질깁니다. 가해군이 있으면 그것으로부터 파생되는 그것보다 작은 군도 가해군이 되고 맙니다. 이것은 가해군의 정의로부터 알 수 있듯이 분해한 것에 관한 성질로 가해군을 정의하고 있기 때문입니다.

그리고 이 성질의 정점은 가해군 N의 위에 가해군 G/N을 얹으면 G가 새로운 가해군이 된다는 것입니다. 마치 좀비 같네요.

어쨌든 강력한 성질이라는 것은 이해되셨을 것이라 생각합니다.

다른 책으로도 공부하신 분을 위해서 말씀드리면, 이 책에서는 가해군의 정의를 정규열에서 '잉여군 H_{i-1}/H_i가 순환군'이라고 했습니다만 가해군의 정의에는 다음의 네 가지가 있습니다.

㉠ 잉여군 H_{i-1}/H_i가 소수 차수의 순환군이다.

㉡ 잉여군 H_{i-1}/H_i가 순환군이다.

㉢ 잉여군 H_{i-1}/H_i가 가환군이다.

㉣ G의 교환자군을 만들어 가면 항등원이 된다.

"유한가환군은 순환군의 직적과 동형이다"라는 유한가환군의 구조 정리를 이용하면 ㉡과 ㉢의 두 정의가 동치라는 결론이 바로 나옵니다. 군에 대한 것만으로 이야기를 전개한다면 이것으로 충분하지만, 나중에 나오는 체의 확대를 생각하면 ㉠, ㉡과 같이 '잉여군 H_{i-1}/H_i이 순환군'이라고 하는 쪽이 체의 순환 확대와 연결 짓기도 쉽고 근호로 해를 구한다는 이야기와 잘 맞기도 합니다.

㉣의 정의 방식을 이용하면 **정리2.27, 2.29, 2.30**의 증명이 간단해지지만, 알고리즘으로 정의하게 되는 셈이기 때문에 가해군의 구조가 보이지 않는다는 것이 단점입니다. 가해군을 실감하는 데는 ㉠, ㉡의 정의가 좋습니다.

단, ㉠과 같이 '순환군의 차수가 소수'라는 정의를 택하면 구체적인 군이 가해군임을 확인하는 데 손이 더 많이 가게 됩니다. 이런 까닭으로 이 책에서는 ㉡의 정의를 택하게 되었습니다.

㉠과 ㉡이 동치임을 확인해 봅시다.

㉠⇒㉡은 당연합니다. ㉡⇒㉠도 바로 알 수 있습니다. ㉡⇒㉠을 확인하기 위해서는 순환군에는 잉여군이 소수 차수로 되는 부분군의 열이 있다는 것을 밝히면 됩니다. 순환군의 예로 $\mathbf{Z}/45\mathbf{Z}$를 들어 살펴보겠습니다.

문제2.14 $Z/45Z$인 덧셈에 관한 군이 ㉠의 정의에서 가해군이라는 것을 보이시오.

$45 = 3^2 \cdot 5$로 소인수분해할 수 있으므로 0에서 44까지의 수 중에서 5의 배수를 H_1, 15의 배수를 H_2라고 하면 됩니다. 구체적으로는

$$H_1 = \{\bar{0}, \bar{5}, \overline{10}, \overline{15}, \overline{20}, \overline{25}, \overline{30}, \overline{35}, \overline{40}\}$$

$$H_2 = \{\bar{0}, \overline{15}, \overline{30}\}$$

이 됩니다. 이것들은 $G = \mathbf{Z}/45\mathbf{Z}$의 부분군이고

$$G \supset H_1 \supset H_2 \supset \{\bar{0}\}$$

이 됩니다.

$$G/H_1 = \{\bar{0} + H_1,\ \bar{1} + H_1,\ \bar{2} + H_1,\ \bar{3} + H_1,\ \bar{4} + H_1\}$$

이것은 $\bar{1} + H_1$을 생성원으로 하는 위수가 5인 순환군입니다.

$$H_1/H_2 = \{\bar{0} + H_2,\ \bar{5} + H_2,\ \overline{10} + H_2\}$$

이것은 $\bar{5} + H_2$를 생성원으로 하는 위수가 3인 순환군입니다.

H_2는 $\overline{15}$를 생성원으로 하는 위수가 3인 순환군입니다.

따라서 $\mathbf{Z}/45\mathbf{Z}$는 ㉠의 정의가 의미하는 바에서 가해군입니다.

이렇게 순환군은 잉여군이 소수 차수가 되도록 부분군의 열로 더욱 잘게 구분할 수 있습니다. 따라서 ㉠과 ㉡은 동치인 정의입니다.

제3장 다항식

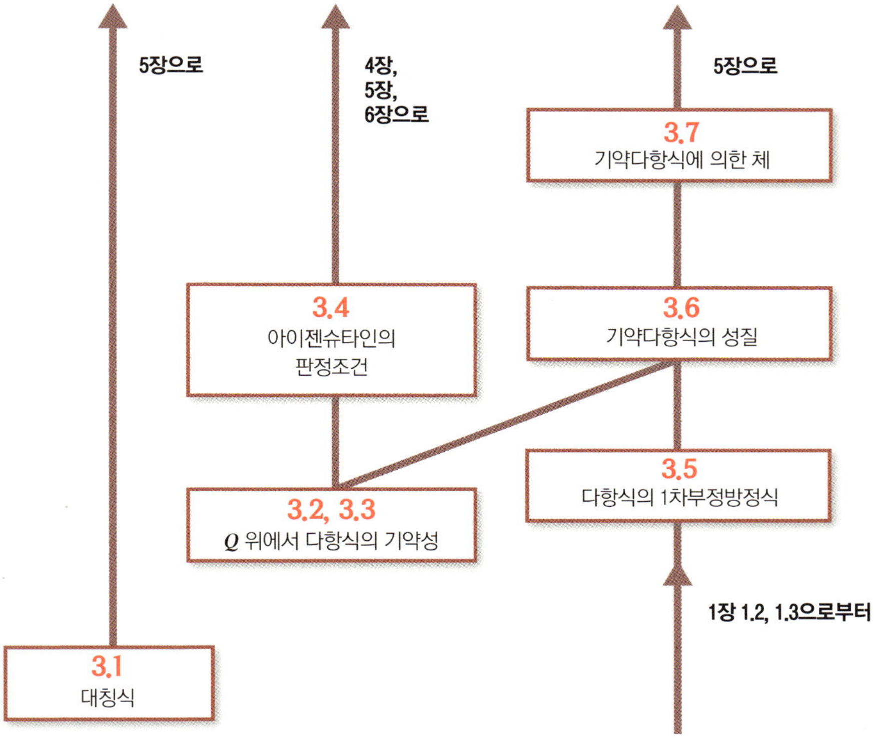

이 장에서 다룰 주제는 세 가지입니다.

첫 번째는 대칭식이 기본대칭식으로 표현된다는 대칭식의 성질입니다. 방정식의 계수는 해의 기본대칭식으로 이루어져 있다는 것으로(근과 계수의 관계) 제5장에 나오는 정리를 증명하는 데에 이 성질이 사용됩니다.

두 번째는 기약다항식의 판정법입니다. **정리3.4**는 제4장 이후에서 구체적인 다항식이 기약인지 아닌지를 판정할 때 자주 쓰이는 정리입니다.

세 번째는 기약다항식의 잉여류가 체가 된다는 것(**정리3.7**)입니다. 이것은 제1장의 Z/pZ가 체라는 사실을 다항식 버전으로 바꾼 정리입니다. 유추의 묘미를 느낄 수 있는 부분입니다. 이것이 제5장에서 단순확대체 이론으로 이어집니다.

[1] 기본대칭식으로 나타내기

— 대칭식

문과 출신인 사람이라도 방정식의 해로 표현한 식을 방정식의 계수로 나타내는 문제를 풀었던 적이 있을 것입니다. 이번 장은 그 문제에서 출발합니다.

문제3.1 $x^3+px+q=0$**의 해를** α, β, γ**라고 한다. 이때 다음 식을** p**와** q**를 이용하여 나타내시오.**

(1) $\alpha^2+\beta^2+\gamma^2$

(2) $\alpha^2\beta^2+\beta^2\gamma^2+\gamma^2\alpha^2$

(3) $(\alpha-\beta)^2(\beta-\gamma)^2(\gamma-\alpha)^2$

α, β, γ를 해로 갖는 방정식을 만들면

$$(x-\alpha)(x-\beta)(x-\gamma)=0$$

좌변을 전개하면

$$x^3-(\alpha+\beta+\gamma)x^2+(\alpha\beta+\beta\gamma+\gamma\alpha)x-\alpha\beta\gamma=0$$

이 되므로 $x^3+px+q=0$과 각 항의 계수를 비교하면

$$\alpha+\beta+\gamma=0,\ \ \alpha\beta+\beta\gamma+\gamma\alpha=p,\ \ \alpha\beta\gamma=-q$$ (근과 계수의 관계)

(1) $\alpha^2+\beta^2+\gamma^2=(\alpha+\beta+\gamma)^2-2(\alpha\beta+\beta\gamma+\gamma\alpha)$

$$=0-2p=-2p$$

(2) $\alpha^2\beta^2+\alpha^2\gamma^2+\gamma^2\alpha^2$

$$=(\alpha\beta+\beta\gamma+\gamma\alpha)^2-2\alpha\beta\gamma(\alpha+\beta+\gamma)$$

$$=p^2-2(-q)\cdot 0=p^2$$

(3) 식을 전개하고 나서 나타내는 것은 좀 귀찮습니다. 머리를 좀 써서

$$f(x)=(x-\alpha)(x-\beta)(x-\gamma)$$

라 두고 이것을 미분하면

$$f'(x)=(x-\alpha)(x-\beta)+(x-\beta)(x-\gamma)+(x-\gamma)(x-\alpha).$$

$(fgh)'=fgh'+fg'h+f'gh$

이 식의 x에 α, β, γ를 대입하면

$$f'(\alpha)=(\alpha-\beta)(\alpha-\gamma),\quad f'(\beta)=(\beta-\gamma)(\beta-\alpha)$$

$$f'(\gamma)=(\gamma-\alpha)(\gamma-\beta)$$

가 됩니다. 한편 $f(x)=x^3+px+q$였기 때문에 $f'(x)=3x^2+p$

$$\begin{aligned}
&(\alpha-\beta)^2(\beta-\gamma)^2(\gamma-\alpha)^2\\
&=-(\alpha-\beta)(\alpha-\gamma)\cdot(\beta-\gamma)(\beta-\alpha)\cdot(\gamma-\alpha)(\gamma-\beta)\\
&=-f'(\alpha)f'(\beta)f'(\gamma)\\
&=-(3\alpha^2+p)(3\beta^2+p)(3\gamma^2+p)\\
&=-27(\alpha\beta\gamma)^2-9\underbrace{(\alpha^2\beta^2+\beta^2\gamma^2+\gamma^2\alpha^2)}_{(2)}p-3\underbrace{(\alpha^2+\beta^2+\gamma^2)}_{(1)}p^2-p^3\\
&=-27q^2-9\cdot p^2\cdot p-3(-2p)p^2-p^3=-27q^2-4p^3
\end{aligned}$$

이 문제의 배경에는 대칭식(對稱式, symmetric expression)의 성질이 있습니다. 대칭식이라는 용어부터 설명하겠습니다.

α, β의 대칭식이란 α와 β를 바꾸어 써도 변하지 않는 다항식입니다. 이를테면

$$\alpha+\beta,\quad 2\alpha\beta,\quad 3\alpha^5\beta^2+3\alpha^2\beta^5,\quad 4\alpha^4\beta^4$$

등이 그러합니다. 예를 들어 $3\alpha^5\beta^2+3\alpha^2\beta^5$에서 α와 β를 바꾸어 쓰면 $3\beta^5\alpha^2+3\beta^2\alpha^5$이 되는데 이것은

$$3\alpha^5\beta^2+3\alpha^2\beta^5=3\beta^5\alpha^2+3\beta^2\alpha^5$$

이 되어 식으로서 같습니다.

대칭식은 기본대칭식(基本對稱式, elementary symmetric expression)의 덧셈,

뺄셈, 곱셈으로 나타낼 수 있다는 성질이 있습니다. 두 문자 α, β의 경우에 기본대칭식은 $\alpha+\beta$, $\alpha\beta$ 두 개가 있습니다. 예를 들어 $3\alpha^5\beta^2+3\alpha^2\beta^5$이면

$$3\alpha^5\beta^2+3\alpha^2\beta^5=3\alpha^2\beta^2(\alpha^3+\beta^3)=3\alpha^2\beta^2(\alpha+\beta)(\alpha^2-\alpha\beta+\beta^2)$$
$$=3\alpha^2\beta^2(\alpha+\beta)\{(\alpha+\beta)^2-3\alpha\beta\}$$

입니다.

α, β, γ의 대칭식이란 문자를 어떻게 바꾸어 써도 달라지지 않는 식입니다. 이를테면 $\alpha\to\beta$, $\beta\to\gamma$, $\gamma\to\alpha$로 바꿔도 변하지 않습니다.

$\alpha\beta^2\gamma^3$에 위와 같이 문자를 바꾸어 쓰면 $\beta\gamma^2\alpha^3$이 됩니다. 다항식으로 생각했을 때 $\alpha\beta^2\gamma^3\neq\beta\gamma^2\alpha^3$이므로 이 식은 대칭식이 아닙니다.

α, β, γ 세 문자인 경우 기본대칭식으로는 $\alpha+\beta+\gamma$, $\alpha\beta+\beta\gamma+\gamma\alpha$, $\alpha\beta\gamma$라는 세 가지 식이 있습니다.

앞의 문제에서 계산한 바와 같이 (1)~(3)은 어느 경우나 α, β, γ의 대칭식입니다. 대칭식이므로 기본대칭식으로 나타낼 수 있고, 근과 계수의 관계에서 기본대칭식의 값이 주어져 있으므로 값을 구하는 문제로 성립했던 것입니다.

문자가 n개인 $\alpha_1, \alpha_2, \cdots, \alpha_n$의 경우에도 마찬가지입니다. 대칭식은 기본대칭식을 조합하여 쓸 수 있습니다. 문자가 n개인 경우의 기본대칭식이란 $\alpha_1, \alpha_2, \cdots, \alpha_n$이 해가 되는 방정식의 계수(부호는 양수로 합니다)로 이루어져 있는 식입니다.

두 문자 α, β에 관한 기본대칭식은

$$(t-\alpha)(t-\beta)=t^2-(\alpha+\beta)t+\alpha\beta$$

로부터 $\alpha+\beta$, $\alpha\beta$.

α, β, γ라는 세 문자에 관한 기본대칭식은

$$(t-\alpha)(t-\beta)(t-\gamma)=t^3-(\alpha+\beta+\gamma)t^2+(\alpha\beta+\beta\gamma+\gamma\alpha)t-\alpha\beta\gamma$$

로부터 $\alpha+\beta+\gamma$, $\alpha\beta+\beta\gamma+\gamma\alpha$, $\alpha\beta\gamma$.

$\alpha, \beta, \gamma, \delta$라는 네 문자에 관한 기본대칭식은

$$(t-\alpha)(t-\beta)(t-\gamma)(t-\delta)$$
$$=t^4-(\alpha+\beta+\gamma+\delta)t^3+(\alpha\beta+\alpha\gamma+\alpha\delta+\beta\gamma+\beta\delta+\gamma\delta)t^2$$
$$-(\alpha\beta\gamma+\alpha\beta\delta+\alpha\gamma\delta+\beta\gamma\delta)t+\alpha\beta\gamma\delta$$

로부터 $\alpha+\beta+\gamma+\delta, \alpha\beta+\alpha\gamma+\beta\gamma+\gamma\delta, \alpha\beta\gamma+\alpha\beta\delta+\alpha\gamma\delta+\beta\gamma\delta, \alpha\beta\gamma\delta.$

$\alpha_1, \alpha_2, \cdots, \alpha_n$의 기본대칭식은

$$(t-\alpha_1)(t-\alpha_2)\cdots(t-\alpha_n)$$
$$=t^n-(\alpha_1+\alpha_2+\cdots+\alpha_n)t^{n-1}+(\alpha_1\alpha_2+\cdots+\alpha_{n-1}\alpha_n)t^{n-2}$$
$$\cdots$$
$$+(-1)^k(\alpha_1\alpha_2\cdots\alpha_k+\cdots+\alpha_{n-k+1}\cdots\alpha_{n-1}\alpha_n)t^{n-k}$$
$$+\cdots+(-1)^n\alpha_1\alpha_2\cdots\alpha_n$$

의 계수로부터

$$\alpha_1+\alpha_2+\cdots+\alpha_n,\ \alpha_1\alpha_2+\cdots+\alpha_{n-1}\alpha_n,$$
$$\cdots, \alpha_1\alpha_2\cdots\alpha_k+\cdots\cdots+\alpha_{n-k+1}\cdots\alpha_{n-1}\alpha_n,$$
$$\cdots, \alpha_1\alpha_2\cdots\alpha_n$$

입니다. 밑줄 친 부분은 $\alpha_1, \alpha_2, \cdots, \alpha_n$에서 k개를 선택하는 모든 조합(${}_nC_k$개 있음)의 합이 됩니다.

α와 β의 대칭식 중에는 $\frac{\alpha+\beta}{\alpha\beta}$와 같이 분수의 형태를 하고 있는 것도 포함되어 있지만, 앞으로는 다항식의 대칭식만 다루겠습니다.

정리3.1 **대칭식의 기본 정리**

다항식의 대칭식은 기본대칭식으로 나타낼 수 있다.

증명할 때의 개략적인 내용을 x, y, z, w라는 네 문자의 경우로 소개하겠습니다.

먼저 다항식의 대칭식을 관찰하는 것부터 시작합니다.

대칭식을 S라고 하고 S 중에 $5x^6y^4z^3w$라는 항이 있다고 하겠습니다. 대칭식은 x, y, z, w를 바꾸어 써도 식이 변하지 않는 것이므로 $5x^6y^4z^3w$가 있으면 $5y^6x^4z^3w$, $5z^6y^4x^3w$와 같이 x, y, z, w를 바꾸어 쓴 항이 있어야 합니다. 네 문자를 바꾸어 쓰게 되므로 $5x^6y^4z^3w$에서 x, y, z, w를 바꾸어 쓴 항은 자신을 포함하여 $4! = 24$개입니다.

S 중에 $4x^3y$가 있으면 $4z^3x$, $4w^3y$와 같은 것도 있을 것입니다. 세제곱한 문자를 선택하는 것이 네 가지이고 1제곱한 문자를 고르는 것이 세 가지이므로, $4x^3y$가 있으면 x, y를 다른 문자로 바꾸어 쓴 항이 모두 $4 \times 3 = 12$개 있어야 합니다.

이렇게 S에서 x, y, z, w를 바꾸어 써서 같아지는 항끼리는 계수가 같습니다. 여기에서 $x^6y^4z^3w$에서 x, y, z, w를 바꿔서 생기는 모든 항의 합

$$x^6y^4z^3w + x^6y^4w^3z + x^6z^4y^3w + x^6z^4w^3y + \cdots + w^6z^4y^3x$$

를 $[x^6y^4z^3w]$라고 쓰기로 하겠습니다. 24개의 항 중에도, x, y, z, w의 순서로 쓰되 맨 왼쪽의 지수를 가장 크게 하고 이후 작아지도록 만든 항을 대표로 선택하고 [ ] 안에 넣어서 모든 항의 합을 나타내겠습니다. x^3y에서 x, y, z, w를 바꾸어 써도 같아지는 항의 합은, 네 개의 문자가 있다는 것을 잊지 않도록 $[x^3y^1z^0w^0]$라고 쓰겠습니다.

그러면 대칭식 S는, 이를테면 $S = 5[x^6y^4z^3w] + 4[x^3y^1z^0w^0]$과 같이 [ ]

로 표현되는 '문자를 바꾸어 쓴 항의 합'에 계수를 곱한 것을 더한 형태, 즉, '[ ]의 일차결합'의 형태로 표현됩니다. 어떤가요, 대칭식 S의 이미지가 떠오릅니까?

그러므로 대칭식 S가 기본대칭식으로 표현되는 것을 증명하기 위해서는 각각의 [ ]를 기본대칭식 $x+y+z+w$, $xy+xz+xw+yz+yw+zw$, $xyz+xyw+xzw+yzw$, $xyzw$로 나타낼 수 있음을 확인하면 됩니다.

$[x^6y^4z^3w]$를 예로 들어 기본대칭식으로 나타내는 순서를 확인해 보겠습니다. 먼저 $x^6y^4z^3w$를 각 기본대칭식의 맨 앞에 있는 항 $xyzw$, xyz, xy, x의 곱으로 나타냅니다. w, z, y, x의 순으로 지수를 더하면

$$x^6y^4z^3w = (xyzw)(xyz)^2(xy)x^2$$

이라고 표현할 수 있습니다. 여기에서

$$[x^6y^4z^3w] - \underline{(xyzw)(xyz+xyw+xzw+yzw)^2}$$
$$\underline{\times(xy+xz+xw+yz+yw+zw)(x+y+z+w)^2} \cdots\cdots ①$$

을 생각합니다. 밑줄 친 부분은 기본대칭식을 곱한 것이기 때문에 대칭식이고, 밑줄 친 부분을 전개했을 때 $x^6y^4z^3w$의 계수와 $x^6y^4z^3w$의 x, y, z, w를 바꾸어 쓴 항의 계수는 같습니다. 이 경우에는 1입니다. 그러므로 ①을 계산하면 $[x^6y^4z^3w]$는 소거됩니다.

①의 식 전체는 대칭식이므로 새로운 '[ ]의 일차결합'의 형태로 나타날 것입니다. 이 [ ] 안의 내용이 어떤 식이 될지를 생각해 보겠습니다. 기본대칭식을 전개한 항 중에는, 이를테면

$$xyzw \times xyz \times xyw \times yz \times y \times y = x^3y^6z^3w^2$$

이란 항이 나옵니다. 이 항이 있다는 것은 ①의 밑줄 친 부분을 [ ]의 일차결합으로 나타내면 $[x^6y^3z^3w^2]$라는 항이 나온다는 것입니다.

전개한 항 중에서 [ ] 안에 들어가는 조건을 만족시키는 또 다른 항의 예를 들

면

$$xyzw \times xyz \times yzw \times xy \times x \times w = x^4y^4z^3w^3$$

등도 그러합니다.

여기서 지수를 나열하여 네 자리의 수를 만듭니다. $x^6y^4z^3w$에서는 6431, $x^6y^3z^3w^2$에서는 6332, $x^4y^4z^3w^3$에서는 4433입니다.

각 자리에 있는 수의 합을 구하면 $6+4+3+1=14$, $6+3+3+2=14$, $4+4+3+3=14$가 되어 모두 14로 같습니다.

이들 사이에는 $6431>6332>4433$이란 대소 관계가 있습니다. 밑줄 친 부분에서 괄호 안에 있는 맨 처음 항끼리 곱한 항 $(x^6y^4z^3w)$에 대응하는 수가 가장 큽니다.

x, y, z, w의 지수가 이 순서대로 커지면 커질수록, 지수를 나열하여 만드는 수 역시 더 커집니다. ①의 식에서 괄호 안에는 $xyzw, xyz, xy, x$와 같이 x, y, z, w의 순서로 많이 사용되고 있는 항부터 놓여 있으므로, 이것들을 곱한 항에 대응하는 수가 가장 큰 수가 되는 것입니다.

$$\begin{array}{cccc} x & & & \\ x & & & \\ x & y & & \\ x & y & z & \\ x & y & z & \\ x & y & z & w \\ \hline x^6 & y^4 & z^3 & w \end{array}$$

①을 계산하면 $[x^6y^4z^3w]$로 나타나는 항은 모두 소거되므로 남은 [ ]에 대응하는 수는 모두 6431보다 작게 됩니다. 그래서 이 중에서 [ ]에 대응하는 수가 가장 큰 것을 선택하겠습니다. 이 경우에는 $[x^6y^4z^2w^2]$이 됩니다. 실제로 계산해 보면 $[x^6y^4z^3w^2]$의 각 항의 계수는 -2입니다. 그리고

$$x^6y^4z^2w^2 = (xyzw)^2(xy)^2x^2$$

여기서 ①을 계산하고 남은 $[x^6y^4z^2w^2]$의 항을 소거할 수 있도록

$$(\text{식 ①}) + 2(xyzw)^2(xy+xz+xw+yz+yw+zw)^2(x+y+z+w)^2 \quad \cdots\cdots②$$

로 놓겠습니다. 이 식도 대칭식이므로 [ ]의 일차결합으로 표현되는데 [ ]에 대

응하는 수는 어느 것이나 6422보다 작습니다.

다음으로 ②의 [ ] 안에서 가장 큰 수에 대응하는 [ ]를 소거할 수 있도록 기본대칭식을 곱한 것을 더하거나 빼나가겠습니다.

이것을 되풀이하면 식으로 표현되는 [ ]에 대응하는 수가 차츰 작아집니다. [ ]에 대응하는 수는 각 자리에 있는 수의 합이 14이므로 생각할 수 있는 수는 유한 개밖에 없습니다. 가장 작은 수는 4433입니다. 이 조작을 되풀이하면 맨 마지막에는 식이 0이 됩니다. 곧, $[x^6y^4z^3w]$를 기본대칭식으로 나타낼 수 있습니다.

맨 마지막에는

$$[x^4y^4z^3w^3] = (xyzw)^3(xy + xz + xw + yz + yw + zw)$$

의 정수배가 되어 반드시 대칭식으로 표현되는 이 알고리즘이 끝나게 됩니다.

2 다항식에서 소수에 해당하는 다항식

— 기약다항식(既約多項式)

방정식을 풀 때에 인수분해를 사용했습니다. 방정식의 풀이와 인수분해는 떼려야 뗄 수 없는 관계입니다. 간단한 인수분해 문제부터 시작해 보겠습니다.

문제3.2 $x^4 + x^2 - 6$을 인수분해하시오.

이 문제는 좀 모호한 부분이 있습니다. 이렇게 말하는 까닭은 인수분해를 할 때에 사용하는 계수의 범위를 정하지 않으면 인수분해의 형태는 정해지지 않기 때문입니다.

$x^2 = X$라고 두면, 정수 계수 범위에서는

$$x^4 + x^2 - 6 = X^2 + X - 6 = (X+3)(X-2) = (x^2-2)(x^2+3)$$

실수 계수 범위에서는 $x^2 - 2$ 부분도 더 인수분해되어

$$x^4 + x^2 - 6 = (x^2-2)(x^2+3) = (x-\sqrt{2})(x+\sqrt{2})(x^2+3)$$

복소수 계수 범위에서는 더욱이 $x^2 + 3$ 부분도 인수분해되어

$$x^4 + x^2 - 6 = (x-\sqrt{2})(x+\sqrt{2})(x^2+3)$$
$$= (x-\sqrt{2})(x+\sqrt{2})(x-\sqrt{3}\,i)(x+\sqrt{3}\,i)$$

복소수를 모르는 사람은 4장에서

가 됩니다.

계수의 범위를 지정하면 다항식의 인수분해는 답이 하나로 정해집니다. 이와 달리 계수의 범위가 다르면 인수분해의 답이 달라지는 경우도 있습니다. 중학교에서 인수분해는 암묵적으로 정수 계수의 범위에서 푸는 것을 전제로 하고 있다고 할 수 있습니다. 고등학교에서는 출제자가 주의 깊다면 인수분해 문제

에 계수의 범위를 지정해 줄 것입니다.

여기에서 인수분해라는 것은 도대체 수학적으로 어떤 것인지를 확인해 두고자 합니다.

인수분해와 비슷한 말로 소인수분해라는 말이 있습니다.

소인수분해는 정수를 소수의 곱으로 나타내는 것입니다. 소수는 1과 자기 자신 말고는 양의 약수를 갖지 않는 양의 정수(단, 1은 제외), 곧 더 이상 소인수분해가 되지 않는 수를 말합니다.

이것에 대해 인수분해란 다항식을 기약다항식의 곱으로 나타내는 것입니다. 기약다항식이란 그것 이상으로 인수분해되지 않는 다항식입니다. 위의 식을 예로 들면,

정수 계수 범위에서는 x^2-2, x^2+3

실수 계수 범위에서는 $x-\sqrt{2}$, $x+\sqrt{2}$, x^2+3

복소수 계수 범위에서는 $x-\sqrt{2}$, $x+\sqrt{2}$, $x-\sqrt{3}i$, , $x+\sqrt{3}i$입니다.

또 상수는 다항식으로 볼 수 있고 더 이상 인수분해할 수 없지만, 기약다항식은 아닙니다. 이는 1을 소수에서 제외하는 것과 비슷합니다.

소인수분해는 정수에서, 인수분해는 다항식에서 다루는 개념입니다.

정수의 소인수분해에서 소수에 해당하는 것이 다항식의 인수분해에서는 기약다항식입니다. 단, 기약다항식이라 해도 위와 같이 계수의 범위를 지정하지 않으면 그것이 기약인지 아닌지 정해지지 않습니다.

어떤 자연수 a가 소수인지 아닌지 판정하기 위해서는 a보다 작은 모든 수로 나누어 보고, 나누어떨어지게 하는 수가 없으면 소수라고 판정할 수 있습니다.

다항식이 기약다항식인지 아닌지를 판정하기 위해서는 어떻게 하면 될까요? 이후에 유리수 계수의 방정식을 다루므로 유리수 계수의 다항식에 관한 기약다항식의 판정법을 소개하겠습니다.

더욱이 복소수 계수의 인수분해에 관해서는 대수학의 기본 정리(임의의 복소수 계수 다항식은 1차식으로 인수분해될 수 있다는 정리, 다음 장에서 설명)에서 볼 수 있듯이, 복소수 계수에서 생각할 때의 기약다항식은 1차식밖에 없습니다.

이 책에서는 주로 유리수 계수의 기약다항식을 출발점으로 해서 갈루아 이론을 전개하여 갑니다. 그러므로 독자들께서는 이 장에서 유리수 계수의 기약다항식을 이해해 두면 좋겠습니다.

x^3-3x+1, x^3-2, $x^4+x^3+x^2+x+1$은 기약다항식인데, 그것을 확인하려면 어떻게 해야 할까요? 실제로 이것들은 다음 절(節)에서 기약다항식임이 확인됩니다.

x^3-3x+1이 기약다항식임을 보여 주는 것이라면,

$$x^3-3x+1=(x+a)(x^2+bx+c)$$

로 두고 이 등식을 만족시키는 정수 a, b, c가 없는 것을 밝히면 됩니다. 그러나 이것이 밝혀진다 해도 $(2x+d)(\frac{1}{2}x^2+ex+f)$와 같이 분해될 수 있을지도 모른다고 생각하면, 증명할 수 없을 것 같은 느낌이 듭니다.

사실은 정수 계수의 다항식이 유리수 계수의 범위에서 기약이라는 것을 확인하기 위해서는, 정수 계수의 범위에서 인수분해될 수 없는 것을 보여 주는 것으로 충분합니다. 위의 경우로 이야기해 보면, 정수 a, b, c가 존재하지 않는다는 것만 확인하면 됩니다. 이것을 보증해 주는 정리를 소개하겠습니다. 그 전에 다음 정리를 먼저 증명해 보겠습니다.

정리3.2 **F_p 위의 다항식은 정역**

정수 계수의 다항식 $f(x)$의 계수가 모두 소수 p로 나누어떨어진다고 한다. 정수 계수의 범위에서 $f(x)=g(x)h(x)$로 인수분해될 때 $g(x)$와 $h(x)$ 가운데 어느 하나는 모든 계수가 p로 나누어떨어진다.

증명 각 다항식의 계수를 다음과 같이 두겠습니다.

$$f(x)=f_0+f_1x+f_2x^2+\cdots,\quad g(x)=g_0+g_1x+g_2x^2+\cdots$$

$$h(x)=h_0+h_1x+h_2x^2+\cdots$$

귀류법으로 증명하겠습니다.

$g(x)$, $h(x)$는 둘 다 p로 나누어떨어지지 않는 계수를 갖고 있다고 하고 이 계수들 가운데 각 다항식에서 차수가 가장 낮은 항의 계수에 주목하겠습니다.

이를테면 $g(x)$에서는 그것을 g_2, $h(x)$에서는 그것을 h_3이라고 두겠습니다.

그러면 최소성에 의해 g_0, g_1, h_0, h_1, h_2는 p로 나누어떨어집니다. 이때 $f(x)=g(x)h(x)$의 5차항의 계수를 살펴보면,

$$f_5=g_0h_5+g_1h_4+g_2h_3+g_3h_2+g_4h_1+g_5h_0 \cdots\cdots ①$$

우변의 g_2h_3은 g_2와 h_3이 모두 p의 배수가 아니기 때문에 p의 배수가 아닙니다. 그러나 그 밖의 항은 p의 배수가 됩니다. 왜냐하면 g_i나 h_j 가운데 하나는 p의 배수이기 때문입니다. g_2h_3은 p의 배수가 아니고 그 밖의 항은 p의 배수이므로 ①의 우변은 p의 배수가 아닙니다. 한편, 좌변의 f_5는 p의 배수가 되어 모순됩니다.

귀류법에 의해 증명되었습니다. (증명 끝)

정리3.3 **유리수 계수 다항식의 기약성**

정수 계수의 다항식 $f(x)$가 정수 계수의 범위에서 기약다항식이라면 유리수 계수에서도 기약다항식이다.

이것의 대우(對偶)

정수 계수의 다항식 $f(x)$가 유리수 계수의 범위에서 인수분해되면 정수 계수의 범위에서도 인수분해된다.

증명 대우를 증명하겠습니다.

정수 계수의 다항식 $f(x)$가 유리수 계수의 범위에서 $f(x)=g(x)h(x)$로 인수분해될 수 있다고 가정하겠습니다.

이제 $f(x)$에서 계수의 최대공약수 a를 이용하여 $f(x)=af_1(x)$ ……①로 나타내겠습니다. 이를테면 $f(x)=2x^2+6x-4$이면 $a=2$, $f_1(x)=x^2+3x-2$가 됩니다. 그러면 $f_1(x)$에서 각 계수의 최대공약수는 1입니다. 이 표기법은 $f(x)$의 계수가 구체적으로 주어진다면 그것이 한 가지뿐이라는 것을 강조하고 있습니다.

이제 $g(x)$, $h(x)$의 계수에는 분수가 있는 상태입니다. 만일 분수가 없고 모든 계수가 정수라고 하면 증명은 끝입니다. $g(x)$, $h(x)$에 적당한 수를 곱해서 정수 계수로 만들어 보겠습니다. $bg(x)$, $ch(x)$라고 하겠습니다.

다음으로 $bg(x)$에서 계수의 최대공약수를 b_1이라고 하여

$$bg(x)=b_1g_1(x) \qquad \therefore \quad g(x)=\frac{b_1}{b}\cdot g_1(x) \text{ ……②}$$

라고 하겠습니다. $ch(x)$도 마찬가지로

$$h(x)=\frac{c_1}{c}\cdot h_1(x) \text{ ……③}$$

라고 하겠습니다.

$f(x)=g(x)h(x)$를 ①, ②, ③을 이용하여 고쳐 쓰면

$$af_1(x)=\frac{b_1}{b}\cdot g_1(x)\cdot\frac{c_1}{c}\cdot h_1(x)=\frac{b_1c_1}{bc}\cdot g_1(x)h_1(x) \text{ ……④}$$

가 됩니다. 여기서 우변의 $g_1(x)h_1(x)$에서 계수의 최대공약수가 1이라는 것에 주의해야 합니다. 왜냐하면 만일 최대공약수가 1이 아니고 어떤 소수 p로 나누어떨어진다고 하면, **정리3.2**에 의해 $g_1(x)$나 $h_1(x)$의 어느 하나는 계수가 모두 p로 나누어떨어져서 $g_1(x)$나 $h_1(x)$를 만든 방법에 모순이 생기기 때문입니

다.

정수 계수의 다항식을 ①과 같이 (정수)×(계수의 최대공약수가 1이 되는 다항식)으로 나타내는 방식은 한 가지이므로, ④ 식의 양변에서 (정수), (계수의 최대공약수가 1인 다항식)의 부분은 각각 같아져서

$$a = \frac{b_1 c_1}{bc}, \quad f_1(x) = g_1(x)h_1(x)$$

따라서 $f(x)$는 $f(x) = af_1(x) = (ag_1(x))h_1(x)$로 정수 계수의 범위에서 인수분해할 수 있습니다. (증명 끝)

정수 계수의 다항식이 유리수 계수의 범위에서 기약다항식인지 아닌지를 생각할 때는, 정수 계수의 범위에서 생각해도 된다는 것을 알 수 있습니다.

다음으로 정수 계수의 다항식이 기약다항식인지를 판정할 때 편리하게 쓸 수 있는 정리를 소개하겠습니다.

정리3.4 **아이젠슈타인의 판정조건**

정수 계수의 다항식

$$f(x) = a_n x^n + a_{n-1} x^{n-1} + \cdots + a_1 x + a_0$$

에서 다음 조건을 만족시키는 소수 p가 존재하면, $f(x)$는 정수 계수의 범위에서 기약다항식이다.

(i) a_0은 p로 나누어떨어지지만 p^2으로는 나누어떨어지지 않는다.

(ii) $a_i (i = 1, \cdots, n-1)$는 p로 나누어떨어진다.

(iii) a_n은 p로 나누어떨어지지 않는다.

증명 귀류법으로 증명하겠습니다.

$f(x) = g(x)h(x)$로 인수분해될 수 있다고 가정하겠습니다. 다항식의 계수를

다음과 같이 둡니다.

$$g(x) = g_0 + g_1 x + g_2 x^2 + \cdots, \quad h(x) = h_0 + h_1 x + h_2 x^2 + \cdots$$

$f(x) = g(x)h(x)$의 계수를 비교하면

$$a_0 = g_0 h_0$$

$$a_1 = g_0 h_1 + g_1 h_0$$

$$a_2 = g_0 h_2 + g_1 h_1 + g_2 h_0$$

$$a_3 = g_0 h_3 + g_1 h_2 + g_2 h_1 + g_3 h_0$$

$$\cdots$$

이 됩니다. "(i) a_0은 p로 나누어떨어지지만 p^2으로는 나누어떨어지지 않는다"로부터 g_0이나 h_0 중에서 어느 하나만이 p의 배수여야 합니다. g_0이 p의 배수라고 하겠습니다. 그러면 h_0은 p의 배수가 아닙니다.

(ii)로부터 $a_1 = g_0 h_1 + g_1 h_0$은 p의 배수이고 $g_0 h_1$도 p의 배수이므로 $g_1 h_0$은 p의 배수입니다. 그런데 h_0은 p의 배수가 아니므로 g_1이 p의 배수입니다.

(ii)로부터 $a_2 = g_0 h_2 + g_1 h_1 + g_2 h_0$은 p의 배수이고, $g_0 h_2$와 $g_1 h_1$은 모두 p의 배수이므로 $g_2 h_0$은 p의 배수입니다. 그런데 h_0은 p의 배수가 아니므로 g_2가 p의 배수입니다.

이와 같이 일단 g_0이 p의 배수이고 h_0이 p의 배수가 아니라고 가정하면, $g(x)$의 모든 계수는 p의 배수가 됩니다. 따라서 $g(x)h(x) = f(x)$의 모든 계수도 p의 배수가 되어 최고차 항의 계수 a_n도 p로 나누어떨어지게 되는데, (iii)에서 "a_n은 p로 나누어떨어지지 않는다"고 했기 때문에 모순됩니다. 따라서 귀류법에 의해 증명되었습니다. (증명 끝)

이 판정조건을 적용할 때에 유의해야 할 점은 이 조건은 다항식이 기약이기 위한 충분조건이지 필요조건은 아니라는 것입니다. $f(x)$가 기약다항식이어도 이 판정조건에 맞는 소수 p가 반드시 존재하지는 않기 때문입니다. 이러한 p가 존재하지 않아도 $f(x)$가 기약다항식인 경우는 자주 있을 수 있습니다.

이 판정조건이 딱 들어맞으면서, 피크 정리를 증명하는 데에도 없어서는 안 될 기약다항식의 예를 소개하겠습니다.

문제3.3 p를 소수라고 한다.

$$x^{p-1}+x^{p-2}+\cdots+x+1$$

은 정수 계수의 범위에서 기약다항식임을 증명하시오.

$f(x)=x^{p-1}+x^{p-2}+\cdots+x+1$이라고 두겠습니다.

$f(x)=g(x)h(x) \quad \Leftrightarrow \quad f(x+1)=g(x+1)h(x+1)$

이므로 $f(x)$가 기약다항식인지를 판정할 때, 이것 대신에 $f(x+1)$이 기약다항식인지를 판정해도 됩니다.

$$f(x)=x^{p-1}+x^{p-2}+\cdots+x+1=\frac{x^p-1}{x-1}$$

이므로

$$\begin{aligned}f(x+1)&=\frac{(x+1)^p-1}{(x+1)-1}\\&=\frac{x^p+{}_pC_1x^{p-1}+{}_pC_2x^{p-2}+\cdots+{}_pC_{p-2}x^2+{}_pC_{p-1}x+1-1}{x}\\&=x^{p-1}+{}_pC_1x^{p-2}+{}_pC_2x^{p-3}+\cdots+{}_pC_{p-2}x+{}_pC_{p-1}\\&=x^{p-1}+px^{p-2}+{}_pC_2x^{p-3}+\cdots+{}_pC_{p-2}x+p\end{aligned}$$

여기에서 이항계수 ${}_pC_i(1\leqq i\leqq p-1)$는

$$ {}_pC_i=\frac{p!}{i!(p-i)!}=\frac{p\cdot(p-1)\cdot\cdots\cdot(p-i+1)}{i\cdot(i-1)\cdot\cdots\cdot2\cdot1} \quad (1\leqq i\leqq p-1)$$

로 계산됩니다. 분모에 있는 $1, 2, \cdots, i$는 모두 p보다 작은 수이고 p가 소수이므

로, p의 약수는 아닙니다. 이 계산에서 분자에 있는 p는 약분되지 않고 남아 있기 때문에 ${}_pC_i$는 p의 배수입니다.

계수로 나타나는 p에 관한 이항계수 ${}_pC_2$, ${}_pC_3$, $\cdots$, ${}_pC_{p-2}$는 모두 p의 배수입니다.

정리3.4의 아이젠슈타인의 판정 조건을 p인 경우에서 점검해 보겠습니다.

상수항이 p인 것으로부터 조건 (i)이 만족되고, ${}_pC_i$가 p의 배수라는 것으로부터 조건(ii)가 만족되며, 최고차 항의 계수가 1이라는 것으로부터 (iii)이 만족됩니다. 따라서 **정리3.4 아이젠슈타인**의 판정 조건에 의해 $f(x+1)$은 기약다항식입니다. $f(x)$가 기약다항식이라는 것이 밝혀졌습니다.

3 정수와 다항식의 유사성

— 다항식의 합동식

앞 절에서는 정수의 소인수분해와 다항식의 인수분해가 비슷하다는 이야기로 시작하여 그 일부인 기약다항식의 판정법을 소개했습니다.

다시 정수와 다항식의 유사성에 관해서 이야기해 보겠습니다.

정수에서는 a가 b로 나누어떨어지는 경우에

"b는 a의 약수이다.", "a는 b의 배수이다."

라고 했습니다. 다항식의 경우에도 마찬가지입니다.

$f(x)$가 $g(x)$로 나누어떨어지는 경우, 곧 $f(x)=g(x)h(x)$가 되는 다항식 $h(x)$가 있는 경우에

"$g(x)$는 $f(x)$의 약수이다.", "$f(x)$는 $g(x)$의 배수이다."

라고 합니다. 약다항식, 배다항식이라고 해도 좋을 것 같은데, 이런 말을 들어본 적은 없습니다.

여기서 주의해야 할 것은 인수분해 $f(x)=g(x)h(x)$에서 계수를 유리수 범위에서 생각하고 있다는 것입니다.

$x^2-4=(x+2)(x-2)$이므로 '$x+2$는 x^2-4의 약수', 'x^2-4는 $x+2$의 배수'라고 할 수 있습니다.

유리수의 범위에서는 $x^2-4=(2x+4)\left(\frac{1}{2}x-1\right)$로도 인수분해되므로 '$2x+4$는 x^2-4의 약수', 'x^2-4는 $2x+4$의 배수'라고도 할 수 있습니다.

곧, 다항식에서 '약수, 배수'라고 할 때는 유리수배는 무시한다는 것입니다.

이처럼 상수배를 무시하는 관행은 최대공약수, 최소공배수에도 그대로 적용됩니다.

문제3.4 유리수 계수의 다항식 x^2+x-6과 x^2-x-12의 최대공약수, 최소공배수를 구하시오.

정수일 때 최대공약수와 최소공배수를 구하는 기본은 각 수를 소인수분해하는 것이었습니다. 다항식의 경우에도 주어진 다항식을 인수분해합니다.

$$x^2+x-6=(x+3)(x-2) \qquad x^2-x-12=(x+3)(x-4)$$

굳이 유리수 계수의 다항식이라고 적은 까닭은 유리수 범위의 인수분해라고 생각하라는 뜻입니다.

인수분해된 식에서 공통 인수가 $(x+3)$이므로 최대공약수는 $c(x+3)$(c는 0이 아닌 유리수).

인수분해된 식에 나오는 모든 인수를 적어보면 $(x+3)$, $(x-2)$, $(x-4)$이므로 최소공배수는 $c(x+3)(x-2)(x-4)$(c는 0이 아닌 유리수).

이 책에서는 다항식의 약수와 배수의 구조를 쉽게 이해할 수 있도록, 위와 같이 c를 이용하여 나타냈지만 보통은 c를 생략해서 적습니다.

다음으로 정수의 나눗셈과 다항식의 나눗셈을 비교해 보겠습니다. 둘 다 나머지가 있는 나눗셈입니다.

정수의 나눗셈에서는 a를 자연수 b로 나누어서 몫이 q, 나머지가 r일 때

$$a=qb+r \quad (0 \leqq r < b)$$

이고 나머지 r는 나누는 수 b보다 작습니다.

다항식의 나눗셈에서는 $a(x)$를 $b(x)$로 나누어서 몫이 $q(x)$, 나머지가 $r(x)$일 때

$$a(x)=q(x)b(x)+r(x) \quad (\text{‘}r(x)\text{의 차수’} < \text{‘}b(x)\text{의 차수’})$$

가 됩니다.

나뉘는 수(식), 나누는 수(식), 몫, 나머지에 대한 관계식은 정수와 다항식 두 경우에서 모두 같지만 나머지의 조건이 다릅니다.

정수에서는 '나머지의 크기'는 '나누는 수의 크기'보다 작습니다.

다항식에서는 '나머지의 차수'는 '나누는 식의 차수'보다 작습니다.

어느 경우에서나 '나머지의 ○○'는 '나누는 수(식)의 ○○'보다 작다는 것입니다.

여기에서 유클리드의 호제법을 떠올려 주십시오. 호제법을 순서에 따라 진행하다 보면 나머지가 작아지다가 마지막에는 최대공약수가 구해졌습니다. 다항식의 나눗셈이 나머지가 있는 정수의 나눗셈의 구조와 비슷하므로 다항식의 경우에도 호제법을 이용하여 최대공약수를 구할 수 있을 것 같습니다.

정수의 경우 a와 b가 서로소라면 호제법을 실행했을 때 나머지가 차츰 작아져 마지막에는 1이 됩니다. 한편, 다항식의 경우에는 $a(x)$와 $b(x)$가 서로소($a(x)$와 $b(x)$를 모두 나누어떨어지게 하는 1차 이상의 다항식이 존재하지 않는 경우)라면, 호제법을 실행하면 나머지의 차수가 차츰 작아지면서 마지막에는 0차식, 곧 상수항만 남은 다항식이 됩니다.

문제3.5 x^2+x-6과 x^2-x-12의 최대공약수를 호제법으로 구하시오.

x^2+x-6을 x^2-x-12로 나누면 몫이 1, 나머지가 $2x+6$입니다.

$$x^2+x-6=1\cdot(x^2-x-12)+2x+6$$

다음으로 x^2-x-12를 $2x+6$으로 나누면 몫이 $\left(\frac{1}{2}x-2\right)$가 되면서 나누어떨어집니다.

$$x^2-x-12=(2x+6)\left(\frac{1}{2}x-2\right)$$

따라서 $2x+6$이 최대공약수입니다. 정확하게 말하면 $2x+6=2(x+3)$의 정수배인 $c(x+3)$ (c는 0이 아닌 유리수)이 최대공약수입니다.

다항식에서 호제법을 사용할 수 있다는 것은 다음과 같은 문제도 정수일 때와 마찬가지로 풀 수 있다는 것입니다.

> **문제3.6** 다음 식을 만족시키는 다항식 $X(x)$, $Y(x)$를 구하시오.
>
> $$(4x^3-1)X(x)+(2x^2-x)Y(x)=1$$

정수의 1차부정방정식을 푸는 방법을 흉내 내어 보겠습니다.

다항식으로 된 계수에 호제법을 적용해서 계수의 차수를 낮춰 갑니다.

$4x^3-1$을 $2x^2-x$로 나누면 몫이 $2x+1$, 나머지가 $x-1$이므로

$$\begin{aligned}&(4x^3-1)X(x)+(2x^2-x)Y(x)\\&=\{(2x^2-x)(2x+1)+(x-1)\}X(x)+(2x^2-x)Y(x)\\&=(2x^2-x)\{\underbrace{(2x+1)X(x)+Y(x)}_{Z(x)}\}+(x-1)X(x)\\&=(2x^2-x)Z(x)+(x-1)X(x)\end{aligned}$$

여기서 $Z(x)=(2x+1)X(x)+Y(x)$라고 두었습니다.

$2x^2-x$를 $x-1$로 나누면 몫이 $2x+1$, 나머지가 1이므로

$$\begin{aligned}&(2x^2-x)Z(x)+(x-1)X(x)\\&=\{(x-1)(2x+1)+1\}Z(x)+(x-1)X(x)\\&=(x-1)\{\underbrace{(2x+1)Z(x)+X(x)}_{W(x)}\}+Z(x)\\&=(x-1)W(x)+Z(x)\end{aligned}$$

여기서 $W(x)=(2x+1)Z(x)+X(x)$라고 두었습니다.

$$(x-1)W(x)+Z(x)=1$$

을 만족시키는 $W(x)$, $Z(x)$ 중에서 하나는 쉽게 찾을 수 있습니다. $Z(x)$의 계수

가 상수이기 때문입니다. $W(x)=0,\ Z(x)=1$이면 됩니다.

이것을 $W(x)=(2x+1)Z(x)+X(x)$에 대입하면

$$0=(2x+1)\cdot 1+X(x) \qquad \therefore X(x)=-2x-1$$

이것을 $Z(x)=(2x+1)X(x)+Y(x)$에 대입하면

$$1=(2x+1)(-2x-1)+Y(x) \qquad \therefore Y(x)=4x^2+4x+2$$

$X(x)=-2x-1,\ Y(x)=4x^2+4x+2$일 때 주어진 식을 만족시킵니다. 물론 이것은 위 식을 만족시키는 $X(x), Y(x)$의 한 예입니다. 이것 말고도 이러한 $X(x), Y(x)$는 수없이 많습니다.

이 문제에서는 $4x^3-1$과 $2x^2-x$가 서로소였으므로 호제법을 실행했을 때 마지막에 나온 나머지가 상수였습니다. 위 문제에서 나머지가 정확히 1이 된 것은 계산하기 쉽도록 처음에 다항식을 $4x^3-1$과 $2x^2-x$로 선택했기 때문입니다. 처음 두 다항식이 서로소이면 호제법을 실행했을 때, 마지막에 나오는 나머지는 적어도 상수이기는 합니다. 곧, 호제법에 의한 치환에서 맨 마지막에는

$$h(x)X(x)+cY(x)=1$$

의 형태가 되고 $h(x)$, c가 주어졌을 때 $X(x), Y(x)$를 구하는 문제로 환원됩니다. 여기까지 오면 $X(x)=0,\ Y(x)=1/c$이 바로 구해집니다. 그 다음은 치환을 거꾸로 거슬러 올라가면서 만족시키는 식을 구합니다.

정수일 때와 마찬가지인데, 정리해 두겠습니다.

정리3.5 **다항식의 1차부정방정식**

$a(x), b(x)$가 서로소인 다항식일 때

(1) $a(x)f(x)+b(x)g(x)=1$

을 만족시키는 다항식의 쌍$(f(x), g(x))$에서 $g(x)$의 차수가 $a(x)$의 차수보다 낮은 쌍이 존재한다.

(2) 임의의 다항식 $H(x)$에 대해서

$$a(x)F(x)+b(x)G(x)=H(x)$$

를 만족시키는 다항식의 쌍 $(F(x), G(x))$에서 $G(x)$의 차수가 $a(x)$의 차수보다 낮은 쌍이 존재한다.

증명 (1) $a(x)f(x)+b(x)g(x)=1$ ……①을 만족시키는 $f(x)$, $g(x)$가 존재하는 것을 위의 계산 문제에서 확인했습니다. $g(x)$의 차수가 $a(x)$의 차수보다 낮아지도록 선택하는 것을 보이겠습니다.

①을 만족시키는 $(f(x), g(x))$의 쌍에서 $g(x)$의 차수가 $a(x)$의 차수보다 크거나 같다고 가정하겠습니다.

이때는 $g(x)$를 $a(x)$로 나누어서 차수를 낮춥니다.

$g(x)$를 $a(x)$로 나눈 몫을 $q(x)$, 나머지를 $r(x)$라고 하겠습니다.

$$g(x)=q(x)a(x)+r(x) \qquad \therefore r(x)=g(x)-q(x)a(x)$$

이때

$$\begin{aligned}&a(x)\{f(x)+b(x)q(x)\}+b(x)r(x)\\&=a(x)f(x)+a(x)b(x)q(x)+b(x)\{g(x)-q(x)a(x)\}\\&=a(x)f(x)+\cancel{a(x)b(x)q(x)}+b(x)g(x)-\cancel{b(x)q(x)a(x)}\\&=a(x)f(x)+b(x)g(x)=1\end{aligned}$$

이 됩니다. 1차부정방정식

$$a(x)X(x)+b(x)Y(x)=1$$

의 해 하나가 $(X(x), Y(x))=(f(x), g(x))$일 때

$(X(x), Y(x))=(f(x)+b(x)q(x), r(x))$도 해가 됩니다.

$r(x)$는 $a(x)$보다 차수가 낮으므로 $(f(x)+b(x)q(x), r(x))$는 문제의 의미를 만족시키는 다항식의 쌍이 됩니다.

(2) (1)과 같은 $f(x)$, $g(x)$가 존재하므로 (1)에 $H(x)$를 곱하면

$$a(x)f(x)H(x) + b(x)g(x)H(x) = H(x)$$

가 됩니다. 이때 $F(x) = f(x)H(x)$, $G(x) = g(x)H(x)$라고 두면 (2)를 만족시키는 $F(x)$, $G(x)$가 존재함을 확인할 수 있습니다.

$G(x)$의 차수가 $a(x)$의 차수보다 크거나 같은 경우에는, (1)과 마찬가지로 $a(x)$로 나눠서 차수를 낮춥니다. $G(x)$의 차수가 $a(x)$의 차수보다 낮아지도록 선택합니다. (증명 끝)

$\mathbf{Q}$: 유리수체. "유리수 계수를 생각하라"는 뜻.

그러면 이 정리를 이용해서 기약다항식의 성질을 밝혀 보겠습니다.

$\mathbf{Q}$ 위의 기약다항식 $p(x)$는 유리수의 범위에서 인수분해할 수 없기 때문에, 방정식 $p(x) = 0$은 유리수의 해를 갖지 않습니다. 그러나 무리수나 복소수의 범위에서는 해를 가질 수 있습니다. $x^2 - 2$는 $\mathbf{Q}$ 위에서 기약다항식이지만 $x^2 - 2 = 0$은 $x = \pm\sqrt{2}$라는 해가 있습니다.

(3), (4), (5)에서 말하는 해에는 복소수 해까지 포함됩니다.

정리3.6 기약다항식의 성질

$p(x)$를 $\mathbf{Q}$ 위의 기약다항식이라고 한다. $f(x)$, $g(x)$는 $\mathbf{Q}$ 위의 다항식이라 한다.

(1) $f(x)$가 $p(x)$로 나누어떨어지지 않을 때, $f(x)$와 $p(x)$는 $\mathbf{Q}$ 위에서 서로소이다.

(2) $f(x)g(x)$가 $p(x)$로 나누어떨어질 때, $f(x)$가 $p(x)$로 나누어떨어지든지 $g(x)$가 $p(x)$로 나누어떨어진다.

(3) 방정식 $p(x) = 0$과 $f(x) = 0$에 공통근이 하나라도 있다면 $f(x)$는 $p(x)$로 나누어떨어진다.

(4) $f(x)$의 차수가 1차 이상이고 $p(x)$의 차수 미만일 때,

방정식 $p(x)=0$과 $f(x)=0$은 공통근이 없다.

(5) 방정식 $p(x)=0$은 중근을 갖지 않는다.

증명 (1) 만일 최대공약수가 1이 아니라고 하면 1차 이상의 식 $h(x)$가 있어

$$f(x)=f_1(x)h(x), \quad p(x)=p_1(x)h(x)$$

가 됩니다. $p_1(x)$의 최고차 항의 계수를 1로 두겠습니다. $p(x)$가 기약다항식이라는 것에서 $p_1(x)=1$이고 $p(x)=h(x)$가 되므로, $f(x)=f_1(x)p(x)$에서 결국 $f(x)$가 $p(x)$의 배수가 되어 모순입니다. 따라서 $f(x)$와 $p(x)$는 $\boldsymbol{Q}$ 위에서 서로소입니다.

(2) $f(x)$가 $p(x)$로 나누어떨어지면 문제의 의미를 만족시키므로, $f(x)$가 $p(x)$로 나누어떨어지지 않는다고 하겠습니다. 이때 (1)에서 $f(x)$와 $p(x)$의 최대공약수는 1이 됩니다. $f(x)$와 $p(x)$가 서로소이므로 **정리3.5**에 의해

$$f(x)A(x)+p(x)B(x)=1$$

을 만족시키는 $A(x)$, $B(x)$가 존재합니다. 이 식의 양변에 $g(x)$를 곱합니다.

$$f(x)g(x)A(x)+p(x)g(x)B(x)=g(x)$$

$f(x)g(x)$는 $p(x)$로 나누어떨어지므로 $f(x)g(x)=p(x)h(x)$라고 쓸 수 있고, 이것을 대입하면

$$\begin{aligned} g(x) &= p(x)h(x)A(x)+p(x)g(x)B(x) \\ &= \{h(x)A(x)+g(x)B(x)\}p(x) \end{aligned}$$

가 되므로 $g(x)$는 $p(x)$로 나누어떨어집니다.

결국, $f(x)$나 $g(x)$ 중 한 쪽은 $p(x)$로 나누어떨어집니다.

(3) 귀류법으로 증명하겠습니다. $f(x)$가 $p(x)$로 나누어떨어지지 않는다고 가정합니다.

그러면 (1)에서 본 바와 같이 $f(x)$와 $p(x)$는 서로소가 되고

$$f(x)A(x)+p(x)B(x)=1 \cdots\cdots ①$$

을 만족시키는 $A(x)$, $B(x)$가 존재합니다.

유리수는 아닙니다.

공통의 해를 α라고 하겠습니다. ①에 $x=\alpha$를 대입합니다.

그러면 $f(\alpha)=0$, $p(\alpha)=0$이므로 ①의 좌변은

$$f(\alpha)A(\alpha)+p(\alpha)B(\alpha)=0\cdot A(\alpha)+0\cdot B(\alpha)=0$$

이 되어 모순입니다.

따라서 $f(x)$는 $p(x)$로 나누어떨어집니다.

(4) 대우인 "방정식 $p(x)=0$, $f(x)=0$에 공통근이 하나라도 있다면 $f(x)$의 차수는 $p(x)$의 차수 이상이다"를 확인하겠습니다.

(3)으로부터 방정식 $p(x)=0$, $f(x)=0$에 공통근이 하나라도 있으면 $f(x)$는 $p(x)$로 나누어떨어지므로 다항식 $h(x)$를 이용하면 $f(x)=h(x)p(x)$가 됩니다. 이때

$$[f(x)\text{의 차수}]=[h(x)\text{의 차수}]+[p(x)\text{의 차수}] \geqq [p(x)\text{의 차수}]$$

이므로 $f(x)$의 차수는 $p(x)$의 차수 이상입니다.

(5) $p(x)=0$이 α를 중근으로 갖는다고 하겠습니다. 그러면

$$p(x)=(x-\alpha)^2q(x)$$

$q(x)$는 Q 위의 다항식에 한정되지 않습니다.

라고 나타낼 수 있습니다. 이것을 미분하면

$$\begin{aligned}p'(x)&=\{(x-\alpha)^2q(x)\}'\\&=\{(x-\alpha)^2\}'q(x)+(x-\alpha)^2q'(x)\\&=2(x-\alpha)q(x)+(x-\alpha)^2q'(x)\end{aligned}$$

$(fg)'=f'g+fg'$

$\{(x-\alpha)^n\}'=n(x-\alpha)^{n-1}$

가 됩니다. 여기에 $x=\alpha$를 대입하면 $p'(\alpha)=0$입니다. $p(\alpha)=0$, $p'(\alpha)=0$이므로 $p(x)=0$과 $p'(x)=0$은 공통근 α가 있습니다. 여기에서 $p(x)$의 차수는 2 이상이므로 $p'(x)$는 1차 이상입니다. $p'(x)$의 차수는 1 이상이고 $p(x)$의 차

수 미만이므로 (4)에 의해 $p(x)=0$과 $p'(x)=0$은 공통근을 갖지 않으므로 모순이 됩니다.

따라서 $p(x)=0$은 중근을 갖지 않습니다. (증명 끝)

이 정리는 $\boldsymbol{Q}$ 위의 기약다항식(계수가 유리수인 다항식으로서, 유리수 계수의 다항식으로 인수분해되지 않는 다항식)에 대해서 말하고 있지만, $\boldsymbol{Q}$를 다른 체로 바꾸어도 성립하는 정리입니다. 다른 체에는 아직 익숙하지 않으므로 $\boldsymbol{Q}$에 대해서만 언급하겠습니다. 실제로 이 정리는 $\boldsymbol{Q}$를 다른 체로 바꾼 형태로 인용됩니다.

$p(x)=0$이 중근을 갖지 않는다는 것은 해가 모두 다르다는 것입니다. 이것은 방정식의 이론을 생각할 때 논의가 상당히 간단해지도록 도와줍니다. 실은, $\boldsymbol{Q}$ 위가 아니라 $\boldsymbol{F}_p$ 위의 방정식을 생각할 때는 기약다항식에 의한 방정식일지라도 중근을 가질 수 있습니다. 이 경우까지 포함해서 논의하면 본격적인 논의가 되면서 설명도 복잡해집니다. 다루는 범위가 넓어져 갈피를 잡지 못하게 되면 곤란하므로, 이 책에서는 $\boldsymbol{Q}$ 위의 방정식만으로 좁혀서 갈루아 이론을 전개하기로 하겠습니다.

4 기약다항식으로 나누어도 체

—$Q[x]/(f(x))$

정수와 다항식의 유사성을 좀 더 알아보겠습니다.

소수 p에 대해서 $\boldsymbol{Z}/p\boldsymbol{Z}$는 체가 된다고 했고 $\boldsymbol{F}_p$로 나타냈습니다. 다항식에서 기약다항식 $p(x)$에 대해서도 이와 마찬가지로 생각할 수 있습니다.

다항식의 계수는 유리수로 하고 이러한 유리수 계수 다항식의 집합을 $\boldsymbol{Q}[x]$로 나타내겠습니다. 계수를 유리수 이외의 체로도 확장할 수 있겠으나, 이제부터 진행되는 이야기에서는 유리수 계수로 한정하겠습니다.

$\boldsymbol{F}_p$는 정수를 p로 나눈 나머지에 대해서 사칙연산을 정의한 것입니다. 다항식의 경우에도 $p(x)$로 나눈 나머지끼리의 연산을 생각해 보겠습니다.

다항식 $f(x)$와 $g(x)$를 $p(x)$로 나눈 나머지가 같을 때

$$f(x) \equiv g(x) \pmod{p(x)}$$

라고 나타내기로 하겠습니다.

이 합동식에 관해서는 정수일 때와 마찬가지로

$a(x) \equiv b(x),\ \ c(x) \equiv d(x) \pmod{p(x)}$일 때

$$a(x)+c(x) \equiv b(x)+d(x) \pmod{p(x)}$$

$$a(x)-c(x) \equiv b(x)-d(x) \pmod{p(x)}$$

$$a(x)c(x) \equiv b(x)d(x) \pmod{p(x)}$$

가 성립합니다. 이것은 **정리1.4**의 증명에서 정수를 다항식으로 바꾸어 보면 그대로 성립하는 것에서 알 수 있습니다.

$\boldsymbol{Q}[x]$의 원소인 다항식을 $p(x)$로 나눈 나머지를 기준으로 분류한 잉여류의 집합을 $\boldsymbol{Q}[x]/(p(x))$라고 쓰기로 하겠습니다.

이를테면 $p(x)=x^3-2$일 때 x^4-x+3과 $2x^3+x-1$은 x^3-2로 나눈 나머지가 모두 $x+3$입니다. 그러므로 $p(x)$로 나눈 나머지가 $x+3$인 $\boldsymbol{Q}$ 위의 다항식의 집합을 $\overline{x+3}$이라고 하면, x^4-x+3과 $2x^3+x-1$은 잉여류 $\overline{x+3}$의 원소입니다. 이렇게 잉여류를 $p(x)$로 나눈 나머지로 나타내기로 하겠습니다. $\boldsymbol{Q}[x]/(p(x))$의 원소는 잉여류이므로 본래 '—'(윗금)을 붙이지만, 이제부터는 '—'을 붙이지 않고 표기하기로 하겠습니다.

$\boldsymbol{Q}[x]/(x^3-2)$의 원소는 3차식 x^3-2로 나눈 나머지이므로 계수가 유리수인 2차 이하의 모든 다항식이 됩니다.

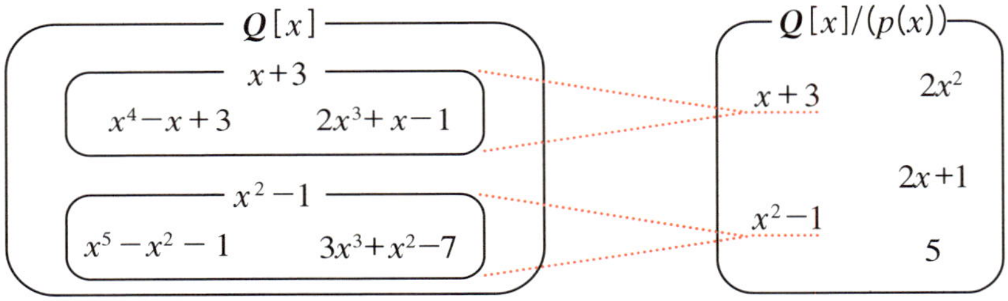

$a+c\equiv b+d \pmod{n}$, $a-c\equiv b-d \pmod{n}$, $ac\equiv bd \pmod{n}$으로부터 $\boldsymbol{Z}/n\boldsymbol{Z}$의 덧셈, 뺄셈, 곱셈이 보증되듯이 $(\bmod\ p(x))$의 합동식이 성립하는 것에서 $\boldsymbol{Q}[x]/(p(x))$의 원소끼리, 곧 다항식을 $p(x)$로 나눈 나머지끼리 덧셈, 뺄셈, 곱셈을 할 수 있음을 알 수 있습니다. 덧셈, 뺄셈, 곱셈까지는 $p(x)$가 기약다항식이 아니어도 성립한다는 이야기입니다. $p(x)$가 기약다항식일 때는 나눗셈도 할 수 있습니다.

기약다항식 $p(x)$의 예로 x^3-2를 택하여 $\boldsymbol{Q}[x]/(x^3-2)$에서 나눗셈을 할 수 있고 사칙연산이 모두 가능하다는 것을 확인하겠습니다.

그 전에 x^3-2가 유리수 위에서 기약다항식임을 확인해 보겠습니다. $p=2$로 하여 아이젠슈타인의 판정 조건(**정리3.4**)을 적용하겠습니다. 상수항은 2로 나누어떨어지지만 4로 나누어떨어지지 않습니다. x^3의 계수는 2로 나누어떨어지지 않고 다른 계수는 2로 나누어떨어집니다. 따라서 $x^3 - 2$는 정수 계수의 범위에서 기약다항식입니다. **정리3.3**에 의해 $x^3 - 2$는 $\boldsymbol{Q}$ 위의 기약다항식입니다.

문제3.7 $\boldsymbol{Q}[x]/(x^3 - 2)$의 원소로서 계산하시오.

(1) $(x+2)+(x^2+x+1)$

(2) $(x+2)-(x^2+x+1)$

(3) $(x+2)\times(x^2+x+1)$

(4) $\dfrac{x+2}{x^2+x+1}$

덧셈과 뺄셈은 보통의 다항식 계산으로 충분합니다.

(1) $(x+2)+(x^2+x+1)=x^2+2x+3$

(2) $(x+2)-(x^2+x+1)=-x^2+1$

(3) 곱을 계산해서 차수가 3 이상이 되었을 때에는 $x^3 - 2$로 나누어서 나머지를 취합니다.

$$(x+2)(x^2+x+1)=x^3+3x^2+3x+2$$

이것을 $x^3 - 2$로 나누면 몫이 1, 나머지가 $3x^2+3x+4$이므로

$$(x+2)(x^2+x+1)\equiv 3x^2+3x+4 \pmod{x^3-2}$$

$\boldsymbol{Q}[x]/(x^3 - 2)$의 원소로 계산한 것은

$$(x+2)(x^2+x+1)=3x^2+3x+4$$

가 됩니다.

(4) $\frac{x+2}{x^2+x+1}$의 답을 $X(x)$라고 하겠습니다.

$\frac{x+2}{x^2+x+1}$가 $X(x)$가 된다는 것은 나눗셈이 곱셈의 역연산이라는 것을 생각

하여 (x^2+x+1)과 $X(x)$를 곱하면 $x+2$가 된다는 것입니다. 곧,

$$x+2 \equiv (x^2+x+1)X(x) \pmod{x^3-2}$$

더욱이 합동식을 등식으로 고치면 어떤 다항식 $Y(x)$가 있어

$$(x^2+x+1)X(x)+(x^3-2)Y(x)=x+2 \cdots\cdots ①$$

라고 쓸 수 있다는 것입니다. 이 문제의 나눗셈은 위 식을 만족시키는 $X(x)$, $Y(x)$를 구하는 문제로 바뀌었습니다.

$X(x)$, $Y(x)$를 호제법으로 구해 보겠습니다.

x^3-2를 x^2+x+1로 나누면 몫이 $x-1$, 나머지가 -1이므로

$$x^3-2=(x-1)(x^2+x+1)-1$$

이것을 ①의 좌변에 대입하면

$$(x^2+x+1)X(x)+\{(x^2+x+1)(x-1)-1\}Y(x)$$
$$=(x^2+x+1)\{X(x)+(x-1)Y(x)\}-Y(x)$$

이것이 $x+2$와 같아지기 위해서는

$$X(x)+(x-1)Y(x)=0, \quad -Y(x)=x+2$$

이면 됩니다. 이를 풀면

$$Y(x)=-x-2, \quad X(x)=-(x-1)Y(x)=(x-1)(x+2)=x^2+x-2$$

가 됩니다. 따라서 $\mathbf{Q}[x]/(x^3-2)$의 원소로서 계산한 것은

$$\frac{x+2}{x^2+x+1}=x^2+x-2$$

여기서 효력을 발휘하고 있는 것이 x^3-2가 기약다항식이라는 사실입니다. x^3-2가 기약다항식이고 x^2+x+1이 x^3-2로 나누어떨어지지 않으므로, **정리3.6(3)**의 대우에 의해 $x^3-2=0$과 $x^2+x+1=0$에는 공통근이 없음을 알 수 있습니다. 곧, x^3-2와 x^2+x+1에 공통인수가 없으므로 x^3-2와 x^2+x+1은 서로소인 다항식이 됩니다.

그러면 **정리3.5(2)**에 의해

$$(x^2+x+1)X(x)+(x^3-2)Y(x)=x+2$$

를 만족시키는 다항식 $X(x)$, $Y(x)$가 존재하게 되어 이것을 호제법으로 구할 수 있던 것입니다. 다행히도 $X(x)$가 2차 이하의 식이었습니다. 만일 $X(x)$가 3차 이상이 된 경우에는 **정리3.5**와 같이 x^3-2로 나누어서 나머지를 얻는 방법으로 차수를 2 이하로 낮추면 됩니다.

또 $\frac{x+2}{x^2+x+1}$는 mod x^3-2에서 $x+2$에 x^2+x+1의 역수를 곱한 것이라고 생각해도 좋습니다. x^2+x+1의 역수를 $X(x)$라고 하면

$$(x^2+x+1)X(x)\equiv 1 \pmod{x^3-2}$$

가 성립합니다. 이제부터 위에서 한 것처럼 호제법으로 $X(x)$를 구해도 좋지만, $(x^2+x+1)(x-1)=x^3-1$이 되는 것을 눈치챘다면 $(x^3-1)-1$은 x^3-2로 나누어떨어지므로

$$(x^3-1)-1\equiv 0 \qquad \therefore\ x^3-1\equiv 1$$

$$\therefore\ (x^2+x+1)(x-1)\equiv 1 \pmod{x^3-2}$$

이것에 의해 $X(x)\equiv x-1 \pmod{x^3-2}$라는 것을 알 수 있습니다.

따라서 $\boldsymbol{Q}[x]/x^3-2$의 원소로서

$$\frac{x+2}{x^2+x+1}=(x+2)(x-1)=x^2+x-2$$

이 예에서 알 수 있듯이 $\boldsymbol{Q}[x]$를 기약다항식 $p(x)$로 나눈 나머지로 분류한 잉여류에서는 사칙연산을 할 수 있습니다.

특히, $g(x)$가 $\boldsymbol{Q}[x]/(p(x))$에서 0이 아닐 때, 곧 $g(x)$가 $p(x)$의 배수가 아닐 때 나눗셈 $\frac{f(x)}{g(x)}$를 할 수 있다는 구조는 재미있다고 생각합니다.

$g(x)$는 $p(x)$의 배수는 아니고 $p(x)$가 기약다항식이므로 **정리3.6(1)**에 의해

$g(x)$와 $p(x)$는 서로소가 됩니다. 나눗셈 식을 변형해서 1차부정방정식으로 만들겠습니다.

$$\frac{f(x)}{g(x)} = X(x) \quad (\boldsymbol{Q}[x]/(p(x))\text{의 원소인 식})$$

$$\Leftrightarrow \quad f(x) \equiv g(x)X(x) \pmod{p(x)}$$

이것을 등식으로 쓰면

$$g(x)X(x) + p(x)Y(x) = f(x)$$

$p(x)$가 기약다항식이므로, **정리3.5**에 의해 $(X(x), Y(x))$가 존재하고 나눗셈을 할 수 있었습니다. $p(x)$의 기약성이 효력을 제대로 발휘하고 있습니다.

분배법칙에 대해서도 확인해 보겠습니다.

잉여류 $\boldsymbol{Z}/n\boldsymbol{Z}$의 덧셈, 뺄셈, 곱셈에 관해서 분배법칙이 성립하는 것은 정수의 계산에서 분배법칙이 성립하기 때문입니다. 보통의 정수 계산을 나머지의 계산으로 바꿔 읽으면, 그것이 잉여류의 계산이기 때문입니다.

$\boldsymbol{Q}[x]/(p(x))$의 덧셈, 뺄셈, 곱셈에 관한 계산에서도 분배법칙이 성립합니다. 이것은 $\boldsymbol{Q}[x]$의 원소인 다항식의 계산에서 분배법칙이 성립하기 때문입니다.

여기까지 관찰한 바를 종합하면 다음 정리와 같습니다.

정리3.7 기약다항식에 의한 체

$p(x)$를 $\boldsymbol{Q}$ 위의 기약다항식이라 하면 $\boldsymbol{Q}[x]/(p(x))$는 체이다.

p를 소수라고 하겠습니다. 정수의 집합 $\boldsymbol{Z}$를 mod p에서 보면 $\boldsymbol{Z}/p\boldsymbol{Z}$라는 체가 생깁니다. $p(x)$를 기약다항식이라고 하겠습니다. 다항식의 집합 $\boldsymbol{Q}[x]$를 mod $p(x)$에서 보면 $\boldsymbol{Q}[x]/(p(x))$라는 체가 생깁니다.

정수에서 소수 p가 맡고 있던 역할을 다항식에서는 기약다항식 $p(x)$가 맡고 있는데 같은 성질이 성립합니다. 정수와 다항식의 비슷함이 흥미롭네요.

제4장 복소수

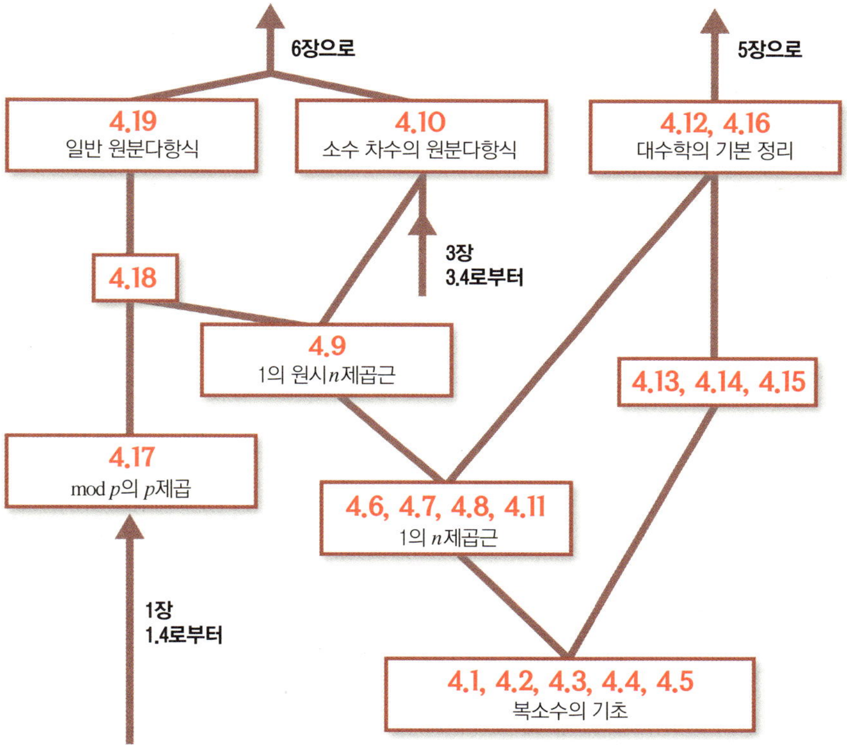

이 장은 복소수의 개념이 낯선 사람들을 위해 복소수를 소개하는 것에서 시작하겠습니다.

이를 바탕으로 이번 장에서는 크게 두 가지 주제를 다루게 됩니다.

첫 번째는 1의 n제곱근, 1의 원시n제곱근입니다. 이것은 제6장에서 기호 표현을 다룰 때의 기초가 될 것입니다.

두 번째는 "대수방정식은 복소수 안에서 해를 갖는다"는 대수학의 기본 정리입니다. 이것은 제5장에서 확대체의 논리를 전개하기 위한 밑바탕이 될 것입니다. 대수학적 증명과 기하학적 증명, 두 가지를 준비했습니다.

1 2차방정식에서 복소수가 나온다
— 복소수

5차 이상의 방정식에는 근의 공식이 없음을 설명하는 것이 이 책의 목표입니다. 그러나 5차 이상의 방정식에도 해는 존재합니다. 이것은

대수학의 기본 정리

n차방정식은 n개의 해(중근을 포함하여)를 갖는다.

로부터 증명되고 있습니다.

이 장은 여러분이 복소수를 모른다고 가정하고서 이야기를 전개하고 있습니다.

복소수는 고등학교 교육과정이 바뀔 때 교과서에서 다루어지기도 하고 제외되기도 하는 영역입니다. 그러므로 여러분 중에는 고등학교에서 복소평면의 개략적인 내용을 배운 사람이 있을 수도 있고, 2차방정식의 해를 표현하기 위해 허수단위인 i만을 배운 사람도 있을 것입니다. 복소평면까지 알고 있는 사람에게는 이 장의 내용이 조금 지루하게 느껴질 수도 있겠지만, 마지막에 '대수학의 기본 정리'의 증명에 대한 개략적인 내용까지 다룰 예정이므로 부디 함께 해 주기를 부탁드리는 바입니다.

우선 가볍게 1차방정식부터 살펴보겠습니다.

문제4.1 $ax+b=0\,(a\neq 0)$을 푸시오.

$$ax+b=0 \qquad \therefore\ ax=-b \qquad \therefore\ x=-\frac{b}{a}$$

이처럼 1차방정식은 언제나 풀 수 있는 방정식입니다.

위의 해답에서는 a, b가 어떤 수인지 언급되어 있지 않지만, a, b가 유리수이면 해도 유리수가 되고 a, b가 실수이면 해도 실수가 됩니다. 곧, 1차방정식의 해는 계수로 쓰이는 수의 범위와 같은 범위의 수입니다. 새로운 수가 생길 수 없습니다. 그렇지만 2차방정식에서는 이야기는 달라집니다.

이를테면 $x^2 - 2 = 0$이라는 2차방정식의 해는 $\pm\sqrt{2}$ 입니다. $x^2 - 2$의 계수는 2차 항의 계수가 1, 1차 항의 계수가 0, 상수항이 -2이므로 $x^2 - 2 = 0$은 유리수 계수의 2차방정식입니다. 그러나 해는 유리수가 아닌 무리수입니다. 계수로 사용된 수의 범위를 벗어나는 수가 해로 나옵니다.

문제4.2 $x^2 = -2$의 해를 구하시오.

x에 어떠한 수를 대입해도 $x^2 \geqq 0$이므로 이 방정식을 만족시키는 해는 존재하지 않는다고 생각하는 사람도 있을 것입니다. 확실히 '실수'의 범위에서 이 방정식은 해가 없습니다. 그러나 복소수(複素數, complex number)까지 수의 범위를 확장하면 이 방정식은 해가 존재합니다. 복소수를 설명하기 전에 '실수'에 대해서 직관적인 방법으로 복습을 해보겠습니다.

실수라는 것은 수직선 위에 나타나는 수로서 정수라든가 소수, 분수를 말합니다. -3, 2.5, $\frac{2}{7}$는 물론 실수입니다. $\sqrt{2}$나 π는 소수로 끝까지 표기할 수 없지만 수직선 위에 점으로 나타낼 수 있으므로 실수입니다.

이에 대해서 복소수는 $i^2 = -1$을 만족시키는 'i'라는 새로운 수를 도입하여 나타냅니다. $i^2 = -1$이 되는 수(기호) i를 허수단위(虛數單位, imaginary unit)라고 합니다. 이를 이용해서 나타낸

$$a + bi \ (a, b\text{는 실수})$$

라는 형태의 수를 복소수라고 합니다. bi는 $b \times i$를 나타내고 있습니다. a를 '$a + bi$'의 실수부분(實數部分, real part), b를 '$a + bi$'의 허수부분(虛數部分,

imaginary part)이라고 합니다.

복소수까지 수의 범위를 확장하면 방정식 $x^2=-2$도 해가 있습니다. 이 방정식의 해는 $x=\pm\sqrt{2}\,i$입니다. 실제로

$$(\sqrt{2}\,i)\times(\sqrt{2}\,i)=(\sqrt{2})^2\times i^2=2\times(-1)=-2$$

$$(-\sqrt{2}\,i)\times(-\sqrt{2}\,i)=(-\sqrt{2})^2\times i^2=2\times(-1)=-2$$

이므로 $x=\pm\sqrt{2}\,i$는 방정식 $x^2=-2$의 해가 됩니다.

$x^2=2$의 해는 $x=\pm\sqrt{2}$이었으므로 $x^2=-2$의 해는 형식적으로 쓰면 $\pm\sqrt{-2}$이겠지요. 복소수를 도입하기 전에는 $\sqrt{}$ 안이 음수인 경우를 다룰 수 없었지만, 복소수를 이용하면 이런 경우도 다룰 수 있게 됩니다.

$x^2=-2$의 해를 구한다면

$$x=\pm\sqrt{-2}=\pm\sqrt{2\times(-1)}=\pm\sqrt{2}\times\sqrt{-1}=\pm\sqrt{2}\,i$$

가 됩니다. 이것은 $\sqrt{}$ 안이 양수일 때, $\sqrt{}$ 안에 제곱수가 들어 있다면 $\sqrt{}$의 밖으로 내보내도 된다는 계산 법칙($a>0,\ b>0$일 때, $\sqrt{a^2b}=a\sqrt{b}$)을 그대로 사용하고 있습니다.

복소수를 이용하면 위의 2차방정식뿐만 아니라 모든 2차방정식의 해가 존재하게 됩니다.

> **문제4.3** $x^2+x+1=0$의 해를 구하시오.

2차방정식의 근의 공식을 이용하면

$$x=\frac{-1\pm\sqrt{1^2-4\cdot 1}}{2}=\frac{-1\pm\sqrt{-3}}{2}=\frac{-1\pm\sqrt{3}\,i}{2}$$

가 됩니다. 2차방정식의 근의 공식에서 $\sqrt{}$ 안이 음수일 경우에도 i를 이용하여 풀 수 있습니다.

그렇지만 이 정도로는 i를 도입한다는 것이 그리 대단하게 느껴지지 않네

요. 방정식이 풀렸다고 해도 형식적으로 억지로 풀었다는 느낌을 지울 수 없습니다. 복소수가 수직선 위에 없는 수라서 그런지 당최 실감이 나지 않습니다.

확실히 복소수는 이처럼 2차방정식을 풀기 위해서 형식적으로 고안해 낸 수지만, 복소평면이라는 것을 이용해서 생각해 보면 복소수도 실수처럼 실감할 수 있게 됩니다.

그 전에 복소수의 사칙연산을 연습해 보겠습니다.

문제4.4 다음을 계산하시오.

(1) $(-2+5i)+(3-2i)$

(2) $(-2+5i)-(3-2i)$

(3) $(-2+5i)(3-2i)$

(4) $\dfrac{-2+5i}{3-2i}$

(1), (2) 복소수의 덧셈과 뺄셈은 실수부분끼리 더하거나 빼고, 허수부분끼리 더하거나 빼면 됩니다. 덧셈과 뺄셈에 관해서는 1차다항식처럼 동류항끼리 정리하면 됩니다.

$$(-2+5i)+(3-2i)=(-2+3)+(5-2)i=1+3i$$

$$(-2+5i)-(3-2i)=(-2-3)+\{5-(-2)\}i=-5+7i$$

(3) 곱은 i^2이 나오는 경우에 $i^2=-1$로 바꿉니다.

$$(-2+5i)(3-2i)$$

$$=(-2)\cdot 3+(-2)\cdot(-2i)+5i\cdot 3+5i\cdot(-2i)$$

$$=-6+4i+15i-10i^2=-6+19i+10=4+19i$$

(4) 고등학생 때 분모에 무리수가 들어 있는 분수를 유리화했던 것을 떠올려 주세요. i는 $i=\sqrt{-1}$이라는 근호의 형태를 하고 있으므로 같은 요령으로 계산

할 수 있습니다. 분모와 분자에 각각 $3+2i$를 곱합니다.

$$\frac{-2+5i}{3-2i}=\frac{(-2+5i)(3+2i)}{(3-2i)(3+2i)}=\frac{-6-4i+15i+(5i)(2i)}{3^2-(2i)^2}$$
$$=\frac{-6+11i-10}{9-(-4)}=\frac{-16+11i}{13}=-\frac{16}{13}+\frac{11}{13}i$$

이와 같이 복소수 전체의 집합은 사칙연산에 대하여 닫혀 있고 분배법칙이 성립하기 때문에 체가 됩니다. 복소수 전체 집합을 체로 보았을 때, 이를 복소수체(複素數體, complex number field)라고 하고 C로 나타냅니다.

복소수의 사칙연산에 대해서는 실례를 들어 이해하는 것이 좋겠습니다.

위에서 나눗셈을 할 때 분모와 분자에 각각 $3+2i$를 곱했습니다. 이 수는 $3-2i$에서 허수부분의 부호를 바꾼 수입니다. 이렇게 허수부분의 부호를 바꾼 복소수를 켤레복소수(conjugate complex number)라고 합니다. $3-2i$는 $3+2i$의 켤레복소수입니다.

복소수 z에 대해서 그것의 켤레복소수를 z 위쪽에 윗금(bar)을 그어서 $\overline{z}$라고 나타냅니다. $z=a+bi$이면 $\overline{z}=a-bi$(a, b는 실수)입니다.

켤레란 말에 깊은 뜻이 있다는 것을 나중에 알게 될 것입니다. 여기서는 켤레복소수에 관한 간단한 계산 법칙을 소개하여 두겠습니다.

정리4.1 **켤레복소수의 계산 법칙**

z, w를 복소수라고 하면

(i) $\overline{\overline{z}}=z$

(ii) $\overline{z+w}=\overline{z}+\overline{w}$

(iii) $\overline{zw}=\overline{z}\,\overline{w}$ 특히 a가 실수일 때 $\overline{az}=a\overline{z}$

(iv) $\overline{\left(\frac{z}{w}\right)}=\frac{\overline{z}}{\overline{w}}$ $(w\neq 0)$

(ii)부터 (iv)는 계산(사칙연산)한 결과의 켤레복소수와 처음부터 켤레복소수로 바꾸고 나서 계산한 결과가 같음을 보여 줍니다.

이밖에 z와 $\overline{z}$를 더하거나 곱하면 실수가 된다는 것도 중요합니다.

정리4.2 켤레복소수를 더하거나 곱하면 실수

$z+\overline{z}$, $z\overline{z}$는 실수이다.

증명 **정리4.2**부터 증명합시다.

$z=a+bi$ (a, b는 실수)일 때 $\overline{z}=a-bi$입니다.

$$z+\overline{z}=(a+bi)+(a-bi)=2a, \quad \leftarrow \text{실수}$$

$$z\overline{z}=(a+bi)(a-bi)=a^2-(bi)^2=a^2+b^2 \quad \leftarrow \text{실수}$$

다음으로 **증명4.1**을 증명하겠습니다.

$z=a+bi$, $w=c+di$라고 하여 확인해 봅시다.

$$\overline{\overline{z}}=\overline{\overline{a+bi}}=\overline{a-bi}=a+bi=z$$

따라서 (i)이 성립합니다.

$$\overline{z+w}=\overline{(a+bi)+(c+di)}=\overline{(a+c)+(b+d)i}=(a+c)-(b+d)i$$

$$\overline{z}+\overline{w}=(a-bi)+(c-di)=(a+c)-(b+d)i$$

따라서 $\overline{z+w}=\overline{z}+\overline{w}$가 되어 (ii)가 성립합니다.

$$\overline{zw}=\overline{(a+bi)(c+di)}=\overline{(ac-bd)+(ad+bc)i} \quad \left((bi)(di) = bdi^2=-bd\right)$$

$$=(ac-bd)-(ad+bc)i$$

$$\overline{z}\,\overline{w}=(a-bi)(c-di)=(ac-bd)-(ad+bc)i \quad \left((-bi)(-di) = bdi^2=-bd\right)$$

그러므로 $\overline{zw}=\overline{z}\,\overline{w}$가 되어 (iii)이 성립합니다.

(iv)는 $w\neq 0$일 때 (iii)에서 z를 u로 놓으면

$$\overline{uw} = \overline{u}\,\overline{w} \qquad \therefore\ \overline{u} = \frac{\overline{uw}}{\overline{w}}$$

여기에 $u = \frac{z}{w}$를 대입하면 $\overline{\left(\frac{z}{w}\right)} = \frac{\overline{z}}{\overline{w}}$ ← $uw = \frac{z}{w} \cdot w = z$ (증명 끝)

물론 $z = a + bi$, $w = c + di$를 대입해서 구체적으로 확인할 수도 있습니다.

$$\overline{\left(\frac{z}{w}\right)} = \overline{\left(\frac{a+bi}{c+di}\right)} = \overline{\left(\frac{(a+bi)(c-di)}{(c+di)(c-di)}\right)} = \overline{\left(\frac{(ac+bd)-(ad-bc)i}{\underset{\text{실수}}{c^2+d^2}}\right)}$$

정리4.1(iii)의 실수일 때

$$= \frac{1}{c^2+d^2} \times \left\{\overline{(ac+bd)-(ad-bc)i}\right\} = \frac{(ac+bd)+(ad-bc)i}{c^2+d^2}$$

$$\frac{\overline{z}}{\overline{w}} = \frac{\overline{a+bi}}{\overline{c+di}} = \frac{a-bi}{c-di} = \frac{(a-bi)(c+di)}{(c-di)(c+di)} = \frac{(ac+bd)+(ad-bc)i}{c^2+d^2}$$

따라서 $\overline{\left(\frac{z}{w}\right)} = \frac{\overline{z}}{\overline{w}}$가 성립합니다.

이제 이러한 간단한 계산 법칙을 이용하면 유리수 계수의 방정식이 복소수 z를 해로 가질 때, 그 켤레복소수 $\overline{z}$도 방정식의 해가 된다는 것을 확인할 수 있습니다.

2차방정식일 때 위의 내용이 타당하다는 것을 근의 공식으로 실감할 수 있을 것이라고 봅니다. 3차 이상인 실수 계수의 방정식에서도 위 내용이 성립한다는 것이 이 정리의 재미있는 점입니다.

정리4.3 **켤레복소수도 해**

실수가 아닌 z가 실수 계수의 방정식 $f(x) = 0$의 해일 때, $\overline{z}$도 이 방정식의 해이다.

증명 $f(x) = a_n x^n + a_{n-1} x^{n-1} + \cdots + a_1 x + a_0$ (a_i는 실수)

이라고 두겠습니다.

z가 해이므로

$$a_n z^n + a_{n-1} z^{n-1} + \cdots + a_1 z + a_0 = 0$$

이 성립합니다. 이 식 전체에 윗금을 그으면

$$\overline{a_n z^n + a_{n-1} z^{n-1} + \cdots + a_1 z + a_0} = \overline{0}$$

정리4.1(ii)

$$\overline{a_n z^n} + \overline{a_{n-1} z^{n-1}} + \cdots + \overline{a_1 z} + \overline{a_0} = 0$$

정리4.1(iii)에서 실수의 경우

$$a_n \overline{z^n} + a_{n-1} \overline{z^{n-1}} + \cdots + a_1 \overline{z} + a_0 = 0$$

정리4.1(iii)

$$a_n (\overline{z})^n + a_{n-1} (\overline{z})^{n-1} + \cdots + a_1 (\overline{z}) + a_0 = 0$$

이 됩니다. 이것은 $f(\overline{z}) = 0$이라고 쓸 수 있으므로 $\overline{z}$도 해라는 것이 확인되었습니다. (증명 끝)

이것은 실수 계수의 방정식이기 때문에 성립하는 것이지, 일반적으로 복소수 계수일 때는 성립하지 않습니다.

또, 이 **정리4.3**은 나중에 일반화되어(**정리5.7**) 제5장에서 이론을 전개할 때 기본으로 쓰입니다.

2 복소수가 활약하는 무대
— 복소평면

바로 복소평면을 소개하겠습니다.

복소평면이라는 것은 평면 위의 점을 복소수와 대응시킨 것입니다. 복소수와 평면 위의 점 사이에는 일대일대응 관계가 성립하고 있는데, 복소평면이란 이와 같이 복소수와 대응이 정해진 평면을 말합니다.

$a+bi$에 대해서 아래 그림과 같은 대응이 성립합니다.

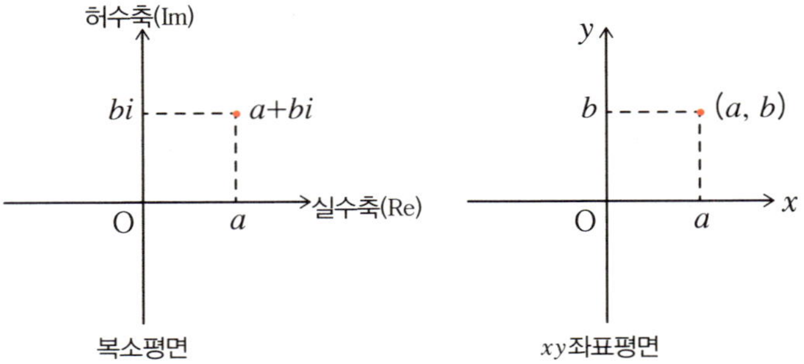

점 O에서 직교하는 직선 중에서 가로 직선은 xy좌표평면에서는 x축이었지만 복소평면에서는 실수축(Re로 나타냄), 세로 직선은 xy좌표평면에서는 y축이었지만 복소평면에서는 허수축(Im으로 나타냄)이라 합니다.

$a+bi$가 주어졌을 때 그것에 대응하는 복소평면 위의 점을 나타내려면, xy좌표평면에서 좌표 (a, b)에 대응하는 점을 나타낼 때와 똑같이 하면 됩니다.

복소평면의 정의는 이 정도입니다. 그렇지만 복소수의 계산을 복소평면 위에서 생각하면 여러 가지 재미있는 것을 알 수 있고, 많은 곳에 응용할 수도 있습니다. 앞에서 했던 계산이 복소평면에서는 무엇을 의미하는지 생각해 봅시다.

먼저 복소수의 덧셈과 뺄셈에 관해서는 평면 벡터와 관련지으면 해석하기 쉽습니다.

$$-2+5i\text{는}\begin{pmatrix}-2\\5\end{pmatrix},\ \ 3-2i\text{는}\begin{pmatrix}3\\-2\end{pmatrix}$$

라는 평면 벡터로 두겠습니다.

복소수의 덧셈과 뺄셈은 실수부끼리 더하거나 빼고, 허수부끼리 더하거나 빼서 구합니다. 벡터의 덧셈과 뺄셈을 할 때도 대응하는 성분끼리 더하거나 빼서 구합니다. 그러니까 복소평면에서 복소수의 덧셈과 뺄셈을 할 때는 복소수를 벡터처럼 다루면 된다는 것입니다.

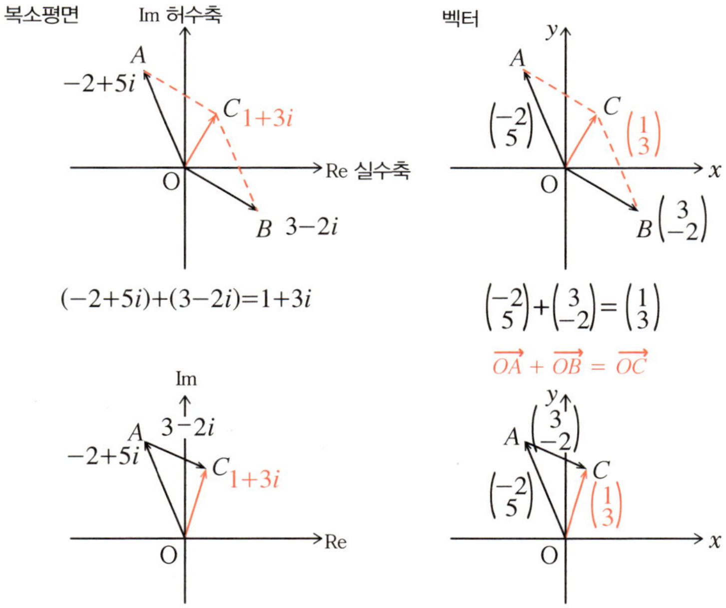

다음으로 복소수의 곱셈과 나눗셈을 복소평면 위에서 해석해 보겠습니다. 이를 위해서는 복소수의 극형식(極形式, polar form)이라는 개념이 필요합니다.

극형식이라는 것은 아래 그림과 같이 복소수 $a+bi$를 $r(\cos\theta + i\sin\theta)$의 형태로 나타내는 것입니다.

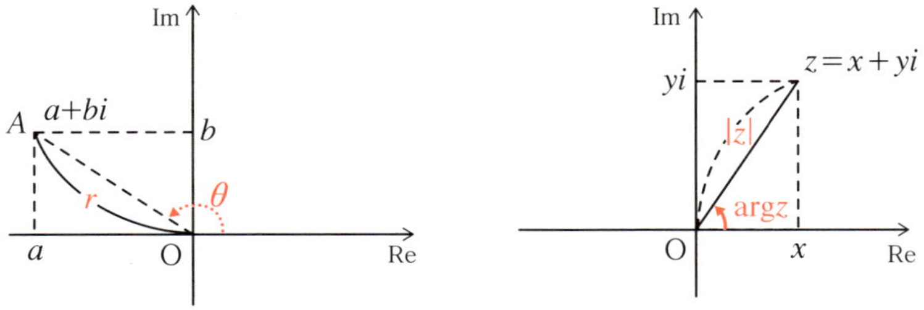

복소수 $a+bi$를 극형식으로 나타내려면 다음과 같이 하면 됩니다.

$a+bi$에 대응하는 복소평면 위의 점 A를 잡아 선분 OA($\overline{\mathrm{OA}}$)의 길이를 r로 하고 선분 OA와 실수축의 양의 방향이 이루는 각을 θ로 합니다. θ에 관해서 정확히 알아봅시다. 실수축의 양의 방향을 기준으로 벡터를 시계 반대 방향으로 회전하는 방향을 양의 방향이라 하여 θ도만큼 회전하면 선분 OA의 방향이 됩니다. 그러면 삼각함수의 정의에 의해 $a=r\cos\theta$, $b=r\sin\theta$가 됩니다. 이것으로부터 복소수 $a+bi$는

$$a+bi=r\cos\theta+(r\sin\theta)i=r(\cos\theta+i\sin\theta)$$

라는 극형식으로 표현됩니다.

r를 절댓값, θ를 편각(偏角, argument)이라 합니다.

복소수 z에 대해서 z의 절댓값을 $|z|$로, z의 편각을 $\arg z$로 나타냅니다(위 오른쪽 그림).

'| |'이라는 기호는 그 개념이 실수 범위에서 사용할 때와 다르지 않습니다. 실수 a에 대해서 $|a|$는 a에 대응하는 수직선 위의 점과 원점 사이의 거리를 나타내고 있습니다. 복소수의 경우에도 마찬가지로 $|z|$는 z에 대응하는 복소평면 위의 점과 원점 사이의 거리를 나타내고 있습니다. z가 $z=x+yi$로 주어진다면 $|z|=\sqrt{x^2+y^2}$으로 계산할 수 있습니다.

문제4.5 $z=-3+3i$를 극형식으로 나타내시오.

$|z| = \sqrt{(-3)^2 + 3^2} = 3\sqrt{2}$ 이고 그림을 보면 $\arg z = 135°$이므로

$$z = 3\sqrt{2}(\cos 135° + i\sin 135°)$$

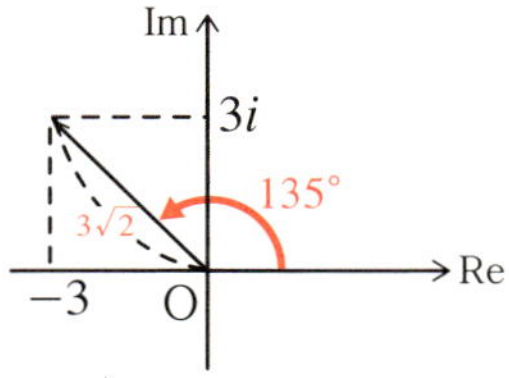

또는 그림을 사용하지 않는다면

$$\begin{aligned} z &= -3 + 3i \\ &= \sqrt{(-3)^2 + 3^2}\left(\frac{-3}{\sqrt{(-3)^2 + 3^2}} + \frac{3}{\sqrt{(-3)^2 + 3^2}}i\right) \\ &= 3\sqrt{2}\left(-\frac{1}{\sqrt{2}} + \frac{1}{\sqrt{2}}i\right) = 3\sqrt{2}(\cos 135° + i\sin 135°) \end{aligned}$$

$a + bi$ 꼴의 두 복소수가 서로 같다는 것은 실수부분은 실수부분끼리, 허수부분은 허수부분끼리 같다는 것으로 정의합니다.

$$a + bi = c + di \iff a = c \text{이면서 } b = d$$

그러나 극형식으로 나타낸 경우에는 조금 주의가 필요합니다. 극형식으로 나타낼 때에도 복소수(0은 제외)가 같다는 것은 절댓값이 같고 편각에 대한 cos, sin의 값이 같다는 것입니다. 그러니까 일반각을 사용했을 때 cos, sin의 값이 같다면, 편각은 360°의 정수배만큼 차이가 있어도 상관없습니다. 곧, 편각은 mod 360°에서 본다는 것입니다.

그러면 극형식으로 표시되어 있는 복소수의 곱셈과 나눗셈을 계산해 봅시다.

> **문제4.6** $z_1 = r_1(\cos\alpha + i\sin\alpha)$, $z_2 = r_2(\cos\beta + i\sin\beta)$일 때, $z_1 z_2$, $\dfrac{z_1}{z_2}$을 계산해서 극형식으로 나타내시오.

계산할 때 중간에 삼각함수의 덧셈정리를 이용합니다.

$$\begin{aligned} z_1 z_2 &= r_1(\cos\alpha + i\sin\alpha)r_2(\cos\beta + i\sin\beta) \\ &= r_1 r_2(\cos\alpha + i\sin\alpha)(\cos\beta + i\sin\beta) \\ &= r_1 r_2\{\cos\alpha\cos\beta + \cos\alpha(i\sin\beta) + (i\sin\alpha)\cos\beta + (i\sin\alpha)(i\sin\beta)\} \end{aligned}$$

$$=r_1 r_2\{\cos\alpha\cos\beta - \sin\alpha\sin\beta + (\cos\alpha\sin\beta + \sin\alpha\cos\beta)i\}$$

$$=r_1 r_2\{\cos(\alpha+\beta) + i\sin(\alpha+\beta)\}$$ ← 덧셈정리

가 됩니다. 답도 극형식으로 표시됩니다.

z_1과 z_2의 곱셈에서 절댓값 부분은 z_1과 z_2의 절댓값의 곱셈 $r_1 r_2$, 편각 부분은 z_1과 z_2의 편각의 덧셈 $\alpha+\beta$입니다.

이것을 기호를 이용하여 정리하면

정리4.4 **복소수의 곱셈에서 절댓값과 편각**

$$|z_1 z_2| = |z_1||z_2| \qquad \arg(z_1 z_2) \equiv \arg z_1 + \arg z_2 \pmod{360^\circ}$$

가 됩니다. 편각에서 삼각함수의 덧셈정리가 정확히 적용되는 부분이 멋지네요.

$$\frac{z_1}{z_2} = \frac{r_1(\cos\alpha + i\sin\alpha)}{r_2(\cos\beta + i\sin\beta)} = \frac{r_1(\cos\alpha + i\sin\alpha)(\cos\beta - i\sin\beta)}{r_2(\cos\beta + i\sin\beta)(\cos\beta - i\sin\beta)}$$

$$= \frac{r_1}{r_2}\cdot\frac{\cos\alpha\cos\beta - (i\sin\alpha)(i\sin\beta) + (-\cos\alpha\sin\beta + \sin\alpha\cos\beta)i}{\cos^2\beta - (i\sin\beta)^2}$$

$$= \frac{r_1}{r_2}\cdot\frac{(\cos\alpha\cos\beta + \sin\alpha\sin\beta) + (\sin\alpha\cos\beta - \cos\alpha\sin\beta)i}{\underbrace{\cos^2\beta + \sin^2\beta}_{1}}$$

덧셈정리

$$= \frac{r_1}{r_2}\{\cos(\alpha-\beta) + i\sin(\alpha-\beta)\}$$

z_1과 z_2의 나눗셈에서 절댓값 부분은 z_1과 z_2의 절댓값의 나눗셈 $\frac{r_1}{r_2}$, 편각 부분은 z_1과 z_2의 편각의 뺄셈 $\alpha-\beta$입니다.

이것을 기호를 이용하여 정리하면

정리4.5 **복소수의 나눗셈에서 절댓값과 편각**

$$\left|\frac{z_1}{z_2}\right| = \frac{|z_1|}{|z_2|} \qquad \arg\frac{z_1}{z_2} \equiv \arg z_1 - \arg z_2 \pmod{360^\circ}$$

가 됩니다.

$(\sqrt{3}+i)(-1+\sqrt{3}i)$로 곱셈의 법칙을 확인해 보겠습니다.

직접 계산하면 $(\sqrt{3}+i)(-1+\sqrt{3}i)=-2\sqrt{3}+2i$가 됩니다.

각각을 그림으로 나타내고, 절댓값과 편각을 계산합니다.

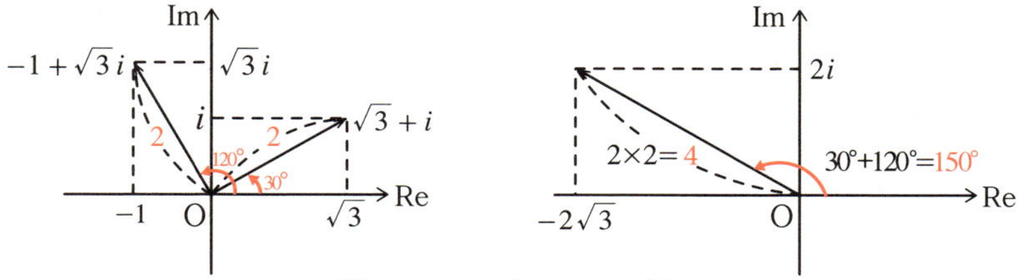

$(\sqrt{3}+i)(-1+\sqrt{3}i)=-2\sqrt{3}+2i$

$|\sqrt{3}+i|=2,\ \ |-1+\sqrt{3}i|=2,\ \ |-2\sqrt{3}+2i|=4$이므로 $2\cdot 2=4$가 성립합니다.

$$\arg(\sqrt{3}+i)=30^\circ+360^\circ k,\ \ \arg(-1+\sqrt{3}i)=120^\circ+360^\circ l,$$

$$\arg(-2\sqrt{3}+2i)=150^\circ+360^\circ m \quad (k, l, m\text{은 정수})$$

이므로

$$\arg(\sqrt{3}+i)+\arg(-1+\sqrt{3}i)\equiv\arg(-2\sqrt{3}+2i)\ \ (\mathrm{mod}\ 360^\circ)$$

가 성립합니다. 확실히 곱셈의 법칙이 성립합니다.

극형식을 이용하면 다음과 같은 계산도 간단히 할 수 있습니다.

문제4.7 $(1+i)^{10}$**을 계산하시오.**

$1+i$를 극형식으로 나타냅니다. 그러면

$$1+i=\sqrt{2}(\cos 45^\circ+i\sin 45^\circ)$$

따라서

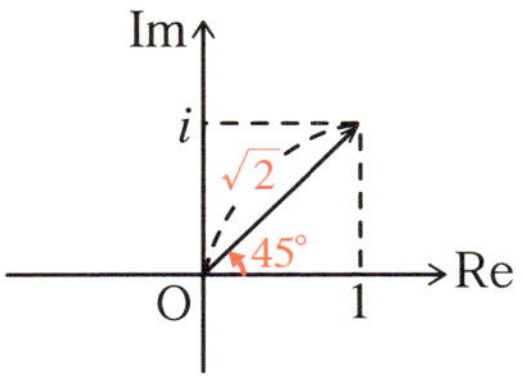

$$(1+i)^{10}=(\sqrt{2})^{10}(\cos 45^\circ+i\sin 45^\circ)^{10}$$

이 됩니다. 절댓값 부분은 $(\sqrt{2})^{10} = ((\sqrt{2})^2)^5 = 2^5 = 32$입니다.

편각 부분은 복소수를 곱했을 때의 편각이 각 복소수의 편각을 더한 것이므로 $(\cos 45^\circ + i \sin 45^\circ)^{10}$의 편각은 10개의 45°를 더한 것, 곧 45°의 10배가 됩니다. 편각 부분은

$$\underbrace{45^\circ + 45^\circ + \cdots + 45^\circ}_{10\text{개}} = 45^\circ \times 10 = 450^\circ \equiv 90^\circ \pmod{360^\circ}$$

가 됩니다. 따라서

$$\begin{aligned}(1+i)^{10} &= \{\sqrt{2}(\cos 45^\circ + i \sin 45^\circ)\}^{10} \\ &= (\sqrt{2})^{10}\{\cos(45^\circ \times 10) + i \sin(45^\circ \times 10)\} \\ &= 32(\cos 450^\circ + i \sin 450^\circ) \\ &= 32(\cos 90^\circ + i \sin 90^\circ) = 32i\end{aligned}$$

가 됩니다.

복소수의 곱셈의 계산 법칙을 되풀이하여 적용하면 다음 정리가 나옵니다.

정리4.6 **복소수의 n제곱**

$$\{r(\cos\theta + i\sin\theta)\}^n = r^n(\cos n\theta + i \sin n\theta)$$

이 공식에서 특히 $r = 1$일 때의

$$(\cos\theta + i\sin\theta)^n = \cos n\theta + i\sin n\theta$$

를 드 무아브르(De Moivre)의 공식이라고 합니다.

3 원을 n등분하는 점

— 1의 n제곱근

복소수를 극형식으로 표시했을 때, n제곱의 형태를 파악했습니다. 이를 이용하면 다음과 같은 방정식을 풀 수 있습니다.

문제4.8 $x^5-1=0$의 해를 구하시오.

$x=r(\cos\theta+i\sin\theta)$를 $x^5-1=0$에 대입합니다.

$$\{r(\cos\theta+i\sin\theta)\}^5-1=0 \qquad \therefore\ r^5(\cos5\theta+i\sin5\theta)=1$$

여기서 우변의 극형식 표기는 $1(\cos0^\circ+i\sin0^\circ)$이므로 절댓값끼리, 편각끼리 비교하면

$$r^5=1,\ 5\theta=0^\circ+360^\circ\times k\ (k\text{는 정수})$$

따라서 $r=1,\ \theta=72^\circ\times k$ (k는 정수)

k를 정하는 방법은 수없이 많기 때문에 조건을 만족시키는 θ의 값은 수없이 많습니다. k가 0 이상인 경우를 나열하면

$$0^\circ,\ 72^\circ,\ 144^\circ,\ 216^\circ,\ 288^\circ,\ 360^\circ,\ 432^\circ,\ 504^\circ,\ \cdots\cdots$$

와 같이 이어지는데, $(\cos\theta, \sin\theta)$의 값으로 보면 360° 이후로 되풀이됩니다. k와 $k+5$일 때의 θ를 비교해보면

$$\theta=72^\circ\times k,\ \theta=72^\circ\times(k+5)=72^\circ\times k+360^\circ$$

가 되어 θ의 값이 360° 차이가 나므로 $(\cos\theta, \sin\theta)$의 값은 5를 주기로 순환합니다.

그러므로 이때의 $\cos\theta+i\sin\theta$를 복소평면 위에 나타내면 결국 5개가 되고, 이것들은 그림과 같이 복소평면 위의 단위원을 5등분하는 점이 됩니다.

$x^5 - 1 = 0$의 해는

$$x = 1\,(= \cos 0^\circ + i\sin 0^\circ),\ \cos 72^\circ + i\sin 72^\circ,\ \cos 144^\circ + i\sin 144^\circ,$$

$$\cos 216^\circ + i\sin 216^\circ,\ \cos 288^\circ + i\sin 288^\circ$$

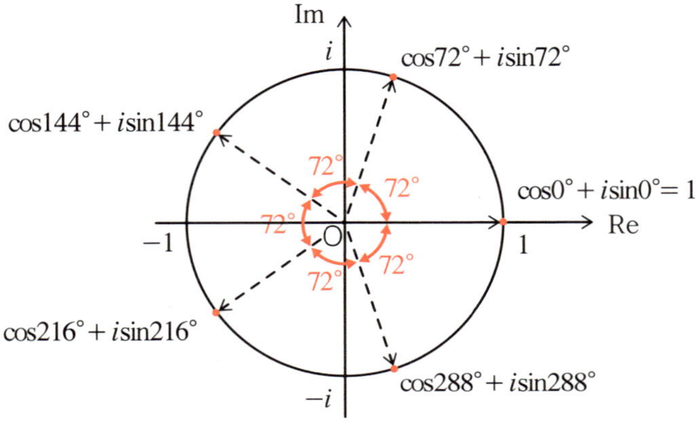

로 5개입니다.

$\zeta = \cos 72^\circ + i\sin 72^\circ$라고 놓으면 이것들은

$$x = 1, \zeta, \zeta^2, \zeta^3, \zeta^4$$

$\zeta^3 = (\cos 72^\circ + i\sin 72^\circ)^3$
$= \cos 216^\circ + i\sin 216^\circ$

으로 나타납니다. 일반적으로 $x^n - 1 = 0$의 해를 1의 n제곱근이라고 합니다. 위에서는 1의 5제곱근입니다.

$x^5 - 1 = 0$의 해가 $1, \zeta, \zeta^2, \zeta^3, \zeta^4$이므로 인수정리에 의해 $x^5 - 1$은 $(x-1)$, $(x-\zeta)$, $(x-\zeta^2)$, $(x-\zeta^3)$, $(x-\zeta^4)$으로 나누어떨어집니다. 결국 $x^5 - 1$은 1의 5제곱근을 사용하면 복소수의 범위에서

$$x^5 - 1 = (x-1)(x-\zeta)(x-\zeta^2)(x-\zeta^3)(x-\zeta^4)$$

으로 인수분해됩니다.

5를 n으로 바꿔 놓으면 다음과 같이 정리됩니다.

정리4.7 1의 n제곱근

$\zeta = \cos\dfrac{360°}{n} + i\sin\dfrac{360°}{n}$라고 하면 1의 n제곱근은

$$\zeta^0(=1),\ \zeta^1,\ \zeta^2,\ \cdots,\ \zeta^{n-1}$$

의 n개이다. 1의 n제곱근을 사용하면

$$x^n - 1 = (x-1)(x-\zeta)(x-\zeta^2)\cdots(x-\zeta^{n-1})$$

으로 인수분해할 수 있다.

1의 n제곱근을 알았으므로 일반적인 수의 n제곱근에 대해서도 살펴보겠습니다.

문제4.9 $x^3 = -1 + \sqrt{3}\,i$를 만족시키는 x를 구하시오.

구하는 복소수를 $x = r(\cos\theta + i\sin\theta)$라고 하겠습니다. **정리4.6**에 의해

$$x^3 = \{r(\cos\theta + i\sin\theta)\}^3 = r^3(\cos 3\theta + i\sin 3\theta)$$

$-1+\sqrt{3}$을 극형식으로 나타내면

$$-1+\sqrt{3} = 2(\cos 120° + i\sin 120°)$$

따라서 방정식은

$$r^3(\cos 3\theta + i\sin 3\theta) = 2(\cos 120° + i\sin 120°)$$

가 됩니다. 양변의 절댓값, 편각을 비교하면

$$\begin{cases} r^3 = 2 \qquad \therefore\ r = \sqrt[3]{2} \\ 3\theta = 120° + 360° \times k\ (k\text{는 정수}) \qquad \therefore\ \theta = 40° + 120° \times k \end{cases}$$

그러므로 답은

$$x = \sqrt[3]{2}(\cos 40° + i\sin 40°),\ \sqrt[3]{2}(\cos 160° + i\sin 160°),$$
$$\sqrt[3]{2}(\cos 280° + i\sin 280°)$$

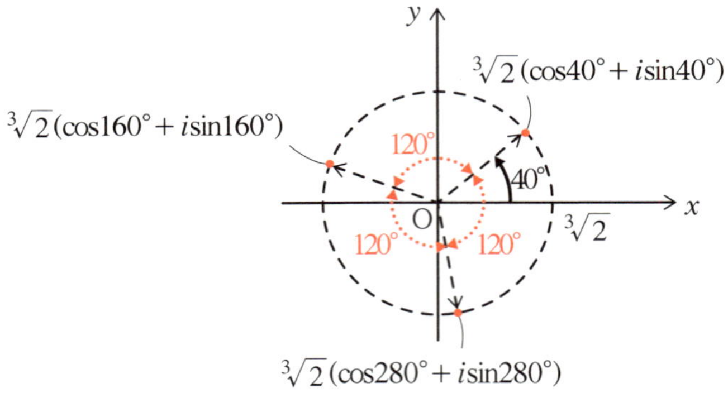

이것들을 나타내는 복소평면 위의 점은 중심이 원점이고 반지름의 길이가 $\sqrt[3]{2}$ 인 원을 3등분하는 점이 됩니다.

해가 3개 있는 것은 주어진 방정식이 3차방정식이기 때문입니다.

이 예로부터 다음 정리를 알 수 있습니다.

정리4.8 **복소수의 n제곱근**

n을 양의 정수, r를 양의 실수라고 한다.

방정식 $x^n = r(\cos\theta + i\sin\theta)$를 만족시키는 x는

$$x = \sqrt[n]{r}\left\{\cos\left(\frac{\theta}{n} + \frac{360°}{n} \times k\right) + i\sin\left(\frac{\theta}{n} + \frac{360°}{n} \times k\right)\right\}$$

$$(k = 0, 1, \cdots, n-1)$$

$u = \sqrt[n]{r}\left(\cos\frac{\theta}{n} + i\sin\frac{\theta}{n}\right)$, $\zeta = \cos\frac{360°}{n} + i\sin\frac{360°}{n}$라고 하면

$$x = u,\ u\zeta,\ u\zeta^2,\ \cdots,\ u\zeta^{n-1}$$

증명 $x = s(\cos\alpha + i\sin\alpha)$라고 두면 **정리4.6**에 의해

$$x^n = \{s(\cos\alpha + i\sin\alpha)\}^n = s^n(\cos n\alpha + i\sin n\alpha)$$

그러면 방정식은

$$s^n(\cos n\alpha + i\sin n\alpha) = r(\cos\theta + i\sin\theta)$$

양변의 절댓값과 편각을 비교하면

$$\begin{cases} s^n = r \quad \therefore\ s = \sqrt[n]{r} \quad (k\text{는 정수}) \quad \therefore\ \alpha = \dfrac{\theta}{n} + \dfrac{360^\circ}{n} \times k \\ n\alpha = \theta + 360^\circ \times k \end{cases}$$

따라서 $x^n = r(\cos\theta + i\sin\theta)$의 해는

$$x = s(\cos\alpha + i\sin\alpha) = \sqrt[n]{r}\left\{\cos\left(\frac{\theta}{n} + \frac{360^\circ}{n} \times k\right) + i\sin\left(\frac{\theta}{n} + \frac{360^\circ}{n} \times k\right)\right\}$$

$$(k = 0, 1, \cdots, n-1)$$

또, 우변의 편각 부분을 분해하면

$$\sqrt[n]{r}\left(\cos\frac{\theta}{n} + i\sin\frac{\theta}{n}\right)\left(\cos\frac{360^\circ}{n} \times k + i\sin\frac{360^\circ}{n} \times k\right)$$

$$= \sqrt[n]{r}\left(\cos\frac{\theta}{n} + i\sin\frac{\theta}{n}\right)\left(\cos\frac{360^\circ}{n} + i\sin\frac{360^\circ}{n}\right)^k = u\zeta^k$$

이것들은 중심이 원점이고 반지름의 길이가 $\sqrt[n]{r}$ 인 원을 n등분하는 점이 됩니다. **정리4.8**은 1의 n제곱근일 때의 확장입니다. (증명 끝)

여기에서 근호, n제곱근의 기호 $\sqrt[n]{\ }$ 에 대해서 조금 설명하겠습니다.

정리4.8에서 알 수 있듯이 $x^n - a = 0$의 해는 n개가 있는데, a가 양의 실수일 때 $\sqrt[n]{a}$는 이 방정식의 해 중에서 양의 실수해를 나타냅니다. '양의'라고 굳이 밝히는 것은 n이 짝수일 때는, 예를 들어 '$x^6 = 64$의 실수해는 $x = \pm 2$'같이 반드시 음의 실수해도 있기 때문입니다.

위의 정리에서는 r가 양의 실수이므로 $\sqrt[n]{r}$ 의 기호는 위의 의미로 쓰고 있습니다.

a가 양의 실수가 아닌 경우, 곧 'a가 음의 실수인 경우나 더 일반적으로 a가 복소수인 경우'에는 $\sqrt[n]{a}$로 나타나는 수는 하나로 결정되지 않습니다. n가지의 경우를 생각할 수 있습니다.

3차방정식, 4차방정식에는 근의 공식이 있습니다. 이 공식에 쓰이는 근호($\sqrt[n]{a}$)는 근호 안에 양의 실수가 있다고 하여도 값을 하나로 결정하지 않고, n제

곱해서 a가 되는 수라는 의미로 해석하고 있습니다.

1의 n제곱근일 때의 이야기로 돌아갑시다.

n이 합성수일 때 d를 약수라고 하면, 1의 n제곱근에는 1의 d제곱근이 섞여 있습니다.

이를테면 $\zeta = \cos 60° + i \sin 60°$라고 하면 1의 6제곱근은 $1, \zeta, \zeta^2, \zeta^3, \zeta^4, \zeta^5$의 6개입니다.

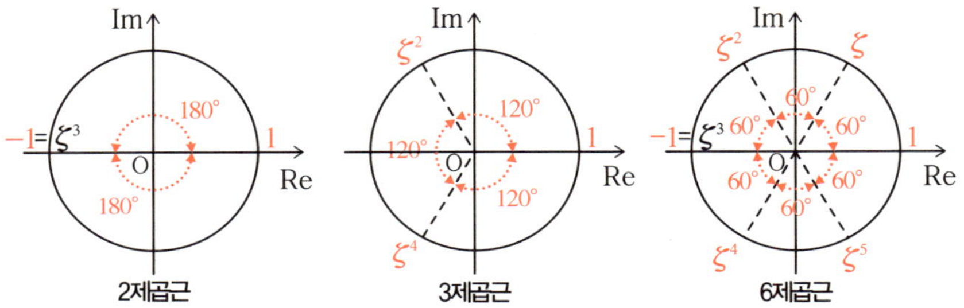

이 가운데 $\zeta^3(=-1)$은 제곱하면

$$(\zeta^3)^2 = \zeta^6 = 1$$

이 되므로 1의 제곱근도 있고 ζ^2, ζ^4은 세제곱하면

$$(\zeta^2)^3 = \zeta^6 = 1, \ (\zeta^4)^3 = \zeta^{12} = (\zeta^6)^2 = 1$$

이 되므로 1의 세제곱근도 있습니다.

또, 1은 임의의 n에 대해서 n제곱근이 됩니다. ζ, ζ^5에 대해서는

$$\zeta, \zeta^2, \zeta^3, \zeta^4, \zeta^5, \zeta^6 = 1$$

$$\zeta^5, \ (\zeta^5)^2 = \zeta^4, \ (\zeta^5)^3 = \zeta^3, \ (\zeta^5)^4 = \zeta^2, \ (\zeta^5)^5 = \zeta, \ (\zeta^5)^6 = 1$$

과 같이 6제곱하여야 비로소 1이 됩니다.

결국, 순수한 1의 6제곱근은 ζ, ζ^5뿐이라는 것입니다.

이렇게 1의 6제곱근에서 1의 d제곱근(d는 6의 약수)이 되는 수를 제외한 것을 1의 원시6제곱근이라고 합니다. 1의 원시6제곱근은 6제곱을 해야 비로소 1

이 되는 값이라고도 할 수 있습니다. 일반적으로 n제곱을 해야 비로소 1이 되는 값을 1의 원시n제곱근(元始n제곱根, primative n-th root)이라 합니다.

위의 계산에서 알 수 있듯이 ζ^i이 6제곱보다 적게 제곱하여 1이 되는 것은 i가 6과 공통인 소인수를 갖고 있을 때입니다.

한편 1의 원시6제곱근 ζ의 지수 1은 6과 서로소인 수이고, 1의 원시6제곱근 ζ^5의 지수 5도 6과 서로소인 수입니다. 그러므로 1의 원시6제곱근은 2개입니다. 1부터 6까지의 수 중에서 6과 서로소인 정수의 개수는 오일러의 기호 φ를 이용해서 $\varphi(6)$이라고 표현합니다. **정의1.7**의 요령으로 계산해 보면 분명히 $\varphi(6)=(3-1)(2-1)=2$와 일치합니다.

1의 5제곱근에 대해서도 1의 원시5제곱근을 생각해 봅시다.

5가 소수이므로 1을 제외한 모든 5제곱근이 원시5제곱근이 되어 $\varphi(5)=5-1=4$개가 됩니다.

일반론으로 증명해 봅시다.

정리4.9 1의 원시n제곱근

$\zeta=\cos\dfrac{360°}{n}+i\sin\dfrac{360°}{n}$라고 놓는다. $1\leqq k\leqq n$에 대해서

$$\zeta^k\text{은 1의 원시}n\text{제곱근이다.} \quad \Leftrightarrow \quad (k, n)=1$$

1의 원시n제곱근은 $\varphi(n)$개 있다.

(a, b)는 a와 b의 최대공약수를 나타낸다.

증명 ㉠ ⇒를 대우로 증명하겠습니다. $(k, n)=d\neq 1$라고 하겠습니다. 그러면 $k=k'd,\ n=n'd$(k', n'은 양의 정수)로 표현됩니다.

$$(\zeta^k)^{n'}=\zeta^{kn'}=\zeta^{k'dn'}=\zeta^{(n'd)k'}=(\zeta^n)^{k'}=1^{k'}=1$$

이므로 ζ^k은 1의 n'제곱근이 됩니다. $n'<n$이므로 $(k, n)=d\neq 1$일 때, ζ^k은 1의 원시n제곱근이 아닙니다.

㉡ ⇐를 증명하겠습니다. $(k, n)=1$일 때, ζ^k이 $(\zeta^k)^j=1$이 된다고 하겠습니다.

k와 n은 서로소

$$(\zeta^k)^j = \zeta^{kj} = \left(\cos\frac{360^\circ}{n} + i\sin\frac{360^\circ}{n}\right)^{kj} = \cos\frac{360^\circ \times kj}{n} + i\sin\frac{360^\circ \times kj}{n}$$

가 1과 같다는 것이므로

$$\cos\frac{360^\circ \times kj}{n} = 1,\ \ \sin\frac{360^\circ \times kj}{n} = 0 \quad \Leftrightarrow \quad \frac{kj}{n}\text{가 정수}$$

라고 바꿔 말할 수 있고 kj는 n의 배수이어야 합니다.

그런데 $(k, n) = 1$이므로 j가 n의 배수이어야 합니다. n의 배수 중에서 가장 작은 양수는 n이므로 $(\zeta^k)^j = 1$을 만족시키는 j 중에서 가장 작은 수는 n입니다. $(k, n) = 1$일 때 ζ^k은 1의 원시n제곱근이 됩니다.

㉠, ㉡에 의해 문제의 의미가 밝혀졌습니다.

1의 원시n제곱근의 개수는 1부터 n까지의 수에서 n과 서로소인 수의 개수와 같습니다. **정리1.10**에 의해 이것은 $\varphi(n)$개입니다. (증명 끝)

4 1의 원시n제곱근을 해로 갖는 방정식
— 원분다항식

1의 원시n제곱근을 이해한 시점에서 원분다항식(圓分多項式, cyclotomic polynomial)을 소개하겠습니다. 원분다항식 $\Phi_n(x)$는 $\Phi_n(x)=0$의 해가 모두 1의 원시n제곱근이 되는 다항식입니다.

정의4.1 원분다항식

$\zeta=\cos\frac{360^\circ}{n}+i\sin\frac{360^\circ}{n}$일 때

$$\Phi_n(x)=\prod_{\substack{(k,n)=1\\ 1\leqq k\leqq n}}(x-\zeta^k)$$

을 원분다항식이라 한다.

Π 기호는 Σ의 곱셈 버전으로서 우변은

'$(k,n)=1$, $1\leqq k\leqq n$을 만족시키는 k에 대해서 $(x-\zeta^k)$을 모두 곱한 것'
(k와 n은 서로소)
을 나타냅니다.

보다 구체적으로 살펴봅시다.

$n=1$일 때

1의 원시1제곱근은 1이고 $\Phi_1(x)=x-1$

$n=2$일 때

1의 제곱근은 1과 −1이고, 이 중에서 1의 원시2제곱근은 −1입니다. 따라서 $\Phi_2(x)=x+1$

$n=3$일 때

$$\zeta=\cos\frac{360^\circ}{3}+i\sin\frac{360^\circ}{3}=\cos 120^\circ+i\sin 120^\circ$$

라고 두면 1의 3제곱근은 1, ζ, ζ^2이고 이 중에서 1의 원시3제곱근은 ζ, ζ^2이므로

$$\Phi_3(x) = (x-\zeta)(x-\zeta^2)$$

$x^3-1=(x-1)(x-\zeta)(x-\zeta^2)$이므로

$$\Phi_3(x) = (x-\zeta)(x-\zeta^2) = \frac{x^3-1}{x-1} = x^2+x+1$$

$n=4$일 때 1의 4제곱근은 i, -1, $-i$, 1이고 이 중에서 1의 원시4제곱근은 i, $-i$이므로

$$\Phi_4(x) = (x-i)(x+i) = x^2+1$$

$n=5$일 때 $\zeta=\cos 72° + i\sin 72°$라고 두면 1의 원시5제곱근은 ζ, ζ^2, ζ^3, ζ^4이므로

$$\Phi_5(x) = (x-\zeta)(x-\zeta^2)(x-\zeta^3)(x-\zeta^4)$$

$x^5-1=(x-1)(x-\zeta)(x-\zeta^2)(x-\zeta^3)(x-\zeta^4)$이므로

$$\Phi_5(x) = \frac{x^5-1}{x-1} = x^4+x^3+x^2+x+1$$

$n=3, 5$인 경우에서 n이 소수일 때 원분다항식의 형태를 예상할 수 있겠습니까?

정리4.10 소수 차수의 원분다항식

n이 소수일 때 원분다항식 $\Phi_n(x)$는

$$\Phi_n(x) = x^{n-1}+x^{n-2}+\cdots+x+1$$

증명 $\zeta = \cos\frac{360°}{n} + i\sin\frac{360°}{n}$라고 두면 1의 원시$n$제곱근은

$$\zeta^k \quad \text{단}, (k, n)=1,\ \ 1 \leqq k \leqq n$$

으로 나타났습니다. n이 소수이므로 k는 1부터 $n-1$까지의 모든 정수가 됩니

다. 원분다항식은

$$\Phi_n(x) = (x-\zeta)(x-\zeta^2)\cdots(x-\zeta^{n-1})$$

이 됩니다.

$x^n - 1 = (x-1)(x-\zeta)(x-\zeta^2)\cdots(x-\zeta^{n-1})$이므로

$$\Phi_n(x) = (x-\zeta)(x-\zeta^2)\cdots(x-\zeta^{n-1}) = \frac{x^n-1}{x-1}$$

$$= x^{n-1} + x^{n-2} + \cdots + x + 1 \quad \cdots\cdots ①$$ (증명 끝)

또한 n이 소수가 아니어도 등식 ①은 성립합니다.

정리4.11 **1의 n제곱근의 합의 공식**

$\zeta = \cos\frac{360°}{n} + i\sin\frac{360°}{n}$, $1 \leqq j \leqq n-1$일 때,

$$\sum_{k=0}^{n-1} \zeta^{kj} = 1 + \zeta^j + \zeta^{2j} + \cdots + \zeta^{(n-1)j} = 0$$

증명 **정리4.10**을 증명할 때의 ①에서

$$x^{n-1} + x^{n-2} + \cdots + x + 1 = (x-\zeta)(x-\zeta^2)\cdots(x-\zeta^{n-1})$$

이 성립합니다. 이것은 n이 소수가 아니어도 성립하는 식입니다.

이 식에서 $x = \zeta^j (1 \leqq j \leqq n-1)$을 대입하면 우변은 0이 되어 등식이 성립합니다. (증명 끝)

n이 합성수일 때의 원분다항식 $\Phi_n(x)$를 구하는 방법을 구체적인 예를 들어 소개하겠습니다.

문제4.10 $\Phi_{15}(x)$를 구하시오.

$\zeta = \cos\frac{360°}{15} + i\sin\frac{360°}{15} = \cos 24° + i\sin 24°$라고 하겠습니다. 그러면

$$\Phi_{15}(x) = \prod_{\substack{(k,15)=1 \\ 1 \leqq k \leqq 15}} (x - \zeta^k)$$

$(k, 15) = 1$이 되는 k는 3의 배수도, 5의 배수도 아닌 수입니다.

이런 수를 구하는 데는 기약잉여류군 부분에서 소개하였듯이 벤 다이어그램을 이용하는 것이 편리합니다.

다음 벤 다이어그램의 색칠된 부분에 속한 ζ^k에 대해서 $(x - \zeta^k)$을 만들어 곱하면 되는 것입니다.

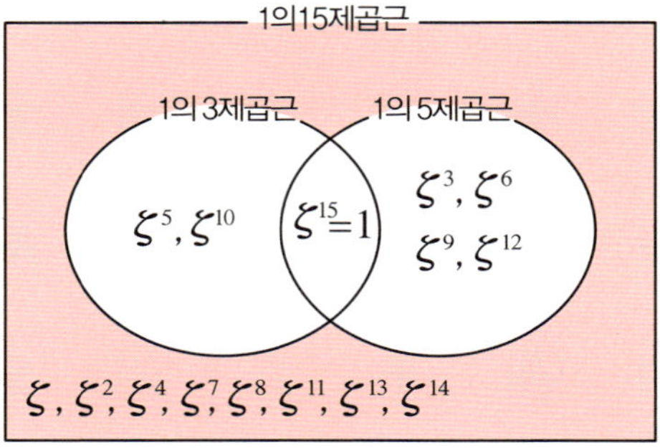

'k가 3의 배수'일 때의 ζ^k을 만들면 ζ^3, ζ^6, ζ^9, ζ^{12}, ζ^{15}이 됩니다. 이것들은 정확히 1의 5제곱근입니다. 그래서 $(x - \zeta^k)$을 만들어 곱하면

$$(x - \zeta^3)(x - \zeta^6)(x - \zeta^9)(x - \zeta^{12})(x - \zeta^{15}) = x^5 - 1$$

이 됩니다. 'k가 5의 배수'일 때의 ζ^k을 만들면 ζ^5, ζ^{10}, ζ^{15}으로 정확히 1의 3제곱근입니다. 이것도 $(x - \zeta^k)$을 만들어 곱하면

$$(x - \zeta^5)(x - \zeta^{10})(x - \zeta^{15}) = x^3 - 1$$

이 됩니다. 사각형 안에 쓰여 있는 수는 k가 1부터 15까지로, $(x - \zeta^k)$을 만들어 곱하면 $x^{15} - 1$이 됩니다.

1부터 15까지의 수 중에서 3의 배수도, 5의 배수도 아닌 수의 개수를 구하려면 3의 배수의 개수와 5의 배수의 개수를 15에서 빼고, 여기에 두 번 빠진 15의 배수를 나중에 더하면 됩니다. 이것이 벤 다이어그램을 이용할 때 집합의 연산

을 하는 요령입니다.

$x^{15}-1=(x-\zeta)(x-\zeta^2)\cdots(x-\zeta^{15})$을 x^3-1과 x^5-1로 나누면, $x-\zeta^{15}$으로는 두 번 나눈 것이 되므로, $x-\zeta^{15}$을 한 번 곱하면 색칠된 부분에 속해 있는 수에 대해서 $(x-\zeta^k)$을 한 번씩 곱한 것이 됩니다.

$$\Phi_{15}(x)=\frac{(x^{15}-1)(x-1)}{(x^5-1)(x^3-1)}=x^8-x^7+x^5-x^4+x^3-x+1$$

입니다.

n이 3개의 소인수를 갖는 경우에도 가능할 것 같네요.

문제4.11 $\Phi_{105}(x)$를 구하시오.

$\zeta=\cos\frac{360°}{105}+i\sin\frac{360°}{105}$라고 하겠습니다. 그러면

$$\Phi_{105}(x)=\prod_{\substack{(k,105)=1\\1\leqq k\leqq 105}}(x-\zeta^k)$$

다음과 같은 벤 다이어그램을 그립니다.

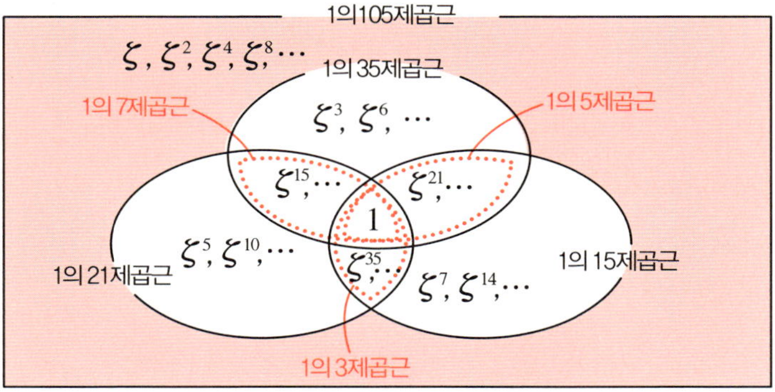

'k가 3으로도, 5로도, 7로도 나누어떨어지지 않을 때'의 ζ^k(그림의 색칠된 부분)에 대해서 $(x-\zeta^k)$을 만들어 곱하면 됩니다.

'k가 3의 배수'일 때의 ζ^k은 1의 35제곱근이 됩니다. 이것은 $k=3m$이면

$\zeta^k = \zeta^{3m} = (\zeta^3)^m$이고

$$\zeta^3 = \left(\cos\frac{360°}{105} + i\sin\frac{360°}{105}\right)^3 = \cos\frac{360°}{35} + i\sin\frac{360°}{35}$$

는 1의 원시35제곱근이기 때문입니다.

$(x - \zeta^k)$을 만들어 곱하면 $x^{35} - 1$.

'k가 5의 배수'일 때 ζ^k은 1의 21제곱근이므로 $(x - \zeta^k)$을 곱하면 $x^{21} - 1$.

'k가 7의 배수'일 때 ζ^k은 1의 15제곱근이므로 $(x - \zeta^k)$을 곱하면 $x^{15} - 1$.

1의 35제곱근과 1의 21제곱근에 공통인 것은 'k가 3의 배수'이면서 'k가 5의 배수'일 때, 즉 'k가 15의 배수'일 때의 ζ^k이고 1의 7제곱근이 됩니다. $(x - \zeta^k)$을 만들어 곱하면 $x^7 - 1$.

1의 21제곱근과 1의 15제곱근에 공통인 것은 1의 3제곱근이므로 $(x - \zeta^k)$을 곱하면 $x^3 - 1$.

1의 15제곱근과 1의 35제곱근에 공통인 것은 1의 5제곱근이므로 $(x - \zeta^k)$을 곱하면 $x^5 - 1$.

사각형 안에 쓰여 있는 수는 k가 1부터 105까지로 $(x - \zeta^k)$을 만들어 곱하면 $x^{105} - 1$이 됩니다.

$\Phi_{105}(x)$는 색칠된 부분에 속한 수에 대해서 $(x - \zeta^k)$을 만들어 곱하면 되므로 집합의 연산을 하는 요령으로 나타내면

$$\Phi_{105}(x) = \frac{(x^{105} - 1)(x^3 - 1)(x^5 - 1)(x^7 - 1)}{(x^{35} - 1)(x^{21} - 1)(x^{15} - 1)(x - 1)}$$

이 됩니다. 결과는 쓰지 않겠지만 이것을 계산하면 정수 계수의 다항식이 됩니다.

왜냐하면 일반적으로 정수 계수의 다항식을 최고차 항의 계수가 1인 정수 계수의 다항식으로 나누면 몫과 나머지가 모두 정수 계수의 다항식이 되기 때문

입니다. 이것은 다항식의 나눗셈을 해본 적이 있는 사람이라면 잘 알 것입니다. 위의 분수식에서 나누는 식은 $(x^{35}-1)(x^{21}-1)(x^{15}-1)(x-1)$이고 최고차 항의 계수가 1이므로 몫은 정수 계수의 다항식이 됩니다. 처음 다항식은 $(x-\zeta^k)$을 곱한 다항식이므로 위의 분수식은 나누어떨어져 정수 계수의 다항식이 됩니다.

따라서 n이 얼마이든지 원분다항식은 정수 계수의 다항식이 됩니다.

n이 소수의 거듭제곱인 경우도 계산해 봅시다.

문제4.12 $\Phi_{27}(x)$를 구하시오.

$(k, 27)=1$이 되는 k는 3의 배수가 아닌 수입니다. 1부터 27까지의 수에서 3의 배수를 없앤 것을 생각합니다.

간단하게 벤 다이어그램을 그려 보면 다음과 같습니다.

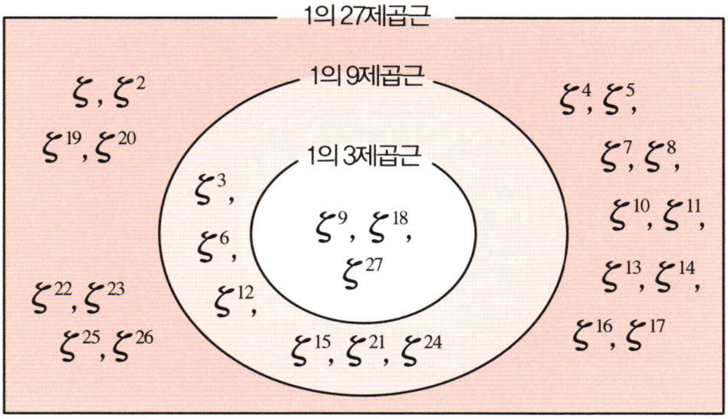

'k가 3의 배수'일 때 ζ^k은 1의 9제곱근입니다. $(x-\zeta^k)$을 만들어 곱하면 x^9-1이 됩니다.

사각형 안에 쓰인 수는 1부터 27까지이고, $(x-\zeta^k)$을 만들어 곱하면 $x^{27}-1$이 됩니다. 따라서

$$\Phi_{27}(x)=\frac{x^{27}-1}{x^9-1}=x^{18}+x^9+1$$

입니다.

또한 원분다항식 $\Phi_n(x)$의 차수만 구하는 것이라면 오일러함수 φ를 이용하여 계산할 수 있습니다. 원분다항식 $\Phi_n(x)$의 차수는 정의에 의해 $\varphi(n)$차입니다.

5 n차방정식에는 반드시 해가 있다

— 대수학의 기본 정리

'대수학의 기본 정리'의 증명을 개략적으로 설명해 보겠습니다.

대수학의 기본 정리의 증명을 기술하여 두는 데에는 까닭이 있습니다.

그 첫 번째는 "방정식에 해가 있다"는 것과 "방정식에 근의 공식이 있다"는 것은 다른 서로 주장임을 독자께서 기억해 주기를 바라기 때문입니다. 5차 이상의 방정식에도 해는 존재합니다. 그렇지만 존재한다 하더라도, 그것을 근호로는 나타낼 수 없는 5차 이상의 방정식이 있다는 것입니다.

두 번째 이유는 방정식의 해를 근호로 표현할 수 있는지 아닌지를 논하는 데 있어서, 애당초 해가 존재하지 않을지도 모른다는 걱정이 논의 자체를 뜬구름 잡는 이야기처럼 들리게 할지도 모르기 때문입니다. 이 책에서는 다루지 않지만, $\boldsymbol{F}_p$를 계수로 하는 방정식에서는 해의 형태를 모르는 상태로 이론을 펼쳐가는 책도 있습니다. 책상 위에서 종이접기를 하는 것이 아니라 허공에서 접는 듯한 기분이랄까요. 그러나 유리수 계수의 방정식을 다룰 때에는 해가 복소수체 $\boldsymbol{C}$에 있다는 확고한 토대가 있으므로, 가능하다면 그러한 토대 위에서 이야기하고자 생각했습니다.

대수학의 기본 정리는 쉽게 말해서

"n차방정식은 복소수 안에서 n개의 해를 갖는다."

는 정리입니다.

증명은 두 가지로 준비했습니다. 식을 중심으로 한 증명과 복소평면을 이용한 증명입니다. 본인이 이해하기 쉬운 쪽을 읽어 주세요.

정리4.12 **대수학의 기본 정리**

복소수 계수의 n차방정식

$$x^n + a_{n-1}x^{n-1} + a_{n-2}x^{n-2} + \cdots + a_1x + a_0 = 0$$

은 복소수 안에서 n개의 해를 갖는다.

여기서 해의 개수를 셀 때는 중복된 횟수를 고려하여 셉니다. 이를테면 $(x-1)^2(x-2)=0$이라는 3차방정식이라면 서로 다른 해는 $x=1, 2$ 두 개이지만, 1은 중근이므로 중복된 횟수를 고려하여 2개로 셉니다. 그래서 해는 3개가 됩니다.

그러므로 이 정리는 복소수 계수의 n차다항식이

$$x^n + a_{n-1}x^{n-1} + a_{n-2}x^{n-2} + \cdots + a_1x + a_0 = (x-z_1)(x-z_2)\cdots(x-z_n) \quad (z_i \in \boldsymbol{C})$$

와 같이 복소수의 범위에서 1차식으로 인수분해된다고 주장하고 있습니다.

식을 중심으로 증명하기

정리4.12에서 $n=2$일 때는 근의 공식으로 직접 보여 줄 수 있습니다.

정리4.13 **복소수 계수 2차방정식의 해의 존재**

복소수 계수의 2차방정식은 복소수 범위에서 해를 갖는다.

증명 $z^2 + az + b = 0 \quad (a, b \in \boldsymbol{C})$

이면 근의 공식에 의해 방정식의 해는

$$z = \frac{-a \pm \sqrt{a^2 - 4b}}{2} \quad \cdots\cdots ①$$

입니다.

$\sqrt{\ }$ 부분은 제곱하여 a^2-4b가 되는 수의 하나를 나타낸다고 가정합니다. a^2-4b를 극형식으로 표시하여 $a^2-4b=r(\cos\theta+i\sin\theta)$라고 두면 이것은

$$\sqrt{r}\left(\cos\frac{\theta}{2}+i\sin\frac{\theta}{2}\right),\quad -\sqrt{r}\left(\cos\frac{\theta}{2}+i\sin\frac{\theta}{2}\right)$$

로 표현되는 두 복소수를 제곱했을 때 a^2-4b가 되는 수와 같은 형태입니다. 실제로

$$\begin{aligned}\left(\pm\sqrt{r}\left(\cos\frac{\theta}{2}+i\sin\frac{\theta}{2}\right)\right)^2&=(\pm\sqrt{r})^2\left(\cos 2\cdot\frac{\theta}{2}+i\sin 2\cdot\frac{\theta}{2}\right)\\&=r(\cos\theta+i\sin\theta)\end{aligned}$$

가 됩니다. **정리4.8**을 사용하여도 마찬가지입니다.

$\sqrt{\ }$ 부분이 복소수이므로 ①은 식 전체가 복소수가 됩니다. (증명 끝)

증명해야 할 것은 복소수 계수의 n차방정식이 n개의 복소수 해를 갖는다는 것입니다. 먼저 실수 계수의 n차방정식이 적어도 하나의 복소수 해를 갖는다는 것을 보이겠습니다.

정리4.14 실수 계수 다항식의 해의 존재

실수 계수의 n차방정식 $f(x)=0$은 적어도 하나의 복소수 해를 갖는다.

증명 $f(x)=x^n+a_{n-1}x^{n-1}+a_{n-2}x^{n-2}+\cdots+a_1x+a_0$ (a_i는 실수)

이라고 두겠습니다.

증명에는 수학적 귀납법을 사용하는데, 차수 n을 $n=2^k l$(l은 홀수)의 형태로 고쳐서 k에 대한 수학적 귀납법으로 증명하겠습니다. 증명하는 동안에 확인되겠지만, 증명하는 과정에서 2를 거듭제곱한 횟수(2의 지수)가 적은 차수의 다항

식으로 귀착되어 갑니다.

$k=0$일 때 n은 홀수가 됩니다.

n이 홀수일 때 $y=f(x)$의 그래프를 생각하면 x축에서 적어도 한 번은 만나므로 실수해가 적어도 하나 있습니다. 3차함수의 그래프를 생각해 보면 좋습니다. 정확히 말하면

$$\lim_{x\to\infty} f(x)=\infty,\quad \lim_{x\to-\infty} f(x)=-\infty$$

이므로 중간값의 정리에 의해 $f(x)=0$이 되는 실수가 적어도 하나 존재합니다.

$k-1$일 때 주어진 명제가 성립한다고 하겠습니다.

여기서 $n=2^k l$일 때

$$\begin{aligned} & x^n+a_{n-1}x^{n-1}+a_{n-2}x^{n-2}+\cdots+a_1x+a_0 \\ = & (x-\alpha_1)(x-\alpha_2)\cdots(x-\alpha_n)\ \ (a_i\text{는 실수}) \end{aligned}$$

을 만족시키는 $\alpha_1, \alpha_2, \cdots, \alpha_n$이 복소수의 범위에서 존재하는지를 생각해 봅시다.

근과 계수의 관계에 의해

$$\begin{cases} a_{n-1}=-(\alpha_1+\alpha_2+\cdots+\alpha_n) \\ a_{n-2}=\alpha_1\alpha_2+\alpha_1\alpha_3+\cdots+\alpha_{n-1}\alpha_n \\ \cdots\cdots \\ a_0=(-1)^n\alpha_1\alpha_2\cdots\alpha_n \end{cases}$$

지금 상태에선 $\alpha_1, \alpha_2, \cdots, \alpha_n$이 복소수 범위에서 존재하는지 알 수 없습니다. 그러니 수학적 귀납법의 가정을 쓸 수 있는 방정식으로 귀착시켜서 $\alpha_1, \alpha_2, \cdots, \alpha_n$ 중에서 적어도 하나가 복소수 범위에서 존재한다는 것을 알아보겠습니다. 여기서

$$F_t(x) = \prod_{1 \leqq i < j \leqq n} (x - \alpha_i - \alpha_j - t\alpha_i\alpha_j)$$

라는 방정식을 생각해 봅시다. 우변은 $\alpha_1, \alpha_2, \cdots, \alpha_n$의 n개 중에서 2개를 뽑아 $x - \alpha_i - \alpha_j - t\alpha_i\alpha_j$를 만들고, 이것들을 곱한 것입니다. 따라서 $F_t(x)$의 차수는

$${}_nC_2 = \frac{n(n-1)}{2} = \frac{2^k l(2^k l - 1)}{2} = 2^{k-1} l(2^k l - 1)$$

입니다. $2^k l - 1$은 홀수이므로 $2^{k-1} l(2^k l - 1)$의 2를 거듭제곱한 횟수(2의 지수)는 $k - 1$입니다.

$F_t(x)$는 $\alpha_1, \alpha_2, \cdots, \alpha_n$을 그것들끼리 어떻게 바꿔 써도 식의 값은 변하지 않으므로 $\alpha_1, \alpha_2, \cdots, \alpha_n$의 대칭식입니다. 특히, x의 다항식으로 봤을 때 x의 계수는 각각 $\alpha_1, \alpha_2, \cdots, \alpha_n$의 대칭식입니다. 그러므로 **정리3.1**에 의해 $F_t(x)$의 각 계수는 $\alpha_1, \alpha_2, \cdots, \alpha_n$의 기본대칭식으로 표현됩니다. $\alpha_1, \alpha_2, \cdots, \alpha_n$의 기본대칭식은 위의 근과 계수의 관계에 의해 실수이므로 t가 실수이면 $F_t(x)$의 각 계수는 실수가 됩니다.

$F_t(x)$는 차수에서 2를 거듭제곱한 횟수가 $k - 1$인 실수 계수의 다항식이 되므로, 수학적 귀납법의 가정에 의해 $F_t(x) = 0$은 복소수의 해를 적어도 하나 갖습니다. 그 하나의 해는

$$\alpha_i + \alpha_j + t\alpha_i\alpha_j \quad (1 \leqq i < j \leqq n)$$

라는 형태를 하고 있습니다. 이 식에서 $\{i, j\}$의 쌍은 $1, 2, \cdots, n$ 중에서 2개를 택한 ${}_nC_2$가지 중에서 하나입니다.

여기서 서로 다른 ${}_nC_2 + 1(= m$으로 놓습니다$)$개의 t의 값을 $t_1, t_2, \cdots, t_m$으로 하여 ${}_nC_2 + 1(= m)$개의 방정식 $F_t(x) = 0$을 만듭니다. 그리고 이 방정식들이 갖는 복소수 해 $\alpha_i + \alpha_j + t\alpha_i\alpha_j$의 첨자의 쌍 $\{i, j\}$를 만듭니다. 만들 수 있는

$\{i, j\}$의 쌍은 모두 ${}_nC_2$가지입니다. 그러므로 ${}_nC_2+1(=m)$개의 해 중에는 첨자의 쌍 $\{i, j\}$가 중복된 것이 있습니다. 이것을 $\{1, 2\}$라고 합시다. 또, 해의 첨자의 쌍이 $\{1, 2\}$로 같게 되는 t의 값을 t_1과 t_2라고 합시다. 곧,

$F_{t_1}(x)=0$의 복소수 해는 $\alpha_1+\alpha_2+t_1\alpha_1\alpha_2 \in \boldsymbol{C}$

$F_{t_2}(x)=0$의 복소수 해는 $\alpha_1+\alpha_2+t_2\alpha_1\alpha_2 \in \boldsymbol{C}$

이것으로부터

$$\alpha_1\alpha_2=\frac{(\alpha_1+\alpha_2+t_1\alpha_1\alpha_2)-(\alpha_1+\alpha_2+t_2\alpha_1\alpha_2)}{t_1-t_2} \in \boldsymbol{C}$$

$$\alpha_1+\alpha_2=(\alpha_1+\alpha_2+t_1\alpha_1\alpha_2)-t_1\alpha_1\alpha_2 \in \boldsymbol{C}$$

가 됩니다. $\alpha_1\alpha_2$, $\alpha_1+\alpha_2$가 복소수임을 알 수 있습니다.

이제까지 증명 과정을 깔끔하게 써내려 왔는데 ${}_nC_2+1=m$개의 복소수 해 중에서 어느 것과 어느 것이 같은 첨자의 쌍인지는 알 수 없으므로 실제 계산은 더 방대합니다. m개에서 2개를 뽑은 복소수의 쌍(모두 ${}_mC_2$개의 쌍)에 대해서, 첨자가 같다고 가정하여 α_i, α_j를 구하고 그것이 주어진 방정식의 해가 되는지를 확인해 가는 것입니다. 실제로 계산해 보라 하면 할 수 없습니다. 그러므로 존재만을 증명하는 것을 양해해 주기를 바랍니다.

무사히 $\alpha_1\alpha_2$, $\alpha_1+\alpha_2$를 구한 것으로 하겠습니다. 이제부터 α_1, α_2를 구하기 위해 2차방정식

$$z^2-(\alpha_1+\alpha_2)z+\alpha_1\alpha_2=0$$

을 풀겠습니다. $\alpha_1\alpha_2$와 $\alpha_1+\alpha_2$가 복소수이므로 이것은 복소수 계수의 2차방정식입니다.

$\alpha_1\alpha_2$와 $\alpha_1+\alpha_2$가 복소수이므로 **정리4.13**에 의해 α_1, α_2가 복소수임을 알 수 있습니다.

따라서 수학적 귀납법에 의해 명제가 증명되었습니다. (증명 끝)

$n=2^k l$의 k에 대한 수학적 귀납법이라는, 흔히 볼 수 없는 유형의 수학적 귀납법을 사용했다는 점이 재미있습니다.

$n=4$인 경우가 어떤 경로로 증명되는지를 추적해 봅시다. 4차방정식의 해를 음미하기 위해 ${}_4C_2=6$차방정식을 만들고 이 6차방정식의 해를 음미하기 위해 ${}_6C_2=15$차방정식을 만드는 것입니다. 15차방정식이 홀수 차수의 방정식이므로 실수해를 하나 갖는다는 것을 알 수 있고, 6차방정식, 4차방정식도 복소수 해를 갖는다는 것을 알 수 있습니다. $4=2^2$, $6=2\cdot 3$, $15=3\cdot 5$와 같이 2의 지수가 확실히 하나씩 작아집니다. n은 커져도 2의 지수는 작아지므로 홀수의 경우로 귀착하여 수학적 귀납법이 완료되는 것입니다.

실수 계수의 n차방정식에서 얻은 결과를 복소수 계수의 n차방정식에 사용하도록 해봅시다.

정리4.15 **복소수 계수 방정식의 해의 존재**

복소수 계수의 n차방정식 $f(x)=0$은 적어도 하나의 복소수 해를 갖는다.

증명 $f(x)=x^n+a_{n-1}x^{n-1}+a_{n-2}x^{n-2}+\cdots+a_1x+a_0$ (a_i는 복소수)이라고 두겠습니다. 여기서 $f(x)$의 계수를 켤레복소수로 바꾼 다항식을 $\overline{f}(x)$라고 하겠습니다. 그러면

$$\overline{f}(x)=x^n+\overline{a_{n-1}}x^{n-1}+\overline{a_{n-2}}x^{n-2}+\cdots+\overline{a_1}x+\overline{a_0}$$

이 됩니다. 여기서 $F(x)=f(x)\overline{f}(x)$라고 하겠습니다.

$F(x)$의 계수를 켤레복소수로 바꾸면

$$\overline{F}(x)=\left(\overline{f(x)\overline{f}(x)}\right)=\overline{f}(x)\overline{\overline{f}}(x)=\overline{f}(x)f(x)=F(x)$$

따라서 $F(x)$의 계수는 실수가 됩니다. 복소수의 켤레복소수와 관련된 공식

을 다항식에 사용해도 괜찮을까라고 생각하시는 분은 계수를 실제로 계산해 보면 느낌이 올 것입니다.

$$
\begin{aligned}
&f(x)\overline{f}(x)\\
&=x^{2n}+(a_{n-1}+\overline{a_{n-1}})x^{2n-1}+(a_{n-2}+\underbrace{a_{n-1}\overline{a_{n-1}}}_{\text{실수}}+\overline{a_{n-2}})x^{2n-2}\\
&\quad+(a_{n-3}+\underbrace{a_{n-2}\overline{a_{n-1}}+a_{n-1}\overline{a_{n-2}}}_{\text{실수}}+\overline{a_{n-3}})x^{2n-3}+\cdots
\end{aligned}
$$

이 됩니다. $z+\overline{z}$나 $z\overline{z}$가 실수라는 것을 이용하면, $F(x)$의 각 계수가 실수가 됨을 알 수 있을 것입니다.

정리4.14에 의해 $F(x)=0$에는 복소수 해가 적어도 하나 있습니다. 이를 α라고 하겠습니다.

$F(\alpha)=f(\alpha)\overline{f}(\alpha)=0$에 의해 $f(\alpha)=0$이거나 $\overline{f}(\alpha)=0$이 됩니다. $f(\alpha)=0$일 때는 $f(x)=0$이 α를 해로 갖습니다.

$\overline{f}(\alpha)=0$일 때는 식 전체에 켤레복소수를 적용하면

$$\overline{\overline{f}(\alpha)}=0 \qquad \therefore\ f(\overline{\alpha})=0$$

이 되므로, $f(x)=0$이 $\overline{\alpha}$를 해로 갖습니다. 결국 $f(x)=0$은 적어도 하나의 복소수 해를 갖습니다. (증명 끝)

정리4.15를 되풀이해서 이용하면 대수학의 기본 정리가 증명됩니다.

정리4.16 **대수학의 기본 정리: 인수분해 버전**

복소수 계수의 n차다항식 $f(x)$(최고차 항의 계수는 1)는

$$f(x)=(x-z_1)(x-z_2)\cdots(x-z_n)\quad(z_i\in \boldsymbol{C})$$

으로 인수분해된다.

증명 **정리4.15**에 의해 복소수 계수의 방정식 $f(x)=0$에는 적어도 하나의 복소수 해가 있습니다. 그것을 z_1이라고 하겠습니다. 인수정리로부터 $f(x)$는

$f(x) = (x - z_1)f_1(x)$로 인수분해됩니다.

다음으로 복소수 계수의 $n-1$차방정식 $f_1(x) = 0$에 정리를 적용하면 $f_1(x) = (x - z_2)f_2(x)$로 인수분해됩니다. 이것을 되풀이하면 몫의 차수가 낮춰지기 때문에 $f(x)$가

$$f(x) = (x - z_1)(x - z_2)\cdots(x - z_n) \qquad (z_i \in \mathbf{C})$$

로 인수분해된다는 것을 알 수 있습니다. (증명 끝)

복소평면을 이용하여 증명하기

도형을 이용해 증명을 시작하기에 앞서 다음 사실부터 확인하겠습니다.

문제4.13 $z = \cos\theta + i\sin\theta$라고 놓는다. θ가 $0° \leqq \theta \leqq 360°$에 있을 때 다음 식이 나타내는 점의 자취를 구하시오.

(1) z

(2) z^3

(3) $(4+9i)z^3$

(1) z의 절댓값은 $|z| = 1$로 일정합니다. 편각이 0°에서 360°까지 변화하므로 z가 나타내는 점을 복소평면에 그려 보면 중심이 원점이고 반지름의 길이가 1인 원(단위원)이 됩니다.

(2) $z^3 = (\cos\theta + i\sin\theta)^3 = \cos 3\theta + i\sin 3\theta$

절댓값은 $|z^3| = 1$로 일정합니다. 편각에 대해서는 θ가 0°부터 120°까지 변화하는 것만으로도 z^3의 편각 3θ는 0°부터 360°까지 변합니다. 이것만으로도 이미 원(단위원)을 그릴 수 있습니다. 120°부터 240°까지에서 또 한 바퀴, 240°부터 360°까지에서 또 한 바퀴를 돕니다. z^3이 나타내는 점은 단위원을 총 세 바퀴

돕니다.

(1)

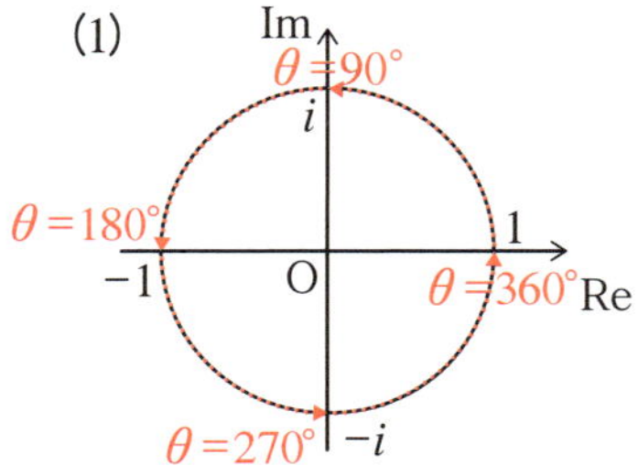

(2)

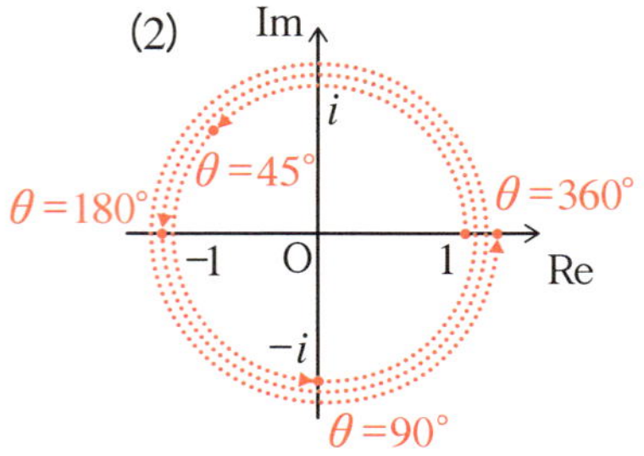

(3) $4+9i$의 극형식은 편각을 α라고 하면 $4+9i=\sqrt{97}(\cos\alpha+i\sin\alpha)$이므로

$$\begin{aligned}(4+9i)z^3 &= \sqrt{97}(\cos\alpha+i\sin\alpha)(\cos 3\theta+i\sin 3\theta)\\ &= \sqrt{97}(\cos(\alpha+3\theta)+i\sin(\theta+3\theta))\end{aligned}$$

이 복소수가 나타내는 점은 중심이 원점이고 반지름의 길이가 $\sqrt{97}$인 원 위에 있고 편각이 $\alpha+3\theta$입니다. $4+9i$의 편각은 α이므로 $(4+9i)z^3$이 나타내는 점은 $4+9i$가 나타내는 점을 원점을 중심으로 3θ 회전한 점이 됩니다. (2)와 마찬가지로 θ가 0°부터 120°까지 움직일 때, $(4+9i)z^3$이 나타내는 점은 원을 한 바퀴 돌게 되므로 θ가 0°부터 360°까지 움직일 때는 원을 세 바퀴 돌게 됩니다.

(3)

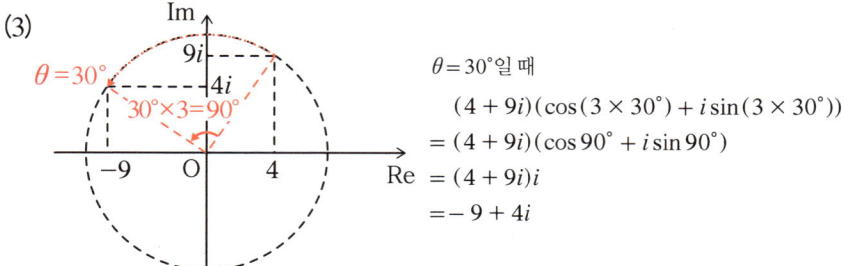

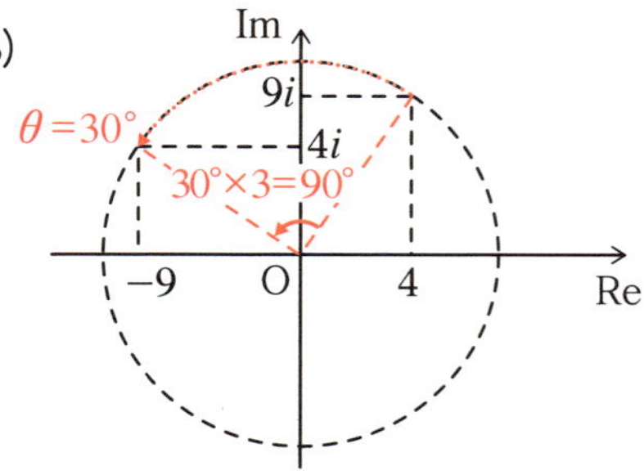

$\theta=30°$일 때

$$\begin{aligned}&(4+9i)(\cos(3\times 30°)+i\sin(3\times 30°))\\ &=(4+9i)(\cos 90°+i\sin 90°)\\ &=(4+9i)i\\ &=-9+4i\end{aligned}$$

이제부터 정리를 증명하겠습니다.

$$f(x) = x^n + a_{n-1}x^{n-1} + a_{n-2}x^{n-2} + \cdots + a_1x + a_0$$

이라고 두겠습니다.

상수항 a_0을 $a_0 \neq 0$이라고 가정하겠습니다. 만일 $a_0 = 0$이면 $f(x)$를 적당한 x^i으로 나눔으로써 상수항이 0이 아닌 다항식으로 만들 수 있기 때문입니다. 예를 들어 $x^5 + 2x^4 - x^3$이면 $x^5 + 2x^4 - x^3 = x^3(x^2 + 2x - 1)$이므로 $x^2 + 2x - 1 = 0$인 경우로 귀착됩니다.

위 문제를 참고로 하여 $z = r(\cos\theta + i\sin\theta)$에서 θ를 0°부터 360°까지 움직일 때의 $f(z)$의 자취를 살펴봄으로써 $f(z) = 0$이 되는 z가 존재한다는 것을 확인하겠습니다.

$f(r(\cos\theta + i\sin\theta))$가 나타내는 점을 P라고 하고 θ가 0°부터 360°까지 움직일 때의 점 P의 자취를 생각해 봅시다. 이 자취를 C_r라고 하겠습니다.

z의 극형식을 대입합니다.

$$\begin{aligned} f(z) &= f(r(\cos\theta + i\sin\theta)) \\ &= (r(\cos\theta + i\sin\theta))^n + a_{n-1}(r(\cos\theta + i\sin\theta))^{n-1} \\ &\quad + a_{n-2}(r(\cos\theta + i\sin\theta))^{n-2} + \cdots + a_1r(\cos\theta + i\sin\theta) + a_0 \\ &= r^n(\cos n\theta + i\sin n\theta) + a_{n-1}r^{n-1}(\cos(n-1)\theta + i\sin(n-1)\theta) \\ &\quad + a_{n-2}r^{n-2}(\cos(n-2)\theta + i\sin(n-2)\theta) + \cdots + a_1r(\cos\theta + i\sin\theta) + a_0 \end{aligned}$$

여기서 새롭게

$$g(r) = r^n - r^{n-1}|a_{n-1}| - r^{n-2}|a_{n-2}| - \cdots - r|a_1|$$

이라는 r의 함수를 도입합니다. 이 함수는 n차의 실함수(實函數, real function)입니다. 최고차 항의 계수가 양수이므로 r를 크게 하면 $g(r)$의 값을 얼마든지 크게 할 수 있습니다. 그러므로 $g(r) > |a_0|$을 만족시키는 r가 존재합니다. 이러한 r의 하나를 고정하여 R라고 합시다.

$f(R(\cos\theta + i\sin\theta))$

$= R^n(\cos n\theta + i\sin n\theta) + a_{n-1}R^{n-1}(\cos(n-1)\theta + i\sin(n-1)\theta)$

$+ a_{n-2}R^{n-2}(\cos(n-2)\theta + i\sin(n-2)\theta) + \cdots + a_1 R(\cos\theta + i\sin\theta) + a_0$

이것을 계산하는 상황을 그림으로 나타내 봅시다.

$f(R(\cos\theta + i\sin n\theta))$의 계산은 a_0에 대응하는 점 A에 $R^n(\cos n\theta + i\sin n\theta)$, $a_{n-1}R^{n-1}(\cos(n-1)\theta + i\sin(n-1)\theta)$, $\cdots$, $a_1 R(\cos\theta + i\sin\theta)$와 대응하는 벡터를 더해가는 것이라고 생각합시다.

$a_0 + R^n(\cos n\theta + i\sin n\theta)$에 대응하는 점을 Q라고 하겠습니다. 점 Q에

$a_{n-1}R^{n-1}(\cos(n-1)\theta + i\sin(n-1)\theta), \cdots, a_1 R(\cos\theta + i\sin\theta)$

와 대응하는 벡터를 더하면 점 P가 됩니다.

점 Q에서 점 P로 가는 꺾은선은
$a_{n-1}R^{n-1}(\cos(n-1)\theta + i\sin(n-1)\theta)$
$a_{n-2}R^{n-2}(\cos(n-2)\theta + i\sin(n-2)\theta)$
……
$a_1 R(\cos\theta + i\sin\theta)$
에 대응하는 벡터를 더해 가는 모습을 나타낸다.

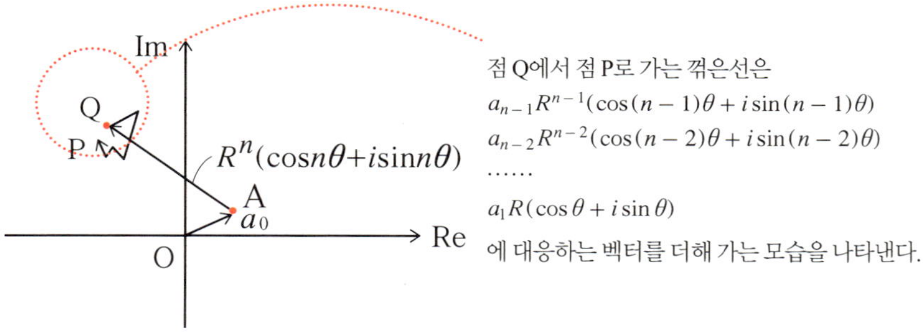

각 항의 절댓값의 크기가 R^n, $|a_{n-1}|R^{n-1}$, $\cdots$, $|a_1|R$이므로 이러한 크기를 갖는 선분들이 끝점에서 이어지는 이미지입니다. R이 충분히 크기 때문에 R^n, $|a_{n-1}|R^{n-1}$, $\cdots$, $|a_1|R$ 중에서는 R^n이 두드러지게 크다고 생각하면 됩니다.

여기서 선분 QP의 길이는 $|a_{n-1}|R^{n-1}, \cdots, |a_1|R$의 길이를 갖는 꺾인 선들이 일직선이 될 때가 최대이므로

$\mathrm{QP} \leqq R^{n-1}|a_{n-1}| + R^{n-2}|a_{n-2}| + \cdots + R|a_1|$ ……①

이 성립합니다.

또 선분 AP가 가장 짧을 때는 $R^n(\cos n\theta + i\sin n\theta)$가 나타내는 벡터에 대해

$a_{n-1}R^{n-1}(\cos(n-1)\theta + i\sin(n-1)\theta)$, $\cdots$, $a_1R(\cos\theta + i\sin\theta)$가 반대 방향을 향하고 있을 때입니다.

선분 AP가 가장 길 때는 $R^n(\cos n\theta + i\sin n\theta)$가 나타내는 벡터에 대해 $a_{n-1}R^{n-1}(\cos(n-1)\theta + i\sin(n-1)\theta)$, $\cdots$, $a_1R(\cos\theta + i\sin\theta)$가 같은 방향을 향하고 있을 때입니다.

실제로 이러한 경우가 있을지 어떨지는 모르겠습니다. 있을지 없을지는 $a_{n-1}, a_{n-2}, \cdots, a_1$에 달렸습니다.

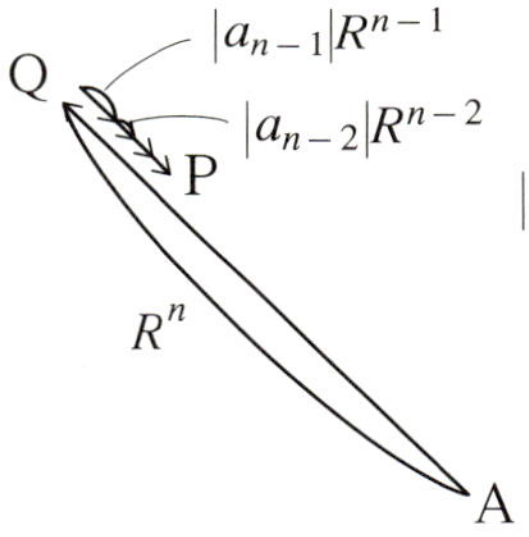

선분 AP가 가장 짧을 때

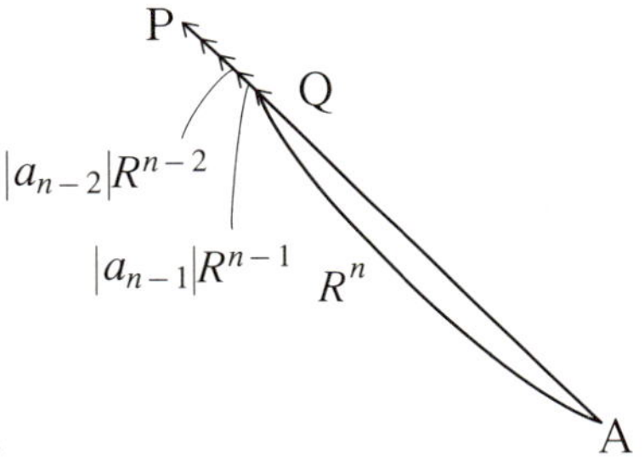

선분 AP가 가장 길 때

이렇게 생각하면 선분 AP의 길이는 다음과 같은 범위에 들어갑니다.

$$|a_0| < R^n - R^{n-1}|a_{n-1}| - R^{n-2}|a_{n-2}| - \cdots - R|a_1|$$

$$\leqq \mathrm{AP} \leqq R^n + R^{n-1}|a_{n-1}| + R^{n-2}|a_{n-2}| + \cdots + R|a_1| \quad \cdots\cdots ②$$

여기서 $w = R^{n-1}|a_{n-1}| + R^{n-2}|a_{n-2}| + \cdots + R|a_1|$이라고 두면 식 ①, ②는

$$\mathrm{QP} \leqq w$$

$$|a_0| \underset{㉠}{<} R^n - w \leqq \mathrm{AP} \underset{㉡}{\leqq} R^n + w$$

이것으로부터 점 P는 중심이 점 Q이고 반지름의 길이가 w인 원 안에 있고, 이 원은 중심이 a_0이고 반지름의 길이가 $R^n - w$인 원과 반지름 $R^n + w$인 원 사이의 도넛 모양의 도형 안에 존재함을 알 수 있습니다.

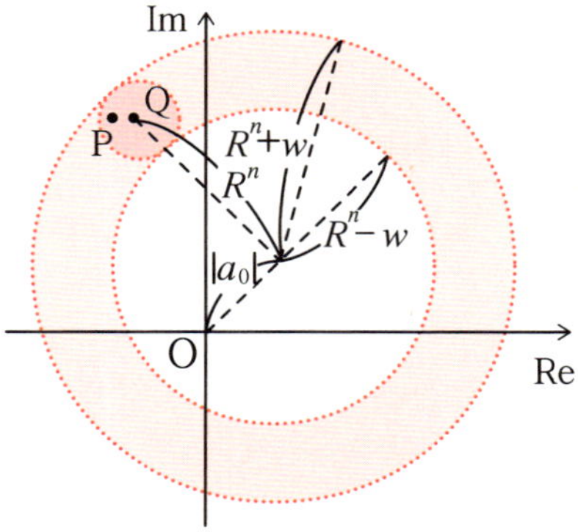

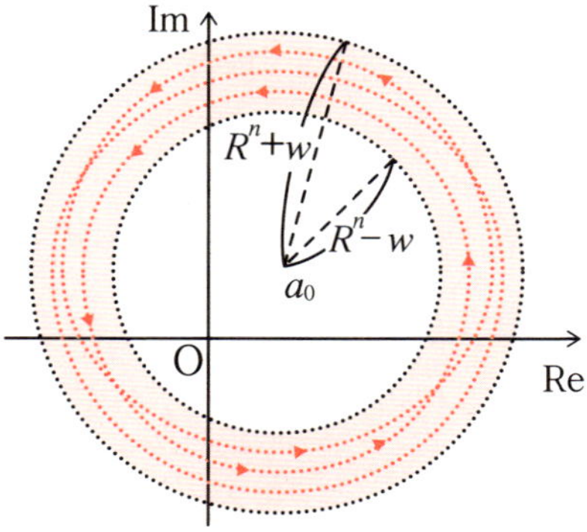

n=3일 때 점 P의 자취

㉠이 성립하므로 이 도넛 안쪽에 원점이 있다는 것에 주의해야 합니다.

θ가 0°부터 360°까지 움직일 때, $R^n(\cos n\theta + i\sin n\theta) + a_0$이 나타내는 점 Q는 a_0이 나타내는 점을 중심으로 하고 반지름의 길이가 R^n인 원을 n바퀴 돕니다. 점 Q가 n바퀴를 돌 때, 점 P도 도넛의 안쪽을 빙빙 n바퀴 돕니다.

다음으로 $r = R$인 상태에서 r를 차츰 짧게 만들어 갈 때, 점 P의 자취 C_r가 어떻게 변하는지를 살펴보겠습니다. r가 짧아짐에 따라 점 P가 존재하는 범위인 도넛의 반지름의 길이는 짧아집니다.

r가 짧아지면 앞 페이지의 부등식(의 R를 r로 바꾼 것)에서 ㉠ 부분은 성립하지 않을지도 모르지만 ㉡은 성립합니다.

곧, 점 P가 중심이 a_0이고

반지름의 길이가 $r^n + r^{n-1}|a_{n-1}| + r^{n-2}|a_{n-2}| + \cdots + r|a_1|$인 원의 안쪽에 존재하는 것은 변함없습니다.

r가 아주 짧은 경우에는 $r^n + r^{n-1}|a_{n-1}|r^{n-2}|a_{n-2}| + \cdots + r|a_1|$도 짧아져, 점 P는 a_0으로부터 아주 가까운 곳에서 움직이게 됩니다. $r = 0$이 되면 $f(0) = a_0$이 되어 C_r는 A라는 한 점이 되어 버립니다.

C_r는 연속으로 변화한다고 생각할 수 있습니다. r를 R로부터 0으로 차츰 작

게 하여 갈 때, 원점이 도넛의 안쪽에 있으므로 C_r가 원점을 지나게 하는 r가 존재합니다. 이것은 a_0을 중심으로 하여 n겹으로 감긴 실이 a_0으로 수축해 가는 모습을 떠올리면 될 것입니다.

이때의 r와 원점을 지날 때의 θ값의 쌍을 (r_1, θ_1)이라고 하고

$z_1 = r_1(\cos\theta_1 + i\sin\theta_1)$이라고 놓으면

$$f(z_1) = f(r_1(\cos\theta_1 + i\sin\theta_1)) = 0$$

이 되므로 z_1은 $=f(x) = 0$의 해가 됩니다. $f(x)$는

$$f(x) = (x - z_1)f_1(x)$$

로 인수분해되었다고 합시다.

다음으로 $n-1$차식 $f_1(x)$에 관해서 마찬가지로 논의를 전개하면 복소수 z_2가 있어

$$f_1(x) = (x - z_2)f_2(x)$$

로 인수분해되어

$$f(x) = (x - z_1)f_1(x) = (x - z_1)(x - z_2)f_2(x)$$

다음으로 $n-2$차식 $f_2(x)$에 대해서 마찬가지로 논의를 전개하고 그 과정을 되풀이하면 결국

$$f(x) = (x - z_1)(x - z_2)\cdots(x - z_n)$$

으로 인수분해됩니다. (증명 끝)

'원점을 지나는'이라고 한 부분은 세세하게 설명하기에는 지나치게 장황해질 것이 우려되어 정확하게 기술하지 못한 곳입니다. 여기는 독자 여러분의 감각적인 이해에 맡깁니다. 정확하게 논의하기 위해서는 실수의 연속성을 정의하는 것부터 시작하여 중간값의 정리를 증명하는 등의 과정이 필요합니다.

제 생각으로는 이렇게 복소평면을 이용하여 증명하는 쪽이 해의 존재를 실감

하는 데 좋다고 봅니다. 식을 이용한 해법에서는 $n=2^k l$의 k에 대한 수학적 귀납법을 사용하는데 n이 작아지는 것이 아니어서 느낌이 확 와 닿지는 않습니다.

대수학의 기본 정리를 증명하는 방법은 여러 가지가 있지만, 어느 것이나 연속의 개념을 이용하여 증명합니다. 순수하게 대수학적인 정리인데도 해석적 방법을 이용하지 않으면 증명할 수 없다는 것이 꽤나 이상하다는 생각이 듭니다.

6 n이 합성수이어도 원분다항식은 기약
— $\Phi(x)$의 기약성 증명

n이 소수일 때 원분다항식 $\Phi_n(x)$가 Q 위에서 기약이라는 것은 **정리4.10**, **문제3.3**, **정리3.3**에서 알 수 있었습니다. 여기서는 n이 합성수인 경우에도 원분다항식이 Q 위에서 기약이라는 것을 증명하겠습니다.

다음을 알아 둡시다.

정리4.17 mod p에서 p제곱

$a_1, a_2, \cdots, a_n$을 정수, p를 소수라고 할 때

(1) $a^p \equiv a \pmod{p}$

(2) $(a_1 + a_2 + \cdots + a_n)^p \equiv {a_1}^p + {a_2}^p + \cdots + {a_n}^p \pmod{p}$

(1) **정리2.6**의 페르마의 소정리로부터 $a \not\equiv 0$일 때는 $a^{p-1} \equiv 1 \pmod{p}$가 성립합니다. 따라서 양변에 a를 곱하면 $a^p \equiv a$가 성립합니다. 이 식은 $a \equiv 0$일 때에도 성립하므로 임의의 정수 a에 대해서 $a^p \equiv a$가 성립합니다.

(2) (1)을 두 번 사용하면

$$(a_1 + a_2 + \cdots + a_n)^p \equiv a_1 + a_2 + \cdots + a_n \equiv {a_1}^p + {a_2}^p + \cdots + {a_n}^p$$

다음 사실이 Φ_n의 기약성에 대한 요점입니다.

정리4.18 해로부터 해를 만들기

ζ를 1의 원시n제곱근이라 한다. $f(x)$를 Q 위의 기약다항식이라 하고 $f(\zeta) = 0$이라 한다. 이때 n과 서로소인 p에 대해서 $f(\zeta^p) = 0$이 된다.

ζ는 $x^n-1=0$, $f(x)=0$의 공통근이고 $f(x)$는 $\boldsymbol{Q}$ 위에서 기약이므로 **정리 3.6 (3)**에 의해 x^n-1은 $f(x)$로 나누어떨어집니다.

$$x^n-1=f(x)g(x)$$

로 인수분해된다고 합시다.

$g(x)=a_m x^m+a_{m-1}x^{m-1}+\cdots+a_1x+a_0$이라 하겠습니다. x^n-1은 $\boldsymbol{Q}$ 위에서 두 식으로 인수분해되므로, **정리3.3**의 대우에 의해 $f(x)$, $g(x)$는 정수 계수 다항식이라 해도 상관없습니다. $f(x)$, $g(x)$가 정수 계수인 경우를 생각합니다.

ζ^p도 $x^n-1=0$의 해이므로 $f(\zeta^p)=0$ 또는 $g(\zeta^p)=0$이 됩니다. $g(\zeta^p)=0$이 된다고 가정하여 모순을 이끌어 내겠습니다.

이 가정 아래에서 ζ는 $g(x^p)=0$의 해가 됩니다. ζ는 $g(x^p)=0$, $f(x)=0$의 공통근이고 $f(x)$는 기약이므로, **정리3.6 (3)**에 의해 $g(x^p)$은 $f(x)$로 나누어떨어집니다. 몫을 $h(x)$라고 두면

$$g(x^p)=f(x)h(x) \cdots\cdots ①$$

로 인수분해됩니다.

$g(x^p)$을 $\boldsymbol{F_p}$ 위의 다항식으로 보면, 곧 계수를 mod p에서 보면 **정리4.17**에 의해

$$\begin{aligned} g(x^p) &= a_m(x^p)^m+a_{m-1}(x^p)^{m-1}+\cdots+a_1(x^p)+a_0 \\ &\equiv a_m{}^p(x^p)^m+a_{m-1}{}^p(x^p)^{m-1}+\cdots+a_1{}^p(x^p)+a_0{}^p \quad \text{(정리4.17 (1))} \\ &= (a_mx^m)^p+(a_{m-1}x^{m-1})^p+\cdots+(a_1x)^p+a_0{}^p \\ &\equiv (a_mx^m+a_{m-1}x^{m-1}+\cdots+a_1x+a_0)^p \quad \text{(정리4.17 (2))} \\ &= \{g(x)\}^p \qquad (\leftarrow \boldsymbol{F_p}\text{ 위의 다항식으로서}) \end{aligned}$$

으로 인수분해됩니다. 그러므로 ①을 $\boldsymbol{F_p}$ 위의 다항식으로 보면 좌변은 인수분해되어

$$\{g(x)\}^p=f(x)h(x) \qquad \leftarrow ①\text{을 } F_p \text{ 위의 다항식으로 본 등식}$$

가 됩니다.

여기서 $f(x)$를 나누어떨어지게 하는 $\boldsymbol{F_p}$ 위의 기약다항식을 $\mu(x)$라고 합니다. 그러면 우변은 $\mu(x)$로 나누어떨어지므로 좌변의 $\{g(x)\}^p$도 $\mu(x)$로 나누어떨어지고, **정리3.6 (2)**(의 $\boldsymbol{F_p}$ 버전)를 이용하면 $g(x)$도 $\mu(x)$로 나누어떨어집니다. $g(x)$와 $f(x)$는 F_p 위의 다항식 $\mu(x)$를 공통인수로 가짐을 알 수 있습니다.

$x^n-1=f(x)g(x)$이고 $f(x)$, $g(x)$에 공통인수 $\mu(x)$가 있으므로, x^n-1은 $\mu(x)$로 두 번 나누어떨어집니다. 이때의 몫을 $\rho(x)$라고 하면 x^n-1은 $\boldsymbol{F_p}$ 위의 다항식으로서

$$x^n-1=\{\mu(x)\}^2\rho(x)$$

라고 할 수 있습니다. 이것을 x에 관해 미분하면

$$\begin{aligned} nx^{n-1} &= (\{\mu(x)\}^2\rho(x))' \\ &= (\{\mu(x)\}^2)'\rho(x)+\{\mu(x)\}^2\rho'(x) \quad (fg)'=f'g+fg' \\ &= \mu(x)\{2\mu'(x)\rho(x)+\mu(x)\rho'(x)\} \quad (f^2)'=2ff' \end{aligned}$$

가 됩니다. 두 식의 우변을 보면, $\boldsymbol{F_p}$ 위의 다항식으로서 x^n-1과 nx^{n-1}에 공통인수 $\mu(x)$가 있습니다.

그런데 호제법을 시행해 보면 알 수 있듯이 x^n-1과 nx^{n-1}은 서로소입니다.

예를 들어 $n=10$, $p=7$이라고 하여 $x^{10}-1$을 $10x^9$으로 나누면

$$x^{10}-1=5x\cdot 10x^9+6 \text{ (계수를 mod 7에서 본 등식)}$$

이 되어 나머지가 6(mod 7)이라는 상수이므로 $x^{10}-1$과 $10x^9$은 $\boldsymbol{F_7}$ 위의 다항식으로서 서로소입니다. 몫 $5x$가 선택된 곳에서 $(n, p)=1$이란 조건을 사용하고 있습니다. x^n-1을 xn^{n-1}으로 나눈 나머지는 상수입니다.

결국, $g(\zeta^p)=0$이라고 가정하면 모순이 생기므로 $g(\zeta^p)\neq 0$이고 $f(\zeta^p)=0$이 됩니다. (증명 끝)

세 가지 사항을 되짚어 보겠습니다.

(1) 여기서 생각하는 미분은 형식적 미분이라 일컬어지는 것입니다. $\boldsymbol{F}_p$ 위의 다항식에 대해서 극한을 생각한다든지 접선을 생각하고 있지는 않습니다. 미분의 계산 법칙을 이용해서 계산하고 있을 뿐입니다.

(2) '$f(x)$를 나누어떨어지게 하는 $\boldsymbol{F}_p$ 위의 기약다항식을 $\mu(x)$'라고 한 대목에서 $f(x)$는 $\boldsymbol{Q}$ 위의 기약다항식이었으므로, $f(x)=\mu(x)$라고 생각하는 분도 계실 것입니다. $\boldsymbol{Q}$ 위에서 기약이라 해도 $\boldsymbol{F}_p$ 위에서는 기약이 아닐 수도 있습니다. 이를테면 $f(x)=x^2+2$는 $\boldsymbol{Q}$ 위에서는 기약다항식이지만 $\boldsymbol{F}_3$ 위에서는

$$f(x)=x^2+2=(x+1)(x+2)$$

로 인수분해되므로 기약다항식은 아닙니다.

(3) '**정리3.6 (2)(의 $\boldsymbol{F}_p$ 버전)**'라고 있습니다만, $\boldsymbol{F}_p$ 위의 다항식에서도 **정리3.6**이 성립합니다. **정리3.5**가 성립하는 것은 "다항식 $f(x)$를 $g(x)$로 나눈다"고 하는 나머지가 있는 나눗셈을 할 수 있기 때문입니다. 나머지가 있는 나눗셈이 가능하므로 유클리드의 호제법을 쓸 수 있고, 1차부정방정식이 풀려 **정리3.6**이 증명될 수 있는 것입니다. $\boldsymbol{F}_p$ 위의 다항식이어도 **문제1.12**와 같이 나머지가 있는 나눗셈이 가능하므로 **정리3.6**은 $\boldsymbol{F}_p$ 위의 다항식에 대해서도 성립합니다.

정리4.19 원분다항식의 기약성

$\Phi_n(x)$는 $\boldsymbol{Q}$ 위에서 기약이다.

ζ를 1의 원시n제곱근 $\zeta=\cos\frac{360^\circ}{n}+i\sin\frac{360^\circ}{n}$라고 가정합니다.

$$\Phi_n(x)=\prod_{\substack{(k,n)=1\\1\leqq k\leqq n}}(x-\zeta^k)$$

입니다. $f(x)$는 ζ가 해가 되는 기약다항식이라 합니다. $\Phi_n(x)=0$은 ζ가 해이

므로 **정리3.6 (3)**에 의해 $\Phi_n(x)$는 $f(x)$로 나누어떨어집니다.

$$\Phi_n(x) = f(x)g(x)$$

로 인수분해된다고 가정합니다.

여기서 $1 \leqq k \leqq n$, $(k, n) = 1$을 만족시키는 임의의 k에 대해서 $f(\zeta^k) = 0$이 되는 것을 증명하겠습니다.

k와 n이 서로소일 때 k를 소인수분해하면 여기서 나타나는 소수는 n과 서로소입니다. 이를테면 $n = 91$, $k = 60$이라 하여 k를 소인수분해하면 $k = 2 \cdot 2 \cdot 3 \cdot 5$인데, 2, 3, 5는 각각 91과 서로소입니다.

k가 $k = p_1 p_2 \cdots p_m$으로 소인수분해된다고 가정하면, 여기서 $p_1, p_2, \cdots, p_m$은 각각 n과 서로소입니다.

$f(x)$는 기약다항식으로 1의 원시n제곱근 ζ를 갖고 $f(\zeta) = 0$이 되므로, 앞의 **정리4.18**을 이용하면 $f(\zeta^{p_1}) = 0$입니다. $(p_1, n) = 1$이므로 **정리4.9**에 의해 ζ^{p_1}도 1의 원시n제곱근이 됩니다.

다시 한 번 $f(\zeta^{p_1}) = 0$에 **정리4.18**을 사용하면

$$f((\zeta^{p_1})^{p_2}) = f(\zeta^{p_1 p_2}) = 0$$

입니다. $(p_1 p_2, n) = 1$이므로 $\zeta^{p_1 p_2}$도 1의 원시n제곱근이 되고, 이것을 되풀이하면 $f(\zeta^{p_1 p_2 \cdots p_m}) = 0$, 곧 $f(\zeta^k) = 0$이 됩니다.

$f(x) = 0$은 $1 \leqq k \leqq n$, $(k, n) = 1$을 만족시키는 모든 k에 대해서 ζ^k을 해로 갖습니다. 따라서 $\Phi_n(x) = f(x)$가 되어 $\Phi_n(x)$는 $\boldsymbol{Q}$ 위에서 기약인 다항식이 됩니다.

제5장 체와 자기동형사상

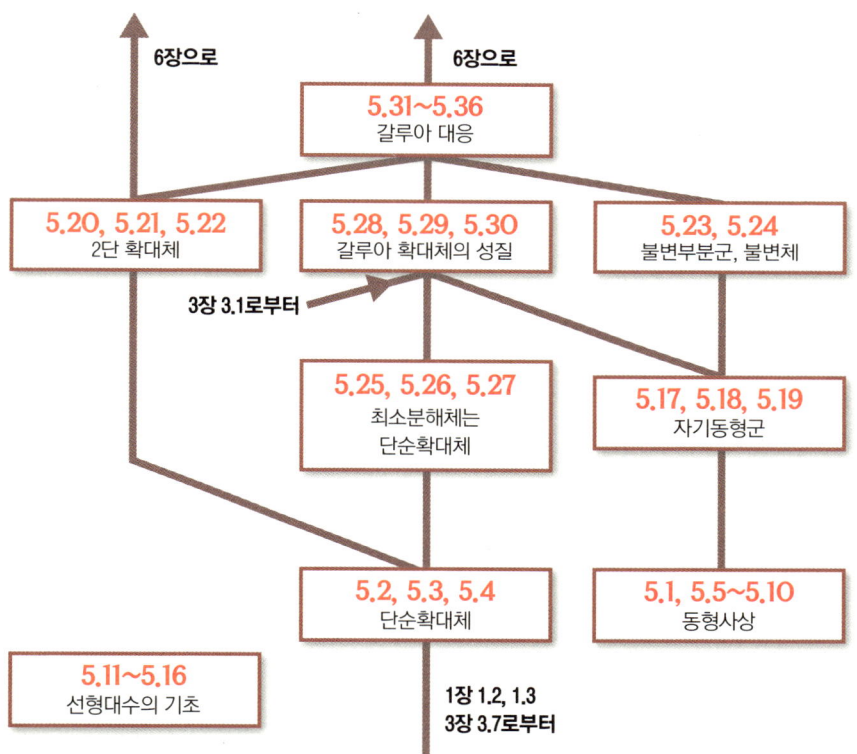

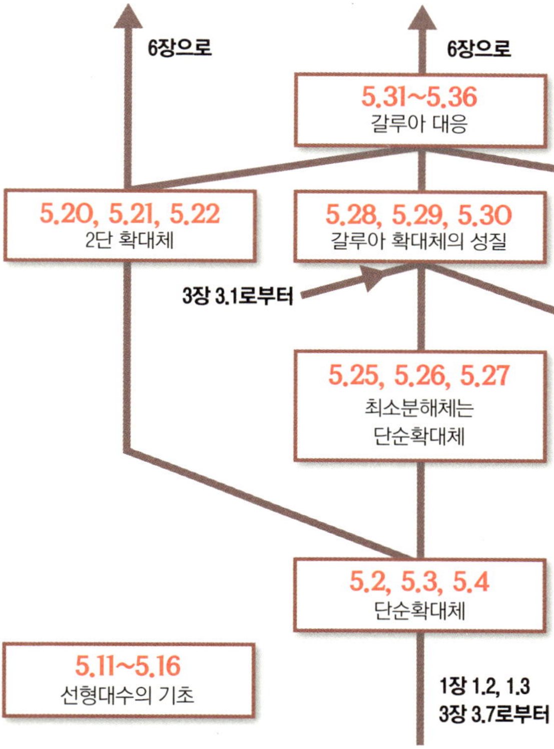

이 장의 목표는 갈루아 대응을 이해하는 것입니다. 간단한 예를 이용해서 단순확대체, 자기동형사상, 불변부분군, 불변체와 같은 갈루아 이론의 핵심이 되는 개념을 설명하겠습니다.

구체적인 예와 추상적인 일반론을 번갈아 보면서 갈루아 대응(불변체와 불변부분군의 대응 관계)의 아름다움을 느껴 보기 바랍니다.

이 장의 마지막 부분에서는 갈루아 대응이 존재한다는 것을, 단순 확대체에서 발전시킨 2단 확대의 이론을 이용해서 증명할 것입니다.

이 장을 모두 읽은 뒤에는 갈루아 확대체의 특징을 실감할 수 있기를 바랍니다.

1 무리수 계산을 간단하게 하기

— $Q(\sqrt{3})$의 대칭성

중학교 때 무리수가 들어있는 식의 계산을 많이 연습하였을 것이라 생각합니다. $\sqrt{\ }$ 가 들어간 식의 계산이죠. 이 장은 그러한 계산부터 시작하고자 합니다.

문제5.1 (ㄱ) $(2+\sqrt{3})^3 = 26 + 15\sqrt{3}$

(ㄴ) $\dfrac{5+2\sqrt{3}}{7+4\sqrt{3}} + 3 - 4\sqrt{3} = 14 - 10\sqrt{3}$

을 알고 있을 때, 다음을 계산하시오.

(1) $(2-\sqrt{3})^3$

(2) $\dfrac{5-2\sqrt{3}}{7-4\sqrt{3}} + 3 + 4\sqrt{3}$

곧바로 계산을 시작하면 안 될 것 같은 느낌이 듭니다. (ㄱ)과 (ㄴ)을 힌트로 써봅시다.

(1)에서는 (ㄱ)의 $\sqrt{3}$ 앞에 있는 +(플러스)가 −(마이너스)로 바뀌어 있습니다. 자, 답은 어떻게 될까요? 사실은 답도 +(플러스)를 −(마이너스)로 바꾸기만 하면 됩니다. 답은 $26 - 15\sqrt{3}$ 입니다. 직접 확인해 주세요.

(2)에서는 (ㄴ)의 $\sqrt{3}$ 이 있는 항의 앞에 위치한 부호가 바뀌어 있습니다. (1)과 마찬가지로 (2)의 답은 (ㄴ)의 답에서 $\sqrt{3}$ 앞에 있는 부호를 바꾸어 주면 됩니다. 답은 $14 + 10\sqrt{3}$ 입니다.

간단하지만 재미있는 현상이죠. 이에 대해서 체와 그 함수의 관점에서 설명해 가고자 합니다. 체라는 것은

사칙연산에 대하여 닫혀 있고, 분배법칙이 성립하는 수의 집합

입니다.

사실은 $a+b\sqrt{3}\,(a,\ b$는 유리수)이라는 형태를 띤 수의 집합은 체가 됩니다. 실제로 $a+b\sqrt{3}$과 $c+d\sqrt{3}$의 사칙연산을 해 봅시다.

[덧셈] $(a+b\sqrt{3})+(c+d\sqrt{3})=(a+c)+(b+d)\sqrt{3}$

[뺄셈] $(a+b\sqrt{3})-(c+d\sqrt{3})=(a-c)+(b-d)\sqrt{3}$

[곱셈] $(a+b\sqrt{3})(c+d\sqrt{3})=(ac+3bd)+(ad+bc)\sqrt{3}$

[나눗셈] $$\frac{a+b\sqrt{3}}{c+d\sqrt{3}}=\frac{(a+b\sqrt{3})(c-d\sqrt{3})}{(c+d\sqrt{3})(c-d\sqrt{3})}=\frac{(ac-3bd)+(bc-ad)\sqrt{3}}{c^2-3d^2}$$

$$=\frac{ac-3bd}{c^2-3d^2}+\frac{bc-ad}{c^2-3d^2}\sqrt{3}$$

덧셈, 뺄셈, 곱셈에 대해서는 $a+b\sqrt{3}$의 형태가 유지되는 것이 바로 보입니다.

나눗셈에 대해서는 형태가 유지되지 않는다고 생각하는 사람이 있을지도 모르겠지만, 유리화를 함으로써 $a+b\sqrt{3}$의 형태를 유지하게 됩니다. 고등학교에서 배운 유리화가 도움이 되네요. $\frac{ac-3bd}{c^2-3d^2}$와 $\frac{bc-ad}{c^2-3d^2}$가 복잡한 형태를 띠고 있지만 유리수 $a,\ b,\ c,\ d$의 사칙연산으로 만들어진 수이기 때문에 유리수입니다.

$a+b\sqrt{3}$은 원래 실수이기 때문에 분배법칙이 성립합니다.

그러므로 $a+b\sqrt{3}\,(a,\ b$는 유리수)의 형태를 한 수의 집합은 체가 됩니다. 이 체를 $\boldsymbol{Q}(\sqrt{3})$으로 나타내겠습니다. 집합 기호로 쓰면

$$\boldsymbol{Q}(\sqrt{3})=\{a+b\sqrt{3}\mid a,\ b\in\boldsymbol{Q}\}$$

이 됩니다. 여기서 체의 정확한 정의도 확인해 둡시다.

정의5.1 **체의 정의**

집합 $\boldsymbol{K}$의 임의의 원소 x, y에 대해서 덧셈 $x+y$와 곱셈 $x \times y$가 정의되어 있고,

(1) $\boldsymbol{K}$가 덧셈에 관해 가환군이다.

(2) $\boldsymbol{K}-\{0\}$이 곱셈에 관해 가환군이다.

(3) 분배법칙 $x \times (y+z) = x \times y + x \times z$가 성립한다.

이때 $\boldsymbol{K}$를 체라고 한다.

$\boldsymbol{Q}(\sqrt{3})$에서 확인해 봅시다.

임의의 원소에 대해서

$$\text{덧셈 } (a+b\sqrt{3})+(c+d\sqrt{3}), \text{곱셈 } (a+b\sqrt{3})(c+d\sqrt{3})$$

이 정의되어 있습니다.

(1) 덧셈에 대해서 결합법칙, 교환법칙이 성립합니다.

덧셈의 항등원은 0이고 $a+b\sqrt{3}$의 역원은 $-a-b\sqrt{3}$입니다. 덧셈에 관해서 가환군입니다.

(2) 곱셈에 대해서 결합법칙, 교환법칙이 성립합니다.

곱셈의 항등원은 1이고, 0이 아닌 $a+b\sqrt{3}$의 역원은

$$\begin{aligned}\frac{1}{a+b\sqrt{3}} &= \frac{a-b\sqrt{3}}{(a+b\sqrt{3})(a-b\sqrt{3})} = \frac{a-b\sqrt{3}}{a^2-3b^2} \\ &= \frac{a}{a^2-3b^2} + \frac{-b}{a^2-3b^2}\sqrt{3}\end{aligned}$$

입니다. 곱셈에 관해서 가환군입니다.

(3) $\boldsymbol{Q}(\sqrt{3})$은 실수체 $\boldsymbol{R}$에 포함되어 있기 때문에 분배법칙이 성립합니다.

따라서 정의에 비추어 보면 $\boldsymbol{Q}(\sqrt{3})$이 체라는 것이 확인됩니다.

이제부터 살펴볼 것들은 모두 $\boldsymbol{C}$에 포함되어 있는 체이기 때문에 분배법칙이

언제나 성립합니다. 이후로는 특별히 확인하지 않겠습니다.

빼셈이란 덧셈에 대한 역원을 더하는 것이고, 나눗셈이란 곱셈에 대한 역원을 곱하는 것입니다.

$$x-y=x+(-y) \cdots\cdots ①, \quad x/y=x\times y^{-1} \cdots\cdots ②$$

체의 정의를 만족하면 (1)에 의해 덧셈에 대한 역원과 (2)에 의해 곱셈에 대한 역원이 존재합니다. 그리고 ①과 ②에 의해 빼셈과 나눗셈에 대하여도 닫혀 있으므로 사칙연산에 대하여 닫혀 있습니다. 사칙연산에 대하여 닫혀 있다는 것은 체의 정의 중에서 (1), (2)가 성립한다는 것을 보증해 주는 것입니다.

"$\boldsymbol{Q}(\sqrt{3})$은 유리수와 $\sqrt{3}$에 사칙연산을 되풀이 적용하여 만들어 내는 수 전체이다"라는 사고방식이 중요합니다.

이를테면 1과 $\sqrt{3}$을 더하여 $1+\sqrt{3}$을 만듭니다. 2와 $\sqrt{3}$을 곱하여 $2\sqrt{3}$. 이것을 -3에서 빼서 $-3-2\sqrt{3}$. $1+\sqrt{3}$과 $-3-2\sqrt{3}$을 곱하여 ……라는 식으로 끊임없이 계속 수를 만들어 가는 것입니다.

언뜻 보기에 위의 계산은 그다지 의미가 있어 보이지 않지만, 공을 들여 계산한 보람이 나중에 나타납니다.

유리수 r는 $r+0\cdot\sqrt{3}$이라고 쓸 수 있으므로 $a+b\sqrt{3}$의 형태를 띠고 있습니다. $\sqrt{3}$은 $0+1\cdot\sqrt{3}$이라고 쓸 수 있으므로 $a+b\sqrt{3}$의 형태를 띠고 있습니다. $a+b\sqrt{3}$ 형태의 수끼리 사칙연산을 해도 $a+b\sqrt{3}$의 형태를 그대로 보존하기 때문에, 유리수와 $\sqrt{3}$에 사칙연산을 되풀이하여 만드는 수는 $a+b\sqrt{3}$의 형태를 띠고 있습니다.

한편 $a+b\sqrt{3}$의 a, b가 어떠한 유리수라고 하여도, $a+b\sqrt{3}$은 $\sqrt{3}$을 b배 하고 a를 더하여 바로 만들 수 있습니다.

유리수와 $\sqrt{3}$에 사칙연산을 되풀이하여 만들어지는 수는 $a+b\sqrt{3}$의 형태로 나타나는 모든 수, 즉 $\boldsymbol{Q}(\sqrt{3})$입니다.

일반적으로 $\boldsymbol{Q}(\alpha)$는 $\boldsymbol{Q}$에 α를 첨가하고(adjoin), 사칙연산을 되풀이하여 얻는 수들로 이루어지는 체를 나타냅니다. $\boldsymbol{Q}(\alpha)$는 $\boldsymbol{Q}$에 α를 첨가해서 $\boldsymbol{Q}$를 크게 만든 체이므로, $\boldsymbol{Q}(\alpha)$를 $\boldsymbol{Q}$의 확대체라고 일컫습니다. 첨가되는 수가 α 하나이므로 단순확대체(單純擴大體, simple extension field)라고 합니다. 이 책에서는 첨가되는 α를 언제나 방정식의 해인 것으로 합니다. 방정식의 해이므로 복소수입니다. 방정식의 해가 되는 수를 대수적 수(代數的數, algebraic number)라고 합니다. 이러한 대수적 수가 하나 이상 첨가되어 만들어지는 체를 대수적 확대체(代數的擴大體, algebraic extension field)라 합니다. α가 대수적 수이면 $\boldsymbol{Q}(\alpha)$는 대수적 확대체입니다.

체 $\boldsymbol{Q}(\alpha)$의 원소로는

유리수와 α의 사칙연산으로 만들어지는 수 전체의 집합

을 이미지로 떠올려 봅시다.

좀 더 깊이 파고들어가 보면

"$\boldsymbol{Q}(\alpha)$는 유리수와 α를 포함하는 최소의 체이다"

라고 말할 수도 있습니다. 최소라는 것은 이런 것입니다.

체 $\boldsymbol{L}$이 유리수와 α를 포함한다고 가정합시다. 체는 사칙연산에 대하여 닫혀 있으므로 유리수와 α로부터 사칙연산을 되풀이하여 만들 수 있는 수는 $\boldsymbol{L}$에 속해 있어야 합니다. 유리수와 α로부터 사칙연산을 되풀이하여 만들 수 있는 수 전체는 $\boldsymbol{Q}(\alpha)$이기 때문에 $\boldsymbol{Q}(\alpha)\subset\boldsymbol{L}$이 됩니다. 즉, 유리수와 α를 포함하는 어떠한 체 $\boldsymbol{L}_1$, $\boldsymbol{L}_2$, $\boldsymbol{L}_3$이라도 그 체는 $\boldsymbol{Q}(\alpha)$를 포함하고 있습니다. $\boldsymbol{Q}(\alpha)$라는 부분을 중핵으로 갖고 있다는 뉘앙스를 풍긴다고 할까요. 그림으로 나타내면 이렇

습니다. 유리수와 α를 포함하는 체들의 공통부분이라고도 말할 수 있습니다.

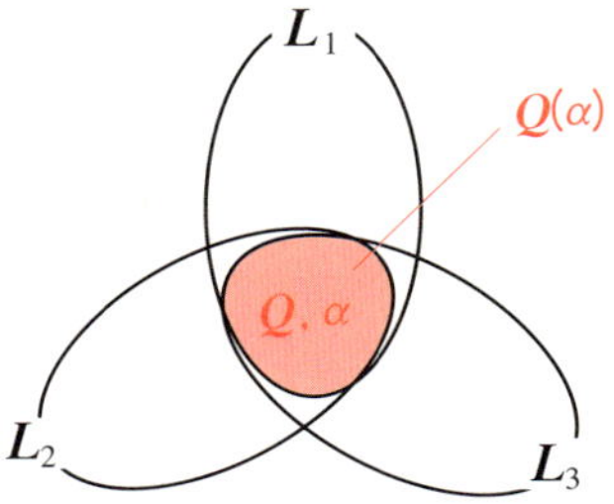

수학에서는 '최소'라는 말을 이런 의미로 쓰는 일이 자주 있습니다. 이는 일상어에서 '최소한'이란 말의 의미에 가까울 것 같습니다.

"사람이 살아가려면, 누구라도 '최소한' 의식주를 빼놓을 수는 없다"

라고 말할 때 의식주는 모든 사람이 공통으로 갖추어야 하는 요소입니다. 집합의 요건에 대해서 '최소'라는 말을 쓰면, 이는 지시하는 것의 크기를 의미한다기보다 공통되는 것이라는 뜻입니다.

그러면 **문제5.1**의 오묘한 해결 방식을 이해하기 위해서 $\boldsymbol{Q}(\sqrt{3})$의 원소 $a+b\sqrt{3}$에 $a-b\sqrt{3}$을 대응시키는 함수 σ를 생각해 봅시다. 곧, $\boldsymbol{Q}(\sqrt{3})$의 원소에 대해서 $\sqrt{3}$의 부호를 바꾸는 함수입니다.

$$\sigma : \boldsymbol{Q}(\sqrt{3}) \longrightarrow \boldsymbol{Q}(\sqrt{3})$$

$$a+b\sqrt{3} \longmapsto a-b\sqrt{3} \qquad \sigma(a+b\sqrt{3}) = a-\sqrt{3}\,b$$

이를테면 $\sigma(3-4\sqrt{3}) = 3+4\sqrt{3}$입니다.

문제5.1의 계산을 할 수 있는 근거는 $\boldsymbol{Q}(\sqrt{3})$의 임의의 원소 x, y와 함수 σ에 대해서 다음과 같은 성질이 성립하기 때문입니다.

$$\sigma(x+y) = \sigma(x)+\sigma(y), \quad \sigma(x-y) = \sigma(x)-\sigma(y)$$

$$\sigma(xy) = \sigma(x)\sigma(y), \quad \sigma\left(\frac{x}{y}\right) = \frac{\sigma(x)}{\sigma(y)} \quad (y \neq 0)$$

이 식들은 연산 +, −, ×, ÷과 함수 σ의 순서는 바뀌어도 계산 결과는 변하지 않는다는 것을 보여 주고 있습니다. 그림을 그려 보면 이렇습니다.

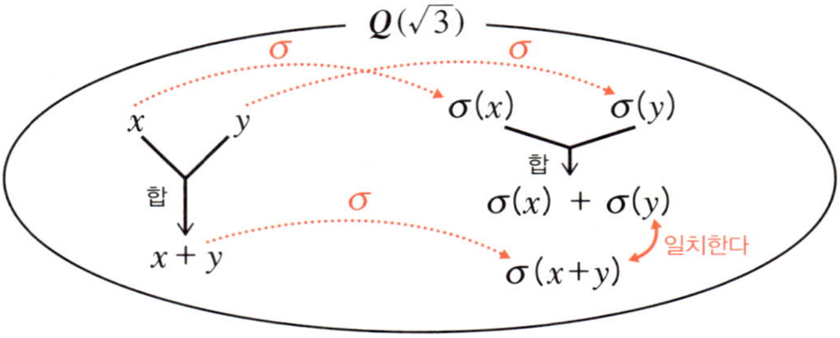

이것이 성립하는지를 확인해 봅시다.

$x = a + b\sqrt{3}$, $y = c + d\sqrt{3}$이라고 합시다.

$$\begin{aligned}\sigma((a+b\sqrt{3})+(c+d\sqrt{3})) &= \sigma((a+c)+(b+d)\sqrt{3})\\ &= (a+c)-(b+d)\sqrt{3}\\ \sigma(a+b\sqrt{3})+\sigma(c+d\sqrt{3}) &= (a-b\sqrt{3})+(c-d\sqrt{3})\\ &= (a+c)-(b+d)\sqrt{3}\end{aligned}$$

확실히 $\sigma(x+y) = \sigma(x) + \sigma(y)$가 성립합니다.

$\sigma(x-y) = \sigma(x) - \sigma(y)$도 마찬가지로 성립합니다.

$$\begin{aligned}\sigma((a+b\sqrt{3})(c+d\sqrt{3})) &= \sigma((ac+3bd)+(ad+bc)\sqrt{3})\\ &= (ac+3bd)-(ad+bc)\sqrt{3}\\ \sigma(a+b\sqrt{3})\sigma(c+d\sqrt{3}) &= (a-b\sqrt{3})(c-d\sqrt{3})\\ &= (ac+3bd)-(ad+bc)\sqrt{3}\end{aligned}$$

분명히 $\sigma(xy) = \sigma(x)\sigma(y)$가 성립합니다.

$\sigma\left(\frac{x}{y}\right) = \frac{\sigma(x)}{\sigma(y)}$에 대해서도 위와 같이 직접 확인할 수 있습니다. 여기서는 체의 성질을 이용해서 $\sigma(xy) = \sigma(x)\sigma(y)$로부터 이끌어 내어 봅시다.

$$\sigma(y)\sigma\left(\frac{1}{y}\right)=\sigma\left(y\cdot\frac{1}{y}\right)=\sigma(1)=1\text{로부터 }\sigma\left(\frac{1}{y}\right)=\frac{1}{\sigma(y)}$$

$$\sigma\left(\frac{x}{y}\right)=\sigma\left(x\cdot\frac{1}{y}\right)=\sigma(x)\sigma\left(\frac{1}{y}\right)=\sigma(x)\cdot\frac{1}{\sigma(y)}=\frac{\sigma(x)}{\sigma(y)}$$

σ의 계산 법칙을 이용해서 **문제5.1**에서 계산을 간단하게 할 수 있었던 조작의 비밀을 풀어 보면 다음과 같습니다. (1)은

$$\begin{aligned}\sigma((2+\sqrt{3})^3)&=\sigma((2+\sqrt{3})(2+\sqrt{3})(2+\sqrt{3}))\\&=\sigma(2+\sqrt{3})\sigma(2+\sqrt{3})\sigma(2+\sqrt{3})\\&=(2-\sqrt{3})(2-\sqrt{3})(2-\sqrt{3})=(2-\sqrt{3})^2\ \cdots\cdots①\end{aligned}$$

$\sigma(xyz)$
$=\sigma(xy)\sigma(z)$
$=\sigma(x)\sigma(y)\sigma(z)$

한편 (ㄱ)을 이용하면

$$\sigma((2+\sqrt{3})^3)=\sigma(26+15\sqrt{3})=26-15\sqrt{3}\ \cdots\cdots②$$

①, ②에 의해 $(2-\sqrt{3})^3=26-15\sqrt{3}$

(2)는

$$\begin{aligned}\sigma\left(\frac{5+2\sqrt{3}}{7+4\sqrt{3}}+3-4\sqrt{3}\right)&=\sigma\left(\frac{5+2\sqrt{3}}{7+4\sqrt{3}}\right)+\sigma(3-4\sqrt{3})\\&=\frac{\sigma(5+2\sqrt{3})}{\sigma(7+4\sqrt{3})}+\sigma(3-4\sqrt{3})\\&=\frac{5-2\sqrt{3}}{7-4\sqrt{3}}+3+4\sqrt{3}\ \cdots\cdots③\end{aligned}$$

한편 (ㄴ)을 이용하면

$$\sigma\left(\frac{5+2\sqrt{3}}{7+4\sqrt{3}}+3-4\sqrt{3}\right)=\sigma(14-10\sqrt{3})=14+10\sqrt{3}\ \cdots\cdots④$$

③, ④에 의해 $\frac{5-2\sqrt{3}}{7-4\sqrt{3}}+3+4\sqrt{3}=14+10\sqrt{3}$

$\sqrt{3}$의 부호를 바꾸는 것만으로 문제의 답이 구해지는 근거를 알아냈습니다. σ는 재미있는 성질을 갖고 있네요.

σ라는 함수는 체 $\boldsymbol{Q}(\sqrt{3})$의 대칭성을 부각시키고 있다고 말할 수 있습니다.

그림으로 그려 보면 다음과 같은 느낌입니다.

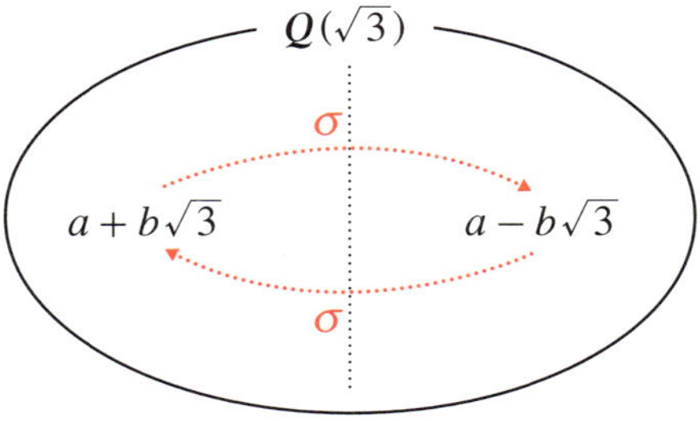

σ라는 함수는 $a+b\sqrt{3}$과 $a-b\sqrt{3}$을 일대일로 대응시키고 있습니다. 단순히 대응시키는 것만이 아니라 연산의 결과도 보존하고 있습니다. 이것이 이 함수의 뛰어난 점입니다.

말하자면 $a+b\sqrt{3}$이 앞면의 세계라고 한다면 $a-b\sqrt{3}$은 뒷면의 세계입니다. σ는 중개 역할을 하는 거울과 같습니다. 위의 그림에서는 앞면의 세계와 뒷면의 세계를 각기 다른 세계인 것처럼 나타냈지만, 사실은 동일한 $\boldsymbol{Q}(\sqrt{3})$입니다. 말하자면 앞면과 뒷면이라는 것은 $\boldsymbol{Q}(\sqrt{3})$이라는 세계를 해석하는 견해에 대한 일종의 비유라고나 할까요. 앞면, 뒷면이라 해도 원소에 앞면의 원소, 뒷면의 원소라는 구별이 있을 리는 없습니다.

σ에는 "두 번 시행하면 원래대로 돌아온다"라는 중요한 성질이 있습니다.

$$\sigma(\sigma(a+b\sqrt{3}))=\sigma(a-b\sqrt{3})=a+b\sqrt{3}$$

여기에서 $\boldsymbol{Q}(\sqrt{3})$에서 $\boldsymbol{Q}(\sqrt{3})$으로 가는 함수 중에서 아무것도 바꾸지 않는 함수를 e라고 합시다.

$$e(a+b\sqrt{3})=a+b\sqrt{3}$$

이런 함수를 항등함수(恒等函數, identity function)이라 합니다. 이 e라는 기호는 앞으로도 항등함수의 의미로 쓰겠습니다.

이 기호를 사용해서 "σ를 2회 시행하면 원래대로 돌아오는" 것을 나타내면

$\sigma \bullet \sigma = e$가 됩니다. 이것을 $\sigma^2 = e$라 표현합니다. 이것은 나중에 나올 내용에서 중요한 부분을 이루는데, 이야기가 나온 김에 정리해 봅시다.

σ와 같은 함수를 체의 동형사상이라 합니다. 체의 동형사상을 수학적으로 정확히 정의해 둡시다.

정의5.2 **체의 동형사상**

f가 체 $\boldsymbol{K}$에서 체 $\boldsymbol{K}'$으로 가는 일대일 대응이고 $\boldsymbol{K}$의 임의의 원소 x, y에 대해서

$$f(x+y)=f(x)+f(y) \qquad f(xy)=f(x)f(y)$$

를 만족시킬 때 f를 (체의) 동형사상이라 한다. 특히, $\boldsymbol{K}$에서 $\boldsymbol{K}$ 자신으로 가는 동형사상을 자기동형사상(自己同型寫像, automorphism)이라 한다.

또 $\boldsymbol{K}$, $\boldsymbol{K}'$에 대해서 동형사상이 존재할 때, $\boldsymbol{K}$와 $\boldsymbol{K}'$은 동형이라 하고 $\boldsymbol{K} \cong \boldsymbol{K}'$으로 나타낸다.

$\boldsymbol{K}$의 덧셈, 곱셈에 대한 항등원을 각각 $0_{\boldsymbol{K}}$, $1_{\boldsymbol{K}}$이라 하고, $\boldsymbol{K}'$의 덧셈, 곱셈에 대한 항등원을 각각 $0_{\boldsymbol{K}'}$, $1_{\boldsymbol{K}'}$이라고 하면

$$f(0_{\boldsymbol{K}}) = 0_{\boldsymbol{K}'},\ f(1_{\boldsymbol{K}}) = 1_{\boldsymbol{K}'}$$

이 성립하는 것을 확인하겠습니다.

$f(x)+f(y)=f(x+y)$에서 $x=0_{\boldsymbol{K}}$, $y=0_{\boldsymbol{K}}$라고 하면

$$f(0_{\boldsymbol{K}})+f(0_{\boldsymbol{K}})=f(0_{\boldsymbol{K}}+0_{\boldsymbol{K}})=f(0_{\boldsymbol{K}})$$

양변으로부터 $f(0_{\boldsymbol{K}})$를 빼면

$$f(0_{\boldsymbol{K}})+f(0_{\boldsymbol{K}})-f(0_{\boldsymbol{K}})=f(0_{\boldsymbol{K}})-f(0_{\boldsymbol{K}}) \qquad \therefore\ f(0_{\boldsymbol{K}})=0_{\boldsymbol{K}'}$$

$f(x)f(y)=f(xy)$에서 $x=1_{\boldsymbol{K}}$, $y=1_{\boldsymbol{K}}$라고 하면

$$f(1_K)f(1_K)=f(1_K 1_K)=f(1_K) \qquad \therefore\ f(1_K)f(1_K)-f(1_K)=0_{K'}$$

$$\therefore\ f(1_K)(f(1_K)-1_{K'})=0_{K'}$$

여기서 $f(1_K)=0_{K'}$이라고 가정하면, $f(0_K)=0_{K'}$이라는 것과 f가 일대일 함수라는 것으로부터 $1_K=0_K$가 되어 모순되므로 $f(1_K)\neq 0_{K'}$입니다.

$f(1_K)\neq 0_{K'}$이므로 양변을 $f(1_K)$로 나누면

$$f(1_K)-1_{K'}=0_{K'} \qquad \therefore\ f(1_K)=1_{K'}$$

σ는 덧셈, 뺄셈, 곱셈, 나눗셈의 연산을 보존했습니다. 이 정의에서는 체의 동형사상이 덧셈과 곱셈을 보존한다고 했지만 뺄셈과 나눗셈에 대해서는 언급하지 않았습니다. 체의 동형사상은 뺄셈과 나눗셈도 보존합니다. 이것은 체의 성질과 동형사상의 정의로부터 이끌어 낼 수 있습니다.

[뺄셈을 보존한다는 것]

뺄셈은 $x-y=x+(-y)$를 이용합니다.

K는 덧셈에 대해서 군이므로 덧셈의 항등원 0_K와 임의의 원소 x의 덧셈에 대한 역원 $-x$가 존재합니다.

$f(-x)+f(x)=f((-x)+x)=f(0_K)=0_{K'}$이므로,

양변에 $f(x)$의 역원 $-f(x)$를 더하면

$$\{f(-x)+f(x)\}+(-f(x))=0_{K'}+(-f(x))$$

좌변에 결합법칙

$$\therefore\ f(-x)+\underbrace{\{f(x)+(-f(x))\}}_{0_{K'}}=-f(x) \qquad \therefore\ f(-x)=-f(x)$$

x를 y로 바꾸면

임의의 x, y에 대해서

$$f(x-y)=f(x+(-y))=f(x)+f(-y)=f(x)+(-f(y))=f(x)-f(y)$$

확실히 뺄셈도 보존됩니다.

[나눗셈을 보존한다는 것]

나눗셈은 $x/y = xy^{-1}(= x \times y^{-1})$을 이용합니다.

$\boldsymbol{K}$는 곱셈에 대해서 군이므로 곱셈의 항등원 $1_{\boldsymbol{K}}$와 임의의 원소 $x(\neq 0)$의 곱셈에 대한 역원 x^{-1}이 존재합니다.

$f(x^{-1})f(x) = f(x^{-1}x) = f(1_{\boldsymbol{K}}) = 1_{\boldsymbol{K}'}$이므로 양변에 $f(x)$의 역원 $(f(x))^{-1}$을 곱하면

$$\{f(x^{-1})f(x)\}(f(x))^{-1} = 1_{\boldsymbol{K}'}(f(x))^{-1}$$

좌변에 결합법칙

$$\therefore\ f(x^{-1})\{\underbrace{f(x)(f(x))^{-1}}_{1_{K'}}\} = (f(x))^{-1} \qquad \therefore\ f(x^{-1}) = (f(x))^{-1}$$

x를 y로 바꾸면

임의의 x, $y(\neq 0)$에 대해서

$$f(x/y) = f(xy^{-1}) = f(x)f(y^{-1}) = f(x)(f(y))^{-1} = f(x)/f(y)$$

이와 같이 확실히 나눗셈도 보존됩니다.

곧, 체의 동형사상 f에서는 임의의 x, y에 대해서

$$\begin{cases} f(x+y) = f(x) + f(y) & f(x-y) = f(x) - f(y) \\ f(xy) = f(x)f(y) & f(x/y) = f(x)/f(y) \quad (y \neq 0) \end{cases}$$

가 성립합니다.

σ는 체 $\boldsymbol{Q}(\sqrt{3})$에서 체 $\boldsymbol{Q}(\sqrt{3})$으로 가는 동형사상이 됩니다. σ는 $\boldsymbol{Q}(\sqrt{3})$에서 자기 자신으로 가는 동형사상이므로 자기동형사상입니다. 사실은 체의 자기동형사상을 조사해 봄으로써 체의 대칭성을 알 수 있습니다.

이제부터 체의 자기동형사상을 계산하면서 기본이 되는 것을 확인해 둡시다. 사실은 체의 동형사상에는 유리수를 불변이게 한다는 성질이 있습니다.

정리5.1 **유리수는 동형사상에 의하여 불변**

σ가 체 $\boldsymbol{K}$에서 체 $\boldsymbol{K}'$으로 가는 동형사상이고 $\boldsymbol{K}$, $\boldsymbol{K}'$이 $\boldsymbol{Q}$를 포함할 때, $q \in \boldsymbol{Q}$에 대해서 다음이 성립한다.

$$\sigma(q) = q$$

증명 σ는 동형사상이므로 $\sigma(0)=0$, $\sigma(1)=1$을 만족시킵니다.

n을 자연수라 하면

$$n\sigma\left(\frac{1}{n}\right) = \underbrace{\sigma\left(\frac{1}{n}\right) + \sigma\left(\frac{1}{n}\right) + \cdots + \sigma\left(\frac{1}{n}\right)}_{n\text{개}} = \sigma\left(\underbrace{\frac{1}{n} + \frac{1}{n} + \cdots + \frac{1}{n}}_{n\text{개}}\right)$$

$$= \sigma\left(n \cdot \frac{1}{n}\right) = \sigma(1) = 1\text{에 의해 } \sigma\left(\frac{1}{n}\right) = \frac{1}{n}$$

또 양의 유리수 r를 $r=\frac{m}{n}$(n, m은 자연수)라고 둡니다. 그러면

$$\sigma(r) = \sigma\left(\frac{m}{n}\right) = \sigma\left(m \cdot \frac{1}{n}\right) = \sigma\left(\underbrace{\frac{1}{n} + \frac{1}{n} + \cdots + \frac{1}{n}}_{m\text{개}}\right)$$

$$= \underbrace{\sigma\left(\frac{1}{n}\right) + \sigma\left(\frac{1}{n}\right) + \cdots + \sigma\left(\frac{1}{n}\right)}_{m\text{개}} = m\sigma\left(\frac{1}{n}\right) = \frac{m}{n} = r$$ 양의 유리수일 때 주어진 식이 성립

음의 유리수 $-r$에 대해서는

$$\sigma(r) + \sigma(-r) = \sigma(r + (-r)) = \sigma(0) = 0$$

로부터 $\sigma(-r) = -\sigma(r) = -r$ 음의 유리수에서 주어진 식이 성립

따라서 임의의 유리수 q에 대해서 $\sigma(q)=q$가 성립합니다. (증명 끝)

이 책은 유리수 계수의 방정식에 대한 갈루아 이론을 논하고 있으므로, 이 5장에서 체라고 할 때는 언제나 $\boldsymbol{Q}$를 포함하고 있다고 생각하기 바랍니다. **정리 5.1**을 적용할 수 있다는 의미입니다.

2 이 계산, 어디선가 보았는데!

— $Q[x]/(f(x)) \cong Q(\alpha)$

앞 절의 예에서는 $\alpha=\sqrt{3}$ 이었기 때문에 $Q(\alpha)$에 속해 있는 모든 수가 $a+b\sqrt{3}$ 의 형태로 표현되었습니다. 집합 기호를 사용하면

$$Q(\sqrt{3})=\{a+b\sqrt{3} \mid a, b \in Q\}$$

가 됩니다. 그렇다면 일반적인 α에 대해서 $Q(\alpha)$의 원소는 어떤 형태로 표현될까요? 이것을 확인하는 것이 이 절의 목표입니다.

$\alpha=\sqrt[3]{2}$ 일 때의 예를 생각해 봅시다.

> **문제5.2** $\alpha=\sqrt[3]{2}$ 일 때 다음을 $a\alpha^2+b\alpha+c\,(a, b, c \in Q)$의 형태로 나타내시오.
>
> (1) $(\alpha+2)+(\alpha^2+\alpha+1)$
>
> (2) $(\alpha+2)-(\alpha^2+\alpha+1)$
>
> (3) $(\alpha+2)\times(\alpha^2+\alpha+1)$
>
> (4) $\dfrac{\alpha+2}{\alpha^2+\alpha+1}$

덧셈과 뺄셈에서는 동류항을 정리하면 해결됩니다.

(1) $(\alpha+2)+(\alpha^2+\alpha+1)=\alpha^2+2\alpha+3$

(2) $(\alpha+2)-(\alpha^2+\alpha+1)=-\alpha^2+1$

(3) $(\alpha+2)(\alpha^2+\alpha+1)=\alpha^3+3\alpha^2+3\alpha+2$

곱셈을 하였더니 차수가 3 이상이 되었습니다. $\alpha=\sqrt[3]{2}$ 가 Q 위의 방정식 $x^3-2=0$의 해라는 것을 이용해서 차수를 낮춥시다.

다항식으로 준비합니다. x^3+3x^2+3x+2를 x^3-2로 나누면 몫이 1, 나머지가 $3x^2+3x+4$이므로

$$x^3+3x^2+3x+2=1\cdot\underset{\cdots\cdots}{(x^3-2)}+3x^2+3x+4$$

x에 $\alpha=\sqrt[3]{2}$를 대입하면 밑줄 친 곳은 0이 되므로

$$\alpha^3+3\alpha^2+3\alpha+2=1\cdot\underset{0}{\underline{(\alpha^3-2)}}+3\alpha^2+3\alpha+4$$

$$\alpha^3+3\alpha^2+3\alpha+2=3\alpha^2+3\alpha+4$$

답은 $3\alpha^2+3\alpha+4$입니다.

이렇게 $a\alpha^2+b\alpha+c$의 형태를 띤 수의 곱셈에서 3차 이상인 α의 식이 된 경우는 α^3-2라는 관계식을 이용해서 차수를 2 이하로 낮출 수 있습니다. x^3-2로 나누면 나머지는 언제나 2차 이하가 되기 때문입니다.

(4) 나눗셈은 좀 성가십니다. 느닷없어 보이지만 **문제3.7 (4)**에서 구한 x에 관한 항등식을 이용해 봅시다. **문제3.7 (4)**의 풀이에서는

$$X(x)(x^2+x+1)+Y(x)(x^3-2)=x+2$$

를 만족시키는 $X(x), Y(x)$를 호제법으로 구했습니다. 그것은 $X(x)=x^2+x-2,\ Y(x)=-x-2$이었습니다. 곧, x의 다항식으로서

$$(x^2+x-2)(x^2+x+1)+(-x-2)\underline{(x^3-2)}=x+2$$

가 성립합니다. x에 $\alpha=\sqrt[3]{2}$를 대입하면 밑줄 친 곳은 0이 되므로

$$(\alpha^2+\alpha-2)(\alpha^2+\alpha+1)+(-\alpha-2)\underset{0}{\underline{(\alpha^3-2)}}=\alpha+2$$

$$(\alpha^2+\alpha-2)(\alpha^2+\alpha+1)=\alpha+2$$

$$\frac{\alpha+2}{\alpha^2+\alpha+1}=\alpha^2+\alpha-2$$

이렇게 $\alpha+2$를 $a\alpha^2+b\alpha+c(\neq 0)$ 형태의 수로 나눌 때는

$$X(x)(ax^2+bx+c)+Y(x)(x^3-2)=x+2$$

를 만족시키는 $X(x), Y(x)$를 구하고 나서 x에 $\alpha=\sqrt[3]{2}$를 대입합니다.

$X(x), Y(x)$가 존재했던 것은 ax^2+bx+c와 x^3-2가 서로소이었기 때문입니다. x^3-2가 기약다항식이므로 $ax^2+bx+c(\neq 0)$가 어떤 식일지라도

x^3-2와 ax^2+bx+c가 언제나 서로소임이 보증되고 있습니다. 곧, 임의의 $ax^2+bx+c(\neq 0)$ 형태의 수로 나눌 수 있는 것입니다.

구체적인 예로 살펴본 것뿐이지만 $a\alpha^2+b\alpha+c$의 형태를 띤 수는 사칙연산을 해도 그 형태를 유지하고 있음을 알 수 있습니다.

$\boldsymbol{Q}(\alpha)$는 유리수와 α로부터 사칙연산을 되풀이하여 만들어진 수 전체입니다. 이 문제에서 알 수 있듯이 $a\alpha^2+b\alpha+c$ 형태의 수는 사칙연산에 대하여 닫혀 있습니다. 그러므로 유리수와 α에서 시작하여 $\boldsymbol{Q}(\alpha)$에 속하는 수를 만들어 가는 것을 생각하면, $\boldsymbol{Q}(\alpha)$에 속하는 수는 $a\alpha^2+b\alpha+c$ 형태가 됨을 알 수 있습니다. 거꾸로 임의의 $a\alpha^2+b\alpha+c$ 형태의 수는 유리수 a, b, c와 α로 만들어지므로 $\boldsymbol{Q}(\alpha)$에 속합니다. 곧,

$$\boldsymbol{Q}(\alpha)=\{a\alpha^2+b\alpha+c \mid a, b, c\in\boldsymbol{Q}\}$$

라는 것을 알 수 있습니다.

문제5.3 $\alpha=\sqrt[3]{2}$일 때 $\boldsymbol{Q}(\alpha)$에 속하는 수는 $a\alpha^2+b\alpha+c$(a, b, c는 유리수)라는 한 가지 형태로만 나타난다는 것을 증명하시오.

귀류법으로 증명합니다. $\boldsymbol{Q}(\alpha)$의 원소 중에 $a\alpha^2+b\alpha+c$와 $d\alpha^2+e\alpha+h$와 같이 두 가지로 표현되는 것이 있다고 합시다.

$$a\alpha^2+b\alpha+c=d\alpha^2+e\alpha+h \ (a, b, c, d, e, h\text{는 유리수})$$

$$(a-d)\alpha^2+(b-e)\alpha+(c-h)=0 \cdots\cdots①$$

두 가지 표현 방식이 있다는 것은 $a-d$, $b-e$, $c-h$ 중에서 어느 하나는 0이 아니라는 것입니다. $a-d=0$, $b-e=0$, $c-h\neq 0$이 되는 경우는 없으므로 $a-d$, $b-e$ 중에서 하나가 0이 아닙니다.

①의 좌변을 $g(x)=(a-d)x^2+(b-e)x+(c-h)$라고 두면 $g(x)$는 1차

이상의 다항식이 됩니다. ①은 2차 이하의 방정식 $g(x)=0$의 해가 α라는 것을 보여 주고 있습니다.

α는 방정식 $g(x)=0$과 $x^3-2=0$의 공통근이 됩니다. 한편 x^3-2는 기약 다항식이므로 **정리3.6 (4)**에 의해 $g(x)=0$과 $x^3-2=0$은 공통근을 갖지 않는다는 결론을 이끌어 낼 수 있어 모순됩니다.

따라서 $a-d$, $b-e$, $c-h$가 모두 0이 되어야 합니다. $a-d=0$, $b-e=0$, $c-h=0$이므로 $a=d$, $b=e$, $c=h$

한 가지로만 표현됨을 알 수 있습니다.

α를 해로 갖는 유리수 계수의 방정식 중에서 차수가 가장 낮은 것을 $f(x)=0$이라 합시다. 이때의 $f(x)$를 α의 $\boldsymbol{Q}$ 위의 최소다항식(最小多項式, minimal polynomial)이라고 합니다.

이를테면 $\sqrt{2}$의 $\boldsymbol{Q}$ 위의 최소다항식을 생각해 봅시다. 유리수 계수의 1차방정식은 해가 유리수이므로 1차방정식은 무리수 $\sqrt{2}$를 해로 갖는 일은 없습니다. 따라서 $\sqrt{2}$의 $\boldsymbol{Q}$ 위의 최소다항식은 2차 이상입니다. $x^2-2=0$은 $\sqrt{2}$를 해로 갖기 때문에 $\sqrt{2}$의 $\boldsymbol{Q}$ 위의 최소다항식은 x^2-2입니다. $2(x^2-2)$도 최소다항식이지만 유리수배는 무시하고 생각합니다.

'$\boldsymbol{Q}$ 위의'라고 미리 단정하고 있기에, 당연히 $\boldsymbol{Q}$가 아닌 다른 체 위의 최소다항식도 구할 수 있습니다. 예를 들어 $\sqrt{2}$의 $\boldsymbol{Q}(\sqrt{2})$ 위의 최소다항식이라 하면 $x-\sqrt{2}$입니다. $\boldsymbol{Q}(\sqrt{2})$ 계수의 방정식 $x-\sqrt{2}=0$은 $\sqrt{2}$를 해로 갖습니다. 인수분해 때와 마찬가지로 계수의 범위를 어떤 체로 생각하는지에 따라 결과가 달라집니다.

단, 한동안은 $\boldsymbol{Q}$ 위의 최소다항식만 나옵니다. 특별히 집합을 밝힐 필요가 없는 경우는 '$\boldsymbol{Q}$ 위의'를 생략하기로 합니다.

최소다항식의 성질을 정리하여 둡시다.

정리5.2 **최소다항식과 기약다항식**

$f(x)$를 α의 $\boldsymbol{Q}$ 위의 최소다항식이라 한다.

(1) $f(x)$는 $\boldsymbol{Q}$ 위의 기약다항식이다.

(2) $g(x)=0$이 α를 해로 갖고 $g(x)$가 $\boldsymbol{Q}$ 위의 기약다항식이면, $g(x)$는 α의 최소다항식이다.

증명 (1) 최소다항식 $f(x)$가 기약이 아니라면 $f(x)=g(x)h(x)$가 되는 유리수 계수의 다항식 $g(x)$, $h(x)$가 존재합니다. 여기서 x에 α를 대입하면

$$f(\alpha)=g(\alpha)h(\alpha)=0 \Leftrightarrow g(\alpha)=0 \text{ 또는 } h(\alpha)=0$$

이 되어 $f(x)$보다 차수가 낮으면서 α를 해로 갖는 다항식이 존재하게 되므로 $f(x)$의 최소성에 모순됩니다. 따라서 $f(x)$는 기약다항식입니다.

(2) $f(x)=0$과 $g(x)=0$은 공통근 α를 갖고, (1)에 의해 $f(x)$는 기약다항식이므로 **정리3.6 (3)**에 의해 $g(x)$는 $f(x)$로 나누어떨어집니다.

다항식 $h(x)$를 이용하여 $g(x)=h(x)f(x)$라고 나타낼 수 있는데, $g(x)$가 기약이라는 사실로부터 $h(x)$는 정수라는 것을 알 수 있습니다. $g(x)$도 α의 최소다항식이 됩니다. (증명 끝)

이 정리를 응용해 봅시다.

문제5.4 $\sqrt[3]{2}$의 $\boldsymbol{Q}$ 위의 최소다항식을 구하시오.

$x^3-2=0$은 $x=\sqrt[3]{2}$를 해로 갖고 x^3-2는 기약다항식입니다(236쪽에서 살펴보았습니다). 따라서 **정리5.2**에 의해 $\sqrt[3]{2}$의 최소다항식은 x^3-2입니다.

위의 예에서 알 수 있듯이 일반적인 α에 대해서 $\boldsymbol{Q}(\alpha)$를 구하는 것이라면 이

렇게 됩니다.

α의 $\boldsymbol{Q}$ 위의 최소다항식 $f(x)$를 구했을 때 그 차수가 n이라면, $\boldsymbol{Q}(\alpha)$의 원소는 α의 $n-1$차 이하의 다항식으로 나타나는 모든 수입니다. 이때 $\boldsymbol{Q}(\alpha)$를 n차 확대체(n次擴大體, n-th extension field)라 하고 확대체의 차수 n을 $[\boldsymbol{Q}(\alpha):\boldsymbol{Q}]$로 나타냅니다.

정리5.3 단순확대체 $\boldsymbol{Q}(\alpha)$의 원소 표현의 일의성(一意性)

α의 $\boldsymbol{Q}$ 위의 최소다항식이 n차식 $f(x)$라고 한다.

$$\boldsymbol{Q}(\alpha) = \{a_{n-1}\alpha^{n-1} + \cdots + a_1\alpha + a_0 \mid a_i \in \boldsymbol{Q}\ (0 \leqq i \leqq n-1)\}$$

는 체가 되고, 원소를 나타내는 방식은 한 가지이다.

증명 $\boldsymbol{Q}(\alpha)$가 사칙연산에 대하여 닫혀 있다는 것을 확인하겠습니다.

$\boldsymbol{Q}(\alpha)$의 원소는 $\boldsymbol{Q}$ 위에서 α의 $n-1$차 이하의 식으로 표현되므로, $\boldsymbol{Q}$ 위의 $n-1$차 이하의 식 $g(x)$, $h(x)$를 이용하여 $\boldsymbol{Q}(\alpha)$의 임의의 원소를 $g(\alpha)$, $h(\alpha)$라고 하겠습니다.

[덧셈, 뺄셈] $g(\alpha)+h(\alpha)$, $g(\alpha)-h(\alpha)$는 α의 $n-1$차 이하의 식이기 때문에 덧셈과 뺄셈에 대해서는 닫혀 있습니다.

[곱셈] 곱셈에 대해서는 차수 낮추기를 합니다. $g(x)h(x)$를 $f(x)$로 나눈 몫을 $q(x)$, 나머지를 $r(x)$라고 하면

$$g(x)h(x) = q(x)f(x) + r(x) \qquad (r(x)\text{의 차수}) < (f(x)\text{의 차수})$$

가 됩니다. x에 α를 대입하면 $f(\alpha)=0$이므로 $g(\alpha)h(\alpha)=r(\alpha)$가 됩니다. $r(x)$는 나머지이므로 차수는 $f(x)$의 차수 n보다 작습니다. 따라서 $r(\alpha)$는 α의 $n-1$차 이하의 식이 되어, 곱셈에 대하여 닫혀 있습니다.

[나눗셈] $h(\alpha)\neq 0$일 때 $\frac{g(\alpha)}{h(\alpha)}$가 $\boldsymbol{Q}$ 위에서 α의 $n-1$차식으로 나타나는 것을 확인합시다.

$s(x)$, $t(x)$를 미지의 다항식으로 하는 1차부정방정식을 세웁니다.

$$f(x)s(x)+h(x)t(x)=g(x) \cdots\cdots ①$$

여기서 $f(x)$가 α의 최소다항식이므로 **정리5.2 (1)**에 의해 $f(x)$는 기약다항식입니다.

이때 $h(x)$는 $f(x)$로 나누어떨어지지 않는다는 것에 주의합시다. 만일 $h(x)$가 $f(x)$로 나누어떨어진다면 $h(x)=f(x)u(x)$라고 쓸 수 있지만, 여기에 α를 대입하면 $h(\alpha)=f(\alpha)u(\alpha)=0$이 되어 $h(\alpha)\neq 0$에 모순됩니다.

정리3.6 (1)에 의해 $f(x)$와 $h(x)$는 서로소이므로, **정리3.5 (2)**에 의해 ①을 만족시키는 $s(x)$, $t(x)$가 존재하여 $t(x)$는 $n-1$차 이하의 식이 될 수 있습니다. ①의 x에 α를 대입하면

$$h(\alpha)t(\alpha)=g(\alpha) \qquad \therefore\ \frac{g(\alpha)}{h(\alpha)}=t(\alpha)$$

가 되어 나눗셈에 대하여 닫혀 있습니다.

[일의성] $\boldsymbol{Q}(\alpha)$의 원소가 $g(\alpha)$, $h(\alpha)$ 두 가지로 표현할 수 있다고 하면

$$g(\alpha)=h(\alpha) \qquad \therefore\ g(\alpha)-h(\alpha)=0$$

$g(x)-h(x)$가 상수이면 0입니다. $g(x)-h(x)$가 1차 이상의 다항식이면 $n-1$차 이하의 방정식 $g(x)-h(x)=0$이 α를 해로 갖습니다. $g(x)-h(x)=0$과 $f(x)=0$의 공통근으로는 α가 있습니다. 한편 $f(x)$가 기약다항식이므로 **정리3.6 (4)**에 의해 $g(x)-h(x)=0$과 $f(x)=0$은 공통근이 없다는 결론을 끌어낼 수 있어 모순입니다. 따라서 $g(x)-h(x)$는 0입니다.

$$g(x)-h(x)=0 \qquad \therefore\ g(x)=h(x)$$

$g(x)$와 $h(x)$의 계수가 같아져서 $\boldsymbol{Q}(\alpha)$의 원소를 나타내는 방식은 한 가지밖에 없습니다. (증명 끝)

위의 나눗셈을 할 때 **문제3.7**로부터 x의 항등식을 적용한 곳에서 눈치를 챈 사람이 있을지도 모르겠습니다만, $\boldsymbol{Q}[x]/(x^3-2)$와 $\boldsymbol{Q}(\sqrt[3]{2})$는 체로서 동형입니다. **문제3.7**(237쪽)의 사칙연산 결과와 **문제5.2**(311쪽)의 사칙연산 결과는 계수가 깔끔하게 대응하고 있습니다. $\boldsymbol{Q}[x]/(x^3-2)$의 계산 결과인 x를 α로 치환한 것이 $\boldsymbol{Q}(\alpha)$에서 계산한 결과입니다.

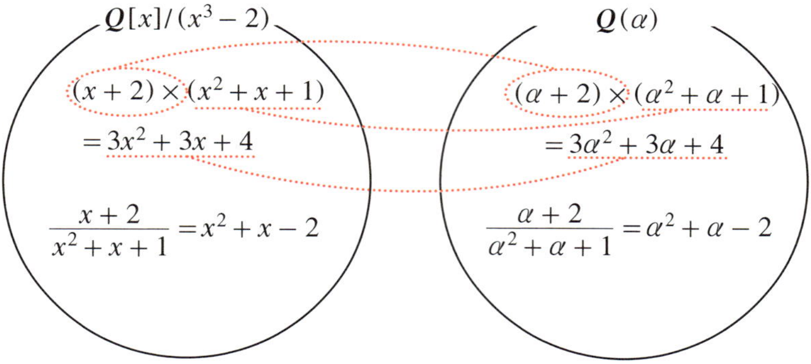

$\boldsymbol{Q}[x]/(x^3-2)$에서 $\boldsymbol{Q}(\sqrt[3]{2})$로 가는 함수 σ를

$$\sigma : \boldsymbol{Q}[x]/(x^3-2) \longrightarrow \boldsymbol{Q}(\sqrt[3]{2})$$

$$ax^2+bx+c \longmapsto a(\sqrt[3]{2})^2+b(\sqrt[3]{2})+c$$

라고 하면 이것은 체의 동형사상이 됩니다.

이 예로부터 다음을 알 수 있습니다.

정리5.4 **다항식의 잉여류군과 단순확대체**

α의 최소다항식을 $f(x)$라고 하면

$$\boldsymbol{Q}[x]/(f(x)) \cong \boldsymbol{Q}(\alpha)$$

3 동형은 n개

— $\mathbf{Q}(\alpha_1) \cong \mathbf{Q}(\alpha_2) \cong \cdots \cong \mathbf{Q}(\alpha_n)$

더욱이 다음과 같이 말할 수도 있습니다.

정리5.4의 동형은 $f(x)=0$의 해 가운데 하나인 α에 주목한 것입니다. 당연히 $f(x)=0$의 다른 해에 대해서도 같은 정리가 성립합니다.

$f(x)=0$이 n차방정식이고 그 해를 $\alpha_1=\alpha, \alpha_2, \cdots, \alpha_n$이라고 하면, $\mathbf{Q}[x]/(f(x)) \cong \mathbf{Q}(\alpha_i)$라고 말할 수 있습니다. 그러면 $\mathbf{Q}(\alpha_i)$끼리도 동형입니다.

$f(x)$가 $\mathbf{Q}$ 위의 n차 기약다항식일 때 **정리3.6 (5)**에 의해 $f(x)=0$은 n개의 서로 다른 해 $\alpha_1, \alpha_2, \cdots, \alpha_n$이 있습니다. 이때 n개의 $\mathbf{Q}(\alpha_i)$는 동형이 됩니다.

$\alpha_1, \alpha_2, \cdots, \alpha_n$이 같은 방정식 $f(x)=0$의 해일 때 "α_i와 α_j는 켤레(conjugate)이다"라고 합니다. 복소수 $a+bi$에 대해서 $a-bi$를 켤레복소수라 하는 것은 $a+bi$가 실수 계수의 방정식 $f(x)=0$의 해가 된다면 $a-bi$도 $f(x)=0$의 해가 되기 때문입니다(**정리4.3**).

정리5.5 **$f(x)$가 만들어 내는 동형**

$f(x)$를 n차 기약다항식이라 한다. $f(x)=0$의 해를 $\alpha_1, \alpha_2, \cdots, \alpha_n$이라고 하면

$$\mathbf{Q}[x]/(f(x)) \cong \mathbf{Q}(\alpha_1) \cong \mathbf{Q}(\alpha_2) \cong \cdots \cong \mathbf{Q}(\alpha_n)$$

$\mathbf{Q}(\alpha_i)$끼리의 체의 동형도 간단하게 만들 수 있습니다.

$f(x)=x^3-2$인 경우에서 확인해 보도록 합시다. **정리4.8**에 의해 ω를 1의 원시세제곱근 $\omega=\frac{-1+\sqrt{3}\,i}{2}$라고 하면 $x^3-2=0$의 해는 $\sqrt[3]{2}, \sqrt[3]{2}\,\omega, \sqrt[3]{2}\,\omega^2$입니다.

$\alpha = \sqrt[3]{2}$, $\beta = \sqrt[3]{2}\,\omega$, $\gamma = \sqrt[3]{2}\,\omega^2$이라고 두었을 때 $Q(\alpha)$에서 $Q(\beta)$로 가는 함수 τ를

$$\tau : Q(\alpha) \longrightarrow Q(\beta)$$
$$a\alpha^2 + b\alpha + c \longmapsto a\beta^2 + b\beta + c$$

라 정의하면, 이것은 체의 동형사상이 됩니다. 사칙연산을 했을 때의 계수가 그대로 대응합니다.

실제로 예를 들어 $\dfrac{\beta+2}{\beta^2+\beta+1}$를 계산한 결과는 $\dfrac{\alpha+2}{\alpha^2+\alpha+1} = \alpha^2 + \alpha - 2$를 보면 $\dfrac{\beta+2}{\beta^2+\beta+1} = \beta^2 + \beta - 2$가 됩니다.

이것은 $Q(\alpha)$, $Q(\beta)$의 어느 쪽이나 모두 $Q[x]/(x^3 - 2)$와 동형이라는 것으로부터 알 수 있습니다.

$Q(\alpha)$와 $Q(\beta)$는 동형사상 τ가 매개하여 생긴 평행한 세계입니다. $Q(\alpha)$의 세계에서 실행되는 계산을 보면 $Q(\beta)$의 세계에서 실행되는 계산을 알 수 있습니다.

$$\boxed{\begin{array}{c} Q(\alpha) \\ (\alpha+2)(\alpha^2+\alpha+1) \\ = 3\alpha^2 + 3\alpha + 4 \\ \dfrac{\alpha+2}{\alpha^2+\alpha+1} = \alpha^2 + \alpha - 2 \end{array}} \xrightarrow{\tau} \boxed{\begin{array}{c} Q(\beta) \\ (\beta+2)(\beta^2+\beta+1) \\ = 3\beta^2 + 3\beta + 4 \\ \dfrac{\beta+2}{\beta^2+\beta+1} = \beta^2 + \beta - 2 \end{array}}$$

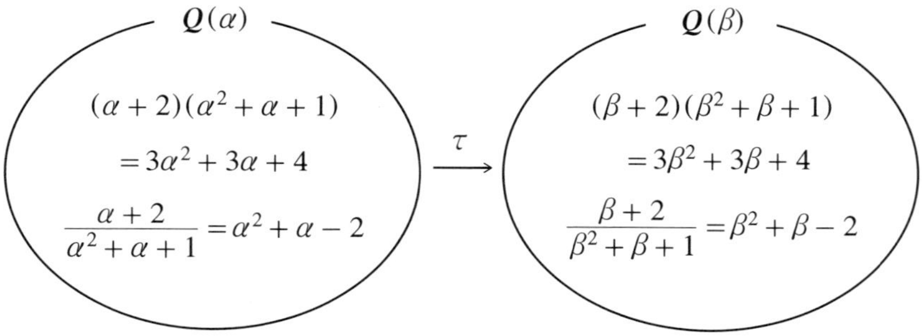

정리5.5에서 확인해 두어야 하는 것은 $Q(\alpha_i)$끼리 집합으로서는 반드시 같지 않다는 것입니다.

$f(x) = x^3 - 2$인 예에서 본다면

$$Q(\sqrt[3]{2}) \cong Q(\sqrt[3]{2}\,\omega) \cong Q(\sqrt[3]{2}\,\omega^2)$$

으로 동형은 되지만 집합으로서는 $Q(\sqrt[3]{2}) \neq Q(\sqrt[3]{2}\,\omega)$입니다.

왜냐하면 $\boldsymbol{Q}(\sqrt[3]{2}\,\omega)$에 속해 있는 $\sqrt[3]{2}\,\omega$가 $\boldsymbol{Q}(\sqrt[3]{2})$에는 속해 있지 않기 때문입니다. $\sqrt[3]{2}\,\omega$는 복소수이지만 $\boldsymbol{Q}(\sqrt[3]{2})$의 모든 원소는 실수입니다.

문제5.5 $\boldsymbol{Q}(\sqrt[3]{2}\,\omega) \neq \boldsymbol{Q}(\sqrt[3]{2}\,\omega^2)$임을 보이시오.

뒤에 나올 동형사상을 이용하면 간단하게 입증할 수 있지만, 여기에서는 차근차근 직접 밝혀 보도록 하겠습니다.

$\boldsymbol{Q}(\sqrt[3]{2}\,\omega)$의 원소 $\sqrt[3]{2}\,\omega$가 $\boldsymbol{Q}(\sqrt[3]{2}\,\omega^2)$의 원소가 아니라는 것을 보입시다. $\sqrt[3]{2}\,\omega$가 $\boldsymbol{Q}(\sqrt[3]{2}\,\omega^2)$의 원소로서 $a(\sqrt[3]{2}\,\omega^2)^2 + b(\sqrt[3]{2}\,\omega^2) + c$ (a, b, c는 유리수)로 표현된다고 가정합니다.

정리4.11에 의해 $\omega^2+\omega+1=0 \quad \therefore \omega^2=-\omega-1$

$$a(\sqrt[3]{2}\,\omega^2)^2 + b(\sqrt[3]{2}\,\omega^2) + c = a(\sqrt[3]{2})^2\omega + b(\sqrt[3]{2})(-\omega-1) + c$$

$(\omega^2)^2=\omega^4=\omega^3\cdot\omega=\omega$

$$= \{a(\sqrt[3]{2})^2 - b(\sqrt[3]{2})\}\omega - b(\sqrt[3]{2}) + c$$

이므로

$$\sqrt[3]{2}\,\omega = \{a(\sqrt[3]{2})^2 - b(\sqrt[3]{2})\}\omega - b(\sqrt[3]{2}) + c$$

$$\therefore \quad \{a(\sqrt[3]{2})^2 - (b+1)(\sqrt[3]{2})\}\omega - b(\sqrt[3]{2}) + c = 0 \;\cdots\cdots \text{①}$$

$a(\sqrt[3]{2})^2 - (b+1)(\sqrt[3]{2}) = k$로 두고 $k \neq 0$이라 해서 ω에 대해서 풀면

$$\omega = \frac{b(\sqrt[3]{2}) - c}{k}$$

가 되는데, 좌변이 복소수이고 우변이 실수이므로 모순입니다.

따라서 $k = a(\sqrt[3]{2})^2 - (b+1)(\sqrt[3]{2}) = 0 \;\cdots\cdots$ ②

이것을 ①에 대입하면 $-b(\sqrt[3]{2}) + c = 0 \;\cdots\cdots$ ③

②, ③의 좌변은 $\boldsymbol{Q}(\sqrt[3]{2})$의 원소이므로 우변과 비교하면 $a=0$, $-(b+1)=0$, $-b=0$, $c=0$이 됩니다. 그런데 b의 값이 정해지지 않아 모순입니다. 따라서 $\sqrt[3]{2}\,\omega \notin \boldsymbol{Q}(\sqrt[3]{2}\,\omega^2)$이고 $\boldsymbol{Q}(\sqrt[3]{2}\,\omega) \neq \boldsymbol{Q}(\sqrt[3]{2}\,\omega^2)$입니다. (문제5.5 끝)

결국 $\boldsymbol{Q}(\sqrt[3]{2})$, $\boldsymbol{Q}(\sqrt[3]{2}\,\omega)$, $\boldsymbol{Q}(\sqrt[3]{2}\,\omega^2)$는 서로 다른 집합입니다.

여기서 확실히 해두기 위해 '=(집합의 상등)'과 '≅(체의 동형)'의 차이를 기술해 놓겠습니다.

'='는 집합을 잇는 기호입니다. 집합 A와 집합 B에 대해서 $A=B$라 썼을 때는 집합 A의 모든 원소가 집합 B에 속하고, 집합 B의 모든 원소도 집합 A에 속한다는 것입니다.

한편 '≅'는 체를 잇는 기호입니다. 체 A와 체 B의 원소가 일대일로 대응하고 그 연산표도 같다는 것을 나타내는 기호입니다. $\boldsymbol{Q}(\alpha)$와 $\boldsymbol{Q}(\beta)$에서 $\alpha^2+2\alpha+3$과 $\beta^2+2\beta+3$은 일대일로 대응하는 원소이지만 값은 다릅니다.

그런데 $\boldsymbol{Q}(\sqrt[3]{2})$와 동형이 되는 체는 $\boldsymbol{Q}(\sqrt[3]{2}\,\omega)$와 $\boldsymbol{Q}(\sqrt[3]{2}\,\omega^2)$ 말고는 없을까요? 사실은 이것밖에 없습니다.

이것을 설명하기에 앞서 체의 동형사상의 연산법칙으로부터 이끌어 낼 수 있는 공식을 소개하여 두겠습니다.

σ를 체 $\boldsymbol{K}$에서 체 $\boldsymbol{K}'$으로 가는 동형사상이라 하고 a를 $\boldsymbol{K}$의 원소라고 합시다.

그리고 $\boldsymbol{K}$, $\boldsymbol{K}'$은 $\boldsymbol{Q}$를 포함하고 있다고 합시다. 이를테면 a의 식

$$f(a)=\frac{a^3+2}{a^2-5a} \cdots\cdots ①$$

에 σ를 시행해 봅시다. 이렇게 분모와 분자가 a의 다항식인 분수식을 a의 유리식(有理式, rational expression)이라 합니다.

정리5.1

$$\sigma(2)=2,\ \ \sigma(5a)=\sigma(5)\sigma(a)=5\sigma(a)$$

$$\sigma(a^2)=\sigma(a)\sigma(a)=\{\sigma(a)\}^2$$

$$\sigma(a^3)=\sigma(a^2\cdot a)=\sigma(a^2)\sigma(a)=\{\sigma(a^2)\}^2\sigma(a)=\{\sigma(a)\}^3$$

이므로 ①의 좌변에 σ를 시행한 것은

$$\sigma(f(a)) = \sigma\left(\frac{a^3+2}{a^2-5a}\right) = \frac{\sigma(a^3+2)}{\sigma(a^2-5a)} = \frac{\sigma(a^3)+\sigma(2)}{\sigma(a^2)-\sigma(5a)}$$

$$= \frac{\{\sigma(a)\}^3+2}{\{\sigma(a)\}^2-5\sigma(a)} = f(\sigma(a))$$

가 됩니다.

동형사상을 본격적으로 처음 계산하는 것이어서 상세히 써보았습니다. 이 예와 305쪽의 구체적인 예에서도 알 수 있듯이 $\boldsymbol{K}$의 원소 a의 유리식 $f(a)$로 표현된 수에 σ를 시행하면, $f(x)$의 x를 $\sigma(a)$로 치환한 수가 됩니다.

$$\sigma(f(a)) = f(\sigma(a))$$

이것은 **정리5.1**에 의해 동형사상이 유리수에 대해서 불변이고, 정의에 의해 사칙연산을 보존하기 때문입니다.

위에서는 변수가 하나였지만 변수를 a, b 두 개로 하여도 마찬가지입니다.

예를 들어 $\boldsymbol{K}$에 속한 a, b의 식 $g(a, b) = \frac{2a+b^2}{ab+1}$에 σ를 시행하면

$$\sigma(g(a, b)) = \sigma\left(\frac{2a+b^2}{ab+1}\right) = \frac{\sigma(2a+b^2)}{\sigma(ab+1)} = \frac{\sigma(2a)+\sigma(b^2)}{\sigma(ab)+\sigma(1)}$$

$$= \frac{2\sigma(a)+\{\sigma(b)\}^2}{\sigma(a)\sigma(b)+1} = g(\sigma(a), \sigma(b))$$

가 되어 $\sigma(g(a, b)) = g(\sigma(a), \sigma(b))$가 성립합니다.

동형사상 σ는 연산과 유리수로 짜인 그물을 미끄러지듯 빠져나가 a, b에 도착합니다. 무서울 정도의 침투력입니다.

정리해 봅시다.

정리5.6 동형사상과 유리함수는 순서를 바꿀 수 있음

σ를 체 $\boldsymbol{K}$에서 체 $\boldsymbol{K}'$으로 가는 동형사상이라 하고, a, b를 $\boldsymbol{K}$의 원소라 한다.

$f(x)$, $g(x, y)$를 $\boldsymbol{Q}$ 위의 유리식이라 하면

$$\sigma(f(a)) = f(\sigma(a)),\ \sigma(g(a, b)) = g(\sigma(a), \sigma(b))$$

이것을 유리수 계수의 다항식 $f(x)$에 관한 방정식 $f(x)=0$에 응용하면 다음과 같은 정리가 나옵니다.

정리5.7 동형사상은 해를 켤레인 해로 옮긴다

σ를 체 $\boldsymbol{K}$에서 체 $\boldsymbol{K}'$로 가는 동형사상이라 하고, α를 $\boldsymbol{K}$의 원소라 한다.

$\boldsymbol{Q}$ 위의 방정식 $f(x)=0$의 해 하나를 α라 하면 $\sigma(\alpha)$도 $f(x)=0$의 해이다.

증명 α는 $f(x)=0$의 해이므로 $f(\alpha)=0$이 성립합니다.

$$f(\sigma(a))=\sigma(f(\alpha))=\sigma(0)=0$$

분명히 $\sigma(\alpha)$는 $f(x)=0$의 해입니다. (증명 끝)

정리5.7은 특별히 $f(x)$가 기약다항식이 아니어도 성립합니다. 더욱이 $f(x)$가 기약다항식이면 다음과 같이 말할 수 있습니다.

정리5.8 동형사상은 해를 치환시킨다: 해의 치환

σ를 체 $\boldsymbol{K}$에서 체 $\boldsymbol{K}'$으로 가는 동형사상이라 한다. $f(x)$를 $\boldsymbol{Q}$ 위의 n차 기약다항식이라 한다. $f(x)=0$의 모든 해를 $\alpha_1, \alpha_2, \cdots, \alpha_n$이라 하고 이것들이 $\boldsymbol{K}$에 속할 때 $\sigma(\alpha_1), \sigma(\alpha_2), \cdots, \sigma(\alpha_n)$은 $\alpha_1, \alpha_2, \cdots, \alpha_n$을 교체한 것이다.

증명 $f(x)$가 n차 기약다항식이라 하면, **정리3.6 (5)**에 의해 서로 다른 n개의 해를 갖습니다. **정리5.7**에 의해 $\sigma(\alpha_i)$는 $f(x)=0$의 해입니다. 그리고 σ는 동형사상이므로 일대일 함수입니다. 그러므로 서로 다른 두 해가 대응하는 상(像, image) 또한 서로 다른 해입니다. 결국 $\sigma(\alpha_1), \sigma(\alpha_2), \cdots, \sigma(\alpha_n)$은 $\alpha_1, \alpha_2, \cdots,$

α_n을 교체한 것이 됩니다. (증명 끝)

$\boldsymbol{C}$에 포함되는 체 $\boldsymbol{K}$에서 $\boldsymbol{Q}(\sqrt[3]{2})$와 동형이 되는 체를 찾아봅시다. σ를 $\boldsymbol{Q}(\sqrt[3]{2})$에서 체 $\boldsymbol{K}$로 가는 동형사상

$$\sigma : \boldsymbol{Q}(\sqrt[3]{2}) \longrightarrow \boldsymbol{K}$$

라고 합시다. 대응하는 상을 모르기 때문에 $\boldsymbol{K}$라고 한 것입니다. 이제부터 "$\boldsymbol{Q}(\sqrt[3]{2})$에 작용하는 동형사상 σ"라고 쓰는 경우는 대응하는 상은 모르지만, $\boldsymbol{Q}(\sqrt[3]{2})$의 원소에 작용하는 함수 중에서 동형사상의 연산법칙(사칙연산을 보존한다)을 갖는 함수 σ를 나타내고 있는 것이라고 생각하기 바랍니다.

$\boldsymbol{Q}(\sqrt[3]{2})$의 원소로서 $\sqrt[3]{2}$를 택하고 σ에 의해 $\sqrt[3]{2}$가 대응하는 상 $\sigma(\sqrt[3]{2})$를 생각합니다.

$\sqrt[3]{2}$는 방정식 $x^3-2=0$의 해이므로 $\sigma(\sqrt[3]{2})$는 **정리5.7**에 의해 $x^3-2=0$의 해 $\sqrt[3]{2}\,(=\alpha)$, $\sqrt[3]{2}\,\omega\,(=\beta)$, $\sqrt[3]{2}\,\omega^2\,(=\gamma)$ 중의 하나에 대응됩니다.

$\sigma(\alpha)=\beta$라고 해봅시다. 여기서 $\boldsymbol{Q}(\alpha)$의 임의의 원소 $a\alpha^2+ab+c$에 σ를 작용시키면 **정리5.6**에 의해 $\sigma(f(\alpha))=f(\sigma(\alpha))$

$$\begin{aligned}\sigma(a\alpha^2+b\alpha+c) &= a\{\sigma(\alpha)\}^2+b\{\sigma(\alpha)\}+c\\ &= a\beta^2+b\beta+c\end{aligned}$$

이므로 σ는 $\boldsymbol{Q}(\sigma)$의 원소 $a\alpha^2+b\alpha+c$에 $\boldsymbol{Q}(\beta)$의 원소 $a\beta^2+b\beta+c$를 대응시키는 것이 됩니다. 이 대응은 320쪽에서 본 것처럼 $\boldsymbol{Q}(\alpha)$에서 $\boldsymbol{Q}(\beta)$로 가는 동형사상이 됩니다.

곧, $\sigma(\alpha)=\beta$일 때 $\sigma : \boldsymbol{Q}(\alpha) \longrightarrow \boldsymbol{Q}(\beta)$가 되어 $K=\boldsymbol{Q}(\beta)$라는 것을 알 수 있습니다.

여기서는 320쪽과 같이 처음부터 $\boldsymbol{Q}(\sigma)$의 원소와 $\boldsymbol{Q}(\beta)$의 원소의 대응을 정하는 것이 아닙니다. $\sigma(\alpha)=\beta$로 하나의 원소에 대응하는 상을 정한 것뿐입니

다. 앞으로는 동형사상의 성질을 이용하여 $\boldsymbol{Q}(\alpha)$의 모든 원소와 $\boldsymbol{Q}(\beta)$의 모든 원소에 대해서 대응이 정해지고, 이것이 깔끔한 방식으로 사칙연산을 보존하고 있다는 것에 커다란 의미가 있습니다.

$\sigma(\alpha)=\beta$라고 하면 정하면 **정리5.6**에 의해 $\boldsymbol{Q}(\alpha)$의 원소와 $\boldsymbol{Q}(\beta)$의 원소 사이의 대응이 위와 같이 정해집니다. 그러면 여기까지는 $\boldsymbol{Q}(\alpha)$의 원소와 $\boldsymbol{Q}(\beta)$의 원소를 대응시킨 것뿐이고, σ가 동형사상의 연산법칙을 만족시키고 있다는 것까지는 보증할 수 없습니다. 그렇지만 이 $\boldsymbol{Q}(\alpha)$의 원소와 $\boldsymbol{Q}(\beta)$의 원소의 대응은 $\boldsymbol{Q}/(x^3-2)$를 매개로 함으로써 체의 동형사상의 연산법칙을 만족시킵니다.

"깔끔한 방식으로"라는 문구가 마음에 들지 않는 분은, 이를테면 $\sigma(\sqrt{2})=\sqrt{3}$을 만족시키는 동형사상 σ가 있는지를 생각해 보면 됩니다.

$\boldsymbol{Q}(\sqrt{2})$의 원소 $a\sqrt{2}+b$에 대해서 동형사상 σ를 작용시키면

$$\sigma(a\sqrt{2}+b)=a\sigma(\sqrt{2})+b=a\sqrt{3}+b$$

가 되므로 $\boldsymbol{Q}(\sqrt{2})$에서 $\boldsymbol{Q}(\sqrt{3})$로 가는 함수 σ는

$$\begin{array}{ccc} \boldsymbol{Q}(\sqrt{2}) & \longrightarrow & \boldsymbol{Q}(\sqrt{3}) \\ a\sqrt{2}+b & \longmapsto & a\sqrt{3}+b \end{array}$$

로 일대일 대응이 됩니다. $\boldsymbol{Q}(\sqrt{2})$의 원소와 $\boldsymbol{Q}(\sqrt{3})$ 원소가 일대일로 대응합니다. 그러나

$$\sigma((\sqrt{2}+1)(\sqrt{2}+2))=\sigma(4+3\sqrt{2})=4+3\sqrt{3}$$

$$\sigma((\sqrt{2}+1)\sigma(\sqrt{2}+2))=(\sqrt{3}+1)(\sqrt{3}+2)=5+3\sqrt{3}$$

이므로 $\sigma((\sqrt{2}+1)(\sqrt{2}+2))\neq\sigma(\sqrt{2}+1)\sigma(\sqrt{2}+2)$가 되어 동형사상의 조건 "임의의 x, y에 대해서 $\sigma(xy)=\sigma(x)\sigma(y)$가 성립한다"는 것을 만족시키지 않습니다. 곧, 곱의 연산은 보존되지 않습니다.

정리5.5와 **정리5.6**을 연계하는 과정이 매우 절묘하다는 것을 새삼스럽게 느

끼게 됩니다.

σ가 동형사상이라는 것을 직접 증명하면 다음과 같습니다.

정리5.9 $\boldsymbol{Q}(\alpha_i)$의 동형

$f(x)$를 $\boldsymbol{Q}$ 위의 n차 기약다항식이라 한다. α, β를 $f(x)=0$의 서로 다른 해라고 한다. 이때 $\sigma(\alpha)=\beta$를 만족시키는 $\boldsymbol{Q}(\alpha)$에서 $\boldsymbol{Q}(\beta)$로 가는 동형사상 σ가 존재한다.

증명 $\boldsymbol{Q}(\alpha)$의 원소 $a_n\alpha^{n-1}+\cdots+a_2\alpha+a_1$에 σ를 작용시키면 σ는 동형사상이므로

정리5.6

$$\sigma(a_n\alpha^{n-1}+\cdots+a_2\alpha+a_1)=a_n\sigma(\alpha)^{n-1}+\cdots+a_2\sigma(\alpha)+a_1$$
$$=a_n\beta^{n-1}+\cdots+a_2\beta+a_1$$

을 만족시켜야 합니다. 이것에 의해서 $\boldsymbol{Q}(\alpha)$의 모든 원소에 대응하는 $\boldsymbol{Q}(\beta)$의 원소가

$$\sigma:\boldsymbol{Q}(\alpha) \longrightarrow \boldsymbol{Q}(\beta)$$
$$a_n\alpha^{n-1}+\cdots+a_2\alpha+a_1 \longmapsto a_n\beta^{n-1}+\cdots+a_2\beta+a_1$$

로 정의됩니다. 곧, σ는 $n-1$차 이하의 다항식 $g(x)$에 대해서 $\sigma(g(\alpha))=g(\beta)$가 됩니다. 이것은 일대일 대응입니다.

정의5.2에 따라 σ가 덧셈과 곱셈을 보존한다는 것을 보이겠습니다.

$\boldsymbol{Q}(\alpha)$의 임의의 원소

$$s=a_n\alpha^{n-1}+\cdots+a_2\alpha+a_1,\quad t=b_n\alpha^{n-1}+\cdots+b_2\alpha+b_1$$

을 이용해서 확인해 봅시다.

$$\sigma(s+t)=\sigma((a_n+b_n)\alpha^{n-1}+\cdots+(a_2+b_2)\alpha+a_1+b_1)$$
$$=(a_n+b_n)\beta^{n-1}+\cdots+(a_2+b_2)\beta+a_1+b_1$$
$$\sigma(s)+\sigma(t)$$
$$=\sigma(a_n\alpha^{n-1}+\cdots+a_2\alpha+a_1)+\sigma(b_n\alpha^{n-1}+\cdots+b_2\alpha+b_1)$$
$$=a_n\beta^{n-1}+\cdots+a_2\beta+a_1+b_n\beta^{n-1}+\cdots+b_2\beta+b_1$$
$$=(a_n+b_n)\beta^{n-1}+\cdots+(a_2+b_2)\beta+a_1+b_1$$

따라서 $\sigma(s+t)=\sigma(s)+\sigma(t)$가 성립합니다.

$g(x)=a_nx^{n-1}+\cdots+a_2x+a_1$, $h(x)=b_nx^{n-1}+\cdots+b_2x+b_1$이라고 놓습니다. 그러면 $s=g(\alpha)$, $t=h(\alpha)$입니다.

이때 $g(\alpha)$와 $h(\alpha)$의 곱인 $g(\alpha)h(\alpha)$를 그대로 두면 α의 차수가 커서 σ의 대응을 사용할 수가 없으므로 차수를 낮춥니다.

$g(x)h(x)$를 $f(x)$로 나눈 몫을 $q(x)$, 나머지를 $r(x)$라고 하면

$$g(x)h(x)=q(x)f(x)+r(x)$$ $r(x)$는 $n-1$차 이하의 식

가 됩니다. 이 식의 x에 α, β를 대입합니다. α, β는 모두 $f(x)=0$의 해이므로 $f(\alpha)=0$, $f(\beta)=0$을 이용하면

$$g(\alpha)h(\alpha)=r(\alpha),\quad g(\beta)h(\beta)=r(\beta)$$
$$\sigma(st)=\sigma(g(\alpha)h(\alpha))=\sigma(r(\alpha))=r(\beta)$$
$$\sigma(s)\sigma(t)=\sigma(g(\alpha))\sigma(h(\alpha))=g(\beta)h(\beta)=r(\beta)$$

따라서 $\sigma(st)=\sigma(s)\sigma(t)$가 성립합니다.

그러므로 σ는 체의 동형사상입니다. (증명 끝)

일반적인 형태로 정리하면 다음과 같습니다.

정리5.10 $Q(\alpha)$에 작용하는 동형사상은 n개

$f(x)$를 $\boldsymbol{Q}$ 위의 n차 기약다항식이라 하고 $f(x)=0$의 모든 해를 $\alpha_1=\alpha$, $\alpha_2, \cdots, \alpha_n$이라 한다. 이때 $\boldsymbol{Q}(\alpha)$에 작용하는 동형사상은 n개 있고 이것들은

$$\sigma_i(\alpha)=\alpha_i \qquad (i=1, 2, \cdots, n)$$

로 정의되어 σ_i는 $\boldsymbol{Q}(\alpha)$에서 $\boldsymbol{Q}(\alpha_i)$로 가는 동형사상이 된다.

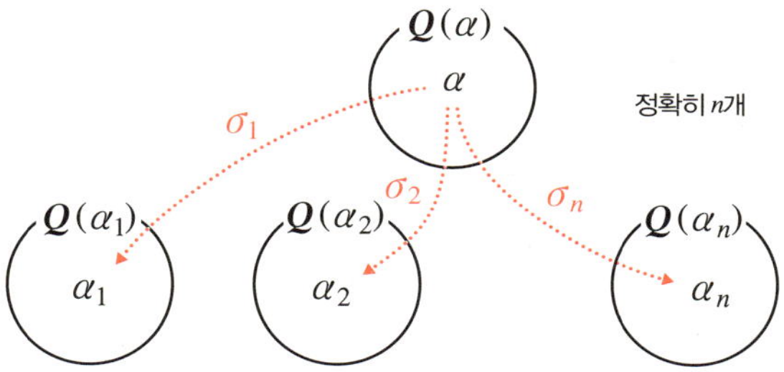

여기서 $f(x)$가 기약다항식이므로 **정리3.6 (5)**에 의해 $f(x)$의 해는 모두 서로 다르다는 데에 주의합시다.

집요해 보이지만 이 정리는 갈루아 이론을 이해하는 데 중요한 정리이므로 정확히 n개가 된다는 부분을 보충해서 설명하겠습니다.

"$\boldsymbol{Q}(\alpha)$에 작용하는 동형사상 σ를 정의하시오"라는 문제에 어떻게 접근할지 제 머릿속의 흐름을 설명하자면 이렇습니다.

"$\boldsymbol{Q}(\alpha)$ 중에서 원소를 하나 선택하고 σ에 의해 대응하는 상을 알아봐야 해."

→ "$\boldsymbol{Q}(\alpha)$는 α의 식으로 쓰여 있으니까 α를 선택하고 σ에 의해 대응하는 상 $\sigma(\alpha)$를 알아보자. 다른 원소를 선택해 알아보아도 되지만 $\boldsymbol{Q}(\alpha)$의 동형사상을 알아보는 것이니까, 결국은 α가 대응하는 상을 언급해야만 하는 거야. 음, α부터 알아보자."

"α가 대응하는 상은 **정리5.7**에 의해 α와 켤레인 것밖에 없어.

$\sigma(\alpha)=\beta$라고 해보자."

"σ는 동형사상이므로

$$\sigma(a_n\alpha^{n-1}+\cdots+a_2\alpha+a_1)=a_n\beta^{n-1}+\cdots+a_2\beta+a_1$$

이 되거든. σ는 $\boldsymbol{Q}(\alpha)$와 $\boldsymbol{Q}(\beta)$의 원소를 일대일로 대응시켜."

"그래도 이것은 σ가 최소한으로 만족시켜야 하는 것, 말하자면 필요조건이야. 이것이 동형사상의 조건식

$$\sigma(x+y)=\sigma(x)+\sigma(y),\quad \sigma(xy)=\sigma(x)\sigma(y)$$

를 만족시키는지 알아봐야 해."

"잘 만족시키고 있군. 이걸로 충분해. 좋아, 좋아."

"$f(x)=0$의 해가 서로 다른 n개 있으면 α가 대응하는 상이 n개 있고, 어느 것을 택해도 위와 같이 동형사상이 정해지니까 $\boldsymbol{Q}(\alpha)$에 작용하는 동형사상은 정확히 n개야."

라는 느낌입니다.

$\boldsymbol{Q}(\sqrt[3]{2})$와 동형인 체를 찾는 문제로 돌아옵시다.

정리5.9에 의해 $\boldsymbol{Q}(\sqrt[3]{2})$에 작용하는 동형사상 σ는 σ에 의해 $\sqrt[3]{2}$가 대응하는 상 $\sigma(\sqrt[3]{2})$에 의해 정해지고, 선택하는 방법은 $\sqrt[3]{2}$, $\sqrt[3]{2}\,\omega$, $\sqrt[3]{2}\,\omega^2$ 3개가 있으므로 **정리5.10**에 의해 동형사상은 정확히 3개가 있습니다.

$\boldsymbol{Q}(\sqrt[3]{2})$에 작용하는 동형사상을 $\sigma(\sqrt[3]{2})=\sqrt[3]{2}\,\omega^2$이라고 정의하면 σ는 $\boldsymbol{Q}(\sqrt[3]{2})$에서 $\boldsymbol{Q}(\sqrt[3]{2}\,\omega^2)$으로 가는 동형사상, $\sigma(\sqrt[3]{2})=\sqrt[3]{2}$이라고 정의하면 $\boldsymbol{Q}(\sqrt[3]{2})$에 작용하는 항등함수가 됩니다.

이것으로부터 $\boldsymbol{Q}(\sqrt[3]{2})$와 동형이 되는 체에서 $\boldsymbol{C}$에 포함되는 것은 $\boldsymbol{Q}(\sqrt[3]{2})$, $\boldsymbol{Q}(\sqrt[3]{2}\,\omega)$, $\boldsymbol{Q}(\sqrt[3]{2}\,\omega^2)$ 3개밖에 없다는 사실을 알 수 있습니다.

위에서 설명한 $f(x)=x^3-2$의 예에서는 3개의 동형인 체 $\mathbf{Q}(\sqrt[3]{2})$, $\mathbf{Q}(\sqrt[3]{2}\,\omega)$, $\mathbf{Q}(\sqrt[3]{2}\,\omega^2)$은 모두 서로 달랐습니다.

그러나 일반적으로는 $\mathbf{Q}(\alpha_i)(i=1, 2, \cdots, 3)$가 모두 서로 다르지만은 않습니다. 오히려 같은 것이 있을 때가 더 중요한데, 그것에 관한 더 자세한 내용은 일단 나중의 즐거움으로 남겨 둡시다.

$\mathbf{Q}(\alpha)$에 작용하는 동형사상이 정확히 n개 있다(**정리5.10**)는 것을 이해하고 나면, 동형사상에 의해 해가 치환되는 것(**정리5.8**)도 n개인지 따져 보아야 직성이 풀리는 사람도 있을 것 같습니다.

정리5.8과 **정리5.10**의 차이를 설명하겠습니다.

정리5.8은 동형사상 σ가 방정식의 해 $\{\alpha_1, \cdots, \alpha_n\}$에 작용할 때, 곧 $\sigma:\{\alpha_1, \cdots, \alpha_n\}\to\{\alpha_1, \cdots, \alpha_n\}$에 대해 기술하고 있는 정리입니다. 동형사상이 있으면 해를 치환한다는 것입니다. 그러므로 동형사상이 해에 작용하는 방식은 많아야 n개의 해를 치환하는 것으로 경우의 수는 $n!$개입니다.

정리5.10은 동형사상 σ가 체 $\mathbf{Q}(\alpha)$에 작용할 때, 곧

$$\sigma:\mathbf{Q}(\alpha) \quad\longrightarrow\quad K$$

일 때에 대해 기술하고 있습니다. 동형사상이 $\mathbf{Q}(\alpha)$에 작용할 때에 작용하는 방식은 정확히 n개라고 말하고 있습니다.

정리5.8에서는 동형사상의 개수가 최대 $n!$개이고, **정리5.10**에서는 동형사상의 개수가 정확히 n개라고 주장하고 있습니다. 아무래도 모순이라는 느낌이 듭니다.

그림에서는 σ가 α_1을 α_2로 대응시켜 $\mathbf{Q}(\alpha_1)$에서 $\mathbf{Q}(\alpha_2)$로 가는 동형사상이 되지만, $\alpha_2, \alpha_3, \alpha_4$가 대응하는 상은 $\alpha_1, \alpha_3, \alpha_4$ 중에서 임의로 고를 수 있는 가능성이 있습니다.

$\alpha_1=\alpha, \alpha_2, \cdots, \alpha_n$이 모두 $\mathbf{Q}(\alpha)$에 속해 있으면 $\alpha_1, \alpha_2, \cdots, \alpha_n$은 α의 다항식

으로 나타낼 수 있게 되고, $\sigma(\alpha)$가 대응하는 상을 정한 것만으로 $\alpha_2, \cdots, \alpha_n$이 대응하는 상이 정해져 버리므로 치환의 방식은 정확히 n개밖에 없습니다.

그러나 $\alpha_2, \cdots, \alpha_n$이 $\boldsymbol{Q}(\alpha)$에 속해 있다고는 할 수 없으므로 **정리5.8**과 같은 관점에서 동형사상에 의한 해의 치환 방식이 $n!$가지가 있다는 것도 충분히 가능합니다.

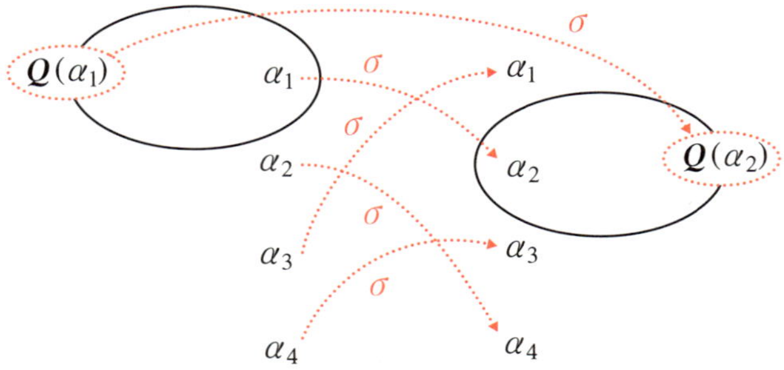

4 체의 차원을 파악하자

— 선형대수의 보충 설명

앞 절에서 $\boldsymbol{Q}(\alpha)$의 차원을 정의했습니다. 여기에서는 차원이란 것이 도대체 무엇인지에 대해서 보충하여 설명하고자 합니다.

고등학교에서 벡터를 배운 사람도 있겠지요. 그런 사람들은 벡터가 크기와 방향을 가진 것이라고 알고 있을 것입니다. 벡터는 화살표로 나타내고 덧셈이나 실수배도 화살표로 나타낼 수 있었습니다.

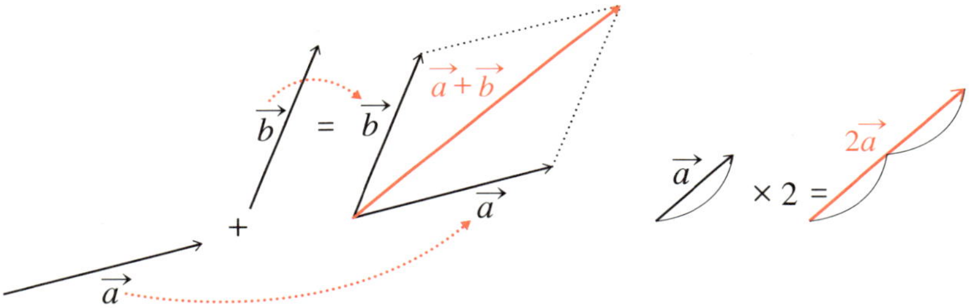

이러한 화살표로 표시되는 벡터를 '화살표 벡터'라고 일컫기로 하겠습니다.

대학 1학년 수준의 수학에서 다루는 '선형공간'이라는 것은 이 화살표 벡터를 추상화한 것입니다. 화살표 벡터가 만족시키는 성질을 추출하여 공리라 하고, 거꾸로 공리를 만족시키는 것을 선형공간이라 정의합니다.

선형공간의 정의는 다음과 같습니다.

$\boldsymbol{V}$를 평면 벡터의 집합, $\boldsymbol{V}$의 원소 u, v를 화살표 벡터, 체 $\boldsymbol{K}$를 실수의 집합, k, l을 실수라고 생각하고 읽으면, 지금까지 알고 있던 화살표 벡터의 성질을 확실히 알 수 있을 것입니다.

정의5.3 **선형공간**

집합 $\boldsymbol{V}$와 체 $\boldsymbol{K}$에 대해서 다음을 만족시키는 $\boldsymbol{V}$를 $\boldsymbol{K}$ 위의 선형공간이라 한다.

(1) 덧셈의 정의

$\boldsymbol{V}$의 임의의 원소 v, u에 대해서 $v+u$가 정의되고 $\boldsymbol{V}$의 원소가 된다.

(2) 스칼라배의 정의

$\boldsymbol{V}$의 임의의 원소 v와 $\boldsymbol{K}$의 임의의 원소 k에 대해서 kv가 정의되고 $\boldsymbol{V}$의 원소가 된다.

(3) 덧셈이 만족시켜야 하는 성질

$\boldsymbol{V}$의 원소가 덧셈에 대하여 가환군이 된다. 곧, $\boldsymbol{V}$의 임의의 원소 v, u, w에 대해서 (i)~(iv)가 성립한다.

(i) $(v+u)+w=v+(u+w)$ (결합법칙)

(ii) $0\in\boldsymbol{V}$이 존재해서 $0+v=v+0=v$이 성립한다 0을 영벡터라고 한다. (영벡터의 존재)

(iii) $v+x=x+v=0$을 만족시키는 x가 존재한다. (역벡터의 존재)

(iv) $v+u=u+v$ (교환법칙)

(4) 덧셈과 스칼라배의 성질

$\boldsymbol{V}$의 임의의 원소 v, u와 $\boldsymbol{K}$의 임의의 원소 k, l에 대해서 (i)~(iv)가 성립한다.

(i) $k(lv)=(kl)v$

(ii) $(k+l)v=kv+lv$

(iii) $k(v+u)=kv+ku$

(iv) $1v=v$ (1은 $\boldsymbol{K}$의 곱셈에 대한 항등원)

화살표 벡터를 다룰 때 일차독립, 일차종속이란 낱말도 배웠을 거라 생각합니다. 이것도 복습해 둡시다.

평면벡터에서 일차독립인 두 벡터라고 할 때는, 아래 왼쪽 그림처럼 방향이 서로 다른 두 벡터 $\vec{a}$, $\vec{b}$를 떠올리면 됩니다. 그리고 일차독립인 두 벡터 $\vec{a}$, $\vec{b}$가 있으면 평면 위의 임의의 벡터는 $\vec{a}$와 $\vec{b}$의 일차결합, 곧 $k\vec{a}+l\vec{b}$ (k, l은 실수)라는 한 가지 형태로 나타낼 수 있었습니다.

이렇게 일차결합으로 모든 벡터를 나타낼 수 있도록 해주는 일차독립인 벡터의 집합 $\{\vec{a}, \vec{b}\}$를 기저(基底, basis)라 합니다. 기저라는 용어는 고등학교에서 배우지 않았을지도 모르겠습니다.

벡터를 성분으로 표시하여 좌표평면 위에 나타낼 때 $\vec{e}_x=\begin{pmatrix}1\\0\end{pmatrix}$, $\vec{e}_y=\begin{pmatrix}0\\1\end{pmatrix}$이라 두면, 임의의 벡터 $\begin{pmatrix}x\\y\end{pmatrix}$는 $x\vec{e}_x+y\vec{e}_y=\begin{pmatrix}x\\y\end{pmatrix}$라고 나타낼 수 있으므로 $\{\vec{e}_x, \vec{e}_y\}$는 기저입니다. 이것을 표준기저(標準基底, standard basis)라고 합니다.

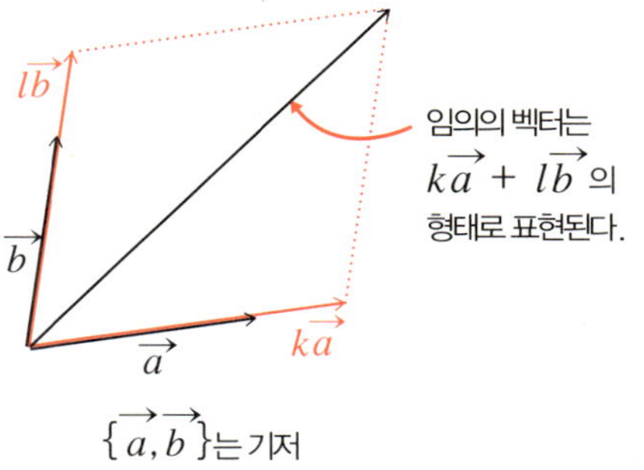

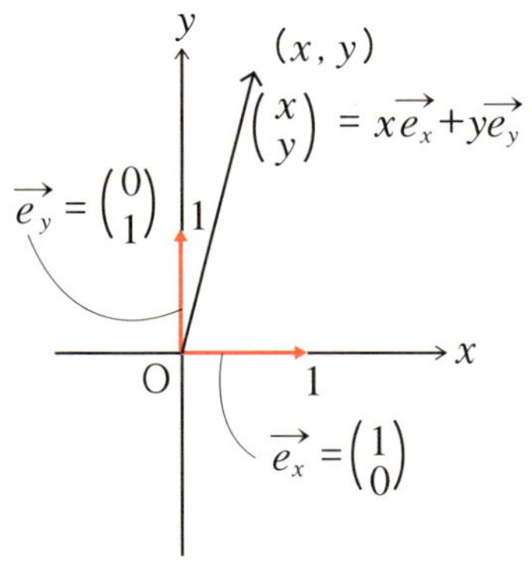

차원을 높여서 공간벡터를 살펴보겠습니다. 공간벡터는 다음과 같습니다.

공간에서 일차독립인 세 개의 벡터라고 할 때는, 다음 페이지의 왼쪽 그림처럼 정육면체의 한 꼭짓점에서 시작하여 세 모서리 쪽으로 방향이 놓인 벡터 $\vec{a}$, $\vec{b}$, $\vec{c}$를 떠올리면 됩니다. 공간의 임의의 벡터는 $\vec{a}$, $\vec{b}$, $\vec{c}$의 일차결합, 곧

$k\vec{a}+l\vec{b}+m\vec{c}$ (k, l, m은 정수)라는 한 가지 형태로 나타낼 수 있습니다. 벡터의 집합 $\{\vec{a}, \vec{b}, \vec{c}\}$는 공간벡터의 기저입니다.

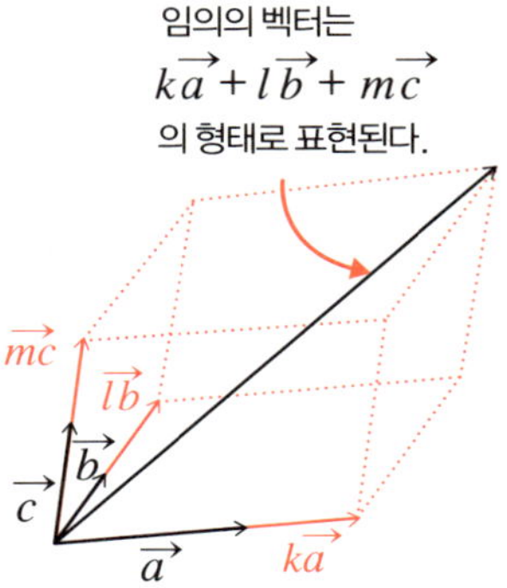

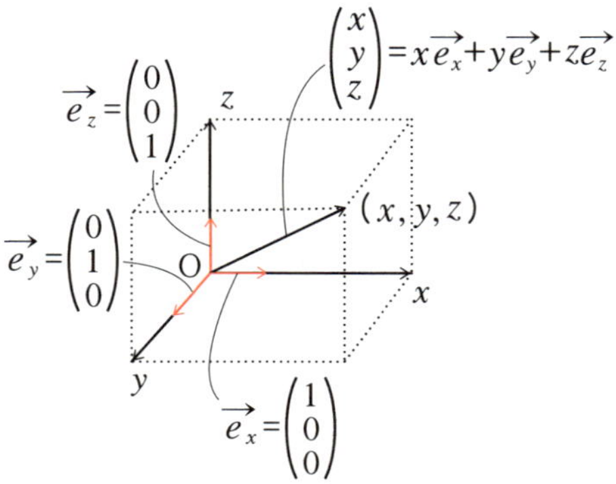

여기서 언급한 화살표 벡터에 관한 것도 선형공간으로 그대로 이어집니다. 다음 정의도 처음에는 화살표 벡터의 이미지를 떠올리며 읽어도 상관없습니다.

정의5.4 일차독립, 일차종속의 정의

일차독립

선형공간 $\boldsymbol{V}$의 원소의 집합 $\{v_1, v_2, \cdots, v_n\}$에 대해서 $a_1v_1+a_2v_2+\cdots+a_nv_n=0$을 만족시키는 $\boldsymbol{K}$의 원소 $a_1, a_2, \cdots, a_n$이 $a_1=a_2=\cdots=a_n=0$뿐일 때 $\{v_1, v_2, \cdots, v_n\}$은 일차독립이라 한다.

일차종속

일차독립이 아닐 때, 곧 선형공간 $\boldsymbol{V}$의 원소의 집합 $\{v_1, v_2, \cdots, v_n\}$에 대해서 $a_1v_1+a_2v_2+\cdots+a_nv_n=0$을 만족시키는 $\boldsymbol{K}$의 원소 $a_1, a_2, \cdots, a_n$ 중에서 0이 아닌 것이 적어도 하나 존재할 때, $\{v_1, v_2, \cdots, v_n\}$을 일차종속이라 한다.

이 정의에서 알 수 있듯이 벡터의 집합 $\{v_1, v_2, \cdots, v_n\}$은 일차독립이거나 일차종속 둘 가운데 하나입니다.

일차독립, 일차종속의 정의로부터 다음의 정리가 바로 나옵니다. 이 내용을 잘 숙지해 둔다면 뒤에 나오는 증명을 쉽게 이해할 수 있을 것입니다.

정리5.11 일차독립, 일차종속

선형공간 $\boldsymbol{V}$의 원소의 집합 $\{v_1, v_2, \cdots, v_n\}$에 대해서 다음이 성립한다.

(1) $\{v_1, v_2, \cdots, v_n\}$이 일차독립일 때 어떠한 v_i도 $\{v_1, v_2, \cdots, v_n\}$에서 v_i를 제외한 벡터의 일차결합으로 나타낼 수 없다.

(2) $\{v_1, v_2, \cdots, v_{n-1}\}$이 일차독립이고 $\{v_1, v_2, \cdots, v_n\}$이 일차종속이면 v_n은 $\{v_1, v_2, \cdots, v_{n-1}\}$의 일차결합으로 표현된다.

(3) v_n이 $\{v_1, v_2, \cdots, v_{n-1}\}$의 일차결합으로 표현되면 $\{v_1, v_2, \cdots, v_n\}$은 일차종속이다.

(4) $\{v_1, v_2, \cdots, v_n\}$이 일차독립이면 $\{v_1, v_2, \cdots, v_{n-1}\}$도 일차독립이다.

증명 (1) $i = n$의 경우를 귀류법으로 증명합시다. 만일 v_n을 $\{v_1, v_2, \cdots, v_{n-1}\}$의 일차결합으로 나타낼 수 있다면

$$b_1 v_1 + b_2 v_2 + \cdots + b_{n-1} v_{n-1} = v_n$$

$$b_1 v_1 + b_2 v_2 + \cdots + b_{n-1} v_{n-1} - v_n = 0$$

이 되어 $a_1 v_1 + a_2 v_2 + \cdots + a_n v_n = 0$을 만족시키면서 적어도 하나가 0이 아닌 $\boldsymbol{K}$의 원소 $a_1, a_2, \cdots, a_n$이 존재합니다($a_1 = b_1,\ a_2 = b_2,\ \cdots,\ a_{n-1} = b_{n-1},$ $a_n = -1$이라고 하면 됩니다). 그러면 $\{v_1, v_2, \cdots, v_n\}$은 일차종속이 되어 모순이 됩니다. 다른 v_i일 때도 마찬가지입니다.

(2) $\{v_1, v_2, \cdots, v_n\}$이 일차종속일 때

$$a_1 v_1 + a_2 v_2 + \cdots + a_n v_n = 0$$

을 만족시키면서 적어도 하나가 0이 아닌 $\boldsymbol{K}$의 원소 $a_1, a_2, \cdots, a_n$이 존재합니다. $a_n = 0$이라고 하면

$$a_1 v_1 + a_2 v_2 + \cdots + a_{n-1} v_{n-1} = 0$$

을 만족시키면서 적어도 하나가 0이 아닌 $\boldsymbol{K}$의 원소 $a_1, a_2, \cdots, a_{n-1}$이 존재하여 $\{v_1, v_2, \cdots, v_{n-1}\}$이 일차독립이라는 것에 모순이 됩니다.

$a_n \neq 0$일 때 v_n은

$$v_n = -\frac{1}{a_n}(a_1 v_1 + a_2 v_2 + \cdots + a_{n-1} v_{n-1})$$

로 $\{v_1, v_2, \cdots, v_{n-1}\}$의 일차결합으로 나타납니다.

(3) (1)의 대우입니다. (1)을 증명할 때 확인했습니다.

(4) 귀류법으로 증명합시다. 만일 $\{v_1, v_2, \cdots, v_{n-1}\}$이 일차종속이라 하면 적어도 하나는 0이 아닌 $\boldsymbol{K}$의 원소 $b_1, b_2, \cdots, b_{n-1}$에 대해서

$$b_1 v_1 + b_2 v_2 + \cdots + b_{n-1} v_{n-1} = 0$$

이 성립합니다.

$$b_1 v_1 + b_2 v_2 + \cdots + b_{n-1} v_{n-1} + 0 \cdot v_n = 0$$

이라 하면 $a_1 v_1 + a_2 v_1 + \cdots + a_{n-1} v_{n-1} + a_n v_n = 0$을 만족시키는 적어도 하나는 0이 아닌 $\boldsymbol{K}$의 원소 $a_1, a_2, \cdots, a_n$이 존재하여($a_1 = b_1, \cdots, a_{n-1} = b_{n-1}, a_n = 0$이라 두면 된다) $\{v_1, v_2, \cdots, v_n\}$이 일차종속이 되어 모순이 됩니다.

(증명 끝)

335쪽과 336쪽에서 화살표 벡터일 때의 기저의 이미지를 그려 보았습니다. 다음으로 기저의 정의를 확인해 둡시다.

정의5.5 기저의 정의

선형공간 V의 원소의 집합 $\{v_1, v_2, \cdots, v_n\}$이 다음의 (1), (2)를 만족시킬 때, $\{v_1, v_2, \cdots, v_n\}$을 기저라 한다.

(1) $\{v_1, v_2, \cdots, v_n\}$은 일차독립이다.

(2) 임의의 V의 원소 v는 $\boldsymbol{K}$의 원소 $a_1, a_2, \cdots, a_n$을 택하여

$v = a_1 v_1 + a_2 v_2 + \cdots + a_n v_n$으로 나타낼 수 있다.

기저에 대해서 몇 가지 보충하겠습니다.

정리5.12 표현의 일의성

선형공간 V의 임의의 원소가 기저 $\{v_1, v_2, \cdots, v_n\}$의 일차결합으로 표현될 때, 오직 한 가지 형태로만 표현된다.

증명 만일 V의 어느 원소 v가

$$v = a_1 v_1 + a_2 v_2 + \cdots + a_n v_n, \qquad v = b_1 v_1 + b_2 v_2 + \cdots + b_n v_n$$

과 같이 두 가지 형태로 표현된다고 가정합시다. 이 둘의 차를 구하면

$$(a_1 - b_1)v_1 + (a_2 - b_2)v_2 + \cdots + (a_n - b_n)v_n = 0$$

이 되는데 $\{v_1, v_2, \cdots, v_n\}$이 일차독립이므로

$$a_1 - b_1 = 0, \ \ a_2 - b_2 = 0, \ \ \cdots, a_n - b_n = 0$$

따라서 $a_1 = b_1, \ a_2 = b_2, \ \cdots, \ a_n = b_n$이 되어 표현 방식은 한 가지라는 것을 알 수 있습니다. (증명 끝)

정리5.13 기저의 완전성

$\{v_1, v_2, \cdots, v_n\}$이 기저일 때, 이 원소들 중에서 어느 하나라도 빠지면 기저가 되지 않는다. 또 $\{v_1, v_2, \cdots, v_n\}$에 새로운 원소 v_{n+1}을 추가한 $\{v_1, v_2, \cdots, v_n, v_{n+1}\}$도 기저가 아니다.

"아무것도 더하지 않고 아무것도 빼지 않는다"라는 어느 증류주의 광고 문구가 있었는데, 기저로 선택된 $\{v_1, v_2, \cdots, v_n\}$이 바로 이와 같습니다.

증명 이를테면 v_n이 빠졌다고 하고, 그래도 $\{v_1, v_2, \cdots, v_{n-1}\}$이 기저가 된다고 한다면 v_n은 V의 원소이므로 $\{v_1, v_2, \cdots, v_{n-1}\}$의 일차결합으로 표현됩니다. 그러면 **정리5.11 (3)**에 의해 $\{v_1, v_2, \cdots, v_n\}$이 일차종속이 되어 $\{v_1, v_2, \cdots, v_n\}$이 일차독립이라는 기저의 조건에 위배됩니다. 곧, $\{v_1, v_2, \cdots, v_{n-1}\}$은 기저가 아닙니다.

또 v_{n+1}은 V의 원소이므로 $\{v_1, v_2, \cdots, v_n\}$의 일차결합으로 표현됩니다. 그러면 **정리5.11 (3)**에 의해 $\{v_1, v_2, \cdots, v_n, v_{n+1}\}$은 일차종속이 되어, 기저가 갖고 있는 일차독립의 성질을 만족시키지 못하게 됩니다. $\{v_1, v_2, \cdots, v_n\}$이 기저일 때 이 원소들에 어떤 새로운 원소 v_{n+1}을 추가한 $\{v_1, v_2, \cdots, v_n, v_{n+1}\}$은 기저가 되지 못합니다. 이것을 기저의 완전성이라고 합니다. (증명 끝)

화살표 벡터가 아닌 예를 들어 봅시다.

문제5.6 $\boldsymbol{Q}(\sqrt{2})$는 $\boldsymbol{Q}$ 위의 선형공간임을 확인하시오. 또 $\{\sqrt{2}, 1\}$은 기저임을 확인하시오.

선형공간의 정의를 확인하고 시작해 봅시다.

$\boldsymbol{Q}(\sqrt{2})$의 원소는 $a + b\sqrt{2}$ (a, b는 유리수)의 형태로 표현됩니다.

$\boldsymbol{Q}(\sqrt{2})$의 원소의 합은 $a + b\sqrt{2}$, $c + d\sqrt{2}$에 대해

$$(a + b\sqrt{2}) + (c + d\sqrt{2}) = (a + c) + (b + d)\sqrt{2}$$

로 계산할 수 있습니다. $(a + c) + (b + d)\sqrt{2}$는 $\boldsymbol{Q}(\sqrt{2})$의 원소가 됩니다.

$\boldsymbol{Q}(\sqrt{2})$의 원소의 유리수배는 $a + b\sqrt{2}$와 유리수 c에 대해서

$$c(a + b\sqrt{2}) = ca + cb\sqrt{2}$$

가 되는데 ca, cb가 유리수이므로 $ca + cb\sqrt{2}$는 $\boldsymbol{Q}(\sqrt{2})$의 원소가 됩니다.

선형공간의 정의 (1), (2)가 확인되었습니다.

c가 유리수라는 것이 중요합니다. c가 실수 집합의 원소에서 아무거나 뽑은 것이면 (이를테면 $\sqrt{3}$과 같은 무리수) ca, cb가 유리수라는 것을 보증할 수 없습니다. 문제에서 "$\boldsymbol{Q}$ 위의"라는 부분이 중요합니다. 그러므로 $\boldsymbol{Q}(\sqrt{2})$는 $\boldsymbol{R}$ 위의 선형공간이 아닙니다. "$\boldsymbol{Q}$ 위의"라고 할 때 스칼라배는 유리수배라고 생각하는 것입니다.

선형공간의 정의 (3), (4)는 실수의 계산에서 성립하므로 $\boldsymbol{Q}$ 위에서도 성립합니다.

$\boldsymbol{Q}(\sqrt{2})$는 $\boldsymbol{Q}$ 위의 선형공간임을 확인했습니다.

$\{1, \sqrt{2}\}$가 기저이기 위해서는 기저의 조건 (1) 일차독립일 것과 (2) 모든 수를 일차결합으로 표현할 수 있음을 보여야 합니다. (2)는 $\boldsymbol{Q}(\sqrt{2})$의 정의로부터 분명히 성립합니다.

(1)을 확인하겠습니다. 그러기 위해서는 다음을 보이면 됩니다.

> $a + b\sqrt{2} = 0$(a, b는 유리수)일 때, $a = 0$, $b = 0$임을 증명하시오.

귀류법으로 증명하겠습니다. 가령 $b \neq 0$이라고 합시다. 그러면

$$a + b\sqrt{2} = 0 \qquad \therefore\ b\sqrt{2} = -a \qquad \therefore\ \sqrt{2} = -\frac{a}{b}$$

이 식에서 좌변은 무리수이지만 우변은 유리수 나누기 유리수이어서 유리수가 되기 때문에 모순입니다. 따라서 $b = 0$입니다.

처음 식에 대입하면 $a = 0$이 됩니다. (끝)

$\{\sqrt{2}, 1\}$이 $\boldsymbol{Q}(\sqrt{2})$의 기저임을 확인하였습니다. (문제5.6 끝)

유리수 범위로 제한하여 곱한다고 했습니다만, 이것은 선형공간의 스칼라배에 해당하는 의미입니다. 그러므로 $\boldsymbol{Q}(\sqrt{2})$를 선형공간으로 볼 때 $(a+b\sqrt{2})(c+d\sqrt{2})$는 선형공간의 스칼라배는 아닙니다. 물론 $\boldsymbol{Q}(\sqrt{2})$를 체로 본다면 $(a+b\sqrt{2})(c+d\sqrt{2})$를 계산할 수는 있지만, 이것은 선형공간에서는 정의되지 않는 계산입니다.

기약다항식의 해를 첨가해서 생기는 확대체의 기저에 대해서도 증명하여 둡시다.

정리5.14 **$Q(\alpha)$의 기저**

α를 $\boldsymbol{Q}$ 위의 n차 기약다항식 $f(x)=0$의 해라고 한다. $\boldsymbol{Q}(\alpha)$는 $\boldsymbol{Q}$ 위의 선형공간이고 $\{1, \alpha, \alpha^2, \cdots, \alpha^{n-1}\}$은 $\boldsymbol{Q}(\alpha)$의 기저이다.

증명 먼저 $1, \alpha, \alpha^2, \cdots, \alpha^{n-1}$이 일차독립임을 증명하겠습니다.

$$a_0+a_1\alpha+a_2\alpha^2+\cdots+a_{n-1}\alpha^{n-1}=0 \ (a_0, a_1, \cdots, a_{n-1}\text{은 유리수})$$

이고 $a_0, a_1, \ldots, a_{n-1}$ 중에서 적어도 하나는 0이 아니라고 가정합니다.

$g(x)=a_0+a_1x+a_2x^2+\cdots+a_{n-1}x^{n-1}$이라고 놓습니다.

$g(x)$가 상수일 때는 위의 식에 의해 $g(x)=0$입니다. 그러므로 $g(x)$를 1차 이상의 다항식이라고 가정합니다.

여기서 $f(x)=0$, $g(x)=0$은 공통근 α가 있습니다. 한편 $g(x)$는 $n-1$차 이하의 식이고 $f(x)$는 기약다항식이므로, **정리3.6 (4)**에 의해 $f(x)=0$과 $g(x)=0$은 공통근을 갖지 않는다는 결론이 나올 수 있어 모순됩니다.

따라서 $g(x)$는 0이고 $a_0, a_1, \cdots, a_{n-1}$이 모두 0이 되어 $1, \alpha, \alpha^2, \cdots, \alpha^{n-1}$이 $\boldsymbol{Q}$ 위에서 일차독립임을 알 수 있습니다.

다음으로 $\boldsymbol{Q}(\alpha)$의 임의의 원소는

$$a_0+a_1\alpha+a_2\alpha^2+\cdots+a_{n-1}\alpha^{n-1} \ (a_0, a_1, \cdots, a_{n-1}\text{은 유리수})$$

처럼 $1, \alpha, \alpha^2, \cdots, \alpha^{n-1}$의 일차결합의 형태로 나타납니다.

따라서 $\{1, \alpha, \alpha^2, \cdots, \alpha^{n-1}\}$은 $\boldsymbol{Q}(\alpha)$의 기저가 됩니다. (증명 끝)

$\boldsymbol{Q}(\alpha)$에서도 스칼라배를 할 수 있는 것은 유리수뿐이라는 것을 강조해 두겠습니다.

$\{1, \alpha, \alpha^2, \cdots, \alpha^{n-1}\}$은 $\boldsymbol{Q}(\alpha)$의 기저였는데 기저가 이것만 있는 것은 아닙니다. 기저를 나타내는 방법은 수없이 많습니다. **정리5.14** 이외에 기저를 나타내는 방법을 살펴봅시다.

> **문제5.7** α를 Q 위의 $\boldsymbol{n}$차 기약다항식 $\boldsymbol{f}(\boldsymbol{x})=0$의 해라 하자.
> $\{\alpha, \alpha^2, \cdots, \alpha^{n-1}, \alpha^n\}$은 $Q(\alpha)$의 기저이다.

$\{1, \alpha, \alpha^2, \cdots, \alpha^{n-1}\}$이 $\boldsymbol{Q}(\alpha)$의 기저임을 전제로 하여
$\{\alpha, \alpha^2, \cdots, \alpha^{n-1}, \alpha^n\}$도 $\boldsymbol{Q}(\alpha)$의 기저가 된다는 것을 증명하겠습니다.

먼저 $\alpha, \alpha^2, \cdots, \alpha^{n-1}, \alpha^n$이 $\boldsymbol{Q}$ 위에서 일차독립임을 확인하겠습니다.

$$a_1\alpha + a_2\alpha^2 + \cdots + a_{n-1}\alpha^{n-1} + a_n\alpha^n = 0$$

이라고 하면

$$\alpha(a_1 + a_2\alpha + \cdots + a_{n-1}\alpha^{n-2} + a_n\alpha^{n-1}) = 0$$

$$\alpha \neq 0\text{이므로 } a_1 + a_2\alpha + \cdots + a_{n-1}\alpha^{n-2} + a_n\alpha^{n-1} = 0$$

입니다. $1, \alpha, \alpha^2, \cdots, \alpha^{n-1}$이 기저라는 것에 의해 $a_1 = a_2 = \cdots = a_n = 0$이 됩니다. 이것으로부터 $\alpha, \alpha^2, \cdots, \alpha^{n-1}, \alpha^n$이 $\boldsymbol{Q}$ 위에서 일차독립이라는 것이 증명되었습니다.

다음으로 $\boldsymbol{Q}(\alpha)$의 임의의 원소가 $\alpha, \alpha^2, \cdots, \alpha^{n-1}, \alpha^n$의 일차결합의 형태로 나타난다는 것을 확인합시다.

n차 기약다항식 $f(x)$를 $f(x)=b_n x^n + b_{n-1}x^{n-1} + \cdots + b_1 x + 1$이라고 합시다. 상수항이 1이 아닌 경우는 상수배를 하여 상수항을 1이 되도록 합니다. α는 $f(x)=0$의 해이기 때문에

$$b_n\alpha^n + b_{n-1}\alpha^{n-1} + \cdots + b_1\alpha + 1 = 0$$

$$\therefore \quad 1 = -(b_n\alpha^n + b_{n-1}\alpha^{n-1} + \cdots + b_1\alpha) \cdots\cdots ①$$

상수항이 0일 때는 $f(x)$가 x로 나누어떨어져 처음부터 기약다항식이 아니다.

가 성립합니다. $\boldsymbol{Q}(\alpha)$의 임의의 원소는

$$a_0 + a_1\alpha + a_2\alpha^2 + \cdots + a_{n-1}\alpha^{n-1} \cdots\cdots ②$$

의 형태로 일의적으로 표현됩니다. ①을 이용해서 ②를 변형하면

$$\begin{aligned} & a_0 + a_1\alpha + a_2\alpha^2 + \cdots + a_{n-1}\alpha^{n-1} \\ &= -a_0(b_n\alpha^n + b_{n-1}\alpha^{n-1} + \cdots + b_1\alpha) + a_1\alpha + a_2\alpha^2 + \cdots + a_{n-1}\alpha^{n-1} \\ &= (a_1 - a_0 b_1)\alpha + (a_2 - a_0 b_2)\alpha^2 + \cdots + (a_{n-1} - a_0 b_{n-1})\alpha^{n-1} - a_0 b_n a^n \end{aligned}$$

이 되어 임의의 원소는 $\alpha, \alpha^2, \cdots, \alpha^{n-1}, \alpha^n$의 일차결합의 형태로 나타난다는 것을 알 수 있습니다.

따라서 $\{\alpha, \alpha^2, \cdots, \alpha^{n-1}, \alpha^n\}$은 $\boldsymbol{Q}(\alpha)$의 기저입니다. (문제5.7 끝)

여기에서 든 예는 하나의 예에 지나지 않습니다. $\boldsymbol{Q}(\alpha)$의 기저를 나타내는 방식은 수없이 많습니다. 그렇더라도 기저에 속해 있는 원소의 개수(**정리5.14**, **문제5.7**에서는 n개)는 $\boldsymbol{Q}(\alpha)$에 대해서 언제나 같습니다. 이것을 설명하기 위해 다시 선형대수의 일반론으로 돌아갑시다.

어떤 선형공간 V에 대해서 기저가 존재한다고 합시다. 기저에 속해 있는 원소의 개수를 선형공간 V의 차원(次元, dimension)이라 합니다.

평면이 2차원인 것은 평면벡터의 기저에 속해 있는 벡터가 2개이고, 공간이 3차원인 것은 공간벡터의 기저에 속해 있는 벡터가 3개이기 때문입니다.

평면과 공간을 고찰한 것으로부터 알 수 있듯이 기저가 되는 벡터의 집합을

나타내는 방법은 수없이 많습니다. 그렇지만 집합에 속해 있는 벡터의 개수는 일정합니다. 평면의 경우는 2개이고 공간의 경우는 3개입니다. 평면과 공간의 경우에 기저를 이루는 벡터의 개수가 일정하다는 것을 당연하다고 생각할지도 모르겠습니다. 그러나 Q의 확대체의 경우에 기저를 나타내는 방법에 상관없이, 기저에 속해 있는 원소의 개수가 일정하다는 것을 감각적으로 이해할 수 있는 것은 아닙니다. 기저를 나타내는 방법에 따라 기저에 속하는 원소의 개수가 달라져 버리면 V의 차원을 정의할 수 없기 때문에, 기저에 속해 있는 원소의 개수가 일정하다는 것은 선형공간의 중요한 성질입니다. 그래서 기저에 속해 있는 원소의 개수가 일정하다는 것을 일반론으로 증명하겠습니다.

정리5.15 선형공간의 차원

$\{v_1, v_2, \cdots, v_n\}$, $\{w_1, w_2, \cdots, w_m\}$이 모두 선형공간 V의 기저이면 $n = m$이다.

증명 먼저 $\{v_1, v_2, \cdots, v_n\}$ 중에서 v_n을 $\{w_1, w_2, \cdots, w_m\}$ 중의 하나와 바꿔서 기저가 되는 것을 보이겠습니다.

(1) **$\{v_1, v_2, \cdots, v_{n-1}, w_m\}$이 일차독립이라는 것**

$\{v_1, v_2, \cdots, v_n\}$에서 v_n을 제외한 $\{v_1, v_2, \cdots, v_{n-1}\}$은 **정리5.13**(기저의 완전성)에 의해 기저가 아닙니다. 그러나 **정리5.11 (4)**의 "일차독립인 벡터로 이루어진 집합의 부분집합은 일차독립이다"에 의해 일차독립입니다.

$\{v_1, v_2, \cdots, v_{n-1}\}$에 $\{w_1, w_2, \cdots, w_m\}$의 어느 하나의 원소를 추가하면, 이것이 일차독립인 원소의 집합이 되는 것을 확인합시다.

만일 $\{v_1, v_2, \cdots, v_{n-1}\}$에 $\{w_1, w_2, \cdots, w_m\}$의 어느 하나의 원소를 추가하여도 일차종속밖에 되지 않는다고 가정해 봅시다.

$\{v_1, v_2, \cdots, v_{n-1}\}$은 일차독립이고, 각 w_i를 추가한 $\{v_1, v_2, \cdots, v_{n-1}, w_i\}$가 일차종속이 된다고 하였으므로 **정리5.11 (2)**에 의해 각 w_i는 $\{v_1, v_2, \cdots, v_{n-1}\}$의 일차결합으로 나타나게 됩니다. $\{w_1, w_2, \cdots, w_m\}$이 기저이므로 V의 임의의 원소는 $\{w_1, w_2, \cdots, w_m\}$의 일차결합으로 나타납니다. 그 $w_1, w_2, \cdots, w_m$은 $\{v_1, v_2, \cdots, v_{n-1}\}$의 일차결합으로 표현되므로, 결국 V의 임의의 원소는 $\{v_1, v_2, \cdots, v_{n-1}\}$의 일차결합으로 표현됩니다.

이를테면 어떤 원소 v가 w_1과 w_2의 일차결합인 $v = 2w_1 + 3w_2$로 표현되고, w_1, w_2가 v_1, v_2의 일차결합이고 $w_1 = 4v_1 + 3v_2$, $w_2 = 3v_1 + 2v_2$로 표현된다면 $v = 2(4v_1 + 3v_2) + 3(3v_1 + 2v_2) = 17v_1 + 12v_2$가 됩니다.

정리5.11 (4)에 의해 $\{v_1, v_2, \cdots, v_{n-1}\}$은 일차독립이므로 $\{v_1, v_2, \cdots, v_{n-1}\}$은 기저가 됩니다. 그러나 이것은 $\{v_1, v_2, \cdots, v_n\}$이 기저라는 것의 완전성(**정리 5.13**)에 모순됩니다.

따라서 $\{w_1, w_2, \cdots, w_m\}$의 원소 중에는 $\{v_1, v_2, \cdots, v_{n-1}\}$에 추가하여 일차독립이 되게 하는 원소가 존재합니다. 추가하는 원소를 w_m이라고 하겠습니다. $\{v_1, v_2, \cdots, v_{n-1}, w_m\}$은 일차독립입니다.

(2) V의 임의의 원소가 $\{v_1, v_2, \cdots, v_{n-1}, w_m\}$의 일차결합으로 표현되는 것

$\{v_1, v_2, \cdots, v_n\}$은 기저이므로 w_m을 나타낼 수 있고

$$c_1 v_1 + c_2 v_2 + \cdots + c_{n-1} v_{n-1} + c_n v_n = w_m$$

이 됩니다. 만일 $c_n = 0$이라고 하면

$$c_1 v_1 + c_2 v_2 + \cdots + c_{n-1} v_{n-1} - w_m = 0$$

이 되어 $\{v_1, v_2, \cdots, v_{n-1}, w_m\}$이 일차독립이라는 것에 위배되므로 $c_n \neq 0$입니다. 따라서

$$v_n = -\frac{c_1}{c_n} v_1 - \frac{c_2}{c_n} v_2 - \cdots - \frac{c_{n-1}}{c_n} v_{n-1} + \frac{1}{c_n} w_m$$

이 식을 사용하면 $\{v_1, v_2, \cdots, v_n\}$의 일차결합으로 표현된 것은 $\{v_1, v_2, \cdots, v_{n-1}, w_m\}$의 일차결합으로 표현됩니다. V의 임의의 원소는 $\{v_1, v_2, \cdots, v_{n-1}, w_m\}$의 일차결합으로 나타납니다.

(1), (2)에 의해 $\{v_1, v_2, \cdots, v_{n-1}, w_m\}$은 기저가 됩니다.

이렇게 해서 두 기저 중에서 한 쪽의 임의의 원소를 다른 쪽의 적당한 원소와 바꿔도 기저가 된다는 것을 확인했습니다.

만일 $n < m$이라고 가정해 봅시다. 원소를 되풀이해서 교체하면 $\{v_1, v_2, \cdots, v_n\}$의 각 원소를 모두 $\{w_1, w_2, \cdots, w_m\}$의 어느 원소인가로 바꿀 수 있습니다. 교체하여 생긴 기저는 $\{w_1, w_2, \cdots, w_m\}$의 원소의 일부로 이루어진 것이 됩니다. 이것은 $\{w_1, w_2, \cdots, w_m\}$이 기저라는 것의 완전성에 위배됩니다. $n > m$일 때도 마찬가지로 모순이 됩니다.

따라서 $m = n$입니다. (증명 끝)

기저의 집합에 속해 있는 원소의 개수는 기저를 나타내는 방법에 상관없이 일정하다는 것을 증명하였습니다. 비로소 일반적인 선형공간에서 '차원'을 모순 없이 정의할 수 있습니다.

정의5.6 차원

선형공간 V의 기저에 속해 있는 원소의 개수가 유한할 때, 그 개수를 차원이라 한다.

다음 논법은 두 체가 일치할 때 이용하는 논법으로, 이 책에서 자주 이용하기 때문에 특별히 증명해 놓겠습니다.

정리5.16 선형공간의 일치

선형공간 V, V'이 있고 $V' \subset V$이다. 유한차원의 V, V'의 차원이 같을 때 $V = V'$이다.

증명 V, V'의 차원이 모두 n이라 하고 $\{v_1, v_2, \cdots, v_n\}$이 V'의 기저라고 하겠습니다.

$V' \subsetneq V$라고 가정하면 $v_{n+1} \in V$, $v_{n+1} \notin V'$이 되는 v_{n+1}이 존재합니다.

이 v_{n+1}은 $\{v_1, v_2, \cdots, v_n\}$의 일차결합의 형태로는 나타나지 않습니다. 그렇지 않고 만일 일차결합으로 나타난다고 하면 v_{n+1}이 V'의 원소가 되기 때문입니다. 이때 $\{v_1, v_2, \cdots, v_n, v_{n+1}\}$은 일차독립이 됩니다. 왜냐하면 만일 $\{v_1, v_2, \cdots, v_n\}$이 일차독립이고 $\{v_1, v_2, \cdots, v_n, v_{n+1}\}$이 일차종속이라 하면, **정리5.11 (2)**에 의해 v_{n+1}이 $\{v_1, v_2, \cdots, v_n\}$의 일차결합으로 나타나 모순이 되기 때문입니다.

$\{v_1, v_2, \cdots, v_n, v_{n+1}\}$의 일차결합으로 나타나는 모든 원소의 집합을 V_{n+1}이라고 합시다. 만일 이것이 V와 일치하면 $\{v_1, v_2, \cdots, v_n, v_{n+1}\}$은 V의 기저가 되고 V의 차원이 $n+1$이 되므로, V와 일치하지 않고 $V_{n+1} \subsetneq V$가 됩니다.

마찬가지로 $V_{n+1} \subsetneq V$이므로 $v_{n+2} \in V$, $v_{n+2} \notin V_{n+1}$이 되는 v_{n+2}이 존재합니다. V_{n+1}일 때와 마찬가지로 $\{v_1, v_2, \cdots, v_n, v_{n+1}, v_{n+2}\}$는 일차독립입니다. $\{v_1, v_2, \cdots, v_n, v_{n+1}, v_{n+2}\}$의 일차결합으로 나타나는 모든 원소의 집합을 V_{n+2}라고 합시다. 만일 이것이 V와 일치한다면 V의 차원이 $n+2$가 되므로 V와 일치하지 않고 $V_{n+2} \subsetneq V$가 됩니다.

이것을 되풀이하면 V의 원소의 무한집합 $\{v_1, v_2, \cdots\}$에서 어느 것들을 유한개 택하여도, 일차독립이 되는 것을 택하게 되어 V의 차원이 유한차원이라는 조건에 모순이 됩니다.

따라서 귀류법에 의해 $V' = V$라는 것이 증명되었습니다. (증명 끝)

5 방정식의 해를 포함하는 체

— 최소분해체 $\mathbf{Q}(\alpha_1, \alpha_2, \cdots, \alpha_n)$

$\mathbf{Q}(\sqrt{3})$을 방정식의 관점에서 바라봅시다.

$\mathbf{Q}(\sqrt{3})$은 $\mathbf{Q}$에 $\sqrt{3}$을 첨가하여 만든 체입니다. $\sqrt{3}$이라는 수에서 시작했는데 처음부터 유리수가 아닌 $\sqrt{3}$은 어디에서 나온 것일까요? 이것은 유리수 계수의 방정식 $x^2-3=0$의 해인 $x=\pm\sqrt{3}$에서 나온 것입니다. 그러므로 $\mathbf{Q}(\sqrt{3})$은 다음과 같이 바꿔 말할 수 있습니다.

$\mathbf{Q}(\sqrt{3})$은 $\mathbf{Q}$를 포함하고 $x^2-3=0$의 해를 포함하는 최소의 체이다.

방정식 $x^2-3=0$의 해는 $\pm\sqrt{3}$입니다. $\mathbf{Q}$에 $\sqrt{3}$을 첨가하고 사칙연산을 되풀이해서 만든 모든 수의 집합이 $\mathbf{Q}(\sqrt{3})$이기 때문에 $\mathbf{Q}(\sqrt{3})$은 해를 포함하는 최소의 체입니다.

또 x^2-3은 $\mathbf{Q}(\sqrt{3})$ 계수의 범위에서는

$$x^2-3=(x+\sqrt{3})(x-\sqrt{3})$$

으로 인수분해됩니다. 그러므로 $\mathbf{Q}(\sqrt{3})$은 이렇게도 말할 수 있습니다.

$\mathbf{Q}(\sqrt{3})$은 x^2-3이 1차식으로 인수분해될 수 있는 최소의 체이다.

이럴 때 $\mathbf{Q}(\sqrt{3})$은 $x^2-3=0$의 최소분해체(最小分解體, least splitting field)라고 합니다. 최소분해체의 정의를 확실히 해놓겠습니다.

정의5.7 **최소분해체**

$\mathbf{Q}$ 위의 다항식 $f(x)$가 $f(x)=(x-\alpha_1)(x-\alpha_2)\cdots(x-\alpha_n)$으로 인수분해된다고 한다. 이때 $Q(\alpha_1, \alpha_2, \cdots, \alpha_n)$을 $f(x)=0$의 최소분해체라 한다.

$\mathbf{Q}(\alpha)$의 기호와 마찬가지로, $\mathbf{Q}(\alpha_1, \alpha_2, \cdots, \alpha_n)$은 $\mathbf{Q}$와 $\alpha_1, \alpha_2, \cdots, \alpha_n$으로부

터 사칙연산에 의해 만들어지는 모든 수의 집합을 나타냅니다. 이것은 체가 됩니다. $\boldsymbol{Q}(\alpha_1, \alpha_2, \cdots, \alpha_n)$은 $\boldsymbol{Q}$의 확대체입니다.

대수학의 기본 정리에 의해 $\alpha_1, \alpha_2, \cdots, \alpha_n$은 복소수이므로 $\boldsymbol{Q}(\alpha_1, \alpha_2, \cdots, \alpha_n)$은 복소수체 $\boldsymbol{C}$에 포함됩니다.

또 $\boldsymbol{Q}(\alpha_1, \alpha_2, \cdots, \alpha_n)$은 $\boldsymbol{Q}$와 $\alpha_1, \alpha_2, \cdots, \alpha_n$을 포함하는 최소의 체라고 할 수 있습니다.

$f(x)$가 어떤 체 $\boldsymbol{L}$ 위에서 1차식으로 인수분해된다고 하면 $\alpha_1, \alpha_2, \cdots, a_n \in \boldsymbol{L}$입니다. $\boldsymbol{L}$은 $\boldsymbol{Q}$와 $\alpha_1, \alpha_2, \cdots, \alpha_n$으로부터 사칙연산으로 만들어진 수 전체, 곧 $\boldsymbol{Q}(\alpha_1, \alpha_2, \cdots, \alpha_n)$을 포함합니다. $\boldsymbol{Q}(\alpha_1, \alpha_2, \cdots, \alpha_n)$은 $f(x)$를 1차식으로 인수분해할 수 있는 어떠한 체 $\boldsymbol{L}$에도 포함되므로 $f(x)$가 인수분해되는 최소의 체입니다.

$f(x)$는 기약다항식이 아니어도 상관없습니다. 어쨌든 $f(x)=0$의 해를 모두 포함하고 있으면 됩니다. 그러므로 $x^2-3x+2=0$ $((x-1)(x-2)=0)$의 최소분해체라는 것도 생각할 수 있는데, 이것은 $\boldsymbol{Q}$입니다. 또 x^4-5x^2+6의 최소분해체는

$$
\begin{aligned}
x^4-5x^2+6 &= (x^2-2)(x^2-3) \\
&= (x+\sqrt{2})(x-\sqrt{2})(x+\sqrt{3})(x-\sqrt{3})
\end{aligned}
$$

으로부터 $\boldsymbol{Q}(\sqrt{2}, -\sqrt{2}, \sqrt{3}, -\sqrt{3})$입니다.

정의에 따라 다음을 확인해 봅시다.

> **문제5.8** $x^2-3=0$의 최소분해체는 $\boldsymbol{Q}(\sqrt{3})$임을 증명하시오.

정의에 따르면 $x^2-3=0$의 최소분해체는 $\boldsymbol{Q}(\sqrt{3}, -\sqrt{3})$입니다.
$\boldsymbol{Q}(\sqrt{3}, -\sqrt{3})=\boldsymbol{Q}(\sqrt{3})$임을 보입시다. 체를 만드는 방법으로부터
$\boldsymbol{Q}(\sqrt{3}, -\sqrt{3}) \supset \boldsymbol{Q}(\sqrt{3})$은 확실합니다. 한편

$-\sqrt{3} = \sqrt{3} \times (-1) \in \boldsymbol{Q}(\sqrt{3})$이므로 $\boldsymbol{Q}(\sqrt{3}, -\sqrt{3}) \subset \boldsymbol{Q}(\sqrt{3})$.

따라서 $\boldsymbol{Q}(\sqrt{3}, -\sqrt{3}) = \boldsymbol{Q}(\sqrt{3})$. (문제5.8 끝)

$\boldsymbol{Q}(\sqrt{3})$은 $x^2 - 3 = 0$의 최소분해체이기도 하지만 $x^2 - 2x - 11 = 0$의 최소분해체이기도 합니다.

$x^2 - 2x - 11 = 0$을 풀면 $x = 1 \pm 2\sqrt{3}$

$1 + 2\sqrt{3}$과 -1을 더하여 $1 + 2\sqrt{3} + (-1) = 2\sqrt{3}$을 구하고, 이것을 2로 나눠서 $\sqrt{3}$을 만들 수 있으므로 $\sqrt{3} \in \boldsymbol{Q}(1 + 2\sqrt{3},\ 1 - 2\sqrt{3})$이 되어

$$\boldsymbol{Q}(1 + 2\sqrt{3},\ 1 - 2\sqrt{3}) \supset \boldsymbol{Q}(\sqrt{3})$$

또 $1 + 2\sqrt{3}$과 $1 - 2\sqrt{3}$은 모두 $\boldsymbol{Q}(\sqrt{3})$에 속해 있기 때문에

$$\boldsymbol{Q}(1 + 2\sqrt{3},\ 1 - 2\sqrt{3}) \subset \boldsymbol{Q}(\sqrt{3})$$

따라서 $\boldsymbol{Q}(1 + 2\sqrt{3},\ 1 - 2\sqrt{3}) = \boldsymbol{Q}(\sqrt{3})$이므로 $\boldsymbol{Q}(\sqrt{3})$은 $x^2 - 2x - 11 = 0$의 최소분해체입니다.

이렇게 서로 다른 방정식이라도 최소분해체가 일치하는 경우가 있습니다.

또 $x^2 - 2x - 11 = 0$과 같이 $\sqrt{3}$의 유리수배를 한 것과 유리수를 더한 수를 첨가해도 $\boldsymbol{Q}(\sqrt{3})$과 같은 체가 된다는 것도 주의해 두십시오.

방정식의 해가 어떤 형태인지 살펴보기 위해서는 이 최소분해체의 대칭성을 살펴보는 것이 요점입니다. 이제부터 자기동형사상을 살펴보면서 구체적인 방정식의 최소분해체를 탐구해 가겠습니다. 3차방정식을 사용하여 최소분해체의 자기동형사상에 대해서 살펴봅시다.

문제5.9 $x^3 - 3x + 1 = 0$의 최소분해체를 구하시오.

$$x^3 - 3x + 1 = 0 \cdots\cdots ①$$

먼저 이 3차방정식을 풀어 보겠습니다. 이제부터 소개하는 풀이 방법은 일반

적인 3차방정식에는 통용되지 않는 풀이 방법입니다. 양해해 주기 바랍니다.

먼저 $x=2y$라고 변수를 바꿉니다. 이것을 ①에 대입하여 변형합니다.

$$(2y)^3-3(2y)+1=0 \qquad 8y^3-6y+1=0$$

$$4y^3-3y=-\frac{1}{2} \cdots\cdots ②$$

여기서 좌변을 보면 cos의 3배각 공식

$$4\cos^3\theta-3\cos\theta=\cos 3\theta$$

$\cos 3\theta=\cos(2\theta+\theta)$
$=\cos 2\theta\cos\theta-\sin 2\theta\sin\theta$
$=(2\cos^2\theta-1)\cos\theta-2\sin^2\theta\cos\theta$

와 비슷하다는 것을 알 수 있습니다. 그래서 $y=\cos\theta$라고 두면 ②는

$$4\cos^3\theta-3\cos\theta=-\frac{1}{2} \qquad \therefore \cos 3\theta=-\frac{1}{2}$$

일반각을 사용하여 나타내면

$$3\theta=120^\circ+360^\circ n \text{ 또는 } 240^\circ+360^\circ n \ (n\text{은 정수})$$

$$\theta=40^\circ+120^\circ n \text{ 또는 } 80^\circ+120^\circ n \ (n\text{은 정수})$$

이 됩니다. θ를 $0^\circ \leqq \theta < 360^\circ$의 범위에서 생각하면 $\theta=40^\circ, 80^\circ, 160^\circ, 200^\circ, 280^\circ, 320^\circ$가 됩니다. 오른쪽 그림과 같이 단위원 위에 이 편각들을 나타내 보면 알 수 있듯이, $\cos\theta$의 값은 3개입니다.

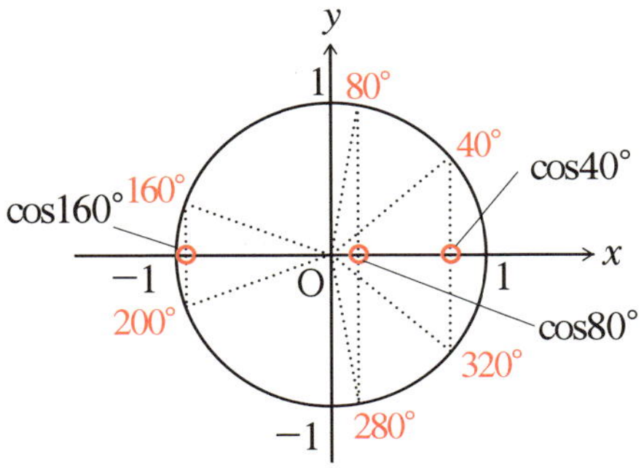

θ를 $0^\circ \leqq \theta \leqq 180^\circ$의 범위에서 생각하면 $\theta=40^\circ, 80^\circ, 160^\circ$가 됩니다.

곧, 방정식 $x^3-3x+1=0$의 해는 $x=2y=2\cos\theta$라고 변수를 바꾼 것이므로 $x=2\cos 40^\circ, 2\cos 80^\circ, 2\cos 160^\circ$로 3개가 됩니다. 이 해들을

$$\alpha=2\cos 40^\circ, \ \beta=2\cos 80^\circ, \ \gamma=2\cos 160^\circ$$

라고 둡시다.

$x^3-3x+1=0$의 최소분해체는 $\mathbf{Q}(\alpha, \beta, \gamma)$가 됩니다.

그렇더라도 실은

$$\boldsymbol{Q}(\alpha, \beta, \gamma) = \boldsymbol{Q}(\alpha)$$

가 됩니다. 이렇게 말할 수 있는 것도 $\cos 80°$, $\cos 160°$는 $\cos 40°$를 이용해서 나타낼 수 있기 때문입니다. 실제로 배각 공식을 이용하여

$\cos 2\theta = 2\cos^2\theta - 1$

$$\beta = 2\cos 80° = 2(2\cos^2 40° - 1) = (2\cos 40°)^2 - 2 = \alpha^2 - 2$$

$$\gamma = 2\cos 160° = 2(2\cos^2 80° - 1) = (2\cos 80°)^2 - 2$$

$$= \beta^2 - 2 = (\alpha^2 - 2)^2 - 2$$

$\beta = \alpha^2 - 2$
$\gamma = \beta^2 - 2$

이것으로부터 $\boldsymbol{Q}(\alpha, \beta, \gamma) \subset \boldsymbol{Q}(\alpha)$라 할 수 있습니다. 원래 $\boldsymbol{Q}(\alpha, \beta, \gamma) \supset \boldsymbol{Q}(\alpha)$이므로 $\boldsymbol{Q}(\alpha, \beta, \gamma) = \boldsymbol{Q}(\alpha)$가 됩니다. 결국 최소분해체는 $\boldsymbol{Q}$에 α만 첨가하면 만들어지는 체라는 것을 알 수 있습니다. (문제5.9 끝)

이제부터 $\boldsymbol{Q}(\alpha)$의 구조를 살펴봅시다.

먼저 다음 내용을 확인하겠습니다.

문제5.10 $x^3 - 3x + 1$은 $\boldsymbol{Q}$ 위의 기약다항식임을 증명하시오.

만일 기약다항식이 아니라고 하면 정수 계수의 범위에서

$$x^3 - 3x + 1 = (x^2 + ax + b)(x + c)$$

로 인수분해됩니다. 2차 이하의 계수를 비교하면

$$0 = a + c,\ \ ac + b = -3,\ \ bc = 1$$

가장 끝에 있는 식으로부터 $(b, c) = (1, 1)$이거나 $(-1, -1)$이지만, 어느 경우든 위의 등식을 만족시키는 정수 a는 없습니다. 따라서 $x^3 - 3x + 1$은 $\boldsymbol{Z}$ 위의 기약다항식이고 **정리3.3**에 의해 $\boldsymbol{Q}$ 위의 기약다항식입니다. (문제5.10 끝)

$x^3 - 3x + 1$이 기약다항식임을 확인했으므로 **정리5.14**에 의해 $\boldsymbol{Q}(\alpha)$는 $\boldsymbol{Q}$ 위

의 선형공간이고 $\{1, \alpha, \alpha^2\}$이 기저가 됩니다. $\boldsymbol{Q}(\alpha)$의 원소는 $a\alpha^2 + b\alpha + c$ (a, b, c는 유리수)라는 단 한 가지의 형태로 나타납니다. $\boldsymbol{Q}(\alpha)$는 $\boldsymbol{Q}$의 3차 확대체이고 $[\boldsymbol{Q}(\alpha) : \boldsymbol{Q}] = 3$입니다.

이제까지는 $\alpha = 2\cos 40°$를 주역으로 발탁하여 $\boldsymbol{Q}(\alpha, \beta, \gamma)$를 이야기해 왔는데 $\beta = 2\cos 80°$를 주역으로 삼아 이야기할 수도 있습니다.

$$\gamma = 2\cos 160° = 2(2\cos^2 80° - 1) = (2\cos 80°)^2 - 2 = \beta^2 - 2$$

$\gamma = \beta^2 - 2$

$$\alpha = 2\cos 40° = 2\cos 320° = 2(2\cos^2 160° - 1)$$
$$= (2\cos 160°)^2 - 2 = \gamma^2 - 2 = (\beta^2 - 2)^2 - 2$$

$\alpha = \gamma^2 - 2$

라고, γ와 α도 β를 이용해서 쓸 수 있으므로

$$\boldsymbol{Q}(\alpha, \beta, \gamma) \subset \boldsymbol{Q}(\beta)$$

원래 $\boldsymbol{Q}(\alpha, \beta, \gamma) \supset \boldsymbol{Q}(\beta)$이기 때문에 $\boldsymbol{Q}(\alpha, \beta, \gamma) = \boldsymbol{Q}(\beta)$가 됩니다. 마찬가지로 $\boldsymbol{Q}(\alpha, \beta, \gamma) = \boldsymbol{Q}(\gamma)$가 증명됩니다.

곧,

$$\boldsymbol{Q}(\alpha, \beta, \gamma) = \boldsymbol{Q}(\alpha) = \boldsymbol{Q}(\beta) = \boldsymbol{Q}(\gamma)$$

가 성립합니다.

결국 $\boldsymbol{Q}(\alpha, \beta, \gamma)$의 원소는 $a\alpha^2 + b\alpha + c$(a, b, c는 유리수)의 형태라 해도, $a\beta^2 + b\beta + c$(a, b, c는 유리수)의 형태라 해도, $a\gamma^2 + b\gamma + c$(a, b, c는 유리수)의 형태라 해도 오직 한 가지로 표현됩니다. 곧, 선형대수의 언어로 말한다면 $\boldsymbol{Q}$ 위의 선형공간 $\boldsymbol{Q}(\alpha, \beta, \gamma)$의 기저는 $\{1, \alpha, \alpha^2\}$으로 나타낼 수도 있고, $\{1, \beta, \beta^2\}$이나 $\{1, \gamma, \gamma^2\}$으로도 나타낼 수도 있다는 것입니다.

$x^3 - 3x + 1 = 0$의 최소분해체 $\boldsymbol{Q}(\alpha, \beta, \gamma)$를 자기동형사상을 통해서 살펴본다는 이야기로 돌아갑니다.

σ를 $\boldsymbol{Q}(\alpha, \beta, \gamma)=\boldsymbol{Q}(\alpha)$에 작용하는 동형사상이라고 하겠습니다.

α, β, γ는 $x^3-3x+1=0$의 해이므로, σ에 의해 α가 대응하는 상 $\sigma(\alpha)$로는 **정리5.7**에 의해 α, β, γ 세 가지를 생각할 수 있습니다.

이 중에서 $\sigma(\alpha)=\beta$라고 정의합시다. 그러면 **정리5.9**에 의해 σ는 $\boldsymbol{Q}(\alpha)$에서 $\boldsymbol{Q}(\beta)$로 가는 동형사상이 됩니다.

이 예에서는 $\boldsymbol{Q}(\alpha, \beta, \gamma)=\boldsymbol{Q}(\alpha)=\boldsymbol{Q}(\beta)$이기 때문에 σ는 $\boldsymbol{Q}(\alpha, \beta, \gamma)$의 자기동형사상이 되고 있습니다. 처음에는 σ를 자기동형사상으로 하지는 않았는데 결과적으로는 자기동형사상이 되었습니다.

$\sigma(\alpha)=\beta$로 정의된 동형사상이 $\boldsymbol{Q}(\alpha)$에서 $\boldsymbol{Q}(\alpha)$로 가는 자기동형사상이 되는 것은 $\sigma(\alpha)=\beta=\alpha^2-2$이어서 $\sigma(\alpha)$가 $\boldsymbol{Q}(\alpha)$의 원소가 되는 것에서도 확인할 수 있습니다. $\sigma(\alpha)$가 $\boldsymbol{Q}(\alpha)$의 원소이면 $\boldsymbol{Q}(\alpha)$의 모든 원소에 대해서 σ에 의해 대응하는 상은 $\boldsymbol{Q}(\alpha)$의 원소가 됩니다. 실제로 $\boldsymbol{Q}(\alpha)$의 원소가 $a\alpha^2+b\alpha+c$라고 쓰여 있으면 **정리5.6**에 의해

$\sigma(f(\alpha))=f(\sigma(\alpha))=f(\beta)$

$$\begin{aligned}\sigma(a\alpha^2+b\alpha+c)&=a\{\sigma(\alpha)\}^2+b\sigma(\alpha)+c\\&=a(\alpha^2-2)^2+b(\alpha^2-2)+c\end{aligned}$$

가 되어 확실히 $\boldsymbol{Q}(\alpha)$의 원소가 됩니다.

이 사실로부터 $\boldsymbol{Q}(\beta)\subset\boldsymbol{Q}(\alpha)$임을 알 수 있습니다.

$\boldsymbol{Q}(\alpha)$와 $\boldsymbol{Q}(\beta)$는 모두 $\boldsymbol{Q}$ 위의 3차 선형공간이므로 **정리5.16**에 의해 $\boldsymbol{Q}(\alpha)=\boldsymbol{Q}(\beta)$가 되어 σ는 $\boldsymbol{Q}(\alpha)$의 자기동형사상이 됩니다.

여기서 기술한 것은 이제부터 단순확대체 $\boldsymbol{Q}(\alpha)$의 자기동형사상을 살펴보는 데에 중요한 기법이 되므로, **정리 5.17**로 갈무리해 두겠습니다.

정리5.17 **동형사상이 자기동형사상이 되는 조건**

$\boldsymbol{Q}(\alpha)$에 작용하는 동형사상 σ에 대해서 $\sigma(\alpha)$가 $\boldsymbol{Q}(\alpha)$에 속할 때, σ는 $\boldsymbol{Q}(\alpha)$의 자기동형사상이 된다.

증명 $\sigma(\alpha)=\beta$라고 하면 **정리5.9**에 의해 $\sigma(\alpha)=\beta$를 만족시키는 $\mathbf{Q}(\alpha)$에서 $\mathbf{Q}(\beta)$로 가는 동형사상 σ가 존재합니다.

$\mathbf{Q}(\alpha)$가 n차 확대체라고 하면 $\mathbf{Q}(\alpha)$의 임의의 원소는 α의 $n-1$차 이하의 다항식 $f(x)$에 의해 $f(\alpha)$로 표현됩니다.

$\sigma(\alpha)$가 $\mathbf{Q}(\alpha)$의 원소이므로 $\sigma(\alpha)$는 $n-1$차 이하의 다항식 $g(x)$에 의해 $\sigma(\alpha)=g(\alpha)$로 표현됩니다. σ에 의해$\mathbf{Q}(\alpha)$의 임의의 원소 $f(\alpha)$를 옮기면

$$\sigma(f(\alpha))=f(\sigma(\alpha))=f(g(\alpha))$$

라는 α의 다항식이 되어 $\mathbf{Q}(\alpha)$의 원소가 됩니다. 이것으로부터 $\mathbf{Q}(\alpha)\supset\mathbf{Q}(\beta)$임을 알 수 있습니다. $\mathbf{Q}(\alpha)$와 $\mathbf{Q}(\beta)$는 모두 $\mathbf{Q}$ 위의 n차 선형공간이므로 **정리 5.16**에 의해 $\mathbf{Q}(\alpha)=\mathbf{Q}(\beta)$입니다. σ는 $\mathbf{Q}(\alpha)$에서 $\mathbf{Q}(\alpha)$로 가는 동형사상이고 $\mathbf{Q}(\alpha)$의 자기동형사상이 됩니다. (증명 끝)

그런데 $\sigma(\alpha)=\beta$가 되는 자기동형사상은 β를 어떤 상으로 대응시킬까요? $\alpha(\beta)$를 구해 봅시다.

$\sigma(\alpha)=\beta=\alpha^2-2$이므로 354쪽의 위

$$\sigma(\beta)=\sigma(\alpha^2-2)=\{\sigma(\alpha)\}^2-2=\beta^2-2=\gamma$$ 354쪽의 위

$$\sigma(\gamma)=\sigma(\beta^2-2)=\{\sigma(\beta)\}^2-2=\gamma^2-2=\alpha$$ 355쪽

α에 σ를 세 번 시행하면 원래대로 돌아옵니다.

σ를 시행할 때마다 $\alpha\to\beta\to\gamma\to\alpha\cdots$로 순환하게 됩니다.

이것은 $\mathbf{Q}(\alpha)$의 임의의 원소에 σ를 3회 시행하면 원래대로 돌아온다는 것을 의미합니다. $\mathbf{Q}(\alpha,\beta,\gamma)$에 σ가 작용하는 상황을 그림으로 나타내면 다음과 같습니다. $\mathbf{Q}(\alpha,\beta,\gamma)$의 항등함수를 e라고 하면 $\sigma^3=e$라고 할 수 있습니다.

σ에 의해 α,β,γ를 옮기면 각각 α^2-2, β^2-2, γ^2-2와 같은 다항식이 되는 점도 재미있네요. $\mathbf{Q}(\alpha)$, $\mathbf{Q}(\beta)$, $\mathbf{Q}(\gamma)$는 동형이므로 σ를 시행한 것을 식

으로 나타내면 같은 다항식이 된다는 것입니다. 단, 주의해야 할 것은 σ가 다항 함수는 아니라는 점입니다. 체의 임의의 원소 x에 대해서 $\sigma(x)=x^2-2$가 되지는 않습니다. 이를테면 $\sigma(1)=1\neq 1^2-2$가 되어 성립하지 않습니다.

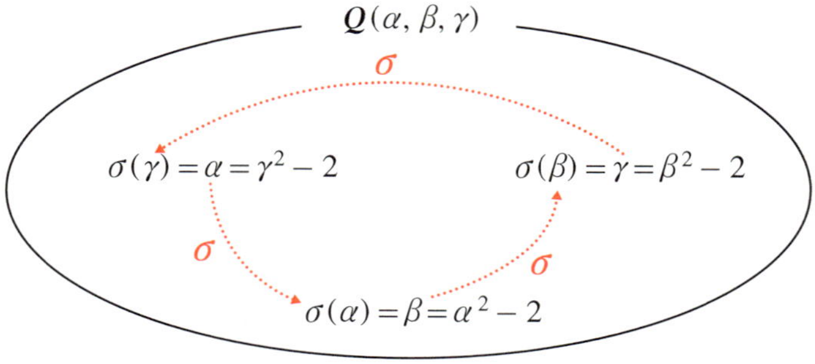

306쪽의 자기동형사상 σ가 앞면의 세계와 뒷면의 세계를 중개하는 역할을 하고 있다고 언급했는데, 이 예의 자기동형사상 σ는 3개의 평행한 세계 $\boldsymbol{Q}(\alpha)$, $\boldsymbol{Q}(\beta)$, $\boldsymbol{Q}(\gamma)$를 중개하는 역할을 하고 있습니다.

서로 비추도록 정확히 120°의 각이 되도록 벌려서 세워 둔 두 거울 사이의 한가운데 서서 바라보는 관점이라고나 할까요.

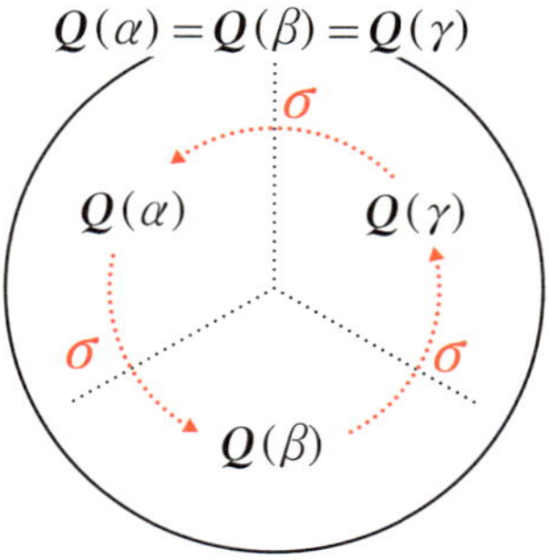

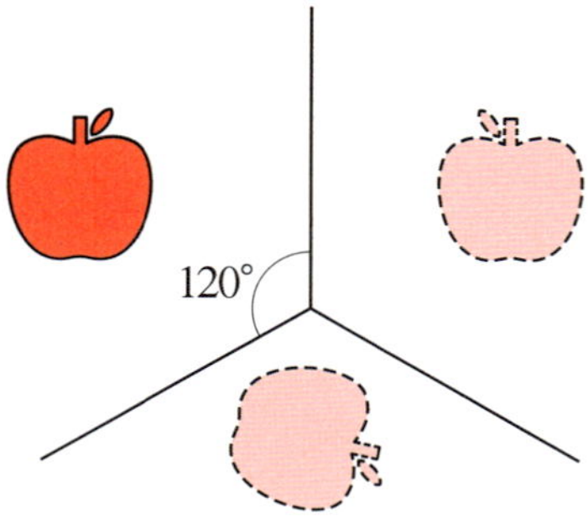

$x^3-3x+1=0$의 최소분해체 $\boldsymbol{Q}(\alpha, \beta, \gamma)$는 $\boldsymbol{Q}(\alpha)$의 측면도 있고, $\boldsymbol{Q}(\beta)$의 측면도 있고, $\boldsymbol{Q}(\gamma)$의 측면도 있습니다.

위에서는 σ가 원소를 대응시키는 상황을 α, β, γ를 이용해서 나타냈습니다.

$\boldsymbol{Q}(\alpha)$의 원소는 모두 $a\alpha^2+b\alpha+c$의 형태로 쓸 수 있으므로 α에 σ를 시행해서 $\alpha\to\beta\to\gamma\to\alpha$로 순환하는 모습을 $a\alpha^2+b\alpha+c$의 형태로 뒤따라가 보면

$$\sigma(\alpha)=\alpha^2-2$$

$$\begin{aligned}\sigma(\sigma(\alpha))&=\sigma(\alpha^2-2)=\{\sigma(\alpha)\}^2-2=(\alpha^2-2)^2-2\\&=\alpha^4-4\alpha^2+2\\&=\alpha(\underbrace{\alpha^3-3\alpha+1}_{=0})-\alpha^2-\alpha+2\\&=-\alpha^2-\alpha+2\end{aligned}$$

차수를 낮추는 요령입니다. x^4-4x^2+2를 x^3-3x+1로 나누면 몫이 x, 나머지는 $-x^2-x+2$

$$\begin{aligned}\sigma(\sigma(\sigma(\alpha)))&=\sigma(-\alpha^2-\alpha+2)=-\{\sigma(\alpha)\}^2-\sigma(\alpha)+2\\&=-(\alpha^2-2)^2-(\alpha^2-2)+2=-\alpha^4+3\alpha^2\\&=-\alpha(\underbrace{\alpha^3-3\alpha+1}_{=0})+\alpha\\&=\alpha\end{aligned}$$

차수 낮추기

가 됩니다. 확실히 $\sigma^3=e$가 되는 것을 $a\alpha^2+b\alpha+c$의 형태에서도 확인할 수 있습니다.

α에 σ를 2회 시행하면 γ가 됩니다. σ를 두 번 시행하는 것을 σ^2이라고 쓰기로 합니다. 곧, $\sigma^2(\alpha)$는 $\sigma(\sigma(\alpha))$라는 의미입니다. 자기동형사상은 두 번 시행하여도 자기동형사상이 되기 때문에 σ^2을 하나의 자기동형사상이라 봅니다. $\sigma^2(\alpha)=\gamma$이었습니다.

$\boldsymbol{Q}(\alpha)$에 작용하는 동형사상은 **정리5.10**에 의해 3개입니다. α가 대응하는 상으로 α, β, γ 세 가지를 생각할 수 있습니다.

$$e(\alpha)=\alpha,\ \ \sigma(\alpha)=\beta,\ \ \sigma^2(\alpha)=\gamma$$

입니다. α, β, γ는 $\boldsymbol{Q}(\alpha)$의 원소이므로 **정리5.17**에 의해 e, σ, σ^2은 $\boldsymbol{Q}(\alpha)$의 자기동형사상입니다. 결국 $\boldsymbol{Q}(\alpha, \beta, \gamma)$의 자기동형사상은 e, σ, σ^2 3개입니다.

위에서 '자기동형사상을 두 번 시행해도 자기동형사상'이라고 슬쩍 언급했습니다. 이것은 다음과 같이 정리됩니다. 증명도 해놓겠습니다.

정리5.18 **자기동형사상의 곱도 자기동형사상**

σ, τ를 체 $\boldsymbol{K}$의 자기동형사상이라 한다. $\boldsymbol{K}$의 원소 α에 대해 $\sigma\tau$를

$\sigma\tau(\alpha)=\sigma(\tau(\alpha))$라고 정의하면 $\sigma\tau$도 자기동형사상이다.

증명 **정의5.2**의 조건을 만족시키고 있는지 확인해 봅시다.

σ가 $\boldsymbol{K}$에서 $\boldsymbol{K}$로 가는 일대일 대응이고 τ이 $\boldsymbol{K}$에서 $\boldsymbol{K}$로 가는 일대일 대응이므로, 합성함수 $\sigma\tau$도 $\boldsymbol{K}$에서 $\boldsymbol{K}$로 가는 일대일 대응이 됩니다.

$\boldsymbol{K}$의 임의의 원소 α, β에 관하여

$$\begin{aligned}\sigma\tau(\alpha+\beta)&=\sigma(\tau(\alpha+\beta))=\sigma(\tau(\alpha)+\tau(\beta))\\&=\sigma(\tau(\alpha))+\sigma(\tau(\beta))=\sigma\tau(\alpha)+\sigma\tau(\beta)\end{aligned}$$

이므로 덧셈에 대해서 성립합니다. 또

$$\begin{aligned}\sigma\tau(\alpha\beta)&=\sigma(\tau(\alpha\beta))=\sigma(\tau(\alpha)\tau(\beta))\\&=\sigma(\tau(\alpha))\sigma(\tau(\beta))=\sigma\tau(\alpha)\sigma\tau(\beta)\end{aligned}$$

이므로 곱셈에 대해서 성립합니다.

$\sigma\tau$는 **정의5.2**의 조건을 만족시키므로 $\boldsymbol{K}$의 자기동형사상입니다. (증명 끝)

σ와 τ의 합성함수 $\sigma\tau$는 자기동형사상 σ, τ의 곱이라 생각할 수 있습니다. 이 곱을 다음과 같이 말할 수 있습니다.

정리5.19 **자기동형군**

체 $\boldsymbol{K}$의 자기동형사상은 **정리5.18**의 곱에 대해서 군이 된다. 이 군을 체 $\boldsymbol{K}$의 자기동형군(自己同型群, automorphism group)이라 한다.

증명 자기동형사상 σ, τ, ν와 체 $\boldsymbol{K}$의 원소에 대해서

$$((\sigma\tau)\nu)(\alpha) = \sigma\tau(\nu(\alpha)) = \sigma(\tau(\nu(\alpha))) = \sigma(\tau\nu(\alpha)) = (\sigma(\tau\nu))(\alpha)$$

이므로 $(\sigma\tau)\nu = \sigma(\tau\nu)$가 되어 이 곱에 관해서 결합법칙이 성립합니다.

체 $\boldsymbol{K}$의 항등사상 e는 자기동형사상입니다.

임의의 K의 원소 x에 대해서 $e(x) = x$

$$\sigma e(\alpha) = \sigma(e(\alpha)) = \sigma(\alpha) = e(\sigma(\alpha)) = e\sigma(\alpha)$$

이므로 $\sigma e = e\sigma = \sigma$가 되어 e는 자기동형사상의 곱에 관해서 항등원이 됩니다.

자기동형사상 σ는 일대일 대응이므로 역함수 σ^{-1}이 있습니다. 이것이 자기동형사상이 되는 것부터 확인합시다.

$\sigma^{-1}(\alpha + \beta)$와 $\sigma^{-1}(\alpha) + \sigma^{-1}(\beta)$를 비교합니다. 둘에 모두 σ를 작용시키면

$$\sigma(\sigma^{-1}(\alpha + \beta)) = \alpha + \beta,$$

$$\sigma(\sigma^{-1}(\alpha) + \sigma^{-1}(\beta)) = \sigma(\sigma^{-1}(\alpha)) + \sigma(\sigma^{-1}(\beta)) = \alpha + \beta$$

입니다. σ는 일대일 함수이고 σ에 의해 대응하는 상이 일치하므로

$\sigma^{-1}(\alpha + \beta) = \sigma^{-1}(\alpha) + \sigma^{-1}(\beta)$가 됩니다.

곱셈에 대해서도 마찬가지로

$$\sigma(\sigma^{-1}(\alpha\beta)) = \alpha\beta$$

$$\sigma(\sigma^{-1}(\alpha)\sigma^{-1}(\beta)) = \sigma(\sigma^{-1}(\alpha))\sigma(\sigma^{-1}(\beta)) = \alpha\beta$$

가 성립하므로 $\sigma^{-1}(\alpha\beta) = \sigma^{-1}(\alpha)\sigma^{-1}(\beta)$가 됩니다.

σ^{-1}은 **정의5.2**의 조건을 만족시키므로 자기동형사상입니다.

$$\sigma^{-1}\sigma(\alpha) = \sigma^{-1}(\sigma(\alpha)) = \alpha, \quad \sigma\sigma^{-1}(\alpha) = \sigma(\sigma^{-1}(\alpha)) = \alpha$$

이므로 $\sigma^{-1}\sigma = \sigma\sigma^{-1} = e$가 되어 σ^{-1}는 σ의 역원입니다.

그러므로 체 $\boldsymbol{K}$의 자기동형사상은 **정리5.18**과 같이 정의된 곱에 대해서 군이 됩니다. (증명 끝)

$x^3 - 3x + 1 = 0$의 최소분해체 $\boldsymbol{Q}(\alpha)$의 자기동형사상은 $e(=\sigma^3)$, σ, σ^2으로 3개입니다. σ를 세 번 시행하면 항등함수 e와 같아지므로 $\boldsymbol{Q}(\alpha)$의 자기동형군

은 위수 3인 순환군 C_3과 동형이 됩니다.

일반적으로 $f(x)=0$의 최소분해체에 관한 자기동형군을 $f(x)$의 갈루아군 (Galois group)이라 합니다. 최소분해체를 $\boldsymbol{Q}(\alpha_1, \alpha_2, \cdots, \alpha_n)$이라고 하면 $\mathrm{Gal}(\boldsymbol{Q}(\alpha_1, \alpha_2, \cdots, \alpha_n)/\boldsymbol{Q})$라 표현합니다. Gal은 *Galois*(갈루아)의 철자에서 따온 것입니다. 이 예에서는

$$\mathrm{Gal}(\boldsymbol{Q}(\alpha)/\boldsymbol{Q}) = \{e, \sigma, \sigma^2\}$$

입니다. $x^3-3x+1=0$의 갈루아군 $\mathrm{Gal}(\boldsymbol{Q}(\alpha)/\boldsymbol{Q})$에서 $\mathbf{Z}/3\mathbf{Z}$로 가는 함수 η를

$$\begin{array}{rcl} \eta : \mathrm{Gal}(\boldsymbol{Q}(\alpha)/\boldsymbol{Q}) & \longrightarrow & \mathbf{Z}/3\mathbf{Z} \\ \sigma^i & \longmapsto & \bar{i} \end{array}$$

로 대응시키면 η는 군의 동형사상이 됩니다. 만약을 위해 연산표를 작성해 놓겠습니다. 다음과 같습니다.

$\bullet$	e	σ	σ^2
e	e	σ	σ^2
σ	σ	σ^2	e
σ^2	σ^2	e	σ

$\mathrm{Gal}(\boldsymbol{Q}(\alpha)/\boldsymbol{Q})$의 곱셈표

$+$	$\bar{0}$	$\bar{1}$	$\bar{2}$
$\bar{0}$	$\bar{0}$	$\bar{1}$	$\bar{2}$
$\bar{1}$	$\bar{1}$	$\bar{2}$	$\bar{0}$
$\bar{2}$	$\bar{2}$	$\bar{0}$	$\bar{1}$

$\mathbf{Z}/3\mathbf{Z}$의 덧셈표

$x^2-3=0$일 때에는 좀 맥빠지는 예 같아서 말하지 못했지만 $x^2-3=0$의 최소분해체의 자기동형군, 곧 갈루아군 $\mathrm{Gal}(\boldsymbol{Q}(\sqrt{3})/\boldsymbol{Q})$는 위수가 2인 순환군 C_2와 동형이 됩니다.

$$\mathrm{Gal}(\boldsymbol{Q}(\sqrt{3})/\boldsymbol{Q}) = \{e, \sigma\}$$

이 σ는 $\sigma(\sqrt{3})=-\sqrt{3}$이 되는 것입니다. $\sigma^2=e$가 되므로 자기동형군은 위수가 2인 순환군 C_2와 동형입니다.

갈루아군을 살펴봄으로써 방정식의 해의 대칭성을 살펴볼 수 있는 것입니다.

6 4차방정식의 예

— 중간체

4차방정식의 예를 살펴봅시다.

문제5.11 $x^4-4x^2+2=0$의 최소분해체, 갈루아군을 구하시오.

먼저 방정식을 풀어 봅시다.

$$x^4-4x^2+2=0 \qquad \therefore \quad (x^2-2)^2-2=0$$

$$(x^2-2)^2=2 \qquad \therefore \quad x^2-2=\pm\sqrt{2}$$

두 가지 경우로 나누겠습니다.

(i) $x^2-2=\sqrt{2} \qquad x^2=2+\sqrt{2} \qquad x=\pm\sqrt{2+\sqrt{2}}$

(ii) $x^2-2=-\sqrt{2} \qquad x^2=2-\sqrt{2} \qquad x=\pm\sqrt{2-\sqrt{2}}$

4차방정식이므로 4개의 해가 구해졌습니다. 이 4개의 해를

$$\alpha=\sqrt{2+\sqrt{2}},\ \beta=-\sqrt{2+\sqrt{2}},\ \gamma=\sqrt{2-\sqrt{2}},\ \delta=-\sqrt{2-\sqrt{2}}$$

라고 놓읍시다. 이 방정식의 최소분해체는 $\boldsymbol{Q}(\alpha, \beta, \gamma, \delta)$입니다. 이 최소분해체는 $\boldsymbol{Q}$에 지금 구한 해 중에서 어느 하나를 첨가해서 만들 수 있습니다. 곧,

$$\boldsymbol{Q}(\alpha, \beta, \gamma, \delta)=\boldsymbol{Q}(\alpha)=\boldsymbol{Q}(\beta)=\boldsymbol{Q}(\gamma)=\boldsymbol{Q}(\delta)$$

가 됩니다. 확인해 봅시다.

$\boldsymbol{Q}(\alpha, \beta, \gamma, d)\supset\boldsymbol{Q}(\alpha)$이므로 $\boldsymbol{Q}(\alpha, \beta, \gamma, d)\subset\boldsymbol{Q}(\alpha)$인지를 알아보겠습니다. 이를 위해 β, γ, δ가 α와 유리수의 사칙연산으로 만들어진다는 것을 증명하면 됩니다.

$$\beta=-\sqrt{2+\sqrt{2}}=-\alpha$$

$\alpha\gamma=\sqrt{2+\sqrt{2}}\sqrt{2-\sqrt{2}}=\sqrt{2^2-2}=\sqrt{2}$와 $\alpha^2=2+\sqrt{2}$에 의해

$$\alpha\gamma=\alpha^2-2 \qquad \therefore \quad \gamma=\frac{\alpha^2-2}{\alpha}$$

$$\delta=-\sqrt{2-\sqrt{2}}=-\gamma=-\frac{\alpha^2-2}{\alpha}$$

와 같이 β, γ, δ를 α와 유리수의 사칙연산으로 나타낼 수 있으므로 $\boldsymbol{Q}(\alpha, \beta, \gamma, \delta) \subset \boldsymbol{Q}(\alpha)$가 성립합니다.

따라서 $\boldsymbol{Q}(\alpha, \beta, \gamma, \delta)=\boldsymbol{Q}(\alpha)$입니다.

$\boldsymbol{Q}(\beta), \boldsymbol{Q}(\gamma), \boldsymbol{Q}(\delta)$에 대해서도 마찬가지로 증명할 수 있습니다.

x^4-4x^2+2는 상수항이 2로 나누어떨어지지만 4로는 나누어떨어지지 않으며, 1차, 2차, 3차 항의 계수가 2로 나누어떨어지고, 4차 항의 계수가 2로 나누어떨어지지 않습니다. 그러므로 이것은 아이젠슈타인의 판정법(**정리3.4**)에 의해 $\boldsymbol{Z}$ 위의 기약다항식이고, **정리3.3**에 의해 $\boldsymbol{Q}$ 위의 기약다항식입니다.

정리5.3에 의해 $\boldsymbol{Q}(\alpha, \beta, \gamma, \delta)=\boldsymbol{Q}(\alpha)$의 원소는 $a\alpha^3+b\alpha^2+c\alpha+d$($a, b, c, d$는 유리수)의 한 가지 형태로만 나타납니다. $[\boldsymbol{Q}(\alpha):\boldsymbol{Q}]=4$입니다.

다음으로 갈루아군을 알아봅시다.

σ를 $\boldsymbol{Q}(\alpha)$에 작용하는 동형사상이라고 합시다. **정리5.7**에 의해 동형사상은 방정식의 해를 켤레인 해로 대응시킵니다. $x^4-4x^2+2=0$의 해는 $\alpha, \beta, \gamma, \delta$이므로, α가 σ에 의해 대응되는 상 $\sigma(\alpha)$는 $\alpha, \beta, \gamma, \delta$라는 네 가지를 생각할 수 있습니다.

$\sigma(\alpha)=\gamma$라고 합시다. γ는 $\boldsymbol{Q}(\alpha)$의 원소이므로 **정리5.17**에 의해 σ는 $\boldsymbol{Q}(\alpha)$의 자기동형사상이 됩니다. 이때 $\sigma(\beta), \sigma(\gamma), \sigma(\delta)$가 어느 것에 대응하는지를 살펴보겠습니다.

준비가 조금 필요합니다. 먼저 $\beta=-\alpha, \gamma=-\delta$라고 두겠습니다.

$$\sigma(2+\sqrt{2})=\sigma\left(\left(\sqrt{2+\sqrt{2}}\right)^2\right)=\sigma(\alpha^2)=\sigma(\alpha)\sigma(\alpha)=\gamma\cdot\gamma$$
$$=\sqrt{2-\sqrt{2}}\sqrt{2-\sqrt{2}}=2-\sqrt{2}$$

이것에 의해 $2+\sigma(\sqrt{2})=2-\sqrt{2}$. 따라서 $\sigma(\sqrt{2})=-\sqrt{2}$

$$\alpha\gamma=\sqrt{2+\sqrt{2}}\ \sqrt{2-\sqrt{2}}\ =\sqrt{2}$$ 이므로 $\gamma=\dfrac{\sqrt{2}}{\alpha}$

$$\sigma(\gamma)=\sigma\left(\frac{\sqrt{2}}{\alpha}\right)=\frac{\sigma(\sqrt{2})}{\sigma(\alpha)}=\frac{-\sqrt{2}}{\gamma}=-\alpha=\beta$$

$$\sigma(\beta)=\sigma(-\alpha)=-\sigma(\alpha)=-\gamma=\delta$$

$$\sigma(\delta)=\sigma(-\gamma)=-\sigma(\gamma)=-(-\alpha)=\alpha$$

자기동형사상 σ는 해를 $\alpha\to\gamma\to\beta\to\delta\to\alpha\to\cdots$와 같이 순환시킵니다. 이것에 의해

$$\sigma^2(\alpha)=\beta,\quad \sigma^3(\alpha)=\delta,\quad \sigma^4(\alpha)=\alpha$$

이므로 $\sigma^4=e$입니다.

$x^4-4x^2+2=0$의 갈루아군은

$$\text{Gal}(\boldsymbol{Q}(\alpha)/\boldsymbol{Q})=\{e,\sigma,\sigma^2,\sigma^3\}$$

이 되어 위수 4인 순환군 C_4와 동형입니다. (문제5.11 끝)

σ는 $\boldsymbol{Q}(\alpha)$와 $\boldsymbol{Q}(\gamma)$를 이어 주는 동형사상이 됩니다. 이밖에도 $\boldsymbol{Q}(\gamma)$와 $\boldsymbol{Q}(\beta)$, $\boldsymbol{Q}(\beta)$와 $\boldsymbol{Q}(\delta)$, $\boldsymbol{Q}(\delta)$와 $\boldsymbol{Q}(\alpha)$ 각각의 동형사상도 됩니다. 3차방정식일 때처럼 그림으로 나타내면 다음과 같습니다.

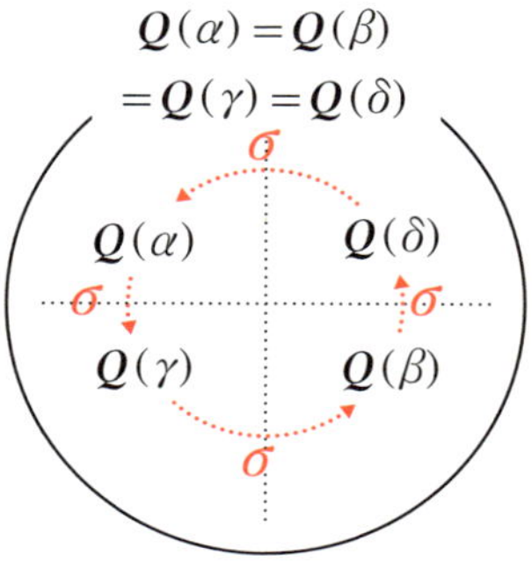

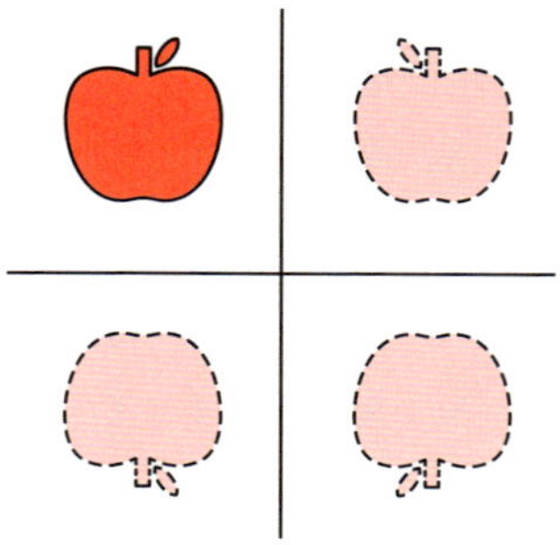

갈루아군의 원소가 $\boldsymbol{Q}(\alpha)$, $\boldsymbol{Q}(\beta)$, $\boldsymbol{Q}(\gamma)$, $\boldsymbol{Q}(\delta)$에 작용하는 모습을 그림으로

나타내면 다음과 같습니다.

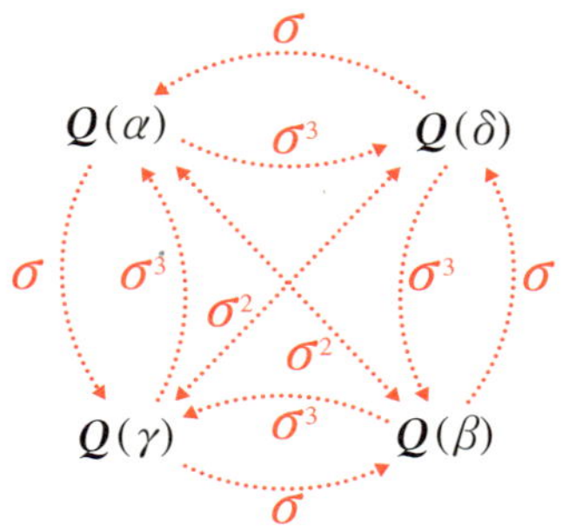

$\boldsymbol{Q}(\alpha), \boldsymbol{Q}(\beta), \boldsymbol{Q}(\gamma), \boldsymbol{Q}(\delta)$는 서로 다른 것처럼 쓰여 있지만 이것들은 모두 같습니다. 하나의 최소분해체가 4개의 측면을 가지고 있다는 것입니다.

만일을 위해 σ가 작용하는 방식을 $\boldsymbol{Q}(\alpha)$의 세계에서 확인해 봅시다.

$\alpha^4-4\alpha^2+2=0$으로부터 $\alpha^4-3\alpha^2=\alpha^2-2$이므로

$$\sigma(\alpha)=\gamma=\frac{\alpha^2-2}{\alpha}=\frac{\alpha^4-3\alpha^2}{\alpha}=\alpha^3-3\alpha$$

$$\sigma^2(\alpha)=\sigma(\sigma(\alpha))=\sigma(\alpha^3-3\alpha)=\{\sigma(\alpha)\}^3-3\sigma(\alpha)$$

$$=(\alpha^3-3\alpha)^3-3(\alpha^3-3\alpha)$$

$$=\alpha^9-9\alpha^7+27\alpha^5-30\alpha^3+9\alpha$$

$x^9-9x^7+27x^5-30x^3+9x$ 나누기 x^4-4x^2+2, 몫 x^5-5x^3+5x, 나머지 $-x$

$$=(\alpha^5-5\alpha^3+5\alpha)\underbrace{(\alpha^4-4\alpha^2+2)}_{=0}-\alpha$$

$$=-\alpha$$

$$\sigma^3(\alpha)=\sigma(\sigma^2(\alpha))=\sigma(-\alpha)=(-\alpha)^3-3(-\alpha)=-\alpha^3+3\alpha$$

$$\sigma^4(\alpha)=\sigma^2(\sigma^2(\alpha))=\sigma^2(-\alpha)=-\sigma^2(\alpha)=-(-\alpha)=\alpha$$

확실히 σ^4은 α를 α에 대응시키므로 항등함수 e입니다.

이렇게 보면 앞에 나온 3차방정식의 최소분해체와 4차방정식의 최소분해체의 형태가 같다는 느낌이 듭니다. 이 4차방정식의 최소분해체가 앞에 나온 문제의 최소분해체와 결정적으로 다른 점은 $\boldsymbol{Q}(\alpha)$보다 작은 $\boldsymbol{Q}(\sqrt{2})$라는 $\boldsymbol{Q}$의 확대

체를 갖는다는 것입니다.

$\sqrt{2} = \left(\sqrt{2+\sqrt{2}}\right)^2 - 2 = \alpha^2 - 2$이므로 $\boldsymbol{Q}(\sqrt{2}) \subset \boldsymbol{Q}(\alpha)$입니다.

역인 $\boldsymbol{Q}(\sqrt{2}) \supset \boldsymbol{Q}(\alpha)$는 성립하지 않습니다. $\boldsymbol{Q}(\alpha)$의 원소이지만 $\boldsymbol{Q}(\sqrt{2})$의 원소는 아닌 것이 존재합니다. 이를테면 $\alpha = \sqrt{2+\sqrt{2}}$ 입니다.

$\boldsymbol{Q}(\sqrt{2})$의 원소는 $a + b\sqrt{2}$ (a, b는 유리수)의 형태를 하고 있으며

$$a + b\sqrt{2} = a + b(\alpha^2 - 2) = b\alpha^2 + a - 2b$$

로 표현됩니다. 만일 α가 $\boldsymbol{Q}(\sqrt{2})$에 포함되어 있으면

$$b\alpha^2 + a - 2b = \alpha$$

를 만족시키는 a, b가 존재하겠지만, $\boldsymbol{Q}(\alpha)$의 원소 표현의 일의성(**정리5.3**)에 의해 양변의 1차항의 계수를 비교하면 $0 = 1$이 되어 모순이 됩니다. α는 $\boldsymbol{Q}(\sqrt{2})$에 속하지 않습니다.

$\boldsymbol{Q}(\sqrt{2}) \subset \boldsymbol{Q}(\alpha)$는 진부분집합의 관계인 것입니다.

$$\boldsymbol{Q} \subset \boldsymbol{Q}(\sqrt{2}) \subset \boldsymbol{Q}(\alpha)$$

$\boldsymbol{Q}(\sqrt{2})$와 같이 $\boldsymbol{Q}$와 $\boldsymbol{Q}(\alpha)$의 중간에 있는 체를 중간체(中間體, intermediate field)라고 합니다.

체의 포함 관계를 그림으로 나타내면 다음과 같습니다. 아래 오른쪽 그림에서는 위쪽이 포함하는 체이고 아래쪽이 포함되는 체입니다.

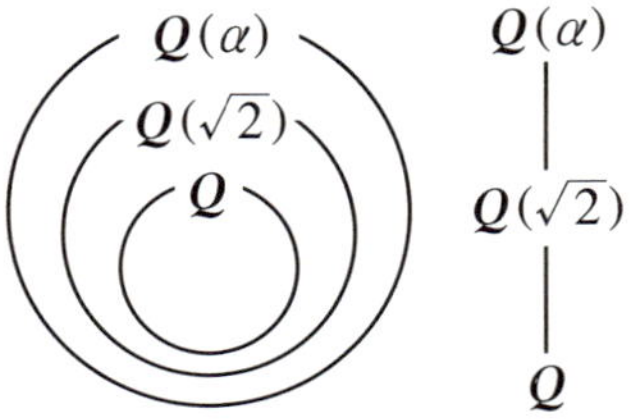

$\boldsymbol{Q}(\sqrt{2})$의 원소는 $a + b\sqrt{2}$ (a, b는 유리수)의 한 가지 형태만으로 나타나므로 $[\boldsymbol{Q}(\sqrt{2}):\boldsymbol{Q}] = 2$입니다.

그러면 $[\boldsymbol{Q}(\alpha):\boldsymbol{Q}(\sqrt{2})]$의 값은 얼마일까요?

$\alpha \notin \boldsymbol{Q}(\sqrt{2})$이므로 α의 최소다항식은 1차식이 아닙니다.

$\alpha = \sqrt{2+\sqrt{2}}$ 의 $\boldsymbol{Q}(\sqrt{2})$ 위의 최소다항식의 차수는 2 이상이고, $\boldsymbol{Q}(\sqrt{2})$ 위의 방정식 $x^2-(2+\sqrt{2})=0$의 해가 α이므로 $\alpha = \sqrt{2+\sqrt{2}}$ 의 $\boldsymbol{Q}(\sqrt{2})$ 위의 최소다항식은 $x^2-(2+\sqrt{2})=0$입니다. 이것으로부터 $[\boldsymbol{Q}(\alpha):\boldsymbol{Q}(\sqrt{2})]=2$가 됩니다.

$x^2-2=0$의 해 $\sqrt{2}$를 사용해서 2차 확대체 $\boldsymbol{Q}(\sqrt{2})$를 만들고, 이 $\boldsymbol{Q}(\sqrt{2})$ 위의 방정식 $x^2-(2+\sqrt{2})=0$의 해 $\alpha=\sqrt{2+\sqrt{2}}$ 를 사용해서 $\boldsymbol{Q}(\sqrt{2})$ 위의 2차 확대체 $\boldsymbol{Q}(\alpha)$를 만들었습니다.

재미있는 것은

$$\underbrace{[\boldsymbol{Q}(\alpha):\boldsymbol{Q}(\sqrt{2})]}_{2}\underset{\times}{}\underbrace{[\boldsymbol{Q}(\sqrt{2}):\boldsymbol{Q}]}_{2}=\underbrace{[\boldsymbol{Q}(\alpha):\boldsymbol{Q}]}_{4}$$

가 성립한다는 것입니다.

일반적으로 $\boldsymbol{L}$을 $\boldsymbol{Q}$의 확대체, $\boldsymbol{M}$을 $\boldsymbol{Q}$와 $\boldsymbol{L}$의 중간체라 할 때

$$[\boldsymbol{L}:\boldsymbol{M}][\boldsymbol{M}:\boldsymbol{Q}]=[\boldsymbol{L}:\boldsymbol{Q}]$$ ← 나중에 증명하겠습니다.

가 성립합니다. 이것은 군 G와 그 부분군 H에 관한 식

$$[G:H]|H|=|G|$$

와 닮았습니다. 나중에 이 두 식은 밀접하게 결부됩니다. 방정식의 해를 이용한 확대체에 제한된 형태지만, 다음 절의 문제를 푸는 과정에서 이 관계식이 성립하는 까닭을 밝히겠습니다.

7 2단 확대

— $\boldsymbol{Q}(\alpha, \beta)$

지금까지 예로 들었던 갈루아군은 모두 순환군이었습니다. 그렇지만 갈루아군이 언제나 순환군인 것은 아닙니다. 더 살펴봅시다.

문제5.12 $x^4-10x^2+1=0$의 최소분해체와 갈루아군을 구하시오.

먼저 방정식을 풀어 봅시다.

$$x^4-10x^2+1=0$$

$$(x^2-5)^2-24=0 \qquad (x^2-5)^2=24 \qquad \therefore \quad x^2-5=\pm 2\sqrt{6}$$

두 가지 경우로 나누겠습니다.

(i) $x^2-5=2\sqrt{6} \qquad x^2=5+2\sqrt{6}$

$$x=\pm\sqrt{5+2\sqrt{6}}=\pm\sqrt{(\sqrt{2}+\sqrt{3})^2} \qquad x=\sqrt{2}+\sqrt{3},\ -\sqrt{2}-\sqrt{3}$$

(ii) $x^2-5=-2\sqrt{6} \qquad x^2=5-2\sqrt{6}$

$$x^2=\pm\sqrt{5-2\sqrt{6}}=\pm\sqrt{(\sqrt{2}-\sqrt{3})^2} \qquad x=\sqrt{2}-\sqrt{3},\ -\sqrt{2}+\sqrt{3}$$

4차방정식이므로 4개의 해가 구해졌습니다.

4개의 해를

$$\alpha=\sqrt{2}+\sqrt{3},\quad \beta=-\sqrt{2}-\sqrt{3},\quad \gamma=\sqrt{2}-\sqrt{3},\quad \delta=-\sqrt{2}+\sqrt{3}$$

이라고 놓습니다. 이 방정식의 최소분해체는 $\boldsymbol{Q}(\alpha, \beta, \gamma, \delta)$입니다.

앞의 문제와 마찬가지로

$$\boldsymbol{Q}(\alpha, \beta, \gamma, \delta)=\boldsymbol{Q}(\alpha)=\boldsymbol{Q}(\beta)=\boldsymbol{Q}(\gamma)=\boldsymbol{Q}(\delta)$$

가 성립합니다. 확인해 봅시다.

$\boldsymbol{Q}(\alpha, \beta, \gamma, \delta)\supset\boldsymbol{Q}(\alpha)$이므로 $\boldsymbol{Q}(\alpha, \beta, \gamma, \delta)\subset\boldsymbol{Q}(\alpha)$를 증명해 봅시다. 이것을 증명하기 위해서는 β, γ, δ를 α와 유리수의 사칙연산으로 만들 수 있는지를

확인하면 됩니다.

$$\beta=-\sqrt{2}-\sqrt{3}=-\alpha$$

$$\alpha\gamma=(\sqrt{2}+\sqrt{3})(\sqrt{2}-\sqrt{3})=2-3=-1$$

$$\gamma=-\frac{1}{\alpha}$$

$$\delta=-\sqrt{2}+\sqrt{3}=-\gamma=\frac{1}{\alpha}$$

$\beta=-\alpha$
$\gamma=-\frac{1}{\alpha}$
$\delta=\frac{1}{\alpha}$

이므로 β, γ, δ를 α의 식으로 쓸 수 있으므로 $\boldsymbol{Q}(\alpha, \beta, \gamma, \delta) \subset \boldsymbol{Q}(\alpha)$입니다.

따라서 $\boldsymbol{Q}(\alpha, \beta, \gamma, \delta)=\boldsymbol{Q}(\alpha)$가 성립합니다.

$\boldsymbol{Q}(\beta), \boldsymbol{Q}(\gamma), \boldsymbol{Q}(\delta)$에 대해서도 마찬가지로 성립합니다.

x^4-10x^2+1이 기약다항식이라는 것은 다음에서 알 수 있습니다.

x^4-10x^2+1을 인수분해하면

$$(x-\sqrt{2}-\sqrt{3})(x+\sqrt{2}+\sqrt{3})(x-\sqrt{2}+\sqrt{3})(x+\sqrt{2}-\sqrt{3})$$

이 됩니다. 만일 x^4-10x^2+1이 기약이 아니라고 하면 (2차식)×(2차식)의 형태로 유리수 계수의 범위에서 인수분해가 될 것입니다. 그러나 네 개의 인수들을 어떠한 방식으로 둘씩 묶어 곱하여도 유리수 계수의 2차식을 곱한 형태가 될 수는 없습니다. 따라서 x^4-10x^2+1은 기약다항식입니다.

그러므로 **정리5.3**에 의해 $\boldsymbol{Q}(\alpha, \beta, \gamma, \delta)=\boldsymbol{Q}(\alpha)$의 원소는 $a\alpha^3+b\alpha^2+c\alpha+d$($a, b, c, d$는 유리수)라는 한 가지 형태로 나타납니다. $[\boldsymbol{Q}(\alpha):\boldsymbol{Q}]=4$.

그러면 갈루아군 $\mathrm{Gal}(\boldsymbol{Q}(\alpha)/\boldsymbol{Q})$를 알아봅시다.

σ를 $\boldsymbol{Q}(\alpha)$에 작용하는 동형사상이라 하겠습니다. **정리5.7**에 의해 동형사상은 방정식의 해를 켤레인 해에 대응시킵니다. $x^4-10x^2+1=0$의 해는 $\alpha, \beta, \gamma, \delta$이므로, α가 σ에 의해 대응하는 상 $\sigma(\alpha)$로는 $\alpha, \beta, \gamma, \delta$ 네 가지를 생각할

수 있습니다.

$\alpha, \beta, \gamma, \delta$는 모두 $\boldsymbol{Q}(\alpha)$의 원소이므로 **정리5.17**에 의해 $\sigma(\alpha)=\alpha$, $\sigma(\alpha)=\beta$, $\sigma(\alpha)=\gamma$, $\sigma(\alpha)=\delta$ 중에서 어느 경우라도 σ는 $\boldsymbol{Q}(\alpha)$에서 $\boldsymbol{Q}(\alpha)$로 가는 자기동형사상이 됩니다.

$\sigma(\alpha)=\alpha$가 될 때 σ는 항등함수 e입니다. $\sigma(\alpha)$가 대응하는 상이 β, γ, δ인 각각의 경우에 대해서 $\sigma^2(\alpha)$를 알아봅시다.

앞 페이지에서 계산한 바와 같이

$$\beta=-\alpha, \quad \gamma=-\frac{1}{\alpha}, \quad \delta=\frac{1}{\alpha}$$

가 성립합니다. 이것을 활용합시다.

(i) $\boldsymbol{\sigma(\alpha)=\beta}$**일 때**

$$\sigma^2(\alpha)=\sigma(\sigma(\alpha))=\sigma(\beta)=\sigma(-\alpha)=-\sigma(\alpha)=-(-\alpha)=\alpha$$

(ii) $\boldsymbol{\sigma(\alpha)=\gamma}$**일 때**

$$\sigma^2(\alpha)=\sigma(\sigma(\alpha))=\sigma(\gamma)=\sigma\left(-\frac{1}{\alpha}\right)$$
$$=-\sigma\left(\frac{1}{\alpha}\right)=-\frac{1}{\sigma(\alpha)}=-\frac{1}{\left(-\frac{1}{\alpha}\right)}=\alpha$$

(iii) $\boldsymbol{\sigma(\alpha)=\delta}$**일 때**

$$\sigma^2(\alpha)=\sigma(\sigma(\alpha))=\sigma(\delta)=\sigma\left(\frac{1}{\alpha}\right)=\frac{1}{\sigma(\alpha)}=\frac{1}{\left(\frac{1}{\alpha}\right)}=\alpha$$

어느 경우에나 $\sigma^2(\alpha)=\alpha$가 됩니다.

(i)~(iii)의 어느 경우에도 σ를 2회 시행하면 항등변환이 됩니다. 앞의 문제와 상황이 다릅니다. 앞의 문제에서는 하나의 자기동형사상 σ를 택하면 다른 자기동형사상도 σ로 나타낼 수 있습니다. 그렇지만 이 문제에서는 그러한 σ를 택할 수 없습니다. 갈루아군의 모든 원소를 표현하기 위해서는 하나의 σ만으로는 부족합니다. 원소 하나가 더 필요합니다.

그래서 갈루아군의 원소를 표현하기 위해서

$$\sigma(\alpha)=\gamma, \quad \tau(\alpha)=\delta$$

라는 두 개의 자기동형사상을 준비했습니다.

이때의 $\sigma\tau(\alpha)$, $\tau\sigma(\alpha)$를 구해 봅시다.

$$\sigma\tau(\alpha)=\sigma(\tau(\alpha))=\sigma(\delta)=\sigma\left(\frac{1}{\alpha}\right)=\frac{1}{\sigma(\alpha)}=\frac{1}{\gamma}=\frac{1}{\left(-\frac{1}{\alpha}\right)}=-\alpha=\beta$$

$$\tau\sigma(\alpha)=\tau(\sigma(\alpha))=\tau(\gamma)=\tau\left(-\frac{1}{\alpha}\right)=-\frac{1}{\tau(\alpha)}=-\frac{1}{\delta}=-\frac{1}{\left(\frac{1}{\alpha}\right)}=-\alpha=\beta$$

이렇게 해서

$$e(\alpha)=\alpha, \quad \sigma(\alpha)=\gamma, \quad \tau(\alpha)=\delta, \quad \sigma\tau(\alpha)=\beta$$

가 되어 α가 대응하는 상이 빠짐없이 모두 나왔습니다.

이 방정식의 갈루아군은

$$\mathrm{Gal}(\boldsymbol{Q}(\alpha)/\boldsymbol{Q})=\{e, \sigma, \tau, \sigma\tau\}$$

입니다. 위의 (i)~(iii)에서 계산했듯이 σ, τ, $\sigma\tau$는 두 번 시행하면 e가 됩니다. 즉,

$$\sigma^2=\tau^2=(\sigma\tau)^2=e$$

입니다.

곱셈표를 만들 때에는 $\sigma\tau$가 $\sigma\tau$와 $\tau\sigma$ 두 가지로 표기된다는 점에 주의하십시오.

다음의 연산을 참고하여 갈루아군의 곱셈표를 만들어 봅시다.

$$\tau(\sigma\tau)=\tau(\tau\sigma)=(\tau\tau)\sigma=e\sigma=\sigma$$

곱셈표를 만들면

다음 페이지의 왼쪽 표와 같습니다. 이것은 위수가 2인 순환군 C_2의 직적 $C_2\times C_2$와 동형입니다. 실제로 이 방정식의 갈루아군 $\mathrm{Gal}(\boldsymbol{Q}(\alpha)/\boldsymbol{Q})$와 $\boldsymbol{Z}/2\boldsymbol{Z}\times\boldsymbol{Z}/2\boldsymbol{Z}$는 다음의 대응 관계에서 동형입니다.

$$e \Leftrightarrow (\bar{0}, \bar{0}) \qquad \sigma \Leftrightarrow (\bar{1}, \bar{0})$$

$$\tau \Leftrightarrow (\bar{0}, \bar{1}) \qquad \sigma\tau \Leftrightarrow (\bar{1}, \bar{1})$$

좌우의 연산표를 비교해 주세요. 동형인 군이라는 것을 직접 확인할 수 있습니다. Gal$(\boldsymbol{Q}(\alpha)/\boldsymbol{Q})$는 $C_2 \times C_2$와 동형이므로 클라인의 4원군 $\boldsymbol{V}$와 동형이기도 합니다.

	e	σ	τ	$\sigma\tau$
e	e	σ	τ	$\sigma\tau$
σ	σ	e	$\sigma\tau$	τ
τ	τ	$\sigma\tau$	e	σ
$\sigma\tau$	$\sigma\tau$	τ	σ	e

Gal$(\boldsymbol{Q}(\alpha)/\boldsymbol{Q})$의 곱셈표

$+$	$(\bar{0}, \bar{0})$	$(\bar{1}, \bar{0})$	$(\bar{0}, \bar{1})$	$(\bar{1}, \bar{1})$
$(\bar{0}, \bar{0})$	$(\bar{0}, \bar{0})$	$(\bar{1}, \bar{0})$	$(\bar{0}, \bar{1})$	$(\bar{1}, \bar{1})$
$(\bar{1}, \bar{0})$	$(\bar{1}, \bar{0})$	$(\bar{0}, \bar{0})$	$(\bar{1}, \bar{1})$	$(\bar{0}, \bar{1})$
$(\bar{0}, \bar{1})$	$(\bar{0}, \bar{1})$	$(\bar{1}, \bar{1})$	$(\bar{0}, \bar{0})$	$(\bar{1}, \bar{0})$
$(\bar{1}, \bar{1})$	$(\bar{1}, \bar{1})$	$(\bar{0}, \bar{1})$	$(\bar{1}, \bar{0})$	$(\bar{0}, \bar{0})$

$(Z/2Z) \times (Z/2Z)$의 덧셈표

갈루아군의 원소가 $\boldsymbol{Q}(\alpha)$, $\boldsymbol{Q}(\beta)$, $\boldsymbol{Q}(\gamma)$, $\boldsymbol{Q}(\delta)$에 작용하는 상황을 그림으로 나타내면 다음과 같습니다.

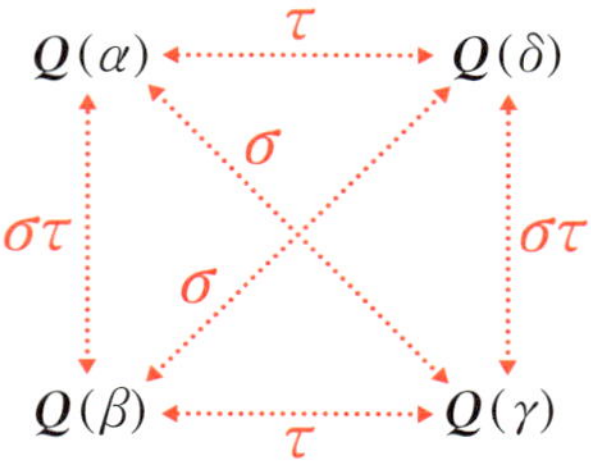

이 확대체에는 다른 표현 방식이 있습니다.

> **문제5.13** $\boldsymbol{Q}(\sqrt{2}+\sqrt{3}) = \boldsymbol{Q}(\sqrt{2}, \sqrt{3})$임을 증명하시오.

γ, δ는 α로 나타낼 수 있으므로 $\gamma, \delta \in \boldsymbol{Q}(\alpha)$

$\alpha + \gamma = (\sqrt{2}+\sqrt{3}) + (\sqrt{2}-\sqrt{3}) = 2\sqrt{2}$이므로 $\sqrt{2} \in \boldsymbol{Q}(\alpha)$

$\alpha + \delta = (\sqrt{2}+\sqrt{3}) + (-\sqrt{2}+\sqrt{3}) = 2\sqrt{3}$이므로 $\sqrt{3} \in \boldsymbol{Q}(\alpha)$

따라서 $\boldsymbol{Q}(\alpha) \supset \boldsymbol{Q}(\sqrt{2}, \sqrt{3})$

또 $\alpha = \sqrt{2} + \sqrt{3} \in \boldsymbol{Q}(\sqrt{2}, \sqrt{3})$이므로

$$\boldsymbol{Q}(\alpha) \subset \boldsymbol{Q}(\sqrt{2}, \sqrt{3})$$

따라서 $\boldsymbol{Q}(\alpha) = \boldsymbol{Q}(\sqrt{2}, \sqrt{3})$ (문제5.13 끝)

최소분해체가 $\boldsymbol{Q}(\sqrt{2}, \sqrt{3})$으로 표현된다는 것입니다. 지금까지 들었던 구체적인 예에서는 최소분해체를 단순확대체로 보고 분석해 왔습니다. 여기에서 처음으로 $\boldsymbol{Q}$의 오른쪽 괄호에 서로 다른 방정식의 해가 나열되었습니다. 이것에 대해서 알아봅시다.

문제5.14 $\boldsymbol{Q}(\sqrt{2}, \sqrt{3})$**의 원소는** $a\sqrt{6} + b\sqrt{2} + c\sqrt{3} + d$**(**$a, b, c, d$**는 유리수)라는 한 가지 형태로만 표현된다는 것을 증명하시오.**

4절에서 보충했던 선형대수의 언어를 이용하면 $\{\sqrt{6}, \sqrt{2}, \sqrt{3}, 1\}$은 $\boldsymbol{Q}$ 위의 선형공간 $\boldsymbol{Q}(\sqrt{2}, \sqrt{3})$의 기저라고 하는 것입니다.

$a\sqrt{6} + b\sqrt{2} + c\sqrt{3} + d$의 형태가 사칙연산을 시행해도 보존되는지 살펴보겠습니다. 덧셈과 뺄셈에 대해서는

$$(a\sqrt{6} + b\sqrt{2} + c\sqrt{3} + d) \pm (e\sqrt{6} + f\sqrt{2} + g\sqrt{3} + h)$$

$$= (a \pm e)\sqrt{6} + (b \pm f)\sqrt{2} + (c \pm g)\sqrt{2} + (d \pm h)$$ (붉은 색은 뺄셈)

가 되기 때문에 닫혀 있습니다.

곱셈에 대해서는 어떨까요? 직접 확인하는 방법도 있지만 일반론에 결부시켜 설명해 봅시다.

$$(a\sqrt{6} + b\sqrt{2} + c\sqrt{3} + d)(e\sqrt{6} + f\sqrt{2} + g\sqrt{3} + h)$$

$$= \{(a\sqrt{3} + b)\sqrt{2} + (c\sqrt{3} + d)\}\{(e\sqrt{3} + f)\sqrt{2} + (g\sqrt{3} + h)\}$$

이렇게 변형한 식을 계수가 $\boldsymbol{Q}(\sqrt{3})$인 $\sqrt{2}$의 다항식으로 보는 것입니다. 첫

번째 { } 안은 $\sqrt{2}$ 의 1차식으로서 1차항의 계수는 $a\sqrt{3}+b$, 상수항이 $c\sqrt{3}+d$라는 것입니다. 곧, 괄호 안은 $\boldsymbol{Q}(\sqrt{3})$ 계수의 $\sqrt{2}$ 의 1차식입니다.

$\boldsymbol{Q}(\sqrt{3})$ 계수의 $\sqrt{2}$ 다항식은 곱셈을 하여도 역시 $\boldsymbol{Q}(\sqrt{3})$ 계수의 $\sqrt{2}$ 다항식이 됩니다. 왜냐하면 다항식의 곱셈에서는 계수를 구하는 데에 덧셈, 뺄셈, 곱셈만을 사용하기 때문입니다. 계수는 $\boldsymbol{Q}(\sqrt{3})$의 원소이고 $\boldsymbol{Q}(\sqrt{3})$은 체이기 때문에 덧셈, 뺄셈, 곱셈에 대해서 닫혀 있습니다.

$\sqrt{2}$ 다항식의 차수가 2 이상이 되었을 때는 $(\sqrt{2})^2-2=0$을 이용해서 차수를 낮춥니다.

구체적으로 말하면 이렇습니다. $\boldsymbol{Q}(\sqrt{3})$ 계수의 $\sqrt{2}$ 다항식이 $f(\sqrt{2})$이면 $f(x)$를 x^2-2로 나누는 것입니다. 몫이 $q(x)$, 나머지가 $r(x)$일 때

$$f(x)=q(x)(x^2-2)+r(x)$$

이고, 이 x에 $\sqrt{2}$를 대입하면 $f(\sqrt{2})=r(\sqrt{2})$가 됩니다. $r(x)$는 x^2-2로 나눈 나머지이므로 1차 이하의 식이 됩니다. $r(\sqrt{2})$는 $\boldsymbol{Q}(\sqrt{3})$ 계수인 $\sqrt{2}$의 1차 이하의 식이 됩니다.

곧, 곱셈도 $a\sqrt{6}+b\sqrt{2}+c\sqrt{3}+d(a, b, c, d$는 유리수)의 형태가 됩니다.

나눗셈은 어떨까요? 나눗셈은 역수를 곱한 것입니다. 그러므로 $a\sqrt{6}+b\sqrt{2}$ $+c\sqrt{3}+d$ 형태로 표현되는 수의 역수가 $a\sqrt{6}+b\sqrt{2}+c\sqrt{3}+d$의 형태로 표현되는 것을 보이겠습니다.

이것도 $\boldsymbol{Q}(\sqrt{3})$ 계수의 $\sqrt{2}$ 다항식이라는 관점으로 해결합니다.

$\boldsymbol{Q}(\sqrt{3})$ 계수의 $\sqrt{2}$ 다항식 $f(\sqrt{2})\neq 0$의 역수를 구해 봅니다.

$\sqrt{2}$ 의 최소다항식을 $g(x)$(실제로는 x^2-2)라고 놓습니다. 여기서

$$g(x)m(x)+f(x)n(x)=1 \cdots\cdots ①$$

을 만족시키는 $m(x)$, $n(x)$를 생각해 보겠습니다. $f(\sqrt{2})\neq 0$이므로 $f(x)$는 $g(x)$로 나누어떨어지지 않습니다. 만일 나누어떨어진다고 가정하면

$f(x)=g(x)h(x)$로 나타낼 수 있고, $x=\sqrt{2}$를 대입하면

$f(\sqrt{2})=h(\sqrt{2})g(\sqrt{2})=0$이 되어 $f(\sqrt{2})\neq 0$이라는 것에 모순이 되기 때문입니다. **정리3.6 (1)** "Q를 $Q(\sqrt{3})$으로 바꿔 읽어서"에 의해 $f(x)$와 $g(x)$는 서로소입니다. 따라서 **정리3.5 (1)**에 의해 $Q(\sqrt{3})$ 계수 다항식 $m(x)$, $n(x)$에서 $g(x)$의 차수보다 낮은 $n(x)$가 존재합니다. 이 경우 $n(x)$는 1차 이하입니다. 위 식의 x에 $\sqrt{2}$를 대입하면 $g(\sqrt{2})=0$이므로

$$n(\sqrt{2})f(\sqrt{2})=1 \qquad \therefore \quad n(\sqrt{2})=\frac{1}{f(\sqrt{2})}$$

$Q(\sqrt{3})$ 계수의 $\sqrt{2}$ 다항식 $f(\sqrt{2})\neq 0$의 역수를 1차 이하의 $Q(\sqrt{3})$ 계수의 $\sqrt{2}$ 다항식 $n(\sqrt{2})$로 나타낼 수 있습니다. 곧, 역수도

$$a\sqrt{6}+b\sqrt{2}+c\sqrt{3}+d \ \ (a, b, c, d\text{는 유리수})$$

의 형태가 됩니다. 나눗셈은 역수의 곱셈이므로 나눗셈도 이 형태가 됩니다.

$Q(\sqrt{2}, \sqrt{3})$의 원소는 Q, $\sqrt{2}$, $\sqrt{3}$으로부터 사칙연산으로 만들어집니다.

$a\sqrt{6}+b\sqrt{2}+c\sqrt{3}+d$인 형태의 수는 사칙연산에 대하여 닫혀 있기 때문에 $Q(\sqrt{2}, \sqrt{3})$의 원소는 $a\sqrt{6}+b\sqrt{2}+c\sqrt{3}+d$의 형태를 띠고 있습니다. 역으로 임의의 $a\sqrt{6}+b\sqrt{2}+c\sqrt{3}+d$의 형태를 띠는 수는 유리수와 $\sqrt{2}$, $\sqrt{3}$으로부터 사칙연산으로 만들 수 있습니다. 따라서

$$\underline{Q(\sqrt{2}, \sqrt{3})=\{a\sqrt{6}+b\sqrt{2}+c\sqrt{3}+d \mid a, b, c, d\text{는 유리수}\}}$$

입니다. 한 가지 형태로만 표현된다는 사실도 $Q(\sqrt{3})$ 계수의 $\sqrt{2}$ 다항식으로 보는 것으로 해결됩니다.

만일 $a\sqrt{6}+b\sqrt{2}+c\sqrt{3}+d$, $e\sqrt{6}+f\sqrt{2}+g\sqrt{3}+h$와 같이 두 가지로 표현된다고 가정해 봅시다.

$$a\sqrt{6}+b\sqrt{2}+c\sqrt{3}+d=e\sqrt{6}+f\sqrt{2}+g\sqrt{3}+h$$

$$(a-e)\sqrt{6}+(b-f)\sqrt{2}+(c-g)\sqrt{3}+(d-h)=0$$

$$\{(a-e)\sqrt{3}+(b-f)\}\sqrt{2}+(c-g)\sqrt{3}+(d-h)=0$$

여기서 $(a-e)\sqrt{3}+(b-f)=A$, $(c-g)\sqrt{3}+(d-h)=B$라고 하면

$$A\sqrt{2}+B=0$$

$A=0$, $B=0$임을 확인하는 데는 $\boldsymbol{Q}(\sqrt{3})$ 위에서 $\sqrt{2}$의 최소다항식은 x^2-2라는 것이 요점이 됩니다.

$\boldsymbol{Q}(\sqrt{3})$ 위에서 $\sqrt{2}$의 최소다항식이 x^2-2라는 것을 보이시오.

x^2-2는 $(x-\sqrt{2})(x+\sqrt{2})$로 인수분해되지만 $\sqrt{2}\notin\boldsymbol{Q}(\sqrt{3})$이므로 x^2-2는 $\boldsymbol{Q}(\sqrt{3})$ 위에서 $\sqrt{2}$의 최소다항식입니다. $\sqrt{2}\notin\boldsymbol{Q}(\sqrt{3})$인 것은 다음과 같이 증명할 수 있습니다. 만일 $\sqrt{2}\in\boldsymbol{Q}(\sqrt{3})$이라고 하면

$$\sqrt{2}=a+b\sqrt{3} \quad \text{제곱해서} \quad 2=a^2+3b^2+2ab\sqrt{3}$$

$\boldsymbol{Q}(\sqrt{3})$의 원소는 한 가지로 표현되므로 $a^2+3b^2=2$, $2ab=0$.

이것을 풀면 $(a, b)=\left(0, \pm\sqrt{\frac{2}{3}}\right)$, $(\pm\sqrt{2}, 0)$이 되는데 a, b가 유리수라는 것에 모순됩니다.

방정식 $x^2-2=0$과 $Ax+B=0$은 공통근 $\sqrt{2}$를 갖고 x^2-2는 $\boldsymbol{Q}(\sqrt{3})$ 계수의 기약다항식이므로 **정리3.6 (3)**에 의해 $Ax+B$는 x^2-2로 나누어떨어집니다. 이것에 의해 $A=0$, $B=0$입니다. 곧,

$A\sqrt{2}+B=0$이 되는 A, B는 $A=0$, $B=0$인 것입니다.

$$A=(a-e)\sqrt{3}+(b-f)=0, \quad B=(c-g)\sqrt{3}+(d-h)=0$$

$\boldsymbol{Q}(\sqrt{3})$의 원소를 표현하는 것의 일의성(**정리5.3**)에 의해 양변에서 $\sqrt{3}$의 계수를 비교하면

$$a-e=0, \quad b-f=0, \quad c-g=0, \quad d-h=0$$

따라서 $a=e$, $b=f$, $c=g$, $d=h$이므로 표현 방식이 단 한 가지라는 것이 증명되었습니다. (문제5.14 끝)

위의 증명을 통해서도 알 수 있듯이 $\boldsymbol{Q}(\sqrt{2}, \sqrt{3})$은 $\boldsymbol{Q}$로부터 $\boldsymbol{Q}$ 위의 방정식 $x^2 - 3 = 0$의 해인 $\sqrt{3}$을 이용하여 $\boldsymbol{Q}(\sqrt{3})$을 만들고, 다음에 $\boldsymbol{Q}(\sqrt{3})$ 위의 방정식 $x^2 - 2 = 0$의 해 $\sqrt{2}$를 이용하여 $\boldsymbol{Q}(\sqrt{2}, \sqrt{3})$을 만든 것입니다.

각 확대체의 차수는 $[\boldsymbol{Q}(\sqrt{3}) : \boldsymbol{Q}] = 2$, $[\boldsymbol{Q}(\sqrt{2}, \sqrt{3}) : \boldsymbol{Q}(\sqrt{3})] = 2$입니다. 한편 $[\boldsymbol{Q}(\sqrt{2}, \sqrt{3}) : \boldsymbol{Q}] = 4$이므로

$$\underbrace{[\boldsymbol{Q}(\sqrt{2}, \sqrt{3}) : \boldsymbol{Q}]}_{4} = \underbrace{[\boldsymbol{Q}(\sqrt{2}, \sqrt{3}) : \boldsymbol{Q}(\sqrt{3})]}_{2} \times \underbrace{[\boldsymbol{Q}(\sqrt{3}) : \boldsymbol{Q}]}_{2}$$

가 성립합니다.

$\boldsymbol{Q}(\sqrt{2} + \sqrt{3}) = \boldsymbol{Q}(\sqrt{2}, \sqrt{3})$는 단순확대체이므로 원소는

$$a(\sqrt{2} + \sqrt{3})^3 + b(\sqrt{2} + \sqrt{3})^2 + c(\sqrt{2} + \sqrt{3}) + d \; (a, b, c, d\text{는 유리수})$$

라는 한 가지 형태로만 나타낼 수 있습니다.

또 $a\sqrt{6} + b\sqrt{2} + c\sqrt{3} + d$의 형태에서도 한 가지 형태로만 표현됩니다.

곧, $\boldsymbol{Q}(\sqrt{2} + \sqrt{3}) = \boldsymbol{Q}(\sqrt{2}, \sqrt{3})$의 기저는

$$\{(\sqrt{2} + \sqrt{3})^2,\ (\sqrt{2} + \sqrt{3})^2,\ (\sqrt{2} + \sqrt{3}), 1\}$$

로 나타낼 수도 있고

$$\{\sqrt{6}, \sqrt{2}, \sqrt{3}, 1\}$$

로 나타낼 수도 있습니다.

기저를 나타내는 방법은 이 두 가지 말고도 수없이 많습니다. 어느 경우에도 기저를 구성하는 원소의 수는 4개입니다. 이것은 **정리5.15**에 의해 기저를 나타내는 방식에 상관없이 기저로 나열되는 원소의 개수는 일정하기 때문입니다. 곧, $\boldsymbol{Q}(\sqrt{2} + \sqrt{3}) = \boldsymbol{Q}(\sqrt{2}, \sqrt{3})$의 차수가 4라는 것입니다.

$\boldsymbol{Q}(\sqrt{2}, \sqrt{3})$에서 고찰한 것을 일반화하여 정리해 놓겠습니다.

정리5.20 차원의 곱셈 공식

$\boldsymbol{Q}$ 위의 m차 기약다항식 $f(x)$가 있다. $f(x)=0$의 하나의 해를 α라 한다. $\boldsymbol{Q}(\alpha)$ 위의 n차 기약다항식 $g(x)$가 있다. $g(x)=0$의 하나의 해를 β라 한다. $\boldsymbol{Q}(\alpha, \beta)$의 기저는

$$
n\text{개}\left\{\begin{array}{lllll}
\alpha^{m-1}\beta^{n-1}, & \alpha^{m-2}\beta^{n-1}, & \cdots, & \alpha\beta^{n-1}, & \beta^{n-1} \\
\alpha^{m-1}\beta^{n-2}, & \alpha^{m-2}\beta^{n-2}, & \cdots, & \alpha\beta^{n-2}, & \beta^{n-2} \\
\cdots\cdots & & & & \\
\alpha^{m-1}\beta, & \alpha^{m-2}\beta, & \cdots, & \alpha\beta, & \beta \\
\alpha^{m-1}, & \alpha^{m-2}, & \cdots, & \alpha, & 1
\end{array}\right.
$$

$$\underbrace{\qquad\qquad\qquad\qquad\qquad\qquad}_{m\text{개}}$$

이고 $[\boldsymbol{Q}(\alpha, \beta):\boldsymbol{Q}]=mn$

또 $[\boldsymbol{Q}(\alpha, \beta):\boldsymbol{Q}]=[\boldsymbol{Q}(\alpha, \beta):\boldsymbol{Q}(\alpha)][\boldsymbol{Q}(\alpha):\boldsymbol{Q}]$가 성립한다.

이를테면 $m=3, n=3$인 경우 $\alpha^i\beta^j(0 \leqq i \leqq 2, 0 \leqq j \leqq 2)$의 일차결합은

$$2\alpha^2\beta^2+3\alpha\beta^2+4\beta^2+5\alpha^2\beta+6\alpha\beta+7\beta+8\alpha^2+9\alpha+1$$

$$=(2\alpha^2+3\alpha+4)\beta^2+(5\alpha^2+6\alpha+7)\beta+(8\alpha^2+9\alpha+1)$$

과 같이 β의 2차식으로 정리됩니다. 계수는 α의 2차식입니다.

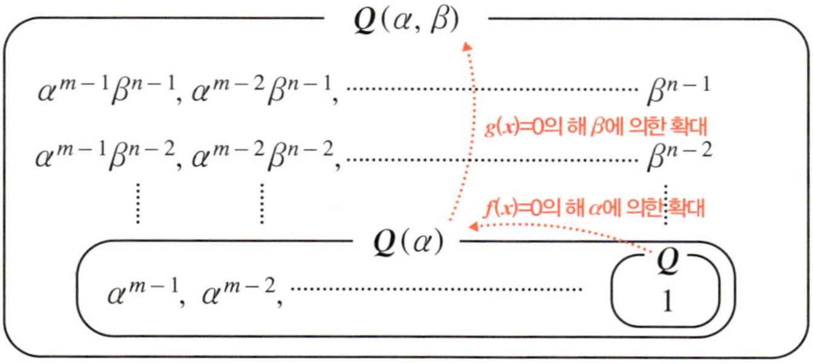

증명 $\alpha^i\beta^j(0 \leqq i \leqq m-1,\ 0 \leqq j \leqq n-1)$의 일차결합이 사칙연산에서 형태를

보존한다는 것을 확인하겠습니다. $\alpha^i\beta^j$의 일차결합을 β의 다항식으로 정리하여 나타내 보겠습니다.

$$F(\alpha, \beta) = f_{n-1}(\alpha)\beta^{n-1} + f_{n-2}(\alpha)\beta^{n-2} + \cdots + f_1(\alpha)\beta + f_0(\alpha)$$

$$G(\alpha, \beta) = g_{n-1}(\alpha)\beta^{n-1} + g_{n-2}(\alpha)\beta^{n-2} + \cdots + g_1(\alpha)\beta + g_0(\alpha)$$

여기서 $f_i(\alpha)$, $g_j(\alpha)$는 α의 $m-1$차식이고 $\boldsymbol{Q}(\alpha)$의 원소입니다.

덧셈과 뺄셈에서는

붉은 색은 뺄셈

$$F(\alpha, \beta) \pm G(\alpha, \beta)$$

$$= \{f_{n-1}(\alpha) \pm g_{n-1}(\alpha)\}\beta^{n-1} + \{f_{n-2}(\alpha) \pm g_{n-2}(\alpha)\}\beta^{n-2} + \cdots + \{f_1(\alpha) \pm g_1(\alpha)\}\beta + f_0(\alpha) \pm g_0(\alpha)$$

$f_i(\alpha) \pm g_j(\alpha)$는 α의 $m-1$차식이므로 분명히 형태를 보존하고 있습니다.

곱셈에서는 어떨까요? $F(\alpha, \beta)G(\alpha, \beta)$는 β의 $2n-2$차식이 됩니다. 그렇다면 $g(x)$를 이용해서 차수를 낮추겠습니다.

$\boldsymbol{Q}(\alpha)$ 위의 x의 다항식 $F(\alpha, x)G(\alpha, x)$를 $\boldsymbol{Q}(\alpha)$ 위의 다항식 $g(x)$로 나눈 몫이 $q(\alpha, x)$, 나머지가 $r(\alpha, x)$라고 하면

$$F(\alpha, x)G(\alpha, x) = q(\alpha, x)g(x) + r(\alpha, x) \cdots\cdots ①$$

여기서 $r(\alpha, x)$에서 x의 차수는 $g(x)$의 차수 n보다 낮게 되어, $r(\alpha, x)$는 차수가 $n-1$ 이하인 x의 $\boldsymbol{Q}(\alpha)$ 계수 다항식입니다. 계수는 $\boldsymbol{Q}(\alpha)$의 수이므로 어느 것이나 α의 $m-1$차 이하의 다항식으로 표현됩니다.

①의 x에 β를 대입하면 $g(\beta) = 0$이므로

$$F(\alpha, \beta)G(\alpha, \beta) = r(\alpha, \beta)$$

가 됩니다. $r(\alpha, \beta)$는 β의 $n-1$차 이하의 다항식이고, 계수는 α의 $m-1$차 이하의 식이므로 $\alpha^i\beta^j(0 \leqq i \leqq m-1, 0 \leqq j \leqq n-1)$의 일차결합이 됩니다. 곱셈에서도 형태를 보존하고 있습니다.

나눗셈에서는 어떨까요?

$G(\alpha, \beta) \neq 0$일 때의 $\frac{F(\alpha, \beta)}{G(\alpha, \beta)}$를 살펴볼 때는

$$g(x)X(\alpha, x) + G(\alpha, x)Y(\alpha, x) = F(\alpha, x) \cdots\cdots ②$$

라는 $\boldsymbol{Q}(\alpha)$ 위의 다항식의 1차부정방정식을 생각합니다.

$G(\alpha, x)$는 $G(\alpha, \beta) \neq 0$을 만족시키고 $g(x)$는 $g(\beta) = 0$이므로 $G(\alpha, x)$는 $g(x)$로 나누어떨어지지 않습니다. 만일 $G(\alpha, x)$가 $g(x)$로 나누어떨어진다면 $G(\alpha, x) = g(x)h(x)$로 표현되고, $x = \beta$를 대입하면 $G(\alpha, \beta) = g(\beta)h(\beta) = 0$이 되어 $G(\alpha, \beta) \neq 0$에 모순이 됩니다. 여기서 $g(x)$는 $\boldsymbol{Q}(\alpha)$ 위의 기약다항식이므로 **정리3.6 (1)**에 의해 $g(x)$와 $G(\alpha, x)$는 $\boldsymbol{Q}(\alpha)$ 위의 기약다항식으로서 서로소가 됩니다. 따라서 **정리3.5 (2)**에 의해 ②를 만족시키는 $\boldsymbol{Q}(\alpha)$ 위의 다항식의 쌍 $(J(\alpha, x), H(\alpha, x))$ 중에 $H(\alpha, x)$의 차수가 $g(x)$의 차수 n보다 낮은 것이 존재합니다.

$$g(x)J(\alpha, x) + G(\alpha, x)H(\alpha, x) = F(\alpha, x)$$

$H(\alpha, x)$는 $n-1$차 이하인 x의 $\boldsymbol{Q}(\alpha)$ 계수 다항식입니다.

이 식의 x에 β를 대입하면 $G(\alpha, \beta)H(\alpha, \beta) = F(\alpha, \beta)$.

따라서 $\frac{F(\alpha, \beta)}{G(\alpha, \beta)} = H(\alpha, \beta)$는 $\alpha^i\beta^i(1 \leqq i \leqq m-1,\ 1 \leqq j \leqq n-1)$의 일차결합이 됩니다.

$\alpha^i\beta^j(0 \leqq i \leqq m-1, 0 \leqq j \leqq n-1)$의 일차결합은 사칙연산에 대해서 닫혀 있다는 것이 증명되었습니다.

$\boldsymbol{Q}(\alpha, \beta)$의 원소는 유리수와 α, β의 사칙연산으로 만들 수 있습니다. 유리수도 α, β도 $\alpha^i\beta^j$의 일차결합의 형태이므로 유리수와 α, β의 사칙연산으로 만들어지는 $\boldsymbol{Q}(\alpha, \beta)$의 원소는 $\alpha^i\beta^j$의 일차결합의 형태를 띠고 있습니다. 또 $\alpha^i\beta^j$의 일차결합으로 나타나는 임의의 수는 유리수와 α, β로부터 바로 만들 수 있으므로, $\boldsymbol{Q}(\alpha, \beta)$의 원소는 $\alpha^i\beta^j$의 일차결합의 형태로 나타나는 수 전체입니다.

$\alpha^i\beta^j(0 \leqq j \leqq m-1,\ 0 \leqq j \leqq n-1)$가 일차독립임을 증명해 보겠습니다.

$F(\alpha, \beta)=0$이라고 하면

$$f_{n-1}(\alpha)\beta^{n-1}+f_{n-2}(\alpha)\beta^{n-2}+\cdots+f_1(\alpha)\beta+f_0(\alpha)=0$$

입니다. 그런데 $g(x)$는 $\boldsymbol{Q}(\alpha)$ 위의 기약다항식이므로 **정리5.14** "$\boldsymbol{Q}(\alpha)$ 버전"에 의해 $\beta^{n-1}, \beta^{n-2}, \cdots, \beta, 1$은 $\boldsymbol{Q}(\alpha)$ 위의 선형공간의 기저가 됩니다. $\beta^{n-1}, \beta^{n-2}, \cdots, \beta, 1$은 일차독립이므로 계수는 모두 0이어서

$$f_{n-1}(\alpha)=0,\ \ f_{n-2}(\alpha)=0,\ \ \cdots,\ \ f_1(\alpha)=0,\ \ f_0(\alpha)=0$$

이 됩니다. 여기서 $f_i(\alpha)$는 α의 $m-1$차 다항식이지만, $f(x)$가 $\boldsymbol{Q}$ 위의 기약다항식이라는 것으로부터 **정리5.14**에 의해 $\alpha^{m-1}, \alpha^{m-2}, \cdots, \alpha, 1$은 $\boldsymbol{Q}$ 위의 선형공간의 기저가 되어 일차독립입니다. 그러므로 $f_i(\alpha)$에서 $\alpha^{m-1}, \alpha^{m-2}, \cdots, \alpha$, 1의 계수는 모두 0이 됩니다.

결국 $F(\alpha, \beta)$에서 $\alpha^i\beta^j$의 모든 계수는 0이 되므로 $\alpha^i\beta^j$가 일차독립임을 알 수 있습니다.

$\boldsymbol{Q}(\alpha, \beta)$의 임의의 원소는 $\alpha^i\beta^j(0 \leqq i \leqq m-1,\ 0 \leqq j \leqq n-1)$의 일차결합으로 표현되고 $\alpha^i\beta^j$은 일차독립이므로, $\alpha^i\beta^j$은 $\boldsymbol{Q}$ 위의 선형공간 $\boldsymbol{Q}(\alpha, \beta)$의 기저가 됩니다. 이것으로부터 $[\boldsymbol{Q}(\alpha, \beta):\boldsymbol{Q}]=mn$입니다.

$\boldsymbol{Q}(\alpha, \beta)$는 $\boldsymbol{Q}(\alpha)$ 위의 n차방정식 $g(x)=0$의 해 β를 이용한 단순확대체 $\boldsymbol{Q}(\alpha)(\beta)$이므로 $[\boldsymbol{Q}(\alpha, \beta):\boldsymbol{Q}(\alpha)]=n$입니다.

$[\boldsymbol{Q}(\alpha):\boldsymbol{Q}]=m$과 합쳐서

$$\underset{mn}{[\boldsymbol{Q}(\alpha, \beta):\boldsymbol{Q}]}=\underset{n}{[\boldsymbol{Q}(\alpha, \beta):\boldsymbol{Q}(\alpha)]}\underset{m}{[\boldsymbol{Q}(\alpha):\boldsymbol{Q}]}$$

가 성립합니다. (증명 끝)

자, 여기에서 갈루아군인지를 알아보는 새로운 방법을 소개하겠습니다. 지금까지는 $f(x)=0$의 갈루아군을 알아보려고 한다면, 동형사상이 $f(x)=0$의 해

를 어떻게 치환하는지를 살펴보았습니다.

이제부터 소개하는 방법은 $f(x)$의 최소분해체에 속하더라도 $f(x)=0$의 해가 아닌 원소가 어떤 상에 대응하는지를 알아보는 방법입니다.

$x^4-10x^2+1=0$의 최소분해체 $\boldsymbol{Q}(\sqrt{2}+\sqrt{3})$은 $\boldsymbol{Q}(\sqrt{2},\sqrt{3})$이라고도 표현됩니다. 여기서 $\boldsymbol{Q}(\sqrt{2},\sqrt{3})$을 $\boldsymbol{Q}$에 $x^2-2=0$의 해 $\sqrt{2}$를 첨가하고 나서 $\boldsymbol{Q}(\sqrt{2})$ 위의 방정식 $x^2-3=0$의 해 $\sqrt{3}$을 첨가하여 만든 체라고 간주합니다. 그러면 $\sqrt{2}$, $\sqrt{3}$을 각각의 켤레인 해, 이를테면 $-\sqrt{2}$, $-\sqrt{3}$으로 옮기는 $\boldsymbol{Q}(\sqrt{2},\sqrt{3})$의 동형사상이 존재한다는 것이 다음에 기술하는 정리에 의해 보증됩니다.

다음에 다룰 정리를 이해하기 위해 조금 일반적인 예를 들겠습니다.

$\boldsymbol{Q}$ 위의 방정식 $x^3-2=0$의 해 $\sqrt[3]{2}$를 이용하여 $\boldsymbol{Q}(\sqrt[3]{2})$를 만듭니다.

다음으로 $\boldsymbol{Q}(\sqrt[3]{2})$ 위의 방정식 $x^2-\sqrt[3]{2}=0$의 해 $\sqrt[6]{2}$를 $\boldsymbol{Q}(\sqrt[3]{2})$에 첨가하여 $\boldsymbol{Q}(\sqrt[3]{2},\sqrt[6]{2})$를 만듭니다.

같은 방정식

이것에 대하여 $x^3-2=0$의 해 $\sqrt[3]{2}$와 켤레인 해로부터 $\sqrt[3]{2}\,\omega$를 택합니다. $x^2-\sqrt[3]{2}=0$의 $\sqrt[3]{2}$를 $\sqrt[3]{2}\,\omega$로 치환한 $\boldsymbol{Q}(\sqrt[3]{2}\,\omega)$ 위의 방정식 $x^2-\sqrt[3]{2}\,\omega=0$의 해의 하나는, $\alpha=\cos 60^\circ+i\sin 60^\circ$라고 두면, $\sqrt[6]{2}\,\alpha$로 표현됩니다. $\boldsymbol{Q}(\sqrt[3]{2}\,\omega)$에 $\sqrt[6]{2}\,\alpha$를 첨가하여 $\boldsymbol{Q}(\sqrt[3]{2}\,\omega,\sqrt[6]{2}\,\alpha)$를 만듭니다.

그러면 $\boldsymbol{Q}(\sqrt[3]{2},\sqrt[6]{2})$에서 $\boldsymbol{Q}(\sqrt[3]{2}\,\omega,\sqrt[6]{2}\,\alpha)$로 가는 동형사상 σ에서

$$\sigma(\sqrt[3]{2})=\sqrt[3]{2}\,\omega,\quad \sigma(\sqrt[6]{2})=\sqrt[6]{2}\,\alpha \cdots\cdots ☆$$

를 만족시키는 것이 존재한다는 게 다음 정리에서 밝혀집니다.

정리5.20에 의해 $\boldsymbol{Q}(\sqrt[3]{2},\sqrt[6]{2})$의 기저는 $(\sqrt[3]{2})^2(\sqrt[6]{2})$, $(\sqrt[3]{2})(\sqrt[6]{2})$, $(\sqrt[6]{2})$, $(\sqrt[3]{2})^2$, $\sqrt[3]{2}$, 1이므로 임의의 원소 x는

$$x=\{a(\sqrt[3]{2})^2+b(\sqrt[3]{2})+c\}\sqrt[6]{2}+d(\sqrt[3]{2})^2+e(\sqrt[3]{2})+f$$

로 나타납니다. σ가 ☆을 만족시키는 동형사상이면

$$\sigma(x) = [a\{\sigma(\sqrt[3]{2})\}^2 + b\sigma(\sqrt[3]{2}) + c]\sigma(\sqrt[6]{2})$$
$$+[d\{\sigma(\sqrt[3]{2})\}^2 + e\sigma(\sqrt[3]{2}) + f]$$
$$= \{a(\sqrt[3]{2}\,\omega)^2 + b(\sqrt[3]{2}\,\omega) + c\}\sqrt[6]{2}\,\alpha + d(\sqrt[3]{2}\,\omega)^2 + e(\sqrt[3]{2}\,\omega) + f$$

가 되므로 $\boldsymbol{Q}(\sqrt[3]{2}, \sqrt[6]{2})$에서 $\boldsymbol{Q}(\sqrt[3]{2}\,\omega, \sqrt[6]{2}\,\alpha)$로 가는 함수 σ

$$\sigma : \{a(\sqrt[3]{2})^2 + b(\sqrt[3]{2}) + c\}\sqrt[6]{2} + d(\sqrt[3]{2})^2 + e(\sqrt[3]{2}) + f$$
$$\mapsto \{a(\sqrt[3]{2}\,\omega)^2 + b(\sqrt[3]{2}\,\omega) + c\}\sqrt[6]{2}\,\alpha + d(\sqrt[3]{2}\,\omega)^2 + e(\sqrt[3]{2}\,\omega) + f$$

를 생각합니다. 이것은 일대일 대응입니다.

$\boldsymbol{Q}(\sqrt[3]{2}, \sqrt[6]{2})$의 임의의 원소 x, y에 대해서 $\sigma(x+y) = \sigma(x) + \sigma(y)$, $\sigma(xy) = \sigma(x)\sigma(y)$를 만족시키는지를 알아보겠습니다.

$$y = \{g(\sqrt[3]{2})^2 + h(\sqrt[3]{2}) + j\}\sqrt[6]{2} + k(\sqrt[3]{2})^2 + l(\sqrt[3]{2}) + m$$

은

$$\sigma(x) = \{a(\sqrt[3]{2}\,\omega)^2 + b(\sqrt[3]{2}\,\omega) + c\}\sqrt[6]{2}\,\alpha + d(\sqrt[3]{2}\,\omega)^2 + e(\sqrt[3]{2}\,\omega) + f$$
$$\sigma(y) = \{g(\sqrt[3]{2}\,\omega)^2 + h(\sqrt[3]{2}\,\omega) + j\}\sqrt[6]{2}\,\alpha + k(\sqrt[3]{2}\,\omega)^2 + l(\sqrt[3]{2}\,\omega) + m$$
$$\sigma(x+y) = \sigma(\{(a+g)(\sqrt[3]{2})^2 + (b+h)(\sqrt[3]{2}) + (c+j)\}\sqrt[6]{2}$$
$$+(d+k)(\sqrt[3]{2})^2 + (e+l)(\sqrt[3]{2}) + (f+m)$$
$$= \{(a+g)(\sqrt[3]{2}\,\omega)^2 + (b+h)(\sqrt[3]{2}\,\omega) + (c+j)\}\sqrt[6]{2}\,\alpha$$
$$+(d+k)(\sqrt[3]{2}\,\omega)^2 + (e+l)(\sqrt[3]{2}\,\omega) + (f+m)$$

이 되므로 $\sigma(x+y) = \sigma(x) + \sigma(y)$가 성립합니다.

곱셈에서는 어떨까요?

$$xy = \{a(\sqrt[3]{2})^2 + b(\sqrt[3]{2}) + c\}\{g(\sqrt[3]{2})^2 + h(\sqrt[3]{2})^2 + j\}(\sqrt[6]{2})^2$$
$$+[\{a(\sqrt[3]{2})^2 + b(\sqrt[3]{2}) + c\}\{k(\sqrt[3]{2})^2 + l(\sqrt[3]{2}) + m\}$$
$$+\{g(\sqrt[3]{2})^2 + h(\sqrt[3]{2}) + j\}\{d(\sqrt[3]{2})^2 + e(\sqrt[3]{2}) + f\}]\sqrt[6]{2}$$
$$+\{d(\sqrt[3]{2})^2 + e(\sqrt[3]{2}) + f\}\{k(\sqrt[3]{2})^2 + l(\sqrt[3]{2}) + m\}$$

이것은 $\boldsymbol{Q}(\sqrt[3]{2}\,\omega, \sqrt[6]{2}\,\alpha)$의 기저로 표현되고 있지 않으므로 이대로는 σ를

작용시킬 수 없습니다. 그러므로 $\sqrt[3]{2}$가 $x^3-2=0$의 해라는 것을 이용하여 테두리를 친 부분의 차수를 낮추면

$$xy=\{A(\sqrt[3]{2})^2+B(\sqrt[3]{2})+C\}(\sqrt[6]{2})^2$$
$$+\{D(\sqrt[3]{2})^2+E(\sqrt[3]{2})+F\}(\sqrt[6]{2})+\{G(\sqrt[3]{2})^2+H(\sqrt[3]{2})+I\} \cdots\cdots ①$$

가 된다고 해보겠습니다. 아직 $\sqrt[6]{2}$의 2차식이므로 $\sqrt[6]{2}$가 $x^2-\sqrt[3]{2}=0$의 해라는 것을 이용하여 차수를 낮추면

$$xy=\{J(\sqrt[3]{2})^2+K(\sqrt[3]{2})+L\}(\sqrt[6]{2})+\{M(\sqrt[3]{2})^2+N(\sqrt[3]{2})+P\} \cdots\cdots ②$$

가 됩니다. 이것에 σ를 시행하면 $\sigma(xy)$는

$$\{J(\sqrt[3]{2}\,\omega)^2+K(\sqrt[3]{2}\,\omega)+L\}(\sqrt[6]{2}\,\alpha)+\{M(\sqrt[3]{2}\,\omega)^2+N(\sqrt[3]{2}\,\omega)+P\}$$

한편 $\sigma(x)\sigma(y)$는

$$\{a(\sqrt[3]{2}\,\omega)^2+b(\sqrt[3]{2}\,\omega)+c\}\{g(\sqrt[3]{2}\,\omega)^2+h(\sqrt[3]{2}\,\omega)+j\}(\sqrt[6]{2}\,\alpha)^2$$
$$+[\{a(\sqrt[3]{2}\,\omega)^2+b(\sqrt[3]{2}\,\omega)+c\}\{k(\sqrt[3]{2}\,\omega)^2+l(\sqrt[3]{2}\,\omega)+m\}$$
$$+\{g(\sqrt[3]{2}\,\omega)^2+h(\sqrt[3]{2}\,\omega)+j\}\{d(\sqrt[3]{2}\,\omega)^2+e(\sqrt[3]{2}\,\omega)+f\}]\sqrt[6]{2}$$
$$+\{d(\sqrt[3]{2}\,\omega)^2+e(\sqrt[3]{2}\,\omega)+f\}\{k(\sqrt[3]{2}\,\omega)^2+l(\sqrt[3]{2}\,\omega)+m\}$$

이 됩니다. $\boldsymbol{Q}(\sqrt[3]{2}\,\omega, \sqrt[6]{2}\,\alpha)$의 기저로 나타내기 위해서 테두리 친 부분의 차수를 낮추는데, $\sqrt[3]{2}\,\omega$가 $x^3-2=0$의 해라는 것을 이용하여 차수를 낮추므로 계수는 ①과 같아져

$$\sigma(x)\sigma(y)=\{A(\sqrt[3]{2}\,\omega)^2+B(\sqrt[3]{2}\,\omega)+C\}(\sqrt[6]{2}\,\alpha)^2$$
$$+\{D(\sqrt[3]{2}\,\omega)^2+E(\sqrt[3]{2}\,\omega)+F\}(\sqrt[6]{2}\,\alpha)+\{G(\sqrt[3]{2}\,\omega)^2+H(\sqrt[3]{2}\,\omega)+I\} \cdots ③$$

③은 아직 $\sqrt[6]{2}\,\alpha$의 2차식이므로 $\sqrt[6]{2}\,\alpha$가 $x^2-\sqrt[3]{2}\,\omega=0$의 해라는 것을 이용해서 차수를 낮춥니다. ①의 $\sqrt[6]{2}$를 x로 바꾸어 놓은 식을 $x^2-\sqrt[3]{2}$로 나눌 때 $\boldsymbol{Q}(\sqrt[3]{2})$에서 계산한 것은 ③의 $\sqrt[6]{2}\,\alpha$를 x로 바꾸어 놓은 식을 $x^2-\sqrt[3]{2}\,\omega$로 나눌 때 $\boldsymbol{Q}(\sqrt[3]{2}\,\omega)$에서 계산한 것과 계수가 대응하고 있습니다.

따라서 $\sigma(x)\sigma(y)$는 ②와 계수는 같아져

$$\{J(\sqrt[3]{2}\,\omega)^2+K(\sqrt[3]{2}\,\omega)+L\}(\sqrt[6]{2})+\{M(\sqrt[3]{2}\,\omega)^2+N(\sqrt[3]{2}\,\omega)+P\}$$

가 됩니다. 따라서 $\sigma(xy)=\sigma(x)\sigma(y)$가 성립합니다.

σ는 $\boldsymbol{Q}(\sqrt[3]{2}, \sqrt[6]{2})$에서 $\boldsymbol{Q}(\sqrt[3]{2}\,\omega, \sqrt[6]{2}\,\alpha)$로 가는 동형사상이 됩니다.

정리5.21 동형사상의 연장

$\boldsymbol{Q}$ 위의 m차 기약다항식 $f(x)$가 있다. α, γ를 $f(x)=0$의 서로 다른 해라 한다. $\boldsymbol{Q}(\alpha)$ 위의 n차 기약다항식 $g_\alpha(x)$와 이 다항식의 계수에 나타나는 α를 γ로 바꾸어 놓은 $\boldsymbol{Q}(\gamma)$ 위의 n차 기약다항식 $g_\gamma(x)$가 있다. β를 $g_\alpha(x)=0$의 해, δ를 $g_\gamma(x)=0$의 해라고 할 때

$$\sigma(\alpha)=\gamma, \quad \sigma(\beta)=\delta$$

를 만족시키는 $\boldsymbol{Q}(\alpha, \beta)$에서 $\boldsymbol{Q}(\gamma, \delta)$로 가는 동형사상 σ가 존재한다.

$g_\gamma(x)$가 $\boldsymbol{Q}(\gamma)$ 위에서 기약다항식이 됨을 확인해 봅시다.

만일 $g_\gamma(x)$가 $\boldsymbol{Q}(\gamma)$ 위에서 $g_\gamma(x)=h_\gamma(x)j_\gamma(x)$로 인수분해된다고 가정합시다. 이때 $h_\gamma(x)$, $j_\gamma(x)$의 계수의 γ를 α로 치환한 $h_\alpha(x)$, $j_\alpha(x)$를 이용하면 $g_\alpha(x)$가 $\boldsymbol{Q}(\alpha)$ 위에서 $g_\alpha(x)=h_\alpha(x)j_\alpha(x)$ ……①로 인수분해되어 $g_\alpha(x)$의 기약성에 모순이 됩니다.

①이 성립하는 것은 α, γ가 $f(x)=0$의 해이므로 α에서 γ로 가는 동형사상이 있고, $\boldsymbol{Q}(\gamma)$ 계수 다항식의 곱셈을 할 때에 시행한 $\boldsymbol{Q}(\gamma)$ 위의 계산을 $\boldsymbol{Q}(\alpha)$ 위의 계산으로 바꿔 놓을 수 있기 때문입니다.

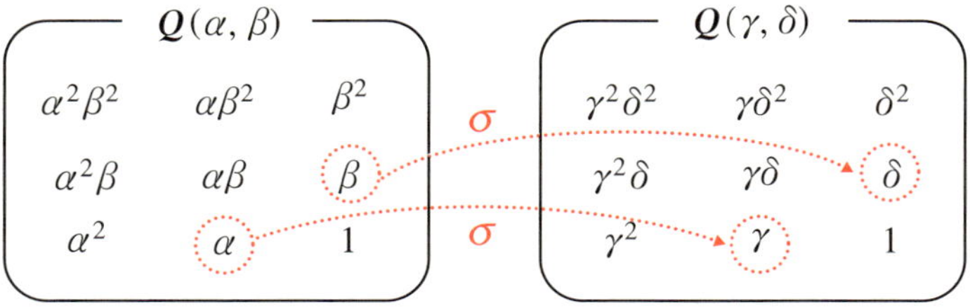

$m=3$, $n=3$인 경우

증명 **정리5.20**에 의해 $\boldsymbol{Q}(\alpha, \beta)$의 원소는 $\alpha^i\beta^j(0 \leqq j \leqq m-1,\ 0 \leqq j \leqq n-1)$의 일차결합으로 나타납니다. $\boldsymbol{Q}(\alpha, \beta)$의 임의의 두 원소를

$$F(\alpha, \beta) = f_{n-1}(\alpha)\beta^{n-1} + f_{n-2}(\alpha)\beta^{n-2} + \cdots + f_1(\alpha)\beta + f_0(\alpha)$$

$$G(\alpha, \beta) = g_{n-1}(\alpha)\beta^{n-1} + g_{n-2}(\alpha)\beta^{n-2} + \cdots + g_1(\alpha)\beta + g_0(\alpha)$$

라고 하겠습니다. 여기서 $f_i(x)$, $g_i(x)$는 $m-1$차 이하의 식입니다.

σ가 동형사상이라면 **정리5.6**에 의해 $\boldsymbol{Q}(\alpha, \beta)$의 임의의 원소 $F(\alpha, \beta)$에 관해서

$$\underline{\sigma(F(\alpha, \beta))} = F(\sigma(\alpha),\ \sigma(\beta)) = \underline{F(\gamma, \delta)} \cdots\cdots ②$$

를 만족시켜야 합니다. 그러므로 σ는 $\boldsymbol{Q}(\alpha, \beta)$의 원소 $F(\alpha, \beta)$에 대해서 $\boldsymbol{Q}(\gamma, \delta)$의 원소 $F(\gamma, \delta)$를 대응시킵니다. σ는 일대일대응입니다.

$$\begin{aligned} \sigma : \boldsymbol{Q}(\alpha, \beta) &\longrightarrow \boldsymbol{Q}(\gamma, \delta) \\ F(\alpha, \beta) &\longmapsto F(\gamma, \delta) \end{aligned}$$

구체적으로 쓰면

$$\begin{aligned} & f_{n-1}(\alpha)\beta^{n-1} + f_{n-2}(\alpha)\beta^{n-2} + \cdots + f_1(\alpha)\beta + f_0(\alpha) \\ & \longmapsto \quad f_{n-1}(\gamma)\delta^{n-1} + f_{n-2}(\gamma)\delta^{n-2} + \cdots + f_1(\gamma)\delta + f_0(\gamma) \end{aligned}$$

입니다. 이 σ가 덧셈과 곱셈을 보존하는 것을 확인하겠습니다.

$$\begin{aligned} & \sigma(F(\alpha, \beta) + G(\alpha, \beta)) \\ & = \sigma(\{f_{n-1}(\alpha) + g_{n-1}(\alpha)\}\beta^{n-2} + \{f_{n-2}(\alpha) + g_{n-2}(\alpha)\}\beta^{n-2} \\ & \qquad + \cdots + \{f_1(\alpha) + g_1(\alpha)\}\beta + f_0(\alpha) + g_0(\alpha)) \\ & = \{f_{n-1}(\gamma) + g_{n-1}(\gamma)\}\delta^{n-1} + \{f_{n-2}(\gamma) + g_{n-2}(\gamma)\}\delta^{n-2} \\ & \qquad + \cdots + \{f_1(\gamma) + g_1(\gamma)\}\delta + f_0(\gamma) + g_0(\gamma) \end{aligned}$$

$\alpha \to \gamma$
$\beta \to \delta$로 치환하여 ②

또

$$\begin{aligned} & \sigma(F(\alpha, \beta)) + \sigma(G(\alpha, \beta)) \\ & = F(\gamma, \delta) + G(\gamma, \delta) \end{aligned}$$

$$=f_{n-1}(\gamma)\delta^{n-1}+f_{n-2}(\gamma)\delta^{n-2}+\cdots+f_1(\gamma)\delta+f_0(\gamma)$$
$$+g_{n-1}(\gamma)\delta^{n-1}+g_{n-2}(\gamma)\delta^{n-2}+\cdots+g_1(\gamma)\delta+g_0(\gamma)$$
$$=\{f_{n-1}(\gamma)+g_{n-1}(\gamma)\}\delta^{n-1}+\{f_{n-2}(\gamma)+g_{n-2}(\gamma)\}\delta^{n-2}$$
$$+\cdots+\{f_1(\gamma)+g_1(\gamma)\}\delta+f_0(\gamma)+g_0(\gamma)$$

이므로

$$\sigma(F(\alpha, \beta)+G(\alpha, \beta))=\sigma(F(\alpha, \beta))+\sigma(G(\alpha, \beta))$$

가 성립합니다.

곱셈에서는 차수 낮추기를 이용합니다. x, y의 다항식을

$$F(x, y)=f_{n-1}(x)y^{n-1}+f_{n-2}(x)y^{n-2}+\cdots+f_1(x)y+f_0(x)$$
$$G(x, y)=g_{n-1}(x)y^{n-1}+g_{n-2}(x)y^{n-2}+\cdots+g_1(x)y+g_0(x)$$

로 놓습니다. $F(x, y)G(x, y)$를 y의 다항식으로 보면 계수는 x의 다항식이고 i차의 계수를 $f(x)$로 나눈 몫을 $q_i(x)$, 나머지를 $r_i(x)$라고 하면

$$F(x, y)G(x, y)=\{q_{2n-2}(x)f(x)+r_{2n-2}(x)\}y^{2n-2}+$$
$$\cdots+\{q_1(x)f(x)+r_1(x)\}y+q_0(x)f(x)+r_0(x)$$

여기서 x에 α와 γ를 대입하면 $f(\alpha)=f(\gamma)=0$이므로

$$F(\alpha, y)G(\alpha, y)=r_{2n-2}(\alpha)y^{2n-2}+\cdots+r_1(\alpha)y+r_0(\alpha)$$
$$F(\gamma, y)G(\gamma, y)=r_{2n-2}(\gamma)y^{2n-2}+\cdots+r_1(\gamma)y+r_0(\gamma)$$

가 됩니다.

$F(\alpha, y)G(\alpha, y)$를 $g_\alpha(y)$로 나눈 몫이 $S_\alpha(y)$, 나머지가 $s_{n-1}(\alpha)y^{n-1}+\cdots+s_1(\alpha)y+s_0(\alpha)$라고 합시다. $F(\gamma, y)G(\gamma, y)$를 $g_\gamma(y)$로 나누면, 나뉘는 수와 나누는 수의 α를 γ로 치환한 것이므로 ①이 성립하는 것과 마찬가지로, 몫은 $S_\alpha(y)$의 α를 γ로 치환한 $S_\gamma(y)$, 나머지는 $s_{n-1}(\gamma)y^{n-1}+\cdots+s_1(\gamma)y+s_0(\gamma)$가 됩니다.

$$F(\alpha, y)G(\alpha, y) = S_\alpha(y)g_\alpha(y) + s_{n-1}(\alpha)y^{n-1} + \cdots + s_1(\alpha)y + s_0(\alpha)$$

$$F(\gamma, y)G(\gamma, y) = S_\gamma(y)g_\gamma(y) + s_{n-1}(\gamma)y^{n-1} + \cdots + s_1(\gamma)y + s_0(\gamma)$$

이 식들의 y에 각각 β, δ를 대입하면 $g_\alpha(\beta) = 0$, $g_\gamma(\delta) = 0$이므로

$$F(\alpha, \beta)G(\alpha, \beta) = s_{n-1}(\alpha)\beta^{n-1} + \cdots + s_1(\alpha)\beta + s_0(\alpha)$$

$$F(\gamma, \delta)G(\gamma, \delta) = s_{n-1}(\gamma)\delta^{n-1} + \cdots + s_1(\gamma)\delta + s_0(\gamma)$$

가 됩니다.

$$\sigma(F(\alpha, \beta)G(\alpha, \beta))$$

$$= \sigma(s_{n-1}(\alpha)\beta^{n-1} + \cdots + s_1(\alpha)\beta + s_0(\alpha))$$

$$= s_{n-1}(\gamma)\delta^{n-1} + \cdots + s_1(\gamma)\delta + s_0(\gamma)$$

② $\alpha \to \gamma$, $\beta \to \delta$로 치환하여

또

$$\sigma(F(\alpha, \beta))\sigma(G(\alpha, \beta)) = F(\gamma, \delta)G(\gamma, \delta)$$

$$= s_{n-1}(\gamma)\delta^{n-1} + \cdots + s_1(\gamma)\delta + s_0(\gamma)$$

따라서 $\sigma(F(\alpha, \beta)G(\alpha, \beta)) = \sigma(F(\alpha, \beta))\sigma(G(\alpha, \beta))$가 성립합니다. σ는 $\boldsymbol{Q}(\alpha, \beta)$에서 $\boldsymbol{Q}(\gamma, \delta)$로 가는 동형사상입니다. (증명 끝)

정리5.22 $\boldsymbol{Q}(\alpha, \beta)$**에 작용하는 동형사상**

$\boldsymbol{Q}$ 위의 m차 기약다항식 $f(x)$가 있다. $f(x) = 0$의 해를 $\alpha_1 = \alpha$, α_2, $\cdots$, α_m이라 한다. $\boldsymbol{Q}(\alpha)$ 위의 n차 기약다항식 $g(x)$와 $g(x)$의 계수에 들어 있는 α를 α_i로 치환한 $\boldsymbol{Q}(\alpha_i)$ 위의 n차 기약다항식 $g_i(x)$가 있다. $g_i(x) = 0$의 해를 $\beta_{i1} = \beta$, β_{i2}, $\cdots$, β_{in}이라 한다. $\boldsymbol{Q}(\alpha, \beta)$에 작용하는 동형사상은 정확히 mn개가 있고 이것들은 $\sigma_{ij}(1 \leqq i \leqq m,\ 1 \leqq j \leqq n)$

$$\sigma_{ij}(\alpha) = \alpha_i, \quad \sigma_{ij}(\beta) = \beta_{ij}$$

로 정의된다.

증명 $Q(\alpha, \beta)$에 작용하는 동형사상 σ에 의해 α가 대응하는 상을 $\sigma(\alpha)=\alpha_i$ 라고 정의할 때, $g(\beta)=0$에 σ를 작용시키면 **정리5.6**에 의해 좌변은

$$\sigma(g(\beta))=g_i(\sigma(\beta))$$ ← g의 α에 σ가 작용해서 α_i가 된다.

이므로 $g_i(\sigma(\beta))=0$이 됩니다. 따라서 σ에 의해서 β가 대응하는 상은 $g_i(x)=0$의 해이고, 많아야 n개입니다. **정리5.21**에 의해 이것들은 모두 실현될 수 있습니다. $\sigma(\alpha)$를 선택하는 방법이 m개, 각각에 대해서 $\sigma(\beta)$을 선택하는 방법이 n개이므로 $Q(\alpha, \beta)$에 작용하는 동형사상은 정확히 mn개입니다. (증명 끝)

정리5.21, **정리5.22**와 **정리5.10**의 관계를 기술해 두겠습니다.

정리5.10에 의하면 **정리5.21**의 설정에서는 동형사상이 $Q(\alpha)$에 작용할 때에 작용하는 방법은 정확히 m개라고 말할 수 있습니다. 이것은 **정리5.21**의 주장과 모순되지 않습니다.

$Q(\alpha, \beta)$의 동형사상은 mn개가 있지만 $Q(\alpha)$에 작용하는 방법은 α가 대응하는 상으로 결정되므로 m가지밖에 없는 것입니다.

거꾸로 $Q(\alpha)$에 작용하는 동형사상이 m개이어도 $Q(\alpha)$에 새로운 대수적인 수 β를 첨가한 체 $Q(\alpha, \beta)$에서 생각하면, $Q(\alpha, \beta)$ 전체에서 생각한 동형사상이 작용하는 방식은 β가 대응하는 상에 의해서 n가지만큼씩 나와 $Q(\alpha, \beta)$에 작용하는 동형사상은 mn개가 됩니다.

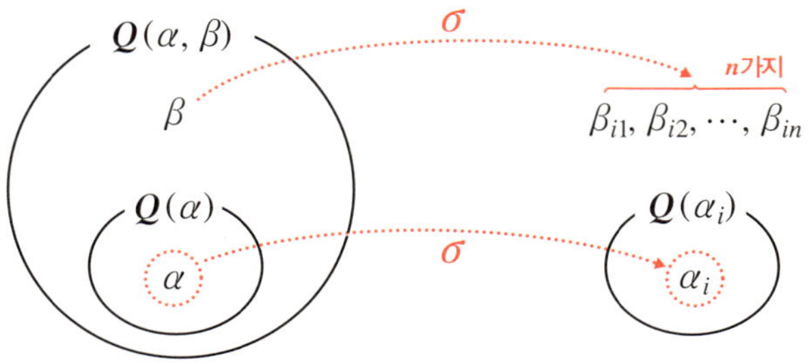

$Q(\alpha)$의 동형사상을 m가지라고 세는 것은 동네 야구팀의 포지션이 아홉 가지인 것과 비슷합니다. 동네 야구팀에서 구성원은 아홉 가지의 일만 하지만, 그 팀에 속해 있는 사람들도 사회에 나가면 각자 다른 자리에서 일을 합니다. 투수이면서 사장인 사람도 있을 것이고 부장인 사람도 있을 것입니다. 그러나 동네 야구팀이라는 범위에서만 보면, 사장이든 부장이든 야구장이라는 필드(영어로 체를 field라 합니다)에서는 투수의 역할밖에 하지 않습니다. 이것이 필드를 한정지어 경우의 수를 센다는 것의 의미입니다.

[8] 불변부분군과 불변체가 대응하고 있다!

— 갈루아 대응

$x^4-10x^2+1=0$의 최소분해체 $\boldsymbol{Q}(\sqrt{2}, \sqrt{3})$에 작용하는 동형사상을 알아보는 중이었습니다. σ를 $\boldsymbol{Q}(\sqrt{2}, \sqrt{3})$에 작용하는 동형사상이라 하고, σ에 의하여 $\sqrt{2}$, $\sqrt{3}$이 대응하는 상을

$$\sigma(\sqrt{2})=\sqrt{2}, \quad \sigma(\sqrt{3})=-\sqrt{3}$$

이라고 정의하면, **정리5.22**에 의해 σ는 $\boldsymbol{Q}(\sqrt{2}, \sqrt{3})$에서 $\boldsymbol{Q}(\sqrt{2}, -\sqrt{3})(=\boldsymbol{Q}(\sqrt{2}, \sqrt{3}))$으로 가는 동형사상이 됩니다. σ는 $\boldsymbol{Q}(\sqrt{2}, \sqrt{3})$의 자기동형사상이 됩니다.

$\boldsymbol{Q}(\sqrt{2}, \sqrt{3})$에 작용하는 동형사상 τ를

$$\tau(\sqrt{2})=-\sqrt{2}, \quad \tau(\sqrt{3})=\sqrt{3}$$

으로 정의하면, τ는 $\boldsymbol{Q}(\sqrt{2}, \sqrt{3})$에서 $\boldsymbol{Q}(-\sqrt{2}, \sqrt{3})(=\boldsymbol{Q}(\sqrt{2}, \sqrt{3}))$으로 가는 동형사상이 되기 때문에 τ도 $\boldsymbol{Q}(\sqrt{2}, \sqrt{3})$의 자기동형사상이 됩니다.

그러면 $\sigma\tau$는

$$\sigma\tau(\sqrt{2})=\sigma(\tau(\sqrt{2}))=\sigma(-\sqrt{2})=-\sigma(\sqrt{2})=-\sqrt{2}$$

$$\sigma\tau(\sqrt{3})=\sigma(\tau(\sqrt{3}))=\sigma(\sqrt{3})=-\sqrt{3}$$

이와 같이 $\sqrt{2}$와 $\sqrt{3}$이 대응하는 상이 결정되면 $\alpha=\sqrt{2}+\sqrt{3}$이 대응하는 상도 결정됩니다. 정리하면

$$\sigma(\alpha)=\sigma(\sqrt{2}+\sqrt{3})=\sigma(\sqrt{2})+\sigma(\sqrt{3})=\sqrt{2}-\sqrt{3}=\gamma$$

$$\tau(\alpha)=\tau(\sqrt{2}+\sqrt{3})=\tau(\sqrt{2})+\tau(\sqrt{3})=-\sqrt{2}+\sqrt{3}=\delta$$

$$\sigma\tau(\alpha)=\sigma\tau(\sqrt{2}+\sqrt{3})=\sigma\tau(\sqrt{2})+\sigma\tau(\sqrt{3})$$
$$=-\sqrt{2}-\sqrt{3}=\beta$$

가 되므로 α가 대응하는 상이 β, γ, δ 중에서 어느 것이 되는지를 결정하는 경

우와 일치합니다. α를 $\sigma, \tau, \sigma\tau$에 의해 대응시킨 상이 372쪽의 결정 방식과 일치했던 것은 그렇게 의도한 것뿐입니다.

여기서 $\boldsymbol{Q}(\sqrt{2}, \sqrt{3})$의 중간체에 대해서 언급해 두겠습니다.

$\boldsymbol{Q}(\sqrt{2}, \sqrt{3})$의 기저가 $\{\sqrt{6}, \sqrt{2}, \sqrt{3}, 1\}$이라는 것으로부터 예상할 수 있듯이 $\boldsymbol{Q}(\sqrt{2}, \sqrt{3})$의 중간체에는 $\boldsymbol{Q}(\sqrt{2})$, $\boldsymbol{Q}(\sqrt{3})$, $\boldsymbol{Q}(\sqrt{6})$이 있습니다. 물론 $\boldsymbol{Q}(\sqrt{2}) \neq \boldsymbol{Q}(\sqrt{3})$, $\boldsymbol{Q}(\sqrt{3}) \neq \boldsymbol{Q}(\sqrt{6})$, $\boldsymbol{Q}(\sqrt{6}) \neq \boldsymbol{Q}(\sqrt{2})$입니다.

갈루아군 $\langle \sigma, \tau \rangle = \{e, \sigma, \tau, \sigma\tau\}$의 부분군에 대해서도 정리해 둡시다. $\{e\}$와 $\langle \sigma, \tau \rangle$는 자명합니다.

갈루아군의 위수가 4이므로 자명하지 않은 부분군의 위수는 4의 약수인 2입니다. 이것은 바로

$$\langle \sigma \rangle = \{e, \sigma\}, \quad \langle \tau \rangle = \{e, \tau\}, \quad \langle \sigma\tau \rangle = \{e, \sigma\tau\}$$

3개입니다.

$\boldsymbol{Q}(\sqrt{2}, \sqrt{3})$과 $\boldsymbol{Q}(\sqrt{2})$, $\boldsymbol{Q}(\sqrt{3})$, $\boldsymbol{Q}(\sqrt{6})$, $\boldsymbol{Q}$의 포함 관계를 그림으로 나타내면 아래의 왼쪽 그림과 같습니다. 위쪽이 포함하는 체이고 아래쪽이 포함되는 체입니다.

$\langle \sigma, \tau \rangle$, $\langle \sigma \rangle$, $\langle \tau \rangle$, $\langle \sigma\tau \rangle$, $\{e\}$의 포함 관계를 그림으로 나타내면 아래의 오른쪽 그림과 같습니다. 위쪽이 포함되는 군이고 아래쪽이 포함하는 군입니다.

'어라, 포함하고 포함되는 것이 체일 때하고는 반대잖아?'라고 생각하실지 모르겠으나, 이것이 맞습니다.

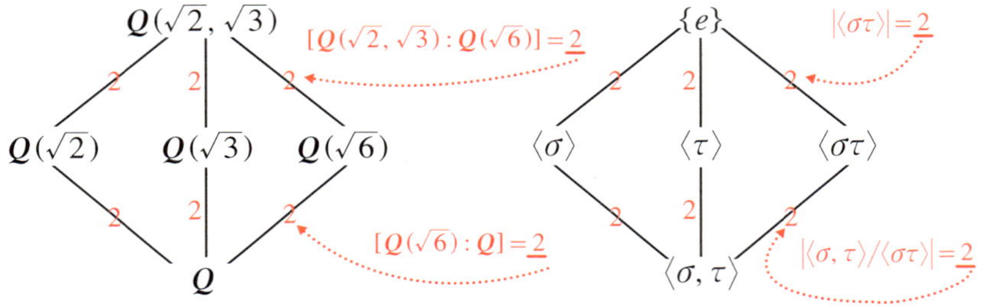

좌우의 그림은 형태만 비슷한 것이 아닙니다.

같은 위치에 있는 $\boldsymbol{Q}(\sqrt{2})$와 $\langle\sigma\rangle$, $\boldsymbol{Q}(\sqrt{3})$과 $\langle\tau\rangle$, $\boldsymbol{Q}(\sqrt{6})$과 $\langle\sigma\tau\rangle$는 수학적인 의미에서 대응하고 있습니다. 이제부터 이것을 설명해 봅시다.

$\boldsymbol{Q}(\sqrt{2})$라는 것은 $\boldsymbol{Q}(\sqrt{2}, \sqrt{3})$의 원소 중에서 $\langle\sigma\rangle$의 원소에 의해 불변인 것들의 집합입니다.

$\boldsymbol{Q}(\sqrt{2}, \sqrt{3})$의 원소는 $a\sqrt{6}+b\sqrt{2}+c\sqrt{3}+d$($a, b, c, d$는 유리수)라는 한 가지 형태로 표현되었습니다. e에 의해 불변인 것은 당연하므로 σ를 시행해 봅니다.

$\sigma(\sqrt{6})=\sigma(\sqrt{2}\sqrt{3})=\sigma(\sqrt{2})\sigma(\sqrt{3})=\sqrt{2}(-\sqrt{3})=-\sqrt{6}$이므로

$$\sigma(a\sqrt{6}+b\sqrt{2}+c\sqrt{3}+d)=-a\sqrt{6}+b\sqrt{2}-c\sqrt{3}+d$$

σ를 시행해서 불변인 원소는

$$a\sqrt{6}+b\sqrt{2}+c\sqrt{3}+d=-a\sqrt{6}+b\sqrt{2}-c\sqrt{3}+d$$

$$2a\sqrt{6}+2c\sqrt{3}=0$$

에 의해 $a=0, c=0$입니다. $b\sqrt{2}+d$의 형태를 하고 있으므로 $\boldsymbol{Q}(\sqrt{2})$의 원소입니다. 거꾸로 $\boldsymbol{Q}(\sqrt{2})$의 임의의 원소는 $\langle\sigma\rangle$의 어느 원소를 시행하여도 불변입니다. 이때 $\boldsymbol{Q}(\sqrt{2})$를 $\langle\sigma\rangle$의 불변체(不變體, fixed field)라고 합니다.

$\boldsymbol{Q}(\sqrt{2})$에서 $\langle\sigma\rangle$로 연결할 수도 있습니다.

갈루아군 $\langle\sigma, \tau\rangle$의 원소 중에서 $\boldsymbol{Q}(\sqrt{2})$의 모든 원소를 변화시키지 않는 원소의 집합이 $\langle\sigma\rangle$가 됩니다.

$\boldsymbol{Q}(\sqrt{2})$의 원소 $a\sqrt{2}+b$에 $\langle\sigma, \tau\rangle$의 모든 원소를 시행해 보겠습니다.

$$e(a\sqrt{2}+b)=a\sqrt{2}+b \qquad \sigma(a\sqrt{2}+b)=a\sqrt{2}+b$$

$$\tau(a\sqrt{2}+b)=-a\sqrt{2}+b \qquad \sigma\tau(a\sqrt{2}+b)=-a\sqrt{2}+b$$

$a\neq 0$일 때 τ, $\sigma\tau$에 의해서는 불변이 아니므로 $\boldsymbol{Q}(\sqrt{2})$의 모든 원소를 변화시키지 않는 것은 $\langle\sigma\rangle=\{e, \sigma\}$입니다.

$\langle\sigma\rangle$는 $\boldsymbol{Q}(\sqrt{2})$의 불변부분군(不變部分群, invariant subgroup)이라고 합니다.

$\boldsymbol{Q}(\sqrt{3})$는 $\langle\tau\rangle$의 불변체이다.

$$\tau(\sqrt{6})=\tau(\sqrt{3}\sqrt{2})=\tau(\sqrt{3})\tau(\sqrt{2})=\sqrt{3}(-\sqrt{2})=-\sqrt{6}$$

에 의해

$$\tau(a\sqrt{6}+b\sqrt{2}+c\sqrt{3}+d)=-a\sqrt{6}-b\sqrt{2}+c\sqrt{3}+d$$

τ를 시행하여 불변인 원소는

$$-a\sqrt{6}-b\sqrt{2}+c\sqrt{3}+d=a\sqrt{6}+b\sqrt{2}+c\sqrt{3}+d$$

에 의해 $a=0$, $b=0$이어서 $c\sqrt{3}+d$의 형태를 하고 있습니다. τ를 시행해서 불변인 원소의 집합은 $\boldsymbol{Q}(\sqrt{3})$이고 $\boldsymbol{Q}(\sqrt{3})$은 $\langle\tau\rangle$의 불변체입니다.

$\langle\tau\rangle$는 $\boldsymbol{Q}(\sqrt{3})$의 불변부분군이다.

$\boldsymbol{Q}(\sqrt{3})$의 원소 $a\sqrt{3}+b$에 $\langle\sigma, \tau\rangle$의 모든 원소를 시행해 봅시다.

$$e(a\sqrt{3}+b)=a\sqrt{3}+b \qquad \sigma(a\sqrt{3}+b)=-a\sqrt{3}+b$$

$$\tau(a\sqrt{3}+b)=a\sqrt{3}+b \qquad \sigma\tau(a\sqrt{3}+b)=-a\sqrt{3}+b$$

$a\neq 0$일 때 σ, $\sigma\tau$에 의해서는 불변이 아니므로 $\boldsymbol{Q}(\sqrt{3})$의 모든 원소를 변화시키지 않는 것은 $\langle\tau\rangle=\{e, \tau\}$입니다.

$\langle\tau\rangle$는 $\boldsymbol{Q}(\sqrt{3})$의 불변부분군입니다.

$\boldsymbol{Q}(\sqrt{6})$과 $\langle\sigma\tau\rangle$에 관한 대응 관계도 $\boldsymbol{Q}(\sqrt{2})$와 $\langle\sigma\rangle$, $\boldsymbol{Q}(\sqrt{3})$와 $\langle\tau\rangle$의 경우와 마찬가지로 확인할 수 있습니다.

$\{e\}$의 불변체는 $\boldsymbol{Q}(\sqrt{2}, \sqrt{3})$이다.

확실히 그렇습니다. e는 항등변환이므로 $\boldsymbol{Q}(\sqrt{2}, \sqrt{3})$의 모든 원소를 변화시키지 않습니다.

$\boldsymbol{Q}(\sqrt{2}, \sqrt{3})$의 불변부분군은 $\{e\}$이다.

$\sigma(\sqrt{3}) = -\sqrt{3}$, $\tau(\sqrt{2}) = -\sqrt{2}$, $\sigma\tau(\sqrt{2}) = -\sqrt{2}$ 이므로 e 이외의 원소는 불변부분군에 속하지 않습니다. 불변부분군은 $\{e\}$입니다.

$\langle\sigma, \tau\rangle$의 불변체는 $\boldsymbol{Q}$이다.

$$e(a\sqrt{6} + b\sqrt{2} + c\sqrt{3} + d) = a\sqrt{6} + b\sqrt{2} + c\sqrt{3} + d$$

$$\sigma(a\sqrt{6} + b\sqrt{2} + c\sqrt{3} + d) = -a\sqrt{6} + b\sqrt{2} - c\sqrt{3} + d$$

$$\tau(a\sqrt{6} + b\sqrt{2} + c\sqrt{3} + d) = -a\sqrt{6} - b\sqrt{2} + c\sqrt{3} + d$$

$$\sigma\tau(a\sqrt{6} + b\sqrt{2} + c\sqrt{3} + d) = a\sqrt{6} - b\sqrt{2} - c\sqrt{3} + d$$

가 모두 $a\sqrt{6} + b\sqrt{2} + c\sqrt{3} + d$와 같기 위해서는 $a = 0$, $b = 0$, $c = 0$이어야 합니다. $\langle\sigma, \tau\rangle$의 모든 원소에 의해서 불변인 원소는 유리수뿐입니다.

$\boldsymbol{Q}$의 불변부분군은 $\langle\sigma, \tau\rangle$이다.

정리5.1에 의해 확실히 그렇습니다.

불변체, 불변부분군이라고 하는 대응으로 부분군과 중간체를 대응시킬 수 있었습니다. 이 대응이 있기 때문에 군의 그림에서는 포함하는 군을 아래쪽에 그린 것입니다.

일반적으로 방정식의 최소분해체와 그 중간체, 갈루아군과 그 부분군 사이에는 일대일의 대응 관계가 있습니다. 갈루아가 발견한 이 아름다운 대응 관계를 갈루아 대응이라 일컫습니다.

갈루아 대응의 일반적인 증명은 예를 조금 더 살펴본 다음에 하기로 하고, 여기서는 부분군에 의해 불변인 원소의 집합이 체가 된다는 것, 중간체를 고정하는 갈루아군의 원소의 집합이 군이 된다는 것만을 확인하겠습니다.

정리5.23 불변체

어느 방정식의 최소분해체를 $\boldsymbol{L}$, 갈루아군을 G라 한다. G의 부분군 H에 의해서 불변인 $\boldsymbol{L}$의 원소의 집합 $\boldsymbol{M}$은 체가 된다. 이것을 H의 불변체라 하고 $\boldsymbol{L}^H$으로 나타낸다.

증명 사칙연산에 대해서 닫혀 있다는 것을 확인하면 됩니다.

$\boldsymbol{M}$의 임의의 두 원소를 x, y로 하고 H의 임의의 원소를 σ라 합시다.

그러면 $\sigma(x)=x$, $\sigma(y)=y$가 성립합니다.

σ는 $\boldsymbol{L}$의 자기동형사상이므로

$$\sigma(x+y)=\sigma(x)+\sigma(y)=x+y, \quad \sigma(x-y)=\sigma(x)-\sigma(y)=x-y$$

$$\sigma(xy)=\sigma(x)\sigma(y)=xy, \quad \sigma\left(\frac{x}{y}\right)=\frac{\sigma(x)}{\sigma(y)}=\frac{x}{y}$$

확실히 $x+y$, $x-y$, xy, $\frac{x}{y}$도 σ에 의해서 불변이므로 $\boldsymbol{M}$의 원소가 되어 사칙연산에 대하여 닫혀 있습니다. 분배법칙도 성립하기 때문에 $\boldsymbol{M}$은 체입니다.

(증명 끝)

정리5.24 불변부분군

어느 방정식의 최소분해체를 L, 갈루아군을 G라 한다. L의 중간체 M의 모든 원소를 변화시키지 않는 G의 원소의 집합 H는 군이다. 이것을 G에 대한 M의 불변부분군이라 하고 G^M으로 나타낸다.

증명 M의 임의의 원소를 x, H의 임의의 원소를 σ, τ라 합시다. 그러면

$$\sigma(x)=x, \quad \tau(x)=x$$

이것을 이용하면 $\sigma\tau(x)=\sigma(\tau(x))=\sigma(x)=x$.

$\sigma\tau$는 H의 원소가 됩니다. H의 원소는 곱셈에 대해서 닫혀 있습니다.

H의 원소는 군 G의 원소이므로 결합법칙이 성립합니다.

G의 항등원 e는 $e(x)=x$이므로 H에는 항등원도 포함되어 있습니다.

σ는 G의 원소이기 때문에 σ^{-1}이 존재합니다. $\sigma(x)=x$의 양변의 왼쪽에 σ^{-1}을 적용하면 $\sigma^{-1}\sigma(x)=\sigma^{-1}(x)$가 됩니다. 좌변은 $\sigma^{-1}\sigma(x)=(\sigma^{-1}\sigma)(x)=e(x)=x$이어서, 결국 $\sigma^{-1}(x)=x$가 됩니다. σ^{-1}도 H에 포함됩니다.

따라서 H는 군의 공리를 만족시키므로 군이 됩니다. (증명 끝)

9 확대체는 모두 단순확대체

— $Q(\alpha_1, \cdots, \alpha_n) = Q(\theta)$

지금까지 살펴본 예에서는 최소분해체의 확대체의 차수가 주어진 방정식의 차수와 일치했습니다. 언제나 그럴까요?

문제5.15 $x^3 - 2 = 0$의 최소분해체와 갈루아군을 구하시오.

$x^3 - 2 = 0$의 해는 1의 원시세제곱근 $\omega = \frac{-1+\sqrt{3}i}{2}$를 이용하여 $x = \sqrt[3]{2}$, $\sqrt[3]{2}\omega$, $\sqrt[3]{2}\omega^2$이라고 쓸 수 있습니다. 최소분해체는 $\boldsymbol{Q}(\sqrt[3]{2}, \sqrt[3]{2}\omega, \sqrt[3]{2}\omega^2)$ 입니다.

$$\boldsymbol{Q}(\sqrt[3]{2}, \sqrt[3]{2}\omega, \sqrt[3]{2}\omega^2) = \boldsymbol{Q}(\sqrt[3]{2}, \omega)$$

가 되는 것을 증명합시다. $\sqrt[3]{2}\omega$, $\sqrt[3]{2}\omega^2$도 $\sqrt[3]{2}$와 ω로부터 만들 수 있으므로

$$\boldsymbol{Q}(\sqrt[3]{2}, \sqrt[3]{2}\omega, \sqrt[3]{2}\omega^2) \subset \boldsymbol{Q}(\sqrt[3]{2}, \omega)$$

ω는 $\sqrt[3]{2}$와 $\sqrt[3]{2}\omega$를 이용하여 $\frac{\sqrt[3]{2}\omega}{\sqrt[3]{2}} = \omega$로 만들 수 있으므로

$$\boldsymbol{Q}(\sqrt[3]{2}, \sqrt[3]{2}\omega, \sqrt[3]{2}\omega^2) \supset \boldsymbol{Q}(\sqrt[3]{2}, \omega)$$

따라서 $\boldsymbol{Q}(\sqrt[3]{2}, \sqrt[3]{2}\omega, \sqrt[3]{2}\omega^2) = \boldsymbol{Q}(\sqrt[3]{2}, \omega)$

정리5.20을 사용해서 차원을 구해 보겠습니다.

$\sqrt[3]{2}$의 최소다항식은 $x^3 - 2$입니다.

ω의 $\boldsymbol{Q}(\sqrt[3]{2})$ 위의 최소다항식은 $x^2 + x + 1$입니다. 왜냐하면 $x^2 + x + 1 = (x - \omega)(x - \omega^2)$으로 인수분해할 수 있지만, ω는 복소수이어서 실수에 포함되는 체 $\boldsymbol{Q}(\sqrt[3]{2})$에는 속하지 않기 때문입니다.

정리5.20에 의해 최소분해체 $\boldsymbol{Q}(\sqrt[3]{2}, \omega)$의 기저는

$$(\sqrt[3]{2})^2\omega,\ \sqrt[3]{2}\,\omega,\ \omega,\ (\sqrt[3]{2})^2,\ \sqrt[3]{2},\ 1$$

로 6개입니다. $[\boldsymbol{Q}(\sqrt[3]{2}, \omega) : \boldsymbol{Q}] = 6$이 됩니다.

$\boldsymbol{Q}$ 위의 방정식 $x^3 - 2 = 0$의 해 $\sqrt[3]{2}$를 이용해서 확대체 $\boldsymbol{Q}(\sqrt[3]{2})$를 만들고, $\boldsymbol{Q}(\sqrt[3]{2})$ 위의 방정식 $x^2 + x + 1 = 0$의 해 ω를 이용해서 확대체 $\boldsymbol{Q}(\sqrt[3]{2}, \omega)$를 만들었습니다. 각 확대체의 차수는

$$[\boldsymbol{Q}(\sqrt[3]{2}) : \boldsymbol{Q}] = 3, \quad [\boldsymbol{Q}(\sqrt[3]{2}, \omega) : \boldsymbol{Q}(\sqrt[3]{2})] = 2$$

입니다. 중간체 $\boldsymbol{Q}(\sqrt[3]{2})$에 관해서

$$\underbrace{[\boldsymbol{Q}(\sqrt[3]{2}, \omega) : \boldsymbol{Q}]}_{6} = \underbrace{[\boldsymbol{Q}(\sqrt[3]{2}, \omega) : \boldsymbol{Q}(\sqrt[3]{2})]}_{2}\underbrace{[\boldsymbol{Q}(\sqrt[3]{2}) : \boldsymbol{Q}]}_{3}$$

가 성립합니다.

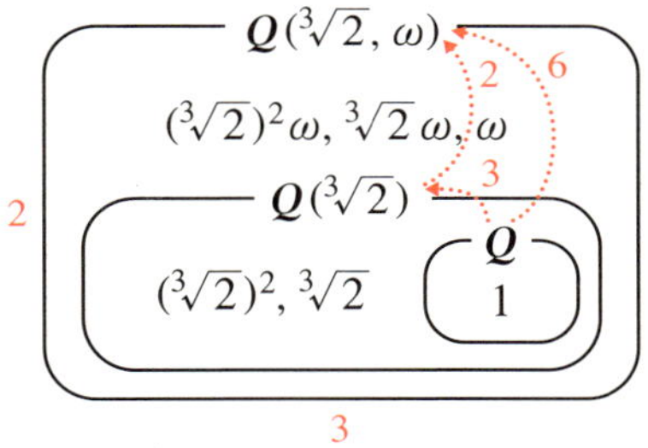

자, 갈루아군을 구해 보겠습니다. 동형사상이 두 최소다항식의 해 $\sqrt[3]{2}$, ω를 각각 어떻게 옮기는지를 정의하겠습니다.

정리5.22를 이용해서 $\boldsymbol{Q}(\sqrt[3]{2}, \omega)$에 작용하는 동형사상 σ, τ를

$$\begin{cases} \sigma(\sqrt[3]{2}) = \sqrt[3]{2}\,\omega, & \sigma(\omega) = \omega \\ \tau(\sqrt[3]{2}) = \sqrt[3]{2}, & \tau(\omega) = \omega^2 \end{cases}$$

으로 정의합니다. σ는 $x^3 - 2 = 0$의 해만 옮기고, τ는 $x^2 + x + 1 = 0$의 해만 옮기는 것입니다.

정리5.22에 의해 σ는 $\boldsymbol{Q}(\sqrt[3]{2}, \omega)$에서 $\boldsymbol{Q}(\sqrt[3]{2}\,\omega, \omega)$로 가는 동형사상인데, $\boldsymbol{Q}(\sqrt[3]{2}, \omega) = \boldsymbol{Q}(\sqrt[3]{2}\,\omega, \omega)$이므로 σ는 $\boldsymbol{Q}(\sqrt[3]{2}, \omega)$의 자기동형사상입니다.

정리5.22에 의해 τ는 $\boldsymbol{Q}(\sqrt[3]{2}, \omega)$에서 $\boldsymbol{Q}(\sqrt[3]{2}, \omega^2)$으로 가는 동형사상인데,

$\omega = -1 - \omega^2$이기 때문에 $\boldsymbol{Q}(\sqrt[3]{2}, \omega) = \boldsymbol{Q}(\sqrt[3]{2}, \omega^2)$이 되어 τ는 $\boldsymbol{Q}(\sqrt[3]{2}, \omega)$의 자기동형사상입니다.

다음으로 σ, τ와 이것들을 조합하여 만들어지는 $\boldsymbol{Q}(\sqrt[3]{2}, \omega)$의 자기동형사상이 $x^3 - 2 = 0$의 해 $\sqrt[3]{2}$, $\sqrt[3]{2}\,\omega$, $\sqrt[3]{2}\,\omega^2$을 어떻게 옮기는지를 알아봅니다.

σ는

$$\sigma(\sqrt[3]{2}\,\omega) = \sigma(\sqrt[3]{2})\sigma(\omega) = \sqrt[3]{2}\,\omega \cdot \omega = \sqrt[3]{2}\,\omega^2$$

$$\sigma(\sqrt[3]{2}\,\omega^2) = \sigma(\sqrt[3]{2})\sigma(\omega^2) = \sqrt[3]{2}\,\omega \cdot \omega^2 = \sqrt[3]{2}$$

로 작용하므로 $\sqrt[3]{2}$를

$$\sqrt[3]{2} \to \sqrt[3]{2}\,\omega \to \sqrt[3]{2}\,\omega^2 \to \sqrt[3]{2} \to \cdots$$

로 순환시킵니다. σ는 ω은 변화시키지 않으므로 $\boxed{\sigma^3 = e}$입니다.

한편 τ는

$$\tau(\omega) = \omega^2, \quad \tau(\omega^2) = \{\tau(\omega)\}^2 = (\omega^2)^2 = \omega^4 = \underset{1}{\omega^3} \cdot \omega = \omega$$

로 작용하므로 ω를 $\omega \to \omega^2 \to \omega \to \cdots$로 순환시킵니다.

τ는 $\sqrt[3]{2}$를 변화시키지 않으므로 $\boxed{\tau^2 = e}$입니다.

σ, σ^2, τ는 해 $\sqrt[3]{2}$, $\sqrt[3]{2}\,\omega$, $\sqrt[3]{2}\,\omega^2$과 ω를 각각 아래 그림과 같이 순환시키는 것을 알 수 있습니다.

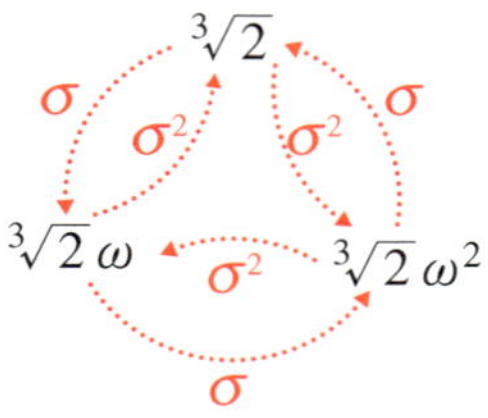

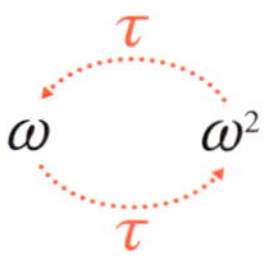

$$\tau(\sqrt[3]{2}\,\omega) = \tau(\sqrt[3]{2})\tau(\omega) = \sqrt[3]{2}\,\omega^2,$$

$$\tau(\sqrt[3]{2}\,\omega^2) = \tau(\sqrt[3]{2})\tau(\omega^2) = \sqrt[3]{2}\,\omega$$

다음으로 $\tau\sigma$, $\tau\sigma^2$을 알아보겠습니다.

$$\underline{\tau\sigma(\sqrt[3]{2})} = \tau(\sigma(\sqrt[3]{2})) = \tau(\sqrt[3]{2}\,\omega) = \tau(\sqrt[3]{2})\tau(\omega) = \underline{\sqrt[3]{2}\,\omega^2}$$

$$\underline{\tau\sigma(\sqrt[3]{2}\,\omega)} = \tau(\sigma(\sqrt[3]{2})\omega)) = \tau(\sigma(\sqrt[3]{2})\sigma(\omega))$$

$$= \tau(\sqrt[3]{2}\,\omega \cdot \omega) = \tau(\sqrt[3]{2}\,\omega^2) = \tau(\sqrt[3]{2})\tau(\omega^2) \underline{= \sqrt[3]{2}\,\omega}$$

$$\underline{\tau\sigma(\sqrt[3]{2}\,\omega^2)} = \tau(\sigma(\sqrt[3]{2}\,\omega^2)) = \tau(\sigma(\sqrt[3]{2})\sigma(\omega^2))$$

$$= \tau(\sqrt[3]{2}\,\omega \cdot \omega^2) = \tau(\sqrt[3]{2}) \underline{= \sqrt[3]{2}}$$

$$\underline{\tau\sigma^2(\sqrt[3]{2})} = \tau(\sigma^2(\sqrt[3]{2})) = \tau(\sqrt[3]{2}\,\omega^2) = \tau(\sqrt[3]{2})\tau(\omega^2) \underline{= \sqrt[3]{2}\,\omega}$$

$$\underline{\tau\sigma^2(\sqrt[3]{2}\,\omega)} = \tau(\sigma^2(\sqrt[3]{2}\,\omega)) = \tau(\sqrt[3]{2}) \underline{= \sqrt[3]{2}}$$

$$\underline{\tau\sigma^2(\sqrt[3]{2}\,\omega^2)} = \tau(\sigma^2(\sqrt[3]{2}\,\omega^2)) = \tau(\sqrt[3]{2}\,\omega)$$

$$= \tau(\sqrt[3]{2})\tau(\omega) \underline{= \sqrt[3]{2}\,\omega^2}$$

지금까지 계산한 것을 표로 정리하겠습니다.

	$\sqrt[3]{2}$	$\sqrt[3]{2}\,\omega$	$\sqrt[3]{2}\,\omega^2$
e	$\sqrt[3]{2}$	$\sqrt[3]{2}\,\omega$	$\sqrt[3]{2}\,\omega^2$
σ	$\sqrt[3]{2}\,\omega$	$\sqrt[3]{2}\,\omega^2$	$\sqrt[3]{2}$
σ^2	$\sqrt[3]{2}\,\omega^2$	$\sqrt[3]{2}$	$\sqrt[3]{2}\,\omega$
τ	$\sqrt[3]{2}$	$\sqrt[3]{2}\,\omega^2$	$\sqrt[3]{2}\,\omega$
$\tau\sigma$	$\sqrt[3]{2}\,\omega^2$	$\sqrt[3]{2}\,\omega$	$\sqrt[3]{2}$
$\tau\sigma^2$	$\sqrt[3]{2}\,\omega$	$\sqrt[3]{2}$	$\sqrt[3]{2}\,\omega^2$

$x^3 - 2 = 0$의 해는 $\sqrt[3]{2}$, $\sqrt[3]{2}\,\omega$, $\sqrt[3]{2}\,\omega^2$의 3개이므로 이것들을 교체하는 경우의 수는 $3! = 6$, 여섯 가지입니다. 이 여섯 가지의 모든 교체 패턴이 나왔습니다. **정리5.8**에 의해 동형사상은 방정식의 해를 치환합니다. 모든 교체 패턴이 나온 이상, 동형사상은 이것이 전부라는 것을 알 수 있습니다.

정리하면

$$\underline{\mathrm{Gal}(\boldsymbol{Q}(\sqrt[3]{2}, \omega)/\boldsymbol{Q}) = \{e, \sigma, \sigma^2, \tau, \tau\sigma, \tau\sigma^2\}}$$

임을 알 수 있습니다.

Gal$(\boldsymbol{Q}(\sqrt[3]{2}, \omega)/\boldsymbol{Q})$는 3개의 치환 패턴이 모두 나와 있으므로 3차대칭군 S_3과 동형으로 Gal$(\boldsymbol{Q}(\sqrt[3]{2}, \omega)/\boldsymbol{Q}) \cong S_3$이 됩니다. 실제로 곱셈표는 109쪽의 D_3이나 172쪽의 S_3의 곱셈표와 완전히 같습니다. (문제5.15 끝)

문제5.16 $x^3-2=0$**의 최소분해체와 갈루아군에 대해서 갈루아 대응을 구하시오.**

갈루아군 $\langle\sigma, \tau\rangle$는 S_3과 동형이므로 그 부분군은 **문제2.2**에 의해

$$\{e\},\ \langle\sigma\rangle,\ \langle\tau\rangle,\ \langle\tau\sigma\rangle,\ \langle\tau\sigma^2\rangle,\ \langle\sigma, \tau\rangle$$

입니다. 한편 $\boldsymbol{Q}(\sqrt[3]{2}, \omega)$의 중간체는 그 자신과 $\boldsymbol{Q}$를 포함하여

$$\boldsymbol{Q}(\sqrt[3]{2}, \omega),\ \boldsymbol{Q}(\omega),\ \boldsymbol{Q}(\sqrt[3]{2}),\ \boldsymbol{Q}(\sqrt[3]{2}\,\omega),\ \boldsymbol{Q}(\sqrt[3]{2}\,\omega^2),\ \boldsymbol{Q}$$

입니다. 사실 중간체가 이것밖에 없다는 것을 증명하기는 어렵습니다. 여기서는 이것을 인정하고 갈루아 대응을 확인해 가겠습니다. 중간체가 이것뿐이라는 것은 본 장의 11절에서 일반론을 확인하면 알 수 있습니다.

$\langle\sigma\rangle$의 불변체는 $\boldsymbol{Q}(\omega)$이다.

$\boldsymbol{Q}(\sqrt[3]{2}, \omega)$의 원소는

$$a(\sqrt[3]{2})^2\omega + b(\sqrt[3]{2})\omega + c\omega + d(\sqrt[3]{2})^2 + e(\sqrt[3]{2}) + f \quad \cdots\cdots ①$$

로 표현됩니다.

$$\sigma((\sqrt[3]{2})^2\omega) = \sigma(\sqrt[3]{2})^2\sigma(\omega) = (\sqrt[3]{2}\,\omega)^2 \cdot \omega = (\sqrt[3]{2})^2$$

$$\sigma(\sqrt[3]{2}\,\omega) = \sigma(\sqrt[3]{2})\sigma(\omega) = (\sqrt[3]{2}\,\omega) \cdot \omega = (\sqrt[3]{2})\omega^2$$

$$\sigma((\sqrt[3]{2})^2) = \{\sigma(\sqrt[3]{2})\}^2 = (\sqrt[3]{2}\,\omega)^2 = (\sqrt[3]{2})^2\omega^2$$

①에 σ를 시행하면

$$\sigma(a(\sqrt[3]{2})^2\omega + b(\sqrt[3]{2})\omega + c\omega + d(\sqrt[3]{2})^2 + e(\sqrt[3]{2}) + f)$$
$$= a(\sqrt[3]{2})^2 + b(\sqrt[3]{2})\omega^2 + c\omega + d(\sqrt[3]{2})^2\omega^2 + e(\sqrt[3]{2})\omega + f$$
$$= a(\sqrt[3]{2})^2 + b(\sqrt[3]{2})(-\omega - 1) + c\omega + d(\sqrt[3]{2})^2(-\omega - 1) + e(\sqrt[3]{2})\omega + f$$
$$= -d(\sqrt[3]{2})^2\omega + (e - b)(\sqrt[3]{2})\omega + c\omega + (a - d)(\sqrt[3]{2})^2 - b(\sqrt[3]{2}) + f$$

이것이 ①과 같으므로 계수를 비교하면 $a = -d$, $b = e - b$, $d = a - d$, $e = -b$에 의해 $a = 0$, $b = 0$, $d = 0$, $e = 0$입니다.

$\langle\sigma\rangle$의 원소를 시행하여 불변인 $\boldsymbol{Q}(\sqrt[3]{2}, \omega)$의 원소는 $c\omega + f$의 형태를 하고 있습니다. $\langle\sigma\rangle$의 불변체는 $\boldsymbol{Q}(\omega)$입니다.

$\boldsymbol{Q}(\omega)$의 불변부분군은 $\langle\sigma\rangle$이다.

$\sigma(\omega) = \omega$, $\sigma^2(\omega) = \omega$, $\tau(\omega) = \omega^2$, $\tau\sigma(\omega) = \omega^2$, $\tau\sigma^2(\omega) = \omega^2$이기 때문에 $\boldsymbol{Q}(\omega)$의 불변부분군은 $\langle\sigma\rangle$입니다.

$\langle\tau\sigma\rangle$의 불변체는 $\boldsymbol{Q}(\sqrt[3]{2}\,\omega)$이다.

$\tau\sigma(\sqrt[3]{2}) = \sqrt[3]{2}\,\omega^2$, $\tau\sigma(\omega) = \omega^2$이므로

$$a(\sqrt[3]{2})^2\omega + b(\sqrt[3]{2})\omega + c\omega + d(\sqrt[3]{2})^2 + e(\sqrt[3]{2}) + f$$

에 $\tau\sigma$를 시행하면

$\tau\sigma(\sqrt[3]{2}\,\omega) = \tau\sigma(\sqrt[3]{2})\tau\sigma(\omega) = \sqrt[3]{2}\,\omega^2 \cdot \omega^2 = \sqrt[3]{2}\,\omega$

$$\tau\sigma(a(\sqrt[3]{2})^2\omega + b(\sqrt[3]{2})\omega + c\omega + d(\sqrt[3]{2})^2 + e(\sqrt[3]{2}) + f$$
$$= a(\sqrt[3]{2})^2 + b(\sqrt[3]{2})\omega + c\omega^2 + d(\sqrt[3]{2})^2\omega + e(\sqrt[3]{2})\omega^2 + f$$
$$= a(\sqrt[3]{2})^2 + b(\sqrt[3]{2})\omega + c(-\omega - 1) + d(\sqrt[3]{2})^2\omega + e(\sqrt[3]{2})(-\omega - 1) + f$$
$$= d(\sqrt[3]{2})^2\omega + (b - e)(\sqrt[3]{2})\omega - c\omega + a(\sqrt[3]{2})^2 - e(\sqrt[3]{2}) + f - c$$

이것이 ①과 같으므로 계수를 비교하면 $a = d$, $b = b - e$, $c = -c$, $d = a$, $e = -e$, $f = f - c$에 의해 $a = d$, $c = 0$, $e = 0$이 되어 $\tau\sigma$에 의해서 불변인 $\boldsymbol{Q}(\sqrt[3]{2}, \omega)$의 원소는

$$a(\sqrt[3]{2})^2(1+\omega)+b(\sqrt[3]{2})\omega+f=-a(\sqrt[3]{2})^2\omega^2+b(\sqrt[3]{2})\omega+f$$

와 같은 형태임을 알 수 있습니다. 이것은 $\boldsymbol{Q}(\sqrt[3]{2}\,\omega)$의 원소입니다.

$\langle\tau\sigma\rangle$의 불변체는 $\boldsymbol{Q}(\sqrt[3]{2}\,\omega)$입니다.

$\boldsymbol{Q}(\sqrt[3]{2}\,\omega)$의 불변부분군은 $\langle\tau\sigma\rangle$이다.

$\sigma(\sqrt[3]{2}\,\omega)=\sqrt[3]{2}\,\omega^2$, $\sigma^2(\sqrt[3]{2}\,\omega)=\sqrt[3]{2}$, $\tau(\sqrt[3]{2}\,\omega)=\sqrt[3]{2}\,\omega^2$, $\tau\sigma(\sqrt[3]{2}\,\omega)=\sqrt[3]{2}\,\omega$, $\tau\sigma^2(\sqrt[3]{2}\,\omega)=\sqrt[3]{2}$이므로 $\boldsymbol{Q}(\sqrt[3]{2}\,\omega)$의 불변부분군은 $\langle\tau\sigma\rangle$입니다.

이렇게 해서 구해 가다 보면, 갈루아 대응의 모습은 다음과 같은 그림으로 정리할 수 있습니다.

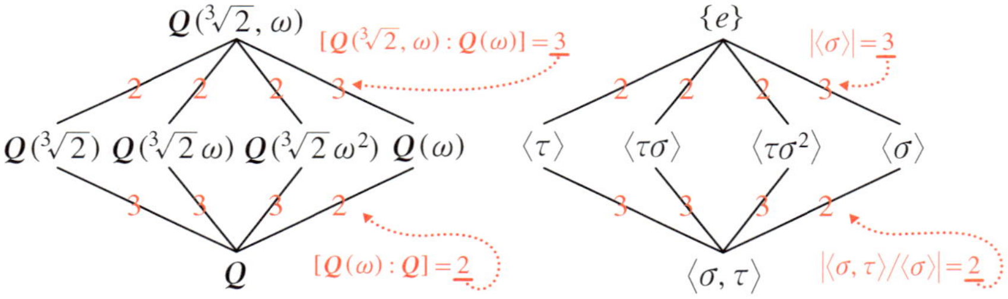

이 예가 지금까지의 예와 다른 점은 방정식의 차수와 갈루아군의 위수가 엇갈려 있다는 점입니다.

지금까지의 예에서는 (방정식의 차수) = (갈루아군의 위수)가 성립했습니다. 방정식의 해 α를 이용해서 α 이외의 다른 해를 나타낼 수 있었으므로, **정리 5.10**, **정리5.17**에 의해 자기동형사상의 개수는 해의 개수, 즉 방정식의 차수와 같았던 것입니다. 이번 예에서는 그렇지 않습니다.

그래도 바뀌지 않은 것이 있습니다. 그것은

(최소분해체의 차수)=(갈루아군의 위수)

라는 사실입니다. 이 예에서는 6입니다.

이 사실은 최소분해체의 중요한 성질입니다. 이 책에서는 최소분해체에서 출발하여 갈루아 이론을 탐구해 나아가는 시나리오를 택하고 있지만, 널리 알려진 아르틴(Artin)의 책『*Galois Theory*』에서는 위에서 언급한 성질을 출발점으로 하여 갈루아 이론을 구축하고 있습니다. 그 정도로 이것은 최소분해체, 갈루아군의 성질을 멋지게 표현하고 있는 본질적인 사실입니다.

그러면 이것을 확인하기 위해서 먼저 다음 사실부터 설명하겠습니다.

문제5.17 $\mathbf{Q}(\sqrt[3]{2}, \omega) = \mathbf{Q}(\sqrt[3]{2} + \omega)$임을 보이시오.

$\mathbf{Q}(\sqrt[3]{2}, \omega) \supset \mathbf{Q}(\sqrt[3]{2} + \omega)$임은 분명합니다.

$\mathbf{Q}(\sqrt[3]{2}, \omega) \subset \mathbf{Q}(\sqrt[3]{2} + \omega)$임을 보이기 위해서는 $\sqrt[3]{2}, \omega$가 $\sqrt[3]{2} + \omega$의 다항식으로 나타나는지를 알아보면 됩니다. $\sqrt[3]{2}, \omega$는 $\alpha = \sqrt[3]{2} + \omega$를 이용해서

$$\sqrt[3]{2} = \frac{2}{9}\alpha^5 + \frac{1}{3}\alpha^4 + \frac{2}{3}\alpha^3 - \frac{2}{3}\alpha^2 + \alpha + 2$$

$$\omega = -\frac{2}{9}\alpha^5 - \frac{1}{3}\alpha^4 - \frac{2}{3}\alpha^3 + \frac{2}{3}\alpha^2 \quad - 2$$

로 표현됩니다. 그러므로 $\mathbf{Q}(\sqrt[3]{2}, \omega) \subset \mathbf{Q}(\sqrt[3]{2} + \omega)$이고

$\mathbf{Q}(\sqrt[3]{2}, \omega) = \mathbf{Q}(\sqrt[3]{2} + \omega)$임이 증명되었습니다.

이런 상황에서, 위의 식이 성립하는지를 확인하는 것은 번거로울뿐더러 일반론으로 이어지지 않습니다. 일반론으로 이어지는 설명을 해봅시다.

$f(x) = x^3 - 2,\ \ g(x) = x^2 + x + 1$이라고 놓습니다.

다항식 $h(x)$를 $h(x) = f(\sqrt[3]{2} + \omega - x)$라고 놓습니다. 이것은 $\mathbf{Q}(\sqrt[3]{2} + \omega)$ 위의 다항식입니다.

$h(\omega) = f(\sqrt[3]{2} + \omega - \omega) = f(\sqrt[3]{2}) = 0$에서 $h(x) = 0$은 ω를 해로 갖습니다.

$h(\omega^2)=f(\sqrt[3]{2}+\omega-\omega^2)$이지만 $\sqrt[3]{2}+\omega-\omega^2$은 $f(x)=0$의 해는 아니므로 $h(\omega^2)=f(\sqrt[3]{2})+\omega-\omega^2)\neq 0$.

$h(x)=0$과 $g(x)=0$의 공통근은 ω뿐입니다.

$h(x)$와 $g(x)$에 호제법을 적용하면 맨 마지막에는 1차식 $k(x-\omega)$로 나누어 떨어집니다. 여기서 $h(x)=f(\sqrt[3]{2}+\omega-x)$와 $g(x)=x^2+x+1$은 모두 $\boldsymbol{Q}(\sqrt[3]{2}+\omega)$ 위의 다항식입니다. $\boldsymbol{Q}(\sqrt[3]{2}+\omega)$ 위의 다항식을 $\boldsymbol{Q}(\sqrt[3]{2}+\omega)$ 위의 다항식으로 나누면 나머지도 $\boldsymbol{Q}(\sqrt[3]{2}+\omega)$ 위의 다항식이 됩니다. 다항식의 나눗셈은 계수의 사칙계산으로 계산하는데, $\boldsymbol{Q}(\sqrt[3]{2}+\omega)$는 체이고 사칙계산에 대하여 닫혀 있기 때문입니다. 호제법은 나눗셈을 되풀이해서 나머지를 구하는 것이므로 $k(x-\omega)$도 $\boldsymbol{Q}(\sqrt[3]{2}+\omega)$ 위의 다항식입니다.

$k,\ k\omega\in\boldsymbol{Q}(\sqrt[3]{2}+\omega)$에 의해 $\omega\in\boldsymbol{Q}(\sqrt[3]{2}+\omega)$

$\sqrt[3]{2}=(\sqrt[3]{2}+\omega)-\omega\in\boldsymbol{Q}(\sqrt[3]{2}+\omega)$

따라서 $\boldsymbol{Q}(\sqrt[3]{2},\omega)\subset\boldsymbol{Q}(\sqrt[3]{2}+\omega)$가 밝혀졌습니다. (문제5.17 끝)

이 정리는 갈루아 이론에서 제일 중요한 것이라고 생각하기 때문에, 일반적인 경우로도 한 번 더 정리하겠습니다.

정리5.25 **원시원소의 존재**

α,β를 $\boldsymbol{Q}$ 위의 방정식의 해라 한다. 이때

$$\boldsymbol{Q}(\alpha,\beta)=\boldsymbol{Q}(\theta)$$

를 만족시키는 θ가 존재한다. 이런 θ를 원시원소(原始元素, primitive element)이라고 한다.

증명 $\theta=\alpha+c\beta$(c는 유리수)라고 놓습니다. 그러면

$$\boldsymbol{Q}(\alpha,\beta)\supset\boldsymbol{Q}(\alpha+c\beta)=\boldsymbol{Q}(\theta)$$

다음으로 $\boldsymbol{Q}(\alpha, \beta) \subset \boldsymbol{Q}(\alpha + c\beta)$를 성립하게 하는 c가 존재하는 것을 보이겠습니다.

α의 $\boldsymbol{Q}$ 위의 최소다항식을 $f(x)$, β의 $\boldsymbol{Q}$ 위의 최소다항식을 $g(x)$라고 하고

$$f(x) = 0\text{의 해를 } \alpha_1 = \alpha, \alpha_2, \cdots, \alpha_n$$

$$g(x) = 0\text{의 해를 } \beta_1 = \beta, \beta_2, \cdots, \beta_m$$

이라고 합니다. 여기서 $h(x) = f(\alpha + c\beta - cx)$라고 하면

$$h(\beta) = f(\alpha + c\beta - c\beta) = f(\alpha) = 0$$

$$h(\beta_i) = f(\alpha + c\beta - c\beta_i)\ (i \neq 1)$$

가 되는데 c는 유리수로서 수없이 택할 수 있으므로 $\alpha + c\beta - c\beta_i$가 될 수 있는 값은 수없이 많습니다.

그러므로 $\alpha + c\beta - c\beta_i (i = 2, 3, \cdots, m)$ 중에서 어느 것도 $\alpha_1, \alpha_2, \cdots, \alpha_n$과 일치하지 않도록 c를 택할 수 있습니다.

구체적으로는, 일치했다고 하면

$$\alpha_j = \alpha + c\beta - c\beta_i$$

즉, $c = \dfrac{\alpha_j - \alpha}{\beta - \beta_i}$가 되므로 i와 j를 $i = 2, 3, \cdots, m$, $j = 1, 2, \cdots, n$으로 놓아 c를 계산하고 이것들 이외의 값을 택하면 됩니다.

이런 c를 택했다고 하겠습니다. 그러면 $h(\beta_i) = f(\alpha + c\beta - c\beta_i) \neq 0$이 되므로 $h(x) = 0$과 $g(x) = 0$의 공통근은 $x = \beta$뿐입니다.

$h(x)$와 $g(x)$에 호제법을 적용하면 맨 마지막에는 $k(x - \beta)$로 나누어떨어집니다. $h(x)$와 $g(x)$가 모두 $\boldsymbol{Q}(\alpha + c\beta)$ 위의 다항식이므로 호제법의 마지막 결과인 $k(x - \beta)$도 $\boldsymbol{Q}(\alpha + c\beta)$ 위의 다항식입니다.

$k, k\beta \in \boldsymbol{Q}(\alpha + c\beta)$에 의해 $\beta \in \boldsymbol{Q}(\alpha + c\beta)$

$$\alpha = (\alpha + c\beta) - c\beta \in \boldsymbol{Q}(\alpha + c\beta)$$

따라서 $\boldsymbol{Q}(\alpha, \beta) \subset \boldsymbol{Q}(\alpha + c\beta) = \boldsymbol{Q}(\theta)$가 증명되었습니다.

그러므로 $\boldsymbol{Q}(\alpha, \beta)=\boldsymbol{Q}(\theta)$입니다. (증명 끝)

정리5.26 **대수적 확대체는 단순확대체**

$\alpha_1, \alpha_2, \cdots, \alpha_n$을 각각 $\boldsymbol{Q}$ 위의 방정식의 해라고 한다. 이때

$$\boldsymbol{Q}(\alpha_1, \alpha_2, \cdots, \alpha_n)=\boldsymbol{Q}(\theta)$$

를 만족시키는 θ가 존재한다. θ를 원시원소라고 한다.

이 정리를 되풀이하여 이용하면 다음과 같이 말할 수 있습니다.

즉, 방정식의 해 몇 개와 유리수로 만들어지는 체는 단순확대체라는 것입니다. α_1는 $f_1(x)=0$의 해, α_2는 $f_2(x)=0$의 해, ……이어도 $\boldsymbol{Q}(\alpha_1, \alpha_2, \cdots, \alpha_n)$은 어느 방정식 $F(x)=0$의 해 θ가 있어 $\boldsymbol{Q}(\theta)$로 일원화할 수 있다는 것입니다. $\alpha_1, \alpha_2, \cdots, \alpha_n$도 모두 원시원소 θ의 다항식으로 쓸 수 있습니다.

이것은 강력한 정리입니다. 이 정리를 한 마디로 말하면

대수적 확대체는 단순확대체이다

라는 것이 됩니다. 이 정리가 있음으로써 임의의 대수적 확대체에 대해서 n차 확대체 $\boldsymbol{Q}(\alpha)$의 성질

"$[\boldsymbol{Q}(\alpha):\boldsymbol{Q}=n]$", "$\boldsymbol{Q}(\alpha)$에 작용하는 동형사상은 n개"

를 사용할 수 있습니다.

나아가 이것을 최소분해체에 적용하면 다음처럼 정리할 수 있습니다.

정리5.27 **최소분해체는 단순확대체**

$\boldsymbol{Q}$ 위의 방정식의 최소분해체는 어떤 θ를 이용해서 $\boldsymbol{Q}(\theta)$라고 나타낼 수 있다.

증명 $f(x)$를 $\boldsymbol{Q}$ 위의 기약다항식이라 하고,

$f(x)=0$의 해를 $\alpha_1=\alpha, \alpha_2, \cdots, \alpha_n$이라고 합니다.

$f(x)=0$의 최소분해체는 $\boldsymbol{Q}(\alpha_1, \alpha_2, \cdots, \alpha_n)$이므로 어느 θ를 이용해서 $\boldsymbol{Q}(\alpha_1, \alpha_2, \cdots, \alpha_n)=\boldsymbol{Q}(\theta)$라고 나타낼 수 있습니다. (증명 끝)

10 동형사상에 의해서 벗어나는 것이 없다
— 갈루아 확대체

이제야

(최소분해체의 차수) = (갈루아군의 위수)

임을 증명할 준비가 되었습니다.

그 전에 $x^3-2=0$의 최소분해체 $\boldsymbol{L}=\boldsymbol{Q}(\sqrt[3]{2}, \sqrt[3]{2}\,\omega, \sqrt[3]{2}\,\omega^2)$을 통해 증명의 개요를 소개하겠습니다. 이 최소분해체 $\boldsymbol{L}$은

$$\boldsymbol{L}=\boldsymbol{Q}(\sqrt[3]{2}, \sqrt[3]{2}\,\omega, \sqrt[3]{2}\,\omega^2)=\boldsymbol{Q}(\sqrt[3]{2}+\omega)$$

와 같이 두 가지 표현으로 나타낼 수 있습니다.

우변은 단순확대체의 형태로 표현되고 있습니다. $\sqrt[3]{2}+\omega$의 $\boldsymbol{Q}$ 위의 최소다항식을 $g(x)$라고 합시다. $\boldsymbol{L}$은 $\boldsymbol{Q}$의 6차 확대체이므로 $g(x)$의 차수는 6입니다. 이것으로부터 $\boldsymbol{L}$에 작용하는 동형사상의 개수(6개)를 알 수 있습니다. 우변만으로는 이 동형사상들이 $\boldsymbol{L}$의 자기동형사상이 되는지의 여부를 알 수 없습니다.

그러나 좌변의 표현으로부터 이 6개의 동형사상이 $\boldsymbol{L}$의 자기동형사상이 되고 있음을 알 수 있습니다. 왜냐하면 동형사상이 방정식의 해에 작용하는 경우는 해를 교체하는 경우뿐이기 때문입니다. 해의 유리식으로 표현된 수는 동형사상으로 옮겨도 해의 유리식으로 표현됩니다. 즉 $\boldsymbol{L}$의 원소는 동형사상에 의해서 $\boldsymbol{L}$의 원소에 대응되는 것입니다.

정리5.28 (최소분해체의 차수) = (갈루아군의 위수)

$\boldsymbol{Q}$ 위의 방정식 $f(x)=0$의 최소분해체를 $\boldsymbol{L}$, 갈루아군을 G라고 할 때

$$[\boldsymbol{L}:\boldsymbol{Q}]=|G|$$

증명 주어진 방정식을 $f(x)=0$이라고 하고 그것의 해를 $\alpha_1, \alpha_2, \cdots, \alpha_n$이라

고 합시다. 최소분해체는 $\boldsymbol{L}=\boldsymbol{Q}(\alpha_1, \alpha_2, \cdots, \alpha_n)$입니다.

갈루아군의 위수를 구해 봅시다.

정리5.27에 의하면 최소분해체 $\boldsymbol{L}=\boldsymbol{Q}(\alpha_1, \alpha_2, \cdots, \alpha_n)$은 θ를 사용해서 $\boldsymbol{L}=\boldsymbol{Q}(\alpha_1, \alpha_2, \cdots, \alpha_n)=\boldsymbol{Q}(\theta)$로 나타낼 수 있습니다.

θ의 $\boldsymbol{Q}$ 위의 최소다항식을 $g(x)$, 그 차수를 m이라 합시다. $g(x)$는 최소다항식이므로 **정리5.2**에 의해 기약다항식입니다. $g(x)$는 m차의 기약다항식이므로 **정리3.6 (5)**에 의해 $g(x)=0$은 중복되지 않는 m개의 서로 다른 해 $\theta_1=\theta$, $\theta_2, \cdots, \theta_m$이 있습니다.

정리5.10에 의해 $\boldsymbol{L}$에 작용하는 동형사상은

$$\sigma_i(\theta)=\theta_i \quad (i=1, 2, \cdots, m)$$

로 m개가 있습니다.

이 동형사상 σ_i들이 $\boldsymbol{L}$의 자기동형사상이기 위해서는 $\sigma_i(\theta)$가 $\boldsymbol{L}$에 속해야 합니다.

θ는 $\boldsymbol{Q}(\alpha_1, \alpha_2, \cdots, \alpha_n)$의 원소이므로 $\alpha_1, \alpha_2, \cdots, \alpha_n$의 식으로 쓸 수 있습니다. 이것을 $\theta=h(\alpha_1, \alpha_2, \cdots, \alpha_n)$이라고 합시다. 이것에 σ_i를 작용시키면 **정리5.6**의 다변수 버전에 의해

$$\begin{aligned}\sigma_i(\theta)&=\sigma_i(h(\alpha_1, \alpha_2, \cdots, \alpha_n))\\&=h(\sigma_i(\alpha_1), \sigma_i(\alpha_2), \cdots, \sigma_i(\alpha_n))\end{aligned}$$

이 됩니다. **정리5.8**에 의해 $\sigma_i(\alpha_1), \sigma_i(\alpha_2), \cdots, \sigma_i(\alpha_n)$은 $\alpha_1, \alpha_2, \cdots, \alpha_n$을 교체한 것이므로 $\sigma_i(\theta)=\theta_i (i=1, 2, \cdots, m)$가 최소분해체 $\boldsymbol{L}=\boldsymbol{Q}(\alpha_1, \alpha_2, \cdots, \alpha_n)$에 속한다는 것을 알 수 있습니다. **정리5.17**에 의해 m개의 동형사상 $\sigma_i(i=1, 2, \cdots, m)$는 모두 $\boldsymbol{L}$의 자기동형사상이 됩니다.

$G=\mathrm{Gal}(\boldsymbol{L}/\boldsymbol{Q})=\{\sigma_1, \sigma_2, \cdots, \sigma_m\}$이고 $|G|=m$입니다.

한편 θ의 $\boldsymbol{Q}$ 위의 최소다항식 $g(x)$의 차수가 m이므로 **정리5.3**에 의해

$[\boldsymbol{Q}(\theta):\boldsymbol{Q}]=m$, 최소분해체 $\boldsymbol{L}=\boldsymbol{Q}(\theta)$는 $\boldsymbol{Q}$의 m차 확대체입니다.

따라서 $[\boldsymbol{L}:\boldsymbol{Q}]=|G|$가 증명되었습니다. (증명 끝)

최소분해체 $\boldsymbol{L}$은 $\boldsymbol{Q}(\alpha_1, \alpha_2, \cdots, \alpha_n)$과 $\boldsymbol{Q}(\theta)$ 두 가지로 표현될 수 있다는 것이 절묘합니다.

만일 $\boldsymbol{Q}(\theta)$만으로 표현된다면 $\sigma(\theta)$가 $\boldsymbol{L}$에 속한다는 것을 보증할 수 없어, $\boldsymbol{L}$에 작용하는 동형사상 σ가 자기동형사상이 된다고 할 수 없습니다. θ에 임의의 동형사상 σ를 작용시켜도 $\boldsymbol{L}$에서 벗어나는 것이 없는 것은

$$\boldsymbol{L}=\boldsymbol{Q}(\alpha_1, \alpha_2, \cdots, \alpha_n)$$

이 되기 때문입니다. $\boldsymbol{L}$은 $\boldsymbol{L}=\boldsymbol{Q}(\alpha_1, \alpha_2, \cdots, \alpha_n)$이라는 것처럼 방정식의 해를 $\boldsymbol{L}$에 미리 "모두 욱여넣고 있다"는 부분이 멋진 부분입니다. 이처럼 욱여넣어서 체를 만드는 방법은 피크 정리를 증명하기 바로 앞 단계에서도 나오는 방법입니다.

또 $\boldsymbol{L}$이 단순확대체라는 것도 멋지게 역할을 다하고 있네요.

$\boldsymbol{Q}(\alpha_1, \alpha_2, \cdots, \alpha_n)$뿐이었다면 확대체의 차수를 구하는 것도, 갈루아군의 차수를 구하는 것도 힘듭니다. **정리5.25**가 갈루아 이론에서 얼마나 중요한 역할을 하고 있는지 알 수 있습니다.

이 책에서는 방정식에서 시작해서 갈루아군을 정의하는 방식을 따르고 있지만 확대체부터 시작하는 방식도 있습니다.

정리5.10에 의하면 n차 확대체 $\boldsymbol{Q}(\alpha)$가 최소분해체인지의 여부에 상관없이 $\boldsymbol{Q}(\alpha)$에 작용하는 동형사상은 n개 있습니다. 위의 정리에서 확인한 것처럼 $\boldsymbol{Q}(\alpha)$가 최소분해체인 경우는 이 n개의 동형사상이 모두 $\boldsymbol{Q}(\alpha)$의 자기동형사상이 됩니다. 동형사상에 의해서 $\boldsymbol{Q}(\alpha)$를 옮겨도 $\boldsymbol{Q}(\alpha)$로부터 벗어나는 것 없

이 정확히 겹치게 됩니다.

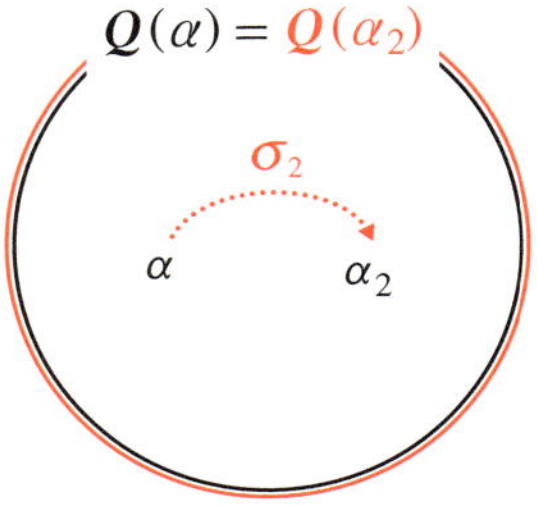

$Q(\alpha)$가 갈루아 확대체임
(최소분해체)

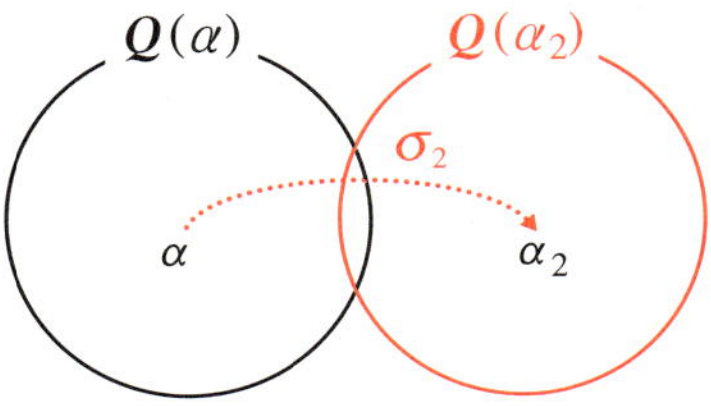

$Q(\alpha)$가 갈루아 확대체가 아님
(최소분해체)

방정식을 거치지 않고 갈루아군을 정의한다면 다음과 같습니다.

정의5.8 갈루아 확대체

K를 ***F***의 확대체라고 하고 ***C***에 포함되어 있다고 한다. ***K***에 작용하는 ***F***의 원소를 변화시키지 않는 동형사상이 모두 자기동형사상이 될 때, "***K***는 ***F***의 갈루아 확대체이다", "***K/F***는 갈루아 확대이다"라고 한다. 이때의 자기동형군을 ***K***의 ***F*** 위의 갈루아군(Galois group)이라 하고 Gal(***K/F***)라고 나타낸다.

정리5.28의 증명에서 알 수 있듯이 ***Q*** 위의 방정식의 최소분해체는 ***Q***의 갈루아 확대체입니다. 그러므로 최소분해체의 자기동형군을 처음부터 갈루아군이라고 일컬었던 것입니다.

거꾸로 ***Q***의 갈루아 확대체가 최소분해체가 되는지를 생각해 봅시다. **정리5.25**에 의해 대수적 확대체는 $\boldsymbol{Q}(\alpha)$라고 표현되므로 이 형태로 생각합니다.

α가 동형사상에 의해서 대응하는 상은 α의 최소다항식 $g(x)$에 의한 방정식 $g(x)=0$의 해 $\alpha_1=\alpha, \alpha_2, \cdots, \alpha_n$입니다. $\boldsymbol{Q}(\alpha)$가 갈루아 확대체라면 동형사상이 모두 자기동형사상이 되기 때문에, α가 동형사상에 의해서 대응하는 상 $\alpha_1, \alpha_2, \cdots, \alpha_n$은 $\boldsymbol{Q}(\alpha)$에 속합니다.

$$\boldsymbol{Q}(\alpha)=\boldsymbol{Q}(\alpha_1, \alpha_2, \cdots, \alpha_n)$$

이 되어 $\boldsymbol{Q}(\alpha)$는 $g(x)$의 최소분해체가 됩니다.

즉, 최소분해체와 갈루아 확대체는 동치입니다.

$\boldsymbol{Q}(\alpha)$가 n차 확대체일 때 $\boldsymbol{Q}(\alpha)$에 작용하는 동형사상은 n개입니다. $\boldsymbol{Q}(\alpha)$의 자기동형사상의 개수는 동형사상의 개수 이하이기 때문에

($\boldsymbol{Q}(\alpha)$의 자기동형사상의 개수)

≦ ($\boldsymbol{Q}(\alpha)$의 동형사상의 개수) $= n = [\boldsymbol{Q}(\alpha) : \boldsymbol{Q}]$ ……①

라는 부등식이 성립합니다. 이 부등식에서 등호가 성립하는 경우에 $\boldsymbol{Q}(\alpha)$가 $\boldsymbol{Q}$의 갈루아 확대체가 됩니다. 곧,

$\boldsymbol{Q}(\alpha)$가 $\boldsymbol{Q}$ 위의 방정식의 최소분해체이다.

⇔ $\boldsymbol{Q}(\alpha)$가 Q의 갈루아 확대체이다.

⇔ ($\boldsymbol{Q}(\alpha)$의 자기동형사상의 개수) $= [\boldsymbol{Q}(\alpha) : \boldsymbol{Q}]$

가 되는 것입니다.

맨 마지막 등식으로 갈루아 확대체를 정의하는 것이 아르틴의 방법입니다.

$\boldsymbol{K}$와 $\boldsymbol{F}$의 경우로 이야기하면 다음과 같습니다.

①의 등호가 성립하도록 일반적으로 $\boldsymbol{F}$를 변화시키지 않는 $\boldsymbol{K}$의 동형사상의 개수가 $[\boldsymbol{K} : \boldsymbol{F}]$와 같으므로(**정리5.31**을 읽으면 알 수 있습니다)

($\boldsymbol{F}$를 변화시키지 않는 $\boldsymbol{K}$의 자기동형사상의 개수)

≦ ($\boldsymbol{F}$를 변화시키지 않는 $\boldsymbol{K}$의 동형사상의 개수) $= [\boldsymbol{K} : \boldsymbol{F}]$ ……②

가 성립합니다. **정의5.8**은 이 부등식의 등호가 성립하는 경우에 $\boldsymbol{K}$를 $\boldsymbol{F}$의 갈루아 확대체라고 정의하고 있습니다. 곧,

($\boldsymbol{F}$를 변화시키지 않는 $\boldsymbol{K}$의 자기동형사상의 개수) $= [\boldsymbol{K} : \boldsymbol{F}]$

일 때 $\boldsymbol{K}$를 $\boldsymbol{F}$의 갈루아 확대체라고 정의합니다.

이것이 아르틴이 갈루아 확대체를 정의하는 방식입니다. 등식이기 때문에 논

의 자체는 깔끔하지만 동형사상의 이미지를 떠올리기 힘들다고 생각합니다.

다른 책으로도 공부하신 분을 위해 이야기하자면, 이 책에서는 이 등식을 이용하지 않기 때문에 염두에 두지 않으셔도 괜찮습니다. "동형사상이 모두 자기동형사상이 될 때 갈루아 확대체"라는 것을 확실히 이해해 주세요.

$\boldsymbol{Q}(\alpha)$가 갈루아 확대체가 되는 조건은 다음과 같이 정리할 수 있습니다.

정리5.29 $Q(\alpha)$가 갈루아 확대체가 되는 조건

n차 확대체 $\boldsymbol{Q}(\alpha)$에 속한 α의 최소다항식 $f(x)$에 의한 방정식 $f(x)=0$의 해를 $\alpha_1=\alpha, \alpha_2, \cdots, \alpha_n$이라고 하면, $\boldsymbol{Q}(\alpha)$가 $\boldsymbol{Q}$의 갈루아 확대체일 조건은 $\alpha_1=\alpha, \alpha_2, \cdots, \alpha_n$이 $\boldsymbol{Q}(\alpha)$에 속하는 것이다. 이때

$$\boldsymbol{Q}(\alpha_1)=\boldsymbol{Q}(\alpha_2)=\cdots=\boldsymbol{Q}(\alpha_n)$$

이다.

증명 **정리5.10**에 의해 $\boldsymbol{Q}(\alpha)$에 작용하는 동형사상은 모두 n개이고, 이것들은 $\sigma_i(\alpha)=\alpha_i(1 \leqq i \leqq n)$입니다. 이것들이 모두 자기동형사상이 되는 조건은 **정리 5.17**에 의해 $\alpha_1=\alpha, \alpha_2, \cdots, \alpha_n$이 모두 $\boldsymbol{Q}(\alpha)$에 속할 때이고, 이때 $\boldsymbol{Q}(\alpha_1)=\boldsymbol{Q}(\alpha_2)=\cdots=\boldsymbol{Q}(\alpha_n)$이 됩니다. (증명 끝)

동형사상을 작용시켜도 벗어나는 것이 없는 체가 갈루아 확대체이고, 벗어나는 것이 있는 체는 갈루아 확대체가 아니라는 감각을 갖고 있으면, 앞으로 나올 증명을 읽을 때에도 쉽게 이미지를 떠올릴 수 있을 것입니다.

표어로 만들어 보면

동형이고 벗어나는 것이 없는 것이 갈루아 체

가 됩니다. 등호인 것을 강조하면

동형이 모두 자기동형이라면 갈루아 체

라는 느낌입니다.

갈루아 확대체의 정의는 책에 따라 여러 가지가 있는데, 이 책에서는 갈루아 확대체의 성질 중에서도 최소분해체가 된다는 성질을 축으로 하여 해설해 나가고 있습니다. 확대체를 만드는 방정식을 분명히 나타냄으로써 동형사상을 구체적으로 느낄 수 있기 때문입니다.

[11] 2단 확대 이론으로 증명하기

— 갈루아 대응의 증명

이제부터 방정식의 최소분해체와 그 중간체, 갈루아군과 그 부분군 사이의 대응관계, 곧 갈루아 대응이 존재하는 것을 증명해 봅시다.

그에 앞서 최소분해체의 중요한 성질인 정규성에 대해서 설명하겠습니다.

일반적으로 $\boldsymbol{Q}$를 포함하는 체 $\boldsymbol{K}$에서 임의의 원소를 선택해 $\boldsymbol{Q}$ 위의 최소다항식 $f(x)$를 생각합니다. 이때의 $f(x)=0$의 모든 해가 $\boldsymbol{K}$의 원소일 때 $\boldsymbol{K}$는 $\boldsymbol{Q}$ 위에서 정규성(正規性, normality)이 있다고 합니다. 정규성을 갖는 $\boldsymbol{Q}$의 확대체를 정규확대체(正規擴大體, normal extension field)라 합니다.

최소분해체는 정규성이 있습니다.

문제5.18 $\boldsymbol{Q}(\sqrt[3]{2})$는 $\boldsymbol{Q}$의 정규확대체가 아님을 보이시오.

$\sqrt[3]{2}$의 $\boldsymbol{Q}$ 위의 최소다항식은 x^3-2이고 $x^3-2=0$의 해는 $\sqrt[3]{2}$, $\sqrt[3]{2}\omega$, $\sqrt[3]{2}\omega^2$이지만, $\sqrt[3]{2}\omega, \sqrt[3]{2}\omega^2 \notin \boldsymbol{Q}(\sqrt[3]{2})$이므로 $\boldsymbol{Q}(\sqrt[3]{2})$는 $\boldsymbol{Q}$의 정규확대체는 아닙니다.

p.320

문제5.19 $\boldsymbol{Q}(\omega)$는 $\boldsymbol{Q}$의 정규확대체임을 보이시오.

$\boldsymbol{Q}(\omega)$의 임의의 원소 $a\omega+b$(a, b는 유리수)의 최소다항식은

ω가 1의 원시세제곱근일 때
$\omega^3=1$
$\omega^2+\omega=-1$

$$(x-a\omega-b)(x-a\omega^2-b)$$
$$=x^2-(a(\omega+\omega^2)+2b)x+(a\omega+b)(a\omega^2+b)$$
$$=x^2-(a(\omega+\omega^2)+2b)x+a^2\omega^3+a(\omega+\omega^2)b+b^2$$
$$=x^2-(2b-a)x+a^2-ab+b^2$$

으로부터 $x^2-(2b-a)x+a^2-ab+b^2$입니다.

방정식 $x^2-(2b-a)x+a^2-ab+b^2=0$의 해 $a\omega+b$의 켤레인 해 $a\omega^2+b$는 $\boldsymbol{Q}(\omega)$의 원소이므로 $\boldsymbol{Q}(\omega)$는 정규확대체입니다.

최소분해체가 $\boldsymbol{Q}$의 정규확대체라는 것을 증명하겠습니다. 원시원소 θ가 대활약합니다.

정리5.30 최소분해체의 정규성

$f(x)=0$의 최소분해체 $\boldsymbol{L}$에서 임의의 원소 β를 택하고 그 최소다항식을 $g(x)$라 한다. 이때 $g(x)=0$의 해는 모두 최소분해체 $\boldsymbol{L}$에 속한다.

증명 최소분해체 $\boldsymbol{L}$을 원시원소 θ를 이용해서 $\boldsymbol{L}=\boldsymbol{Q}(\theta)$로 나타내겠습니다.

θ의 $\boldsymbol{Q}$ 위의 최소다항식 $p(x)$의 차수를 m, 방정식 $p(x)=0$의 해를 $\theta_1=\theta$, $\theta_2, \cdots, \theta_m$이라 하겠습니다. $\sigma_1(\theta)=\theta=\theta_1$, $\sigma_2(\theta)=\theta_2$, $\cdots$, $\sigma_m(\theta)=\theta_m$이 되도록 자기동형사상 $\sigma_1=e, \sigma_2, \cdots, \sigma_m$을 정의하면, 이것들이 갈루아군 G의 m개의 원소가 됩니다.

여기서 β는 $\boldsymbol{Q}(\theta)$의 원소이므로 θ의 $\boldsymbol{Q}$ 위의 다항식으로 쓸 수 있습니다. 이것을 $\beta=j(\theta)$라 합시다. 그러면

$$\sigma_i(\beta)=\sigma_i(j(\theta))=j(\sigma_i(\theta))=j(\theta_i) \quad (1\leqq i\leqq m)$$

↑
정리5.6

여기서 $\sigma_1(\beta), \sigma_2(\beta), \cdots, \sigma_m(\beta)$를 해로 갖는 m차방정식 $h(x)=0$을 생각합니다.

$$\begin{aligned} h(x) &= (x-\sigma_1(\beta))(x-\sigma_2(\beta))\cdots(x-\sigma_m(\beta)) \\ &= (x-j(\theta_1))(x-j(\theta_2))\cdots(x-j(\theta_m)) \end{aligned}$$

우변을 전개했을 때 x^{m-1}의 계수는

$$-\{j(\theta_1)+j(\theta_2)+\cdots+j(\theta_m)\}$$

이 됩니다. 이것은 $\theta_1, \theta_2, \cdots, \theta_m$에 관한 대칭식이므로 **정리3.1**에 의해 $\theta_1, \theta_2, \cdots, \theta_m$의 기본대칭식으로 쓸 수 있습니다.

$\theta_1, \theta_2, \cdots, \theta_m$의 기본대칭식의 값은 $p(x)$의 계수이므로 유리수입니다. 따라서 $j(\theta_1)+j(\theta_2)+\cdots+j(\theta_m)$의 값은 유리수가 됩니다.

x^{m-2}의 계수는

$$j(\theta_1)j(\theta_2)+j(\theta_1)j(\theta_3)+\cdots+j(\theta_{m-1})j(\theta_m)$$

이 되고, 또한 $\theta_1, \theta_2, \cdots, \theta_m$에 관한 대칭식이므로 $\theta_1, \theta_2, \cdots, \theta_m$의 기본대칭식으로 쓸 수 있고 그 값은 유리수가 됩니다.

다른 계수에 대해서도 마찬가지이므로 $h(x)$는 $\boldsymbol{Q}$ 위의 다항식이 됩니다.

$\sigma_1(\beta)=e(\beta)=\beta$이므로 $h(x)=0$은 $x=\beta$를 해로 갖고, **정리3.6 (3)**에 의해 $h(x)$는 β의 최소다항식 $g(x)$로 나누어떨어집니다. 따라서 $g(x)=0$의 해는 $\sigma_1(\beta)=j(\theta_1)$, $\sigma_2(\beta)=j(\theta_2)$, $\cdots$, $\sigma_m(\beta)=j(\theta_m)$ 중에 몇 개가 있습니다. θ_1, $\theta_2, \cdots, \theta_m$는 모두 $\boldsymbol{L}=\boldsymbol{Q}(\theta)$의 원소이므로 $j(\theta_1)$, $j(\theta_2), \cdots, j(\theta_m)$은 모두 $\boldsymbol{L}$의 원소입니다. 따라서 $g(x)$의 해는 모두 $\boldsymbol{L}$에 속하게 됩니다. (증명 끝)

이 정리에 의해 $\boldsymbol{Q}(\alpha)$가 $\boldsymbol{Q}$ 위의 방정식의 최소분해체일 때, $\boldsymbol{Q}(\alpha)$는 정규성이 있다는 것을 알 수 있습니다.

역으로 $\boldsymbol{Q}(\alpha)$가 정규성이 있을 때 $\boldsymbol{Q}(\alpha)$는 최소분해체가 될까요?

α의 최소다항식을 $f(x)$라 하고 $f(x)=0$의 해를 $\alpha_1=\alpha, \alpha_2, \cdots, \alpha_n$이라고 합시다. 그러면 $f(x)$의 최소분해체는 $\boldsymbol{Q}(\alpha_1, \alpha_2, \cdots, \alpha_n)$입니다.

$\boldsymbol{Q}(\alpha)$는 정규성이 있으므로 $\alpha_1, \alpha_2, \cdots, \alpha_n$을 포함하고

$$\boldsymbol{Q}(\alpha_1, \alpha_2, \cdots, \alpha_n) \subset \boldsymbol{Q}(\alpha)$$

인데 원래 $\boldsymbol{Q}(\alpha_1, \alpha_2, \cdots, \alpha_n) \supset \boldsymbol{Q}(\alpha)$이기 때문에 $\boldsymbol{Q}(\alpha_1, \alpha_2, \cdots, \alpha_n)=\boldsymbol{Q}(\alpha)$입

니다. 곧,

$$\boldsymbol{Q}(\alpha)\text{가 최소분해체이다} \quad \Leftrightarrow \quad \boldsymbol{Q}(\alpha)\text{는 정규성이 있다}$$

고 말할 수 있습니다. 정규성은 갈루아 확대체의 정의 가운데 하나이기도 합니다. 앞에서 이야기한 것과 함께 정리하면

$\boldsymbol{Q}(\alpha)$가 $\boldsymbol{Q}$의 갈루아 확대체이다.

($\boldsymbol{Q}(\alpha)$의 동형사상이 모두 자기동형사상)

$\Leftrightarrow$ $\boldsymbol{Q}(\alpha)$가 $\boldsymbol{Q}$ 위의 방정식의 최소분해체이다.

$\Leftrightarrow$ '$\boldsymbol{Q}(\alpha)$의 자기동형사상의 개수' $= [\boldsymbol{Q}(\alpha) : \boldsymbol{Q}]$

$\Leftrightarrow$ $\boldsymbol{Q}(\alpha)$가 $\boldsymbol{Q}$의 정규확대체이다.

지금까지 다룬 갈루아 대응에서는 최소분해체 $\boldsymbol{L}$의 중간체와 갈루아군 G의 부분군이 대응하고 있었습니다. 중간체 $\boldsymbol{M}$에 대응하는 부분군 H를 구하기 위해서는 중간체의 불변부분군 G^M을 구했습니다. 사실은 이 불변부분군 G^M의 정체는 $\boldsymbol{L}$을 $\boldsymbol{M}$의 확대체로 보았을 때의 갈루아군 $\mathrm{Gal}(\boldsymbol{L}/\boldsymbol{M})$인 것입니다.

다음 정리는 **정리5.28**의 $\boldsymbol{Q}$를 중간체 $\boldsymbol{M}$으로 바꾸어 놓은 것에 초점을 두고 있습니다. 그러므로 증명도 $\boldsymbol{L} = \boldsymbol{M}(\beta)$가 되는 β와 그 β를 해로 갖는 $\boldsymbol{M}$ 위의 기약다항식 $g(x)$를 발견하고 나서부터는 **정리5.28**과 거의 같습니다.

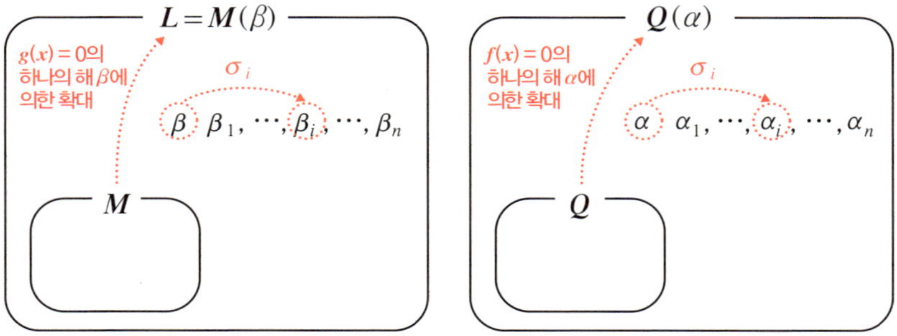

정리5.31 **M의 갈루아군**

$\boldsymbol{L}$을 $\boldsymbol{Q}$ 위의 방정식 $h(x)=0$의 최소분해체라 하고, $\boldsymbol{M}$을 $\boldsymbol{L}$과 $\boldsymbol{Q}$의 임의의 중간체라 한다.

이때 $\boldsymbol{L}=\boldsymbol{M}(\beta)$가 되는 β가 존재한다.

β를 해로 갖는 $\boldsymbol{M}$ 위의 최소다항식을 $g(x)$라 하면, $\boldsymbol{L}$은 $g(x)=0$의 최소분해체이다.

$g(x)=0$의 해를 $\beta_1=\beta,\ \beta_2, \cdots, \beta_m$이라 한다.

$$\sigma_i(\beta)=\beta_i(1\leqq i\leqq m)$$

를 만족시키고 $\boldsymbol{M}$의 원소를 변화시키지 않는 $\boldsymbol{L}$의 자기동형사상 σ_i가 존재하여

$$\mathrm{Gal}(\boldsymbol{L}/\boldsymbol{M})=\{\sigma_1, \sigma_2, \cdots, \sigma_m\}$$

$$[\boldsymbol{L}:\boldsymbol{M}]=|\mathrm{Gal}(\boldsymbol{L}/\boldsymbol{M})|$$

또 $G=\mathrm{Gal}(\boldsymbol{L}/\boldsymbol{Q})$라 하고, G에서 $\boldsymbol{M}$의 불변부분군을 $G^{\boldsymbol{M}}$이라 하면

$$\mathrm{Gal}(\boldsymbol{L}/\boldsymbol{M})=G^{\boldsymbol{M}}$$

증명 $h(x)=0$의 해를 $\alpha_1, \alpha_2, \cdots, \alpha_s$라 합시다. $\boldsymbol{Q}\subset\boldsymbol{M}\subset\boldsymbol{L}$이므로

$$\boldsymbol{L}=\boldsymbol{Q}(\alpha_1, \alpha_2, \cdots, \alpha_s)\subset\boldsymbol{M}(\alpha_1, \alpha_2, \cdots, \alpha_s)\subset\boldsymbol{L}$$

따라서 $\boldsymbol{L}=\boldsymbol{M}(\alpha_1, \alpha_2, \cdots, \alpha_s)$입니다.

정리5.25, **정리5.26**에서 $\boldsymbol{Q}$를 $\boldsymbol{M}$, "$\boldsymbol{Q}$ 위의 최소다항식"을 "$\boldsymbol{M}$ 위의 최소다항식"이라 바꿔 읽을 수 있습니다. 이 결과를 이용하면

$$\boldsymbol{L}=\boldsymbol{M}(\alpha_1, \alpha_2, \cdots, \alpha_s)=\boldsymbol{M}(\beta)$$

가 되는 β가 존재합니다. 또 **정리5.3**에서도 $\boldsymbol{Q}$를 $\boldsymbol{M}$으로 바꿔 읽을 수 있습니다. 그 정리에 의해 β의 $\boldsymbol{M}$ 위의 최소다항식을 $g(x)$, 그 차수를 m이라 하면

$$[\boldsymbol{L}:\boldsymbol{M}]=m \quad \cdots\cdots①$$

L의 정규성(**정리5.30**)에 의해 L의 원소 β가 해로 속하는 M 위의 방정식 $g(x)=0$의 해 $\beta_1=\beta, \beta_2, \cdots, \beta_m$은 모두 L에 속합니다.

$$L=M(\beta)\subset M(\beta_1, \beta_2, \cdots, \beta_m)\subset L$$

이므로 $L=M(\beta_1, \beta_2, \cdots, \beta_m)$이 되어 L은 M 위의 방정식 $g(x)=0$의 최소분해체가 됩니다.

정리5.7에서 Q를 M으로 바꿔 읽으면 L에 작용하는 동형사상 중에서 M의 원소를 변화시키지 않는 함수는 $g(x)=0$의 해 β를 켤레인 해 β_i로 옮긴다는 것을 알 수 있습니다.

여기서 L에 작용하는 동형사상 σ_i에 의하여

$$\sigma_i(\beta)=\beta_i(1\leqq i\leqq m),\ M\text{의 임의의 원소 } x\text{에 대해서 } \sigma_i(x)=x$$

가 되는 것을 생각합니다.

σ_i를 $M(\beta)$의 원소 $a_{m-1}\beta^{m-1}+a_{m-2}\beta^{m-2}+\cdots+a_1\beta+a_0$에 작용시키면

$$\begin{aligned}&\sigma_i(a_{m-1}\beta^{m-1}+a_{m-2}\beta^{m-2}+\cdots+a_1\beta+a_0)\\&=\sigma_i(a_{m-1})\sigma_i(\beta^{m-1})+\sigma_i(a_{m-2})\sigma_i(\beta^{m-2})+\cdots+\sigma_i(a_1)\sigma_i(\beta)+\sigma_i(a_0)\\&=a_{m-1}(\sigma_i(\beta))^{m-1}+a_{m-2}(\sigma_i(\beta))^{m-2}+\cdots+a_1\sigma_i(\beta)+a_0\\&=a_{m-1}\beta_i^{m-1}+a_{m-2}\beta_i^{m-2}+\cdots+a_1\beta_i+a_0\end{aligned}$$

계수 a_j는 M의 원소이므로 σ_i에 의해서 불변

이 되므로

$$\begin{aligned}\sigma_i\ :\ M(\beta)\quad &\longrightarrow\quad M(\beta_i)\\ a_{m-1}\beta^{m-1}+a_{m-2}\beta^{m-2}+\cdots+a_1\beta+a_0\\ &\longmapsto\quad a_{m-1}\beta_i^{m-1}+a_{m-2}\beta_i^{m-2}+\cdots+a_1\beta_i+a_0\end{aligned}$$

은 일대일 대응으로 $M(\beta)$의 원소들과 $M(\beta_i)$의 원소들을 일대일로 대응시키고 있습니다. **정리5.9**와 마찬가지로 해서 $M(\beta)$의 임의의 원소 x, y에 대하여

$$\sigma_i(x+y)=\sigma_i(x)+\sigma_i(y),\ \ \sigma_i(xy)=\sigma_i(x)\sigma_i(y)$$

가 성립한다는 것이 확인되었습니다. σ_i는 $\boldsymbol{L}=\boldsymbol{M}(\beta)$에서 $\boldsymbol{M}(\beta_j)$로 가는 동형사상이 됩니다.

정리3.6 (5)에서 $\boldsymbol{Q}$를 $\boldsymbol{M}$으로 바꿔 읽어서 $\boldsymbol{M}$ 위의 기약다항식 $g(x)$에 적용하면, $g(x)=0$은 중근을 갖지 않는다는 것을 알 수 있습니다. $\beta_1, \beta_2, \cdots, \beta_m$은 모두 서로 다릅니다.

그러므로 $\boldsymbol{L}$에 작용하는 동형사상 $\sigma_i(1 \leqq i \leqq m)$에서 $\boldsymbol{M}$의 원소를 고정하는 동형사상은 정확히 m개입니다. 따라서 $\boldsymbol{L}$의 자기동형사상 중에서 $\boldsymbol{M}$을 고정하는 것은 m개 이하입니다.

그런데 $\boldsymbol{L}$의 정규성에 의해 $\beta_1=\beta, \beta_2, \cdots, \beta_m$은 모두 $\boldsymbol{L}$에 속하므로 $\boldsymbol{M}(\beta_i) \subset \boldsymbol{L}=\boldsymbol{M}(\beta)$이고, $\boldsymbol{M}(\beta)$와 $\boldsymbol{M}(\beta_i)$의 차원이 같으므로 **정리5.16**에 의해 $\boldsymbol{M}(\beta)=\boldsymbol{M}(\beta_i)$가 됩니다. 동형사상 $\sigma_i(1 \leqq i \leqq m)$는 모두 $\boldsymbol{L}$의 자기동형사상이 됩니다. 따라서

$$\mathrm{Gal}(\boldsymbol{L}/\boldsymbol{M})=\{\sigma_1, \sigma_2, \cdots, \sigma_m\}, \quad \underline{|\mathrm{Gal}(\boldsymbol{L}/\boldsymbol{M})|=m} \cdots\cdots ②$$

①, ②에 의해

$$[\boldsymbol{L}:\boldsymbol{M}]=|\mathrm{Gal}(\boldsymbol{L}/\boldsymbol{M})|$$

$G=\mathrm{Gal}(\boldsymbol{L}/\boldsymbol{Q})$은 $\boldsymbol{L}$에 작용하는 모든 자기동형사상으로 이루어지는 군이었기 때문에, G에서 $\boldsymbol{M}$의 불변부분군 G^M은 G의 원소 중에서 $\boldsymbol{M}$을 변화시키지 않는 모든 자기동형사상으로 만들어지는 군입니다. 한편 <u>$\sigma_i(1 \leqq i \leqq m)$는 만드는 방법부터 $\boldsymbol{M}$의 원소를 변화시키지 않는 $\boldsymbol{L}$의 모든 동형사상</u>을 다루고 있으므로 $\{\sigma_i, \cdots, \sigma_m\} \supset G^M$이 되지만, σ_i는 모두 자기동형사상이므로

$$\mathrm{Gal}(\boldsymbol{L}/\boldsymbol{M})=\{\sigma_1, \cdots, \sigma_m\}=G^M$$

이 됩니다. (증명 끝)

σ_i에 $\sigma_i(x)=x$라는 조건을 붙인 것에서 $\boldsymbol{M}(\beta)$의 원소

$a_{m-1}\beta^{m-1}+a_{m-2}\beta^{m-2}+a_1\beta+a_0$에 σ_i가 작용할 때의 계수($\boldsymbol{M}$의 원소)를 특별히 언급하지 않고 있습니다. $\sigma_i(x)=x$라는 조건이 있음으로써 $\boldsymbol{M}$이 **정리5.6**에서 $\boldsymbol{Q}$와 같은 역할을 하고 있는 것입니다.

그러므로 $\sigma_i(\beta)=\beta_i$에서 시작해서 σ_i가 $\boldsymbol{L}$의 자기동형사상이 되는 내용은 **정리5.9**의 $\boldsymbol{Q}$를 $\boldsymbol{M}$으로 바꿔 읽으면 되는 것입니다.

"$\sigma_i(1\leqq i\leqq m)$는 만드는 방법에서부터 $G=\mathrm{Gal}(\boldsymbol{L}/\boldsymbol{Q})$의 원소 중에서 $\boldsymbol{M}$의 원소를 변화시키지 않는 $\boldsymbol{L}$의 모든 동형사상"이란 부분을 보충해 보겠습니다.

$G=\mathrm{Gal}(\boldsymbol{L}/\boldsymbol{Q})$의 원소 중에서 $\boldsymbol{M}$의 원소를 변화시키지 않는 동형사상을 결정해 가는 과정을 기술해 보겠습니다.

→ $\boldsymbol{M}$의 원소는 불변인 것을 알고 있으니까, $\boldsymbol{M}$에 속해 있지 않은 원소가 어디로 옮겨 가는지 알아보자.

→ $g(x)$는 $\boldsymbol{M}$ 위의 기약다항식이므로 $g(x)=0$의 해 β는 $\boldsymbol{M}$에 속해 있지 않아! $\boldsymbol{L}=\boldsymbol{M}(\beta)$라 쓰여 있으니까, β가 대응하는 상을 알아보자.

→ $\boldsymbol{M}$ 위의 다항식이므로 $g(\beta)=0$에 동형사상 σ를 작용시키면, $\boldsymbol{M}$ 계수는 특별히 언급하지 않아도 돼!

$\sigma(g(\beta))=0 \quad \therefore \quad g(\sigma(\beta))=0$

$\sigma(\beta)$는 $g(x)=0$의 해이므로 $\beta_1=\beta,\ \beta_2,\ \cdots,\ \beta_m$밖에 없지.

→ $\sigma_i(\beta)=\beta_i$라고 했을 때 σ_i는 $\boldsymbol{M}(\beta)$에서 $\boldsymbol{M}(\beta_i)$로 가는 동형사상이 되는지를 살펴보면, σ_i는 모두 동형사상이 되고 있어.

→ $G=\mathrm{Gal}(\boldsymbol{L}/\boldsymbol{Q})$의 원소 중에서 $\boldsymbol{M}$을 변화시키지 않는 동형사상은 정확히 m개 있게 돼!

→ $G=\mathrm{Gal}(\boldsymbol{L}/\boldsymbol{Q})$의 원소 중에서 $\boldsymbol{M}$을 변화시키지 않는 자기동형사상은 m개를 넘지 않는데, σ_i는 모두 자기동형사상이 되고 있잖아! 멋져, 멋져!

이런 느낌입니다.

$\boldsymbol{L} = \boldsymbol{M}(\beta)$라고 쓰여 있기 때문에, β가 대응하는 상을 알아본다는 것이 자연스럽습니다. 그래서 잘 넘어갔습니다. 그러나 만일 $\boldsymbol{M}$ 위의 최소다항식이 m차 미만이 되는 원소로 조사하면, $\boldsymbol{M}(\beta)$의 모든 원소에 대해서 대응하는 상이 정해지지 않는 상황에 빠집니다.

이 정리의 증명의 요점은 $\boldsymbol{L}$이 $\boldsymbol{M}(\beta)$로 표현되는 β를 해로 갖는 기약방정식 $g(x) = 0$을 찾고, $\boldsymbol{L}$을 $\boldsymbol{M}$의 단순확대체로 보는 것입니다. 이것 덕분에 단순확대체일 때의 연구 성과를 사용할 수 있게 되었던 것입니다. 저는 이것을 "$g(x)$로 사다리를 놓는다"라고 말합니다.

이제부터 갈루아 대응을 증명해 갑시다. 다음 증명의 요점은 $\boldsymbol{L}$과 $\boldsymbol{Q}$의 임의의 중간체 $\boldsymbol{M}$에 대해서도 $\boldsymbol{Q}$로부터 사다리를 놓는다는 것입니다. 곧, $\boldsymbol{M}$을 $\boldsymbol{Q}(\alpha)$로 나타낼 수 있는 α를 갖는 $f(x)$를 찾는 것입니다. 그러면 7절의 2단 확대라는 틀에서 논의를 할 수 있습니다.

차수 공식부터 증명해 봅시다.

정리5.32 차수 공식

$\boldsymbol{L}$을 $\boldsymbol{Q}$ 위의 방정식의 최소분해체라 한다. $\boldsymbol{M}$을 $\boldsymbol{L}$과 $\boldsymbol{Q}$의 임의의 중간체라 하면

$$[\boldsymbol{L} : \boldsymbol{M}][\boldsymbol{M} : \boldsymbol{Q}] = [\boldsymbol{L} : \boldsymbol{Q}]$$

정리5.20에서는 처음부터 방정식 $f(x) = 0$과 $g(x) = 0$이 주어졌습니다. 그렇지만 이 정리에서는 처음에 주어지는 것이 중간체 $\boldsymbol{M}$입니다. **정리5.20**을 이용하기 위하여 $\boldsymbol{M}$에 대하여 $f(x)$, $g(x)$의 존재를 확인하는 것입니다.

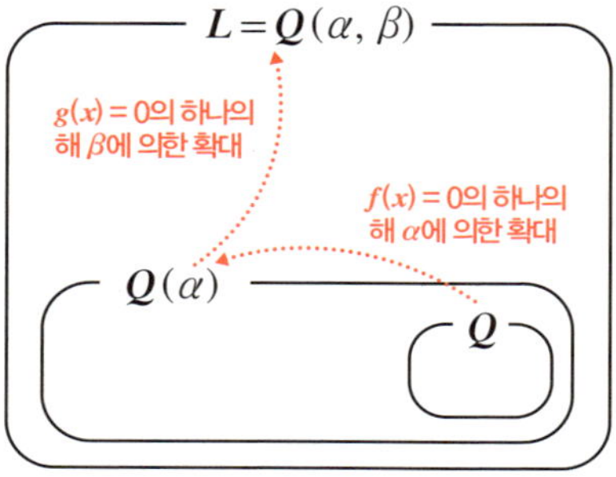

증명 L을 선형공간이라 했을 때 M은 Q 위의 선형공간 L의 부분공간이므로, M이 Q 위의 s차 선형공간이면 기저 $\{u_1, u_2, \cdots, u_s\}$가 있고 M의 임의의 원소 v는

$$v=a_1u_1+a_2u_2+\cdots+a_su_s \ (a_1, \cdots, a_s\text{는 유리수})$$

라는 한 가지 형태로 나타납니다. $u_1, u_2, \cdots, u_s$는 L의 원소이므로, **정리5.30**(L의 정규성)의 증명처럼, 각각 Q 위의 방정식의 해입니다. $u_1, u_2, \cdots, u_s$는 Q 위의 대수적 수입니다.

$M=Q(u_1, u_2, \cdots, u_s)$이고 **정리5.26**에 의해 원시원소 α를 취할 수 있고 $M=Q(\alpha)$가 됩니다. α의 Q 위의 최소다항식 $f(x)$가 m차이면

$$[M:Q]=[Q(\alpha):Q]=m$$

입니다. $m=s$가 됩니다.

정리5.31에 의해 $L=M(\beta)$가 되는 β가 존재합니다. β의 M 위의 최소다항식 $g(x)$의 차수를 n이라 하겠습니다. 그러면 $[L:M]=[M(\beta):M]=n$입니다. $L=M(\beta)=Q(\alpha, \beta)$이고, **정리5.20**에 의해

$$[L:Q]=[Q(\alpha, \beta):Q]=mn$$

따라서

$$[L:M][M:Q]=[L:Q]$$

가 성립합니다. (증명 끝)

사실 이 정리는 **정리5.20**에 귀착시키지 않아도 결론을 이끌어 낼 수 있는 정리입니다. 자주 보이는 이 증명의 대강을 기술하면 다음과 같습니다.

$\boldsymbol{M}$이 $\boldsymbol{Q}$ 위의 m차 선형공간이므로 $\boldsymbol{M}$에는 기저 $u_1, u_2, \cdots, u_m$이 있고, $\boldsymbol{L}$이 $\boldsymbol{M}$ 위의 n차원 선형공간이므로 $\boldsymbol{L}$에는 $\boldsymbol{M}$의 원소로 구성되는 기저 $v_1, v_2, \cdots, v_n$이 있습니다. 이때 $u_j(j=1, 2, \cdots, m)$와 $v_i(i=1, 2, \cdots, n)$의 곱 $v_i u_j$(모두 mn개)가 $\boldsymbol{L}$을 $\boldsymbol{Q}$ 위의 선형공간으로 했을 때의 기저가 됨을 보인 것입니다.

$\boldsymbol{L}$의 임의의 원소 x는 $\boldsymbol{M}$의 원소 $b_1, b_2, \cdots, b_n$을 이용하여

$$x = b_1 v_1 + b_2 v_2 + \cdots + b_n v_n \cdots\cdots ①$$

이라는 한 가지로 표현됩니다. b_i는 $\boldsymbol{M}$의 원소이므로 $\boldsymbol{Q}$의 원소 $a_{i1}, a_{i2}, \cdots, a_{im}$을 이용해서

$$b_i = a_{i1} u_1 + a_{i2} u_2 + \cdots + a_{im} u_m \cdots\cdots ②$$

이라는 한 가지로 표현됩니다. ①에 ②를 대입하여 전개하면 $v_i u_j$의 $\boldsymbol{Q}$ 위의 일차결합이 됩니다. $v_i u_j$의 계수는 a_{ij}입니다. 임의의 원소 x는 $v_i u_j$의 $\boldsymbol{Q}$ 위의 일차결합으로 표현됩니다.

만일 $b_1 v_1 + b_2 v_2 + \cdots + b_n v_n = 0$이라고 하면 $v_1, v_2, \cdots, v_n$이 기저라는 사실로부터 $b_1 = 0, \cdots, b_n = 0$.

$b_i = 0$에 의해 $a_{i1} u_1 + a_{i2} u_2 + \cdots + a_{im} u_m = 0$이고 $u_1, u_2, \cdots, u_m$이 기저이므로 a_{ij}는 모두 0이 됩니다. 따라서 $v_i u_j$는 일차독립입니다.

$$v_i u_j \ (1 \leqq i \leqq n, 1 \leqq j \leqq m, \text{모두 } mn\text{개})$$

는 $\boldsymbol{L}$을 $\boldsymbol{Q}$ 위의 선형공간으로 봤을 때의 기저가 됩니다.

정리5.20에서는 이 v_i와 u_j를 β^{i-1}과 α^{j-1}으로 바꾸어 증명하고 있습니다.

구체적인 예를 다루지 않은 단계에서 v_i와 u_j를 설정해서 증명하는 것으로는 이미지를 떠올리기 어렵다고 생각했고, 모든 대수적 확대체는 단순확대체라는 것을 확인하는 데에 의미가 있다고 생각해서 일단 **정리5.20**의 형태로 기술해

보았습니다.

이와 같이 임의의 중간체 $\boldsymbol{M}$에 대해서 적당한 $f(x)$, $g(x)$를 찾아낼 수 있습니다. $f(x)$, $g(x)$를 찾아내면 이젠 다음 차례입니다.

$\boldsymbol{L}, \boldsymbol{M}, \boldsymbol{Q}$와 이것들에 대한 동형사상을 $f(x)$, $g(x)$를 바탕으로 하여 표현해 보겠습니다.

$\boldsymbol{Q}$ 위의 최소분해체 $\boldsymbol{L}$에 대해서 임의의 중간체 $\boldsymbol{M}$을 택합니다.

$\boldsymbol{M}$에 대하여 **정리5.32**와 같이 하여 $\boldsymbol{Q}$ 위의 m차 최소다항식 $f(x)$를 만들고 $f(x)=0$의 해 α를 이용하여 $\boldsymbol{M}=\boldsymbol{Q}(\alpha)$로 나타낼 수 있습니다. $f(x)=0$의 해를 $\alpha_1=\alpha, \alpha_2, \cdots, \alpha_m$이라고 합시다.

또 **정리5.31**과 같이 $\boldsymbol{Q}(\alpha)$ 위의 n차 최소다항식 $g(x)$를 만들고, $g(x)$의 계수에 나타나는 α를 α_i라고 치환한 $\boldsymbol{Q}(\alpha_i)$ 위의 기약다항식을 $g_i(x)$라고 하고, $g_i(x)=0$의 해 β를 이용하여 $\boldsymbol{L}=\boldsymbol{M}(\theta)=\boldsymbol{Q}(\alpha, \beta)$로 나타낼 수 있습니다. $g_i(x)=0$의 해를 $\beta_{i1}, \beta_{i2}, \cdots, \beta_{in}$이라고 합시다.

이때 **정리5.22**에 의해 $\boldsymbol{L}$에 작용하는 동형사상은 mn개 있습니다. 이것들은

$$\sigma_{ij}(\alpha)=\alpha_i,\ \ \sigma_{ij}(\beta)=\beta_{ij} \qquad (1 \leqq i \leqq m, 1 \leqq j \leqq n)$$

로 정의됩니다.

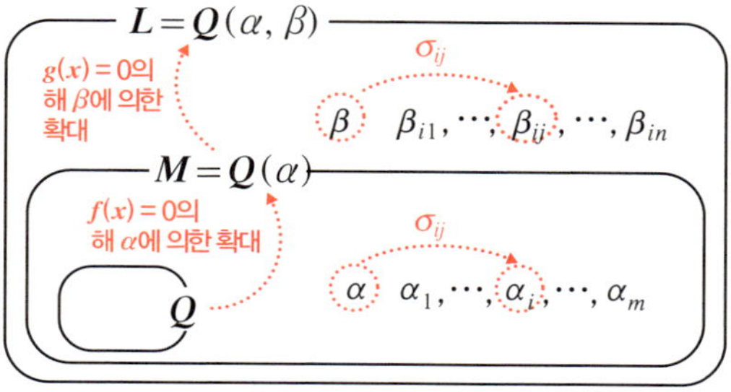

여기서 $\boldsymbol{L}$은 $\boldsymbol{Q}$의 최소분해체이고 $\boldsymbol{Q}$의 갈루아 확대체이므로, 동형사상은 모두 자기동형사상이 됩니다. 따라서 mn개의 동형사상 σ_{ij}는 모두 $\boldsymbol{L}$의 자기동형사상입니다. 곧,

$$\mathrm{Gal}(\boldsymbol{L}/\boldsymbol{Q}) = \{\sigma_{11}, \sigma_{12}, \cdots, \sigma_{1n}, \sigma_{21}, \sigma_{22}, \cdots, \sigma_{2n}, \\ , \cdots, \sigma_{m1}, \sigma_{m2}, \cdots, \sigma_{mn}\}$$

이 가운데서 $\mathrm{Gal}(\boldsymbol{L}/\boldsymbol{M})$은 $\boldsymbol{M}=\boldsymbol{Q}(\alpha)$의 모든 원소를 변화시키지 않는 것입니다.

$\sigma_{1i}(\alpha)=\alpha$이고 $j \neq 1$일 때 $\sigma_{ji}(\alpha)=\alpha_j \neq \alpha$입니다. $\sigma_{1i}(\alpha)=\alpha$이면 $\boldsymbol{M}=\boldsymbol{Q}(\alpha)$의 모든 원소를 변화시키지 않기 때문에

$$\mathrm{Gal}(\boldsymbol{L}/\boldsymbol{M}) = \{\sigma_{11}, \sigma_{12}, \cdots, \sigma_{1n}\}$$

입니다. $|\mathrm{Gal}(\boldsymbol{L}/\boldsymbol{M})|=n$, $[\boldsymbol{L}:\boldsymbol{M}]=[\boldsymbol{M}(\beta):\boldsymbol{M}]=n$으로 **정리5.31**이 한 번 더 증명되었습니다.

이것을 바탕으로 갈루아 대응을 알아보겠습니다.

먼저 중간체 $\boldsymbol{M}$에서 시작하여 $\boldsymbol{M}$으로 돌아오는 것부터 알아보겠습니다.

정리5.33 갈루아 대응: M으로부터 시작하기

$\boldsymbol{L}$을 $\boldsymbol{Q}$ 위의 어느 방정식의 최소분해체, $\boldsymbol{M}$을 $\boldsymbol{L}$과 $\boldsymbol{Q}$의 중간체라 한다.
$H=\mathrm{Gal}(\boldsymbol{L}/\boldsymbol{M})$이라 하고 $\boldsymbol{L}$의 $\boldsymbol{H}$에 의한 불변체를 $\boldsymbol{L}^H$이라 하면

$$\boldsymbol{L}^H=\boldsymbol{M}$$

특히, $G=\mathrm{Gal}(\boldsymbol{L}/\boldsymbol{M})$이라 하면

$$\boldsymbol{L}^G=\boldsymbol{Q}$$

증명 $H=\mathrm{Gal}(\boldsymbol{L}/\boldsymbol{M})=\{\sigma_{11}, \sigma_{12}, \cdots, \sigma_{1n}\}$이 됩니다. **정리5.20**에 의해 $\boldsymbol{L}=\boldsymbol{Q}(\alpha, \beta)$의 임의의 원소는 $\alpha^k\beta^l(0 \leqq k \leqq m-1, 0 \leqq l \leqq n-1)$의 $\boldsymbol{Q}$ 위의 일차결합에 의해 한 가지로 나타납니다. $\boldsymbol{Q}(\alpha, \beta)$의 임의의 원소가

$$F(\alpha, \beta) = f_{m-1}(\beta)\alpha^{m-1} + f_{m-2}(\beta)\alpha^{m-2} + \cdots + f_1(\beta)\alpha + f_0(\beta)$$

($f_i(x)$는 $n-1$차 이하의 $\boldsymbol{Q}$ 위의 다항식)

로 나타난다고 하겠습니다.

σ_{1i}를 작용시키면

$$\begin{aligned}
&\sigma_{1i}(F(\alpha, \beta)) \\
&= \sigma_{1i}(f_{m-1}(\beta)\alpha^{m-1} + f_{m-2}(\beta)\alpha^{m-2} + \cdots + f_1(\beta)\alpha + f_0(\beta)) \\
&= \sigma_{1i}(f_{m-1}(\beta))\sigma_{1i}(\alpha)^{m-1} + \cdots + \sigma_{1i}(f_1(\beta))\sigma_{1i}(\alpha) + \sigma_{1i}(f_0(\beta)) \\
&= f_{m-1}(\sigma_{1i}(\beta))\alpha^{m-1} + \cdots + f_1(\sigma_{1i}(\beta))\alpha + f_0(\sigma_{1i}(\beta)) \\
&= f_{m-1}(\beta_{1i})\alpha^{m-1} + \cdots + f_1(\beta_{1i})\alpha + f_0(\beta_{1i})
\end{aligned}$$

가 됩니다. $\sigma_{1i}(F(\alpha, \beta)) = F(\alpha, \beta)$이기 위해서는 표현의 일의성에 의해 α^k의 계수는 언제나

$$f_k(\beta_{1i}) = f_k(\beta) \qquad \therefore f_k(\beta_{1i}) - f_k(\beta) = 0 \ (0 \leqq i \leqq n-1)$$

이어야 합니다. 만일 $f_k(x)$가 1차 이상의 다항식이라고 하면, x의 $\boldsymbol{Q}$ 위의 $n-1$차 이하의 방정식 $f_k(x) - f_k(\beta) = 0$이 n개의 서로 다른 해 $\beta_{11}, \beta_{12}, \cdots, \beta_{1n}$을 갖게 되어 모순이 됩니다. 따라서 $f_k(x)$는 상수이어야 합니다. $f_k(x)$가 상수이므로 $F(\alpha, \beta)$는 α의 $m-1$차 이하의 다항식이 되어 $\boldsymbol{M} = \boldsymbol{Q}(\alpha)$의 원소가 됩니다.

역으로 $\boldsymbol{H}$의 원소는 α를 변화시키지 않으므로 $\boldsymbol{M} = \boldsymbol{Q}(\alpha)$의 모든 원소를 변화시키지 않습니다. 따라서 $\boldsymbol{L}^H = \boldsymbol{M}$입니다.

이 증명의 $\boldsymbol{M}$을 $\boldsymbol{Q}$로 바꿔 읽으면 $\boldsymbol{L}^G = \boldsymbol{Q}$가 밝혀집니다. (증명 끝)

이번에는 갈루아군 Gal$(\boldsymbol{L}/\boldsymbol{Q})$의 부분군 H부터 시작하여 H로 돌아오는 경우를 증명하겠습니다.

정리5.34 갈루아 대응: H로부터

L을 Q 위의 어떤 방정식의 최소분해체, M을 L과 Q의 중간체라 한다. $G=\mathrm{Gal}(L/Q)$라 하고 G의 부분군을 H라 한다. L에서 H의 불변체를 $M=L^H$이라 하면

$$H=\mathrm{Gal}(L/M)$$

증명 $M=L^H$에 대해서 **정리5.33**을 적용하여 우변을

$$H'=\mathrm{Gal}(L/M)=\{\sigma_{11}, \sigma_{12}, \cdots, \sigma_{1n}\}$$

으로 놓습니다. H'은 M의 원소에 작용하여 불변인 L의 모든 자기동형사상으로 만들어지는 군이므로, M의 원소를 변화시키지 않는 자기동형사상으로 만들어지는 군 H를 포함합니다.

$H\subset H'$이고 $|H|\leqq|H'|$ ……①

H의 모든 원소를 $\sigma_1(=e), \sigma_2, \cdots, \sigma_s(s\leqq n)$라 합시다. 이것을 이용하여

$$h(x)=(x-\sigma_1(\beta))(x-\sigma_2(\beta))\cdots(x-\sigma_s(\beta))$$

를 생각합니다. 우변을 전개했을 때의 ($s-1$차 항의 계수)$\times(-1)$은

$$\sigma_1(\beta)+\sigma_2(\beta)+\cdots+\sigma_s(\beta) \text{ ……②}$$

가 됩니다. 이것에 H의 원소 σ를 작용시키면

$$\sigma(\sigma_1(\beta)+\sigma_2(\beta)+\cdots+\sigma_s(\beta))$$
$$=\sigma\sigma_1(\beta)+\sigma\sigma_2(\beta)+\cdots+\sigma\sigma_s(\beta) \text{ ……③}$$

가 되는데, $\sigma\sigma_1, \sigma\sigma_2, \cdots, \sigma\sigma_s$는 **정리2.1**에 의해 $\sigma_1, \sigma_2, \cdots, \sigma_s$를 바꾸어 놓은 것이므로 ②= ③이고

$$\sigma(\sigma_1(\beta)+\sigma_2(\beta)+\cdots+\sigma_s(\beta))=\sigma_1(\beta)+\sigma_2(\beta)+\cdots+\sigma_s(\beta)$$

가 됩니다. ($s-1$차 항의 계수)$\times(-1)$은 H의 임의의 원소 σ에 의해서 불변이므로 $L^H=M$의 원소가 됩니다.

$s-2$차 항의 계수는

$$\sigma_1(\beta)\sigma_2(\beta)+\sigma_1(\beta)\sigma_3(\beta)+\cdots+\sigma_{s-1}(\beta)\sigma_s(\beta) \cdots\cdots④$$

가 됩니다. 이것에 H의 원소 σ를 작용시키면

$$\sigma(\sigma_1(\beta)\sigma_2(\beta)+\sigma_1(\beta)\sigma_3(\beta)+\cdots+\sigma_{s-1}(\beta)\sigma_s(\beta))$$

$$=\sigma\sigma_1(\beta)\sigma\sigma_2(\beta)+\cdots+\sigma\sigma_{s-1}(\beta)\sigma\sigma_s(\beta) \cdots\cdots⑤$$

가 되는데, $\sigma\sigma_1, \sigma\sigma_2, \cdots, \sigma\sigma_s$는 $\sigma_1, \sigma_2, \cdots, \sigma_s$를 바꾸어 놓은 것이므로 ④ = ⑤ 이어서

$$\sigma(\sigma_1(\beta)\sigma_2(\beta)+\sigma_1(\beta)\sigma_3(\beta)+\cdots+\sigma_{s-1}(\beta)\sigma_s(\beta))$$

$$=\sigma_1(\beta)\sigma_2(\beta)+\sigma_1(\beta)\sigma_3(\beta)+\cdots+\sigma_{s-1}(\beta)\sigma_s(\beta)$$

가 되므로, $s-2$차 항의 계수는 H의 임의의 원소 σ에 의해서 불변이고 $\boldsymbol{L}^H=M$의 원소입니다.

이렇게 해서 $h(x)$의 모든 계수는 H의 임의의 원소 σ에 의해서 불변이고 $\boldsymbol{L}^H=\boldsymbol{M}$의 원소이므로 $h(x)$는 $\boldsymbol{L}^H=\boldsymbol{M}$ 위의 다항식입니다. 여기서 $g(x)$는 β의 $\boldsymbol{L}^H=\boldsymbol{M}$ 위의 최소다항식이므로 $\boldsymbol{L}^H=\boldsymbol{M}$의 기약다항식입니다. $\sigma_1(\beta)=e(\beta)=\beta$이므로 $h(\beta)=0$이고 $h(x)=0$과 $g(x)=0$은 공통근 β가 있기 때문에, **정리3.6 (3)**에 의해 $h(x)$는 $g(x)$로 나누어떨어집니다. 다항식의 차수를 생각하면 $s \geqq n$입니다. 군의 위수를 생각하면

$$|H|=s \geqq n=|H'| \cdots\cdots⑥$$

①, ⑥에 의해 $|H|=|H'|$이고 $H=H'$이 됩니다. (증명 끝)

이것으로 갈루아 대응의 증명은 끝입니다.

12 M/Q는 갈루아 확대인가?

— 중간체가 갈루아 확대체로 되는 조건

정의5.8에서 기술했듯이 Q 위의 방정식 $f(x)=0$의 최소분해체 L은 Q의 갈루아 확대체입니다. 갈루아 확대 L/Q에 대해서는 갈루아군 $\mathrm{Gal}(L/Q)$가 있습니다.

정리5.31에 의하면 중간체 M의 확대 L/M에 대해서도 L을 최소분해체로 하는 M 위의 방정식이 있고, L은 M의 갈루아 확대체이고, 갈루아군 $\mathrm{Gal}(L/M)$이 있습니다.

그런데 M은 Q의 갈루아 확대체가 될까요?

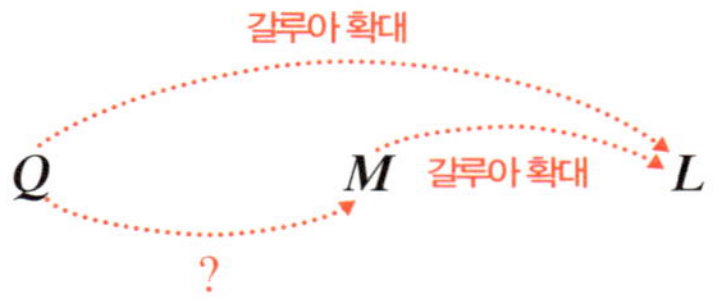

추상적으로 판단한다면 M은 Q 위의 방정식 $g(x)=0$의 해 α를 이용해서 $Q(\alpha)$로 나타낼 수는 있으므로 갈루아 확대체가 될 것 같습니다. 그러나 M은 Q의 갈루아 확대체가 반드시 된다고 할 수는 없습니다.

이를테면 $x^3-2=0$의 최소분해체 $Q(\sqrt[3]{2}, \omega)$와 Q의 중간체 $Q(\sqrt[3]{2})$의 경우는 갈루아 확대체가 아닙니다. 왜냐하면 σ를 $Q(\sqrt[3]{2})$에 작용하는 동형사상이라고 하면 $\sigma(\sqrt[3]{2})$는 $\sqrt[3]{2}$, $\sqrt[3]{2}\,\omega$, $\sqrt[3]{2}\,\omega^2$ 가운데 어느 것이기는 하지만, $\sqrt[3]{2}\,\omega$, $\sqrt[3]{2}\,\omega^2$은 $Q(\sqrt[3]{2})$에 속해 있지 않습니다. 동형사상에 의해서 대응하는 상이 $Q(\sqrt[3]{2})$에 속해 있지 않습니다.

M이 Q의 갈루아 확대체가 꼭 된다고 할 수 없는 것은 M의 정규성이 보증되지 않기 때문입니다.

정리5.32의 증명을 보면 알 수 있듯이, M을 바탕으로 해서 L을 생각했을 때에도 $\boldsymbol{L}$의 정규성을 쓸 수가 있고, $\boldsymbol{L}=\boldsymbol{M}(\beta)$가 되는 β의 켤레인 원소(β의 $\boldsymbol{M}$ 위의 최소다항식의 해)가 $\boldsymbol{L}$에 속하므로 $\boldsymbol{L}$은 $\boldsymbol{M}$의 갈루아 확대체가 됩니다.

한편 $\boldsymbol{Q}$를 바탕으로 확대체 $\boldsymbol{M}$을 생각할 때는 $\boldsymbol{M}$에 정규성이 반드시 있다고 할 수는 없습니다. $\boldsymbol{M}$에서 원소 β를 임의로 택했을 때 β의 켤레인 원소는 $\boldsymbol{L}$에는 속하지만, $\boldsymbol{M}$에 반드시 속한다고 할 수 없습니다.

$\boldsymbol{Q}(\sqrt[3]{2}, \omega)$와 $\boldsymbol{Q}$의 중간체 $\boldsymbol{Q}(\sqrt[3]{2})$의 경우로 말하자면 $\boldsymbol{Q}(\sqrt[3]{2})$의 원소 $\sqrt[3]{2}$와 켤레인 원소 $\sqrt[3]{2}\,\omega$, $\sqrt[3]{2}\,\omega^2$은 $\boldsymbol{Q}(\sqrt[3]{2}, \omega)$에는 속하지만 $\boldsymbol{Q}(\sqrt[3]{2})$로부터는 벗어나게 됩니다.

중간체가 갈루아 확대체가 되는 조건을 생각해 봅시다.

꽤나 추상적인 논의를 이어 왔는데요, 이쯤에서 간단한 방정식의 갈루아 대응을 감상해 봅시다.

문제5.20 $x^4-2=0$의 갈루아 대응을 찾으시오.

$$x^4-2=(x^2-\sqrt{2})(x^2+\sqrt{2})$$
$$=(x-\sqrt[4]{2})(x+\sqrt[4]{2})(x-\sqrt[4]{2}\,i)(x+\sqrt[4]{2}\,i)$$

이므로 $x^4-2=0$의 해는 $\sqrt[4]{2}, -\sqrt[4]{2}, \sqrt[4]{2}\,i, -\sqrt[4]{2}\,i$입니다.

따라서 최소분해체는

$$\boldsymbol{Q}(\sqrt[4]{2}, -\sqrt[4]{2}, \sqrt[4]{2}\,i, -\sqrt[4]{2}\,i)=\underline{\boldsymbol{Q}(\sqrt[4]{2}, i)}$$

입니다.

x^4-2는 아이젠슈타인의 판정조건(**정리3.4**에서 $p=2$인 경우)에 의해 기약다항식입니다. 따라서 $\sqrt[4]{2}$의 최소다항식은 x^4-2입니다. $\sqrt[4]{2}$에 켤레인 원소는 $\sqrt[4]{2}$, $-\sqrt[4]{2}$, $\sqrt[4]{2}\,i$, $-\sqrt[4]{2}\,i$입니다.

i의 최소다항식은 $x^2+1=0$이고 i의 켤레인 원소는 $-i$입니다.

x^2+1은 $\mathbf{Q}(\sqrt[4]{2})$의 기약다항식이므로 **정리5.20**에 의해 $\mathbf{Q}(\sqrt[4]{2}, i)$의 기저는

$$1,\ \sqrt[4]{2},\ (\sqrt[4]{2})^2,\ (\sqrt[4]{2})^3,\ i,\ \sqrt[4]{2}\,i,\ (\sqrt[4]{2})^2 i,\ (\sqrt[4]{2})^3 i$$

8개이고 $[\mathbf{Q}(\sqrt[4]{2}, i):\mathbf{Q}]=8$입니다.

$\mathbf{Q}(\sqrt[4]{2}, i)$에 작용하는 동형사상 σ, τ를 $\sqrt[4]{2}, i$에 대한 작용으로 정합시다. 여기서 σ, τ의 $\sqrt[4]{2}, i$에 대한 작용을

$$\sigma(\sqrt[4]{2})=\sqrt[4]{2}\,i, \quad \sigma(i)=i$$
$$\tau(\sqrt[4]{2})=\sqrt[4]{2}, \quad \tau(i)=-i$$

라 정의합니다.

$$\sigma^2(\sqrt[4]{2})=\sigma(\sigma(\sqrt[4]{2}))=\sigma(\sqrt[4]{2}\,i)=\sigma(\sqrt[4]{2})\sigma(i)$$
$$=\sqrt[4]{2}\,i\cdot i=-\sqrt[4]{2}$$
$$\sigma^3(\sqrt[4]{2})=\sigma(\sigma^2(\sqrt[4]{2}))=\sigma(-\sqrt[4]{2})=-\sqrt[4]{2}\,i$$
$$\sigma^4(\sqrt[4]{2})=\sigma(\sigma^3(\sqrt[4]{2}))=\sigma(-\sqrt[4]{2}\,i)=-\sigma(\sqrt[4]{2})\sigma(i)$$
$$=-(\sqrt[4]{2}\,i)i=\sqrt[4]{2}$$

한편 σ는 i를 변화시키지 않기 때문에 $\sigma^4=e$가 됩니다.

$$\tau^2(i)=\tau(\tau(i))=\tau(-i)=-\tau(i)=-(-i)=i$$

이고 τ는 $\sqrt[4]{2}$를 변화시키지 않기 때문에 $\tau^2=e$입니다.

$$\tau\sigma(\sqrt[4]{2})=\tau(\sigma(\sqrt[4]{2}))=\tau(\sqrt[4]{2}\,i)=\tau(\sqrt[4]{2})\tau(i)=-\sqrt[4]{2}\,i$$
$$\tau\sigma(i)=\tau(\sigma(i))=\tau(i)=-i$$

와 같이 $\tau\sigma^2, \tau\sigma^3$에 대해서도 살펴보면 다음 페이지의 왼쪽 표와 같이 됩니다.

$\sqrt[4]{2}$가 대응하는 상은 네 가지, i가 대응하는 상은 두 가지이므로 $(\sqrt[4]{2}, i)$가 대응하는 상은 $4\times 2=8$, 여덟 가지입니다.

$e, \sigma, \sigma^2, \sigma^3, \tau, \tau\sigma, \tau\sigma^2, \tau\sigma^3$까지 8개가 있고 $(\sqrt[4]{2}, i)$에 관해서 대응하는 상

이 모두 나오기 때문에, 이것으로 갈루아군의 원소가 모두 나오게 됩니다.

$$\mathrm{Gal}(\boldsymbol{Q}(\sqrt[4]{2}, i)/\boldsymbol{Q}) = \langle \sigma, \tau \rangle = \{e, \sigma, \sigma^2, \sigma^3, \tau, \tau\sigma, \tau\sigma^2, \tau\sigma^3\}$$

위수인 8은 $\boldsymbol{Q}(\sqrt[4]{2}, i)$의 차수 8과 일치합니다. 정리5.28

곱셈표를 만들어 봅시다. $\sigma^3 \cdot \tau\sigma^2$이면

$$(\sigma^3 \cdot \tau\sigma^2)(\sqrt[4]{2}) = \sigma^3(\tau\sigma^2(\sqrt[4]{2})) = \sigma^3(-\sqrt[4]{2}) = \sqrt[4]{2}\,i$$

$$(\sigma^3 \cdot \tau\sigma^2)(i) = \sigma^3(\tau\sigma^2(i)) = \sigma^3(-i) = -i$$

이므로 $\tau\sigma^3$의 작용과 같아져 $\sigma^3 \cdot \tau\sigma^2 = \tau\sigma^3$입니다.

실제로 곱셈표를 만들어 보면 아래 오른쪽 표와 같습니다.

	$\sqrt[4]{2}$	i
e	$\sqrt[4]{2}$	i
σ	$\sqrt[4]{2}\,i$	i
σ^2	$-\sqrt[4]{2}$	i
σ^3	$-\sqrt[4]{2}\,i$	i
τ	$\sqrt[4]{2}$	$-i$
$\tau\sigma$	$-\sqrt[4]{2}\,i$	$-i$
$\tau\sigma^2$	$-\sqrt[4]{2}$	$-i$
$\tau\sigma^3$	$\sqrt[4]{2}\,i$	$-i$

나중 \ 먼저	e	σ	σ^2	σ^3	τ	$\tau\sigma$	$\tau\sigma^2$	$\tau\sigma^3$
e	e	σ	σ^2	σ^3	τ	$\tau\sigma$	$\tau\sigma^2$	$\tau\sigma^3$
σ	σ	σ^2	σ^3	e	$\tau\sigma^3$	τ	$\tau\sigma$	$\tau\sigma^2$
σ^2	σ^2	σ^3	e	σ	$\tau\sigma^2$	$\tau\sigma^3$	τ	$\tau\sigma$
σ^3	σ^3	e	σ	σ^2	$\tau\sigma$	$\tau\sigma^2$	$\tau\sigma^3$	τ
τ	τ	$\tau\sigma$	$\tau\sigma^2$	$\tau\sigma^3$	e	σ	σ^2	σ^3
$\tau\sigma$	$\tau\sigma$	$\tau\sigma^2$	$\tau\sigma^3$	τ	σ^3	e	σ	σ^2
$\tau\sigma^2$	$\tau\sigma^2$	$\tau\sigma^3$	τ	$\tau\sigma$	σ^2	σ^3	e	σ
$\tau\sigma^3$	$\tau\sigma^3$	τ	$\tau\sigma$	$\tau\sigma^2$	σ	σ^2	σ^3	e

위 곱셈표를 보면 이 군은 **정의2.1**의 $n = 4$인 경우 D_4와 동형임을 알 수 있습니다. D_4는 정사각형의 회전이동과 대칭이동에 관한 군입니다. D_3의 곱셈표와 견주어 보면 비슷한 점을 찾을 수 있네요. D_4의 곱셈표는 D_3의 곱셈표에 σ^3, $\tau\sigma^3$을 첨가해서 다룬 것입니다.

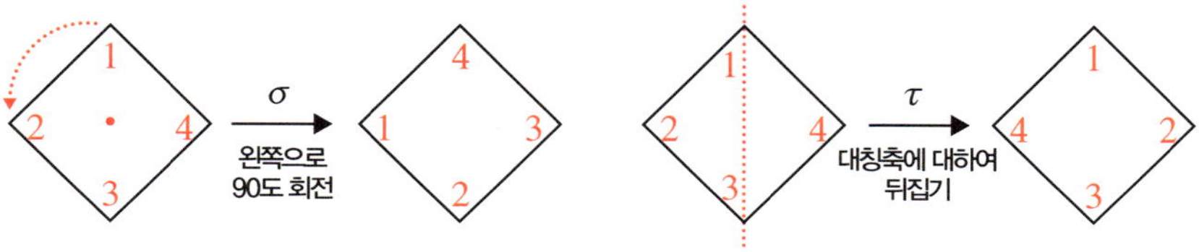

부분군을 구합시다. 부분군의 위수는 8의 약수인 1, 2, 4, 8 중의 하나입니다.

위수 1의 부분군은 $\{e\}$, 위수 8의 부분군은 $\langle \sigma, \tau \rangle$입니다.

위수 2의 부분군은 e에 위수가 2인 원소를 추가한

$$\langle \sigma^2 \rangle = \{e, \sigma^2\}, \quad \langle \tau \rangle = \{e, \tau\}, \quad \langle \tau\sigma \rangle = \{e, \tau\sigma\}$$

$$\langle \tau\sigma^2 \rangle = \{e, \tau\sigma^2\}, \quad \langle \tau\sigma^3 \rangle = \{e, \tau\sigma^3\}$$

입니다.

위수 4의 부분군에 대해서는 조금 깊이 생각해야 합니다.

부분군에 위수가 4인 원소 σ(또는 σ^3)가 있으면 이것의 거듭제곱만으로 위수가 4인 부분군이 생기므로 $\langle \sigma \rangle = \{e, \sigma, \sigma^2, \sigma^3\}$입니다.

이후로는 σ, σ^3을 제외하고 위수가 2인 원소만으로 생각하겠습니다.

이밖에 위수 4의 부분군은 위수가 2인 원소를 3개 가지는 것이 됩니다.

가령 $\tau, \tau\sigma, \tau\sigma^2, \tau\sigma^3$(뒷면 계열: 정사각형을 뒤집는 조작을 포함한 것) 중에서 3개를 고른다고 합시다. 이 3개 중에서 서로 다른 두 개를 뽑아 곱하면, 뒷면 계열과 뒷면 계열의 곱이기 때문에 결과는 앞면 계열이 되고, 제곱이 아니어서 e도 아니기 때문에 $\sigma, \sigma^2, \sigma^3$(앞면 계열) 중의 어느 하나가 생깁니다. 다섯 번째의 원소가 생겨 모순이 됩니다.

또 만일 $\tau, \tau\sigma, \tau\sigma^2, \tau\sigma^3$ 중에서 1개만 고르면 위수가 2인 원소는 σ^2밖에 달리 없으므로 위수 4에 모자랍니다.

곧, $\tau, \tau\sigma, \tau\sigma^2, \tau\sigma^3$ 중에서 2개를 택할 수밖에 없습니다. 이 선택방식 중에서 군이 되는 것은

$$\langle \sigma^2, \tau \rangle = \{e, \sigma^2, \tau, \tau\sigma^2\}, \quad \langle \sigma^2, \tau\sigma \rangle = \{e, \sigma^2, \tau\sigma, \tau\sigma^3\}$$

위수 4인 부분군

으로 2개입니다. $\langle \sigma, \tau \rangle$의 부분군은 이것이 전부입니다.

이 부분군들에 대한 중간체를 구해 봅시다.

$\langle\sigma^2, \tau\rangle$에 대응하는 중간체를 구하시오.

$\langle\sigma^2, \tau\rangle$의 불변체를 구합니다.

$\boldsymbol{Q}(\sqrt[4]{2}, i)$의 원소 x를

$$x = a + b\sqrt[4]{2} + c(\sqrt[4]{2})^2 + d(\sqrt[4]{2})^3 + ei + f\sqrt[4]{2}\,i + g(\sqrt[4]{2})^2 i + h(\sqrt[4]{2})^3 i$$

(a부터 h는 유리수)

로 나타내기로 하고, 먼저 τ를 작용시켜 보겠습니다.

$\tau(i) = -i$이므로 $\tau(x)$는

$$\tau(x) = a + b\sqrt[4]{2} + c(\sqrt[4]{2})^2 + d(\sqrt[4]{2})^3 - ei - f\sqrt[4]{2}\,i - g(\sqrt[4]{2})^2 i - h(\sqrt[4]{2})^3 i$$

$\tau(x) = x$이기 위해서는 계수를 비교하였을 때 $e=f=g=h=0$이어야 합니다. 불변체의 원소는 $a + b\sqrt[4]{2} + c(\sqrt[4]{2})^2 + d(\sqrt[4]{2})^3$의 형태입니다.

다음으로 $a + b\sqrt[4]{2} + c(\sqrt[4]{2})^2 + d(\sqrt[4]{2})^3$에 σ^2를 작용시킵니다.

$$\begin{aligned}&\sigma^2(a + b\sqrt[4]{2} + c(\sqrt[4]{2})^2 + d(\sqrt[4]{2})^3)\\&= a + b\sigma^2(\sqrt[4]{2}) + c\{\sigma^2(\sqrt[4]{2})\}^2 + d\{\sigma^2(\sqrt[4]{2})\}^3\\&= a + b(-\sqrt[4]{2}) + c(-\sqrt[4]{2})^2 + d(-\sqrt[4]{2})^3\\&= a - b(\sqrt[4]{2}) + c(\sqrt[4]{2})^2 - d(\sqrt[4]{2})^3\end{aligned}$$

입니다. $a + b\sqrt[4]{2} + c(\sqrt[4]{2})^2 + d(\sqrt[4]{2})^3$이 σ^2에 의해서 불변이 되는 조건은 $b=0$, $d=0$입니다. 불변체의 원소는 $a + c(\sqrt[4]{2})^2$의 형태입니다.

$a + c(\sqrt[4]{2})^2$에 $\tau\sigma^2$를 작용시키면

$$\begin{aligned}\tau\sigma^2(a + c(\sqrt[4]{2})^2) &= a + c\{\tau\sigma^2(\sqrt[4]{2})\}^2\\&= a + c(-\sqrt[4]{2})^2 = a + c(\sqrt[4]{2})^2\end{aligned}$$

이 되므로 $a + c(\sqrt[4]{2})^2 = a + c\sqrt{2}$는 $\langle\sigma^2, \tau\rangle = \{e, \sigma^2, \tau, \tau\sigma^2\}$에 의해서 불변입니다.

$\langle \sigma^2, \tau \rangle$의 불변체는 $\boldsymbol{Q}(\sqrt{2})$이고 이것이 $\langle \sigma^2, \tau \rangle$에 대응하는 중간체입니다.

이렇게 하여 부분군에 대한 중간체를 구하고, 대응 관계를 그림으로 정리하면 다음과 같습니다.

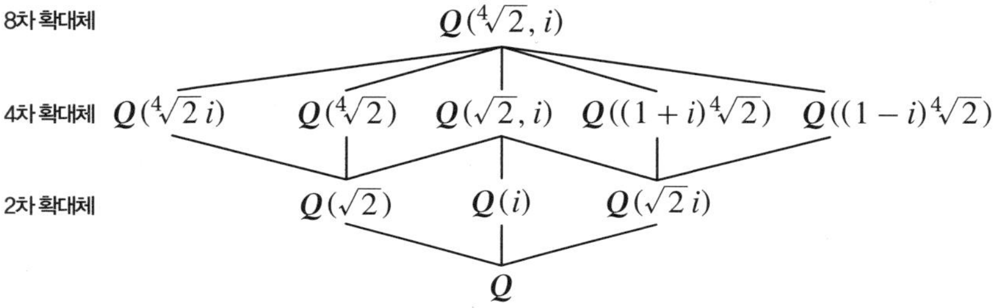

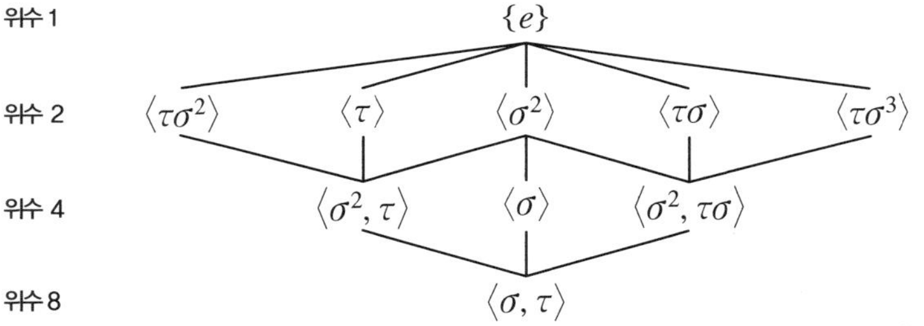

(문제5.20 끝)

이 대응 관계의 그림은 완전히 반하게 만드네요. 다이아몬드가 반짝이는 것처럼, 쳐다보고 있으면 황홀한 기분이 듭니다.

그럼 갈루아 확대체를 알아봅시다. 이 중간체 중에는 $\boldsymbol{Q}$의 갈루아 확대체가 되는 것도 있지만 그렇지 않은 것도 있습니다.

$\boldsymbol{Q}(\sqrt[4]{2}, i)$, $\boldsymbol{Q}(\sqrt{2}, i)$, $\boldsymbol{Q}(\sqrt{2})$, $\boldsymbol{Q}(i)$, $\boldsymbol{Q}(\sqrt{2}\, i)$는 각각

$$x^4 - 2 = 0, \quad (x^2-2)(x^2+1) = 0, \quad x^2 - 2 = 0, \quad x^2 + 1 = 0, \quad x^2 + 2 = 0$$

의 최소분해체가 되기 때문에 모두 $\boldsymbol{Q}$의 갈루아 확대체입니다.

$\boldsymbol{Q}(\sqrt[4]{2})$의 원소 $\sqrt[4]{2}$의 최소다항식은 $x^4 - 2 = 0$이지만, 이 방정식의 해

$\sqrt[4]{2}\,i$는 $\boldsymbol{Q}(\sqrt[4]{2})$에 속해 있지 않습니다. $\boldsymbol{Q}(\sqrt[4]{2})$는 정규성이 없으므로 $\boldsymbol{Q}$의 갈루아 확대체는 아닙니다.

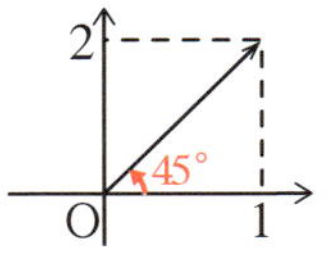

$\boldsymbol{Q}((1+i)\sqrt[4]{2})$의 원소 $(1+i)\sqrt[4]{2}$를 네제곱하면

$$\{(1+i)\sqrt[4]{2}\}^4 = \{\sqrt{2}\,(\cos 45^\circ + i\sin 45^\circ)\sqrt[4]{2}\}^4 = -8$$

이므로 $(1+i)\sqrt[4]{2}$의 최소다항식은 $x^4+8=0$입니다. 이 방정식의 다른 해로는 $i(1+i)\sqrt[4]{2} = (-1+i)\sqrt[4]{2}$가 있습니다. 이것은 $\boldsymbol{Q}((1+i)\sqrt[4]{2})$에 속할까요? 판별해 내기 어려워 보입니다.

결론을 말하면 $\boldsymbol{Q}(\sqrt[4]{2}\,i)$, $\boldsymbol{Q}(\sqrt[4]{2})$, $\boldsymbol{Q}((1+i)\sqrt[4]{2})$, $\boldsymbol{Q}((1-i)\sqrt[4]{2})$는 $\boldsymbol{Q}$의 갈루아 확대체는 아닙니다.

차수가 2인 중간체는 모두 갈루아 확대체가 되지만, 차수가 4인 중간체는 갈루아 확대체인 것과 그렇지 않은 것으로 나뉩니다.

$x^3-2=0$의 최소분해체 $\boldsymbol{Q}(\sqrt[3]{2}, \omega)$의 중간체 $\boldsymbol{Q}(\sqrt[3]{2})$, $\boldsymbol{Q}(\sqrt[3]{2}\,\omega)$, $\boldsymbol{Q}(\sqrt[3]{2}, \omega^2)$도 갈루아 확대체는 아니었습니다. $\boldsymbol{Q}(\sqrt[3]{2}\,\omega)$가 정규확대체는 아니라는 것을 확인하기 위해서는 $\sqrt[3]{2} \notin \boldsymbol{Q}(\sqrt[3]{2}\,\omega)$를 보여야 하는데, **문제5.5**와 같은 계산을 해야 하기 때문에 꽤나 힘듭니다.

모처럼 갈루아 대응이 있습니다. 중간체에 대응하는 부분군으로부터 중간체가 갈루아 확대체인지 아닌지를 판정하는 방법은 없을까요? 군이 여러 가지로 다루기가 간단합니다.

판정을 하는 정리를 소개하기에 앞서 다음 정리를 증명해 두겠습니다.

정리5.35 **$\sigma(M)$과 $\sigma H\sigma^{-1}$의 대응**

$\boldsymbol{Q}$ 위의 방정식 $f(x)=0$의 최소분해체를 $\boldsymbol{L}$, 그 갈루아군을 G라고 한다. 중간체 $\boldsymbol{M}$과 부분군 H가 갈루아 대응을 하고 있다고 한다. σ를 G의 임의의 원소라고 할 때

(1) 중간체 $\sigma(\boldsymbol{M})$과 부분군 $\sigma H\sigma^{-1}$은 갈루아 대응을 한다.

(2) H가 G의 정규부분군이다 $\quad\Leftrightarrow\quad \boldsymbol{M}=\sigma(\boldsymbol{M})$

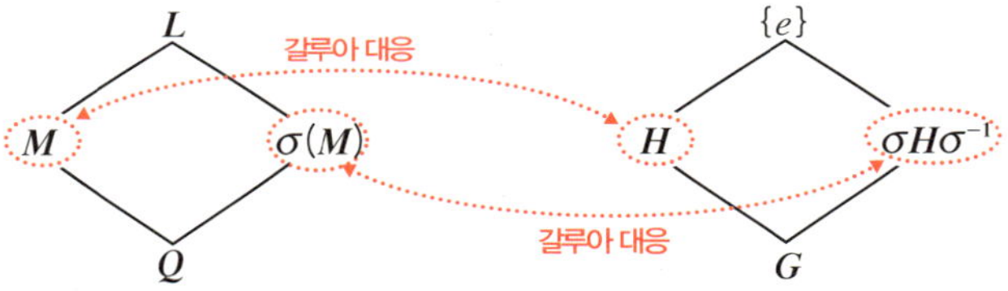

증명 (1) $\sigma(\boldsymbol{M})$이 체가 된다는 것은 $\sigma(\boldsymbol{M})$의 임의의 원소 $\sigma(x)$와 $\sigma(y)$의 사칙연산에 대하여 닫혀 있음을 확인하면 알 수 있습니다.

$$\sigma(x)+\sigma(y)=\sigma(x+y),\quad \sigma(x)-\sigma(y)=\sigma(x-y)$$

$$\sigma(x)+\sigma(y)=\sigma(xy),\quad \sigma(x)/\sigma(y)=\sigma(x/y)$$

결과는 모두 $\sigma(\boldsymbol{M})$의 원소입니다. 따라서 $\sigma(\boldsymbol{M})$은 사칙연산에 대하여 닫혀 있으므로 분명히 체입니다.

다음으로 $\sigma H\sigma^{-1}$이 군이 된다는 것을 확인합시다.

$\sigma H\sigma^{-1}$의 임의의 원소 $\sigma x\sigma^{-1}$, $\sigma y\sigma^{-1}$의 곱을 구하면

$$\sigma x\sigma^{-1}\cdot\sigma y\sigma^{-1}=\sigma x(\sigma^{-1}\sigma)y\sigma^{-1}=\sigma(xy)\sigma^{-1}\in\sigma H\sigma^{-1}$$

이 되어 곱셈에 대해서 닫혀 있습니다. 결합법칙이 성립하고 $\sigma e\sigma^{-1}=e$가 항등원이며 $\sigma x^{-1}\sigma^{-1}$이 $\sigma x\sigma^{-1}$의 역원이 되므로 $\sigma H\sigma^{-1}$은 군입니다.

$\sigma(\boldsymbol{M})$의 임의의 원소 $\sigma(x)$를 변화시키지 않는 G의 원소를 τ라고 놓습니다.

$\tau\sigma(x)=\sigma(x)$

⇔ $\sigma^{-1}\tau\sigma(x)=x$ (양변의 왼쪽에 σ^{-1}을 곱한다.)

⇔ $\sigma^{-1}\tau\sigma\in H$ ($\sigma^{-1}\tau\sigma$는 $\boldsymbol{M}$의 임의의 원소 x를 불변이게 한다.)

⇔ $\tau\in\sigma H\sigma^{-1}$ (왼쪽에 σ, 오른쪽에 σ^{-1}을 곱해서)

이것에 의해 $\sigma(\boldsymbol{M})$의 불변부분군이 $\sigma H\sigma^{-1}$임을 알 수 있습니다.

$\sigma(\boldsymbol{M})$과 $\sigma H\sigma^{-1}$은 갈루아 대응을 하고 있습니다.

(2) "H가 G의 정규부분군이다"를 아래와 같이 바꿔 말합니다.

H가 G의 정규부분군이다.

⇔ G의 임의의 원소 σ에 대해서 $\sigma H=H\sigma$

⇔ G의 임의의 원소 σ에 대해서 $\sigma H\sigma^{-1}=H$

(1)에 의해 부분군 $\sigma H\sigma^{-1}$에 대응하는 불변체는 $\sigma(\boldsymbol{M})$이므로, $\sigma H\sigma^{-1}$과 H가 일치하면 이것들의 갈루아 대응인 $\sigma(\boldsymbol{M})$과 $\boldsymbol{M}$이 일치하여 $\sigma(\boldsymbol{M})=\boldsymbol{M}$이 됩니다. 또 $\sigma(\boldsymbol{M})=\boldsymbol{M}$일 때 $\sigma H\sigma^{-1}=H$가 되고, 역도 성립합니다. (증명 끝)

중간체 $\boldsymbol{M}$이 $\boldsymbol{Q}$의 갈루아 확대체가 되기 위한 조건은 다음과 같이 표현됩니다.

정리5.36 **중간체가 갈루아 확대체가 되는 조건**

$\boldsymbol{Q}$ 위의 방정식 $f(x)=0$의 최소분해체를 $\boldsymbol{L}$, 그 갈루아군을 G라 한다. 중간체 $\boldsymbol{M}$과 부분군 H가 갈루아 대응을 하고 있다고 한다.

$\boldsymbol{M}$이 $\boldsymbol{Q}$의 갈루아 확대체이다. ⇔ H가 G의 정규부분군이다

또 이것들을 만족할 때

$$\mathrm{Gal}(\boldsymbol{M}/\boldsymbol{Q})\cong G/H$$

증명 **정리5.35**에 의해

H가 G의 정규부분군이다.

$\Leftrightarrow$ G의 임의의 원소 σ에 대해서 $\sigma(\boldsymbol{M})=\boldsymbol{M}$

이므로 밝혀야 할 것은

$\boldsymbol{M}$이 $\boldsymbol{Q}$의 갈루아 확대체이다.

$\Leftrightarrow$ G의 임의의 원소 σ에 대해서 $\sigma(\boldsymbol{M})=\boldsymbol{M}$ ……☆

입니다. 갈루아 대응을 증명할 때와 마찬가지로 $\boldsymbol{L}, \boldsymbol{M}$에 사다리를 놓겠습니다.

$\boldsymbol{M}$에 대해서 **정리5.32**와 같이 하여 $\boldsymbol{Q}$ 위의 m차 기약다항식 $f(x)$를 만들고, $f(x)=0$의 해 α를 이용하여 $\boldsymbol{M}=\boldsymbol{Q}(\alpha)$로 나타냅니다. $f(x)=0$의 해를 $\alpha_1=\alpha, \alpha_2, \cdots, \alpha_m$이라 합니다. 또 **정리5.31**과 같이 $\boldsymbol{Q}(\alpha)$ 위의 n차 기약다항식 $g(x)$를 만들고, $g(x)=0$의 해 β를 이용해서 $\boldsymbol{L}=\boldsymbol{M}(\beta)=\boldsymbol{Q}(\alpha, \beta)$로 나타냅니다. 그러면 **정리5.22**와 같이 $g_i(x)=0$의 해 $\beta_{i1}, \beta_{i2}, \cdots, \beta_{in}$을 이용해서 $\boldsymbol{L}$에 작용하는 mn개의 자기동형사상 σ_{ij}는

$$\sigma_{ij}(\alpha)=\alpha_i, \quad \sigma_{ij}(\beta)=\beta_{ij} \qquad (1 \leqq i \leqq m, 1 \leqq j \leqq n)$$

로 정의됩니다. 이때

$$G=\mathrm{Gal}(\boldsymbol{L}/\boldsymbol{Q})=\{\sigma_{11}, \sigma_{12}, \cdots, \sigma_{1n}, \sigma_{21}, \sigma_{22}, \cdots, \sigma_{2n}, \cdots, \sigma_{m1}, \sigma_{m2}, \cdots, \sigma_{mn}\}$$

$$H=\mathrm{Gal}(\boldsymbol{L}/\boldsymbol{M})=\{\sigma_{11}, \sigma_{12}, \cdots, \sigma_{1n}\}$$

이 됩니다.

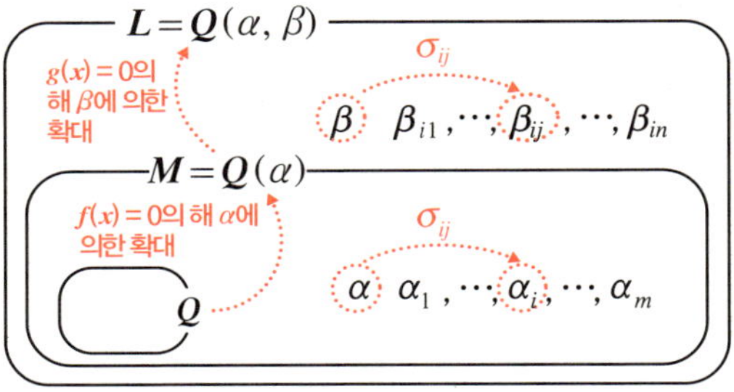

앞 페이지 ☆의 ⇒를 증명하겠습니다.

$\boldsymbol{L}$의 자기동형사상 σ를 $\boldsymbol{M}$으로 제한하여 생각하면 이것은 $\boldsymbol{M}$에 작용하는 동형사상이 됩니다. 이것은

$$\begin{array}{ccc} \sigma : \boldsymbol{M} & \longrightarrow & \sigma(\boldsymbol{M}) \\ x & \longmapsto & \sigma(x) \end{array}$$

로 두면 $\sigma(x+y)=\sigma(x)+\sigma(y),\ \sigma(xy)=\sigma(x)\sigma(y)$가 성립하기 때문입니다.

$\boldsymbol{M}$이 $\boldsymbol{Q}$의 갈루아 확대체이면 $\boldsymbol{M}$에 작용하는 모든 동형사상은 자기동형사상이 됩니다. G의 임의의 원소 σ_{ij}에 대해서 $\sigma_{ij}(\boldsymbol{M})=\boldsymbol{M}$이 성립합니다.

☆의 ⇐를 증명하겠습니다.

동형사상에 의하여 α가 대응하는 상은 $\alpha_1, \alpha_2, \cdots, \alpha_m$입니다. G의 임의의 원소 σ_{ij}에 대해서 $\sigma_{ij}(\boldsymbol{M})=\boldsymbol{M}$이 성립하므로 $\sigma_{ij}(\alpha)$는 $\alpha_1, \alpha_2, \cdots, \alpha_m$ 중 어느 하나와 같고, 이것들은 모두 $\boldsymbol{M}$에 속합니다. 따라서 **정리5.29**에 의해 $\boldsymbol{M}$은 $\boldsymbol{Q}$의 갈루아 확대체입니다.

여기서 집합 $\sigma_{11}H, \sigma_{21}H, \cdots, \sigma_{m1}H$을 생각합니다.

$\sigma_{i1}H$에 속하는 원소 $\sigma_{i1}\sigma$를 α에 작용시키면

$$(\sigma_{i1}\sigma)(\alpha)=\sigma_{i1}(\sigma(\alpha))=\sigma_{i1}(\alpha)=\alpha_i$$

이므로 $\sigma_{i1}H \cap \sigma_{j1}H=\phi\ (i \neq j)$.

위수를 생각하면

$$G=\sigma_{11}H \cup \sigma_{21}H \cup \cdots \cup \sigma_{m1}H$$

$\sigma_{11}H, \sigma_{21}H, \cdots, \sigma_{m1}H$는 G의 H에 의한 잉여류가 됩니다.

H는 G의 정규부분군이므로 G의 H에 의한 잉여류는 군이 되고

$$G/H=\{\sigma_{11}H, \sigma_{21}H, \cdots, \sigma_{m1}H\}$$

라고 표현됩니다.

σ_{ij}를 $\boldsymbol{M}$의 자기동형사상으로 본 것을 $\sigma_{ij}|_{\boldsymbol{M}}$이라고 합시다.

Gal$(\boldsymbol{M}/\boldsymbol{Q})$의 원소는 α에 작용하여 $\alpha_1, \alpha_2, \cdots, \alpha_m$이 되는 $\boldsymbol{M}$의 자기동형사상이므로

$$(\boldsymbol{M}/\boldsymbol{Q}) = \{\sigma_{11}|_{\boldsymbol{M}}, \sigma_{21}|_{\boldsymbol{M}}, \cdots, \sigma_{m1}|_{\boldsymbol{M}}\}$$

라고 나타낼 수 있습니다.

여기서 Gal$(\boldsymbol{M}/\boldsymbol{Q})$에서 $\boldsymbol{G}/\boldsymbol{H}$로 가는 함수를

G의 원소로서 σ_{i1}와 σ_{j1}의 곱은 $\sigma_{i1}\sigma_{j1}$이므로, M에 작용하는 자기동형사상으로 보아도 $\sigma_{i1}|_M \sigma_{j1}|_M = \sigma_{i1}\sigma_{j1}|_M$

$$\rho : \mathrm{Gal}(\boldsymbol{M}/\boldsymbol{Q}) \longrightarrow G/H$$

$$\sigma_{i1}|_{\boldsymbol{M}} \longmapsto \sigma_{i1}H$$

라고 정의합니다. 이것은 일대일 대응입니다. 이것에 대해서

$$\rho(\sigma_{i1}|_{\boldsymbol{M}} \cdot \sigma_{j1}|_{\boldsymbol{M}}) = \rho(\sigma_{i1}\sigma_{j1}|_{\boldsymbol{M}}) = \sigma_{i1}\sigma_{j1}H$$

$$\rho(\sigma_{i1}|_{\boldsymbol{M}})\rho(\sigma_{j1}|_{\boldsymbol{M}}) = (\sigma_{i1}H)(\sigma_{j1}H) = \sigma_{i1}\sigma_{j1}H$$

가 되어 $\rho(\sigma_{i1}|_{\boldsymbol{M}} \cdot \sigma_{j1}|_{\boldsymbol{M}}) = \rho(\sigma_{i1}|_{\boldsymbol{M}})\rho(\sigma_{j1}|_{\boldsymbol{M}})$을 만족시키므로 ρ는 동형사상입니다.

$$\mathrm{Gal}(\boldsymbol{M}/\boldsymbol{Q}) \cong G/H \quad \text{(증명 끝)}$$

이 정리를 이용하면 $\boldsymbol{Q}(\sqrt[4]{2}, i)$의 중간체 중에서 $\boldsymbol{Q}$의 갈루아 확대체가 되는 것을 바로 찾을 수 있습니다.

갈루아군 $\langle\sigma, \tau\rangle$의 부분군 중에서 $\{e\}$와 자신 이외에 정규부분군이 되는 것은 위수 4인 부분군 $\langle\sigma\rangle, \langle\sigma^2, \tau\rangle, \langle\sigma^2, \tau\sigma\rangle$와 위수가 2인 부분군 $\langle\sigma^2\rangle$입니다. 위수가 4인 부분군은 **정리2.10**에 의해 정규부분군임을 알 수 있습니다. 위수가 2인 부분군에 대해서는 직접 알아보실 수 있을 겁니다.

$\boldsymbol{Q}$의 갈루아 확대체가 되는 것은 이것들의 정규부분군의 불변체인 $\boldsymbol{Q}(i)$, $\boldsymbol{Q}(\sqrt{2})$, $\boldsymbol{Q}(\sqrt{2}\,i)$, $\boldsymbol{Q}(\sqrt{2}, i)$입니다.

제6장 근호로 나타내기

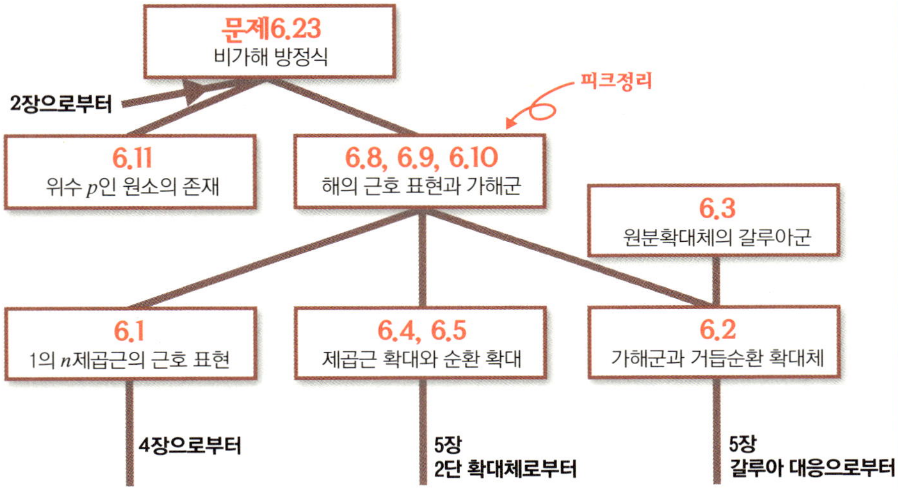

이 장의 목표는 '5차 이상의 방정식에는 근의 공식이 없다는 것'을 밝히는 것입니다.

먼저 1의 n제곱근을 근호를 이용해서 나타낼 수 있음을 증명합니다. 이것은 갈루아 이론의 일반론으로부터 기술할 수 있는 것인데, 구체적인 순서를 제시해 놓겠습니다.

다음으로 $x^n - 1 = 0$, $x^n - a = 0$의 갈루아군을 살펴보고, 근호가 나타내는 수에 의한 확대체의 구조적인 특징을 파악합니다. 이것을 바탕으로 하면 근호로 표현되는 수는 $x^n - a = 0$ 형태의 방정식을 되풀이해서 만들 수 있는 수이기 때문에 그 확대체의 특징도 알 수 있습니다.

마지막으로 지금까지의 정리를 집대성하여 피크 정리

"방정식 $f(x) = 0$의 해가 근호로 표현된다.

$\Leftrightarrow$ 방정식 $f(x) = 0$의 갈루아군이 가해군이다."

를 증명하는 것에 도전합니다. 이 정리를 이용하면 5차 이상의 방정식에는 근의 공식이 없다는 것이 밝혀집니다.

1 1의 n제곱근을 거듭제곱근으로 나타내기
— 원분방정식의 가해성

드디어 이 장에서 피크 정리의 증명에 도전합니다. 피크 정리는 다음과 같습니다.

$\mathbb{Q}$ 위의 방정식 $f(x)=0$의 해가 거듭제곱근으로 표현된다.

$\Leftrightarrow$ $f(x)=0$의 갈루아군이 가해군이다.

먼저 거듭제곱근의 의미를 다시 한 번 확인해 두겠습니다.

a가 양의 실수일 때 '$\sqrt[n]{a}$'는 방정식 $x^n-a=0$의 n개의 해 중에서 양의 실수해를 나타냅니다. 이 방정식의 양의 실수해는 하나이므로 '$\sqrt[n]{a}$'가 가리키는 것은 하나로 정해집니다.

그런데 갈루아 이론에 나오는 '거듭제곱근'에서는 근호 안이 양의 실수가 아닌 것도 다룹니다. a가 복소수인 경우에도 '$\sqrt[n]{a}$'를 생각하는 것입니다.

예를 들어 $\sqrt[3]{2i}$이면 이것은 $x^3-2i=0$의 해를 나타냅니다.

이 방정식의 해는 **정리4.8**을 이용하면

$$x^3-2i=0 \qquad x^3=2(\cos 90^\circ+i\sin 90^\circ)$$

$$\therefore \quad x=\sqrt[3]{2}(\cos(30^\circ+120^\circ\times k)+i\sin(30^\circ+120^\circ\times k)) \ (k\text{는 정수})$$

$$\therefore \quad x=\sqrt[3]{2}(\cos 30^\circ+i\sin 30^\circ),\ \sqrt[3]{2}(\cos 150^\circ+i\sin 150^\circ),$$
$$\sqrt[3]{2}(\cos 270^\circ+i\sin 270^\circ)$$

로 3개입니다. 그러므로 이 경우에 $\sqrt[3]{2i}$는 이 3개 중 어느 것인가를 나타내고 있다고 생각합니다. a가 양의 실수일 때처럼 하나의 해에 눈에 띄는 특징이 있지 않기 때문에 하나로 정해지지 않는 것입니다.

거듭제곱근 '$\sqrt[n]{a}$'는 a가 양의 실수일 때는 방정식 $x^n-a=0$의 양의 실수해를 나타내고, a가 그 밖의 수일 때는 방정식 $x^n - a = 0$의 n개의 해 중에서 어느 것인가를 나타냅니다. 이것들을 사용하는 방식을 구별하고자 할 때는 a가 양의 실수일 때의 거듭제곱근을 실수 거듭제곱근, a가 양의 실수가 아닐 때의 제곱근을 일반 거듭제곱근이라고 일컫기로 하겠습니다. 이 책에서만 사용하는 용어입니다.

$n = 3, 6, 8$인 경우에 1의 원시n제곱근 $\cos\frac{360^\circ}{n} + i\sin\frac{360^\circ}{n}$를 거듭제곱근을 사용해서 적어 보면

1의 3제곱근은 $\cos 120^\circ + i\sin 120^\circ = -\frac{1}{2} + \frac{\sqrt{3}}{2}i$

1의 6제곱근은 $\cos 60^\circ + i\sin 60^\circ = \frac{1}{2} + \frac{\sqrt{3}}{2}i$

1의 8제곱근은 $\cos 45^\circ + i\sin 45^\circ = \frac{\sqrt{2}}{2} + \frac{\sqrt{2}}{2}i$

로 실수 거듭제곱근을 사용해서 나타냅니다.

n이 다른 정수일 때는 어떨까요? 사실은 1의 n제곱근은 n이 어떤 경우라도 거듭제곱근을 이용해서 나타낼 수 있습니다. 다만, 이 경우에 거듭제곱근을 사용하는 방법은 일반 거듭제곱근입니다. 위의 예와 같이 모든 n에 대해서 실수 거듭제곱근으로 나타난다면 기쁜 일이이겠지만 안타깝게도 그렇지는 않습니다.

1의 n제곱근이 일반 거듭제곱근을 사용해서 표현될 수 있다는 것은 원분방정식 $\Phi_n(x) = 0$의 해가 일반 거듭제곱근을 사용해서 표현된다는 것입니다.

사실 우리의 목표인 피크 정리 "$\boldsymbol{Q}$ 위의 방정식 $f(x) = 0$의 해가 거듭제곱근으로 표현된다"는 문장의 '거듭제곱근'도 일반 거듭제곱근을 가리키고 있습니다.

원분방정식 $\Phi_n(x) = 0$은 해를 일반 거듭제곱근으로 나타낼 수 있는 $\boldsymbol{Q}$ 위의 방정식의 예가 됩니다.

$\boldsymbol{Q}$ 위의 3차방정식, 4차방정식에서는 계수가 어떤 경우라도 해를 일반 거듭

제곱근을 이용해서 나타낼 수 있습니다. 거듭제곱근을 이용한 근의 공식이 존재합니다.

그러나 Q 위의 5차 이상인 방정식에서는 거듭제곱근을 사용한 근의 공식은 없습니다. 그렇다고 해서 모든 5차 이상의 방정식의 해를 거듭제곱근을 이용해서 나타낼 수 없다는 것은 아닙니다. 5차 이상인 방정식의 경우에 해가 거듭제곱근으로 나타나는 경우도 있고 거듭제곱근으로 나타나지 않는 경우도 있습니다. 해가 거듭제곱근으로 표현된다고 하여도 $(x^2-2)(x^3-2)=0$과 같이 기약일 필요는 없습니다. 5차 이상의 기약다항식으로 만들어진 방정식에서도 해가 거듭제곱근으로 표현되는 경우가 있습니다. 그러므로 해가 거듭제곱근으로 나타나는 방정식과 그렇지 않은 방정식의 실제 예를 드는 것은 의미가 있다고 생각합니다. 그래서 이 절에서는 5차 이상의 기약다항식으로 만들어진 방정식에서 해가 거듭제곱근으로 나타나는 예로, 원분방정식 $\Phi_n(x)=0$을 이용하여 해를 거듭제곱근으로 나타내 보이려고 합니다.

피크 정리의 "거듭제곱근으로 표현된다"는 표현은 일반 거듭제곱근을 가리킨다고 했습니다. 일반 거듭제곱근이란 $\sqrt[n]{a}$에 대한 n개의 후보를 생각하는 것입니다. **정리4.8**에서 n개의 후보 중에서 하나를 α, 1의 원시n제곱근을

$$\zeta=\cos\frac{360^\circ}{n}+i\sin\frac{360^\circ}{n}$$

라 하면, $\sqrt[n]{a}$의 후보는 $\alpha, \alpha\zeta, \alpha\zeta^2, \cdots, \alpha\zeta^{n-1}$이 됩니다. 피크 정리에서 해가 "거듭제곱근으로 표현된다"고 선언하고 있는데도, $x^n-1=0$의 해인 ζ를 삼각함수로 표현하는 것은 좋은 예가 아닙니다.

"1의 n제곱근을 거듭제곱근을 사용해서 나타낸다"고 할 때 '$\sqrt[n]{1}$'이라 나타내면서 이것이 1의 n제곱근을 거듭제곱근을 사용하여 나타낸 것이라고 주장할 수도 있습니다. 사실 이러한 입장을 받아들여 1의 n제곱근을 거듭제곱근으

로 나타내는 것을 다루지 않는 책도 많이 있습니다. 그러나 이 책에서는 해가 거듭제곱근으로 표현되는 5차 이상의 방정식의 실례를 든다는 의미에서나, 일반 거듭제곱근으로 삼각함수를 나타내려는 의미에서나 모두 $\Phi_n(x)=0$의 해를 거듭제곱근으로 나타내는 데 주안점을 두고 있습니다.

$\Phi_n(x)=0$의 해가 거듭제곱근으로 나타나는 것을 살펴봅시다.

문제6.1 1의 5제곱근을 거듭제곱근으로 나타내시오.

1의 5제곱근 ζ를 $\zeta=\cos 72^\circ + i\sin 72^\circ$라 놓습니다.

1의 5제곱근이므로 $\zeta^5=1$이 성립하고, 이것에 의해

$$\zeta^5-1=0 \qquad \therefore\ (\zeta-1)(\zeta^4+\zeta^3+\zeta^2+\zeta+1)=0$$

$\zeta\neq 1$이므로 $\zeta^4+\zeta^3+\zeta^2+\zeta+1=0$이 성립합니다.

$\alpha=\zeta+\zeta^4,\ \beta=\zeta^2+\zeta^3$으로 두고 α, β를 해로 하는 2차방정식을 세웁니다.

$$\begin{cases}\alpha+\beta=\zeta+\zeta^4+\zeta^2+\zeta^3=-1\\ \alpha\beta=(\zeta+\zeta^4)(\zeta^2+\zeta^3)\end{cases}$$

$$=\zeta^3+\zeta^4+\zeta^6+\zeta^7=\zeta^3+\zeta^4+\zeta^1+\zeta^2=-1$$

이것을 이용해서 α, β를 해로 갖는 2차방정식을 구하면

$$(x-\alpha)(x-\beta)=x^2-(\alpha+\beta)x+\alpha\beta=x^2+x-1$$

에 의해 $x^2+x-1=0$

이것을 풀면 $x=\dfrac{-1\pm\sqrt{1^2-4(-1)}}{2}=\dfrac{-1\pm\sqrt{5}}{2}$

다음 쪽의 그림을 보면 $\alpha=\zeta+\zeta^4>0,\ \beta=\zeta^2+\zeta^3<0$이므로

$$\alpha=\zeta+\zeta^4=\frac{-1+\sqrt{5}}{2}$$

$$\beta=\zeta^2+\zeta^3=\frac{-1-\sqrt{5}}{2}$$

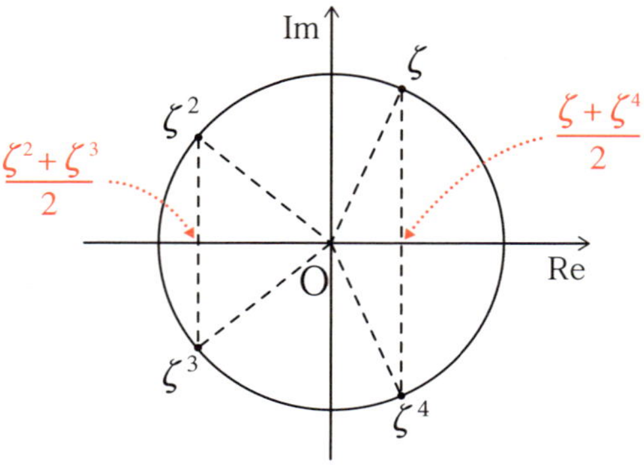

다음으로 ζ, ζ^4을 해로 갖는 2차방정식을 구하면

$$(x-\zeta)(x-\zeta^4)=x^2-(\zeta+\zeta^4)x+\zeta\cdot\zeta^4=x^2+\left(\frac{1-\sqrt{5}}{2}\right)x+1$$

에 의해 $x^2+\left(\frac{1-\sqrt{5}}{2}\right)x+1=0$.

이것을 풀면

$$\zeta=\frac{-\left(\frac{1-\sqrt{5}}{2}\right)+\sqrt{\left(\frac{1-\sqrt{5}}{2}\right)^2-4}}{2}=\frac{-1+\sqrt{5}}{4}+\frac{\sqrt{10+2\sqrt{5}}}{4}i$$

가 됩니다.

1의 5제곱근의 경우는 순조롭게 실수 거듭제곱근으로 나타낼 수 있었습니다. 일반적인 n에 대해서는 1의 5제곱근처럼 반드시 실수 거듭제곱근으로 나타난다고 할 수 없습니다.

그 밖에 1의 5제곱근처럼 실수 거듭제곱근으로 나타낼 수 있는 다른 거듭제곱근으로는 1의 17제곱근이 알려져 있습니다. 1의 5제곱근과 1의 17제곱근의 실수 거듭제곱근 표현에는 제곱근밖에 사용되고 있지 않습니다. 이것은 원분다항식인 $\Phi_n(x)$의 차수가 각각 $\varphi(5)=4=2^2$, $\varphi(17)=16=2^4$으로 2의 거듭제곱으로 되어 있고, $\Phi_n(x)=0$의 갈루아군의 위수가 $4=2^2$, $16=2^4$이 되기 때문입니다.

정리6.1 **1의 n제곱근의 거듭제곱근 표현**

1의 n제곱근은 거듭제곱근을 이용해서 나타낼 수 있다.

증명 n에 대해서 귀납법으로 증명합니다.

$n=1, 2, 3$일 때는 거듭제곱근을 이용해서 나타낼 수 있습니다.

n보다 작을 때에 거듭제곱근으로 나타난다고 가정합니다.

n이 합성수인 경우에는 바로 n보다 작은 경우로 귀착됩니다.

$n=st$라고 합시다.

1의 s제곱근을 $\zeta=\cos\frac{360°}{s}+i\sin\frac{360°}{s}$

1의 t제곱근을 $\eta=\cos\frac{360°}{t}+i\sin\frac{360°}{t}$

라 놓습니다. 귀납법의 가정에 의해 ζ와 η도 거듭제곱근으로 나타납니다.

$x^{st}-1$은

$$x^{st}-1=(x^s)^t-1=X^t-1=\prod_{0\leqq k\leqq t-1}(X-\zeta^k)=\prod_{0\leqq k\leqq t-1}(x^s-\zeta^k)$$

$X=x^s$으로 놓는다

으로 인수분해되기 때문에 1의 st제곱근은

$$\sqrt[s]{\zeta^k}\,(\eta)^l \quad (0\leqq l\leqq s-1,\ 0\leqq k\leqq t-1)$$

로 거듭제곱근을 이용하여 나타낼 수 있습니다.

그러므로 이제 n이 소수인 경우에 1의 n제곱근을 거듭제곱근으로 나타낼 수 있음을 밝히면 증명이 완료됩니다.

표기를 보기 쉽도록 $n=7$로 두고, n이 소수일 때에 1의 n제곱근이 1의 $n-1$ 제곱근의 거듭제곱근으로 나타나는 구조를 예로 들겠습니다.

1의 원시n제곱근을 $\zeta = \cos\frac{360°}{n} + i\sin\frac{360°}{n}$,

1의 원시$n-1$제곱근을 $\omega = \cos\frac{360°}{n-1} + i\sin\frac{360°}{n-1}$라고 놓습니다.

여기서

$$f(x, y) = y^3 + xy^2 + x^2y^6 + x^3y^4 + x^4y^5 + x^5y$$

라는 x, y의 다항식을 생각합니다. x의 지수는 크기 순서로 나열되어 있지만, y의 지수는 아무렇게나 나열되어 있는 것처럼 보입니다. 사실 이것은 7의 원시근인 3의 거듭제곱을 나열한 것과 같습니다.

$$3,\ 3^2 \equiv 2,\ 3^3 \equiv 6,\ 3^4 \equiv 4,\ 3^5 \equiv 5,\ 3^6 \equiv 1 \pmod 7$$

원시근 3이 선택되었으니 7이 소수라는 조건을 사용합니다.

여기서 $(f(\omega, \zeta^2))^6$을 계산합니다.

$(f(\omega, \zeta^2))^6$

$\zeta^7 = 1,\ \omega^6 = 1$

$$= ((\zeta^2)^3 + \omega(\zeta^2)^2 + \omega^2(\zeta^2)^6 + \omega^3(\zeta^2)^4 + \omega^4(\zeta^2)^5 + \omega^5(\zeta^2))^6$$

$$= (\zeta^6 + \omega\zeta^4 + \omega^2\zeta^5 + \omega^3\zeta + \omega^4\zeta^3 + \omega^5\zeta^2)^6$$ $(\zeta^2)^6 = \zeta^{12} = \zeta^5$

$\omega = \omega^4 \cdot \omega^3$

ω^4으로 묶는다 $$= \{\omega^4(\zeta^3 + \omega\zeta^2 + \omega^2\zeta^6 + \omega^3\zeta^4 + \omega^4\zeta^5 + \omega^5\zeta)\}^6$$

$$= (\omega^4)^6(\zeta^3 + \omega\zeta^2 + \omega^2\zeta^6 + \omega^3\zeta^4 + \omega^4\zeta^5 + \omega^5\zeta)^6$$

$$= (\zeta^3 + \omega\zeta^2 + \omega^2\zeta^6 + \omega^3\zeta^4 + \omega^4\zeta^5 + \omega^5\zeta)^6$$ $(\omega^4)^6 = (\omega^6)^4 = 1$

$$= (f(\omega, \zeta))^6$$

이 되어 $(f(\omega, \zeta))^6$과 같아집니다.

감상해 봅시다. 둘째 행과 셋째 행 부분에 주목합니다.

지수가 3, 2, 6, 4, 5, 1이라고 나열되었던 것이 6, 4, 5, 1, 3, 2로 바뀌었습니다. 그러나 '나열된 순서'는 변하지 않았습니다. 그러므로 이번에는 1의 6제곱근 쪽을 조절하여 원래의 $f(\omega, \zeta)$를 묶을 수 있었습니다. 그리고 묶는 것(이 경우에는 ω^4)은 6제곱할 때에 1이 됩니다. 흥미로운 식의 변형입니다.

이처럼 나열된 순서가 변하지 않는 조작을 더욱 확실히 살펴보겠습니다. 처음 나열은

$$\begin{matrix} 3 & 2 & 6 & 4 & 5 & 1 \\ 3, & 3^2, & 3^3, & 3^4, & 3^5, & 3^6 \end{matrix} \pmod 7$$

이었습니다. 여기에 $2 \equiv 3^2 \pmod 7$을 곱했기 때문에

$$\begin{matrix} 6 & 4 & 5 & 1 & 3 & 2 \\ 3^3, & 3^4, & 3^5, & 3^6, & 3^7 \equiv 3, & 3^8 \equiv 3^2 \end{matrix} \pmod 7$$

이 되는 것입니다. $(\boldsymbol{Z}/7\boldsymbol{Z})^*$의 순환성을 절묘하게 이용한 방법입니다.

그렇다면 마찬가지로

$$(f(\omega, \zeta))^6 = (f(\omega, \zeta^2))^6 = (f(\omega, \zeta^3))^6 = \cdots = (f(\omega, \zeta^6))^6$$

이 되는 것도 이해할 수 있습니다.

여기까지의 계산에서 ω에 대해서는 $\omega^6 = 1$이라는 관계만을 사용했습니다. ω를 ω^i으로 바꾸어도 $(\omega^i)^6 = 1$이 성립하므로

$$\underline{(f(\omega^i, \zeta))^6 = (f(\omega^i, \zeta^2))^6 = (f(\omega^i, \zeta^3))^6 = \cdots = (f(\omega^i, \zeta^6))^6}$$

$$\underline{(i = 0, 1, 2, 3, 4, 5)} \quad \cdots\cdots①$$

다음으로 $(f(x, \zeta))^6$을 계산합니다. x는 변수입니다.

$$\begin{aligned} &(f(x, \zeta))^6 \\ &= (\zeta^3 + x\zeta^2 + x^2\zeta^6 + x^3\zeta^4 + x^4\zeta^5 + x^5\zeta)^6 \\ &= a_0(x)\zeta^3 + a_1(x)\zeta^2 + a_2(x)\zeta^6 + a_3(x)\zeta^4 + a_4(x)\zeta^5 + a_5(x)\zeta \quad \cdots\cdots② \end{aligned}$$

여기서 $a_i(x)$는 x의 다항식입니다. $(f(x, \zeta))^6$의 계산 결과를 계수가 x의 다항식인 $\{\zeta^3, \zeta^2, \zeta^6, \zeta^4, \zeta^5, \zeta\}$의 일차결합으로 정리한 것입니다.

ζ는 $\zeta^6 + \zeta^5 + \zeta^4 + \zeta^3 + \zeta^2 + \zeta + 1 = 0$을 만족시키므로 ζ의 7제곱 이상인 것은 $\zeta^7 = 1 = -(\zeta^6 + \zeta^5 + \zeta^4 + \zeta^3 + \zeta^2 + \zeta)$를 이용하여 차수를 낮춥니다. 또한 $\boldsymbol{Q}(\zeta)$의 기저는 $\{1, \zeta, \cdots, \zeta^5\}$으로 나타내는 것이 보통이지만 **문제5.7**과 같이 $\{\zeta^3, \zeta^2, \zeta^6, \zeta^4, \zeta^5, \zeta\}$로 놓아도 상관없습니다.

다음으로 $(f(x, \zeta^2))^6$을 생각해 봅시다.

$(f(x, \zeta))^6$을 계산할 때 $\zeta^3 \times \zeta^5 = \zeta^8$이었던 것이

$(f(x, \zeta^2))^6$의 계산에서는 $(\zeta^2)^3 \times (\zeta^2)^5 = (\zeta^2)^8$이 되고

$(f(x, \zeta))^6$을 계산할 때의 $\zeta^6 + \zeta^5 + \zeta^4 + \zeta^3 + \zeta^2 + \zeta + 1 = 0$

대신에 $(f(x, \zeta^2))^6$의 계산에서는

$$(\zeta^2)^6 + (\zeta^2)^5 + (\zeta^2)^4 + (\zeta^2)^3 + (\zeta^2)^2 + (\zeta^2) + 1 = 0$$

을 사용할 수 있습니다. 그러므로 $(f(x, \zeta^2))^6$은 ②의 ζ를 ζ^2으로 치환한 식이 됩니다. 여기에서는 $\zeta = \cos\frac{360°}{n} + i\sin\frac{360°}{n}$라고 정의했는데 ②는 원래 ζ가 1의 다른 원시n제곱근일 때도 성립하는 식이라고 보아도 됩니다. 어쨌든 $(f(x, \zeta^2))^6$은 ②의 ζ를 ζ^2으로 치환한 식이 됩니다.

$$\begin{aligned}
&(f(x, \zeta^2))^6 \\
&= ((\zeta^2)^3 + x(\zeta^2)^2 + x^2(\zeta^2)^6 + x^3(\zeta^2)^4 + x^4(\zeta^2)^5 + x^5(\zeta^2))^6 \\
&= a_0(x)(\zeta^2)^3 + a_1(x)(\zeta^2)^2 + a_2(x)(\zeta^2)^6 + a_3(x)(\zeta^2)^4 \\
&\qquad + a_4(x)(\zeta^2)^5 + a_5(x)(\zeta^2)
\end{aligned}$$

$(\zeta^2)^5 = \zeta^{10} = \zeta^3$

이 되고 $\{\zeta^3, \zeta^2, \zeta^6, \zeta^4, \zeta^5, \zeta\}$의 계수가 순환하는 형태가 됩니다.

마찬가지로 $(f(x, \zeta^3))^6$, $(f(x, \zeta^4))^6$, $(f(x, \zeta^5))^6$, $(f(x, \zeta^6))^6$의 경우도 ②의 $\{\zeta^3, \zeta^2, \zeta^6, \zeta^4, \zeta^5, \zeta\}$의 계수가 순환하는 형태가 됩니다.

②에서 ζ^3의 계수 $a_0(x)$는 $(f(x, \zeta^2))^6$, $(f(x, \zeta^3))^6$, $(f(x, \zeta^4))^6$, $(f(x, \zeta^5))^6$, $(f(x, \zeta^6))^6$ 중에서 각각 $\zeta^6(= (\zeta^2)^3)$, $\zeta^2(= (\zeta^3)^3)$, $\zeta^5(= (\zeta^4)^3)$, $\zeta(= (\zeta^5)^3)$, $\zeta^4(= (\zeta^6)^3)$의 계수가 되는데 정확히 한 번씩 $\{\zeta^3, \zeta^2, \zeta^6, \zeta^4, \zeta^5, \zeta\}$의 계수가 됩니다. $a_1(x)$, $a_2(x)$, $a_3(x)$, $a_4(x)$, $a_5(x)$에 대해서도 마찬가지이므로

$$\begin{aligned}
&(f(x, \zeta))^6 + (f(x, \zeta^2))^6 + (f(x, \zeta^3))^6 \\
&\qquad + (f(x, \zeta^4))^6 + (f(x, \zeta^5))^6 + (f(x, \zeta^6))^6 \\
&= (a_0(x) + a_1(x) + a_2(x) + a_3(x) + a_4(x) + a_5(x)) \\
&\qquad (\zeta + \zeta^2 + \zeta^3 + \zeta^4 + \zeta^5 + \zeta^6)
\end{aligned}$$

$$=-(a_0(x)+a_1(x)+a_2(x)+a_3(x)+a_4(x)+a_5(x)) \cdots\cdots ③$$

여기에서 $6g(x)=-(a_0(x)+a_1(x)+a_2(x)+a_3(x)+a_4(x)+a_5(x))$라고 놓고 식 ③에서 $x=\omega^i$이라고 둡니다.

$$(f(\omega^i,\zeta))^6+(f(\omega^i,\zeta^2))^6+(f(\omega^i,\zeta^3))^6$$
$$+(f(\omega^i,\zeta^4))^6+(f(\omega^i,\zeta^5))^6+(f(\omega^i,\zeta^6))^6=6g(\omega^i)$$

①에 의해 $6(f(\omega^i,\zeta))^6=6g(\omega^i) \qquad \therefore \ \underline{f(\omega^i,\zeta)=\sqrt[6]{g(\omega^i)}}$

$f(\omega^i,\zeta)$를 적어 보면

$$\zeta^3+\omega^i\zeta^2+(\omega^i)^2\zeta^6+(\omega^i)^3\zeta^4+(\omega^i)^4\zeta^5+(\omega^i)^5\zeta=\sqrt[6]{g(\omega^i)} \cdots\cdots ④$$
$$(i=1,2,3,4,5,6)$$

라는 6개의 식을 얻을 수 있습니다.

ζ를 구하기 위해서는 $\zeta^3, \zeta^2, \zeta^6, \zeta^4, \zeta^5, \zeta$의 6개를 미지수로 하는 연립1차방정식($\omega$의 다항식이 계수인)을 풀면 됩니다. 이것을 풀면 ζ가 $\sqrt[6]{g(\omega^i)}$와 ω의 다항식이 되기 때문에 ζ는 거듭제곱근으로 표현되었다고 말할 수 있습니다. 사실 이 방정식은 단숨에 풀 수 있으므로 한 번 풀어 보겠습니다.

(④에서 $i=1)\times\omega$+(④에서 $i=2)\times\omega^2$+……+(④에서 $i=6)\times\omega^6$ ……☆

을 풀겠습니니다. 좌변을 계산하면

$$\begin{aligned}
&\omega\zeta^3+\omega^2\zeta^2+\omega^3\zeta^6+\omega^4\zeta^4+\omega^5\zeta^5+\omega^6\zeta\\
&+\omega^2\zeta^3+(\omega^2)^2\zeta^2+(\omega^2)^3\zeta^6+(\omega^2)^4\zeta^4+(\omega^2)^5\zeta^5+(\omega^2)^6\zeta\\
&+\omega^3\zeta^3+(\omega^3)^2\zeta^2+(\omega^3)^3\zeta^6+(\omega^3)^4\zeta^4+(\omega^3)^5\zeta^5+(\omega^3)^6\zeta\\
&+\omega^4\zeta^3+(\omega^4)^2\zeta^2+(\omega^4)^3\zeta^6+(\omega^4)^4\zeta^4+(\omega^4)^5\zeta^5+(\omega^4)^6\zeta\\
&+\omega^5\zeta^3+(\omega^5)^2\zeta^2+(\omega^5)^3\zeta^6+(\omega^5)^4\zeta^4+(\omega^5)^5\zeta^5+(\omega^5)^6\zeta\\
&+\omega^6\zeta^3+(\omega^6)^2\zeta^2+(\omega^6)^3\zeta^6+(\omega^6)^4\zeta^4+(\omega^6)^5\zeta^5+(\omega^6)^6\zeta
\end{aligned}$$

가 됩니다.

(④에서 $i=k)\times\omega^k$에서 ζ의 계수가 $(\omega^k)^5\times\omega^k=\omega^{6k}=(\omega^6)^k=1(k=1,2,$

$\cdots$, 6)이 됨을 이용하면, ☆의 식에서 ζ의 계수는

$$\omega^6 + (\omega^2)^6 + (\omega^3)^6 + (\omega^4)^6 + (\omega^5)^6 + (\omega^6)^6 = 6$$

이것 이외의 계수에 대해서

ζ^3의 계수는 $\omega + \omega^2 + \omega^3 + \omega^4 + \omega^5 + \overbrace{\omega^6}^{1}$

ζ^2의 계수는 $\omega^2 + (\omega^2)^2 + (\omega^3)^2 + (\omega^4)^2 + (\omega^5)^2 + \overbrace{(\omega^6)^2}^{1}$

ζ^6의 계수는 $\omega^3 + (\omega^2)^3 + (\omega^3)^3 + (\omega^4)^3 + (\omega^5)^3 + \overbrace{(\omega^6)^3}^{1}$

ζ^4의 계수는 $\omega^4 + (\omega^2)^4 + (\omega^3)^4 + (\omega^4)^4 + (\omega^5)^4 + \overbrace{(\omega^6)^4}^{1}$

ζ^5의 계수는 $\omega^5 + (\omega^2)^5 + (\omega^3)^5 + (\omega^4)^5 + (\omega^5)^5 + \overbrace{(\omega^6)^5}^{1}$

한편 **정리4.11**에서 $n = 6$이라 하면

$$1 + \omega^i + (\omega^2)^i + (\omega^3)^i + (\omega^4)^i + (\omega^5)^i = 0 \qquad (i = 1, 2, 3, 4, 5)$$

이 되기 때문에 ζ 이외의 계수는 모두 0이 됩니다.

☆의 우변도 계산하면

$$6\zeta = \sum_{i=1}^{6} \omega^i \sqrt[6]{g(\omega^i)} \qquad \therefore \quad \underline{\zeta = \frac{1}{6}\sum_{i=1}^{6} \omega^i \sqrt[6]{g(\omega^i)}}$$

으로 ζ가 구해집니다.

여기서 $\sqrt[6]{g(\omega^i)}$은 안타깝게도 일반 거듭제곱근입니다. 실제로 ζ를 나타내는 것이라면 6개 값의 후보 중에서 어느 것을 택할지를 판단해야 합니다.

(증명 끝)

2 3차방정식을 거듭제곱근으로 풀기

— 3차방정식의 근의 공식

여기에서 거듭제곱근으로 3차방정식을 푸는 방법을 소개하겠습니다. 먼저 준비 운동으로 간단한 계산 문제를 풀어 봅시다.

문제6.2 ω를 1의 원시3제곱근이라 할 때 다음 식을 전개하시오.

$$(x+u+v)(x+\omega u+\omega^2 v)(x+\omega^2 u+\omega v)$$

$\omega^2+\omega=-1,\ \omega^3=1$이 성립한다는 것을 이용합니다.

$$(x+u+v)(x+\omega u+\omega^2 v)(x+\omega^2 u+\omega v)$$
$$=(x+u+v)(x^2+u^2+v^2+(\omega+\omega^2)xu+(\omega+\omega^2)uv+\underbrace{(\omega+\omega^2)}_{-1}vx)$$
$$=(x+u+v)(x^2+u^2+v^2-xu-uv-vx)$$
$$=x^3+u^3+v^3-3xuv$$

공식입니다.

문제6.3 $x^3+3x^2-3x-11=0$을 푸시오.

앞의 문제에서 $x\to X,\ u\to -u,\ v\to -v$로 바꾸면

$$\underline{X^3-3uvX-u^3-v^3}$$
$$=(X-u-v)(X-\omega u-\omega^2 v)(X-\omega^2 u-\omega v)\ \cdots\cdots①$$

라고 인수분해된 식이 구해집니다. 이 식은 좌변의 X에 대한 3차식을 1차식의 곱으로 분해하고 있습니다. 이 식을 사용할 수 있도록 주어진 방정식에서 x^2의 항을 없애 봅시다.

먼저 $X=x+a$라는 평행이동을 하기 위해 $x=X-a$를 대입하면

$$(X-a)^3+3(X-a)^2-3(X-a)-11=0$$

이것의 2차 항은 $(-3a+3)X^2$이므로 $-3a+3=0$일 때 X^2의 항은 없어짐

니다. 그래서 $a = 1$로 둡니다.

$$(X-1)^3 + 3(X-1)^2 - 3(X-1) - 11 = 0$$

$$\underline{X^3 - 6X - 6} = 0$$

이 식과 ①의 계수를 견주어 보면

$$\underline{-3uv = -6 \qquad -(u^3 + v^3) = -6}$$

이 됩니다. 만일 이것을 만족시키는 u, v를 구한다면 ①의 인수분해 공식을 이용하여 3차식을 1차식의 곱으로 인수분해할 수 있습니다. 이 u, v의 연립방정식을 풀어 보겠습니다.

$-3uv = -6$로부터 $\underline{uv = 2}$. 이것을 세제곱하면 $u^3v^3 = 8$.

다른 하나의 식과 합치면

$$u^3v^3 = 8 \qquad u^3 + v^3 = 6$$

$U = u^3$, $V = v^3$이라고 두면, 이것은

$$UV = 8 \qquad U + V = 6$$

이므로 2차방정식을 세워서 풀면 됩니다.

$$(t-U)(t-V) = t^2 - (U+V)t + UV = t^2 - 6t + 8 = 0$$

이라는 2차방정식으로 귀착되고 인수분해하면

$$t^2 - 6t + 8 = (t-2)(t-4) = 0$$

가 되므로 $U = 2$, $V = 4$(바꿔도 되지만 다를 바가 없으므로 이대로 진행합니다).

이것으로부터 $u^3 = 2$, $v^3 = 4$

u, v를 실수라고 하면 $\underline{u = \sqrt[3]{2},\ v = \sqrt[3]{4}}$입니다.

①의 인수분해 식을 이용하면

$$X^3 - 6X - 6$$

$$= X^3 - 3(\sqrt[3]{2})(\sqrt[3]{4})X - (\sqrt[3]{2})^3 - (\sqrt[3]{4})^3$$

$$= (X - \sqrt[3]{2} - \sqrt[3]{4})(X - \sqrt[3]{2}\,\omega - \sqrt[3]{4}\,\omega^2)$$
$$(X - \sqrt[3]{2}\,\omega^2 - \sqrt[3]{4}\,\omega) \cdots\cdots ②$$

이것에 의해 3차방정식 $X^3 - 6X - 6 = 0$의 해는

$$\underline{X = \sqrt[3]{2} + \sqrt[3]{4},\ \sqrt[3]{2}\,\omega + \sqrt[3]{4}\,\omega^2,\ \sqrt[3]{2}\,\omega^2 + \sqrt[3]{4}\,\omega}$$

로 구해집니다. 주어진 방정식 $x^3 + 3x^2 - 3x - 11 = 0$의 해는 이것으로부터 1을 빼서

$$x = X - 1$$
$$= \sqrt[3]{2} + \sqrt[3]{4} - 1,\ \sqrt[3]{2}\,\omega + \sqrt[3]{4}\,\omega^2 - 1,\ \sqrt[3]{2}\,\omega^2 + \sqrt[3]{4}\,\omega - 1$$

입니다. u, v를 실수라고 했지만, 그렇지 않아도 상관없습니다.

$u^3 = 2$의 해는 $u = \sqrt[3]{2},\ \sqrt[3]{2}\,\omega,\ \sqrt[3]{2}\,\omega^2$

$v^3 = 4$의 해는 $v = \sqrt[3]{4},\ \sqrt[3]{4}\,\omega,\ \sqrt[3]{4}\,\omega^2$

으로 각각 세 가지씩 있으므로 모두 3×3가지의 조합이 있습니다. 이 중에서 $\underline{uv = 2}$를 만족시키는 것은

$$(u, v) = (\sqrt[3]{2}, \sqrt[3]{4}),\ (\sqrt[3]{2}\,\omega, \sqrt[3]{4}\,\omega^2),\ (\sqrt[3]{2}\,\omega^2, \sqrt[3]{4}\,\omega)$$

라는 세 가지입니다.

$(u, v) = (\sqrt[3]{2}\,\omega, \sqrt[3]{4}\,\omega^2)$이라 두고 ①의 우변에 대입하면

$$(X - \sqrt[3]{2}\,\omega - \sqrt[3]{4}\,\omega^2)(X - \sqrt[3]{2}\,\omega^2 - \sqrt[3]{4}\,\omega)(X - \sqrt[3]{2} - \sqrt[3]{4})$$

가 되어 순서만 바뀌었을 뿐, ②와 같아집니다.

$(u, v) = (\sqrt[3]{2}\,\omega^2, \sqrt[3]{4}\,\omega)$일 때도 같습니다.

다음으로 3차방정식의 근의 공식을 끌어내 봅시다.

$x^3 + ax^2 + bx + c = 0$은 $x = X - \dfrac{a}{3}$

라고 두면

$$\left(X-\frac{a}{3}\right)^3+a\left(X-\frac{a}{3}\right)^2+b\left(X-\frac{a}{3}\right)+c=0$$

이 됩니다. 이 식의 2차 항을 계산하면

$$-3\cdot\frac{a}{3}X^2+aX^2=0$$

이 됩니다. 이런 변수변환을 함으로써 2차 항을 제거할 수 있으므로 처음부터 2차 항이 없는 형태에서 생각하겠습니다.

> **문제6.4** $x^3+px+q=0$(p, q는 유리수)을 푸시오.

문제6.3과 마찬가지로 인수분해한 식

$$x^3-3uvx-u^3-v^3$$
$$=(x-u-v)(x-\omega u-\omega^2 v)(x-\omega^2 u-\omega v)\ \cdots\cdots①$$

와 $x^3+px+q=0$의 x의 계수를 비교하면

$$-3uv=p \qquad uv=-\frac{p}{3} \qquad \therefore\ \underline{u^3v^3}=\left(-\frac{p}{3}\right)^3=\underline{-\frac{p^3}{27}}$$

상수항을 비교하면 $\underline{u^3+v^3=-q}$.

이것을 이용하면

$$(t-u^3)(t-v^3)=t^2-(u^3+v^3)t+u^3v^3=t^2+qt-\frac{p^3}{27}$$

이 되므로 u^3, v^3을 해로 하는 t의 2차방정식을 세우면

$$t^2+qt-\frac{p^3}{27}=0$$

이다. 이것을 2차방정식 $x^2+bx+c=0$의 해가

$$x=\frac{-b\pm\sqrt{b^2-4c}}{2}=-\frac{b}{2}\pm\sqrt{\frac{b^2}{4}-c}$$

인 것을 이용해서 풀면 $t=-\frac{q}{2}\pm\sqrt{\frac{q^2}{4}+\frac{p^3}{27}}$

곧, $u^3=-\frac{q}{2}+\sqrt{\frac{q^2}{4}+\frac{p^3}{27}}$, $v^3=-\frac{q}{2}-\sqrt{\frac{q^2}{4}+\frac{p^3}{27}}$

$$u=\sqrt[3]{-\frac{q}{2}+\sqrt{\frac{q^2}{4}+\frac{p^3}{27}}},\quad v=\sqrt[3]{-\frac{q}{2}-\sqrt{\frac{q^2}{4}+\frac{p^3}{27}}}$$

①에 의해 $x^3-3uvx-u^3-v^3=0$의 해는 $u+v$, $\omega u+\omega^2 v$, $\omega^2 u+\omega v$이므로 방정식 $x^3+px+q=0$의 해는

$$u+v=\sqrt[3]{-\frac{q}{2}+\sqrt{\frac{q^2}{4}+\frac{p^3}{27}}}+\sqrt[3]{-\frac{q}{2}-\sqrt{\frac{q^2}{4}+\frac{p^3}{27}}}$$

$$\omega u+\omega^2 v=\omega\sqrt[3]{-\frac{q}{2}+\sqrt{\frac{q^2}{4}+\frac{p^3}{27}}}+\omega^2\sqrt[3]{-\frac{q}{2}-\sqrt{\frac{q^2}{4}+\frac{p^3}{27}}}$$

$$\omega^2 u+\omega v=\omega^2\sqrt[3]{-\frac{q}{2}+\sqrt{\frac{q^2}{4}+\frac{p^3}{27}}}+\omega\sqrt[3]{-\frac{q}{2}-\sqrt{\frac{q^2}{4}+\frac{p^3}{27}}}$$

의 3개가 됩니다.

이 공식에서 주의해야 할 부분은 $\sqrt[3]{}$ 기호입니다.

문제6.3의 예에서는 $\sqrt[3]{}$ 안이 양수였으므로 $\sqrt[3]{}$의 기호로 실수의 세제곱근을 나타냈지만, p, q가 구체적으로 주어지는 경우에는 $\sqrt[3]{}$ 안의 수가 음수이거나 복소수인 경우가 있을 수 있습니다. 이런 경우에는 $\sqrt[3]{}$으로 표현되는 수를 세 개의 세제곱근 후보 중에서 어느 것으로 할 것인가를 정해야 합니다.

그러면 $-\frac{q}{2}+\sqrt{\frac{q^2}{4}+\frac{p^3}{27}}$의 세제곱근 중에서 어느 하나를 선택하여 u라고 하고, $-\frac{q}{2}-\sqrt{\frac{q^2}{4}+\frac{p^3}{27}}$의 세제곱근 쪽은 $uv=-\frac{p}{3}$를 만족시키도록 선택합니다. 이때 u를 선택하는 방법에 상관없이, 세 개의 해가 같아진다는 것은 **문제6.3**의 실제 예에서 이미 살펴본 대로입니다.

3 3차방정식의 갈루아 대응을 구하기
— 거듭제곱근 확대

일반적인 3차방정식의 갈루아군에 대해서 알아봅시다.

> **문제6.5** x^3+px+q가 Q 위의 기약다항식일 때 $x^3+px+q=0$(p, q는 유리수)의 갈루아군을 구하시오.

이제부터 이 방정식의 최소분해체, 갈루아군을 알아보겠습니다. x^2의 계수(a라 한다)가 있을 때는 $x=X-\frac{a}{3}$로 변수변환을 함으로써 X^2의 항이 없는 형태로 만들 수 있습니다. 해가 $X=\alpha', \beta', \gamma'$일 때 주어진 방정식의 해는 $x=\alpha'-\frac{a}{3}$, $\beta'-\frac{a}{3}, \gamma'-\frac{a}{3}$가 됩니다. 여기서

$$Q(\alpha', \beta', \gamma')=Q\left(\alpha'-\frac{a}{3}, \beta'-\frac{a}{3}, \gamma'-\frac{a}{3}\right)$$

가 성립하기 때문에 3차방정식의 갈루아군을 알아보려면, 처음부터 x^2의 항이 없는 형태로 생각하면 됩니다.

$x^3+px+q=0$의 3개의 해를 α, β, γ라 하겠습니다.

이것들은 $t^2+qt-\frac{p^3}{27}=0$의 해를 u^3, v^3이라고 하여

$$\alpha=u+v, \ \ \beta=\omega u+\omega^2 v, \ \ \gamma=\omega^2 u+\omega v$$

라고 쓸 수 있었습니다. 또 3차방정식의 근과 계수의 관계에 의해

$$\alpha+\beta+\gamma=0, \ \ \alpha\beta+\beta\gamma+\gamma\alpha=p, \ \ \alpha\beta\gamma=-q \ \cdots\cdots ①$$

가 성립합니다.

이 방정식의 갈루아군을 알아보는 데 요점이 되는 것은 3장의 **문제3.1 (3)**에서 계산했던

$$(\alpha-\beta)^2(\beta-\gamma)^2(\gamma-\alpha)^2=-27q^2-4p^3$$

이라는 항등식입니다. 이 식은 단순한 항등식이 아닙니다.

이 식은 α, β, γ 중에 복소수가 있어도 좌변을 계산하면 유리수가 됨을 보여줍니다. 이 식의 제곱근을 생각해 보면

$$(\alpha-\beta)(\beta-\gamma)(\gamma-\alpha)=\sqrt{-27q^2-4p^3} \text{ 또는 } -\sqrt{-27q^2-4p^3}$$

$\pm\sqrt{-27q^2-4p^3}$은 2차방정식 $y^2+27q^2+4p^3=0$의 해가 됩니다. 곧, 3차방정식의 해를 조합하여 만든 식이 2차방정식의 해가 되는 것입니다. 이를 이용하여 확대체를 만들어 봅시다.

문제6.6 $\boldsymbol{Q}((\alpha-\beta)(\beta-\gamma)(\gamma-\alpha), \alpha)=\boldsymbol{Q}(\alpha, \beta, \gamma)$임을 보이시오.

$\boldsymbol{Q}((\alpha-\beta)(\beta-\gamma)(\gamma-\alpha), \alpha)\subset\boldsymbol{Q}(\alpha, \beta, \gamma)$는 확실합니다.

$\boldsymbol{Q}((\alpha-\beta)(\beta-\gamma)(\gamma-\alpha), \alpha)\supset\boldsymbol{Q}(\alpha, \beta, \gamma)$를 증명하겠습니다.

$(\alpha-\beta)(\beta-\gamma)(\gamma-\alpha)$와 α로부터 β, γ를 만듭니다.

①의 근과 계수의 관계에 의해

$$\beta+\gamma=-\alpha \cdots\cdots②, \quad \beta\gamma=-\frac{q}{\alpha} \cdots\cdots③$$

또

$$\begin{aligned}&(\alpha-\beta)(\beta-\gamma)(\gamma-\alpha)\\&=-(\beta-\gamma)(\alpha^2-\underset{②}{(\beta+\gamma)}\alpha+\underset{③}{\beta\gamma})\\&=-(\beta-\gamma)\left(\alpha^2-(-\alpha)\alpha-\frac{q}{\alpha}\right)=-(\beta-\gamma)\frac{2\alpha^3-q}{\alpha}\end{aligned}$$

에 의해

$$\beta-\gamma=-\frac{\alpha(\alpha-\beta)(\beta-\gamma)(\gamma-\alpha)}{2\alpha^3-q} \cdots\cdots④$$

②, ④로부터

$$\beta=\frac{1}{2}\left(-\frac{\alpha(\alpha-\beta)(\beta-\gamma)(\gamma-\alpha)}{2\alpha^3-q}-\alpha\right)\in\boldsymbol{Q}((\alpha-\beta)(\beta-\gamma)(\gamma-\alpha), \alpha)$$

$$\gamma = \frac{1}{2}\left(\frac{\alpha(\alpha-\beta)(\beta-\gamma)(\gamma-\alpha)}{2\alpha^3-q} - \alpha\right) \in \boldsymbol{Q}((\alpha-\beta)(\beta-\gamma)(\gamma-\alpha), \alpha)$$

가 되어 $\boldsymbol{Q}((\alpha-\beta)(\beta-\gamma)(\gamma-\alpha), \alpha) \supset \boldsymbol{Q}(\alpha, \beta, \gamma)$입니다. (문제6.6 끝)

이것을 이용하면 3차방정식의 최소분해체가 $\boldsymbol{Q}$로부터 어떻게 확대되고 있는지를 알 수 있습니다.

문제6.7 α의 $\boldsymbol{Q}((\alpha-\beta)(\beta-\gamma)(\gamma-\alpha))$ 위의 최소다항식은 x^3+px+q임을 보이시오.

$\theta = (\alpha-\beta)(\beta-\gamma)(\gamma-\alpha)$라고 놓습니다.

$\theta^2 = (\alpha-\beta)^2(\beta-\gamma)^2(\gamma-\alpha)^2 = -27q^2-4p^3 \in \boldsymbol{Q}$입니다.

$\theta = (\alpha-\beta)(\beta-\gamma)(\gamma-\alpha)$가 유리수일 때 x^3+px+q가 $\boldsymbol{Q}$ 위의 기약다항식이라는 것에서, **정리5.2**에 의해 α의 $\boldsymbol{Q}(\theta)$ 위의 최소다항식은 x^3+px+q가 됩니다.

그러므로 θ가 유리수가 아닌 경우를 생각합니다. 이때 θ는 2차방정식 $y^2+27q^2+4p^3=0$의 해이므로 $[\boldsymbol{Q}(\theta):\boldsymbol{Q}]=2$입니다.

먼저 $\alpha \notin \boldsymbol{Q}(\theta)$임을 보입시다. 만일 α가 $\boldsymbol{Q}(\theta)$에 속해 있다면 $[\boldsymbol{Q}(\theta):\boldsymbol{Q}]=2$이므로 $\alpha = s\theta + t$(s, t는 유리수)라고 쓸 수 있습니다. 이것으로부터

$$(\alpha-t)^2 = (s\theta)^2 \qquad \therefore \quad \alpha^2 - 2t\alpha + (t^2 - s^2\theta^2) = 0 \cdots\cdots ①$$

이 됩니다. 여기서 $s^2\theta^2$은 유리수이므로 $t^2-s^2\theta^2$은 유리수가 된다는 것에 주의하십시오.

x^3+px+q는 문제의 가정에 의해 $\boldsymbol{Q}$ 위의 기약다항식이므로 x^3+px+q는 α의 $\boldsymbol{Q}$ 위의 최소다항식입니다. **정리5.3**에 의해 $[\boldsymbol{Q}(\alpha):\boldsymbol{Q}]=3$이 되어 $\boldsymbol{Q}(\alpha)$의 원소는 α의 2차식 한 가지로 나타납니다. ①에서 우변이 0이므로 좌변의 계수는 모두 0이어야만 하지만, α^2의 계수가 1이므로 모순입니다.

$\alpha \notin \boldsymbol{Q}(\theta)$를 확인했습니다. 마찬가지로 $\beta \notin \boldsymbol{Q}(\theta)$, $\gamma \notin \boldsymbol{Q}(\theta)$.

$x^3 + px + q$가 $\boldsymbol{Q}(\theta)$ 위의 기약다항식이 아닌, 즉 $\boldsymbol{Q}(\theta)$ 위에서 인수분해되는 것이라 합시다. 그러나

$$x^3 + px + q = (x - \alpha)(x - \beta)(x - \gamma)$$

이므로 3개의 1차식으로 인수분해하여도, 2차식과 1차식으로 인수분해하여도 α, β, γ 중에서 어느 것인가는 계수로 나타나게 됩니다.

따라서 $x^3 + px + q$는 $\boldsymbol{Q}(\theta)$ 위의 기약다항식입니다. **정리5.2**에 의해 α의 $\boldsymbol{Q}(\theta)$ 위의 최소다항식은 $x^3 + px + q$입니다. (문제6.7 끝)

문제6.7에서 $[\boldsymbol{Q}(\theta, \alpha), \boldsymbol{Q}(\theta)] = 3$이고 **문제6.6**에서 $\boldsymbol{Q}(\theta, \alpha) = \boldsymbol{Q}(\alpha, \beta, \gamma)$이므로 $[\boldsymbol{Q}(\alpha, \beta, \gamma) : \boldsymbol{Q}(\theta)] = 3$이 됩니다. 따라서 $y^2 + 27q^2 + 4p^3 = 0$의 해 $\pm\theta$가 유리수가 아닐 때는

$$[\boldsymbol{Q}(\alpha, \beta, \gamma) : \boldsymbol{Q}] = [\boldsymbol{Q}(\alpha, \beta, \gamma) : \boldsymbol{Q}(\theta)][\boldsymbol{Q}(\theta) : \boldsymbol{Q}] = 3 \cdot 2 = 6$$

이 됩니다.

$y^2 + 27q^2 + 4p^3 = 0$의 해 $\pm\theta$가 유리수일 때는

$$[\boldsymbol{Q}(\alpha, \beta, \gamma) : \boldsymbol{Q}] = [\boldsymbol{Q}(\alpha, \beta, \gamma) : \boldsymbol{Q}(\theta)][\boldsymbol{Q}(\theta) : \boldsymbol{Q}] = 3 \cdot 1 = 3$$

이 됩니다.

문제5.9에서 예로 든 $x^3 - 3x + 1 = 0$은 이러한 예가 됩니다.

$p = -3, q = 1$이므로

$$\sqrt{-27q^2 - 4p^3} = \sqrt{-27 \cdot 1^2 - 4(-3)^3} = \sqrt{-3^3 + 4 \cdot 3^3} = \sqrt{3^4} = 9$$

확실히 유리수입니다. $x^3 - 3x + 1 = 0$의 최소분해체의 차수가 3이 되고 $\boldsymbol{Q}(\alpha, \beta, \gamma) = \boldsymbol{Q}(\alpha)$가 된 것도 $\sqrt{-27q^2 - 4p^3}$이 유리수이기 때문입니다.

그럼, 이 방정식의 갈루아군을 알아보겠습니다.

$\sqrt{-27q^2-4p^3}$이 유리수가 아닐 때를 생각해 봅니다. 이때 $\mathbf{Q}(\alpha, \beta, \gamma)$는 $\mathbf{Q}$의 6차 확대이므로 갈루아군의 위수는 6입니다.

정리5.8에 의해 갈루아군의 원소는 방정식의 3개의 해를 서로 바꾸어 쓸 수 있기 때문에 갈루아군은 S_3의 부분군입니다. S_3의 위수가 6이므로 갈루아군은 대칭군 S_3과 동형임을 알 수 있습니다. 익숙한 표기인 $S_3 = \{e, \sigma, \sigma^2, \tau, \tau\sigma, \tau\sigma^2\}$으로 생각해 보겠습니다.

	α	β	γ
e	α	β	γ
σ	β	γ	α
σ^2	γ	α	β
τ	α	γ	β
$\tau\sigma$	γ	β	α
$\tau\sigma^2$	β	α	γ

치환군의 표기를 흉내 내어 해를 바꾸어 쓰는 상황을 나타내면 왼쪽과 같습니다.

이 표를 보는 방법은 이렇습니다. σ이면 $\sigma(\alpha)=\beta,\ \sigma(\beta)=\gamma,\ \sigma(\gamma)=\alpha$입니다.

S_3의 부분군은 $\{e\}, \langle\sigma\rangle, \langle\tau\rangle, \langle\tau\sigma\rangle, \langle\tau\sigma^2\rangle, S_3$이었습니다. 이것에 대응하는 중간체를 결정하겠습니다.

$$\begin{aligned}\sigma(\theta) &= \sigma((\alpha-\beta)(\beta-\gamma)(\gamma-\alpha)) \\ &= (\beta-\gamma)(\gamma-\alpha)(\alpha-\beta) = \theta\end{aligned}$$

이므로 $\langle\sigma\rangle$에 대응하는 중간체는 $\mathbf{Q}(\theta)$입니다.

τ는 α를 그대로 두고 β와 γ를 바꾼 것이므로 β와 γ의 대칭식 $\beta+\gamma=-\alpha$에 작용시켜도 불변입니다. 이것으로부터 $\langle\tau\rangle$에 대응하는 중간체는 $\mathbf{Q}(\alpha)$입니다.

결국 3차방정식의 갈루아군은 $\sqrt{-27q^2-4p^3}$이 유리수가 아닐 때 다음과 같습니다.

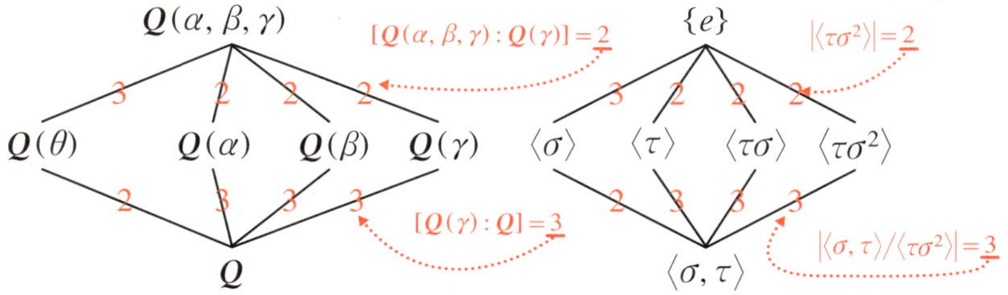

$\sqrt{-27q^2-4p^3}$ 이 유리수이면 $\boldsymbol{Q}(\alpha, \beta, \gamma)=\boldsymbol{Q}(\alpha)=\boldsymbol{Q}(\beta)=\boldsymbol{Q}(\gamma)$, $\boldsymbol{Q}(\theta)=\boldsymbol{Q}$이므로, 위의 왼쪽 그림에서 2인 곳이 1로 되어 갈루아 대응은 다음과 같이 됩니다.

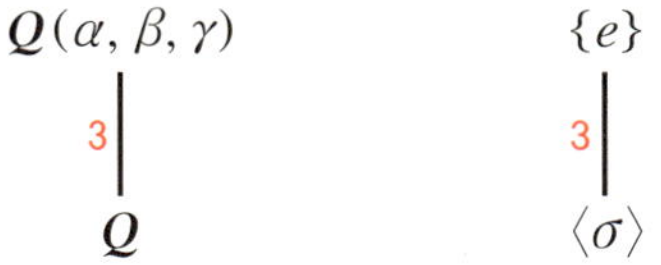

그런데 우리의 과제는 방정식의 해가 근호로 나타나는지 아닌지를 알아내는 것이었습니다. 체에 근호로 나타나는 수만을 첨가함으로써 3차방정식의 최소 분해체를 만들어 봅니다.

근호로 나타나는 수를 첨가해서 만드는 체를 거듭제곱근 확대체(radical extension field)라고 합니다.

정확히 말하면 $\boldsymbol{K}$ 위의 방정식 $x^n-a=0$의 하나의 해 $\sqrt[n]{a}$을 첨가해서 만든 확대체 $\boldsymbol{K}(\sqrt[n]{a})$입니다. $\boldsymbol{K}(\sqrt[n]{a})/\boldsymbol{K}$는 거듭제곱근 확대라고 말합니다. 거듭제곱근 확대에서는 x^n-a가 기약인지 아닌지는 문제되지 않습니다.

문제6.8 $x^3+px+q=0$(p, q는 유리수)의 갈루아군의 위수가 6이고 $\sqrt{\frac{q^2}{4}+\frac{p^3}{27}}$ 이 무리수일 때, Q에서 시작하여 거듭제곱근 확대를 되풀이함으로써 방정식의 해를 포함하는 확대체를 만드시오.

근의 공식에는

$$\sqrt[3]{-\frac{q}{2}+\sqrt{\frac{q^2}{4}+\frac{p^3}{27}}},\ \ \omega\sqrt[3]{-\frac{q}{2}+\sqrt{\frac{q^2}{4}+\frac{p^3}{27}}},\ \ \omega^2\sqrt[3]{-\frac{q}{2}+\sqrt{\frac{q^2}{4}+\frac{p^3}{27}}} \quad \cdots\cdots①$$

이라는 부분이 있습니다. 이것들은

$$x^3-\left(-\frac{q}{2}+\sqrt{\frac{q^2}{4}+\frac{p^3}{27}}\right)=0$$

의 해입니다. 한 번의 거듭제곱근 확대만으로는 이것들을 모두 한꺼번에 첨가할 수는 없습니다. 거듭제곱근 확대라는 것은 $x^n-a=0$의 해 중에서 하나를 첨가하여 확대체를 만드는 것이기 때문입니다. 그러므로 이 해들 중에서 하나를 첨가하여 확대체를 만들었다고 해서 그 체 안에 다른 두 개의 해가 들어 있다고 보증할 수 없습니다. 다른 두 개의 해가 들어 있기 위해서는 1의 3제곱근 ω를 미리 준비해 두어야 합니다. 그러므로 먼저 ω가 들어 있는 확대체를 만들어 봅시다.

$x^3-1=0$의 해의 하나인 $\omega=\frac{-1+\sqrt{3}i}{2}$를 첨가해서 $\boldsymbol{Q}(\omega)$를 만듭니다.

이것은 방정식 $x^2+x+1=0$의 해였으므로 $[\boldsymbol{Q}(\omega):\boldsymbol{Q}]=2$입니다.

다음으로 $\boldsymbol{Q}(\omega)$ 위의 방정식

$$x^2-\frac{q^2}{4}-\frac{p^3}{27}=0$$

의 하나의 해를 이용하여 $\boldsymbol{Q}\left(\omega, \sqrt{\frac{q^2}{4}+\frac{p^3}{27}}\right)$을 만듭니다.

$$\left[\boldsymbol{Q}\left(\omega, \sqrt{\frac{q^2}{4}+\frac{p^3}{27}}\right):\boldsymbol{Q}(\omega)\right]=2$$

입니다.

마지막으로 $\boldsymbol{Q}\left(\omega, \sqrt{\frac{q^2}{4}+\frac{p^3}{27}}\right)$ 위의 방정식

$$x^3-\left(-\frac{q}{2}+\sqrt{\frac{q^2}{4}+\frac{p^3}{27}}\right)=0 \cdots\cdots②$$

의 해를 이용하여 $\boldsymbol{Q}\left(\omega,\ \sqrt{\frac{q^2}{4}+\frac{p^3}{27}},\ \sqrt[3]{-\frac{q}{2}+\sqrt{\frac{q^2}{4}+\frac{p^3}{27}}}\right)$을 만듭니다.

$$\sqrt[3]{-\frac{q}{2}+\sqrt{\frac{q^2}{4}+\frac{p^3}{27}}}\ \sqrt[3]{-\frac{q}{2}-\sqrt{\frac{q^2}{4}+\frac{p^3}{27}}}=-\frac{p}{3}$$

가 되므로 ～～～～도 이 체에 속해 있는 것이 되어, 이 체는 $x^3+px+q=0$의 해를 포함합니다. ②가 기약일 때

$$\left[\boldsymbol{Q}\left(\omega,\ \sqrt{\frac{q^2}{4}+\frac{p^3}{27}},\ \sqrt[3]{-\frac{q}{2}+\sqrt{\frac{q^2}{4}+\frac{p^3}{27}}}\right):\boldsymbol{Q}\left(\omega,\ \sqrt{\frac{q^2}{4}+\frac{p^3}{27}}\right)\right]=3$$

입니다. 근의 공식으로 쓰인 해를 포함하는 확대체를 거듭제곱근 확대만으로 만들려고 하면, 확대되는 모습은

$$\boldsymbol{Q}\subset\boldsymbol{Q}(\omega)\subset\boldsymbol{Q}\left(\omega,\sqrt{\frac{q^2}{4}+\frac{p^3}{27}}\right)\subset\boldsymbol{Q}\left(\omega,\ \sqrt{\frac{q^2}{4}+\frac{p^3}{27}},\ \sqrt[3]{-\frac{q}{2}+\sqrt{\frac{q^2}{4}+\frac{p^3}{27}}}\right)$$

2　2　3

으로 거듭제곱근 확대를 잇달아 한 것이 됩니다. 이렇게 거듭제곱근 확대를 되풀이해서 생기는 확대체를 누차거듭제곱근 확대체라 합니다.

주의해야 하는 것은 차원입니다.

$\boldsymbol{Q}$에 대한 $\boldsymbol{Q}\left(\omega,\ \sqrt{\frac{q^2}{4}+\frac{p^3}{27}},\ \sqrt[3]{-\frac{q}{2}+\sqrt{\frac{q^2}{4}+\frac{p^3}{27}}}\right)$의 차원은

$2\times2\times3=12$차입니다.

3차방정식의 갈루아군의 위수는 6이기 때문에 3차방정식의 해는 $\boldsymbol{Q}$의 6차 확대체에 속할 것입니다. 언뜻 보기에는 모순인 것 같습니다.

위에서는 확대체를 만드는 방법의 한 가지 예를 든 것뿐입니다. 여섯 번의 누차거듭제곱근 확대체에 해를 포함하는 것을 만들어 볼 수 있을까요? 사실은 만

들 수 없다는 것을 증명할 수 있습니다.

12차와 6차, 이 2배의 차이는 무엇일까요?

사실 $\boldsymbol{Q}\left(\omega,\ \sqrt{\frac{q^2}{4}+\frac{p^3}{27}},\ \sqrt[3]{-\frac{q}{2}+\sqrt{\frac{q^2}{4}+\frac{p^3}{27}}}\right)$ 중에는 일반 3차방정식의 최소분해체 $\boldsymbol{Q}(\alpha, \beta, \gamma)$에서 보면 불필요한 것이 포함되어 있습니다. 그것은 ω입니다.

서로 다른 3개의 실수해를 갖는 방정식을 생각해 봅니다.

이를테면 $f(x)=x^3-4x+1=0$은 $y=f(x)$의 그래프가 x축과 세 점에서 만나므로 서로 다른 3개의 실수해가 있습니다. 그러나 정수 계수의 범위에서는 인수분해할 수 없기 때문에 유리수해를 갖지 않습니다.

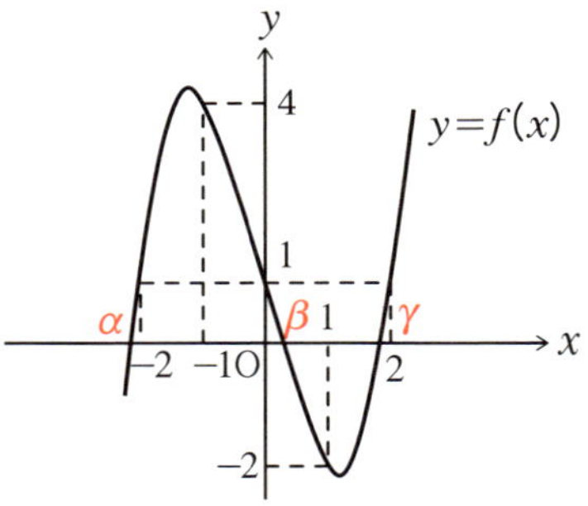

이 방정식의 해를 α, β, γ라고 하면 최소분해체 $\boldsymbol{Q}(\alpha, \beta, \gamma)$에는 복소수가 나오지 않습니다. ω가 나올 여지가 없는 것입니다. 이것은 α, β, γ가 무리수인 경우라도 마찬가지입니다. α, β, γ 중에 ω가 있으면 어떨지 모르지만, 일반적인 $\boldsymbol{Q}(\alpha, \beta, \gamma)$는 ω를 포함하지 않습니다. 그럼에도 근의 공식에 ω가 있는 것이 이상하게 생각될 것입니다.

ω에 대해서는 이렇게 생각하면 됩니다. ω는 점으로 작용하고 있습니다. α, β, γ의 상호관계를 규정하고 있으나 최소분해체만을 보아서는 겉으로 드러

나지 않습니다.

다시 말해, $\boldsymbol{Q}(\alpha, \beta, \gamma)$는

$$\boldsymbol{Q} \subset \boldsymbol{Q}((\alpha-\beta)(\beta-\gamma)(\gamma-\alpha)) \subset \boldsymbol{Q}(\alpha, \beta, \gamma)$$

라는 순서로 확대되어 갑니다. $\boldsymbol{Q}$로부터 $\boldsymbol{Q}((\alpha-\beta)(\beta-\gamma)(\gamma-\alpha))$가 되는 확대야말로 거듭제곱근 확대였는데, 맨 마지막의 확대가 될 때 이용되는 방정식은 원래의 방정식 $x^3+px+q=0$의 해 α를 이용한 확대이므로, 거듭제곱근 확대는 아닙니다. 그러므로 ω가 나오지 않아도 되었던 것입니다.

이렇게도 말할 수 있습니다.

"거듭제곱근 확대만으로 해를 포함하는 체를 만들려고 하면 ω를 사용하지 않을 수 없었다."

$x^2-a=0$과 $x^3-a=0$의 해밖에 사용할 수 없는 거듭제곱근 확대는 $x^3+px+q=0$의 해를 사용하는 확대보다 사용하기에 불편합니다.

거듭제곱근만을 이용하여 3차방정식의 해를 나타내는 것은 솥으로 밥을 짓는 것과 비슷합니다. 전기밥솥이라면 취사 버튼을 누르는 것만으로도 맛있는 밥을 지을 수 있습니다. 그렇지만 솥으로 맛있는 밥을 지으려면 불의 세기를 조절한다든지 압력을 조절하기 위해 뚜껑을 여닫는다든지 하는 자잘한 수고를 해야 합니다. 솥으로 밥을 지으려고 한다면 품을 더 들여야 합니다. 이런 자잘한 수고를 덜기 위해 ω를 미리 준비해야 합니다. 이렇게 생각하면 될 것입니다.

어떤 책에서는 471쪽에 나오는 확대의 모습이 3차방정식에 근의 공식이 있다는 사실을 설명하고 있다고 해설하기도 합니다. 이것으로는 설명이 충분하지 않습니다.

3차방정식의 해를 2차 확대, 3차 확대로 연속해서 확대한 확대체의 원소라는 것과 3차방정식의 해를 거듭제곱근으로 표현할 수 있는 것에는 간극이 있습니

다. 3차방정식의 해를 2차 확대, 3차 확대로 연속해서 확대한 확대체의 원소이기 때문에, 바로 3차방정식의 해를 거듭제곱근으로 표현할 수 있는 것은 아닙니다. 이 간극을 이해함으로써 피크 정리의 증명에서 1의 n제곱근을 미리 Q에 첨가하여 두는 까닭을 이해할 수 있습니다.

4 4차방정식을 거듭제곱근으로 풀기

— 4차방정식의 근의 공식

일반 4차방정식을 풀 때와 연계되는 해법으로 구체적인 4차방정식을 풀어 보겠습니다.

먼저 간단한 식을 전개하는 문제를 풀어 봅니다.

문제6.9 $(x-s-t-u)(x+s+t-u)(x+s-t+u)(x-s+t+u)$를 전개하시오.

$$(x-s-t-u)(x+s+t-u)(x+s-t+u)(x-s+t+u)$$

$$=\{(x-u)^2-(s+t)^2\}\{(x+u)^2-(s-t)^2\}$$

$$=(x^2-2ux+u^2-s^2-2st-t^2)(x^2+2ux+u^2-s^2+2st-t^2)$$

$$=(x^2+u^2-s^2-t^2)^2-4(ux+st)^2$$

$$=x^4+\{2(u^2-s^2-t^2)-4u^2\}x^2-8stux+(u^2-s^2-t^2)^2-4s^2t^2$$

$$=x^4-2(s^2+t^2+u^2)x^2-8stux+s^4+t^4+u^4-2s^2t^2-2t^2u^2-2u^2s^2$$

이것을 이용하여 4차방정식을 풀어 보겠습니다.

문제6.10 $x^4+8x+12=0$을 푸시오.

4차방정식을 풀 때는 다음 인수분해를 이용하는 것이 좋습니다.

$$x^4-2(s^2+t^2+u^2)x^2-8stux+s^4+t^4+u^4-2s^2t^2-2t^2u^2-2u^2s^2$$

$$=(x-s-t-u)(x+s+t-u)(x+s-t+u)(x-s+t+u)$$

이것을 이용하면

$$x^4-2(s^2+t^2+u^2)x^2-8stux+s^4+t^4+u^4-2s^2t^2-2t^2u^2-2u^2s^2=0 \quad \cdots\cdots①$$

의 해는

$x = s+t+u,\ -s-t+u,\ -s+t-u,\ s-t-u$ ……②

가 됩니다.

①식의 좌변과 $x^4+8x+12$의 계수를 비교합니다.

$$☆\begin{cases} 0=-2(s^2+t^2+u^2) \\ 8=-8stu \\ 12=s^4+u^4+u^4-2s^2t^2-2t^2u^2-2u^2s^2 \end{cases}$$

이것들을 만족시키는 s, t, u를 구한 다음 ②에 대입하면 $x^4+8x+12=0$을 풀 수 있습니다.

여기서 ☆로부터 s^2, t^2, u^2을 해로 갖는 3차방정식을 만듭니다.

$$s^2+t^2+u^2=0$$

$$\begin{aligned} s^2t^2+t^2u^2+u^2s^2 &= \frac{1}{4}\{(s^2+t^2+u^2)^2-(s^4+t^4+u^4-2s^2t^2-2t^2u^2-2u^2s^2)\} \\ &= \frac{1}{4}\{0^2-12\}=-3 \end{aligned}$$

$$s^2t^2u^2=(-1)^2=1$$

이것을 이용해서 s^2, t^2, u^2을 해로 갖는 3차방정식을 만들면

$$\begin{aligned} &(y-s^2)(y-t^2)(y-u^2) \\ &= y^3-(s^2+t^2+u^2)y^2+(s^2t^2+t^2u^2+u^2s^2)y-s^2t^2u^2 \\ &= y^3-3y-1 \end{aligned}$$

에 의해 $y^3-3y-1=0$입니다.

이 방정식은 **문제5.9**와 마찬가지로 풀 수 있습니다.

$y=2\cos\theta$라고 놓으면

3배각의 공식
$\cos 3\theta = 4\cos^3\theta - 3\cos\theta$

$$(2\cos\theta)^3-3(2\cos\theta)-1=0 \qquad \therefore\ 2(4\cos^3\theta-3\cos\theta)=1$$

$$\therefore\ \cos 3\theta=\frac{1}{2} \qquad \therefore\ 3\theta=\pm 60^\circ+360^\circ k\ (k\text{는 정수})$$

$\therefore \quad \theta = \pm 20^\circ + 120^\circ k$ (k는 정수)

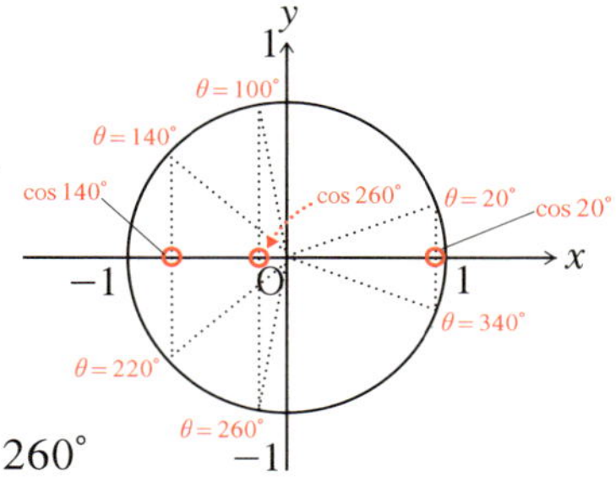

이것에 의해 $y^3 - 3y - 1 = 0$의 3개의 해는

$y = 2\cos 20^\circ,\ 2\cos 140^\circ,\ 2\cos 260^\circ$

입니다. 그러므로

$s^2 = 2\cos 20^\circ,\ t^2 = 2\cos 140^\circ,\ u^2 = 2\cos 260^\circ$

라고 둡니다. s, t, u는 각각 후보 값이 2개씩 있지만 $stu = -1$을 만족시키도록 선택하겠습니다. $2\cos 140^\circ$, $2\cos 260^\circ$는 음수이므로

$$s = \sqrt{2\cos 20^\circ},\ t = i\sqrt{-2\cos 140^\circ},\ u = i\sqrt{-2\cos 260^\circ} \cdots\cdots ③$$

이라 합니다. 이때

$$\begin{aligned} stu &= \sqrt{2\cos 20^\circ}\ i\sqrt{-2\cos 140^\circ}\ i\sqrt{-2\cos 260^\circ} \\ &= i^2 \underbrace{\sqrt{8\cos 20^\circ \cos 140^\circ \cos 260^\circ}}_{1} \\ &= -1 \end{aligned}$$

$y^3 - 3y - 1 = 0$의 근과 계수의 관계로부터
$(2\cos 20^\circ)(2\cos 140^\circ)(2\cos 260^\circ) = 1$

이 됩니다.

방정식 $x^4 + 8x + 12 = 0$의 해는 ②에 ③을 대입하면

$$\begin{aligned} x = &\sqrt{2\cos 20^\circ} + i\sqrt{-2\cos 140^\circ} + i\sqrt{-2\cos 260^\circ}, \\ &-\sqrt{2\cos 20^\circ} - i\sqrt{-2\cos 140^\circ} + i\sqrt{-2\cos 260^\circ}, \\ &-\sqrt{2\cos 20^\circ} + i\sqrt{-2\cos 140^\circ} - i\sqrt{-2\cos 260^\circ}, \\ &\sqrt{2\cos 20^\circ} - i\sqrt{-2\cos 140^\circ} - i\sqrt{-2\cos 260^\circ} \end{aligned}$$

가 됩니다.

일반 4차방정식 $x^4 + ax^3 + bx^2 + cx + d = 0$을 풀기 위해서는 $x = X - \frac{a}{4}$라고 둡니다. 이것을 대입하면

$$\left(X - \frac{a}{4}\right)^4 + a\left(X - \frac{a}{4}\right)^3 + b\left(X - \frac{a}{4}\right)^2 + c\left(X - \frac{a}{4}\right) + d = 0$$

이 되는데 이 식의 좌변에서 X^3의 항을 구하면

$$-4 \cdot \frac{a}{4}X^3 + aX^3 = 0$$

이 됩니다. 그러므로 처음부터 x^3이 없는 형태로 4차방정식을 푸는 방법을 생각해 보겠습니다.

문제6.11 $x^4 + px^2 + qx + r = 0$(p, q, r은 유리수)을 푸시오.

앞의 문제에서 다룬 구체적인 예와 마찬가지로

$$x^4 - 2(s^2 + t^2 + u^2)x^2 - 8stux + s^4 + t^4 + u^4 - 2s^2t^2 - 2t^2u^2 - 2u^2s^2$$
$$= (x - s - t - u)(x + s + t - u)(x + s - t + u)(x - s + t + u)$$

의 좌변과 $x^4 + px^2 + qx + r$의 계수를 비교합니다.

$$\begin{cases} p = -2(s^2 + t^2 + u^2) \\ q = -8stu \\ r = s^4 + t^4 + u^4 - 2s^2t^2 - 2t^2u^2 - 2u^2s^2 \end{cases}$$

이것으로부터

$$s^2 + t^2 + u^2 = -\frac{p}{2}$$

$$s^2t^2 + t^2u^2 + u^2s^2$$
$$= \frac{1}{4}\{(s^2 + t^2 + u^2)^2 - (s^4 + t^4 + u^4 - 2s^2t^2 - 2t^2u^2 - 2u^2s^2)\}$$
$$= \frac{1}{4}\left\{\left(-\frac{p}{2}\right)^2 - r\right\} = \frac{p^2}{16} - \frac{r}{4}$$

$$s^2t^2u^2 = \left(-\frac{q}{8}\right)^2 = \frac{q^2}{64}$$

s^2, t^2, u^2을 해로 갖는 3차방정식은

$$(y - s^2)(y - t^2)(y - u^2)$$
$$= y^3 - (s^2 + t^2 + u^2)y^2 + (s^2t^2 + t^2u^2 + u^2s^2)y - s^2t^2u^2$$

$$= y^3 + \frac{p}{2}y^2 + \left(\frac{p^2}{16} - \frac{r}{4}\right)y - \frac{q^2}{64}$$

에 의해 $y^3 + \frac{p}{2}y^2 + \left(\frac{p^2}{16} - \frac{r}{4}\right)y - \frac{q^2}{64} = 0$이 됩니다.

이 방정식을 분해방정식(分解方程式, resolvent equation)이라 합니다.

4차방정식을 풀기 위해서는 분해방정식을 풀어서 s^2, t^2, u^2을 구하고, 그것들의 제곱근을 구해서 s, t, u라 합니다. 이때 $stu = -\frac{q}{8}$가 되도록 부호를 택하여

$$x = s + t + u,\ \ -s - t + u,\ \ -s + t - u,\ \ s - t - u$$

라고 하면 됩니다.

5 4차방정식의 갈루아 대응을 알아보자
— 거듭순환 확대체

$x^4+px^2+qx+r=0$의 갈루아군을 구해 봅시다. 분해방정식의 갈루아군이 대칭군 S_3이고 s, t, u가 $\boldsymbol{Q}(s^2, t^2, u^2)$에 속해 있지 않다고 합시다.

문제6.12 $x^4+px^2+qx+r=0$(p, q, r은 유리수)의 최소분해체는 $\boldsymbol{Q}(s, t, u)$라는 것을 보이시오.

$x^4+px^2+qx+r=0$의 해를 x_1, x_2, x_3, x_4라 하고

$$x_1=s+t+u,\quad x_2=-s-t+u,\quad x_3=-s+t-u,\quad x_4=s-t-u$$

라고 놓습니다.

최소분해체는 $\boldsymbol{Q}(x_1, x_2, x_3, x_4)$입니다.

$\boldsymbol{Q}(x_1, x_2, x_3, x_4)\subset\boldsymbol{Q}(s, t, u)$는 명확합니다.

한편 $s=\frac{1}{2}(x_1+x_4)$, $t=\frac{1}{2}(x_1+x_3)$, $u=\frac{1}{2}(x_1+x_2)$이므로

$$\boldsymbol{Q}(x_1, x_2, x_3, x_4)\supset\boldsymbol{Q}(s, t, u)$$

가 됩니다.

따라서 $\boldsymbol{Q}(x_1, x_2, x_3, x_4)=\boldsymbol{Q}(s, t, u)$입니다. (문제6.12 끝)

s, t, u에 사상을 적용시켜 갈루아군의 원소를 정해 보겠습니다.

좀 억지스럽기는 하지만 $\boldsymbol{Q}(s, t, u)$에 작용하는 동형사상 $\alpha, \beta, \gamma, \sigma, \tau$를 다음과 같이 정의합니다.

$\alpha(s)=-s,$	$\alpha(t)=-t,$	$\alpha(u)=u$
$\beta(s)=-s,$	$\beta(t)=t,$	$\beta(u)=-u$
$\gamma(s)=s,$	$\gamma(t)=-t,$	$\gamma(u)=-u$
$\sigma(s)=t,$	$\sigma(t)=u,$	$\sigma(u)=s$
$\tau(s)=t,$	$\tau(t)=s,$	$\tau(u)=u$

α, β, γ 는 s, t, u의 부호만 바꿈
σ, τ는 s, t, u를 교체

이 동형사상들이 방정식의 해 x_1, x_2, x_3, x_4에 작용하는 상태를 알아봅시다. 이를테면

$$\beta(x_2)=\beta(-s-t+u)=\beta(-s)+\beta(-t)+\beta(u)=s-t-u=x_4$$

로 계산합니다. s, t, u의 부호를 바꾸는 것과 s, t, u끼리의 교체만 있으므로 간단히 계산됩니다. 이 결과를 정리하면 다음과 같습니다.

	$s+t+u=x_1$	$-s-t+u=x_2$	$-s+t-u=x_3$	$s-t-u=x_4$
α	$-s-t+u=x_2$	$s+t+u=x_1$	$s-t-u=x_4$	$-s+t-u=x_3$
β	$-s+t-u=x_3$	$s-t-u=x_4$	$s+t+u=x_1$	$-s-t+u=x_2$
γ	$s-t-u=x_4$	$-s+t-u=x_3$	$-s-t+u=x_2$	$s+t+u=x_1$
σ	$s+t+u=x_1$	$s-t-u=x_4$	$-s-t+u=x_2$	$-s+t-u=x_3$
τ	$s+t+u=x_1$	$-s-t+u=x_2$	$s-t-u=x_4$	$-s+t-u=x_3$

동형사상 $\alpha, \beta, \gamma, \sigma, \tau$가 방정식의 해 x_1, x_2, x_3, x_4에 작용하여 x_1, x_2, x_3, x_4 중의 어느 것과 교체되는 상황은 치환으로 볼 수 있습니다. 이를테면 β는 x_1, x_2, x_3, x_4를 각각 x_3, x_4, x_1, x_2로 변환하기 때문에 아래첨자에 주목하면 치환 $\begin{pmatrix}1 & 2 & 3 & 4\\ 3 & 4 & 1 & 2\end{pmatrix}$에 대응됩니다.

이렇게 해서 $\alpha, \beta, \gamma, \sigma, \tau$를 S_4의 원소로 보고 그것을 $S(P_6)$의 원소와 대응시키면 다음과 같습니다. S_4는 '변환'의 군, $S(P_6)$은 사다리타기와 마찬가지로 '교체'의 군이라는 것에 주의해 주세요. σ인 경우는 사다리타기의 경우로 말하자

면 괄호 안에 쓰인 '교체'를 나타내고 있습니다. 이것을 거꾸로 읽어서 σ의 치환을 만듭니다.

$\alpha \begin{pmatrix} 1 & 2 & 3 & 4 \\ 2 & 1 & 4 & 3 \end{pmatrix} \Longleftrightarrow$

$\beta \begin{pmatrix} 1 & 2 & 3 & 4 \\ 3 & 4 & 1 & 2 \end{pmatrix} \Longleftrightarrow$

$\gamma \begin{pmatrix} 1 & 2 & 3 & 4 \\ 4 & 3 & 2 & 1 \end{pmatrix} \Longleftrightarrow$

$\sigma \begin{pmatrix} 1 & 2 & 3 & 4 \\ 1 & 4 & 2 & 3 \end{pmatrix} \Longleftrightarrow \quad \begin{pmatrix} 1 & 2 & 3 & 4 \\ 1 & 3 & 4 & 2 \end{pmatrix}$

$\tau \begin{pmatrix} 1 & 2 & 3 & 4 \\ 1 & 2 & 4 & 3 \end{pmatrix} \Longleftrightarrow$

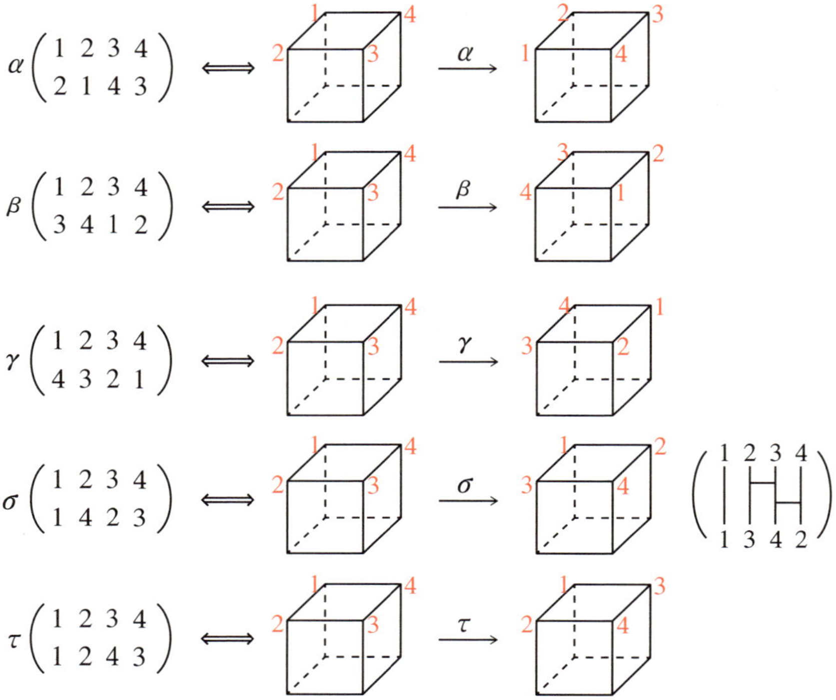

$S(P_6)$의 원소 24개는 $\alpha, \beta, \gamma, \sigma, \tau$로부터 만들어졌기 때문에 치환에서도 $\alpha, \beta, \gamma, \sigma, \tau$로부터 S_4의 원소가 24개 만들어집니다.

정리5.8(해의 치환)에 의해 동형사상은 해 x_1, x_2, x_3, x_4를 치환하기 때문에 $Q(x_1, x_2, x_3, x_4) = Q(s, t, u)$의 자기동형사상은 $\alpha, \beta, \gamma, \sigma, \tau$로부터 생성되는 24개 모두입니다.

$$\mathrm{Gal}(Q(s, t, u)/Q) = \langle \alpha, \beta, \gamma, \sigma, \tau \rangle$$

가 되고 이것은 S_4와 동형입니다.

$\mathrm{Gal}(Q(s, t, u)/Q)$를 S_4와 동일시해서 S_4라고 쓰기로 합니다.

마찬가지로 해서 $S(P_6)$일 때를 살펴본 것으로부터

$$V=\langle\alpha, \beta, \gamma\rangle=\{e, \alpha, \beta, \gamma\}$$

$$A_4=\langle\alpha, \beta, \gamma, \sigma\rangle=V\cup\sigma V\cup\sigma^2 V$$

라고 놓습니다.

대칭군 S_4는 가해군이었으므로 가해군임을 보여 주는

$$\underset{2}{S_4\supset} \underset{3}{A_4\supset} \underset{2}{V\supset} \underset{2}{\langle\alpha\rangle\supset} \{e\}$$

라는 가해열이 있었습니다. 갈루아 대응으로 이것에 대응하는 $\boldsymbol{Q}(s, t, u)$의 중간체를 구해 봅시다.

문제6.13 4차방정식의 갈루아 대응

$$\underset{2}{S_4\supset} \underset{3}{A_4\supset} \underset{2}{V\supset} \underset{2}{\langle\alpha\rangle\supset} \{e\}$$

에 대응하는 중간체의 열은

$$\boldsymbol{Q}\underset{2}{\subset}\boldsymbol{Q}((s^2-t^2)(t^2-u^2)(u^2-s^2))\underset{3}{\subset}\boldsymbol{Q}(s^2, t^2, u^2)$$

$$\underset{2}{\subset}\boldsymbol{Q}(s^2, t^2, u)\underset{2}{\subset}\boldsymbol{Q}(s, t, u)$$

라는 것을 밝히시오.

$\boldsymbol{V}$의 불변체를 구해 보겠습니다.

$\boldsymbol{V}$의 원소 α, β, γ는 s, t, u의 부호를 바꿀 뿐이므로 s^2, t^2, u^2에 작용할 때는 불변입니다. $\boldsymbol{V}$의 불변체를 $\boldsymbol{M}$이라 하면

$$\boldsymbol{Q}(s^2, t^2, u^2)\subset\boldsymbol{M} \quad \cdots\cdots ①$$

분해방정식의 해는 s^2, t^2, u^2이므로 분해방정식의 갈루아군이 S_3과 동형이라는 가정에 의해

$$|\mathrm{Gal}(\boldsymbol{Q}(s^2, t^2, u^2)/\boldsymbol{Q})|=6 \xrightarrow{\text{정리5.28}} [\boldsymbol{Q}(s^2, t^2, u^2):\boldsymbol{Q}]=6 \quad \cdots\cdots ②$$

정리5.36에 의해 $\mathrm{Gal}(\boldsymbol{M}/\boldsymbol{Q})\cong S_4/V$이고

$$|\mathrm{Gal}(\boldsymbol{M}/\boldsymbol{Q})|=|S_4/V|=6 \xrightarrow{\text{정리5.28}} [\boldsymbol{M}:\boldsymbol{Q}]=6 \quad \cdots\cdots ③$$

①, ②, ③에 **정리5.16**을 이용하면 $\boldsymbol{M} = \boldsymbol{Q}(s^2, t^2, u^2)$이 됩니다.

$\boldsymbol{V}$의 불변체는 $\boldsymbol{Q}(s^2, t^2, u^2)$입니다.

A_4의 불변체를 구해 봅니다.

A_4를 생성하는 원소는 $\alpha, \beta, \gamma, \sigma$입니다.

σ는 s, t, u를 $s \to t \to u \to s \cdots$와 같이 순환시키므로

$$\sigma((s^2 - t^2)(t^2 - u^2)(u^2 - s^2)) = (t^2 - u^2)(u^2 - s^2)(s^2 - t^2)$$

이 되어 $(s^2 - t^2)(t^2 - u^2)(u^2 - s^2)$에 작용하면 불변입니다.

α, β, γ는 s, t, u의 부호를 바꾸기만 하므로 s^2, t^2, u^2에 작용할 때는 불변입니다. 따라서 A_4의 원소는 $(s^2 - t^2)(t^2 - u^2)(u^2 - s^2)$에 작용할 때 불변입니다. A_4의 불변체를 $\boldsymbol{M}$이라 하면

$$\boldsymbol{Q}((s^2 - t^2)(t^2 - u^2)(u^2 - s^2)) \subset \boldsymbol{M} \quad \cdots\cdots ④$$

468~471쪽까지 고찰했던 것에 의해 $[\boldsymbol{Q}((s^2 - t^2)(t^2 - u^2)(u^2 - s^2)) : \boldsymbol{Q}]$는 2 또는 1입니다. 여기서는 분해방정식의 갈루아군이 S_3과 동형이라는 가정으로부터

$$[\boldsymbol{Q}((s^2 - t^2)(t^2 - u^2)(u^2 - s^2) : \boldsymbol{Q}] = 2 \quad \cdots\cdots ⑤$$

정리5.36에 의해 $\mathrm{Gal}(\boldsymbol{M}/\boldsymbol{Q}) \cong S_4 / A_4$이고

$$|\mathrm{Gal}(\boldsymbol{M}/\boldsymbol{Q})| = |S_4 / A_4| = 2 \overset{\text{정리5.28}}{\longrightarrow} [\boldsymbol{M} : \boldsymbol{Q}] = 2 \quad \cdots\cdots ⑥$$

④, ⑤, ⑥에 **정리5.16**을 이용하면 $\boldsymbol{M} = \boldsymbol{Q}((s^2 - t^2)(t^2 - u^2)(u^2 - s^2))$

A_4의 불변체는 $\boldsymbol{Q}((s^2 - t^2)(t^2 - u^2)(u^2 - s^2))$입니다.

α를 s^2, t^2, u^2에 작용시키면 불변이므로, $\langle \alpha \rangle$의 불변체를 $\boldsymbol{M}$이라 하면

$$\boldsymbol{Q}(s^2, t^2, u^2) \subset \boldsymbol{M} \quad \cdots\cdots ⑦$$

정리5.36에 의해 $(\boldsymbol{M}/\boldsymbol{Q}) \cong S_4 / \langle \alpha \rangle$이고

$$|\mathrm{Gal}(\boldsymbol{M}/\boldsymbol{Q})| = |S_4/\langle\alpha\rangle| = 12 \overset{\text{정리5.28}}{\longrightarrow} [\boldsymbol{M}:\boldsymbol{Q}] = 12 \cdots\cdots ⑧$$

$\boldsymbol{Q}(s^2, t^2, u)$는 $\boldsymbol{Q}(s^2, t^2, u^2)$ 위의 2차방정식 $x^2 - u^2 = 0$의 해 u를 첨가해서 만든 확대체이므로

$$[\boldsymbol{Q}(s^2, t^2, u):\boldsymbol{Q}] = [\boldsymbol{Q}(s^2, t^2, u):\boldsymbol{Q}(s^2, t^2, u^2)]$$
$$[\boldsymbol{Q}(s^2, t^2, u^2):\boldsymbol{Q}] \cdots\cdots ⑨$$
$$= 2 \times 6 = 12$$

⑦, ⑧, ⑨에 **정리5.16**을 이용하면 $\boldsymbol{M} = \boldsymbol{Q}(s^2, t^2, u)$

$\langle\alpha\rangle$의 불변체는 $\boldsymbol{Q}(s^2, t^2, u)$입니다.

$\boldsymbol{Q}(s^2, t^2, u)$에서 $\boldsymbol{Q}(s, t, u)$로 가는 확대차수도 확인해 봅니다. $|S_4| = 24$이므로 **정리5.28**에 의해 $[\boldsymbol{Q}(s, t, u):\boldsymbol{Q}] = 24$.

$$[\boldsymbol{Q}(s, t, u):\boldsymbol{Q}] = [\boldsymbol{Q}(s, t, u):\boldsymbol{Q}(s^2, t^2, u)][\boldsymbol{Q}(s^2, t^2, u):\boldsymbol{Q}]$$

에 의해 $[\boldsymbol{Q}(s, t, u):\boldsymbol{Q}(s^2, t^2, u)] = 2$입니다.

$\boldsymbol{Q}(s, t, u)$는 $\boldsymbol{Q}(s^2, t^2, u)$ 위의 2차방정식 $x^2 - t^2 = 0$의 최소분해체가 됩니다. 왜냐하면 $\boldsymbol{Q}(s^2, t^2, u)$에 t를 첨가하면 $8stu = -q$라는 관계로부터 s도 속하는 것이 되어 $\boldsymbol{Q}(s, t, u)$가 되기 때문입니다.

그런데 여기서 확인해 두고자 하는 것이 있습니다.

4차방정식의 갈루아군이 가해군임을 보여 주는

$$S_4 \supset A_4 \supset V \supset \langle\alpha\rangle \supset \{e\}$$

에 대응하는 중간체의 열

$$\boldsymbol{Q} \subset \boldsymbol{Q}((s^2 - t^2)(t^2 - u^2)(u^2 - s^2)) \subset \boldsymbol{Q}(s^2, t^2, u^2)$$
$$\subset \boldsymbol{Q}(s^2, t^2, u) \subset \boldsymbol{Q}(s, t, u)$$

에 대한 성질입니다.

이를테면 $\boldsymbol{Q}(s^2, t^2, u)$와 $\boldsymbol{Q}(s^2, t^2, u^2)$과 같이 나열되어 있는 중간체로 생각

해 봅니다. $\boldsymbol{Q}(s, t, u)$와 $\boldsymbol{Q}(s^2, t^2, u)$은 모두 $\boldsymbol{Q}(s^2, t^2, u^2)$을 토대로 한 확대체라고 봅니다.

$$\begin{array}{ccccc} V & \supset & \langle \alpha \rangle & \supset & \{e\} \\ \boldsymbol{Q}(s^2, t^2, u^2) & \subset & \boldsymbol{Q}(s^2, t^2, u) & \subset & \boldsymbol{Q}(s, t, u) \end{array}$$

갈루아 확대

갈루아 확대

$\boldsymbol{Q}(s, t, u)/\boldsymbol{Q}$가 갈루아 확대이므로 **정리5.31**에 의해

$\boldsymbol{Q}(s, t, u)/\boldsymbol{Q}(s^2, t^2, u)$와 $\boldsymbol{Q}(s, t, u)/\boldsymbol{Q}(s^2, t^2, u^2)$는 갈루아 확대입니다.

$$\mathrm{Gal}(\boldsymbol{Q}(s, t, u)/\boldsymbol{Q}(s^2, t^2, u)) = \langle \alpha \rangle$$

$$\mathrm{Gal}(\boldsymbol{Q}(s, t, u)/\boldsymbol{Q}(s^2, t^2, u^2)) = V$$

입니다. **정리5.36**의 $\boldsymbol{Q}$를 $\boldsymbol{Q}(s^2, t^2, u^2)$로 바꿔 읽으면 $\langle \alpha \rangle$는 V의 정규부분군이 되기 때문에

$\boldsymbol{Q}(s^2, t^2, u)/\boldsymbol{Q}(s^2, t^2, u^2)$는 갈루아 확대이고

$$\mathrm{Gal}(\boldsymbol{Q}(s^2, t^2, u)/\boldsymbol{Q}(s^2, t^2, u^2)) \cong V/\langle \alpha \rangle$$

라는 것을 알 수 있습니다.

이것과 마찬가지로

$$\mathrm{Gal}(\boldsymbol{Q}(s^2, t^2, u^2)/\boldsymbol{Q}((s^2 - t^2)(t^2 - u^2)(u^2 - s^2))) \cong A_4/V$$

$$\mathrm{Gal}(\boldsymbol{Q}((s^2 - t^2)(t^2 - u^2)(u^2 - s^2)/\boldsymbol{Q})) \cong S_4/A_4$$

가 됩니다.

여기서 S_4/A_4, A_4/V, $V/\langle \alpha \rangle$, $\langle \alpha \rangle$는 가해군의 정의에 의해 순환군이 됩니다.

일반적으로 $\boldsymbol{K}$가 $\boldsymbol{F}$의 갈루아 확대체이고 $\mathrm{Gal}(\boldsymbol{K}/\boldsymbol{F})$가 순환군일 때, $\boldsymbol{K}$를 $\boldsymbol{F}$의 순환 확대체(循環擴大體, cyclic extension field)라 하고 $\boldsymbol{K}/\boldsymbol{F}$를 순환 확대(循環擴大, cyclic extension)라고 합니다. $\boldsymbol{Q}$에서 $\boldsymbol{Q}(s, t, u)$로 이어지는 확대열에서 각 확

대의 단계는 순환 확대가 됩니다.

또 $\boldsymbol{Q}(s, t, u)$와 같이 각 확대의 단계가 순환 확대가 되는 확대체를 거듭순환 확대체라 합니다. $\boldsymbol{Q}(s, t, u)/\boldsymbol{Q}$는 거듭순환 확대입니다.

일반적으로 다음과 같습니다.

정리6.2 **가해군과 거듭순환 확대의 대응**

$\boldsymbol{Q}$의 갈루아 확대체 $\boldsymbol{K}$의 갈루아군을 G라 한다.

$$G\text{가 가해군이다} \iff \boldsymbol{K}/\boldsymbol{Q}\text{는 거듭순환 확대이다.}$$

증명 $\Rightarrow$를 증명해 보겠습니다.

G가 가해군임을 나타내는 부분군의 열과 그것에 갈루아 대응을 이루는 $\boldsymbol{Q}$의 확대체의 열을

$$G = H_0 \supset H_1 \supset H_2 \supset \cdots \supset H_{s-1} \supset H_s = \{e\}$$

$$\boldsymbol{Q} = \boldsymbol{F}_0 \subset \boldsymbol{F}_1 \subset \boldsymbol{F}_2 \subset \cdots \subset \boldsymbol{F}_{s-1} \subset \boldsymbol{F}_s = \boldsymbol{K}$$

라 합니다.

G, H_k, H_{k-1}을 택하여 생각해 봅니다.

G가 가해군이므로 H_k는 H_{k-1}의 정규부분군이고 H_{k-1}/H_k는 순환군이 됩니다.

$\boldsymbol{K}/\boldsymbol{Q}$가 갈루아 확대이므로 **정리5.31**에 의해 $\boldsymbol{K}$의 중간체 $\boldsymbol{F}_k$, $\boldsymbol{F}_{k-1}$에 대해서 $\boldsymbol{K}/\boldsymbol{F}_k$, $\boldsymbol{K}/\boldsymbol{F}_{k-1}$도 갈루아 확대가 되어

$$\mathrm{Gal}(\boldsymbol{K}/\boldsymbol{F}_k) = H_k,\ \mathrm{Gal}(\boldsymbol{K}/\boldsymbol{F}_{k-1}) = H_{k-1}$$

$$\begin{array}{ccccc} H_{k-1} & \supset & H_k & \supset & \{e\} \\ \boldsymbol{F}_{k-1} & \subset & \boldsymbol{F}_k & \subset & \boldsymbol{K} \end{array}$$

갈루아 확대 ($\boldsymbol{F}_k \to \boldsymbol{K}$)

갈루아 확대 ($\boldsymbol{F}_{k-1} \to \boldsymbol{K}$)

가 됩니다. H_k는 H_{k-1}의 정규부분군이므로 **정리5.36**에서 $\boldsymbol{Q}$를 $\boldsymbol{F}_{k-1}$로 바꿔 적

용하면 F_k/F_{k-1}도 갈루아 확대이고

$$\operatorname{Gal}(F_k/F_{k-1}) \cong H_{k-1}/H_k$$

입니다. H_{k-1}/H_k는 순환군이므로 F_k/F_{k-1}은 순환 확대입니다.

K는 거듭순환 확대체가 됩니다.

⇐를 증명하겠습니다.

K가 Q의 거듭순환 확대체임을 보여주는 중간체의 열과 그것에 갈루아 대응을 이루는 G의 부분군의 열을

$$Q = F_0 \subset F_1 \subset F_2 \subset \cdots \subset F_{s-1} \subset F_s = K$$

$$G = H_0 \supset H_1 \supset H_2 \supset \cdots \supset H_{s-1} \supset H_s = \{e\}$$

라고 합니다. 여기서 F_k/F_{k-1}은 순환 확대입니다.

K/Q가 갈루아 확대이므로 **정리5.31**에 의해 K의 중간체 F_k, F_{k-1}에 대해서 K/F_k, K/F_{k-1}도 갈루아 확대가 되어,

$$\operatorname{Gal}(K/F_k) = H_k,\ \operatorname{Gal}(K/F_{k-1}) = H_{k-1}$$

$$\begin{array}{ccccc} H_{k-1} & \supset & H_k & \supset & \{e\} \\ F_{k-1} & \subset & F_k & \subset & K \end{array}$$

여기서 F_k/F_{k-1}이 갈루아 확대이므로 **정리5.36**에서 Q를 F_{k-1}로 바꿔서 적용하면, H_k는 H_{k-1}의 정규부분군이고

$$\operatorname{Gal}(F_k/F_{k-1}) \cong H_{k-1}/H_k$$

여기서 F_k/F_{k-1}이 순환 확대이므로 H_{k-1}/H_k는 순환군입니다. G는 가해군이 됩니다. (증명 끝)

4차방정식은 해가 4개 있습니다. **정리5.8**에 의해 4차방정식의 해에 대한 동형사상은 4개 해의 치환이므로 4차방정식의 최소분해체의 자기동형군, 곧 갈

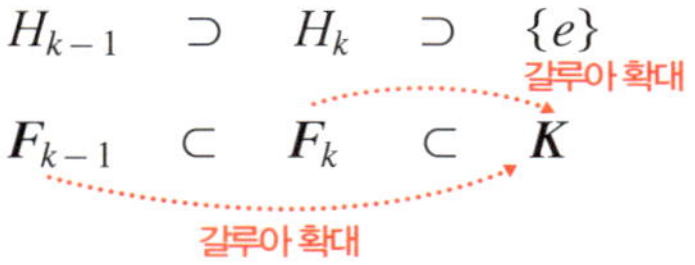

루아군의 위수는 최대가 $4! = 24$입니다. 위에서 제시했던 예는 4차방정식이 가장 큰 갈루아군의 위수를 갖는 경우입니다. 계수에 따라서는 24개의 동형사상 중에 같은 것이 있게 되어, 갈루아군의 위수가 24보다 작게 되는 경우가 있습니다. 실제, 지금까지 나온 4차방정식의 갈루아군의 위수는 24가 아니었습니다. 어째서 24가 되지 않는지 알아봅시다.

[$x^4 - 10x^2 + 1 = 0$인 경우]

$x^4 + px^2 + qx + r = 0$에서 $p = -10,\ q = 0,\ r = 1$이므로

분해방정식 $y^3 + \frac{p}{2}y^2 + \left(\frac{p^2}{16} - \frac{r}{4}\right)y - \frac{q^2}{64} = 0$은

$$y^3 - 5y^2 + 6y = 0 \qquad \therefore\quad y(y-2)(y-3) = 0$$

이므로 $s = 0,\ t = \sqrt{2},\ u = \sqrt{3}$이라 합시다.

$$\underline{\boldsymbol{Q} \subset \boldsymbol{Q}((s^2 - t^2)(t^2 - u^2)(u^2 - s^2)) \subset \boldsymbol{Q}(s^2, t^2, u^2)}$$
$$\subset \boldsymbol{Q}(s^2, t^2, u) \subset \boldsymbol{Q}(s, t, u)$$

에 적용하면

$$\boldsymbol{Q} = \boldsymbol{Q}(6) = \boldsymbol{Q}(0, 2, 3) \underset{2}{\subset} \boldsymbol{Q}(0, 2, \sqrt{3}) \underset{2}{\subset} \boldsymbol{Q}(0, \sqrt{2}, \sqrt{3})$$

이 됩니다. 일반론에서는 6차가 되고 있는 밑줄 그은 부분이 축약되어 $\boldsymbol{Q}$가 된다고 합니다. 나머지는 4차입니다.

일반론에서 이 부분은 V에 대응하는 부분이었기 때문에

$\mathrm{Gal}(\boldsymbol{Q}(\sqrt{2}, \sqrt{3})/\boldsymbol{Q})$는 V가 됩니다. 최소분해체 $\boldsymbol{Q}(\sqrt{2}, \sqrt{3})$은 $\boldsymbol{Q}$의 4차 확대임을 알 수 있습니다.

[$x^4-4x^2+2=0$**인 경우**]

$x^4+px^2+qx+r=0$에서 $p=-4,\ q=0,\ r=2$이므로

분해방정식 $y^3+\frac{p}{2}y^2+\left(\frac{p^2}{16}-\frac{r}{4}\right)y-\frac{q^2}{64}=0$은

$$y^3-2y^2+\frac{1}{2}y=0 \qquad \therefore\quad y\left(y^2-2y+\frac{1}{2}\right)=0$$

$$\therefore\quad y=0,\ \frac{2-\sqrt{2}}{2},\ \frac{2+\sqrt{2}}{2}$$

이므로 $s=0,\ t=\sqrt{\frac{2-\sqrt{2}}{2}},\ u=\sqrt{\frac{2+\sqrt{2}}{2}}$라 합시다.

$$\boldsymbol{Q}\subset\boldsymbol{Q}((s^2-t^2)(t^2-u^2)(u^2-s^2))\subset\boldsymbol{Q}(s^2,t^2,u^2)$$
$$\subset\boldsymbol{Q}(s^2,t^2,u)\subset\boldsymbol{Q}(s,t,u)$$

에 적용하면

$$\boldsymbol{Q}\underset{2}{\subset}\boldsymbol{Q}\left(\frac{\sqrt{2}}{2}\right)=\boldsymbol{Q}\left(0,\ \frac{2-\sqrt{2}}{2},\ \frac{2+\sqrt{2}}{2}\right)\underset{2}{\subset}\boldsymbol{Q}\left(0,\ \frac{2-\sqrt{2}}{2},\ \sqrt{\frac{2+\sqrt{2}}{2}}\right)$$
$$=\boldsymbol{Q}\left(0,\ \sqrt{\frac{2-\sqrt{2}}{2}},\ \sqrt{\frac{2+\sqrt{2}}{2}}\right)$$

맨 마지막의 등호는 $\sqrt{\frac{2-\sqrt{2}}{2}}\sqrt{\frac{2+\sqrt{2}}{2}}=\frac{\sqrt{2}}{2}$로부터 결정됩니다.

이것으로 최소분해체 $\boldsymbol{Q}\left(\sqrt{\frac{2+\sqrt{2}}{2}}\right)$는 $\boldsymbol{Q}$의 4차 확대라는 것을 알 수 있습니다.

[$x^4-2=0$**인 경우**]

$x^4+px^2+qx+r=0$에서 $p=0, q=0, r=-2$이므로

분해방정식 $y^3+\frac{p}{2}y^2+\left(\frac{p^2}{16}-\frac{r}{4}\right)y-\frac{q^2}{64}=0$은

$$y^3+\frac{1}{2}y=0 \quad \therefore\ y\left(y^2+\frac{1}{2}\right)=0 \qquad \therefore\quad y=0,\ \frac{1}{\sqrt{2}}i,\ -\frac{1}{\sqrt{2}}i$$

이므로 $s=0,\ t^2=\frac{1}{\sqrt{2}}i,\ u^2=-\frac{1}{\sqrt{2}}i$라고 합시다.

$\frac{1}{\sqrt{2}}i=2^{-\frac{1}{2}}(\cos 90^\circ+i\sin 90^\circ)$이므로 이것의 제곱근의 하나는

$$\left(2^{-\frac{1}{2}}\right)^{\frac{1}{2}}(\cos 45^\circ+i\sin 45^\circ)=2^{-\frac{1}{4}}\left(\frac{1}{\sqrt{2}}+\frac{1}{\sqrt{2}}i\right)=2^{-\frac{3}{4}}(1+i)$$

이것으로부터 $t=2^{-\frac{3}{4}}(1+i)$라고 놓습니다. 마찬가지로 $u=2^{-\frac{3}{4}}(1-i)$라고 놓습니다. 이것들을

$$\boldsymbol{Q}\subset\boldsymbol{Q}((s^2-t^2)(t^2-u^2)(u^2-s^2))\subset\boldsymbol{Q}(s^2,t^2,u^2)$$
$$\subset\boldsymbol{Q}(s^2,t^2,u)\subset\boldsymbol{Q}(s,t,u)$$

에 적용하면

$$\boldsymbol{Q}\underset{2}{\subset}\boldsymbol{Q}\left(-\frac{\sqrt{2}}{2}i\right)\subset\boldsymbol{Q}\left(0,\frac{1}{\sqrt{2}}i,-\frac{1}{\sqrt{2}}i\right)\subset\boldsymbol{Q}\left(0,\frac{1}{\sqrt{2}}i,2^{-\frac{3}{4}}(1-i)\right)$$
$$\subset\boldsymbol{Q}(0,2^{-\frac{3}{4}}(1+i),2^{-\frac{3}{4}}(1-i))$$

바꿔 쓰면

$$\boldsymbol{Q}\underset{2}{\subset}\boldsymbol{Q}(\sqrt{2}i)\underset{2}{\subset}\boldsymbol{Q}(\sqrt[4]{2}(1-i))\underset{2}{\subset}\boldsymbol{Q}(\sqrt[4]{2},i)$$ (441쪽 위의 맨 오른쪽 계열)

가 되고 최소분해체 $\boldsymbol{Q}(\sqrt[4]{2},i)$는 $\boldsymbol{Q}$의 8차 확대입니다.

[$x^4+8x+12=0$**인 경우**]

$x^4+px^2+qx+r=0$에서 $p=0,q=8,r=12$이므로

분해방정식 $y^3+\frac{p}{2}y^2+\left(\frac{p^2}{16}-\frac{r}{4}\right)y-\frac{q^2}{64}=0$은 $y^3-3y-1=0$이고

$$s^2=2\cos 20^\circ,\ \ t^2=2\cos 140^\circ,\ \ u^2=2\cos 260^\circ$$

입니다(479쪽).

문제3.1에 의해 $z^3+pz+q=0$의 해를 α, β, γ라고 했을 때

$(\alpha-\beta)^2(\beta-\gamma)^2(\gamma-\alpha)^2=-27q^2-4p^3$이었으므로

$$\{(s^2-t^2)(t^2-u^2)(u^2-s^2)\}^2=-27(-1)^2-4(-3)^3=81$$

이다. 이것을

$$\boldsymbol{Q}\subset\boldsymbol{Q}((s^2-t^2)(t^2-u^2)(u^2-s^2))\subset\boldsymbol{Q}(s^2, t^2, u^2)$$
$$\subset\boldsymbol{Q}(s^2, t^2, u)\subset\boldsymbol{Q}(s, t, u)$$

에 적용하면

$$\boldsymbol{Q}=\boldsymbol{Q}(9)\underset{(ㄱ)}{\subset}\boldsymbol{Q}(2\cos 20^\circ, 2\cos 140^\circ, 2\cos 260^\circ)$$
$$\underset{(ㄴ)}{\subset}\boldsymbol{Q}(2\cos 20^\circ, 2\cos 140^\circ, \sqrt{-2\cos 260^\circ}\,i)$$
$$\underset{(ㄷ)}{\subset}\boldsymbol{Q}(\sqrt{2\cos 20^\circ}, \sqrt{-2\cos 140^\circ}\,i, \sqrt{-2\cos 260^\circ}\,i)$$

(ㄱ)은 3차방정식 $y^3-3y-1=0$의 확대이므로 **문제5.9**와 마찬가지로 3차 확대가 됩니다.

(ㄴ)은 $x^2-2\cos 260^\circ=0$에 의한 확대이므로 2차.

(ㄷ)은 $x^2-2\cos 140^\circ=0$에 의한 확대이므로 2차.

$\boldsymbol{Q}(\sqrt{2\cos 20^\circ}, \sqrt{-2\cos 140^\circ}\,i, \sqrt{-2\cos 260^\circ}\,i)$는 $\boldsymbol{Q}$의 $3\times 2\times 2=12$차 확대입니다.

4차방정식의 확대에도 여러 가지가 있다는 것을 살펴봤습니다.

이제부터 5차 이상의 방정식을 알아보겠습니다.

6 1의 거듭제곱근이 만드는 체

— 원분확대체와 갈루아군

거듭제곱근 확대의 성질을 알아본 뒤에 $x^n - a = 0$이라는 방정식의 갈루아군을 알아보고 그 특징을 파악하겠습니다.

먼저 $a = 1$인 경우부터 살펴봅니다. $a = 1$일 때의 $x^n - a = 0$의 해, 곧 1의 원시n제곱근을 첨가하는 거듭제곱근 확대를 원분확대(圓分擴大, cyclotomic extension)라 합니다.

문제6.14 $x^5 - 1 = 0$의 갈루아군을 구하시오.

1의 원시5제곱근 중 하나를 $\zeta = \cos 72° + i \sin 72°$라고 두면 이 방정식 $x^5 - 1 = 0$의 해는 $1, \zeta, \zeta^2, \zeta^3, \zeta^4$의 5개가 됩니다.

$x^5 - 1 = 0$의 최소분해체는 $\boldsymbol{Q}(\zeta, \zeta^2, \zeta^3, \zeta^4) = \boldsymbol{Q}(\zeta)$입니다.

이렇게 1의 n제곱근을 구하는 방정식 $x^n - 1 = 0$의 최소분해체를 제n원분확대체(第n圓分擴大體, n-th cyclotomic extension field)라 합니다. $\boldsymbol{Q}(\zeta)$는 제5 원분확대체입니다.

$\Phi_5(x) = x^4 + x^3 + x^2 + x + 1$이라고 하면 $\Phi_5(\zeta) = 0$이므로 ζ의 최소다항식은 $x^4 + x^3 + x^2 + x + 1$입니다. **문제3.3**에 의해 $x^4 + x^3 + x^2 + x + 1$은 기약다항식이므로 **정리5.3**에 의해 $[\boldsymbol{Q}(\zeta) : \boldsymbol{Q}] = 4$.

정리5.28에 의해 갈루아군 $\mathrm{Gal}(\boldsymbol{Q}(\zeta)/\boldsymbol{Q})$의 위수도 4입니다.

$\boldsymbol{Q}(\zeta)$에 작용하는 동형사상은 **정리5.10**에 의해 4개 있고 $\sigma(\zeta)$가 대응하는 상은 $x^4 + x^3 + x^2 + x + 1 = 0$의 해인 $\zeta, \zeta^2, \zeta^3, \zeta^4$의 4개입니다.

동형사상 $\sigma_1, \sigma_2, \sigma_3, \sigma_4$를

$$\sigma_i(\zeta) = \zeta^i \qquad (i = 1, 2, 3, 4)$$

라고 정의합니다. 그러면 대응하는 상은 모두 $\boldsymbol{Q}(\zeta)$의 원소입니다. 그러므로 **정리5.17**에 의해 $\sigma_1, \sigma_2, \sigma_3, \sigma_4$는 $\boldsymbol{Q}(\zeta)$의 자기동형사상입니다.

$$\underline{\mathrm{Gal}(\boldsymbol{Q}(\zeta)/\boldsymbol{Q}) = \{\sigma_1, \sigma_2, \sigma_3, \sigma_4\}}$$

가 됩니다. 곱은 어떻게 될까요? 이를테면

$$(\sigma_2\sigma_4)(\zeta) = \sigma_2(\sigma_4(\zeta)) = \sigma_2(\zeta^4) = (\sigma_2(\zeta))^4$$
$$= (\zeta^2)^4 = \zeta^{\underline{2\times 4}} = \zeta^{\underline{8}} = \zeta^{\underline{3}} = \sigma_3(\zeta)$$

이므로 $\sigma_2\sigma_4 = \sigma_3$이 되는데, 밑줄을 그은 지수 부분에서 $2 \times 4 = 8 \equiv 3 \pmod 5$라는 계산을 하고 있습니다.

$\sigma_i\sigma_j$라고 하면

$$(\sigma_i\sigma_j)(\zeta) = (\sigma_i(\sigma_j(\zeta))) = (\sigma_i(\zeta^j)) = (\sigma_i(\zeta))^j = (\zeta^i)^j = \zeta^{ij}$$

이 되어 ij를 mod 5에서 보면 됩니다. 그러므로 이 갈루아군의 곱은

$$\sigma_i\sigma_j = \sigma_{ij}$$

가 됩니다. 단, 아래 첨자는 mod 5에서 보아야 합니다.

1, 2, 3, 4는 $(\boldsymbol{Z}/5\boldsymbol{Z})^*$의 원소이기 때문에 곱도 $(\boldsymbol{Z}/5\boldsymbol{Z})^*$의 원소가 되어 $\mathrm{Gal}(\boldsymbol{Q}(\zeta)/\boldsymbol{Q})$는 $(\boldsymbol{Z}/5\boldsymbol{Z})^*$와 동형임을 알 수 있습니다.

실제로 $\mathrm{Gal}(\boldsymbol{Q}(\zeta)/\boldsymbol{Q})$에서 $(\boldsymbol{Z}/5\boldsymbol{Z})^*$로 가는 함수 η를

$$\begin{aligned} \eta : \mathrm{Gal}(\boldsymbol{Q}(\zeta)/\boldsymbol{Q}) &\longrightarrow (\boldsymbol{Z}/5\boldsymbol{Z})^* \\ \sigma_i &\longmapsto \overline{i} \end{aligned}$$

라고 하면

$$\eta(\sigma_i\sigma_j) = \eta(\sigma_{ij}) = \overline{ij},\ \ \eta(\sigma_i)\eta(\sigma_j) = \overline{i} \times \overline{j} = \overline{ij}$$

에 의해 $\eta(\sigma_i\sigma_j) = \eta(\sigma_i)\eta(\sigma_j)$가 성립하므로 η는 군의 동형사상이 됩니다. $\underline{\mathrm{Gal}(\boldsymbol{Q}(\zeta)/\boldsymbol{Q}) \cong (\boldsymbol{Z}/5\boldsymbol{Z})^*}$임을 알 수 있습니다.

여기서 $\sigma(\zeta)=\zeta^2$이라고 하면,

$$\sigma^2(\zeta)=\sigma(\sigma(\zeta))=\sigma(\zeta^2)=(\sigma(\zeta))^2=(\zeta^2)^2=\zeta^{\underline{4}} \quad 2^2$$

$$\sigma^3(\zeta)=\sigma(\sigma^2(\zeta))=\sigma(\zeta^4)=(\sigma(\zeta))^4=(\zeta^2)^4=\zeta^{\underline{8}}=\zeta^3 \quad 2^3$$

$$\sigma^4(\zeta)=\sigma(\sigma_3(\zeta))=\sigma(\zeta^8)=(\sigma(\zeta))^8=(\zeta^2)^8=\zeta^{\underline{16}}=\zeta \quad 2^4$$

로 σ는 ζ의 지수를 $1\to2\to4\to3\to1\to\cdots$으로 순환시킵니다.

2 ∧ i는 2^i입니다.

$$\sigma^i(\zeta)=\zeta^{2\wedge i}(i=0,1,2,3) \text{ (단, 지수는 mod 5에서 본다)}$$

으로 정리됩니다.

$\sigma^4=e$이고 4개의 대응하는 상 $\zeta, \zeta^2, \zeta^3, \zeta^4$이 모두 나왔기 때문에 갈루아군은 σ를 이용하면

$$\mathrm{Gal}(\boldsymbol{Q}(\zeta)/\boldsymbol{Q})=\{e, \sigma, \sigma^2, \sigma^3\}$$

이 됩니다. 갈루아군은 순환군 C_4와 동형이 됩니다.

이것은 mod 5의 원시근 2를 이용해서 $(\boldsymbol{Z}/5\boldsymbol{Z})^*$의 원소를 원시근의 거듭제곱으로 표현하는 것에 상당합니다.

이번에는 5(소수)를 15(합성수)로 바꾸어 생각해 보겠습니다.

문제6.15 ζ를 1의 원시15제곱근 $\zeta=\cos 24^\circ+i\sin 24^\circ$라 할 때 $\mathrm{Gal}(\boldsymbol{Q}(\zeta)/\boldsymbol{Q})$를 구하시오.

ζ는 1의 원시15제곱근입니다. $\boldsymbol{Q}(\zeta)$는 $x^{15}-1=0$의 최소분해체가 됩니다. $\boldsymbol{Q}(\zeta)$는 제15원분확대체입니다.

제15원분다항식은

$$\Phi_{15}(x)=\frac{(x^{15}-1)(x-1)}{(x^5-1)(x^3-1)}=x^8-x^7+x^5-x^4+x^3-x+1$$

이라는 8차식이 됩니다. 차수만을 구하고자 한다면 274쪽의 밑줄 친 부분과 **정**

의1.7을 이용하여 $\varphi(15)=(3-1)(5-1)=8$이라고 계산할 수 있습니다. $\Phi_{15}(\zeta)=0$이고 **정리4.19**에 의해 원분다항식은 기약이므로 $\Phi_{15}(x)$는 ζ의 최소 다항식입니다. **정리5.3**에 의해

$$\underline{[\boldsymbol{Q}(\zeta):\boldsymbol{Q}]=\varphi(15)=8}$$

이 됨을 알 수 있습니다.

$x^8-x^7+x^5-x^4+x^3-x+1=0$의 해는 1의 원시15제곱근

$$\zeta,\ \zeta^2,\ \zeta^4,\ \zeta^7,\ \zeta^8,\ \zeta^{11},\ \zeta^{13},\ \zeta^{14}$$

입니다. 지수에 나타나 있는 수는 15와 서로소인 수로서 기약잉여류군 $(\boldsymbol{Z}/15\boldsymbol{Z})^*$의 대표원(代表元, representative)입니다.

$\boldsymbol{Q}(\zeta)$에 작용하는 동형사상에 의하여 ζ에 대응하는 상은 1의 원시15제곱근 $\zeta, \zeta^2, \zeta^4, \zeta^7, \zeta^8, \zeta^{11}, \zeta^{13}, \zeta^{14}$의 8개입니다.

$\boldsymbol{Q}(\zeta)$의 동형사상으로서 $\sigma_1, \sigma_2, \sigma_4, \cdots, \sigma_{14}$를

$$\sigma_i(\zeta)=\zeta^i \quad (i=1, 2, 4, 7, 8, 11, 13, 14)$$

라고 정의합니다. 대응하는 상은 모두 $\boldsymbol{Q}(\zeta)$의 원소이므로 **정리5.17**에 의해 σ_i는 모두 $\boldsymbol{Q}(\zeta)$의 자기동형사상이 됩니다.

$$(\sigma_i\sigma_j)(\zeta)=\sigma_i(\sigma_j(\zeta))=\sigma_i(\zeta^j)=(\sigma_i(\zeta))^j=(\zeta^i)^j=\zeta^{ij}$$

이므로 σ_i와 σ_j의 곱을 $\sigma_i\sigma_j=\sigma_{ij}$라고 정의합시다. 그러면 i, j가 15의 기약잉여류의 원소이므로 ij도 mod 15에서 보면 기약잉여류의 원소가 되고, σ_{ij}는 $\sigma_1, \sigma_2, \sigma_4, \cdots, \sigma_{14}$ 중의 하나가 됩니다. ζ의 계산에서는 지수를 mod 15에서 보는데, σ의 아래 첨자도 mod 15에서 보는 것입니다.

15의 기약잉여류 $(\boldsymbol{Z}/15\boldsymbol{Z})^*$가 곱셈에 관하여 군을 이룬다는 것으로부터 $\sigma_1, \sigma_2, \sigma_4, \cdots, \sigma_{14}$가 위에서 정의한 곱셈에 관하여 군이 되고 있음을 알 수 있습니다. 만일을 위해 함수를 만들어 두겠습니다.

Gal$(\boldsymbol{Q}(\zeta)/\boldsymbol{Q})$에서 $(\mathbf{Z}/15\mathbf{Z})^*$로 가는 함수 η를

$$\begin{array}{rcl} \eta : \mathrm{Gal}(\boldsymbol{Q}(\zeta)/\boldsymbol{Q}) & \longrightarrow & (\mathbf{Z}/15\mathbf{Z})^* \\ \sigma_i & \longmapsto & \bar{i} \end{array}$$

라고 합시다.

$$\eta(\sigma_i\sigma_j)=\eta(\sigma_{ij})=\overline{ij},\ \ \eta(\sigma_i)\eta(\sigma_j)=\bar{i}\times\bar{j}=\overline{ij}$$

에 의해 $\eta(\sigma_i\sigma_j)=\eta(\sigma_i)\eta(\sigma_j)$가 성립하므로 η는 군의 동형사상이 됩니다.

Gal$(\boldsymbol{Q}(\zeta)/\boldsymbol{Q}) \cong (\mathbf{Z}/15\mathbf{Z})^*$라는 것이 확인되었습니다.

$n=5$, 15의 예에서 원분확대체 $\boldsymbol{Q}(\zeta)$의 확대 차수와 갈루아군의 모습을 파악할 수 있었습니다.

정리6.3 원분확대체의 갈루아군

1의 원시n제곱근을 ζ라고 할 때

$$[\boldsymbol{Q}(\zeta):\boldsymbol{Q}]=\varphi(n),\ \ \mathrm{Gal}(\boldsymbol{Q}(\zeta)/\boldsymbol{Q}) \cong (\mathbf{Z}/n\mathbf{Z})^*$$

Gal$(\boldsymbol{Q}(\zeta)/\boldsymbol{Q})$는 가해군이고 $\boldsymbol{Q}(\zeta)/\boldsymbol{Q}$는 거듭순환 확대이다.

증명 **정리1.20**에 의해 $(\mathbf{Z}/n\mathbf{Z})^*$는 순환군의 직적과 동형입니다. 또 **정리2.25**에 의해 순환군의 직적은 가해군이므로 Gal$(\boldsymbol{Q}(\zeta)/\boldsymbol{Q})$는 가해군입니다. **정리6.2**에 의해 $\boldsymbol{Q}(\zeta)/\boldsymbol{Q}$는 거듭순환 확대입니다. (증명 끝)

원분확대 $\boldsymbol{Q}(\zeta)/\boldsymbol{Q}$가 거듭순환 확대가 된다는 것은 위의 정리에 의해 일반적으로 성립하지만, 각 확대의 단계가 순환 확대가 되는 확대열을 만들어 확인해 보겠습니다.

먼저 n이 홀수인 소수의 거듭제곱인 경우.

문제6.16 ζ를 1의 원시27제곱근이라 한다. $\boldsymbol{Q}(\zeta)/\boldsymbol{Q}$가 거듭순환 확대임을 보이시오.

$\Phi_{27}(x)$를 제27원분다항식이라 하면 $\boldsymbol{Q}(\zeta)$는 $\Phi_{27}(x)=0$의 최소분해체이고

$$\mathrm{Gal}(\boldsymbol{Q}(\zeta)/\boldsymbol{Q}) \cong (\mathbf{Z}/27\mathbf{Z})^*$$

$$|\mathrm{Gal}(\boldsymbol{Q}(\zeta)/\boldsymbol{Q})| = [\boldsymbol{Q}(\zeta):\boldsymbol{Q}] = \varphi(27) = 3^2(3-1) = 18$$

여기서 $\Phi_{27}(x)=0$의 해는 1의 원시27제곱근인 $\zeta, \zeta^2, \zeta^4, \zeta^5, \zeta^7, \cdots, \zeta^{26}$입니다. $(\mathbf{Z}/27\mathbf{Z})^*$에는 원시근 2가 있으므로

$$\sigma(\zeta)=\zeta^2$$

이라고 정의하면

$$\sigma^2(\zeta)=\sigma(\sigma(\zeta))=\sigma(\zeta^2)=(\sigma(\zeta))^2=(\zeta^2)^2=\zeta^{2\wedge 2}$$ 2∧i는 2^i을 나타낸다

$$\sigma^3(\zeta)=\sigma(\sigma^2(\zeta))=\sigma(\zeta^{2\wedge 2})=(\sigma(\zeta))^{2\wedge 2}=(\zeta^2)^{2\wedge 2}=\zeta^{2\wedge 3}$$

……

이므로 $\sigma^i(\zeta)=\zeta^{2\wedge i}$이 됩니다. i에 1부터 18까지 대입하면 ζ를 거듭제곱하는 횟수(ζ의 지수)는

2, 4, 8, 16, 5, 10, 20, 13, 26,

25, 23, 19, 11, 22, 17, 7, 14, 1 (mod 27에서 본다)

이 됨으로써 $(\mathbf{Z}/27\mathbf{Z})^*$의 원소가 모두 나오면서 순환합니다.

$\sigma^{18}(\zeta)=\zeta$이므로 $\sigma^{18}=e$입니다.

$\mathrm{Gal}(\boldsymbol{Q}(\zeta)/\boldsymbol{Q})$는 위수가 18이므로 σ를 생성원으로 하는 순환군이 됩니다. $\boldsymbol{Q}(\zeta)/\boldsymbol{Q}$는 거듭순환 확대입니다.

다음으로 n이 2의 거듭제곱인 경우.

문제6.17 ζ를 1의 원시16제곱근이라고 한다. $\boldsymbol{Q}(\zeta)/\boldsymbol{Q}$가 거듭순환 확대임을 보이시오.

$\Phi_{16}(x)$를 제16원분다항식이라 하면 $\boldsymbol{Q}(\zeta)$는 $\Phi_{16}(x)=0$의 최소분해체이고

$$\mathrm{Gal}(\boldsymbol{Q}(\zeta)/\boldsymbol{Q}) \cong (\mathrm{Z}/16\mathrm{Z})^* \overset{\text{정리1.18}}{\cong} (\mathrm{Z}/4\mathrm{Z}) \times (\mathrm{Z}/2\mathrm{Z})$$

$$|\mathrm{Gal}(\boldsymbol{Q}(\zeta)/\boldsymbol{Q})| = [\boldsymbol{Q}(\zeta):\boldsymbol{Q}] = \varphi(16) = 2^3(2-1) = 8$$

$\Phi_{16}(x)=0$의 해는

$$\zeta, \zeta^3, \zeta^5, \zeta^7, \zeta^9, \zeta^{11}, \zeta^{13}, \zeta^{15}$$

입니다. 여기서 함수 σ를 $\sigma(\zeta)=\zeta^5$으로 정의하면 σ는 $\mathrm{Gal}(\boldsymbol{Q}(\zeta)/\boldsymbol{Q})$의 원소가 됩니다. 5라는 수는 **정리1.18**에서 동형사상을 만들었을 때의 수입니다. 5를 거듭제곱한 수는 모두 mod 16에서 보면 4로 나누어서 1이 남는 홀수였습니다.

$\sigma^j(\zeta)=\zeta^{5\wedge j}$입니다. j에 1부터 4까지 대입하면

$$\sigma(\zeta)=\zeta^5,\ \sigma^2(\zeta)=\zeta^{5\wedge 2}=\zeta^9,\ \sigma^3(\zeta)=\zeta^{5\wedge 3}=\zeta^{13},\ \sigma^4(\zeta)=\zeta^{5\wedge 4}=\zeta$$

가 되므로 $\sigma^4=e$입니다. $\langle\sigma\rangle$는 $\mathrm{Gal}(\boldsymbol{Q}(\zeta)/\boldsymbol{Q})$의 부분군이 됩니다.

$\langle\sigma\rangle$의 불변체 $\boldsymbol{F}$를 생각하겠습니다.

$$\sigma(i)=\sigma(\zeta^4)=(\sigma(\zeta))^4=(\zeta^5)^4=\zeta^{20}=\zeta^4=i$$

로 불변이므로 $\boldsymbol{F}$는 i를 포함하고 $[\boldsymbol{F}:\boldsymbol{Q}] \geqq 2$입니다.

$$\begin{array}{ccccc} \mathrm{Gal}(\boldsymbol{Q}(\zeta)/\boldsymbol{Q}) & \underset{2}{\supset} & \langle\sigma\rangle & \underset{4}{\supset} & \{e\} \\ \boldsymbol{Q} & \subset & \boldsymbol{F} & \subset & \boldsymbol{Q}(\zeta) \end{array}$$

정리5.34에 의해 $\mathrm{Gal}(\boldsymbol{Q}(\zeta)/\boldsymbol{F}) \cong \langle\sigma\rangle$이고 $\langle\sigma\rangle$는 순환군이므로 $\boldsymbol{Q}(\zeta)/\boldsymbol{F}$는 순환 확대입니다.

또 $[\boldsymbol{Q}(\zeta):\boldsymbol{F}]=|\langle\sigma\rangle|=4$이므로 $[\boldsymbol{Q}(\zeta):\boldsymbol{F}][\boldsymbol{F}:\boldsymbol{Q}]=[\boldsymbol{Q}(\zeta):\boldsymbol{Q}]=8$에 의해 $[\boldsymbol{F}:\boldsymbol{Q}]=2$가 되고 차원을 생각하면 $\boldsymbol{F}$는 $\boldsymbol{Q}(i)$가 됩니다.

$\boldsymbol{Q}(\zeta)/\boldsymbol{Q}(i)$와 $\boldsymbol{Q}(i)/\boldsymbol{Q}$는 모두 순환 확대이므로 $\boldsymbol{Q}(\zeta)$는 거듭순환 확대입니

다.

이렇게 2의 거듭제곱인 경우의 원분확대체는 중간체 $\boldsymbol{Q}(i)$를 생각해 봄으로써 거듭순환 확대체라는 것을 보일 수 있습니다.

문제6.18 ζ를 1의 원시180제곱근이라고 한다. $\boldsymbol{Q}(\zeta)/\boldsymbol{Q}$가 거듭순환 확대임을 보이시오.

$180=2^2\cdot 3^2\cdot 5$입니다. **정리1.9**에 의해

$$\mathrm{Gal}(\boldsymbol{Q}(\zeta)/\boldsymbol{Q})\cong(\mathrm{Z}/180\mathrm{Z})^*\cong(\mathrm{Z}/4\mathrm{Z})^*\times(\mathrm{Z}/9\mathrm{Z})^*\times(\mathrm{Z}/5\mathrm{Z})^*$$

가 됩니다.

$\boldsymbol{Q}$에 1의 원시4제곱근 $i(=\zeta^{45})$, 1의 원시9제곱근 ζ^{20}, 1의 원시5제곱근 ζ^{36}을 첨가해서 $\boldsymbol{Q}(\zeta)$를 만들 것입니다.

$\boldsymbol{Q}(\zeta^{45},\zeta^{20},\zeta^{36})=\boldsymbol{Q}(\zeta)$, $\boldsymbol{Q}(\zeta^{45},\zeta^{20})=\boldsymbol{Q}(\zeta^5)$임을 보이시오.

$\boldsymbol{Q}(\zeta^{45},\zeta^{20},\zeta^{36})\subset\boldsymbol{Q}(\zeta)$입니다.

역을 증명하기 위해서

$$45a+20b+36c=1$$

이 되는 정수 a, b, c를 찾습니다.

45, 20, 36의 최대공약수가 1이므로 **정리1.3**에 의해 이것을 만족시키는 a, b, c가 존재합니다. 45, 20, 36을 소인수분해하여 보면 공통인 소인수가 없다는 것을 알 수 있습니다. 일반론으로 이어집니다.

실제로 $a=1,\ b=5,\ c=-4$가 식을 만족시킵니다. 1의 원시180제곱근 ζ는

$$\zeta=\zeta^{45}(\zeta^{20})^5(\zeta^{36})^{-4}$$

으로 표현됩니다. $\boldsymbol{Q}(\zeta^{45},\zeta^{20},\zeta^{36})\supset\boldsymbol{Q}(\zeta)$이므로

$$\underline{\boldsymbol{Q}(\zeta^{45},\zeta^{20},\zeta^{36})=\boldsymbol{Q}(\zeta)}$$

마찬가지로 생각하여 $\boldsymbol{Q}(\zeta^{45}, \zeta^{20}) = \boldsymbol{Q}(\zeta^5)$입니다.

다음과 같이 해도 됩니다.

$\boldsymbol{Q}(\zeta^{45}, \zeta^{20})$의 원소인 ζ를 거듭제곱한 수를 생각해 봅니다.

x, y를 정수라고 하면 $(\zeta^{45})^x(\zeta^{20})^y = \zeta^{45x+20y}$입니다. **정리1.3**의 증명에 의해

$$5\boldsymbol{Z} = \{45x + 20y \mid x, y\text{는 정수}\}$$

이므로 $\boldsymbol{Q}(\zeta^{45}, \zeta^{20}) = \boldsymbol{Q}(\zeta^5)$입니다.

$\boldsymbol{Q}$에 순서대로 1의 원시4제곱근 $i(=\zeta^{45})$, 1의 원시9제곱근 ζ^{20}, 1의 원시5제곱근 ζ^{36}을 첨가해 가는 확대열

$$\boldsymbol{Q} \subset \boldsymbol{Q}(\zeta^{45}) \subset \boldsymbol{Q}(\zeta^{45}, \zeta^{20}) \subset \boldsymbol{Q}(\zeta^{45}, \zeta^{20}, \zeta^{36})$$

은 간단하게 하면

$$\boldsymbol{Q} \subset \boldsymbol{Q}(\zeta^{45}) \subset \boldsymbol{Q}(\zeta^5) \subset \boldsymbol{Q}(\zeta)$$ $\boldsymbol{Q}(\zeta)$가 거듭순환 확대체임을 보여주는 확대열

가 됩니다.

[$\boldsymbol{Q}(\zeta^{45})/\boldsymbol{Q}$에 대해서]

$\sigma(i) = -i$라고 하면 $\mathrm{Gal}(\boldsymbol{Q}(\zeta^{45})/\boldsymbol{Q}) = \{e, \sigma\}$이기 때문에

$\boldsymbol{Q}(\zeta^{45})/\boldsymbol{Q}$는 순환 확대입니다.

[$\boldsymbol{Q}(\zeta^5)/\boldsymbol{Q}(\zeta^{45})$에 대해서]

$\boldsymbol{Q}(\zeta^5)$에 작용하는 동형사상 σ를 $\sigma(\zeta) = \zeta^5$이라고 정의하겠습니다. $\sigma(\zeta^5)$, $\sigma^2(\zeta^5)$, $\sigma^3(\zeta^5)$, $\sigma^4(\zeta^5)$, $\sigma^5(\zeta^5)$, $\sigma^6(\zeta^5)$의 ζ의 지수를 쓰면

$$\overset{5^2}{25},\ \overset{5^3}{125},\ \overset{5^4}{85},\ \overset{5^5}{65},\ \overset{5^6}{145},\ \overset{5^7}{5}\ (\mathrm{mod}\ 180\text{에서 본다})$$

가 되므로 σ는 $\boldsymbol{Q}(\zeta^5)$의 자기동형사상이고 $\sigma^6 = e$입니다.

또 $\sigma(\zeta^{45}) = (\sigma(\zeta))^{45} = (\zeta^5)^{45} = \zeta^{5\times45} = \zeta^{225} = \zeta^{45}$이므로 σ는 $\boldsymbol{Q}(\zeta^{45})$의

원소를 변화시키지 않습니다. $\langle\sigma\rangle$는 $\boldsymbol{Q}(\zeta^{45})$의 원소를 변화시키지 않는 $\boldsymbol{Q}(\zeta^{5})$의 자기동형사상으로서 위수가 6인 순환군입니다.

한편 ζ^5은 1의 원시36제곱근이므로

$36 = 2^2 3^2$

$$[\boldsymbol{Q}(\zeta^5):\boldsymbol{Q}] = \varphi(36) = 2\cdot(2-1)\cdot 3\cdot(3-1) = 12$$

이것과 $[\boldsymbol{Q}(\zeta^{45}):\boldsymbol{Q}] = 2$에 의해 $[\boldsymbol{Q}(\zeta^5):\boldsymbol{Q}(\zeta^{45})] = 12 \div 2 = 6$이므로 $\boldsymbol{Q}(\zeta^{45})$의 원소를 변화시키지 않는 $\boldsymbol{Q}(\zeta^5)$의 동형사상은 최대 6개입니다.

자기동형사상을 이미 6개 찾았기 때문에 동형사상은 모두 자기동형사상이 됩니다.

따라서 $\boldsymbol{Q}(\zeta^5)/\boldsymbol{Q}(\zeta^{45})$은 갈루아 확대이고, $\mathrm{Gal}(\boldsymbol{Q}(\zeta^5)/\boldsymbol{Q}(\zeta^{45}))$는 σ를 생성원으로 하는 위수 6의 순환군이 됩니다.

$\boldsymbol{Q}(\zeta^5)/\boldsymbol{Q}(\zeta^{45})$는 순환 확대입니다.

5제곱하는 자기동형사상 $\sigma(\zeta) = \zeta^5$을 다음과 같이 구했습니다.

$\sigma(\zeta) = \zeta^x$이라고 놓습니다.

9의 원시근은 2 또는 5이므로 2의 거듭제곱과 5의 거듭제곱은

$$2,\ 4,\ 8,\ 7,\ 5,\ 1 \quad \text{또는} \quad 5,\ 7,\ 8,\ 4,\ 2,\ 1 \pmod 9$$

×2 ×2 ×2 ×2 ×2 ×5 ×5 ×5 ×5 ×5

가 되는데 이것을 5배해서

$$10,\ 20,\ 40,\ 35,\ 25,\ 5 \quad \text{또는} \quad 25,\ 35,\ 40,\ 20,\ 10,\ 5 \pmod{45}$$

로 놓고자 합니다. $\sigma(\zeta^5) = \zeta^{5x}$이므로

$$5x \equiv 10 \pmod{45} \quad \text{또는} \quad 5x \equiv 25 \pmod{45}$$

$$\therefore\ x \equiv 2 \pmod 9 \quad \text{또는} \quad x \equiv 5 \pmod 9 \ \cdots\cdots ①$$

를 만족시키는 것을 찾습니다.

또 ζ^{45}을 변하지 않게 하므로 $\zeta^{45x} = \zeta^{45}$에 의해

$$45x \equiv 45 \pmod{180} \quad \therefore\ x \equiv 1 \pmod 4 \ \cdots\cdots ②$$

정리1.7(중국 나머지정리)에 의해 ①, ②를 만족시키는 x가 존재합니다. 4, 9에 해당하는 것은 일반론에서도 서로소가 된다는 것에서 확인할 수 있습니다.

[$\boldsymbol{Q}(\zeta)/\boldsymbol{Q}(\zeta^5)$에 대해서]

$$[\boldsymbol{Q}(\zeta):\boldsymbol{Q}] = \varphi(180) = 2\cdot(2-1)\cdot\underline{3\cdot(3}-1)\cdot(5-1) = 48$$

$180 = 2^3\cdot 3^2\cdot 5$

따라서 $[\boldsymbol{Q}(\zeta):\boldsymbol{Q}(\zeta^5)] = 48 \div 12 = 4$

갈루아군의 위수도 4가 됩니다.

$\boldsymbol{Q}(\zeta)$에 작용하는 동형사상을 $\sigma(\zeta)=\zeta^{37}$이라 정의합니다. $\sigma(\zeta)$, $\sigma^2(\zeta)$, $\sigma^3(\zeta)$, $\sigma^4(\zeta)$에서 ζ의 지수를 써보면

37^2 37^3 37^4

37, 109, 73, 1 (mod 180에서 본다)

이 됩니다. 또 $\sigma(\zeta^5) = (\sigma(\zeta))^5 = (\zeta^{37})^5 = \zeta^{37\times 5} = \zeta^{185} = \zeta^5$이므로 $\boldsymbol{Q}(\zeta^5)$의 원소를 변하지 않게 합니다. 동형사상의 개수와 차수를 생각하면 $\boldsymbol{Q}(\zeta)/\boldsymbol{Q}(\zeta^5)$은 갈루아 확대가 되고

$$\mathrm{Gal}(\boldsymbol{Q}(\zeta)/\boldsymbol{Q}(\zeta^5)) = \{e, \sigma, \sigma^2, \sigma^3\}$$

으로 순환군이 됩니다. $\boldsymbol{Q}(\zeta)/\boldsymbol{Q}(\zeta^5)$은 순환 확대입니다.

$\boldsymbol{Q}(\zeta)$가 $\boldsymbol{Q}$의 거듭순환 확대체라는 것을 밝힐 수 있었습니다.

또한 37은 $x\equiv 2 \pmod 5$와 $x \equiv 1 \pmod{36}$으로부터 찾았습니다.

7 $x^n - a = 0$이 만드는 확대체

— 쿠머 확대

앞 절에서 $x^n - 1 = 0$의 최소분해체인 제 n원분확대체 $\mathbf{Q}(\zeta)$, 갈루아군 $\mathrm{Gal}(\mathbf{Q}(\zeta)/\mathbf{Q})$를 알아보았습니다. 이것을 바탕으로 $x^n - a = 0\,(a \neq 1)$의 갈루아군도 알아봅시다. $\mathbf{Q}$를 포함하는 체 $\mathbf{K}$에 $x^n - a = 0\,(a \neq 1)$의 하나의 해 $\sqrt[n]{a}$를 첨가하여 생기는 확대 $\mathbf{K}(\sqrt[n]{a})/\mathbf{K}$를 쿠머 확대(Kummer extension)라 합니다.

문제6.19 $x^5 - 2 = 0$의 갈루아군을 구하시오.

$\zeta = \cos 72^\circ + i \sin 72^\circ$라고 하면 **정리4.8**에 의해

$$x = \sqrt[5]{2},\ \sqrt[5]{2}\zeta,\ \sqrt[5]{2}\zeta^2,\ \sqrt[5]{2}\zeta^3,\ \sqrt[5]{2}\zeta^4$$

입니다. 최소분해체는

$$\mathbf{Q}(\sqrt[5]{2},\ \sqrt[5]{2}\zeta,\ \sqrt[5]{2}\zeta^2,\ \sqrt[5]{2}\zeta^3,\ \sqrt[5]{2}\zeta^4) = \mathbf{Q}(\sqrt[5]{2}, \zeta)$$

가 됩니다.

$\mathbf{Q}$에 4차방정식 $x^4 + x^3 + x^2 + x + 1 = 0$의 해 $\mathbf{Q}(\zeta)$를 첨가해서 $\mathbf{Q}(\zeta)$를 만들고, 이것에 $\mathbf{Q}(\zeta)$ 위의 기약다항식 $x^5 - 2$에 의한 5차방정식 $x^5 - 2 = 0$의 해 $\sqrt[5]{2}$를 첨가해서 만든 확대체가 $\mathbf{Q}(\sqrt[5]{2}, \zeta)$입니다. 다음 문제에서 설명

문제6.20 $x^5 - 2$는 $\mathbf{Q}(\zeta)$ 위의 기약다항식임을 보이시오.

먼저 $\sqrt[5]{2}$가 $\mathbf{Q}(\zeta)$에 속해 있지 않음을 보입시다.

정리3.4(아이젠슈타인의 판정조건)을 $p = 2$인 경우에 적용합니다. 최고차항 이외의 계수는 2로 나누어떨어지고 상수항은 4로 나누어떨어지지 않습니다. 그러므로 $x^5 - 2$는 $\mathbf{Z}$ 위의 기약다항식이고 **정리3.3**에 의해 $\mathbf{Q}$ 위의 기약다항식

입니다.

$\sqrt[5]{2}$가 $\boldsymbol{Q}(\zeta)$에 속해 있다고 가정합니다.

$[\boldsymbol{Q}(\zeta):\boldsymbol{Q}]=4$이므로 $\boldsymbol{Q}(\zeta)$의 5개의 원소 $(\sqrt[5]{2})^4, (\sqrt[5]{2})^3, (\sqrt[5]{2})^2, (\sqrt[5]{2}), 1$은 일차종속이 되어

$$a_4(\sqrt[5]{2})^4 + a_3(\sqrt[5]{2})^3 + a_2(\sqrt[5]{2})^2 + a_1(\sqrt[5]{2}) + a_0 = 0$$

을 만족시키는 유리수 a_4, a_3, a_2, a_1, a_0에 0이 아닌 수가 적어도 하나는 존재합니다. 그런데 이것은 $\boldsymbol{Q}$ 위의 기약다항식 x^5-2로부터 만드는 체 $\boldsymbol{Q}(\sqrt[5]{2})$의 원소입니다. 그러므로 a_4, a_3, a_2, a_1, a_0은 모두 0이 되어 모순입니다.

따라서 $\sqrt[5]{2}$는 $\boldsymbol{Q}(\zeta)$에 속해 있지 않습니다.

만일 $\boldsymbol{Q}(\zeta)$ 위에서 x^5-2가 인수분해될 수 있다고 가정합니다.

$\boldsymbol{C}$ 위에서는

$$x^5-2=(x-\sqrt[5]{2})(x-\sqrt[5]{2}\,\zeta)(x-\sqrt[5]{2}\,\zeta^2)(x-\sqrt[5]{2}\,\zeta^3)(x-\sqrt[5]{2}\,\zeta^4)$$

으로 인수분해될 수 있습니다. 이를테면 $(x-\sqrt[5]{2})(x-\sqrt[5]{2}\,\zeta)(x-\sqrt[5]{2}\,\zeta^2)$과 $(x-\sqrt[5]{2}\,\zeta^3)(x-\sqrt[5]{2}\,\zeta^4)$으로 나뉘어 인수분해된다고 하면, 이것들을 전개한 다항식의 상수항은 $-(\sqrt[5]{2})^3\zeta^3$과 $(\sqrt[5]{2})^2\zeta^2$이 됩니다.

어떤 방식으로 둘로 분리하고 다시 정리하여도 상수항에는 $(\sqrt[5]{2})^t\zeta^i$이라는 형태가 나오게 됩니다. ζ^i은 $\boldsymbol{Q}(\zeta)$의 원소이므로 $(\sqrt[5]{2})^t$이 $\boldsymbol{Q}(\zeta)$의 원소이게 됩니다. 여기서

$$2^x(\sqrt[5]{2})^{ty} = (\sqrt[5]{2})^{5x}(\sqrt[5]{2})^{ty} = (\sqrt[5]{2})^{5x+ty}$$

이라는 식을 생각해 봅시다. 2, $(\sqrt[5]{2})^t$이 $\boldsymbol{Q}(\zeta)$의 원소이므로 $(\sqrt[5]{2})^{5x+ty}$도 $\boldsymbol{Q}(\zeta)$의 원소가 되는데, **정리1.2**에 의해 x, y를 적당히 택하면 $5x+ty=1$이 되는 것이 만들어지고 $\sqrt[5]{2}$가 $\boldsymbol{Q}(\zeta)$에 속하게 되어 모순입니다.

따라서 x^5-2는 $\boldsymbol{Q}(\zeta)$ 위의 기약다항식입니다. (문제6.20 끝)

정리5.20에 의해 $\boldsymbol{Q}(\sqrt[5]{2}, \zeta)$의 $\boldsymbol{Q}$ 위의 기저는

$$(\sqrt[5]{2})^i(\zeta)^j \quad (i=0\sim4,\ j=0\sim3)$$

인데, **문제5.7**에 의해 j를 0~3이 아니라 1~4로 해도 상관없으므로 $\boldsymbol{Q}(\sqrt[5]{2}, \zeta)$의 기저로서

$$\underline{(\sqrt[5]{2})^i(\zeta)^j \quad (i=0\sim4,\ j=1\sim4)}$$

를 취합니다. 기저의 개수는 $5\times4=20$개이므로 $\underline{[\boldsymbol{Q}(\sqrt[5]{2}, \zeta):\boldsymbol{Q}]=20}$입니다.

$\boldsymbol{Q}(\sqrt[5]{2}, \zeta)$는 $x^5-2=0$의 최소분해체이므로 $\boldsymbol{Q}(\sqrt[5]{2}, \zeta)/\boldsymbol{Q}$는 갈루아 확대이고, **정리5.28**에 의해 $\underline{\mathrm{Gal}(\boldsymbol{Q}(\sqrt[5]{2}, \zeta)/\boldsymbol{Q})}$의 위수도 $\underline{20}$입니다.

$\mathrm{Gal}(\boldsymbol{Q}(\sqrt[5]{2}, \zeta)/\boldsymbol{Q})$를 구하겠습니다.

$\sqrt[5]{2}$는 $x^5-2=0$의 해이므로 동형사상에 의해 $\sqrt[5]{2}$가 대응하는 상은 $\sqrt[5]{2}$, $\sqrt[5]{2}\,\zeta$, $\sqrt[5]{2}\,\zeta^2$, $\sqrt[5]{2}\,\zeta^3$, $\sqrt[5]{2}\,\zeta^4$ 중에 있습니다.

그래서 $\boldsymbol{Q}(\sqrt[5]{2}, \zeta)$에 작용하는 동형사상 σ가

$$\underline{\sigma(\sqrt[5]{2})=\sqrt[5]{2}\,\zeta, \qquad \sigma(\zeta)=\zeta}$$

를 만족시킨다고 하겠습니다. **정리5.21**에 의해 이러한 동형사상은 분명히 존재하고 $\boldsymbol{Q}(\sqrt[5]{2}, \zeta)/\boldsymbol{Q}$는 갈루아 확대이므로 σ는 자기동형사상이 됩니다.

여기서 σ^2, σ^3, σ^4, σ^5의 작용을 생각해 봅시다. ζ 쪽은 불변이므로 $\sqrt[5]{2}$이 대응하는 상만 알아보겠습니다.

$$\sigma^2(\sqrt[5]{2})=\sigma(\sigma(\sqrt[5]{2}))=\sigma(\sqrt[5]{2}\,\zeta)=\sigma(\sqrt[5]{2})\sigma(\zeta)=\sqrt[5]{2}\,\zeta\cdot\zeta=\sqrt[5]{2}\,\zeta^2$$

$$\sigma^3(\sqrt[5]{2})=\sigma(\sigma^2(\sqrt[5]{2}))=\sigma(\sqrt[5]{2}\,\zeta^2)=\sigma(\sqrt[5]{2})\sigma(\zeta^2)=\sqrt[5]{2}\,\zeta\cdot\zeta^2=\sqrt[5]{2}\,\zeta^3$$

마찬가지로 $\sigma^4(\sqrt[5]{2})=\sqrt[5]{2}\,\zeta^4$, $\sigma^5(\sqrt[5]{2})=\sqrt[5]{2}\,\zeta^5=\sqrt[5]{2}$이 됩니다. $\sigma^5=e$이므로 <u>$\langle\sigma\rangle$는 위수가 5인 순환군</u>이 됩니다.

$\langle\sigma\rangle$의 불변체, 곧 $\langle\sigma\rangle$에 대응하는 중간체를 구해 보겠습니다.

$\langle\sigma\rangle$의 불변체를 $\boldsymbol{M}$이라 합시다. σ는 ζ를 불변으로 하기 때문에

$$\boldsymbol{Q}(\zeta)\subset\boldsymbol{M} \quad \cdots\cdots①$$

정리5.34에 의해 $\mathrm{Gal}(\boldsymbol{Q}(\sqrt[5]{2}, \zeta)/\boldsymbol{M}) = \langle\sigma\rangle$이므로

정리5.28을 이용하면 $[\boldsymbol{Q}(\sqrt[5]{2}, \zeta) : \boldsymbol{M}] = |\mathrm{Gal}(\boldsymbol{Q}(\sqrt[5]{2}, \zeta)/\boldsymbol{M})| = |\langle\sigma\rangle| = 5$와

$[\boldsymbol{Q}(\sqrt[5]{2}, \zeta) : \boldsymbol{M}][\boldsymbol{M} : \boldsymbol{Q}] = [\boldsymbol{Q}(\sqrt[5]{2}, \zeta) : \boldsymbol{Q}] = 20$에 의해

$$[\boldsymbol{M} : \boldsymbol{Q}] = 4 \quad \cdots\cdots ②$$

$[\boldsymbol{Q}(\zeta) : \boldsymbol{Q}] = 4$와 ①, ②에 의해 $\boldsymbol{M} = \boldsymbol{Q}(\zeta)$가 됩니다.

$\langle\sigma\rangle$의 불변체를 직접 구하기 위해 다음의 과정을 거칩니다.

$\boldsymbol{Q}(\sqrt[5]{2}, \zeta)$의 원소는 기저를 이용하면

$$\begin{aligned}
&a_{01}\zeta + a_{02}\zeta^2 + a_{03}\zeta^3 + a_{04}\zeta^4 \\
&+a_{11}(\sqrt[5]{2})\zeta + a_{12}(\sqrt[5]{2})\zeta^2 + a_{13}(\sqrt[5]{2})\zeta^3 + a_{14}(\sqrt[5]{2})\zeta^4 \quad \cdots\cdots ① \\
&+a_{21}(\sqrt[5]{2})^2\zeta + a_{22}(\sqrt[5]{2})^2\zeta^2 + a_{23}(\sqrt[5]{2})^2\zeta^3 + a_{24}(\sqrt[5]{2})^2\zeta^4 \\
&+a_{31}(\sqrt[5]{2})^3\zeta + a_{32}(\sqrt[5]{2})^3\zeta^2 + a_{33}(\sqrt[5]{2})^3\zeta^3 + a_{34}(\sqrt[5]{2})^3\zeta^4 \\
&+a_{41}(\sqrt[5]{2})^4\zeta + a_{42}(\sqrt[5]{2})^4\zeta^2 + a_{43}(\sqrt[5]{2})^4\zeta^3 + a_{44}(\sqrt[5]{2})^4\zeta^4
\end{aligned}$$

이 됩니다. 이것에 σ를 시행한

$$\sigma((\sqrt[5]{2})^i) = (\sigma(\sqrt[5]{2}))^i = (\sqrt[5]{2}\,\zeta)^i = (\sqrt[5]{2})^i\zeta^i$$

을 이용하면

$$\begin{aligned}
&a_{01}\zeta + a_{02}\zeta^2 + a_{03}\zeta^3 + a_{04}\zeta^4 \\
&+a_{11}(\sqrt[5]{2})\zeta^2 + a_{12}(\sqrt[5]{2})\zeta^3 + a_{13}(\sqrt[5]{2})\zeta^4 + a_{14}(\sqrt[5]{2}) \quad \cdots\cdots ② \\
&+a_{21}(\sqrt[5]{2})^2\zeta^3 + a_{22}(\sqrt[5]{2})^2\zeta^4 + a_{23}(\sqrt[5]{2})^2 + a_{24}(\sqrt[5]{2})^2\zeta \\
&+a_{31}(\sqrt[5]{2})^3\zeta^4 + a_{32}(\sqrt[5]{2})^3 + a_{33}(\sqrt[5]{2})^3\zeta + a_{34}(\sqrt[5]{2})^3\zeta^2 \\
&+a_{41}(\sqrt[5]{2})^4 + a_{42}(\sqrt[5]{2})^4\zeta + a_{43}(\sqrt[5]{2})^4\zeta^2 + a_{44}(\sqrt[5]{2})^4\zeta^3
\end{aligned}$$

②만 살펴보겠습니다.

$(\sqrt[5]{2})$는 기저에는 속해 있지 않으므로 $1 = -\zeta^4 - \zeta^3 - \zeta^2 - \zeta$를 이용하여 기저에 의한 표현으로 고칩니다.

$$a_{11}(\sqrt[5]{2})\zeta^2 + a_{12}(\sqrt[5]{2})\zeta^3 + a_{13}(\sqrt[5]{2})\zeta^4 + a_{14}(\sqrt[5]{2})$$

$$= a_{11}(\sqrt[5]{2})\zeta^2 + a_{12}(\sqrt[5]{2})\zeta^3 + a_{13}(\sqrt[5]{2})\zeta^4$$

$$+a_{14}(-\zeta^4 - \zeta^3 - \zeta^2 - \zeta)(\sqrt[5]{2})$$

$$= -a_{14}(\sqrt[5]{2})\zeta + (a_{11} - a_{14})(\sqrt[5]{2})\zeta^2 + (a_{12} - a_{14})(\sqrt[5]{2})\zeta^3$$

$$+(a_{13} - a_{14})(\sqrt[5]{2})\zeta^4 \cdots\cdots ③$$

σ를 시행하여 불변이라는 것은 ①과 ③의 계수를 비교해서

$$a_{11} = -a_{14},\ \ a_{12} = a_{11} - a_{14},\ \ a_{13} = a_{12} - a_{14},\ \ a_{14} = a_{13} - a_{14}$$

라는 것입니다. 이것을 풀면 $a_{11} = 0,\ a_{12} = 0,\ a_{13} = 0,\ a_{14} = 0$

이밖에 $(\sqrt[5]{2})^2$, $(\sqrt[5]{2})^3$, $(\sqrt[5]{2})^4$이 곱해져 있는 항도 마찬가지로 생각하면, σ를 시행해서 불변이라고 하는 조건에 의해 a_{21}에서 a_{44}까지의 모든 계수가 0이 됩니다.

곧, $\boldsymbol{Q}(\sqrt[5]{2}, \zeta)$의 원소에 σ를 시행할 때 불변인 원소는

$$a_{01}\zeta + a_{02}\zeta^2 + a_{03}\zeta^3 + a_{04}\zeta^4$$

의 형태로 표현됩니다. $\boldsymbol{Q}(\sqrt[5]{2}, \zeta)$의 $\langle\sigma\rangle$에 의한 불변체는 $\boldsymbol{Q}(\zeta)$라는 것을 계산으로 직접 구했습니다.

$G = \mathrm{Gal}(\boldsymbol{Q}(\sqrt[5]{2}, \zeta)/\boldsymbol{Q})$라고 두고 갈루아 대응을 적어 보면

$$G \supset \langle\sigma\rangle \supset \{e\}$$

$$\boldsymbol{Q} \subset \boldsymbol{Q}(\zeta) \subset \boldsymbol{Q}(\sqrt[5]{2}, \zeta)$$

여기서 $\mathrm{Gal}(\boldsymbol{Q}(\sqrt[5]{2}, \zeta)/\boldsymbol{Q}(\zeta)) = \langle\sigma\rangle$이고 $\langle\sigma\rangle$는 순환군이므로 $\boldsymbol{Q}(\sqrt[5]{2}, \zeta)/\boldsymbol{Q}(\zeta)$는 순환 확대입니다.

순조롭게 순환 확대가 되는 까닭은 $\boldsymbol{Q}(\zeta)$에서 $\boldsymbol{Q}(\sqrt[5]{2}, \zeta)$로 확대될 때에 이미 $\boldsymbol{Q}(\zeta)$에 ζ가 속해 있기 때문입니다.

동형사상은 $\sqrt[5]{2}$을 $\sqrt[5]{2}$의 켤레인 원소 $\sqrt[5]{2}\zeta$, $\sqrt[5]{2}\zeta^2$, $\sqrt[5]{2}\zeta^3$, $\sqrt[5]{2}\zeta^4$ 중의 어느 하나에 대응시킬 수가 있는데, 주어진 체를 $\boldsymbol{Q}(\zeta)$로 두면 $\sqrt[5]{2}$를 첨가하는 것만으로 켤레인 원소 $\sqrt[5]{2}\zeta$, $\sqrt[5]{2}\zeta^2$, $\sqrt[5]{2}\zeta^3$, $\sqrt[5]{2}\zeta^4$을 만들 수 있으므로 $\sqrt[5]{2}$

가 대응하는 상을 확보할 수 있습니다.

만일 ζ를 첨가하는 확대를 뒤로 돌리고 $\boldsymbol{Q}$에서 $\boldsymbol{Q}(\sqrt[5]{2})$로 확대하는 것을 먼저 한다면, $\boldsymbol{Q}(\sqrt[5]{2})$는 켤레인 원소 $\sqrt[5]{2}\zeta$, $\sqrt[5]{2}\zeta^2$, $\sqrt[5]{2}\zeta^3$, $\sqrt[5]{2}\zeta^4$을 포함하지 않으므로 동형사상에 의해 $\sqrt[5]{2}$이 대응하는 상이 $\boldsymbol{Q}(\sqrt[5]{2})$ 안에 없고, 동형사상은 자기동형사상이 되지 않습니다. 곧, $\boldsymbol{Q}(\sqrt[5]{2}, \zeta)/\boldsymbol{Q}(\zeta)$가 순환 확대가 되는 것도 ζ가 이미 체에 들어있다는 것이 요지입니다.

이것은 일반적으로 다음과 같이 정리됩니다.

정리6.4 거듭제곱근 확대로부터 순환 확대를 만든다

ζ를 1의 원시n제곱근이라고 한다. 체 $\boldsymbol{K}$에는 ζ가 속해 있다고 가정한다. $a \neq 1$인 $a \in \boldsymbol{K}$에 대해서 $\boldsymbol{K}$ 위의 방정식 $x^n - a = 0$의 해의 하나를 $\sqrt[n]{a} \notin \boldsymbol{K}$라 한다. 이때 $\mathrm{Gal}(\boldsymbol{K}(\sqrt[n]{a})/\boldsymbol{K})$는 순환군이고 위수는 n의 약수이다. $\boldsymbol{K}(\sqrt[n]{a})/\boldsymbol{K}$는 순환 확대이다.

이 정리는

"$\boldsymbol{K}$에 1의 원시n제곱근 ζ가 속해 있을 때,

거듭제곱근 확대 $\boldsymbol{K}(\sqrt[n]{a})$는 순환 확대이다."

라고 정리할 수 있습니다.

증명 본래 $\boldsymbol{K}$에 ζ가 속해 있으므로, $\boldsymbol{K}$에 $\sqrt[n]{a}$를 첨가하는 것만으로도 동형사상에 의해 $\sqrt[n]{a}$이 대응하는 상의 후보인 $\sqrt[n]{a}$, $\sqrt[n]{a}\zeta$, …, $\sqrt[n]{a}\zeta^{n-1}$이 모두 $\boldsymbol{K}(\sqrt[n]{a})$ 안에 속해 있습니다.

따라서 $\boldsymbol{K}(\sqrt[n]{a})/\boldsymbol{K}$는 갈루아 확대입니다.

단, $x^n - a$가 꼭 기약다항식이라고 제한되어 있지 않으므로 $\sqrt[n]{a}\zeta$, …, $\sqrt[n]{a}\zeta^{n-1}$의 모든 값을 취한다고는 할 수 없습니다. $\boldsymbol{K}$ 위에서 $\sqrt[n]{a}$의 최소다항

식 $f(x)$를 생각합니다. $x^n - a = 0$은 $\boldsymbol{K}$ 위의 방정식이고 $\sqrt[n]{a}$이 해이므로 **정리 3.6 (3)**에 의해 $x^n - a$는 $f(x)$로 나누어떨어집니다.

$f(x) = 0$의 해는 $\sqrt[n]{a}, \sqrt[n]{a}\,\zeta, \cdots, \sqrt[n]{a}\,\zeta^{n-1}$의 일부입니다. $f(x) = 0$의 해 중에서 $\sqrt[n]{a}\,\zeta^t$의 t가 최소로 되는 양의 정수를 d라고 하고

$\mathrm{Gal}(\boldsymbol{K}(\sqrt[n]{a})/\boldsymbol{K})$의 원소 σ를

$$\sigma(\sqrt[n]{a}) = \sqrt[n]{a}\,\zeta^d$$

이라고 정의합니다.

$$\sigma^2(\sqrt[n]{a}) = \sigma(\sigma(\sqrt[n]{a})) = \sigma(\sqrt[n]{a}\,\zeta^d) = \sigma(\sqrt[n]{a})\zeta^d = \sqrt[n]{a}\,\zeta^d \cdot \zeta^d = \sqrt[n]{a}\,\zeta^{2d}$$

$$\sigma^3(\sqrt[n]{a}) = \sigma(\sigma^2(\sqrt[n]{a})) = \sigma(\sqrt[n]{a}\,\zeta^{2d}) = \sigma(\sqrt[n]{a})\zeta^{2d} = \sqrt[n]{a}\,\zeta^d \cdot \zeta^{2d} = \sqrt[n]{a}\,\zeta^{3d}$$

$$\cdots, \sigma^i(\sqrt[n]{a}) = \sqrt[n]{a}\,\zeta^{id}$$

$\sigma^n(\sqrt[n]{a}) = \sqrt[n]{a}\,\zeta^{nd} = \sqrt[n]{a}$이므로 $\sigma^n = e$

d가 n의 약수가 아니라고 가정합니다. n을 d로 나누어 몫을 q, 나머지를 r라 하면 $n = qd + r\,(1 \leqq r \leqq d-1)$

$$\sigma^{-q}(\sqrt[n]{a}) = \sqrt[n]{a}\,\zeta^{-qd} = \sqrt[n]{a}\,\zeta^{n-qd} = \sqrt[n]{a}\,\zeta^r$$

이 되어 d의 최소성에 위배됩니다. 따라서 d는 n의 약수입니다.

$n = sd$라고 하면 $\mathrm{Gal}(\boldsymbol{K}(\sqrt[n]{a})/\boldsymbol{K})$의 원소에 의해 $\sqrt[n]{a}$가 대응하는 상은

$$\sqrt[n]{a},\ \sqrt[n]{a}\,\zeta^d,\ \sqrt[n]{a}\,\zeta^{2d},\ \cdots,\ \sqrt[n]{a}\,\zeta^{(s-1)d}$$

으로 s개입니다. $\mathrm{Gal}(\boldsymbol{K}(\sqrt[n]{a})/\boldsymbol{K})$의 위수는 s이고 n의 약수입니다. (증명 끝)

이 정리에서 n이 소수 p이면, $x^p - a = 0$의 해의 하나를 $\sqrt[p]{a} \notin \boldsymbol{K}$라고 할 때 $\mathrm{Gal}(\boldsymbol{K}(\sqrt[p]{a})/\boldsymbol{K})$는 p차 순환군이 됩니다. 이때 $x^p - a$는 $\boldsymbol{K}$ 위에서 기약입니다.

그러므로 $x^5 - 2$가 $\boldsymbol{Q}(\zeta)$ 위에서 기약임을 밝히기 위해서는 $\sqrt[5]{2} \notin \boldsymbol{K}$임을 확인하면 됩니다. 실제로 **문제6.20**에서 밝혔던 $x^5 - 2$가 $\boldsymbol{Q}(\zeta)$ 위에서 기약이

라는 것의 증명은 전반부에서 $\sqrt[5]{2} \notin \boldsymbol{Q}(\zeta)$임을 확인했습니다. 후반부는 **정리 6.4**로 갈음하여도 상관없습니다.

또 x^5-2의 갈루아군의 이야기로 돌아갑시다.

$\boldsymbol{Q}(\sqrt[5]{2}, \zeta)$에 작용하는 동형사상 τ는 $\sqrt[5]{2}$를 불변으로 하고

$$\tau(\zeta)=\zeta^2, \quad \tau(\sqrt[5]{2})=\sqrt[5]{2}$$

를 만족시킨다고 합시다. 그러면 **정리5.21**에 의해 τ는 확실히 존재하고 $\boldsymbol{Q}(\sqrt[5]{2}, \zeta)$가 갈루아 확대이므로 τ는 자기동형사상이 됩니다.

여기서 τ^2, τ^3, τ^4의 작용을 생각해 봅시다. $\sqrt[5]{2}$ 쪽은 불변이므로 ζ가 대응하는 상만 알아봅시다.

$$\tau^2(\zeta)=\tau(\tau(\zeta))=\tau(\zeta^2)=\tau(\zeta)^2=(\zeta^2)^2=\zeta^{2\wedge 2}$$

$$\tau^3(\zeta)=\tau(\tau^2(\zeta))=\tau(\zeta^{2\wedge 2})=\tau(\zeta)^{2\wedge 2}=(\zeta^2)^{2\wedge 2}=\zeta^{2\wedge 3}$$

$$\tau^4(\zeta)=\tau(\tau^3(\zeta))=\tau(\zeta^{2\wedge 3})=\tau(\zeta)^{2\wedge 3}=(\zeta^2)^{2\wedge 3}=\zeta^{2\wedge 4}=\zeta$$

따라서 τ는 ζ의 지수를 $1\to 2\to 4\to 3\to 1\to\cdots$과 같이 순환시킵니다.

$\tau^4=e$입니다. $\tau^0=e$라고 하면

$$\tau^i(\zeta)=\zeta^{2\wedge i}, \quad \tau(\sqrt[5]{2})=\sqrt[5]{2} \quad (i=0, 1, 2, 3)$$

가 됩니다.

> **문제6.21** $\mathrm{Gal}(\boldsymbol{Q}(\sqrt[5]{2}, \zeta)/\boldsymbol{Q})=\langle\sigma, \tau\rangle$임을 보이시오.

$\langle\sigma, \tau\rangle$에는 $\{\sigma^i\tau^j \mid i=0\sim 4,\ j=0\sim 3\}$의 20개가 속해 있습니다. 이 중에 같은 것이 없다는 것을 직접 확인하겠습니다.

$$\sigma^i\tau^j(\sqrt[5]{2})=\sigma^i(\sqrt[5]{2})=\sqrt[5]{2}\,\zeta^i$$

$$\sigma^i\tau^j(\zeta)=\sigma^i(\zeta^{2\wedge j})=\zeta^{2\wedge j}$$

이 되기 때문에 $\{\sigma^i\tau^j \mid i=0\sim 4,\ j=0\sim 3\}$의 20개는 $\sqrt[5]{2}, \zeta$의 세트에 대해서

서로 다른 작용을 하게 됩니다.

Gal$(\boldsymbol{Q}(\sqrt[5]{2}, \zeta)/\boldsymbol{Q})$의 위수는 20이므로 정확히

$$\underline{\mathrm{Gal}(\boldsymbol{Q}(\sqrt[5]{2}, \zeta)/\boldsymbol{Q}) = \langle \sigma, \tau \rangle}$$

가 됩니다.

문제6.22 Gal$(\boldsymbol{Q}(\sqrt[5]{2}, \zeta)/\boldsymbol{Q})$는 가해군임을 보이시오.

Gal$(\boldsymbol{Q}(\sqrt[5]{2}, \zeta)/\boldsymbol{Q})$라고 하면

$$\begin{array}{ccccc} G & \supset & \langle \sigma \rangle & \supset & e \\ \boldsymbol{Q} & \subset & \boldsymbol{Q}(\zeta) & \subset & \boldsymbol{Q}(\sqrt[5]{2}, \zeta) \end{array}$$

의 확대열에서 $\boldsymbol{Q}(\sqrt[5]{2}, \zeta)/\boldsymbol{Q}$가 갈루아 확대이고 주어진 $\boldsymbol{Q}(\zeta)/\boldsymbol{Q}$도 갈루아 확대입니다. 그러므로 **정리5.36**에 의해 $\langle \sigma \rangle$는 G의 정규부분군이 됩니다. 따라서 잉여군 $G/\langle \sigma \rangle$를 만들 수 있습니다.

우잉여류를 생각하면 $G/\langle \sigma \rangle$의 원소는

$$\langle \sigma \rangle \tau^j = \{\tau^j,\ \sigma\tau^j,\ \sigma^2\tau^j,\ \sigma^3\tau^j,\ \sigma^4\tau^j\} \quad (j = 0, 1, 2, 3)$$

이므로

$$G = \langle \sigma \rangle \cup \langle \sigma \rangle \tau \cup \langle \sigma \rangle \tau^2 \cup \langle \sigma \rangle \tau^3$$

입니다. $G/\langle \sigma \rangle$는 순환군이 됩니다. $\langle \sigma \rangle$는 원래 순환군이므로 G는 가해군이 됩니다.

$\langle \sigma \rangle$가 G의 정규부분군이라는 것은 직접 확인해 보기 바랍니다.

$$\begin{cases} \sigma^i \tau^j(\sqrt[5]{2}) = \sigma^i(\sqrt[5]{2}) = \sqrt[5]{2}\,\zeta^i \\ \sigma^i \tau^j(\zeta) = \sigma^i(\zeta^{2\wedge j}) = \zeta^{2\wedge j} \end{cases}$$

$$\begin{cases} \tau^j \sigma^k(\sqrt[5]{2}) = \tau^j(\sqrt[5]{2}\,\zeta^k) = \tau^j(\sqrt[5]{2})\tau^j(\zeta^k) = \sqrt[5]{2}\,(\tau^j(\zeta))^k \\ \qquad\qquad = \sqrt[5]{2}\,(\zeta^{2\wedge j})^k = \sqrt[5]{2}\,\zeta^{(2\wedge j)\cdot k} \\ \tau^j \sigma^k(\zeta) = \tau^j(\zeta) = \zeta^{2\wedge j} \end{cases}$$

이므로 $\sigma^i\tau^j=\tau^j\sigma^k$이기 위해서는 각각의 i, j에 대해서 $i\equiv 2^j k \pmod 5$를 만족시키는 k를 택하면 됩니다. 이것에 의해서

$$\langle\sigma\rangle\tau^j=\tau^j\langle\sigma\rangle$$

가 성립한다는 것을 알 수 있습니다.

$x^n-a=0$의 갈루아군이 가해군이 된다는 것,

최소분해체가 거듭순환 확대체가 된다는 것은

정리6.2에 의해 동치

최소분해체의 원소를 거듭제곱근으로 나타낼 수 있는지 아닌지를 생각할 때 기본이 되는 사실입니다. 그 다음은 확대열이 길어지기만 할 뿐이며 본질은 변하지 않는다고 할 수 있습니다.

이 확대열은 처음에 원분확대, 그 다음에는 1이 아닌 거듭제곱근 확대(쿠머 확대)로 이어집니다. 이 순서가 거꾸로 뒤바뀌지는 않습니다.

또 주의해 두어야 할 것은 $\boldsymbol{Q}(\sqrt[5]{2}, \zeta)$의 중간체는 $\boldsymbol{Q}(\zeta)$만이 아니라는 것입니다. 중요한 것을 끄집어내어 보여 주기만 했을 뿐입니다.

8 순환 확대는 $x^n - a = 0$으로 만들 수 있다

— 순환 확대에서 거듭제곱근 확대로

앞 절의 정리에서 제n원분확대체 $\boldsymbol{Q}(\zeta)$로부터 $x^n - a = 0$의 하나의 해 $\sqrt[n]{a}$를 첨가한 $\boldsymbol{Q}(\sqrt[n]{a}, \zeta)$로 확대하는 경우, $\mathrm{Gal}(\boldsymbol{Q}(\sqrt[n]{a}, \zeta)/\boldsymbol{Q}(\zeta))$가 위수 n인 순환군이 되었습니다. 사실은 이 정리의 역도 성립합니다.

곧, $\mathrm{Gal}(\boldsymbol{L}/\boldsymbol{Q}(\zeta))$가 위수 n인 순환군이 되는 $\boldsymbol{Q}(\zeta)$의 확대체 $\boldsymbol{L}$은 $\boldsymbol{Q}(\zeta)$의 어떤 원소 b에 대한 $x^n - b = 0$의 해 $\sqrt[n]{b}$를 $\boldsymbol{Q}(\zeta)$에 첨가하여 만들 수 있습니다.

이것은 놀랄만한 정리라고 할 수 있습니다. 방정식으로부터 갈루아군을 구할 수는 있겠는데, 갈루아군으로부터 방정식의 형태가 정해진다는 것은 어딘가 미덥지 않습니다. 어째서 이렇게 되는지 좀처럼 상상이 되질 않습니다.

이를테면 **문제5.9**에서 예로 들었던 $x^3 - 3x + 1 = 0$의 최소분해체로 생각해 봅시다. 이 방정식의 해는 $\alpha = 2\cos 40°$, $\beta = 2\cos 80°$, $\gamma = 2\cos 160°$라고 표현되었습니다. 최소분해체는 $\boldsymbol{Q}(\alpha)$였습니다.

$\boldsymbol{Q}(\alpha)$에 작용하는 σ를 $\sigma(\alpha) = \beta$라고 하면 갈루아군은

$\mathrm{Gal}(\boldsymbol{Q}(\alpha)/\boldsymbol{Q}) = \{e, \sigma, \sigma^2\}$라는 순환군이 되었습니다.

이때 $\boldsymbol{Q}(\alpha)/\boldsymbol{Q}$의 확대에 1의 원시3제곱근 ω를 첨가하여 $\boldsymbol{Q}(\alpha, \omega)/\boldsymbol{Q}(\omega)$라고 합시다. 그러면 이 확대는 $x^3 - a = 0$ 형태의 방정식의 해를 이용해서 실현할 수 있다는 것입니다. 확대를 실현하는 방정식은 수없이 많은데, 그 가운데서 $x^3 - a = 0$ 형태의 방정식을 택할 수 있다고 주장하고 있습니다.

이런 방정식을 만들기 위해서는 $b = \alpha + \omega^2\beta + \omega\gamma$라는 식을 가져오는 것이 요점입니다.

$$b^2 = (\alpha + \omega^2\beta + \omega\gamma)^2$$
$$= \alpha^2 + 2\beta\gamma + \omega^2(\gamma^2 + 2\alpha\beta) + \omega(\beta^2 + 2\gamma\alpha)$$

354쪽
$\beta = \alpha^2 - 2$
$\gamma = \beta^2 - 2$

여기에서

$$\alpha^2 + 2\beta\gamma = \beta + 2 + 2\beta(\beta^2 - 2) = 2\beta^3 - 3\beta + 2$$

$$= 2\underbrace{(\beta^3 - 3\beta + 1)}_{=0} + 3\beta = 3\beta$$

이므로

$$b^2 = 3(\beta + \omega^2\alpha + \omega\gamma)$$

$$b^3 = b^2 \cdot b = 3(\beta + \omega^2\alpha + \omega\gamma)(\alpha + \omega^2\beta + \omega\gamma)$$

$$= 3\{\alpha\beta + \beta\gamma + \gamma\alpha + \omega^2(\alpha^2 + \beta^2 + \gamma^2) + \omega(\alpha\beta + \beta\gamma + \gamma\alpha)\}$$

근과 계수의 관계에 의해

$$\alpha\beta + \beta\gamma + \gamma\alpha = -3,$$

$$\alpha^2 + \beta^2 + \gamma^2 = (\alpha + \beta + \gamma)^2 - 2(\alpha\beta + \beta\gamma + \gamma\alpha) = 0^2 - 2(-3) = 6$$

$$= 3\{-3 + 6\omega^2 - 3\omega\} = 3\{-3\underbrace{(1 + \omega + \omega^2)}_{=0} + 9\omega^2\} = 27\omega^2$$

이 되고, $b^3 = 27\omega^2$이므로 b는 $\boldsymbol{Q}(\omega)$ 위의 방정식 $x^3 - 27\omega^2 = 0$의 해가 됩니다. 또

$$3b + \omega b^2 = 3\{(\alpha + \omega^2\beta + \omega\gamma) + \omega(\beta + \omega^2\alpha + \omega\gamma)\}$$

$$= 3\{2\alpha + (\omega^2 + \omega)\beta + (\omega^2 + \omega)\gamma\} = 3(2\alpha - \beta - \gamma)$$

$$= 3\{3\alpha - \underbrace{(\alpha + \beta + \gamma)}_{=0}\} = 9\alpha \in \boldsymbol{Q}(b, \omega)$$

이 되고 $\boldsymbol{Q}(\alpha, \omega) \subset \boldsymbol{Q}(b, \omega)$입니다. 원래 $b \in \boldsymbol{Q}(\alpha, \omega)$이기 때문에 $\boldsymbol{Q}(\alpha, \omega) \supset \boldsymbol{Q}(b, \omega)$. 따라서 $\boldsymbol{Q}(\alpha, \omega) = \boldsymbol{Q}(b, \omega)$가 됩니다.

곧, $\boldsymbol{Q}(\alpha, \omega)$는 $\boldsymbol{Q}(\omega)$ 위의 방정식 $x^3 - 27\omega^2 = 0$의 해 b를 이용한 거듭제곱근 확대체가 됩니다.

다음으로 일반적인 경우를 알아보겠습니다. 일반적인 경우를 알아보는 쪽이 계산이 간단합니다.

정리6.5 **순환 확대로부터 거듭제곱근 확대를 만든다**

$\boldsymbol{K}$가 1의 원시n제곱근 ζ를 포함하는 체, $\boldsymbol{L}/\boldsymbol{K}$는 갈루아 확대라 한다.

$\mathrm{Gal}(\boldsymbol{L}/\boldsymbol{K})$가 순환군일 때, $\boldsymbol{K}$의 원소 a에 대하여 $\boldsymbol{L}$은 $x^n - a = 0$의 최소분해체가 된다.

이 정리는 간단하게 말해 본다면

"$\boldsymbol{K}$가 1의 원시n제곱근 ζ를 포함할 때,

순환 확대 $\boldsymbol{L}/\boldsymbol{K}$는 거듭제곱근 확대이다."

가 됩니다.

증명 $\mathrm{Gal}(\boldsymbol{L}/\boldsymbol{K})$는 σ에 의해서 생성되는 위수 n인 순환군이라 합시다.

$$\mathrm{Gal}(\boldsymbol{L}/\boldsymbol{K}) = \{e, \sigma, \sigma^2, \cdots, \sigma^{n-1}\}$$

$\boldsymbol{L}$의 원소 c에 대해서

$$\alpha = c + \zeta^{n-1}\sigma(c) + \zeta^{n-2}\sigma^2(c) + \cdots + \zeta\sigma^{n-1}(c)$$

라고 정의합니다. 이때 $\alpha \neq 0$이 되도록 c를 택할 수 있습니다. 왜 이렇게 택할 수 있는지에 대해서는 나중에 증명하겠습니다.

σ는 $\boldsymbol{K}$의 원소 ζ에 의해서 변하지 않기 때문에 $\sigma(\zeta^{n-i}\sigma^i(c)) = \zeta^{n-i}\sigma^{i+1}(c)$입니다.

α에 σ를 시행하면

$$\begin{aligned}\sigma(\alpha) &= \sigma(c) + \zeta^{n-1}\sigma^2(c) + \zeta^{n-2}\sigma^3(c) + \\ &\qquad \cdots + \zeta^2\sigma^{n-1}(c) + \zeta\sigma^n(c) \\ &= \zeta(\zeta^{n-1}\sigma(c) + \zeta^{n-2}\sigma^2(c) + \cdots + \zeta\sigma^{n-1}(c) + c) \quad (\zeta^n = 1) \\ &= \zeta\alpha\end{aligned}$$

α는 σ에 의해서 변하므로 $\boldsymbol{L}$의 원소입니다.

$$\sigma^2(\alpha)=\sigma(\sigma(\alpha))=\sigma(\zeta\alpha)=\zeta\sigma(\alpha)=\zeta\cdot\zeta\alpha=\zeta^2\alpha$$

$$\sigma^3(\alpha)=\sigma(\sigma^2(\alpha))=\sigma(\zeta^2\alpha)=\zeta^2\sigma(\alpha)=\zeta^2\cdot\zeta\alpha=\zeta^3\alpha$$

……

이므로 $\sigma^i(\alpha)=\zeta^i\alpha$가 됩니다. 또

$$\sigma(\alpha^n)=\{\sigma(\alpha)\}^n=(\zeta\alpha)^n=\zeta^n\alpha^n=\alpha^n$$

이 되고 α^n은 σ를 시행해서 변하지 않으므로 $\boldsymbol{K}$의 원소입니다. $\alpha^n=a$라고 놓습니다.

$x^n-a=0$의 해는 $\alpha, \zeta\alpha, \zeta^2\alpha, \cdots, \zeta^{n-1}\alpha$이고

$x^n-a=0$의 $\boldsymbol{K}$ 위의 최소분해체는

ζ가 *K*에 속해 있으므로

$$\boldsymbol{K}(\alpha, \zeta\alpha, \zeta^2\alpha, \cdots, \zeta^{n-1}\alpha)=\boldsymbol{K}(\alpha, \zeta)=\boldsymbol{K}(\alpha)$$

α가 동형사상에 의해 대응되는 상인 $\alpha, \zeta\alpha, \cdots, \zeta^{n-1}\alpha$는 모두 $\boldsymbol{K}(\alpha)$에 속해 있으므로 σ^i은 모두 $\boldsymbol{K}(\alpha)$의 자기동형사상이고, $\boldsymbol{K}(\alpha)/\boldsymbol{K}$의 갈루아군은

$$\mathrm{Gal}(\boldsymbol{K}(\alpha)/\boldsymbol{K})=\{e, \sigma, \cdots, \sigma^{n-1}\}$$

입니다. 이것은 $\mathrm{Gal}(\boldsymbol{L}/\boldsymbol{K})$와 일치합니다. **정리5.28**에 의해

$$[\boldsymbol{L}:\boldsymbol{K}]=[\boldsymbol{K}(\alpha):\boldsymbol{K}]$$

입니다. 여기서 α는 $\boldsymbol{L}$의 원소이고 $\boldsymbol{K}(\alpha)\subset\boldsymbol{L}$입니다.

차원을 생각하면 **정리5.16**에 의해 $\boldsymbol{K}(\alpha)=\boldsymbol{L}$이 됩니다. (증명 일단 끝)

α를 만드는 방법은 인상적이었습니다. 이것은 458쪽에서 나온 식과 닮았습니다. 사실 이 방법으로 만든 식을 라그랑주의 분해식(分解式, resolvent)이라고 합니다. 이것은 방정식을 구체적으로 풀기 위한 방법으로서 역사적으로는 갈루아 이론보다 오래되었습니다. 갈루아 이론을 소개하는 책 중에는 이것에 많은 페이지를 할애하고 있는 것도 있습니다. 구체적인 계산을 따라 갈 수 있기 때문에 이해하기 쉽다는 특징이 있습니다. 이 라그랑주의 분해식을 사용해서 피

크 정리의 결과를 설명하려는 책도 있는데 그것은 좀 무리이지 않나 싶습니다. 라그랑주의 분해식 말고도 방정식을 풀 수 있는 수단이 있을지도 모르기 때문입니다. 방정식을 푸는 방법이 라그랑주의 분해식 말고는 없다고 가정하면, 이것으로 5차방정식에 근의 공식이 없다고 설명하는 것도 하나의 설명이 될 수 있을 것입니다. 어쨌든 라그랑주의 분해식이 지닌 위력은 대단하다고 할 수 있습니다.

위의 증명 중에

$$c + \zeta^{n-1}\sigma(c) + \zeta^{n-2}\sigma^2(c) + \cdots + \zeta\sigma^{n-1}(c) \neq 0$$

이 되는 $\boldsymbol{L}$의 원소 c를 택할 수 있다는 것을 증명하는 일이 남아 있습니다.

이것을 증명하기 위해서 이 주장을 좀 더 일반적으로 기술해 놓은 다음의 정리를 증명하겠습니다.

정리6.6 데데킨트의 보조 정리

$\boldsymbol{L}$을 $\boldsymbol{K}$의 갈루아 확대라 하고 $\mathrm{Gal}(\boldsymbol{L}/\boldsymbol{K})$를 σ로 생성시키는 위수 n의 순환군이라 한다. 이때 $\boldsymbol{L}$의 모든 x에 대해서

$$x + a_1\sigma(x) + a_2\sigma^2(x) + \cdots + a_{n-1}\sigma^{n-1}(x) = 0$$

이 되는 $\boldsymbol{L}$의 원소 $a_1, \cdots, a_{n-1}$은 존재하지 않는다.

이 **정리6.6**을 증명하면 조건을 만족시키는 $\boldsymbol{L}$의 원소 c의 존재를 보일 수 있습니다.

만일

$$c + \zeta^{n-1}\sigma(c) + \zeta^{n-2}\sigma^2(c) + \cdots + \zeta\sigma^{n-1}(c) \neq 0$$

이 되는 $\boldsymbol{L}$의 원소 c가 존재하지 않으면 $\boldsymbol{L}$의 모든 원소 x에 대해서

$$x + \zeta^{n-1}\sigma(x) + \zeta^{n-2}\sigma^2(x) + \cdots + \zeta\sigma^{n-1}(x) = 0$$

이 성립하는 것이 되어 위의 **정리6.6**에 모순되기 때문입니다.

증명 $\boldsymbol{L}$이 $\boldsymbol{K}$ 위의 기약다항식 $f(x)$에 의한 방정식 $f(x)=0$의 해 θ를 이용해서 $\boldsymbol{L}=\boldsymbol{K}(\theta)$로 표현할 수 있다고 합시다. 그러면 θ에 $\mathrm{Gal}(\boldsymbol{L}/\boldsymbol{K})$의 원소 $\{e, \sigma, \cdots, \sigma^{n-1}\}$을 시행한 $\theta, \sigma(\theta), \sigma^2(\theta), \cdots, \sigma^{n-1}(\theta)$는 $f(x)=0$의 해가 되고, 모두 서로 다르다는 것에 주의합니다.

귀류법으로 증명해 봅시다. $\boldsymbol{L}$의 모든 원소 x에 대해서

$$x + a_1\sigma(x) + a_2\sigma^2(x) + \cdots + a_{n-1}\sigma^{n-1}(x) = 0 \quad \cdots\cdots ①$$

이 되는 $\boldsymbol{L}$의 원소 $a_1, \cdots, a_{n-1}$이 존재한다고 가정합니다.

① 식의 x에 θx를 대입합니다. 그러면

$$\theta x + a_1\sigma(\theta x) + a_2\sigma^2(\theta x) + \cdots + a_{n-1}\sigma^{n-1}(\theta x) = 0$$

$$\theta x + a_1\sigma(\theta)\sigma(x) + a_2\sigma^2(\theta)\sigma^2(x) + \cdots$$
$$+a_{n-1}\sigma^{n-1}(\theta)\sigma^{n-1}(x) = 0 \quad \cdots\cdots ②$$

이 됩니다. ①에 $\sigma^{n-1}(\theta)$를 곱해서

$$\sigma^{n-1}(\theta)x + a_1\sigma^{n-1}(\theta)\sigma(x) + a_2\sigma^{n-1}(\theta)\sigma^2(x) + \cdots$$
$$+a_{n-1}\sigma^{n-1}(\theta)\sigma^{n-1}(x) = 0 \quad \cdots\cdots ③$$

③에서 ②를 변끼리 빼면

$$\{\sigma^{n-1}(\theta) - \theta\}x + a_1\{\sigma^{n-1}(\theta) - \sigma(\theta)\}\sigma(x)$$
$$+a_2\{\sigma^{n-1}(\theta) - \sigma^2(\theta)\}\sigma^2(x) + \cdots$$
$$+a_{n-2}\{\sigma^{n-1}(\theta) - \sigma^{n-2}(\theta)\}\sigma^{n-2}(x) = 0$$

이 됩니다. 여기서 $\sigma^{n-1}(\theta) - \theta$는 0은 아니므로 이 식을 $\sigma^{n-1}(\theta) - \theta$로 나눕니다. $\sigma(x), \sigma^2(x), \cdots, \sigma^{n-2}(x)$의 계수를 새롭게 $a'_1, a'_2, \cdots\ a'_{n-2}$라고 두면

$$x + a'_1\sigma(x) + a'_2\sigma^2(x) + \cdots + a'_{n-2}\sigma^{n-2}(x) = 0 \quad \cdots\cdots ④$$

이 됩니다. $\boldsymbol{L}$의 모든 원소 x에 대해서 ④가 성립합니다.

①은 $\sigma(x)$부터 $\sigma^{n-1}(x)$까지 $n-1$개의 항이 있는데, ④는 $\sigma(x)$부터 $\sigma^{n-2}(x)$까지 $n-2$개의 항이 있어 $\sigma^{n-1}(x)$의 항이 소거된 형태가 됩니다. ④는 ①과 견

주어서 항이 하나 적은 형태가 됩니다. 위와 마찬가지로 계산을 되풀이하면 마지막에는

$$x = 0$$

이 됩니다. $\boldsymbol{L}$의 모든 원소 x가 0과 같다는 것이 되어 모순입니다. (증명 끝)

다른 책으로도 공부하셨던 분을 위해 말씀드리자면 이 정리는 데데킨트의 보조 정리의 특별한 경우입니다. 데데킨트의 보조 정리는 너무 추상적이라 막연하다는 느낌이 들어서 조금 구체적인 형태로 기술해 보았습니다.

정리6.6에서 존재까지는 증명할 수 있었지만 c를 구체적으로 어떻게 택하면 좋은지는 아직 알아보지 않았습니다. 다음 정리에서 택하는 방법을 구체적으로 알아봅시다.

$\boldsymbol{L}$이 n차방정식 $f(x) = 0$의 해 θ를 이용해서 $\boldsymbol{L} = \boldsymbol{K}(\theta)$라고 나타낼 수 있다고 하면 c는 $\theta, \theta^2, \cdots, \theta^{n-1}$ 중에서 택할 수 있습니다.

정리6.7 **거듭제곱근 확대를 만드는 거듭제곱근의 존재**

ζ를 1의 원시n제곱근이라 한다. $\boldsymbol{L}$은 n차방정식 $f(x) = 0$의 해 θ를 이용해서 $\boldsymbol{L} = \boldsymbol{K}(\theta)$라고 나타낼 수 있는 것으로 한다. 또 $\boldsymbol{L}$을 $\boldsymbol{K}$의 갈루아 확대체라고 하고 $\mathrm{Gal}(\boldsymbol{L}/\boldsymbol{K})$가 σ로 생성되는 위수가 n인 순환군이라고 한다.

$$g(x) = x + \zeta^{n-1}\sigma(x) + \zeta^{n-2}\sigma^2(x) + \cdots + \zeta\sigma^{n-1}(x)$$

로 놓았을 때 $g(\theta), g(\theta^2), \cdots, g(\theta^{n-1})$ 중에서 적어도 하나는 0이 아니다.

증명 귀류법으로 증명합니다.

$g(1), g(\theta), g(\theta^2), \cdots, g(\theta^{n-1})$이 모두 0이라고 가정합니다.

$\boldsymbol{L}$의 임의의 원소 x는 θ를 이용해서

$$x = a_0 + a_1\theta + a_2\theta^2 + \cdots + a_{n-1}\theta^{n-1} \quad (a_i \in \boldsymbol{K})$$

이라고 쓸 수 있습니다.

$$
\begin{aligned}
\sigma^i(x) &= \sigma^i(a_0 + a_1\theta + a_2\theta^2 + \cdots + a_{n-1}\theta^{n-1}) \\
&= a_0 + a_1\sigma^i(\theta) + a_2\sigma^i(\theta^2) + \cdots + a_{n-1}\sigma^i(\theta^{n-1})
\end{aligned}
$$

이므로

$$
\begin{aligned}
g(x) &= g(a_0 + a_1\theta + a_2\theta^2 + \cdots + a_{n-1}\theta^{n-1}) \\
&= a_0 + a_1\theta + a_2\theta^2 + \cdots + a_{n-1}\theta^{n-1} \\
&\quad + \zeta^{n-1}\sigma(a_0 + a_1\theta + a_2\theta^2 + \cdots + a_{n-1}\theta^{n-1}) \\
&\quad + \cdots \\
&\quad + \zeta\sigma^{n-1}(a_0 + a_1\theta + a_2\theta^2 + \cdots + a_{n-1}\theta^{n-1}) \\
&= a_0 + a_1\theta + a_2\theta^2 + \cdots + a_{n-1}\theta^{n-1} \\
&\quad + \zeta^{n-1}a_0 + a_1\zeta^{n-1}\sigma(\theta) + a_2\zeta^{n-1}\sigma(\theta^2) + \cdots + a_{n-1}\zeta^{n-1}\sigma(\theta^{n-1}) \\
&\quad + \cdots \\
&\quad + \zeta a_0 + a_1\zeta\sigma^{n-1}(\theta) + a_2\zeta\sigma^{n-1}(\theta^2) + \cdots + a_{n-1}\zeta\sigma^{n-1}(\theta^{n-1}) \\
&= a_0 g(1) + a_1 g(\theta) + a_2 g(\theta^2) + \cdots + a_{n-1} g(\theta^{n-1}) = 0
\end{aligned}
$$

이 되고 모든 L의 원소 x에 대해서 $g(x)=0$이 되어 **정리6.6**에 모순이 됩니다. $g(1)=0$이므로 $g(1)$을 제외한 $g(\theta), g(\theta^2), \cdots, g(\theta^{n-1})$ 중에는 0이 아닌 것이 존재합니다. (증명 끝)

$c + \zeta^{n-1}\sigma(c) + \zeta^{n-2}\sigma^2(c) + \cdots + \zeta\sigma^{n-1}(c) \neq 0$을 만족시키는 c가 존재한다는 것의 증명은, 연립1차방정식과 방데르몽드 행렬식(Vandermond's determinant)을 이용하면 더 확실히 할 수 있지만, 선형대수를 알아야 할 필요가 있기 때문에 여기에서는 좀 까다로운 방법으로 설명해 보았습니다.

정리6.4와 **정리6.5**를 정리하면,

"K가 1의 n제곱근 ζ를 포함하고 있을 때 L을 그 확대체라 하면,

L/K가 순환 확대 $\Leftrightarrow$ L/K가 거듭제곱근 확대"

라고 정리됩니다.

정리6.2에서는 K/Q가 갈루아 확대일 때

$\mathrm{Gal}(K/Q)$가 가해군 $\Leftrightarrow$ K/Q가 거듭순환 확대

가 됐습니다. 그렇다는 것은

$\mathrm{Gal}(K/Q)$가 가해군 $\Leftrightarrow$ $K(\zeta)/Q(\zeta)$가 누차거듭제곱근 확대

가 성립한다고 예상해 볼 수 있습니다. 정상이 보이기 시작합니다.

9 피크 정리에 서자!

— 거듭제곱근으로 풀 수 있는 방정식의 조건

드디어 이 절에서 피크 정리를 증명합니다.

피크 정리

$\boldsymbol{Q}$ 위의 방정식 $f(x)=0$의 해가 거듭제곱근으로 표현된다.

$\Leftrightarrow \quad f(x)=0$의 갈루아군이 가해군이다.

$\Leftarrow$의 증명은 간단합니다.

정리6.8 가해군일 때, 해는 거듭제곱근으로 표현된다

$\boldsymbol{Q}$ 위의 방정식 $f(x)=0$의 해가 거듭제곱근으로 표현된다.

$\Leftarrow \quad f(x)=0$의 갈루아군이 가해군이다.

증명 $f(x)=0$의 최소분해체를 $\boldsymbol{L}$, 갈루아군을 G라 합니다. G가 가해군임을 보여 주는 부분군의 열과 그것에 갈루아 대응을 하는 중간체의 열이 있어서

$$G=H_0\supset H_1\supset H_2\supset\cdots\supset H_{s-1}\supset H_s=\{e\}$$

$$\boldsymbol{Q}=\boldsymbol{F}_0\subset\boldsymbol{F}_1\subset\boldsymbol{F}_2\subset\cdots\subset\boldsymbol{F}_{s-1}\subset\boldsymbol{F}_s=\boldsymbol{L}$$

이 됩니다. 여기서 $\boldsymbol{F}_i/\boldsymbol{F}_{i-1}$는 순환 확대입니다.

$\boldsymbol{F}_i/\boldsymbol{F}_{i-1}$의 확대차수를 $[\boldsymbol{F}_i:\boldsymbol{F}_{i-1}]=n_i$라고 놓습니다.

$n_1, n_2, \cdots, n_s$의 최소공배수를 n이라 하고 1의 원시n제곱근 ζ를 확대열에 첨가합니다.

$$\boldsymbol{Q}(\zeta)=\boldsymbol{F}_0(\zeta)\subset\boldsymbol{F}_1(\zeta)\subset\boldsymbol{F}_2(\zeta)\subset\cdots\subset\boldsymbol{F}_{s-1}(\zeta)\subset\boldsymbol{F}_s(\zeta)=\boldsymbol{L}(\zeta)$$

그러면 $\boldsymbol{F}_i(\zeta)/\boldsymbol{F}_{i-1}(\zeta)$의 확대에서는 $\boldsymbol{F}_{i-1}(\zeta)$에 1의 원시$n_i$제곱근이 포함되어 있기 때문에, **정리6.5**에 의해 $\boldsymbol{F}_i(\zeta)/\boldsymbol{F}_{i-1}(\zeta)$는 거듭제곱근 확대가 됩니다.

곧, $F_i(\zeta)$는 $F_{i-1}(\zeta)$에 $x^{n_i}-a_i=0$의 하나의 해 $\sqrt[n_i]{a_i}$를 첨가하여 $F_i(\zeta)/F_{i-1}(\sqrt[n_i]{a_i}, \zeta)$라고 표현됩니다.

$L(\zeta)$는 $Q(\zeta)$부터 차례로 거듭제곱근을 첨가하여 만든 확대체입니다.

$$L(\zeta)=F_{s-1}(\sqrt[n_s]{a_s}, \zeta)=F_{s-2}(\sqrt[n_s]{a_s}, \sqrt[n_{s-1}]{a_{s-1}}, \zeta)=\cdots$$
$$=Q(\sqrt[n_s]{a_s}, \cdots, \sqrt[n_1]{a_1}, \zeta)$$

또 **정리6.1**에 의해 1의 n제곱근 ζ는 거듭제곱근으로 표현되고 있습니다.

$f(x)=0$의 해는 $L(\zeta)=Q(\sqrt[n_s]{a_s}, \cdots, \sqrt[n_1]{a_1}, \zeta)$에 속해 있기 때문에 거듭제곱근으로 나타납니다. (증명 끝)

$\Rightarrow$방향을 증명하기 위해서는 사전 준비가 필요합니다.

정리6.9 누차거듭제곱근 확대체의 갈루아 폐포(閉包, closure)

α가 거듭제곱근으로 표현될 때

E/Q가 거듭순환 확대이면서 갈루아 확대

가 되는 α를 포함하는 Q의 확대체 E가 존재한다.

이를테면

$$\alpha=\sqrt[12]{\sqrt[9]{\sqrt[15]{3}+1}+\sqrt[10]{2}}+\sqrt[2]{2}$$

로 표현된다고 가정합시다. 거듭제곱근으로 표현되어 있습니다. Q에서 시작하여 어떻게 확대해 가면 이 수에 다다를 수 있을까요? 이 수를 포함하는 체가 될 때까지 Q를 확대해 봅시다.

먼저 Q에 $x^{10}-2=0$의 해 $\sqrt[10]{2}$를 첨가하여 $Q(\sqrt[10]{2})$라고 합니다.

이것에 $x^{15}-3=0$의 해 $\sqrt[15]{3}$를 첨가하여 $Q(\sqrt[10]{2}, \sqrt[15]{3})$

다음에 $x^9-\sqrt[15]{3}-1=0$의 해 $\sqrt[9]{\sqrt[15]{3}+1}$를 첨가하여 $Q(\sqrt[10]{2}, \sqrt[15]{3}, \sqrt[9]{\sqrt[15]{3}+1})$

더욱이 $x^{12}-(\sqrt[9]{\sqrt[15]{3}+1}+\sqrt[10]{2})=0$의 해 $\sqrt[12]{\sqrt[9]{\sqrt[15]{3}+1}+\sqrt[10]{2}}$를 첨가하면 해 $\sqrt[12]{\sqrt[9]{\sqrt[15]{3}+1}+\sqrt[10]{2}}+\sqrt[2]{2}$를 포함하는 확대체가 생깁니다. $\sqrt[2]{2}$는 $\sqrt[2]{2}=(\sqrt[10]{2})^5$이라고 나타낼 수 있기 때문에 이미 포함되어 있습니다.

$$\sqrt[12]{\sqrt[9]{\sqrt[15]{3}+1}+\sqrt[10]{2}}+\sqrt[2]{2}\in \boldsymbol{Q}(\sqrt[10]{2},\sqrt[15]{3},\sqrt[9]{\sqrt[15]{3}+1},\sqrt[12]{\sqrt[9]{\sqrt[15]{3}+1}+\sqrt[10]{2}})$$

이렇게 $x^n-a=0$의 형태의 방정식의 해를 계속 첨가함으로써 해를 포함하는 확대체를 만들 수 있습니다.

$$\boldsymbol{Q}\subset\boldsymbol{Q}(\sqrt[10]{2})\subset\boldsymbol{Q}(\sqrt[10]{2},\sqrt[15]{3})\subset\boldsymbol{Q}(\sqrt[10]{2},\sqrt[15]{3},\sqrt[9]{\sqrt[15]{3}+1})$$
$$\subset\underline{\boldsymbol{Q}(\sqrt[10]{2},\sqrt[15]{3},\sqrt[9]{\sqrt[15]{3}+1},\sqrt[12]{\sqrt[9]{\sqrt[15]{3}+1}+\sqrt[10]{2}})}\ ①$$

여기서 거듭제곱근의 수를 만드는 x^n-a가 기약다항식인지 아닌지는 지금 상태로는 알 수 없습니다. 다만 쓸데없는 제곱근은 없다고 하겠습니다.

$\boldsymbol{Q}(\sqrt[10]{2})$에 $\sqrt[15]{3}$을 첨가했지만 $(\sqrt[15]{3})^t\in\boldsymbol{Q}(\sqrt[10]{2})$, $(1\leqq t\leqq 14)$를 만족시키는 t는 없다고 하겠습니다(실제로 없습니다).

만일 $t=3$에서 성립한다고 하면 $(\sqrt[15]{3})^3=\sqrt[5]{3}$이 $\boldsymbol{Q}(\sqrt[10]{2})$에 속하게 되므로 $\boldsymbol{Q}(\sqrt[10]{2})$ 위의 방정식 $x^3-\sqrt[5]{3}=0$의 해 $\sqrt[3]{\sqrt[5]{3}}\,(=\sqrt[15]{3})$을 $\boldsymbol{Q}(\sqrt[10]{2})$에 첨가했다고 생각합니다. 15제곱근이 아니라 3제곱근으로 표현합니다.

①의 확대체는 거듭순환 확대체도 갈루아 확대체도 아닙니다. $\boldsymbol{Q}$의 누차거듭제곱근 확대체일 뿐입니다. 먼저, 거듭순환 확대체부터 만들어 보겠습니다. 거듭순환 확대체를 만들기 위해서는 10, 15, 9, 12의 최소공배수가 180이므로 1의 원시180제곱근 $\zeta=\cos 2°+i\sin 2°$를 각 확대체에 첨가합니다.

ζ를 첨가한 체에는 1의 원시10제곱근 ζ^{18}, 15제곱근 ζ^{12}, 9제곱근 ζ^{20}, 12제곱근 ζ^{15}이 들어 있습니다. **정리6.4**에 의해

$$\boldsymbol{Q}(\zeta)\subset\boldsymbol{Q}(\sqrt[10]{2},\zeta)\subset\boldsymbol{Q}(\sqrt[10]{2},\sqrt[15]{3},\zeta)\subset\boldsymbol{Q}(\sqrt[10]{2},\sqrt[15]{3},\sqrt[9]{\sqrt[15]{3}+1},\zeta)$$
$$\subset\boldsymbol{Q}(\sqrt[10]{2},\sqrt[15]{3},\sqrt[9]{\sqrt[15]{3}+1},\sqrt[12]{\sqrt[9]{\sqrt[15]{3}+1}+\sqrt[10]{2}},\zeta)$$

의 각 확대의 단계는 순환 확대가 됩니다.

이것에 순환 확대를 추가해서 $\boldsymbol{Q}$의 갈루아 확대체가 되는 거듭순환 확대체 $\boldsymbol{E}$를 만듭니다. 만들기 전에 만드는 방법의 요점을 설명하겠습니다.

$x^3-2=0$의 최소분해체는 $\boldsymbol{Q}(\sqrt[3]{2}, \omega)$였습니다. $\boldsymbol{Q}(\sqrt[3]{2}, \omega)$는 갈루아 확대체지만 $\boldsymbol{Q}(\sqrt[3]{2})$는 갈루아 확대체가 아니었습니다. 이것은 체의 동형사상 σ에 의해서 $\sqrt[3]{2}$가 대응하는 상 $\sigma(\sqrt[3]{2})=\sqrt[3]{2}\,\omega$가, $\boldsymbol{Q}(\sqrt[3]{2})$에 속해 있지 않기 때문입니다. 대응하는 상이 $\boldsymbol{Q}(\sqrt[3]{2})$로부터 벗어나 있습니다.

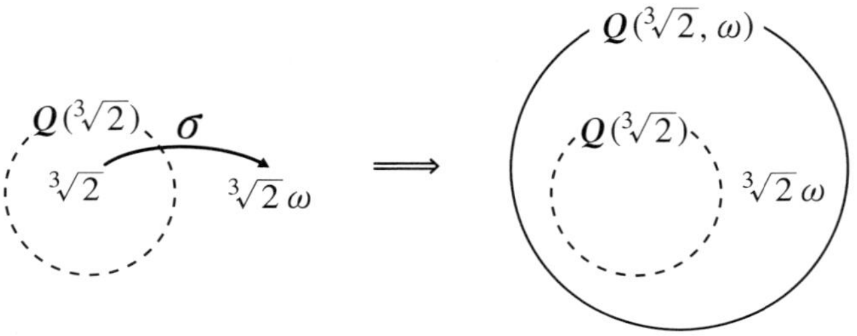

갈루아 확대체를 만들기 위해서는 벗어나 있던 대응하는 상을 차례로 체 안으로 거두어들이면 됩니다. 그렇게 하면 벗어난 것이 없어지고 마지막에는 앞뒤가 맞으면서 갈루아 확대체가 됩니다. 말하자면 조금이라도 인연이 닿은 사람을 가족으로 끌어들여 집안의 식구로 맞아들이면서 대가족을 이루는 것과 같습니다. $\boldsymbol{Q}(\sqrt[3]{2})$의 경우에는 $\sqrt[3]{2}\,\omega$, $\sqrt[3]{2}\,\omega^2$이 첨가되어 갈루아 확대체 $\boldsymbol{Q}(\sqrt[3]{2}, \omega)$가 됩니다.

$\boldsymbol{Q}(\zeta)$는 $x^{180}-1=0$의 최소분해체이므로 $\boldsymbol{Q}$의 갈루아 확대체입니다.

$\boldsymbol{Q}(\zeta, \sqrt[10]{2})$는 $(x^{180}-1)(x^{10}-2)=0$의 최소분해체이므로 $\boldsymbol{Q}$의 갈루아 확대체입니다.

$\boldsymbol{Q}(\zeta, \sqrt[10]{2}, \sqrt[15]{3})$은 $(x^{180}-1)(x^{10}-2)(x^{15}-3)=0$의 최소분해체이므로

$\boldsymbol{Q}$의 갈루아 확대체입니다.

문제는 이 다음입니다.

$x^9-(\sqrt[15]{3}+1)=0$이라는 방정식은 $\boldsymbol{Q}$ 위의 방정식이 되지 않습니다. 그러므로 $(x^{180}-1)(x^{10}-2)(x^{15}-3)=0$의 양변에 $(x^9-(\sqrt[15]{3}+1))$을 곱해도 $\boldsymbol{Q}$ 위의 방정식이 되지 않습니다.

$\sqrt[9]{\sqrt[15]{3}+1}$을 해로 갖는 $\boldsymbol{Q}$ 위의 방정식을 만들기 위해서는 좀 더 머리를 써야합니다. $\boldsymbol{Q}(\zeta, \sqrt[10]{2}, \sqrt[15]{3})/\boldsymbol{Q}$의 갈루아군의 원소를 $\sigma_1=e,\ \sigma_2,\ \cdots,\ \sigma_m$이라 합시다. 이것을 이용해서

$$\prod_{i=1}^{m}(x^9-\sigma_i(\sqrt[15]{3}+1))=0$$

이라는 방정식을 세웁니다. 그러면 $\sigma_1, \sigma_2, \cdots, \sigma_m$ 중에는 항등원 e가 있기 때문에 $\sqrt[9]{\sqrt[15]{3}+1}$을 해로 갖습니다.

또 계수는 $\sigma_i(\sqrt[15]{3}+1)(i=1, 2, \cdots, m)$의 대칭식이 되므로 임의의 σ_j를 시행하여도 불변입니다. 곧, $\prod_{i=1}^{m}(x^9-\sigma_i(\sqrt[15]{3}+1))$는 $\boldsymbol{Q}$ 위의 다항식이 됩니다.

정리5.34의 증명을 참고

여기에서 $\boldsymbol{Q}(\zeta, \sqrt[10]{2}, \sqrt[15]{3})$에

$$\sqrt[9]{\sigma_1(\sqrt[15]{3}+1)},\ \sqrt[9]{\sigma_2(\sqrt[15]{3}+1)},\ \cdots,\ \sqrt[9]{\sigma_m(\sqrt[15]{3}+1)}$$

을 차례로 첨가해 가봅시다. 이 중에 같은 것이 있을 때는 솎아 냅니다.

$\boldsymbol{Q}(\zeta, \sqrt[10]{2}, \sqrt[15]{3})$에 1의 원시9제곱근 ζ^{20}이 들어있기 때문에 각 확대는 순환 확대가 됩니다.

$$\boldsymbol{Q}(\zeta, \sqrt[10]{2}, \sqrt[15]{3}, \sqrt[9]{\sigma_1(\sqrt[15]{3}+1)}, \cdots, \sqrt[9]{\sigma_m(\sqrt[15]{3}+1)})$$

은 $\boldsymbol{Q}$ 위의 방정식

$$(x^{180}-1)(x^{10}-2)(x^{15}-3)\prod_{i=1}^{m}(x^9-\sigma_i(\sqrt[15]{3}+1))=0$$

의 최소분해체이므로 갈루아 확대체가 됩니다.

$\sqrt[12]{\sqrt[9]{\sqrt[15]{3}+1}+\sqrt[10]{2}}$ 를 첨가할 때에도 마찬가지입니다.

$$\boldsymbol{Q}(\zeta, \sqrt[10]{2}, \sqrt[15]{3}, \sqrt[9]{\sigma_1(\sqrt[15]{3}+1)}, \cdots, \sqrt[9]{\sigma_m(\sqrt[15]{3}+1)})/\boldsymbol{Q}$$

의 갈루아군의 원소를 $\tau_1, \tau_2, \cdots, \tau_n$이라 하고

$$\sqrt[12]{\tau_1(\sqrt[9]{\sqrt[15]{3}+1}+\sqrt[10]{2})},\ \sqrt[12]{\tau_2(\sqrt[9]{\sqrt[15]{3}+1}+\sqrt[10]{2})},$$

$$\cdots,\ \sqrt[12]{\tau_n(\sqrt[9]{\sqrt[15]{3}+1}+\sqrt[10]{2})}$$

를 차례로 첨가해 갑니다.

$\prod_{i=1}^{n}(x^{12}-\tau_i(\sqrt[9]{\sqrt[15]{3}+1}+\sqrt[10]{2}))=0$은 $\boldsymbol{Q}$ 위의 다항식이 되기 때문에, 이렇게 해서 생긴 확대체는 $\boldsymbol{Q}$ 위의 방정식

$$(x^{180}-1)(x^{10}-2)(x^{15}-3)\prod_{i=1}^{m}(x^9-\sigma_i(\sqrt[15]{3}+1))$$

$$\prod_{i=1}^{n}(x^{12}-\tau_i(\sqrt[9]{\sqrt[15]{3}+1}+\sqrt[10]{2}))=0$$

의 최소분해체가 됩니다.

제180원분확대체 $\boldsymbol{Q}(\zeta)$는 거듭순환 확대체이고, **문제6.18**에 의해

$$\boldsymbol{Q}\subset\boldsymbol{Q}(\zeta^{45})\subset\boldsymbol{Q}(\zeta^5)\subset\boldsymbol{Q}(\zeta)$$

라는 각 확대의 단계가 순환 확대가 되는 열이 있으므로, 이것을 추가해서 처음부터 정리하면 이렇습니다.

$$\boldsymbol{Q}\subset\boldsymbol{Q}(\zeta^{45})\subset\boldsymbol{Q}(\zeta^5)\subset\boldsymbol{Q}(\zeta)\subset\boldsymbol{Q}(\zeta, \sqrt[10]{2})$$

$$\subset\boldsymbol{Q}(\zeta, \sqrt[10]{2}, \sqrt[15]{3})\subset\boldsymbol{Q}(\zeta, \sqrt[10]{2}, \sqrt[15]{3}, \sqrt[9]{\sqrt[15]{3}+1})$$

$$\subset\boldsymbol{Q}(\zeta, \sqrt[10]{2}, \sqrt[15]{3}, \sqrt[9]{\sqrt[15]{3}+1}, \sqrt[9]{\sigma_2(\sqrt[15]{3}+1)})$$

$$\cdots\cdots$$

$$\subset\boldsymbol{Q}(\zeta, \sqrt[10]{2}, \sqrt[15]{3}, \sqrt[9]{\sqrt[15]{3}+1}, \cdots, \sqrt[9]{\sigma_m(\sqrt[15]{3}+1)})$$

$$\subset\boldsymbol{Q}(\zeta, \sqrt[10]{2}, \sqrt[15]{3}, \sqrt[9]{\sqrt[15]{3}+1}, \cdots, \sqrt[12]{\sqrt[9]{\sqrt[15]{3}+1}+\sqrt[10]{2}})$$

$$\cdots\cdots$$

$$\subset \boldsymbol{Q}(\zeta, \sqrt[10]{2}, \sqrt[15]{3}, \sqrt[9]{\sqrt[15]{3}+1}, \cdots, \sqrt[9]{\sigma_m(\sqrt[15]{3}+1)},$$
$$\sqrt[12]{\sqrt[9]{\sqrt[15]{3}+1}+\sqrt[10]{2}}, \cdots, \sqrt[12]{\tau_n(\sqrt[9]{\sqrt[15]{3}+1}+\sqrt[10]{2})})$$

라는 확대열은 $\boldsymbol{Q}$의 갈루아 확대가 됩니다. 왜냐하면 각 확대는 순환 확대이면서 마지막의 체가

$$(x^{180}-1)(x^{10}-2)(x^{15}-3)$$
$$\prod_{i=1}^{m}(x^9-\sigma_i(\sqrt[15]{3}+1))\prod_{i=1}^{n}(x^{12}-\tau_i(\sqrt[9]{\sqrt[15]{3}+1}+\sqrt[10]{2}))=0$$

의 최소분해체이기 때문입니다.

이렇게 해서 $\boldsymbol{Q}$의 거듭순환 확대체이면서 갈루아 확대가 되는 확대체에 α를 포함하는 확대체 $\boldsymbol{E}$를 만들 수 있습니다.

만드는 방법의 요점은 다음과 같습니다.

1. 미리 충분한 1의 n제곱근을 마련해 놓는다.
2. 도중에 $\boldsymbol{K}$의 원소 a에 대해서 $\sqrt[n]{a}$를 첨가할 때는 이것만이 아니라

$$\mathrm{Gal}(\boldsymbol{K}/\boldsymbol{Q})=\{\sigma_1=e, \sigma_2, \cdots, \sigma_m\}$$

이면, $\sqrt[n]{a}, \sqrt[n]{\sigma_2(a)}, \cdots, \sqrt[n]{\sigma_m(a)}$도 함께 첨가한다.

피크 정리의 ⇒를 증명하겠습니다.

정리6.10 **해가 거듭제곱근으로 표현될 때는 가해군**

$\boldsymbol{Q}$ 위의 방정식 $f(x)=0$의 하나의 해가 거듭제곱근으로 표현된다.
$\Rightarrow f(x)=0$의 갈루아군이 가해군이다.

증명 $f(x)=0$의 하나의 해를 α, 최소분해체를 $\boldsymbol{L}$이라 놓습니다.

정리6.9에 의해

$$\boldsymbol{Q}=\boldsymbol{F}_1\subset\boldsymbol{F}_2\subset\boldsymbol{F}_3\subset\cdots\subset\boldsymbol{F}_{k-1}\subset\boldsymbol{F}_k=\boldsymbol{E}$$

$\boldsymbol{F}_i/\boldsymbol{F}_{i-1}$은 순환 확대, $\boldsymbol{E}/\boldsymbol{Q}$는 갈루아 확대

가 되는 $\boldsymbol{E}$에 α를 포함하는 $\boldsymbol{Q}$의 확대체 $\boldsymbol{E}$가 존재합니다.

$\boldsymbol{E}/\boldsymbol{Q}$가 갈루아 확대이므로 동형사상에 의해 α가 대응하는 상, 곧 $f(x)=0$의 해 $\alpha_1=\alpha, \alpha_2, \cdots, \alpha_n$은 모두 $\boldsymbol{E}$에 속하게 됩니다. 따라서 $\boldsymbol{E}$는 최소분해체 $\boldsymbol{L}$을 포함합니다.

$\boldsymbol{E}/\boldsymbol{Q}$가 갈루아 확대이므로 **정리5.31**에 의해 $\boldsymbol{E}/\boldsymbol{L}$도 갈루아 확대입니다.

$\mathrm{Gal}(\boldsymbol{E}/\boldsymbol{Q})$를 G, $\mathrm{Gal}(\boldsymbol{E}/\boldsymbol{L})$을 H로 놓습니다.

$$G \supset H \supset \{e\}$$

$$\boldsymbol{Q} \subset \boldsymbol{L} \subset \boldsymbol{E}$$

$\boldsymbol{L}$은 최소분해체이고 $\boldsymbol{L}/\boldsymbol{Q}$는 갈루아 확대이므로 **정리5.36**에 의해

$$\mathrm{Gal}(\boldsymbol{L}/\boldsymbol{Q}) \cong G/H$$

입니다. $\boldsymbol{E}/\boldsymbol{Q}$가 거듭순환 확대이므로 **정리6.2**에 의해 G는 가해군입니다. G가 가해군이므로 **정리2.30**에 의해 이 잉여군인 G/H도 가해군입니다. (증명 끝)

이 정리의 가정에서는 $f(x)=0$의 해의 하나인 α가 거듭제곱근으로 표현되고 있습니다. $f(x)=0$의 다른 해 $\alpha_2, \cdots, \alpha_n$도 $\boldsymbol{E}$에 속해 있기 때문에 $\alpha_2, \cdots, a_n$은 거듭제곱근으로 표현됩니다. 곧, 방정식의 하나의 해가 거듭제곱근으로 표현되면 $f(x)$가 기약다항식이라는 조건에서 다른 해도 거듭제곱근으로 표현되는 것입니다.

[10] 5차방정식의 근의 공식은 없다

— 갈루아군이 가해군이 아닌 방정식

정리6.10에서

"해가 거듭제곱근으로 표현되면

$f(x)=0$의 갈루아군이 가해군이다."

라는 것이 밝혀졌습니다. 이것의 대우를 구하면

"$f(x)=0$의 갈루아군이 가해군이 아니면

해는 거듭제곱근으로 표현되지 않는다."

가 됩니다.

그럼 바로, 갈루아군이 가해군이 아닌 구체적인 방정식을 소개하겠습니다.

이에 대한 준비로 코시(Cauchy)의 정리를 증명하겠습니다.

G가 순환군일 때 G의 위수의 약수를 d라 하면, **정리1.5**에 의해 위수 d가 되는 부분군이 존재합니다. G가 순환군이라는 조건이 빠진 경우에도 비슷한 정리가 성립합니다.

정리6.11 위수가 p인 원소의 존재 – 코시의 정리

p를 소수라고 할 때, p가 군 G의 위수의 약수이면 G에는 $g^p=e$, $g\neq e$가 되는 원소 g가 존재한다.

모두 곱하면 항등원이 되는 G에 속하는 p개의 원소로 이루어진 조(組)의 집합

$$S=\{(x_1, x_2, \cdots, x_p) \mid x_i \in G, x_1x_2\cdots x_p=e\}$$

를 생각합니다.

$|S|$를 구해 놓습니다. S의 원소를 만들 때 처음 $p-1$개의 성분 $x_1, x_2, \cdots, x_{p-1}$은 마음대로 고를 수 있습니다. p번째의 성분은 $x_p = (x_1 x_2 \cdots x_{p-1})^{-1}$으로 선택하면 됩니다. 실제로

$$x_1 x_2 \cdots x_{p-1} x_p = x_1 x_2 \cdots x_{p-1} (x_1 x_2 \cdots x_{p-1})^{-1} = e$$

가 됩니다. 그러므로 S의 원소의 개수는 $|G|^{p-1}$개입니다.

S에 $(a_1, a_2, \cdots, a_p)$가 속해 있으면 뒤쪽 성분을 앞으로 가져온 $(a_p, a_1, \cdots, a_{p-1})$도 S에 속해 있습니다. 곧, 조의 성분을 순환시켜도 S의 원소가 된다는 것입니다. 이것은

$$a_1 a_2 \cdots a_p = e$$

(양변의 왼쪽에 a_p, 오른쪽에 a_p^{-1}을 곱했다)

$$\therefore \quad a_p a_1 a_2 \cdots a_{p-1} \underbrace{a_p a_p^{-1}}_{e} = a_p e a_p^{-1}$$

$$\therefore \quad a_p a_1 a_2 \cdots a_{p-1} = e$$

가 되기 때문입니다.

이것을 이용하면, 예를 들어 $p = 5$일 때 S의 원소로 (1, 4, 2, 4, 3)이라는 원소가 있다고 하면

(3, 1, 4, 2, 4) → (4, 3, 1, 4, 2) → (2, 4, 3, 1, 4) → (4, 2, 4, 3, 1)

도 S의 원소가 됨을 알 수 있습니다. 1, 2, 3, 4는 G의 원소라고 생각합니다.

여기서 S의 원소를 분류해 봅시다.

순환시켰을 때 같은 것이 되는 것을 하나의 모둠으로 보는 것입니다. 곧,

(1, 4, 2, 4, 3), (3, 1, 4, 2, 4), (4, 3, 1, 4, 2), (2, 4, 3, 1, 4), (4, 2, 4, 3, 1)

다섯 개를 하나의 모둠이라고 합니다.

다른 한편 (2, 2, 2, 2, 2)는 순환시켜도 같으므로 이것만으로도 하나의 모둠이 됩니다.

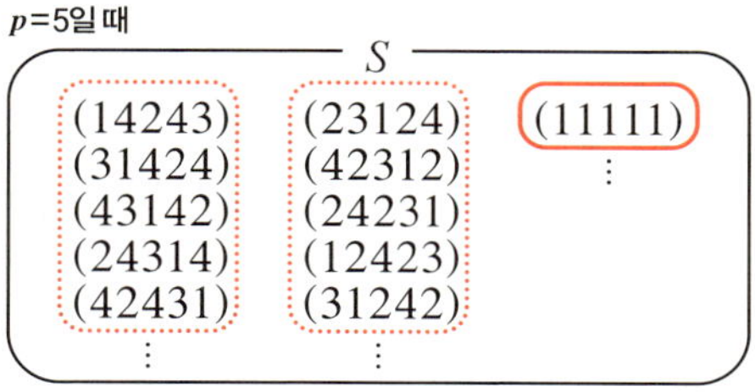

그러면 S에는 5개의 원소로 이루어지는 모둠(그림의 빨간색 점선으로 묶인 것을 하나의 모둠으로 센다)과 1개의 원소로 이루어지는 모둠(그림의 빨간색 실선으로 묶인 것을 하나의 모둠으로 센다)이 생깁니다.

원소의 개수가 다른 모둠이 만들어지는 경우도 있을까요? 5가 소수이므로 그런 일은 일어나지 않을 것입니다. 만일 5가 아니라 6이라고 하면

(2, 3, 2, 3, 2, 3) → (3, 2, 3, 2, 3, 2)라는 2개로 이루어지는 모둠

(2, 3, 4, 2, 3, 4) → (4, 2, 3, 4, 2, 3) → (3, 4, 2, 3, 4, 2)라는 3개로 이루어지는 모둠이 있을 수 있습니다.

소수라는 것이 제 역할을 다 하고 있는 것입니다.

S의 원소를 순환시켰을 때 같아지는 것들로 모둠을 만들면 p개의 원소로 이루어지는 모둠과 1개의 원소로 이루어지는 모둠으로 나뉩니다. p개의 원소로 이루어지는 모둠의 개수가 q개 있다고 하면 p개의 원소로 이루어지는 모둠에 속하는 S의 원소의 개수는 pq개입니다.

1개로 모둠을 만드는 원소는 $|S|-pq$개입니다.

$|G|$는 p의 배수이므로

$$|S|-pq=|G|^{p-1}-pq\equiv 0 \pmod{p}$$

1개로 모둠을 만드는 원소의 개수는 p의 배수입니다.

$(e, e, \cdots, e)$는 1개의 원소로 모둠을 만들기 때문에 1개로 모둠을 만드는 원소의 개수는 1 이상이면서 p의 배수이고, p개 이상입니다. 1개로 모둠을 만드

는 원소에는 $(e, e, \cdots, e)$ 말고도 $(g, g, \cdots, g)(g \neq e)$가 있게 됩니다.

$g^p = e(g \neq e)$가 되는 원소를 찾았습니다. g의 위수는 p의 약수지만 p가 소수이므로 1 또는 p입니다. $g \neq e$이므로 g의 위수는 p입니다. g가 생성하는 순환군 $\langle g \rangle$는 G의 부분군이고 위수는 p입니다. (증명 끝)

이 책에서는 다음 문제에서 사용하는 데에 필요한 최소한의 정리로서 '코시의 정리'를 준비했습니다. 그렇지만 일반적인 군론으로 깊이 있게 논의해 나가고자 한다면, '실로우(Sylow)의 정리'를 증명하면서 다루어야 하는 부분입니다. 실로우의 정리는

"유한군 G가 있다. G의 위수를 소인수분해한 식에 p^e이 있으면, 위수가 p^e인 G의 부분군이 존재한다. 이것을 $p-$실로우 부분군이라 한다."

라는 것입니다. 이 실로우의 정리를 이용하면 $p-$실로우 부분군의 원소로부터 곧바로 위수가 p인 원소를 찾을 수 있습니다. 위수가 p^e인 부분군의 원소 중에서 단위원 이외의 원소를 g라고 하면 $\langle g \rangle$는 $p-$실로우 부분군의 부분군입니다. 그러므로 g의 위수는 p의 거듭제곱수인 $p^f\,(f < e)$입니다. $g^{p \wedge (f-1)}$이 위수 p인 원소가 됩니다.

실로우의 정리는 라그랑주의 정리와 함께 유한군론이라 하면 떠오르는 아름다운 정리의 하나입니다. 그렇지만 증명을 하려면 많은 준비가 필요하기 때문에 어쩔 수 없이 생략했습니다. 이 부분에 대해 더 알고 싶으신 분은 유한군을 자세히 다루고 있는 다른 군론 책을 읽으면 좋겠습니다.

문제6.23 $x^5 - 6x + 3 = 0$의 해는 거듭제곱근으로 나타낼 수 없음을 보이시오.

$x^5 - 6x + 3 = 0$의 갈루아군이 S_5와 동형이라는 것을 증명하겠습니다.

S_5는 **정리2.28**에 의해 가해군은 아니므로 갈루아군이 S_5와 동형임을 증명하

면, **정리6.10**의 대우에 의해 $x^5-6x+3=0$의 해를 거듭제곱근으로는 나타내지 못하는 것이 됩니다.

먼저 **정리3.4**(아이젠슈타인의 판정법)으로 x^5-6x+3이 $\boldsymbol{Z}$ 위에서 기약다항식이라는 것을 확인해 보겠습니다. $p=3$이라 합시다. 그러면

(i) 상수항의 3은 3으로 나누어떨어지지만, 9로는 나누어떨어지지 않는다.

(ii) 최고차 항의 계수 1은 3으로 나누어떨어지지 않는다.

(iii) 다른 계수 0, −6은 3으로 나누어떨어진다.

그러므로 x^5-6x+3은 $\boldsymbol{Z}$ 위의 기약다항식입니다. **정리3.3**에 의해 x^5-6x+3은 $\boldsymbol{Q}$ 위의 기약다항식입니다.

다음으로 $x^5-6x+3=0$은 실수해를 3개, 허수해를 2개 갖는다는 것을 보이겠습니다.

이를 위해서는 $y=x^5-6x+3$의 그래프를 그려서 x축과 만나는 점이 3개 있음을 확인합니다.

$y'=5x^4-6$이 되므로 $y'=0$이 되는 x는 $\pm\sqrt[4]{\frac{6}{5}}$

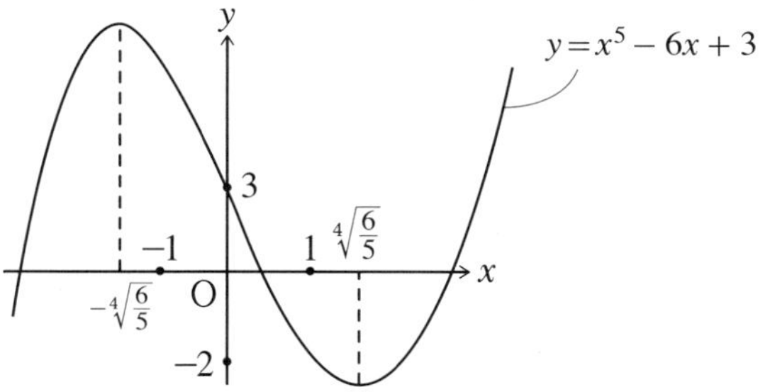

허수해를 α_1, α_2, 실수해를 $\alpha_3, \alpha_4, \alpha_5$라 합니다.

갈루아군 G의 원소가 $\alpha_1, \alpha_2, \alpha_3, \alpha_4, \alpha_5$에 작용하면 $\alpha_1, \alpha_2, \alpha_3, \alpha_4, \alpha_5$의 치환이 생겨나므로, G의 원소를 S_5의 원소라고 합시다. G는 S_5의 부분군이 됩니다.

α_1와 α_2는 켤레복소수의 관계에 있기 때문에, **정리4.3**에 의해 G의 원소에는 복소수 $a+bi$에 대해서 복소수 $a-bi$를 대응시키는 자기동형사상이 있습니다. 이것을 τ라고 놓습니다. 그러면

$$\tau(\alpha_1)=\alpha_2,\ \ \tau(\alpha_2)=\alpha_1,\ \ \tau(\alpha_3)=\alpha_3,\ \ \tau(\alpha_4)=\alpha_4,\ \ \tau(\alpha_5)=\alpha_5$$

τ에 대응하는 S_5의 원소는 호환 (12)입니다.

다음으로 확대열

$$\boldsymbol{Q}\subset\boldsymbol{Q}(\alpha_1)\subset\boldsymbol{Q}(\alpha_1,\alpha_2,\alpha_3,\alpha_4,\alpha_5)$$

를 생각합니다. 여기에서 α_1은 5차의 기약다항식으로 만든 방정식의 해이므로 $[\boldsymbol{Q}(\alpha_1):\boldsymbol{Q}]=5$입니다.

$$[\boldsymbol{Q}(\alpha_1,\alpha_2,\alpha_3,\alpha_4,\alpha_5):\boldsymbol{Q}]$$
$$=[\boldsymbol{Q}(\alpha_1,\alpha_2,\alpha_3,\alpha_4,\alpha_5):\boldsymbol{Q}(\alpha_1)][\boldsymbol{Q}(\alpha_1):\boldsymbol{Q}]$$

에 의해 $[\boldsymbol{Q}(\alpha_1,\alpha_2,\alpha_3,\alpha_4,\alpha_5):\boldsymbol{Q}]$는 5로 나누어떨어집니다. **정리5.28**에 의해 $[\boldsymbol{Q}(\alpha_1,\alpha_2,\alpha_3,\alpha_4,\alpha_5):\boldsymbol{Q}]=|G|$이므로 갈루아군 G의 위수도 5로 나누어떨어집니다. 따라서 **정리6.11**(코시의 정리)에 의해 G는 위수 5인 원소가 있습니다. 이것을 σ라 하면 $\sigma^5=e$입니다. G가 S_5의 부분군이라는 것을 생각하면 σ는 길이가 5인 순환치환이 됩니다. 이것을 예를 들어 $\sigma=\begin{pmatrix}1&2&3&4&5\\5&1&2&3&4\end{pmatrix}$라 합시다.

다음으로 $S_5=\langle\tau,\sigma\rangle$를 보이겠습니다.

$$\sigma^{-1}\tau\sigma=(23),\ \ \sigma^{-2}\tau\sigma^2=(34)$$
$$\sigma^{-3}\tau\sigma^3=(45),\ \ \sigma^{-4}\tau\sigma^4=(15)$$

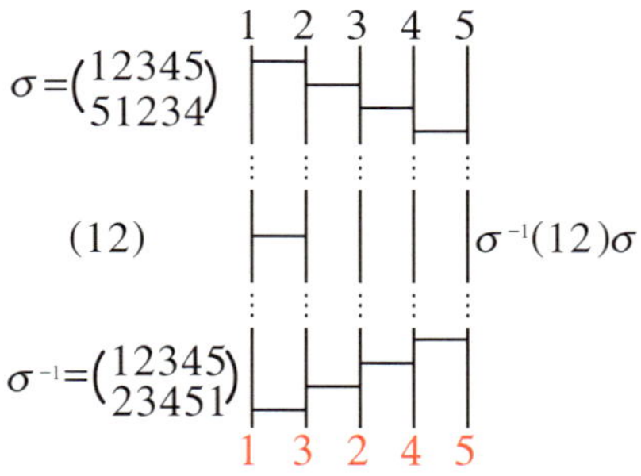

5개의 막대로 만들어진 사다리타기에서 이웃한 세로금을 잇는 호환이 G에 포함되어 있음을 알고 있습니다. 이러한 호환으로부터 S_5의 모든 원소를 만들 수 있고

$$S_5 = \langle (12), (23), (34), (45), (15) \rangle \subset \langle \sigma, \tau \rangle \subset G$$

가 됩니다. G는 S_5의 부분군이었으므로 $G = S_5$입니다.

위에서는 위수 5의 순환치환으로서

$\sigma = \begin{pmatrix} 1 & 2 & 3 & 4 & 5 \\ 5 & 1 & 2 & 3 & 4 \end{pmatrix}$를 택했지만 $\sigma = \begin{pmatrix} 1 & 2 & 3 & 4 & 5 \\ 4 & 3 & 5 & 2 & 1 \end{pmatrix}$

이어도 상관없습니다.

이 경우에는

$$\tau = (12),\ \sigma^{-1}\tau\sigma = (54),\ \sigma^{-2}\tau\sigma^2 = (31),\ \sigma^3\tau\sigma^3 = (25),\ \sigma^{-4}\tau\sigma^4 = (43)$$

이 됩니다. 호환으로 나타나는 두 수를 선택하는 방법은

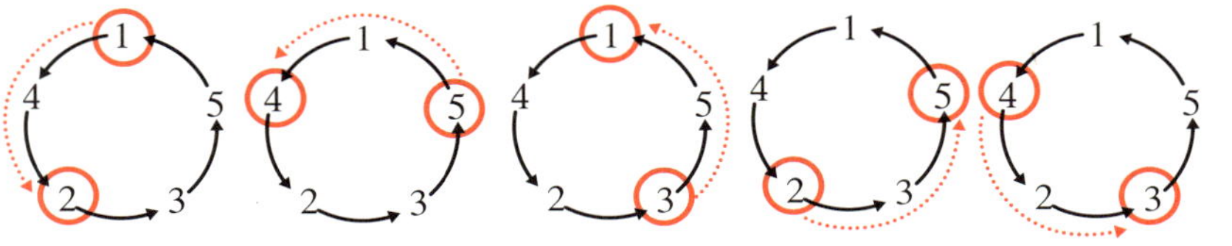

가 됩니다. 이렇게 같은 간격으로 두 수를 뽑는다는 것은 순열 12543에서 바로 이웃한 두 수를 뽑는 것이 됩니다. σ가 다른 순환치환(길이5)이어도 5가 소수이므로 두 수를 선택하는 방법이

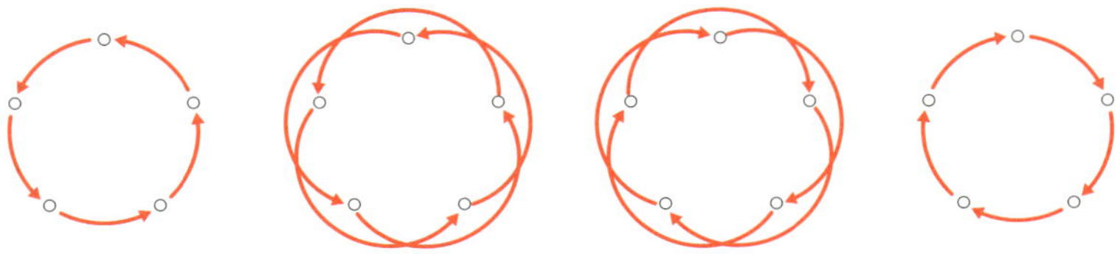

중의 하나가 되어, 1~5로 이루어진 어떤 순열 $abcde$에서 ab, bc, cd, de, ea로 서로 이웃한 두 수를 뽑는 것이 됩니다. 호환 $(ab), (bc), (cd), (de)$는 사다리타기의 세로금의 이름을 a, b, c, d, e라고 하면 바로 이웃한 세로금을 잇는 호환을 나타내고 있으므로, $(ab), (bc), (cd), (de)$는 S_5를 생성합니다.

요점은 G에 호환 1개와 길이가 5인 순환치환이 있을 때, 그 두 개로부터 S_5가 생성된다는 것입니다.

갈루아군 $G=S_5$는 **정리2.28**에 의해 가해군은 아니므로 이 방정식의 해는 **정리6.10**의 대우에 의해 거듭제곱근을 이용해서 나타낼 수 없습니다.

이 예에 의해서,

5차 이상의 일반 방정식에는 제곱근으로 표현되는 근의 공식은 없다

는 것을 알 수 있습니다. 있다고 한다면 이 예가 반례가 됩니다.

이것으로 모든 내용의 설명을 마쳤습니다. 끝까지 읽은 것을 축하합니다.

갈루아 이론의 아름다움을 충분히 느끼는 계기가 되었기를 바랍니다.

한 번만 읽어서는 잘 이해되지 않아서 몇 번이고 되풀이해 읽으며 완독한 사람도 있을 것입니다. 정리를 인용할 때마다 앞선 페이지를 다시 읽어 봐야 하는 경우가 많아서, 책의 가장자리가 손때로 새까맣게 되었을지도 모르겠습니다.

아직 군데군데 이해되지 않은 부분이 있어서, 처음으로 돌아가 다시 한 번 더 읽으려는 사람도 있을 것입니다. 그렇게 해서 이 책과 마주해 주었다면, 책을 쓴 사람으로서 그 이상의 기쁨은 없을 것입니다.

도중에 내팽개치지 않고 여기까지 잘 와주었습니다. 정말 애썼습니다.

맺음말

○ 갑작스런 계기로 책을 쓰게 되다

2012년 5월 중순에 있던 일입니다. 어른을 위한 수학 교실 '화(和)'에서 수업을 마친 저는 신바시(新橋)역 근처의 '아키텍트 카페'에서 늦은 점심을 먹고, 그 자리에 앉아 시간을 보내며『갈루아와 방정식』(구사바 도시쿠니)*을 읽고 있었습니다. 어려운 내용도 있었지만 그 안에 숨어 있는 재미를 찾으며 갈루아 이론의 아름다움에 취해 있다가, 꾸벅꾸벅 졸음이 와서 그대로 책상에 엎드려 자고 말았습니다.

20분쯤 지난 무렵이었을까, 자다가 눈을 떴을 때 저는 갑자기 '갈루아 이론에 대한 책을 써야겠다!'는 강렬한 의지가 생겼습니다. 그것은 그냥 그저 '쓰고 싶다'는 정도가 아니었습니다. 그 순간, 선험적으로 '나에게 부과된 일'이라는 확신이 들었습니다. 이런 경험은 처음이었습니다.

그날 이후로 저는 뭔가에 홀린 듯이 제5장의 중간 부분부터 쓰기 시작했습니다. 이때까지만 해도 출판하겠다는 생각 같은 건 아직 없었습니다. 그저, 쓰지 않고서는 견딜 수 없는 느낌. 머릿속이 갈루아 이론에 대한 설명으로 가득 차 있었습니다. 그런 날이 사흘 정도 계속됐습니다. 갈루아 이론이 머릿속에서 떠나질 않아, 이 때문에 중요한 약속을 까맣게 잊어버린 일까지 있었습니다.

제2장 부분을 다 썼을 즈음, 출판사의 담당자와 만나 갈루아 이론에 관한 책을 쓰고 싶다고 하자, 흔쾌히 기획회의 때 제안해 보겠다고 해주셨습니다.

* 草場公邦,『ガロアと方程式』(東京: 朝倉書店, 1989)

판매 부수를 걱정하고 있는 저에게, 담당자분은 "판매부수는 상관없어요. 좋은 책만 만들어진다면 괜찮습니다"라고 말해 주었습니다. '아, 나도 편집자로서 언젠가 저런 말을 하고 싶다'라고 생각했습니다.

갈루아 이론은 수학을 좀 해본 사람에게는 동경의 대상이 되는 이론의 하나라고 생각합니다. 그런 갈루아 이론에 대한 책을 쓸 기회를 얻게 되었으니, 수학을 저술하는 사람으로서 이 이상의 기쁨은 없습니다.

수험생을 대상으로 한 문제풀이 책이나, 사회인을 대상으로 한 실무 통계학 기초 도서를 집필해 독자로부터 도움이 되었다는 이야기도 들었습니다. 이러한 영역의 책을 쓰고, 독자로부터 격려를 받는 것도 저에게 책을 쓰는 보람을 느끼게 해줍니다. 그러나 수험생이나 사회인은 수학적인 흥미와 별개로, 필요에 의해 책을 찾는 분들입니다.

한편 이 책을 찾는 사람들은 갈루아 이론에 흥미를 갖고 어째서 "5차방정식에는 근의 공식이 없다"는 것인지를 알고 싶어 하는 사람들입니다. 그런 독자의 순수한 지적 호기심에 응답하는 책을 쓰게 되어, 보람 그 이상을 느낍니다. 무엇보다도 독자 여러분과 수학의 아름다움을 공유할 수 있게 되었다는 것이 기쁩니다.

페이지 수도 넉넉한데다, 두 가지 색으로 인쇄! 여러모로 좋은 조건이었기에, 반드시 독자 여러분께 갈루아 이론을 완벽하게 이해시킬 수 있는 책을 만들어야 한다는 마음가짐으로 집필했습니다.

"이 책을 읽고 비로소 갈루아 이론을 파악한 것 같다."

이렇게 느끼시는 분이 한 분이라도 더 많아지기를 바랍니다.

○ 내용에 대해서

구체적인 예를 많이 들면서 할 수 있는 한 독자들이 쉽게 이해할 수 있도록 썼습니다만, 어땠을지 궁금합니다.

갈루아 이론을 다루는 교양서에서 기본으로 등장하는 주제이지만, 이 책에서는 다루지 못한 것이 작도 문제입니다. 이른바 3대 작도 문제(원과 넓이가 같은 정사각형을 작도하는 것, 임의의 각을 3등분하는 것, 어떤 정육면체 부피의 2배의 부피가 되는 정육면체를 만드는 것)나 정십칠각형을 작도하는 것과 같은 주제입니다. 3대 작도 불가능 문제를 정확하고 세세하게 다룬 교양서가 없어서 꼭 다루어 보고 싶었지만, 페이지 수의 문제로 생략할 수밖에 없었습니다. 이에 대해 꼼꼼히 정리된 증명은『갈루아 이론(수학의 급소 시리즈 14)』(기무라 슌이치)*에서 읽을 수 있습니다.

정십칠각형의 작도(한 변의 길이가 주어졌을 때 정십칠각형을 작도하는 것)는 제6장의 문제6.1과 마찬가지로 1의 17제곱근을 제곱근으로 나타낼 수 있으므로 작도가 가능하다는 것을 확인할 수 있습니다. 1, a의 길이가 주어졌을 때, 제곱근 $\sqrt{a}$를 작도할 수 있으므로 1의 17제곱근을 작도할 수 있는 것입니다.

또, 유한체 $\boldsymbol{F}_p$의 확대체에 대한 이론은 까다롭기 때문에 생략하였습니다. 유한체 $\boldsymbol{F}_p$의 확대체는 $\boldsymbol{Q}$의 확대체와 구조가 달라서, 이 둘을 함께 등장시켜 두 가지 경로로 설명하면, 갈루아 이론을 처음 공부하는 사람들이 혼란스러워 할 것이라 판단했기 때문입니다. 사실 유한체 $\boldsymbol{F}_p$의 확대체는 원소를 모두 구체적으로 써내려갈 수 있기 때문에, 처음 공부하는 사람들도 이해하기 쉬워 매우 재미있는 소재이기는 합니다. 어쨌든 유한체이기 때문입니다. 유한체 $\boldsymbol{F}_p$의 확대체는 체의 성질을 갖고 있으므로 사칙연산을 할 수 있어, 구조의 측면에서 하나의 연산밖에 되지 않는 군보다 정교합니다. 그 연산표를 보고 있으면 투시화(디오라마)를 보고 있는 듯한 느낌이 들어, 개인적으로는 $\boldsymbol{Q}$의 확대체보다 좋아합니

* 木村 俊一,『ガロア理論 (數學のかんどころ 14)』(東京: 共立出版, 2012)

다. 기회가 있으면 어딘가에서 다루어 보고 싶습니다.

지금까지는 이 책에서 다루지 않은 것들에 대해서 이야기해 보았습니다. 이제는 이 책의 내용에 대해서 조금 선전하고자 합니다.

만일 이 책이 다른 책보다 이해하기 쉽게 읽힌다면, 구체적인 예를 풍부히 든 까닭도 있겠지만, 대수적 확대체를 단순확대체 $\boldsymbol{Q}(\alpha)$를 통해 구체적으로 파악하면서 갈루아 이론을 이해하고자 했기 때문이라고 생각합니다. 이렇게 함으로써 확대체에 작용하는 동형사상을 실감할 수 있어, 추상적인 논의를 할 때 느끼는 개운치 않은 느낌을 조금이나마 없앨 수 있었을 것이라 생각합니다. 이런 식의 내용 전개는 앞서 언급한 『갈루아와 방정식』에서 많은 영향을 받았습니다. 아마 이러한 방식을 취하고 있는 다른 책들도 있겠지요.

책을 쓰며 가장 고심한 부분은, 제5장 11절의 2단 확대 이론입니다. 단순확대 두 개를 구체적으로 연결하는 데에서 단순확대일 때와 마찬가지로 동형사상을 모두 써 내려간 부분입니다. 이것을 갈루아 대응을 증명할 때 사용함으로써, 중간체와 그것에 대응하는 불변부분군을 상당히 이해하기 쉽게 기술했다고 생각합니다. 여태까지 허공에서 종이접기를 하듯이 이루어졌던 갈루아 대응의 어려운 증명이, 책상 위에서 종이접기를 하는 것처럼 이해하기 쉬워졌다고 생각합니다. 여러분은 어떠셨나요? 이렇게 설명하고 있는 일본어 해설서는 제가 알고 있는 한 이것밖에 없습니다.

○ 마지막으로

출판사의 반도 이치로(坂東一郎) 씨에게 기획 단계부터 교정·교열까지 모든 과정에서 신세를 졌습니다. 그리고 『갈루아 이론의 정상을 딛다』라는, 듣기만 해도 힘이 솟는 이름을 받았습니다. 정말 감사합니다.

초고 단계에서는 많이 부족했는데, 가다 오사무(加田修), 이케다 가즈마사(池

田和正), 고야마 다쿠테루(小山拓輝) 씨께서 교열해 주신 덕분에 수학적으로 정밀하고, 그렇기에 이해하기 쉬운 원고가 완성되었습니다. 특히, 고야마(小山) 씨께서는 마지막 교정까지 해주셔서 많은 실수를 바로잡을 수 있었습니다. 다시 한 번 감사드립니다.

베레출판사와 만날 수 있게 해주었던 어른을 위한 수학교실 '화(和)'의 호리구치 도모유키(堀口智之) 대표님, 집필 활동을 따뜻하게 지켜봐 주신 도쿄출판사 구로키 미사오(黑木美佐男) 씨께 마음 깊이 감사의 인사를 드립니다.

언뜻 세상과 관계가 없어 보이는 갈루아 이론이지만, 저는 갈루아 폐포(**정리 6.9**)에서 세계와 인류에게 있어야 할 모습을 봅니다.

갈루아 폐포에 동형사상이 작용하는 모습은, 세계 속에서 사람들이 국가와 지역을 오가며 서로 교류하는 모습과 겹쳐집니다. 확실히 갈루아 폐포가 되기 이전의 확대체는 갈루아 확대체가 아닐지도 모릅니다. 동형사상을 시행해도 벗어나는 것이 생기게 되어 매듭이 지어지지 않습니다. 그러나 그렇게 벗어난 것을 확대체로 거두어들이면서 확대체는 갈루아 폐포가 됩니다. 갈루아 폐포에 작용하는 동형사상은 자기동형사상이 됩니다. 갈루아 폐포는 조화를 이룬 세계입니다. 여기에 오늘날 국가와 사회가 평화롭게 조화를 이루기 위한 열쇠가 들어 있다고 생각합니다. 민족이나 인종의 차이를 넘어서서 모든 사람이 '지구인'이라는 하나의 개념으로 묶일 수 있게 된다면 얼마나 멋진 세상이 될지 날마다 생각합니다.

세계평화를 기원하며

이시이 도시아키(石井俊全)

찾아보기

1의 n제곱근 260
1의 원시n제곱근 265
1차부정방정식 229
1차부정방정식(정수) 32
105 감산 67
4원군 129
C 248
D_n 113
Im f 150
Ker f 151
n차 원분확대체 495
n차 확대체 316
$\boldsymbol{Q}(\alpha)$ 302
S_n 175

ㄱ
가해군 194
가해열 194
가환군 77, 111
갈루아군 362, 415
갈루아 폐포 526
갈루아 확대 415
거듭순환 확대체 489
거듭제곱근 451
거듭제곱근 확대체 471
교대군 186
군 51
군의 동형 51
군의 위수 49
군의 정의 47
극형식 253
기본대칭식 210
기약다항식 217
기약잉여류군 73
기저 335, 339

ㄴ
누차거듭제곱근 확대체 473

ㄷ
단순확대체 302
대수적인 수 302
대수학의 기본 정리 244, 276
대수적 확대체 302
대칭군 175
대칭식 209
데데킨트의 보조 정리 520
동형사상 51
동형사상(체) 307
드 무아브르의 공식 258

ㄹ
라그랑주의 분해식 519
라그랑주의 정리 123

ㅁ
무한군 49

ㅂ
복소수 245
복소수체 248
복소평면 252
부분군 57
분해방정식 481
불변부분군 396, 399
불변체 395, 398
비가환군 111

ㅅ
삼환 188
상 150
생성되는 군 113
생성하는 군 55
서로소 30
선형공간 334
순환군 49
순환 확대체 489
실수 245

실수부분 245
실수체 84

ㅇ
아벨군 111
아이젠슈타인의 판정조건 221
역함수 53
역원 47
오일러 함수 80
우잉여류 120
원분다항식 267
원분확대 495
원소 46
원시근 82
원시원 408
위로 가는 함수 53
위수 49, 124
위수(군) 49
위수(원소) 88
유리수체 84
유리식 322
유한군 49
이면체군 110, 113
일대일 대응 53
일대일 함수 54
일차결합 335
일차독립 336
일차종속 336
잉여군 51, 137
잉여류 41, 120

ㅈ
자기동형군 360
자기동형사상 307
전도수 182
절댓값 254
정규부분군 137
정규성 419
정규열 194
정규확대체 419
정육면체 133
제2동형정리 160
제3동형정리 164
좌잉여류 120
준동형사상 147
준동형정리 153
중간체 368
중국 나머지정리 65
직적 60
짝치환 186

ㅊ
차원 344, 347
체 84, 300
체의 동형사상 207
최소다항식 314
최소분해체 350
치환 168

ㅋ
켤레 319
켤레복소수 248
쿠머 확대 506
클라인의 4원군 129

ㅍ
편각 254

ㅎ
함수 52
합동식 39
항등원 47
항등함수 306
핵 151
허수단위 245
허수부분 245
호제법 28
호환 178
홀치환 186

도 • 서 • 출 • 판 • 승 • 산 • 에 • 서 • 만 • 든 • 책 • 들

19세기 산업은 전기 기술 시대, 20세기는 전자 기술(반도체) 시대, 21세기는 **양자 기술** 시대입니다. 미래의 주역인 청소년들을 위해 양자 기술(양자 암호, 양자 컴퓨터, 양자 통신과 같은 양자정보과학 분야, 양자 철학 등) 시대를 대비한 수학 및 양자 물리학 양서를 꾸준히 출간하고 있습니다.

대칭

아름다움은 왜 진리인가

이언 스튜어트 지음 | 안재권, 안기연 옮김

현대 수학과 과학의 위대한 성취를 이끌어낸 힘, '대칭(symmetry)의 아름다움'에 관한 책. 대칭이 현대 과학의 핵심 개념으로 부상하는 과정을 천재들의 기묘한 일화와 함께 다루었다.

무한 공간의 왕

시오반 로버츠 지음 | 안재권 옮김

도널드 콕세터는 20세기 최고의 기하학자로, 반시각적 부르바키 운동에 대응하여 기하학을 지키기 위해 애써왔으며, 고전기하학과 현대기하학을 결합시킨 선구자이자 개혁자였다. 그는 콕세터군, 콕세터 도식, 정규초다면체 등 혁신적인 이론을 만들어 내며 수학과 과학에 있어 대칭에 관한 연구를 심화시켰다. 저널리스트인 저자가 예술적이며 과학적인 콕세터의 연구를 감동적인 인생사와 결합해 낸 이 책은 매혹적이고, 마법과도 같은 기하학의 세계로 들어가는 매력적인 입구가 되어 줄 것이다.

미지수, 상상의 역사

존 더비셔 지음 | 고중숙 옮김

이 책은 3부로 나눠 점진적으로 대수의 개념을 이해할 수 있도록 구성되어 있다. 1부에서는 대수의 탄생과 문자기호의 도입, 2부에서는 문자기호의 도입 이후 여러 수학자들이 발견한 새로운 수학적 대상들을 서술하고 있으며, 3부에서는 문자기호를 넘어 더욱 높은 추상화의 단계들로 나아가는 군(group), 환(ring), 체(field) 등과 같은 현대 대수에 대해 다루고 있다. 독자들은 이 책을 통해 수학에서 가장 중요한 개념이자, 고등 수학에서 미적분을 제외한 거의 모든 분야라고 할 만큼 그 범위가 넓은 대수의 역사적 발전과정을 배울 수 있다.

대칭: 자연의 패턴 속으로 떠나는 여행

마커스 드 사토이 지음 | 안기연 옮김

수학자의 주기율표이자 대칭의 지도책, 『유한군의 아틀라스』가 완성되는 과정을 담았다. 자연의 패턴에 숨겨진 대칭을 전부 목록화하겠다는 수학자들의 야심찬 모험을 그렸다.

대칭과 아름다운 우주

리언 레더먼, 크리스토퍼 힐 공저 | 안기연 옮김

자연이 대칭성을 가진다고 가정하면 필연적으로 특정한 형태의 힘만이 존재할 수밖에 없다고 설명된다. 이 관점에서 자연은 더욱 우아하고 아름다운 존재로 보인다. 물리학자는 보편성과 필연성에서 특히 경이를 느끼기 때문이다. 노벨상 수상자이자 『신의 입자』의 저자인 리언 레더먼이 페르미 연구소의 크리스토퍼 힐과 함께 대칭과 같은 단순하고 우아한 개념이 우주의 구성에서 어떠한 의미를 갖는지 궁금해 하는 독자의 호기심을 채워 준다.

열세 살 딸에게 가르치는 갈루아 이론

김중명 지음 | 김슬기, 신기철 옮김

재일교포 역사소설가 김중명이 이제 막 중학교에 입학한 딸에게 갈루아 이론을 가르쳐 본다. 수학역사상 가장 비극적인 삶을 살았던 갈루아가 죽음 직전에 휘갈겨 쓴 유서를 이해하는 것을 목표로 한 책이다. 사다리타기나 루빅스 큐브, 15 퍼즐 등을 활용하여 치환을 설명하는 등 중학생 딸아이의 눈높이에 맞춰 몇 번이고 친절하게 설명하는 배려가 돋보인다.

대칭: 갈루아 유언(근간)

신현용 지음

"군"이라는 대수적 구조를 통해 대칭의 언어인 "군론"을 완성함으로써 오차방정식의 풀이를 해결했던 에바리스트 갈루아. 이 책은 그가 유언으로 남긴 수학적 유산을 이해하는 것이 목표이다. 대수학 역사에서 핵심적인 성과를 이룬 수학자들이 등장하여 나누는 가상 대화가 독자들의 이해를 돕는다. 다항식 풀이의 핵심인 "대칭"이 언어, 건축, 회화, 음악에서 어떻게 드러나고 적용되는지 설명하는 부분이 흥미롭다. 대수적 구조를 탐구하는 모든 과정에는 자세한 풀이 과정을 적어 두었기에 독자는 대칭의 강력한 힘인 "아름다움"을 수학적으로 감상해 볼 수 있다.

프린스턴 수학 & 응용 수학 안내서

프린스턴 수학 안내서 I, II

티모시 가워스, 준 배로우-그린, 임레 리더 외 엮음
| 금종해, 정경훈, 권혜승 외 28명 옮김

1988년 필즈 메달 수상자 티모시 가워스를 필두로 5명의 필즈상 수상자를 포함한 현재 수학계 각 분야에서 활발히 활동하는 세계적 수학자 135명의 글을 엮은 책. 1,700여 페이지(I 권 1,116페이지, II 권 598페이지)에 달하는 방대한 분량으로, 기본적인 수학 개념을 비롯하여 위대한 수학자들의 삶과 현대 수학의 발달 및 수학이 다른 학문에 미치는 영향을 매우 상세히 다룬다. 다루는 내용의 깊이에 관해서는 전대미문인 이 책은 필수적인 배경지식과 폭넓은 관점을 제공하여 순수수학의 가장 활동적이고 흥미로운 분야들, 그리고 그 분야의 늘고 있는 전문성을 조사한다. 수학을 전공하는 학부생이나 대학원생들뿐 아니라 수학에 관심 있는 사람이라면 이 책을 통해 수학 전반에 대한 깊은 이해를 얻을 수 있을 것이다.

프린스턴 응용 수학 안내서(근간)

니콜라스 하이엄 외 엮음
| 정경훈, 박민재 외 7명 옮김

2014년 출간된 『프린스턴 수학 안내서』에 이어 『프린스턴 응용 수학 안내서(The Princeton Companion to Applied Mathematics)』가 출간을 앞두고 있다. 멘체스터 대학교의 니콜라스 J. 하이엄을 비롯한 각 분야의 응용수학 전문가들이 흥미로운 연구 분야들을 광범위한 예제를 통해 전작 못지않게 심도 있게, 때로는 위트 있게 소개한다. 이 책은 단지 응용수학의 여러 주제를 탐구하는 데 그치지 않고 응용수학자가 무엇을 할 수 있는지까지로 독자들을 인도한다. 이 책은 이 분야의 최고 권위를 자랑하는 단행본으로서 훌륭한 응용 수학 참고서를 찾는 많은 학생, 연구원, 실무자들에게 없어서는 안 될 안내서가 될 것이며, 그들의 응용수학자로서의 삶의 지침서가 될 것이다.

수학 명저

소수와 리만 가설

베리 메이저, 윌리엄 스타인 공저 | 권혜승 옮김

이 책은 '어떻게 소수의 개수를 셀 것인가?'라는 간단한 물음으로 출발하지만, 점차 소수의 심오한 구조로 안내하며 마침내 그 안에 깃든 놀랍도록 신비한 규칙을 독자들에게 보여준다. 저자는 소수의 구조를 이해하는데 필수적인 '수치적 실험'들을 단계별로 제시하며 이를 다양한 그림과 그래프, 스펙트럼으로 표현하였다. 이 책은 얇고 간결하지만, 소수에 보다 진지한 관심을 가진 이들을 겨냥했다. 다양한 동치적 표현을 통해 리만 제타함수가 소수의 위치와 그 스펙트럼을 어떻게 매개하는지 수학적으로 감상하는 것을 목표로 한다. 131개의 컬러로 인쇄된 그림과 다이어그램이 수록되었다.

리만 가설

존 더비셔 지음 | 박병철 옮김

수학자의 전유물이던 리만 가설을 대중에게 소개하는 데 성공한 존 더비셔는 '이보다 더 간단한 수학으로 리만 가설을 설명할 수는 없다'고 선언한다. 홀수 번호가 붙은 장에서는 리만 가설을 수학적으로 인식할 수 있도록 돕는 데 주안점을 두었고, 짝수 번호가 붙은 장에는 주로 역사적인 배경과 인물에 관한 내용을 담았다.

소수의 음악

마커스 드 사토이 지음 | 고중숙 옮김

'다음 등장할 소수는 어떤 수인가?'라는 간단한 물음으로 시작한 인간의 지적 탐험이, 점차 복잡하고 정교한 이론으로 성숙하는 과정을 그린다. 전반부는 유클리드에서 오일러, 가우스를 거쳐 리만에 이르는 소수 연구사를 다루며, 후반부는 리만이 남긴 난제를 극복하려는 19세기 이후의 시도와 성과를 두루 살핀다.

—2007 과학기술부 인증 '우수과학도서' 선정

오일러 상수 감마

줄리언 해빌 지음 | 고중숙 옮김

고등 수학의 아이디어와 기법들이 당대의 실제적 문제들로부터 자연스럽게 이끌려 나온 18세기. 스위스의 수학자 레온하르트 오일러는 이후 전개될 수학을 위해 새로운 언어와 방식을 창조해 냈다. 줄리언 해빌은 오일러의 인간적 면모를 역사적인 맥락에서 소개하고, 후대의 수학자들이 깊이 숙고하게 된 그의 아이디어들을 바탕으로 신비에 싸인 상수 감마를 살핀다.

수학자가 아닌 사람들을 위한 수학

모리스 클라인 지음 | 노태복 옮김

수학이 현실적으로 공부할 가치가 있는 학문인지 묻는 독자들을 위해, 수학의 대중화에 힘쓴 저자 모리스 클라인은 어떻게 수학이 인류 문명에 나타났고 인간이 시대에 따라 수학과 어떤 식으로 관계 맺었는지 소개한다. 그리스부터 현대에 이르는 주요한 수학사적 발전을 망라하여, 각 시기마다 해당 주제가 등장하게 된 역사적 맥락을 깊이 들여다본다. 더 나아가 미술과 음악 등 예술 분야에 수학이 어떤 영향을 끼쳤는지 살펴본다. 저자는 다음과 같은 말로 독자의 마음을 사로잡는다. "수학을 배우는 데 어떤 특별한 재능이나 마음의 자질이 필요하지는 않다고 확신할 수 있다. (…) 마치 예술을 감상하는 데 '예술적 마음'이 필요하지 않듯이."

—2017 대한민국학술원 '우수학술도서' 선정

갈루아 이론의
정상을 딛다

1판 1쇄 발행 2017년 9월 7일
1판 2쇄 발행 2021년 1월 11일

지은이 이시이 도시아키
옮긴이 조윤동
펴낸이 황승기
마케팅 송선경
편집 김병수, 서규범, 박지혜
디자인 김슬기
펴낸곳 도서출판 승산
등록날짜 1998년 4월 2일
주소 서울시 강남구 테헤란로 34길 17 혜성빌딩 402호
전화번호 02-568-6111
팩시밀리 02-568-6118
이메일 books@seungsan.com

ISBN 978-89-6139-065-1 93410

값 25,000원

이 도서의 국립중앙도서관 출판시도서목록(CIP)은
서지정보유통지원시스템 홈페이지(http://seoji.nl.go.kr)와
국가자료공동목록시스템(http://www.nl.go.kr/kolisnet)에서
이용하실 수 있습니다. (CIP제어번호: CIP2017020480)